SOLIDWORKS 2019 中文版完全学习手册（微课精编版）

张云杰　张云静　编著

清华大学出版社
北　京

内 容 提 要

SOLIDWORKS是世界上第一套基于Windows系统的三维CAD软件，具有功能强大、易学、易用等特点。本书讲解最新版本SOLIDWORKS的设计方法。全书共15章，从入门开始，详细介绍了基本操作工具、草图设计、实体特征设计、实体附加特征、零件形变特征、特征编辑、曲线曲面设计、装配体设计、焊件设计、工程图设计、钣金设计、渲染输出、模具设计等内容，包括多种技术和技巧，并设计了多个精美实用的讲解范例。本书还配备了包括大量模型图库、范例教学视频和网络教学资源。

本书内容广泛、通俗易懂、语言规范、实用性强，使读者能够快速、准确地掌握SOLIDWORKS 2019中文版的设计方法与技巧，特别适合初、中级用户的学习，是广大读者快速掌握SOLIDWORKS 2019中文版的实用指导书和工具手册，也可作为大专院校计算机辅助设计课程的指导教材。

图书在版编目(CIP)数据

SOLIDWORKS 2019中文版完全学习手册：微课精编版 / 张云杰，张云静编著. —北京：清华大学出版社，2020.1

ISBN 978-7-302-54601-6

Ⅰ.①S…　Ⅱ.①张…　②张…　Ⅲ.①计算机辅助设计—应用软件—手册　Ⅳ.①TP391.72-62

中国版本图书馆CIP数据核字（2019）第293088号

责任编辑：张彦青
封面设计：李　坤
责任校对：王明明
责任印制：沈　露

出版发行：清华大学出版社
网　　址：http://www.tup.com.cn，　http://www.wqbook.com
地　　址：北京清华大学学研大厦A座　　　邮　　编：100084
社 总 机：010-62770175　　　邮　　购：010-62786544
投稿与读者服务：010-62776969，c-service@tup.tsinghua.edu.cn
质量反馈：010-62772015，zhiliang@tup.tsinghua.edu.cn

印 刷 者：北京富博印刷有限公司
装 订 者：北京市密云县京文制本装订厂
经　　销：全国新华书店
开　　本：200mm×260mm　　印　　张：21　　字　　数：510千字
版　　次：2020年1月第1版　　印　　次：2020年1月第1次印刷
定　　价：59.00 元

产品编号：083313-01

SOLIDWORKS 前言

SOLIDWORKS是一家专业从事三维机械设计、工程分析、产品数据管理软件研发和销售的国际性公司。其产品 SOLIDWORKS 是世界上第一套基于 Windows 系统的三维 CAD 软件，这是一套完整的 3D CAD 产品设计解决方案，即在一个软件包中为产品设计团队提供了所有必要的机械设计、验证、运动模拟、数据管理和交流工具。该软件以参数化特征造型为基础，具有功能强大、易学、易用等特点，是当前最优秀的三维 CAD 软件之一。在 SOLIDWORKS 的最新版本 SOLIDWORKS 2019 中文版中，对设计中的多种功能进行了大量的补充和更新，使用户可以更加方便地进行设计，这一切无疑为广大的产品设计人员带来了福音。

为了使读者能更好地学习，同时尽快熟悉 SOLIDWORKS 2019 中文版的设计功能，我们根据多年在该领域的设计和教学经验，精心编写了本书。本书以 SOLIDWORKS 2019 中文版为基础，根据用户的实际需求，从学习的角度，由浅入深、循序渐进、详细地讲解了该软件的设计和加工功能。

云杰漫步科技 CAX 设计教研室长期从事 SOLIDWORKS 的专业设计和教学，数年来承接了大量的项目，参与 SOLIDWORKS 的教学和培训工作，积累了丰富的实践经验。本书就像一位专业设计师，将设计项目时的思路、流程、方法和技巧、操作步骤面对面地与读者交流。本书内容广泛、通俗易懂、语言规范、实用性强，使读者能够快速、准确地掌握 SOLIDWORKS 2019 中文版的绘图方法与技巧，特别适合初、中级用户的学习，是广大读者快速掌握 SOLIDWORKS 2019 中文版的实用指导书和工具手册，也可作为大专院校计算机辅助设计课程的指导教材。

本书还配备了包括大量模型图库、范例教学视频和网络资源介绍的海量教学资源，其中范例教学视频将案例制作过程进行了详尽的讲解，便于读者学习使用。另外，本书还提供了网络的免费技术支持，欢迎大家登录云杰漫步科技的网上技术论坛进行交流。论坛分为多个专业的设计版块，可以为读者提供实时的软件技术支持，解答读者的疑惑。

本书由云杰漫步科技 CAX 设计教研室的张云杰、张云静编著，参加编写工作的还有尚蕾、靳翔、郝利剑、贺安、贺秀亭、宋志刚、董闯、李海霞、焦淑娟等。书中的范例均由云杰漫步多媒体科技公司 CAX 设计教研室设计制作，由云杰漫步多媒体科技公司技术支持，同时要感谢清华大学出版社的编辑和老师们的大力协助。

由于编写人员水平有限，在编写过程中难免有不足之处，在此，编写人员对广大用户表示歉意，望广大用户不吝赐教，对书中的不足之处给予指正。

本书赠送的视频以二维码的形式提供，读者可以使用手机扫描下面的二维码下载并观看。

编　者

目录

CONTENTS

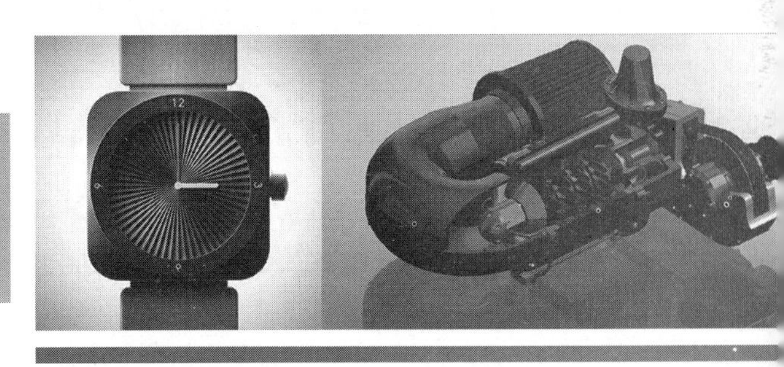

第1章

SOLIDWORKS 2019 中文版基础

第2章

草图设计

第 3 章 实体特征设计

第 4 章 实体附加特征

第 5 章 零件形变特征

第 6 章
特征编辑

第 7 章
曲面设计和编辑

第 8 章
装配体设计

第 9 章

焊件设计

第 10 章

工程图设计

第 11 章 钣金设计

第 12 章 渲染输出

第 13 章

模具设计

第 14 章

综合设计范例（一）——定位零件设计

第 15 章

综合设计范例（二）——加压泵装配设计

附录 A

SOLIDWORKS 命令大全

第1章

SOLIDWORKS 2019 中文版基础

本章导读

SOLIDWORKS 是功能强大的三维 CAD 设计软件，是美国 SOLIDWORKS 公司开发的以 Windows 操作系统为平台的设计软件。SOLIDWORKS 相对于其他 CAD 设计软件来说，简单易学，具有高效、简便的实体建模功能，并可以利用 SOLIDWORKS 集成的辅助功能对设计的实体模型进行一系列计算机辅助分析，能够更好地满足设计需要，节省设计成本，提高设计效率。

SOLIDWORKS 已广泛应用于机械设计、工业设计、电装设计、消费品产品及通信器材设计、汽车制造设计、航空航天的飞行器设计等行业中。

本章是 SOLIDWORKS 的基础，主要介绍该软件的基本概念和操作界面、特征管理器和命令管理器，文件的基本操作以及生成和修改参考几何体的方法。这些是用户使用 SOLIDWORKS 必须要掌握的基础知识，是熟练使用该软件进行产品设计的前提。

1.1 概述和基础概念

下面对 SOLIDWORKS 的背景、发展及其主要设计特点进行简单的介绍。

1.1.1 概述

SOLIDWORKS 采用智能化参变量式设计理念及 Microsoft Windows 图形化用户界面，具有表现卓越的几何造型和分析功能。软件操作灵活，运行速度快，设计过程简单、便捷，被业界称为“三维机械设计方案的领先者”，并受到广大用户的青睐，在机械制图和结构设计领域已成为三维 CAD 设计的主流软件。利用 SOLIDWORKS，工程技术人员可以更有效地为产品建模及模拟整个工程系统，以缩短产品的设计和生产周期，并可完成更加富有创意的产品制造。在市场应用中，SOLIDWORKS 也取得了卓然的成绩。例如，利用 SOLIDWORKS 及其集成软件 COSMOSWorks 设计制作的美国国家宇航局（NASA）“勇气号”飞行器（如图 1-1 所示）的机器人臂，在火星上圆满完成了探测器的展开、定位以及摄影等工作。负责该航天产品设计的总工程师 Jim Staats 表示，SOLIDWORKS 能够提供非常精确的分析测试及优化设计，既满足了应用的需求，又提高了产品的研发速度。作为中国航天器研制、生产基地的中国空间技术研究院，也选择了 SOLIDWORKS 作为主要的三维设计软件，以最大限度地满足其对产品设计的高端要求。

图 1-1

SOLIDWORKS 是一款参变量式 CAD 设计软件。与传统的二维机械制图相比，参变量式 CAD 设计软件具有许多优越的性能，是当前机械制图设计软件的主流和发展方向。参变量式 CAD 设计软件是参数式和变量式 CAD 设计软件的通称。其中，参数式设计是 SOLIDWORKS 最主要的设计特点。所谓参数式设计，是将零件尺寸的设计用参数描述，并在设计的过程中通过修改参数的数值改变零件的外形。SOLIDWORKS 中的参数不仅代表了设计对象的相关外观尺寸，并且具有实质上的物理意义。例如，可以将系统参数（如体积、表面积、重心、三维坐标等）或者用户定义参数即用户按照设计流程需求所定义的参数（如密度、厚度等具有设计意义的物理量或者字符）加入到设计构思中来表达设计思想。这不仅从根本上改变了设计理念，而且将设计的便捷性向前推进了一大步。用户可以运用强大的数学运算方式，建立各个尺寸参数间的关系式，使模型可以随时自动计算出应有的几何外形。

1.1.2 SOLIDWORKS 2019 增强功能介绍

最新版本的 SOLIDWORKS 2019 增强了很多原有功能，并且进行了一些部分的性能改进，软件的启动界面如图 1-2 所示。SOLIDWORKS 2019 主要增强功能和性能改进如表 1-1 所示。

图 1-2

表 1-1　SOLIDWORKS 2019 主要增强功能和性能改进内容表

序号	类别	增强或改进内容
1	主要增强功能	
（1）	装配体中的边界框	◆ 在 Treehouse 中创建自定义和配置特定属性 ◆ 消除特征 PropertyManager 侧影轮廓 ◆ 爆炸视图 ◆ 外部参考 ◆ 在 Treehouse 中为文档名称使用自定义属性 ◆ 将装配体另存为零件
（2）	出详图和工程图	◆ 更改单元格边界厚度 ◆ 工程图打开进度指示器
（3）	模型显示	◆ 创建 3D 纹理
（4）	零件和特征	◆ 创建部分倒角和圆角 ◆ 插入具有特定配置的零件 ◆ 为异型孔、向导孔指定公差 ◆ 对多实体零件使用干涉检查
（5）	钣金	◆ 链接材料和钣金参数
（6）	草图绘制	◆ 测地实体 ◆ 剪裁实体增强功能
2	主要性能改进	
（1）	安装管理程序	安装管理程序使用新的下载方法，提供了快两倍的下载速度。同时，在安装管理程序无法下载安装文件的情况下，新的下载方法还提供了相应的解决方案
（2）	出详图和工程图	对于大量孔以及圆孔和非圆孔组合，创建、打开和编辑孔表时的性能得到改进。在以下条件下从模型切换至其工程图所需花费的时间得到改进：模型和其工程图均打开时；可以在模型内做出更改而不更改几何体；工程图具有多张图纸；自动更新视图已启用
（3）	模型显示	将新的图形架构用于零件和装配体中。此架构为大型模型提供了响应速度更快的实时显示。它利用先进的 OpenGL（4.5）和硬件加速渲染在平移、缩放或旋转大型模型时，保持高级别的细节和帧速率。这些性能改进已扩展到高端显卡，这在之前版本的 SOLIDWORKS 中没有得到完全支持。但这些更改不适用于工程图
（4）	改进的特征	步路零部件向导，管道和管筒设计数据库，导入数据对话框，选择线路和零部件类型，设计表检查，Routing Library Manager 中的接头图像等
（5）	Toolbox	可以通过清除为 Toolbox 配合自动更新，来暂时禁用 Toolbox 零部件与非 Toolbox 零部件之间配合的自动更新。通过禁用自动更新，可以更快地编辑配合、添加配合以及操作零部件，从而提高性能
（6）	SOLIDWORKS Electrical 3D	步路电缆和步路线束工具的性能已得到改进。当用户将步路电线工具用于步路装配体中的大量电线时，性能速度得到提高
（7）	SOLIDWORKS PDM	在包含和使用位置选项卡中加载大型装配体和复杂参考结构时 SOLIDWORKS PDM 提供了改进的加载性能

续表

序号	类别	增强或改进内容
（8）	SOLIDWORKS Simulation	最新的 Intel Parallel Studio XE 2018 Cluster 版本替换了现有的 Intel Fortran 编译器、Intel Math Kernel Library（MKL）以及解算器所使用的 Intel MPI 库
（9）	SOLIDWORKS eDrawings	eDrawings 中的视图操作以及装配体零部件选择的速度均得到提高

1.2 SOLIDWORKS 2019 操作界面

SOLIDWORKS 2019 的操作界面是用户对创建文件进行操作的基础，图 1-3 所示是一个零件文件的操作界面，包括菜单栏、工具选项卡、管理器选项卡、绘图区及状态栏等。装配体文件、工程图文件和零件文件的操作界面类似，本节以零件文件操作界面为例，介绍 SOLIDWORKS 2019 的操作界面。

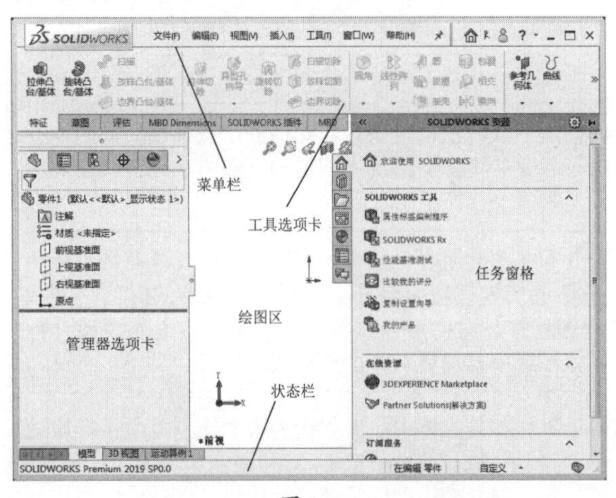

图 1-3

在 SOLIDWORKS 2019 操作界面中，菜单栏包括了所有的操作命令，工具栏一般显示常用的按钮，可以根据用户需要进行相应的设置。

CommandManager（命令管理器）可以将工具栏按钮集中起来使用，从而为绘图窗口节省空间。

FeatureManager（特征管理器）设计树记录文件的创建环境以及每一步骤的操作，对于不同类型的文件，其特征管理区有所差别。

绘图区是用户绘图的区域，文件的所有草图及特征生成都在该区域中完成，FeatureManager 设计树和绘图窗口为动态链接，可在任一窗格中选择特征、草图、工程视图和构造几何体。

状态栏显示编辑文件目前的操作状态。特征管理器中的注解、材质和基准面是系统默认的，可根据实际情况对其进行修改。

1.2.1 菜单栏

系统默认情况下，SOLIDWORKS 2019 的菜单栏是隐藏的，将鼠标移动到 SOLIDWORKS 徽标上或者单击它，菜单栏就会出现，将菜单栏中的图标改为状态，菜单栏就可以保持可见，如图 1-4 所示。SOLIDWORKS 2019 包括【文件】、【编辑】、【视图】、【插入】、【工具】、【窗口】和【帮助】等菜单，单击可以将其打开并执行相应的命令。

◀ 文件(F) 编辑(E) 视图(V) 插入(I) 工具(T) 窗口(W) 帮助(H)

图 1-4

1.【文件】菜单

【文件】菜单包括【新建】、【打开】、【保存】和【打印】等命令，如图 1-5 所示。

2.【编辑】菜单

【编辑】菜单包括【剪切】、【复制】、【粘贴】、【删除】以及【压缩】、【解除压缩】等命令，如图 1-6 所示。

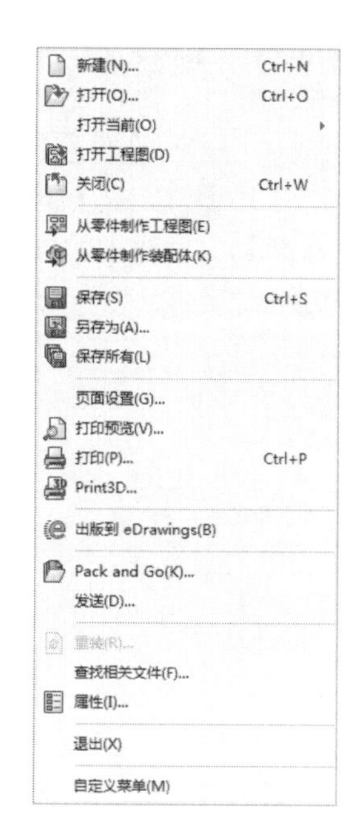

图 1-5

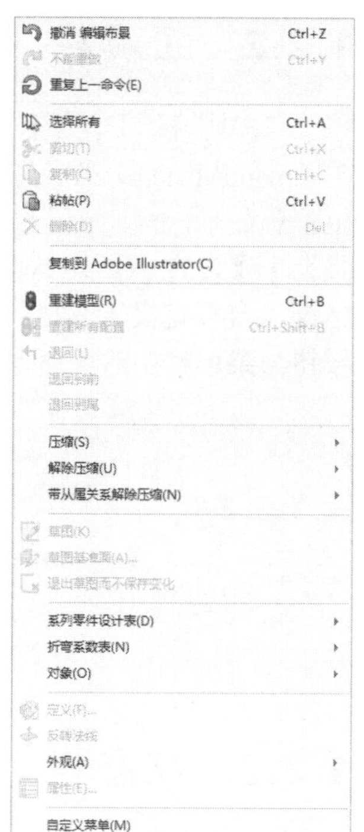

图 1-6

3.【视图】菜单

【视图】菜单包括显示控制的相关命令，如图 1-7 所示。

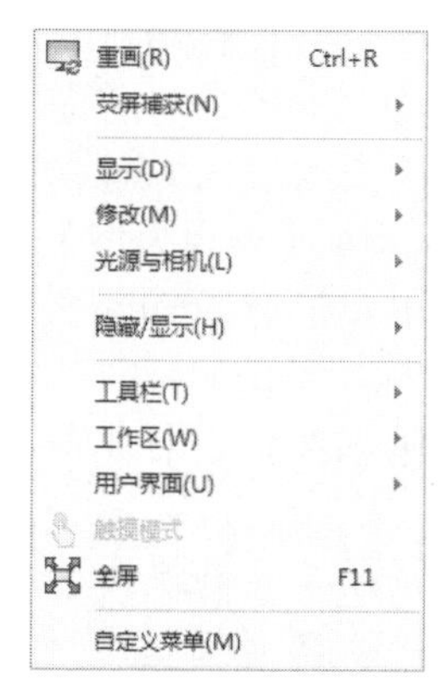

图 1-7

4. 【插入】菜单

【插入】菜单包括【凸台 / 基体】、【切除】、【特征】、【阵列 / 镜向】、【扣合特征】、【曲面】、【钣金】、【模具】等命令，如图 1-8 所示。这些命令也可通过【特征】工具栏或者选项卡中相应的功能按钮来实现。其具体操作将在以后的章节中陆续介绍。

5. 【工具】菜单

【工具】菜单包括多个命令，如【草图工具】、【关系】、【尺寸】、【几何分析】、【选择】等，如图 1-9 所示。

图 1-8　　图 1-9

6. 【窗口】菜单

【窗口】菜单包括【视口】、【新建窗口】、【层叠】等命令，如图 1-10 所示。

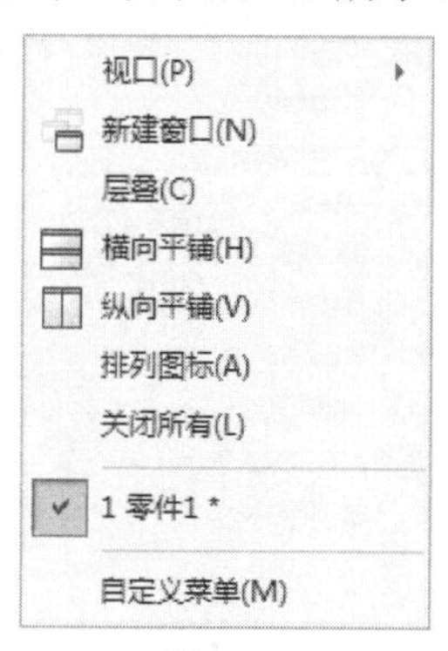

图 1-10

7. 【帮助】菜单

【帮助】菜单可提供各种信息查询，如图 1-11 所示。例如，【SOLIDWORKS 帮助】命令可展开 SOLIDWORKS 软件提供的在线帮助文件，【API 帮助】命令可展开 SOLIDWORKS 软件提供的 API（应用程序界面）在线帮助文件，这些均是用户学习中文版 SOLIDWORKS 2019 的参考。

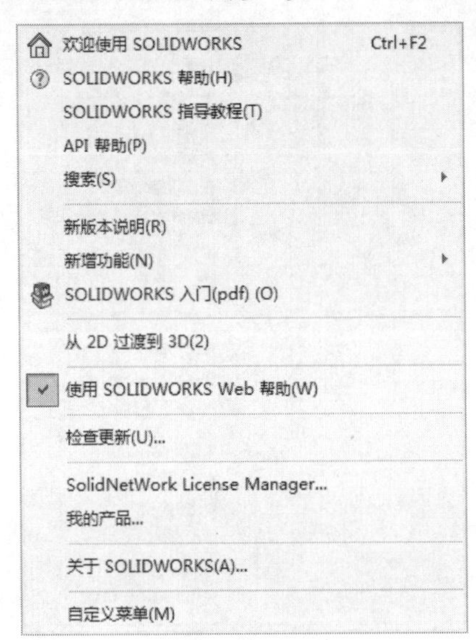

图 1-11

此外，用户还可通过快捷键访问菜单或自定义菜单命令。在 SOLIDWORKS 中单击鼠标右键，弹出与上下文相关的快捷菜单，如图 1-12 所示。可在绘图窗口和 FeatureManager（特征管理器）设计树（以下统称为“特征管理器设计树”或“设计树”）中使用快捷菜单。

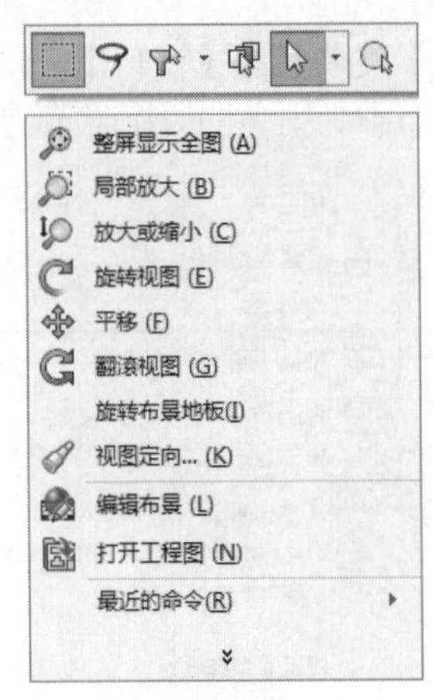

图 1-12

1.2.2 工具栏

工具栏分为【标准】工具栏和 CommandManager 工具选项卡，用户可自定义其位置和显示内容，如图 1-13 所示。用户可选择【工具】|【自定义】菜单命令，打开【自定义】对话框，自行定义工具栏。【标准】工具栏中的各按钮与菜单栏中对应命令的功能相同。

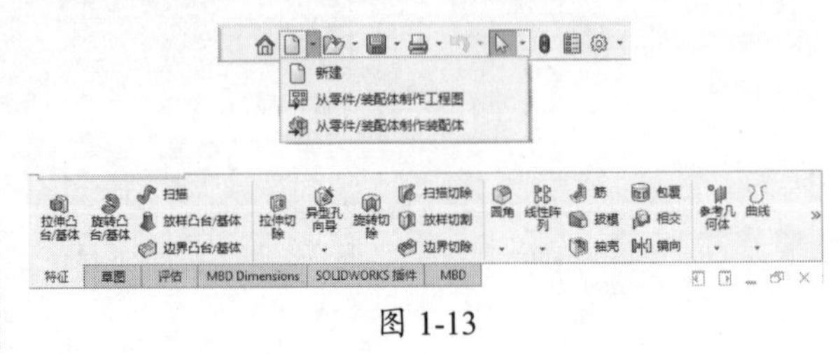

图 1-13

1.2.3 状态栏

状态栏显示了正在操作对象的状态，如图 1-14 所示。

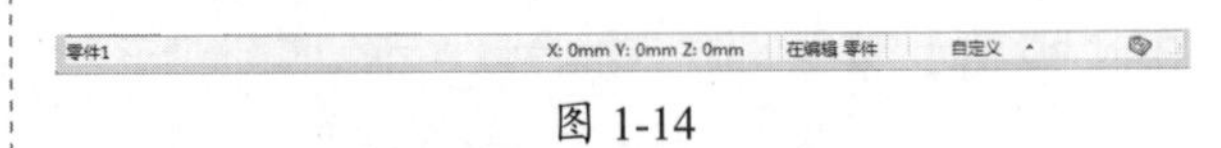

图 1-14

状态栏中提供的信息如下：

（1）当用户将鼠标指针移动到工具栏的按钮上或单击菜单命令时进行简要说明。

（2）当用户对要求重建的草图或零件进行更改时，显示【重建模型】图标。

（3）当用户进行草图相关操作时，显示草图状态及鼠标指针的坐标。

（4）对所选实体进行常规测量，如边线长度等。

（5）显示用户正在装配体中编辑零件的信息。

（6）在用户使用【系统选项】对话框中的【协作】选项时，显示可访问【重装】对话框的图标。

（7）当用户选择【暂停自动重建模型】命令时，显示“重建模型暂停”。

（8）显示或者隐藏标签对话框，可以单击按钮。

（9）如果保存通知以分钟进行，显示最近一次保存后至下次保存前的时间间隔。

1.2.4 管理器选项卡

管理器选项卡包括（特征管理器设计树）、（属性管理器）、ConfigurationManager（配置管理器）、DimXpertManager（公差分析管理器）和DisplayManager（外观管理器）5个选项卡，其中【特征管理器设计树】和【属性管理器】使用比较普遍，下面将进行详细介绍。

1. 特征管理器设计树

【特征管理器设计树】提供激活的零件、装配体或者工程图的大纲视图，可用来观察零件或装配体的生成及查看工程图的图纸和视图，如图1-15所示。

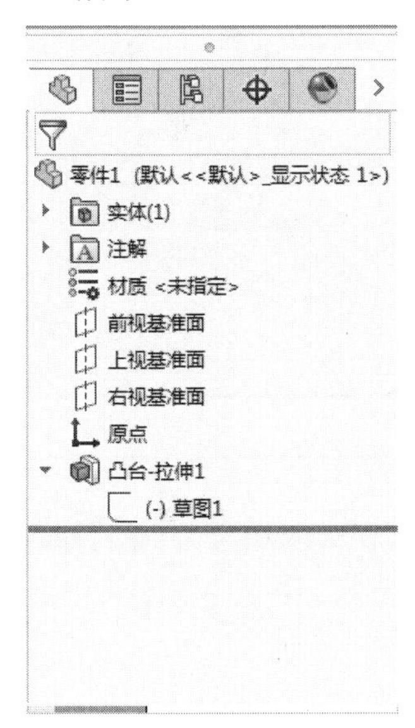

图 1-15

【特征管理器设计树】与绘图窗口为动态链接，可在设计树的任意位置中选择特征、草图、工程视图和构造几何体。

用户可分割【特征管理器设计树】，以显示出两个【特征管理器设计树】，或将【特征管理器设计树】与属性管理器或配置管理器进行组合。

2. 属性管理器

当用户在编辑特征时，出现相应的属性管理器，如图1-16所示为【凸台-拉伸】选项卡中的参数设置。属性管理器可显示草图、零件或特征的属性。

图 1-16

（1）在属性管理器中一般包含【确定】、【取消】、【帮助】、【保持可见】等按钮。

（2）【信息】框：引导用户下一步的操作，常列举出实施下一步操作的各种方法，如图1-17所示。

图 1-17

（3）选项组框：包含一组相关参数的设置，带有标题，如【方向1(1)】选项组框，单击或者箭头图标，可以扩展或者折叠选项组。

（4）选择框：处于活动状态时，显示为蓝色，如图1-18所示。在其中选择任一项目时，所选项在绘图窗口中高亮显示。若要删除所选项目，用鼠标右键单击该项目，在弹出的菜单中选择【删除】命令（针对某一项目）或者选择【消除选择】命令（针对所有项目），如图1-19所示。

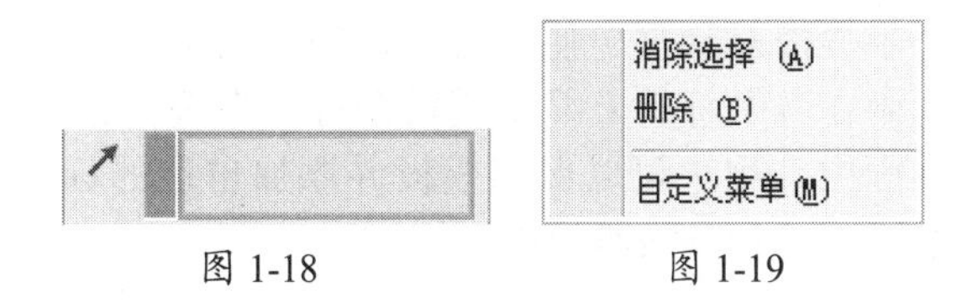

图 1-18　　图 1-19

1.2.5 任务窗格

任务窗格包括【SOLIDWORKS 资源】、【设计库】、【文件探索器】等选项卡，如图 1-20 和图 1-21 所示。

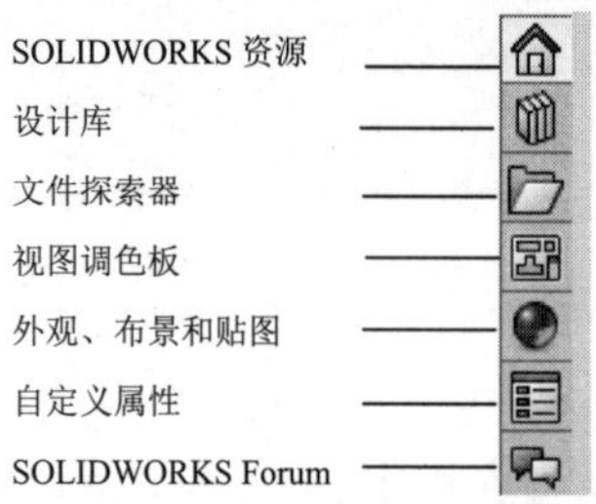

SOLIDWORKS 资源
设计库
文件探索器
视图调色板
外观、布景和贴图
自定义属性
SOLIDWORKS Forum

图 1-20

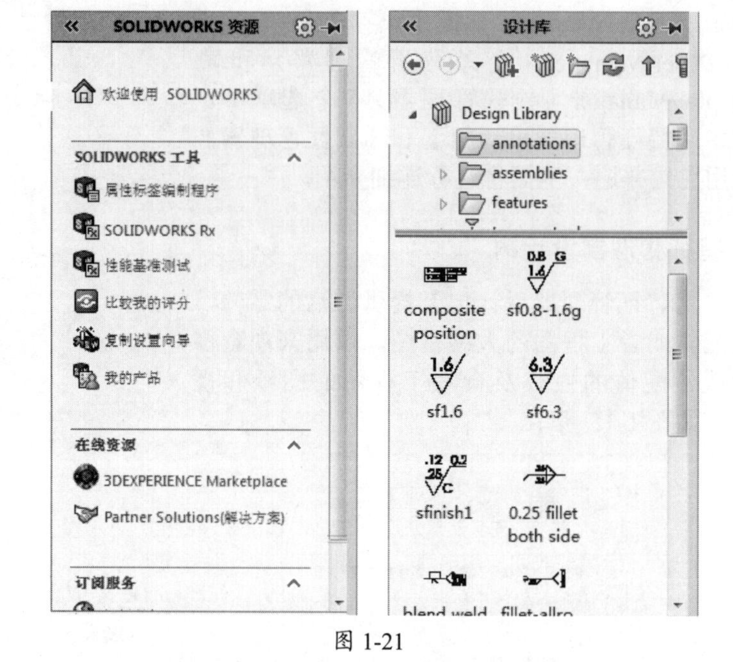

图 1-21

1.3 基本操作工具

文件的基本操作由【文件】菜单下的命令及【标准】工具栏中的相应命令按钮控制。

1.3.1 新建文件

创建新文件时，需要选择创建文件的类型。选择【文件】|【新建】菜单命令，或单击【标准】工具栏上的【新建】按钮，可以打开【新建 SOLIDWORKS 文件】对话框，如图 1-22 所示。在【新建 SOLIDWORKS 文件】对话框中有三个图标，分别是【零件】、【装配体】及【工程图】。单击对话框中需要创建文件类型的图标，然后单击【确定】按钮，就可以建立需要的文件，并进入默认的工作环境。

在 SOLIDWORKS 2019 中，【新建 SOLIDWORKS 文件】对话框有两个界面可供选择，一个是新手界面对话框，如图 1-22 所示；另一个是高级界面对话框，如图 1-23 所示。

单击图 1-22 所示的【新建 SOLIDWORKS 文件】对话框中的【高级】按钮，就可以进入高级界面；单击图 1-23 所示的【新建 SOLIDWORKS 文件】中的【新手】按钮，就可以进入新手界面。新手界面对话框中使用较简单的对话框，提供零件、装配体和工程图文档的说明；高级界面对话框中在各个标签上显示模板图标，当选择某一文件类型时，模板预览出现在【预览】框中，在该界面中，用户可以保存模板并添加自己的标签，也可以单击 Tutorial 标签，切换到 Tutorial 选项卡来访问指导教程模板。

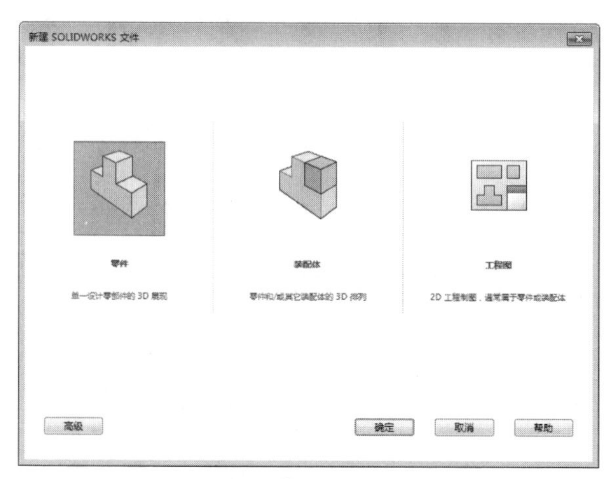

图 1-22

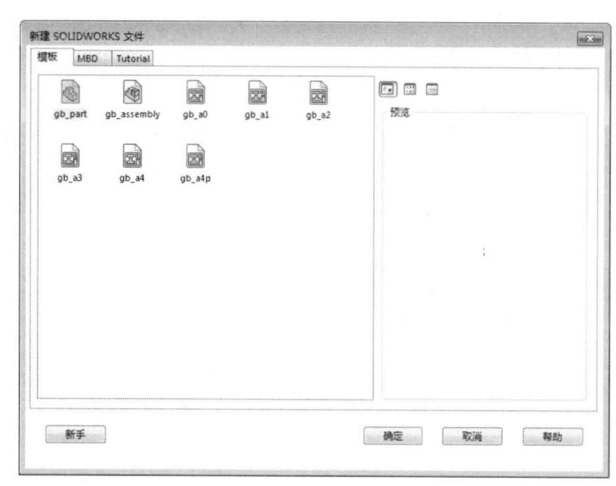

图 1-23

1.3.2 打开文件

也可打开已存储的 SOLIDWORKS 文件，对其进行相应的编辑和操作。选择【文件】|【打开】菜单命令，或单击【标准】工具栏上的【打开】按钮，打开【打开】对话框，如图 1-24 所示。

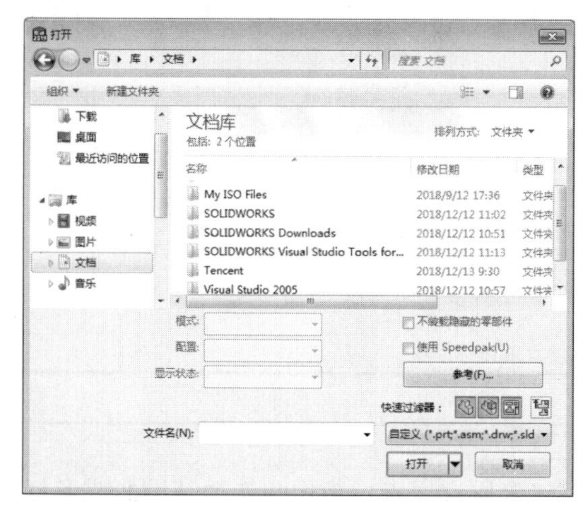

图 1-24

【打开】对话框中各项功能如下。

（1）【文件名】文本框：输入打开文件的文件名，或者单击文件列表中所需要的文件，文件名称会自动显示在【文件名】文本框中。

（2）【快速过滤器】各按钮：选择文件夹显示的所需文件，快速找到目标文件。

（3）【参考】按钮：单击该按钮，显示当前所选装配体或工程图所参考的文件清单，文件清单显示在【编辑参考的文件位置】对话框中，如图 1-25 所示。

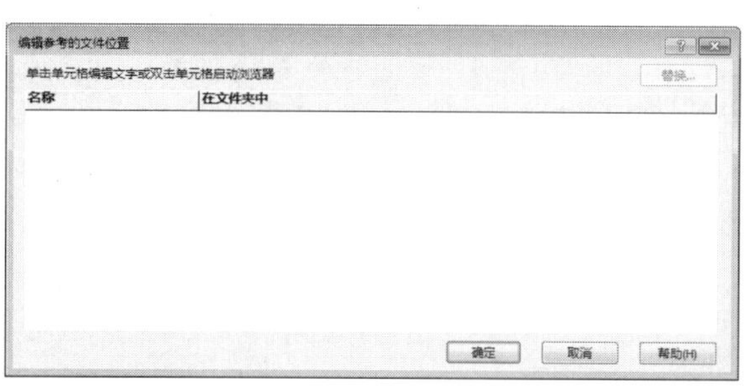

图 1-25

（4）【自定义】下拉列表框：用于选择显示文件的类型，显示的文件类型并不限于 SOLIDWORKS 类型的文件，如图 1-26 所示。默认的选项是 SOLIDWORKS 文件 *.sldprt、*.sldasm 和 *.slddrw。如果在【文件类型】下拉列表中选择了其他类型的文件，SOLIDWORKS 软件还可以调用其他软件所生成的图形并对其进行编辑。

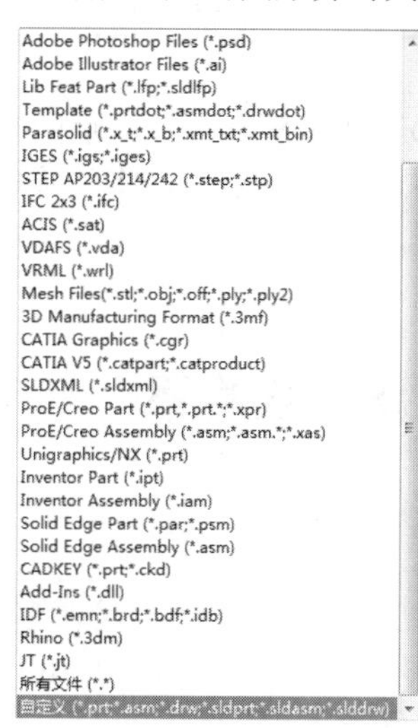

图 1-26

注意：

打开早期版本的 SOLIDWORKS 文件可能需要转换；已转换为 SOLIDWORKS 2019 格式的文件，将无法在旧版的 SOLIDWORKS 软件中打开。

1.3.3 保存文件

文件只有保存起来，在需要时才能打开该文件对其进行相应的编辑和操作。选择【文件】|【保存】菜单命令，或单击【标准】工具栏上的【保存】按钮，打开【另存为】对话框，设置位置和文件名后单击【保存】按钮即可，如图 1-27 所示。

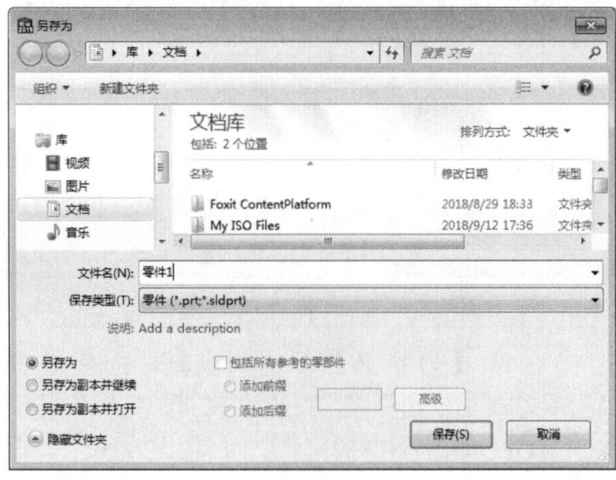

图 1-27

1.3.4 退出软件

文件保存完成后，用户可以退出 SOLIDWORKS 2019 系统。选择【文件】|【退出】菜单命令，或单击绘图区右上角的×【关闭】按钮，即可退出 SOLIDWORKS。

如果在操作过程中不小心执行了【退出】命令，或者对文件进行了编辑却没有保存文件并执行【退出】命令，系统会弹出如图 1-28 所示的提示框。

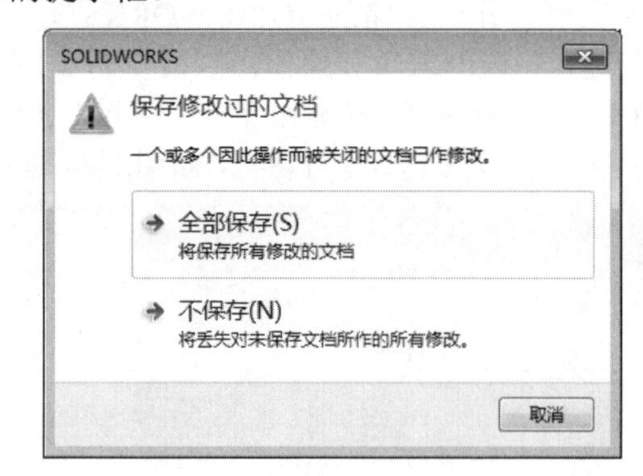

图 1-28

1.4 参考几何体

SOLIDWORKS 使用带原点的坐标系，零件文件包含原有原点。当用户选择基准面或者打开一个草图并选择某一面时，将生成一个新的原点，与基准面或者这个面对齐。原点可用作草图实体的定位点，并有助于定向轴心透视图。三维的视图引导可令用户快速定向到零件和装配体文件中的 x、y、z 轴方向。

1.4.1 参考坐标系

1. 原点

零件原点显示为蓝色，代表零件的（0，0，0）坐标。当草图处于激活状态时，草图原点显示为红色，代表草图的（0，0，0）坐标。可以将尺寸标注和几何关系添加到零件原点中，但不能添加到草图原点中。

（1）：蓝色，表示零件原点，每个零件文件中均有一个零件原点。

（2）：红色，表示草图原点，每个新草图中均有一个草图原点。

（3）：表示装配体原点。

（4）：表示零件和装配体文件中的视图引导。

2. 参考坐标系的属性设置

可定义零件或装配体的坐标系，并将此坐标系与测量和质量特性工具一起使用，也可将 SOLIDWORKS 文件导出为 IGES、STL、ACIS、STEP、Parasolid、VDA 等格式。

单击【参考几何体】工具栏中的【坐标系】按钮（或选择【插入】|【参考几何体】|【坐标系】菜单命令），系统弹出【坐标系】属性管理器，如图 1-29 所示。

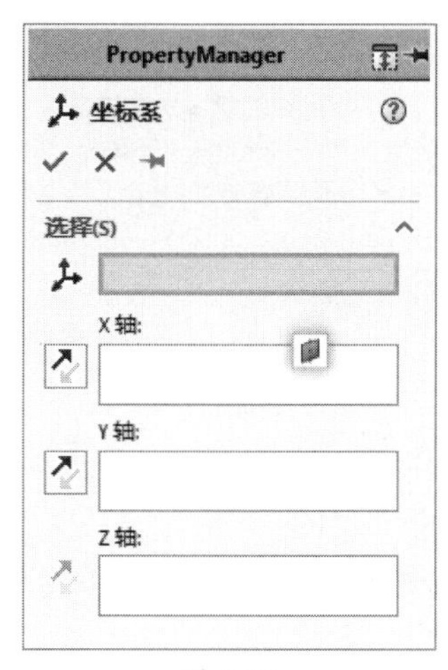

图 1-29

（1）【原点】：定义原点。单击其选择框，在绘图窗口中选择零件或者装配体中的 1 个顶点、点、中点或者默认的原点。

（2）【X 轴】、【Y 轴】、【Z 轴】（此处为与软件界面统一，使用英文大写正体，下同）：定义各轴。单击其选择框，在绘图窗口中按照以下方法之一定义所选轴的方向。

- 单击顶点、点或者中点，则轴与所选点对齐。
- 单击线性边线或者草图直线，则轴与所选的边线或者直线平行。
- 单击非线性边线或者草图实体，则轴与所选实体上选择的位置对齐。
- 单击平面，则轴与所选面的垂直方向对齐。

（3）【反转 X/Y 轴方向】按钮：反转轴的方向。

坐标系定义完成之后，单击【确定】按钮。

3. 修改和显示参考坐标系

（1）将参考坐标系平移到新的位置。

在特征管理器设计树中，用鼠标右击已生成的坐标系的图标，在弹出的菜单中选择【编辑特征】命令，系统弹出【坐标系】属性管理器，如图 1-30 所示。在【选择】选项组中，单击【原点】选择框，在绘图窗口中单击想将原点平移到的点或者顶点处，单击【确定】按钮，原点被移动到指定的位置上。

（2）切换参考坐标系的显示。

要切换坐标系的显示，可以选择【视图】|【坐标系】菜单命令。菜单命令左侧的图标下沉，表示坐标系可见。

（3）隐藏或者显示参考坐标系。

在特征管理器设计树中用鼠标右击已生成的坐标系的图标，在弹出的快捷菜单中单击【显示】（或【隐藏】）按钮，可以显示或隐藏坐标系，如图 1-31 所示。

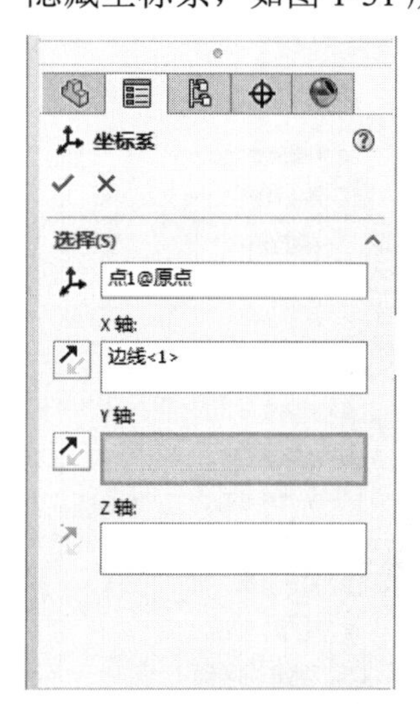

图 1-30

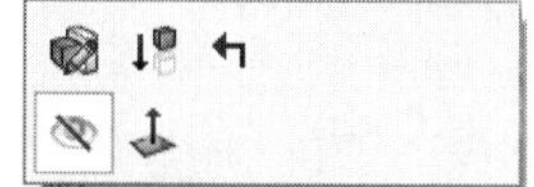

图 1-31

1.4.2 参考基准轴

参考基准轴是参考几何体中的重要组成部分。在生成草图几何体或圆周阵列时，常使用参考基准轴。

参考基准轴的用途较多，概括起来有3个。

（1）参考基准轴作为中心线。基准轴可作为圆柱体、圆孔、回转体的中心线。通常情况下，拉伸一个草图绘制的圆得到一个圆柱体，或通过旋转得到一个回转体时，SOLIDWORKS会自动生成一个临时轴，但生成圆角特征时系统不会自动生成临时轴。

（2）作为参考轴，辅助生成圆周阵列等特征。

（3）基准轴作为同轴度特征的参考轴。当两个均包含基准轴的零件需要生成同轴度特征时，可选择各个零件的基准轴作为几何约束条件，使两个基准轴在同一轴上。

1. 临时轴

每一个圆柱和圆锥面都有一条轴线。临时轴是由模型中的圆锥和圆柱隐含生成的，临时轴经常被设置为基准轴。

可设置隐藏或显示所有临时轴。选择【视图】|【隐藏/显示】|【临时轴】菜单命令，如图1-32所示，表示临时轴可见，绘图区显示如图1-33所示。

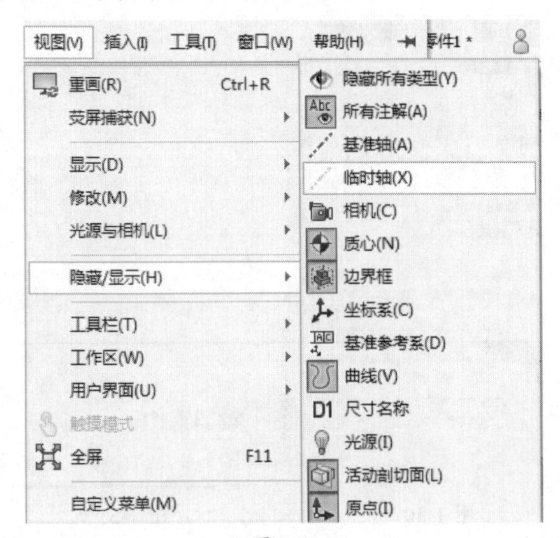

图 1-32

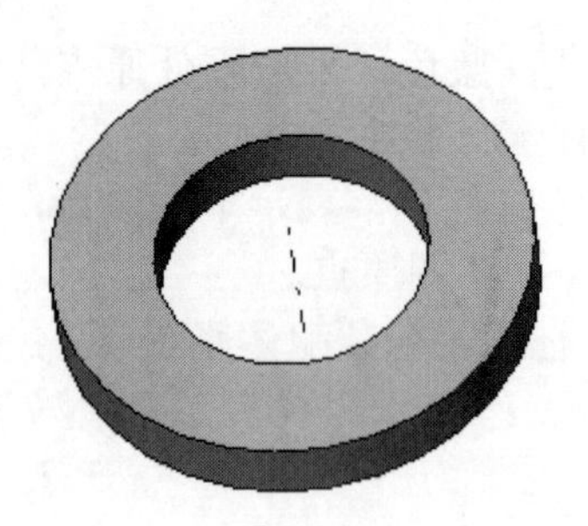

图 1-33

2. 参考基准轴的属性设置

单击【参考几何体】工具栏中的【基准轴】按钮（或者选择【插入】|【参考几何体】|【基准轴】菜单命令），系统弹出【基准轴】属性管理器，如图1-34所示。

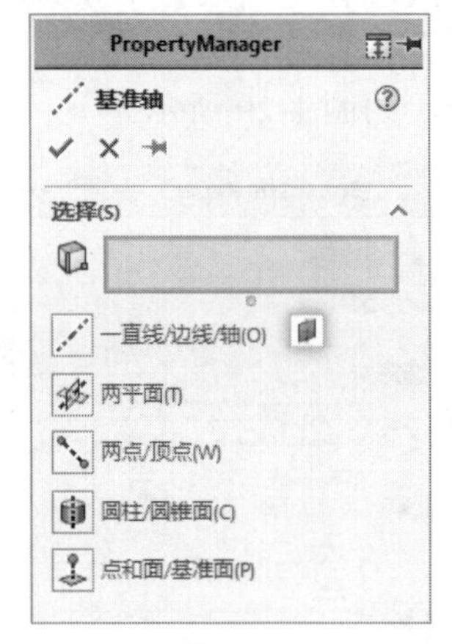

图 1-34

在【选择】选项组中选择以生成不同类型的基准轴。

（1）【一直线/边线/轴】：选择一条草图直线或边线作为基准轴，或双击选择临时轴作为基准轴，如图1-35所示。

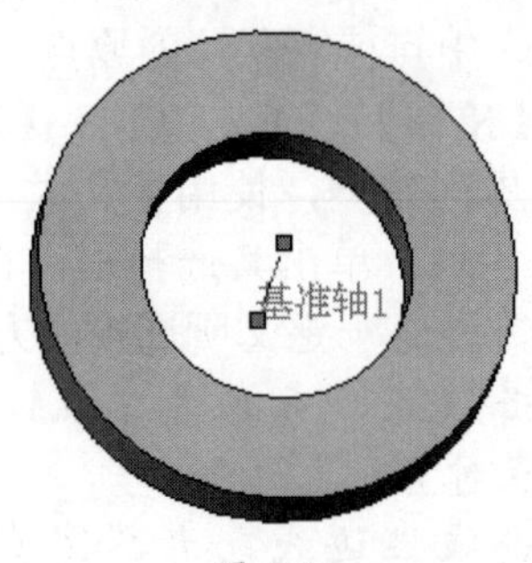

图 1-35

（2）【两平面】：选择两个平面，利用两个面的交叉线作为基准轴。

（3）【两点/顶点】：选择两个顶点、点或者中点之间的连线作为基准轴。

（4）【圆柱/圆锥面】：选择一个圆柱或者圆锥面，利用其轴线作为基准轴。

（5）【点和面/基准面】：选择一个平面（或者基准面），然后选择一个顶点（或者点、中点等），由此所生成的轴会通过所选择的顶点（或者点、中点等）垂直于所选的平面（或者基准面）。

设置属性完成后，检查【参考实体】选择框中列出的项目是否正确。

3. 显示参考基准轴

选择【视图】|【隐藏/显示】|【基准轴】菜单命令，如图1-36所示，表示基准轴可见（再次选择该命令，该图标恢复即为关闭基准轴的显示）。

图 1-36

1.4.3 参考基准面

在【特征管理器设计树】中默认提供前视、上视以及右视基准面，除了默认的基准面外，可以生成参考基准面。参考基准面用来绘制草图和为特征生成几何体。

1. 参考基准面的属性设置

单击【参考几何体】工具栏中的【基准面】按钮（或者选择【插入】|【参考几何体】|【基准面】菜单命令），系统弹出【基准面】属性管理器，如图1-37所示。

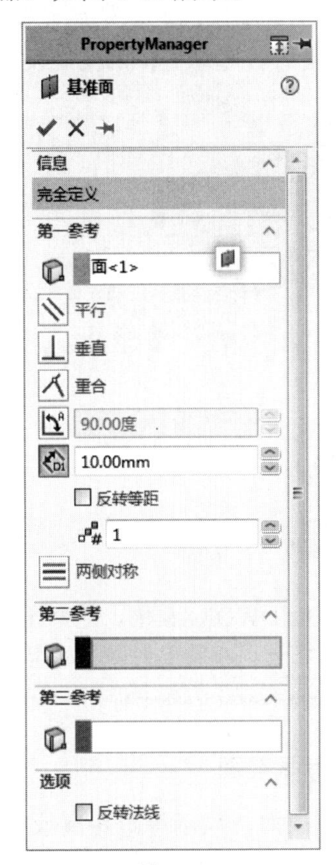

图 1-37

在【第一参考】选项组中，选择需要生成的基准面类型及项目。

（1）【平行】：通过模型的表面生成一个基准面，如图1-38所示。

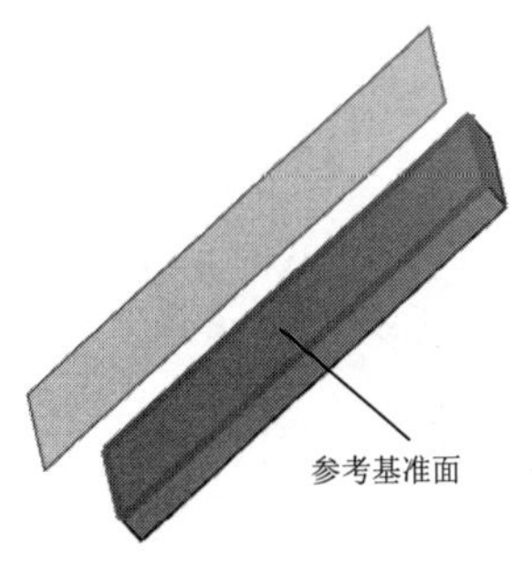

图 1-38

（2）【垂直】：可生成垂直于一条边线、轴线或者平面的基准面，如图 1-39 所示。

（3）【重合】：通过一个点、线和面生成基准面。

（4）【两面夹角】：通过一条边线（或者轴线、草图线等）与一个面（或者基准面）成一定夹角生成基准面，如图 1-40 所示。

（5）【偏移距离】：在平行于一个面（或基准面）指定距离处生成等距基准面。首先选择一个平面（或基准面），然后设置【距离】数值，如图 1-41 所示。

（6）【反转等距】：启用此复选框，在相反的方向生成基准面。

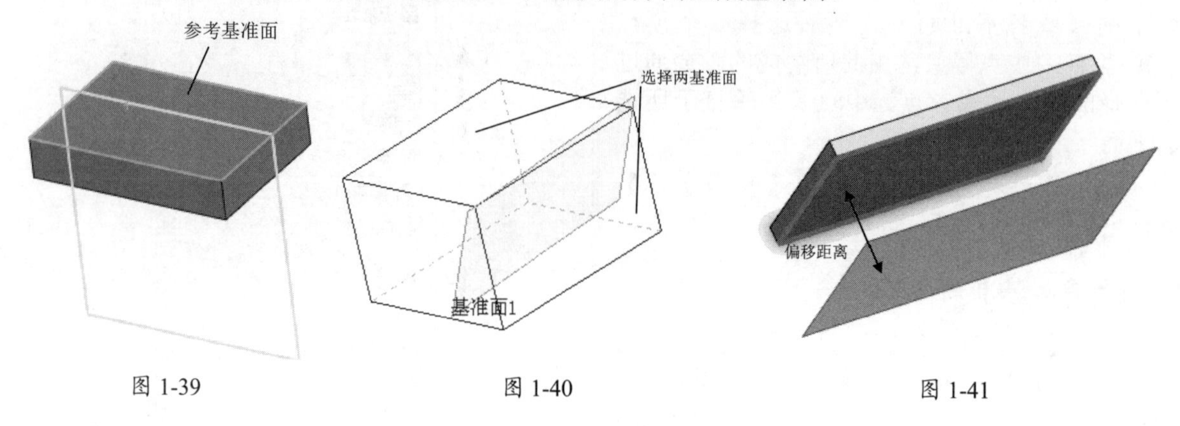

图 1-39　　图 1-40　　图 1-41

在 SOLIDWORKS 中，等距平面有时也被称为偏置平面，以便与 AutoCAD 等软件里的偏置概念相统一。在混合特征中经常需要等距生成多个平行平面。

2. 修改参考基准面

双击基准面，显示等距距离或角度。双击尺寸或角度数值，在弹出的【修改】对话框中输入新的数值，如图 1-42 所示；也可在【特征管理器设计树】中用鼠标右击已生成的基准面的图标，从弹出的菜单中选择【编辑特征】命令，在【基准面】属性管理器的【选择】选项组中输入新数值以定义基准面，单击【确定】按钮。

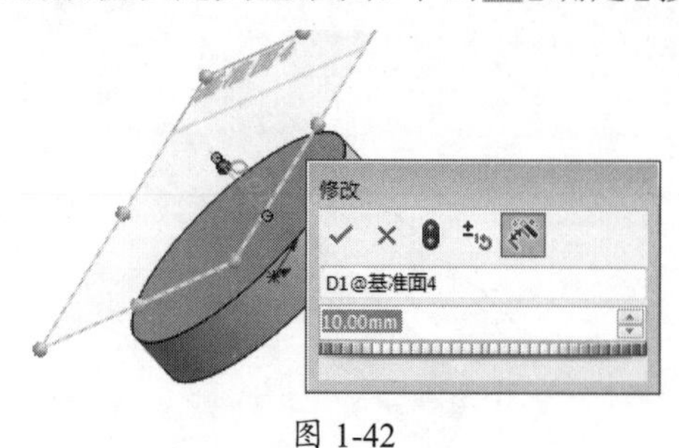

图 1-42

可使用基准面控标和边线来移动、复制基准面或者调整基准面的大小。要显示基准面控标，可在特征管理器设计树中单击已生成的基准面的图标或在绘图窗口中单击基准面的名称，也可选择基准面的边线，然后进行调整，如图 1-43 所示。

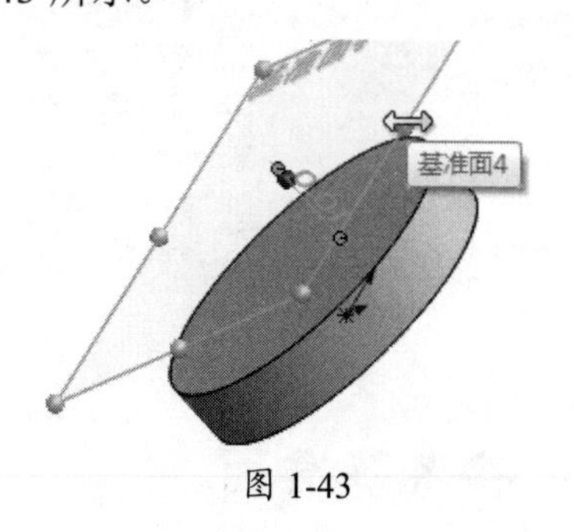

图 1-43

利用基准面控标和边线，可以进行以下操作。

（1）拖动边角或者边线控标以调整基准面的大小。

（2）拖动基准面的边线以移动基准面。

（3）通过在绘图窗口中选择基准面以复

制基准面，然后按住键盘上的 Ctrl 键并使用边线将基准面拖动至新的位置，生成一个等距基准面，如图 1-44 所示。

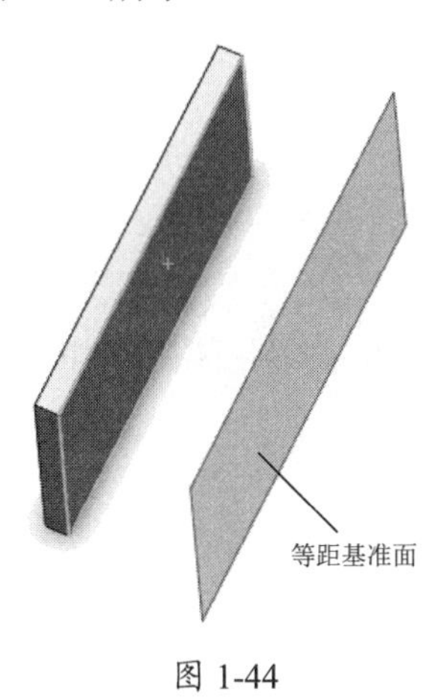

图 1-44

1.4.4 参考点

SOLIDWORKS 可生成多种类型的参考点用作构造对象，还可在彼此间已指定距离分割的曲线上生成指定数量的参考点。通过选择【视图】|【点】菜单命令，可切换参考点的显示。

单击【参考几何体】工具栏中的【点】按钮（或者选择【插入】|【参考几何体】|【点】菜单命令），系统弹出【点】属性管理器，如图 1-45 所示。

在【选择】选项组中，单击【参考实体】选择框，在绘图窗口中选择用以生成点的实体；选择要生成的点的类型，可单击【圆弧中心】、【面中心】、【交叉点】、【投影】等按钮。

单击【沿曲线距离或多个参考点】按钮，可沿边线、曲线或草图线段生成一组参考点，输入距离或百分比数值（如果数值对于生成所指定的参考点太大，会出现信息，提示设置较小的数值）。

属性设置完成后，单击【确定】按钮，生成参考点，如图 1-46 所示。

图 1-45

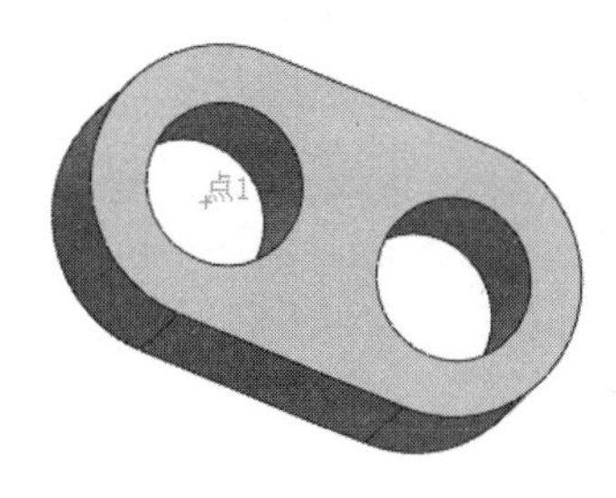

图 1-46

1.5 设计范例

本范例操作文件：\01\1-1.sldprt
本范例完成文件：\01\1-2.sldprt

案例分析

本节的范例是进行 SOLIDWORKS 软件基本操作的练习，包括打开文件、保存文件、各种参考系的创建和软件界面的熟悉。

案例操作

步骤01 打开文件

① 单击【标准】工具栏中的【打开】按钮，如图1-47所示。

② 在弹出的【打开】对话框中，选择“1-1”零件。

③ 在【打开】对话框中，单击【打开】按钮。

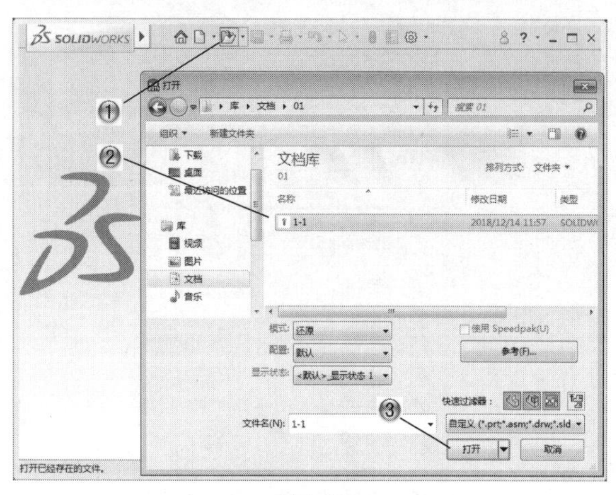

图 1-47

步骤02 设置前视图

① 单击【视图】工具栏中的【前视】按钮，如图1-48所示。

② 绘图区显示零件前视图。

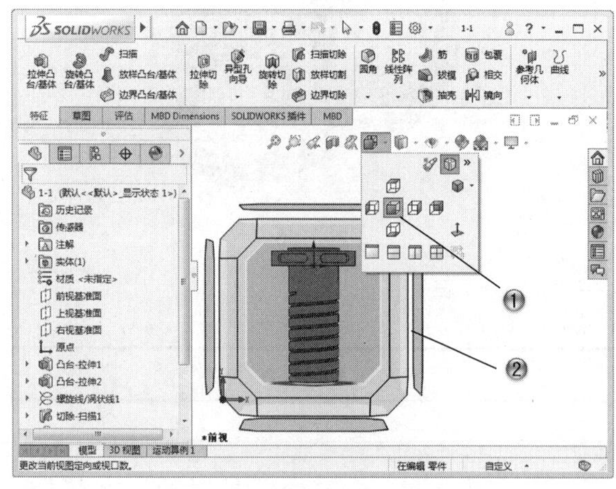

图 1-48

步骤03 设置上视图

① 单击【视图】工具栏中的【上视】按钮，如图1-49所示。

② 绘图区显示零件上视图。

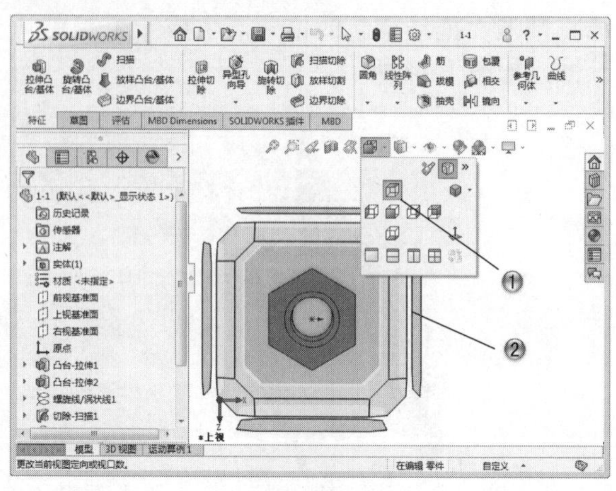

图 1-49

步骤04 设置等轴测视图

① 单击【视图】工具栏中的【等轴测】按钮，如图1-50所示。

② 绘图区显示零件等轴测视图。

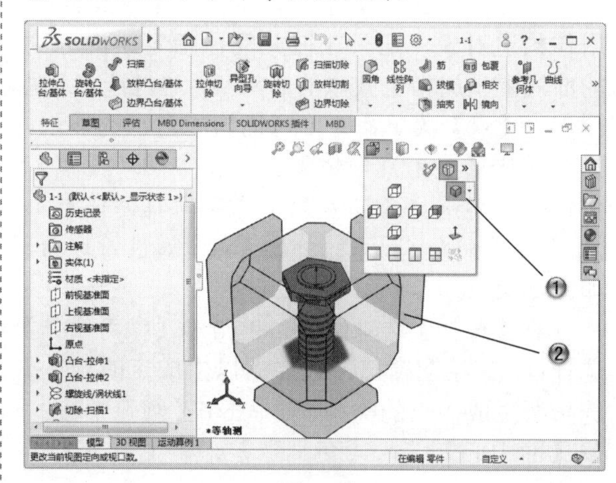

图 1-50

步骤05 设置消除隐藏线视图

① 单击【视图】工具栏中的【消除隐藏线】按钮，如图1-51所示。

② 绘图区显示零件消除隐藏线视图。

步骤06 设置线架图视图

① 单击【视图】工具栏中的【线架图】按钮，如图1-52所示。

② 绘图区显示零件线架图视图。

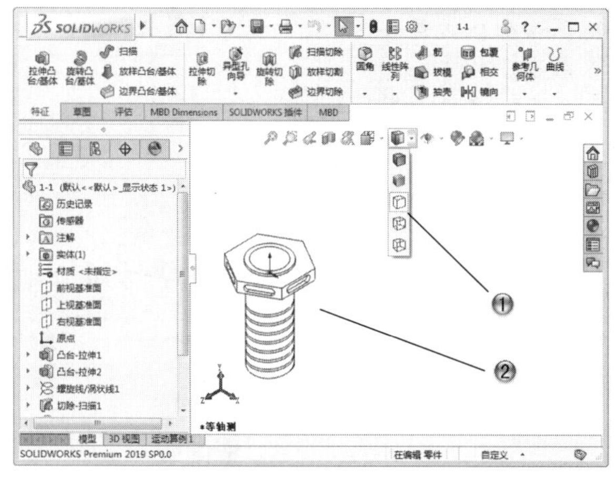

图 1-51

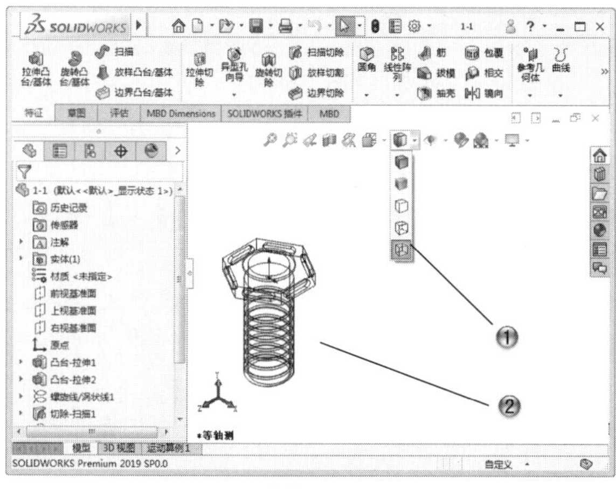

图 1-52

步骤 07 创建基准面

① 单击【特征】选项卡中的【基准面】按钮，如图 1-53 所示。

② 在绘图区选择参考面。

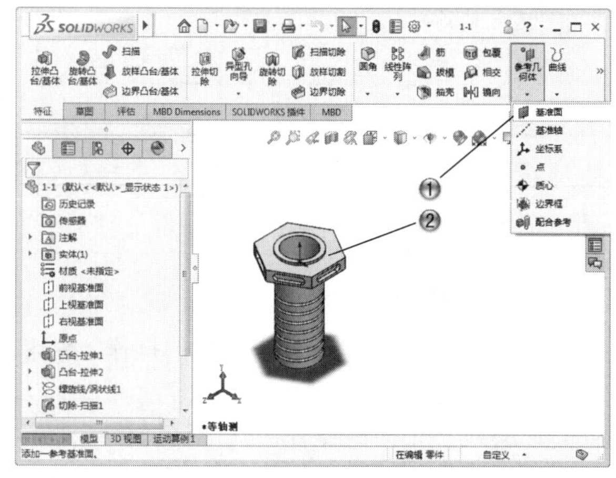

图 1-53

步骤 08 设置基准面参数

① 在【基准面】属性管理器中设置参数，如图 1-54 所示。

② 单击【确定】按钮。

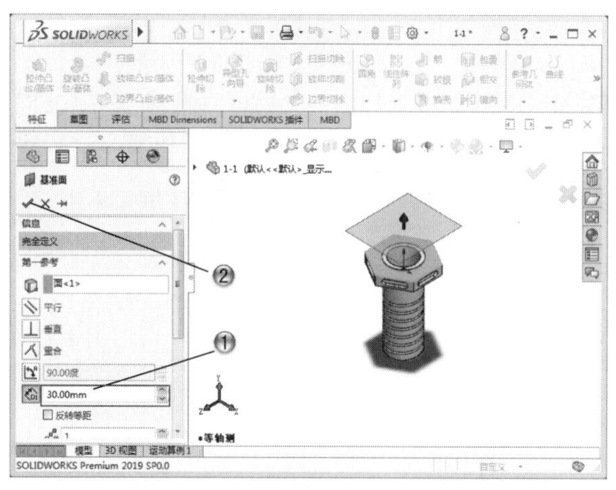

图 1-54

步骤 09 创建点

① 单击【特征】选项卡中的【点】按钮，如图 1-55 所示。

② 在绘图区选择参考边线。

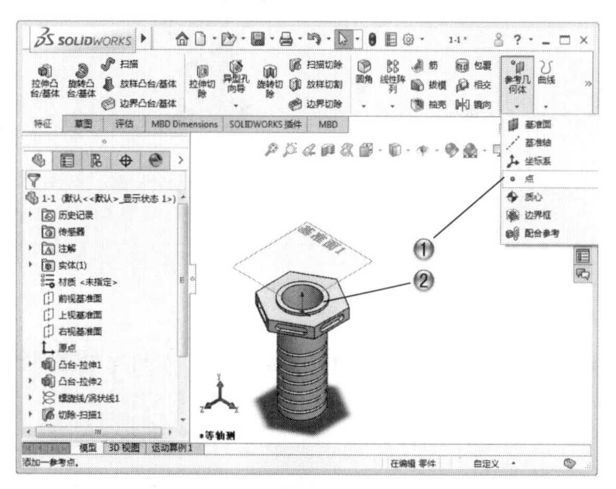

图 1-55

步骤 10 设置点参数

① 在【点】属性管理器中单击【圆弧中心】按钮，如图 1-56 所示。

② 单击【确定】按钮。

步骤 11 创建坐标系

① 单击【特征】选项卡中的【坐标系】按钮，如图 1-57 所示。

② 在绘图区选择参考点。

③ 单击✓【确定】按钮。

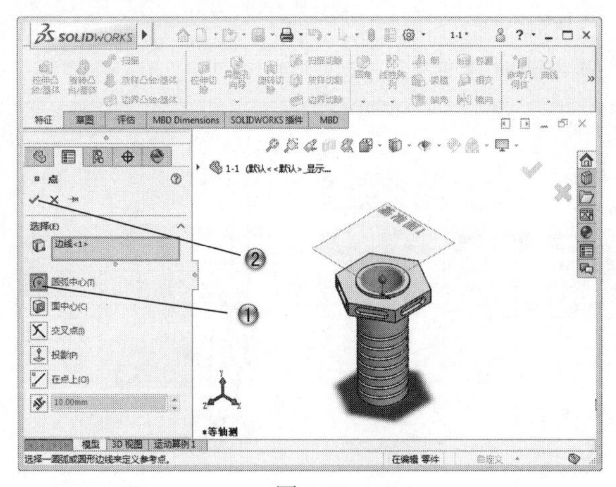

图 1-56

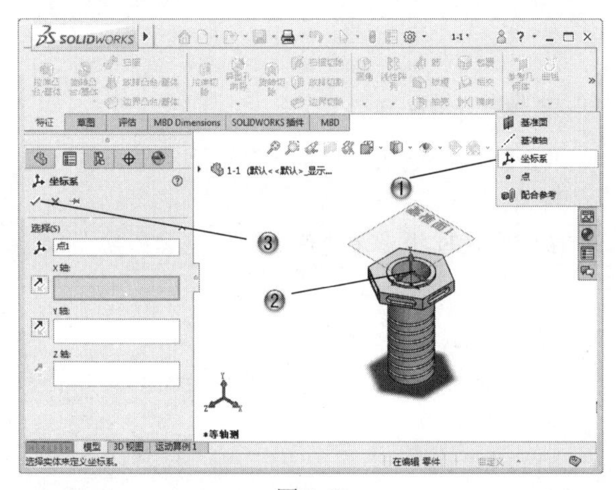

图 1-57

步骤 12 创建基准轴

① 单击【特征】选项卡中的【基准轴】按钮，如图 1-58 所示。

② 在绘图区选择参考面，单击【圆柱/圆锥面】按钮。

③ 单击✓【确定】按钮。

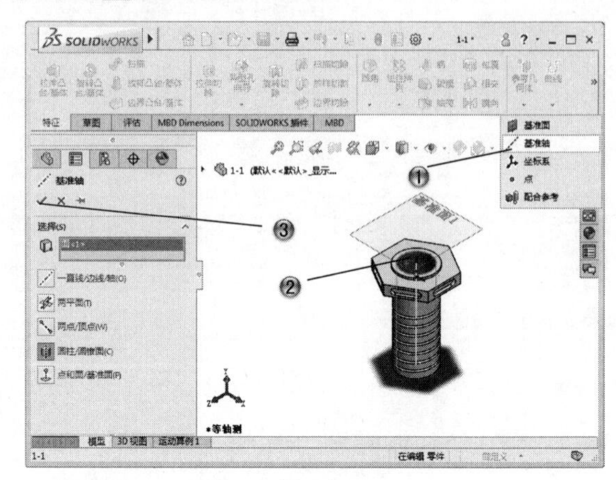

图 1-58

步骤 13 保存文件

① 单击【标准】工具栏中的【另存为】按钮，如图 1-59 所示。

② 在弹出的【另存为】对话框中，设置文件名。

③ 单击【保存】按钮。

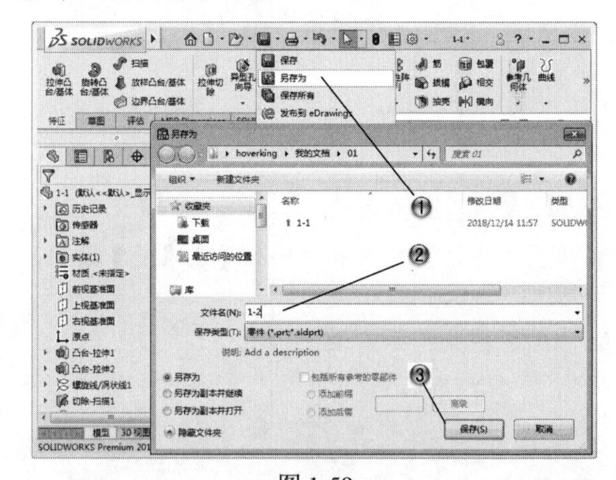

图 1-59

1.6 本章小结和练习

1.6.1 本章小结

本章主要介绍了中文版 SOLIDWORKS 2019 的软件界面和文件的基本操作方法，以及生成和修改参考几何体的方法，希望读者能够在本章的学习中掌握这部分内容，从而为以后生成实体和曲面特征打好基础。

1.6.2 练习

1. 熟悉 SOLIDWORKS 软件的操作方法和零件操作工具。

2. 新建一个简单零件，并进行保存。

3. 在零件的基础上创建新的参考几何体。

第 2 章

草图设计

本章导读

使用 SOLIDWORKS 软件进行设计是由绘制草图开始的，在草图基础上生成特征模型，进而生成零件等。因此，草图绘制对 SOLIDWORKS 三维零件的模型生成非常重要，是使用该软件的基础。一个完整的草图包括几何形状、几何关系和尺寸标注等信息，草图绘制是 SOLIDWORKS 进行三维建模的基础。

本章将详细介绍草图绘制的基本概念、草图绘制、草图编辑以及 3D 草图的生成方法。

2.1 基本概念

在使用草图绘制命令前，首先要了解草图绘制的基本概念，以更好地掌握草图绘制和草图编辑的方法。本节主要介绍草图的基本操作、认识草图绘制工具栏，熟悉绘制草图时光标的显示状态。

2.1.1 绘图区

草图必须绘制在平面上，这个平面既可以是基准面，也可以是三维模型上的平面。初始进入草图绘制状态时，系统默认有三个基准面：前视基准面、右视基准面和上视基准面，如图 2-1 所示。由于没有其他平面，因此零件的初始草图绘制是从系统默认的基准面开始的。

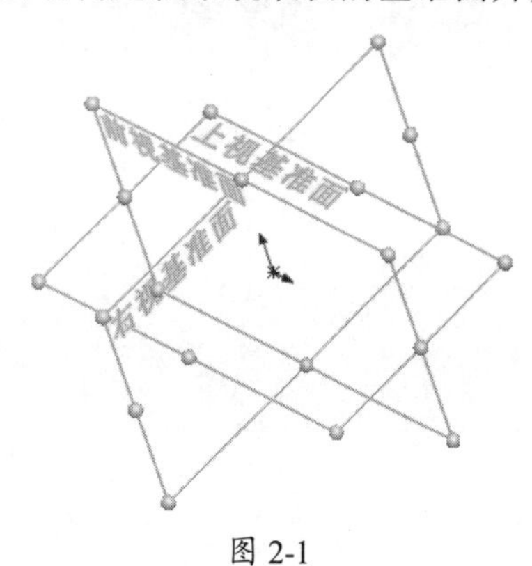

图 2-1

1.【草图】工具栏

【草图】工具栏中的工具按钮，作用于绘图区中的整个草图，如图 2-2 所示。

图 2-2

2. 状态栏

当草图处于激活状态，绘图区底部的状态栏会显示草图的状态，如图 2-3 所示。

-120.54mm　-15.36mm　0mm 欠定义　在编辑 草图1　自定义

图 2-3

（1）绘制实体时显示鼠标指针位置的坐标。

（2）显示“过定义”“欠定义”或者“完全定义”等草图状态。

（3）如果工作时草图网格线为关闭状态，提示处于绘制状态，例如“正在编辑：草图 n”（n 为草图绘制时的标号）。

（4）当鼠标指针指向菜单命令或者工具按钮时，状态栏左侧会显示此命令或按钮的简要说明。

3. 草图原点

激活的草图其原点为红色，可通过原点了解所绘制草图的坐标。零件中的每个草图都有自己的原点，所以在一个零件中通常有多个草图原点。当草图打开时，不能关闭对其原点的显示。

4. 视图定向

进入草图绘制后，此时绘图区域出现系统默认基准面，系统要求选择基准面。第一个选择的草图基准面决定零件的方位。默认情况下，新草图在前视基准面中打开。也可在【特征管理器设计树】或绘图区选择任意平面作为草图绘制的平面，单击【视图】工具栏的【视图定向】按钮，在弹出的菜单中选择【正视于】命令，将视图切换至指定平面的法线方向，如图 2-4 所示。如果操作时出现错误或需要修改，可选择【视图】|【修改】|【视图定向】菜单命令，在弹出的【方向】面板中单击【更新标准视图】按钮重新定向，如图 2-5 所示。

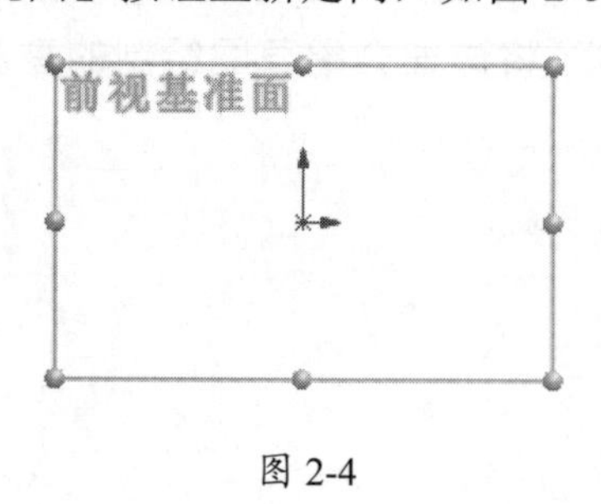

图 2-4

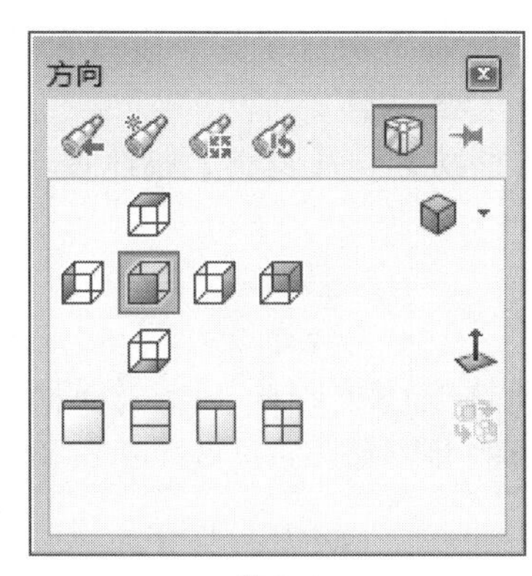

图 2-5

2.1.2 草图选项

1. 设置草图的系统选项

选择【工具】|【选项】菜单命令，弹出【系统选项】对话框，选择【草图】选项并进行设置，如图 2-6 所示，单击【确定】按钮。

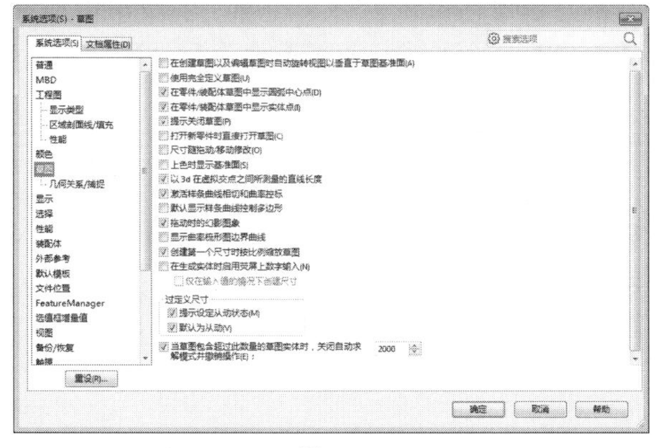

图 2-6

其中一些较常用的设置选项介绍如下。

（1）【使用完全定义草图】：启用该复选框，必须完全定义用来生成特征的草图。

（2）【在零件 / 装配体草图中显示圆弧中心点】：启用该复选框，草图中显示圆弧中心点。

（3）【在零件 / 装配体草图中显示实体点】：启用该复选框，草图实体的端点以实心原点的方式显示。该原点的颜色反映草图实体的状态（即黑色为"完全定义"，蓝色为"欠定义"，红色为"过定义"，绿色为"当前所选定的草图"）。无论选项如何设置，过定义的点与悬空的点总是会显示出来。

（4）【提示关闭草图】：启用该复选框，如果生成一个开环轮廓且可用模型的边线封闭的草图，系统会弹出提示信息："封闭草图至模型边线？"可选择用模型的边线封闭草图轮廓及方向。

（5）【打开新零件时直接打开草图】：启用该复选框，新零件窗口在前视基准面中打开，可直接使用草图绘图区和草图绘制工具。

（6）【尺寸随拖动 / 移动修改】：启用该复选框，可通过拖动草图实体或在【移动】、【复制】属性管理器中移动实体以修改尺寸值，拖动后，尺寸自动更新；也可选择【工具】|【草图设定】|【尺寸随拖动 / 移动修改】菜单命令。

（7）【上色时显示基准面】：启用该复选框，在上色模式下编辑草图时，基准面被着色。

2.【草图设置】菜单

打开【工具】|【草图设置】菜单，如图 2-7 所示，在此菜单中可以使用草图的各种设置命令。

图 2-7

（1）【自动添加几何关系】：在添加草图实体时自动建立几何关系。

（2）【自动求解】：在生成零件时自动求解草图几何体。

（3）【激活捕捉】：可激活快速捕捉功能。

（4）【上色草图轮廓】：对草图轮廓进行着色，方便观察。

（5）【移动时不求解】：可在不解出尺寸或几何关系的情况下，在草图中移动草图实体。

（6）【独立拖动单一草图实体】：可从实体中拖动单一草图实体。

（7）【尺寸随拖动 / 移动修改】：拖动草图实体或在【移动】、【复制】属性管理器中将其移动以覆盖尺寸。

3. 草图网格线和捕捉

当草图或者工程图处于激活状态时，可选择在当前的草图或工程图上显示网格线。由于 SOLIDWORKS 是参变量式设计，所以草图网格线和捕捉功能并不像 AutoCAD 那么重要，在大多数情况下不需要使用该功能。

2.2 绘制草图

上一节介绍了草图绘制命令及其基本概念，本节将介绍草图绘制命令的使用方法。在 SOLIDWORKS 建模过程中，大部分特征都需要先建立草图实体然后再执行特征命令，因此本节的内容非常重要。

2.2.1 直线

1. 绘制直线的方法

（1）单击【草图】工具栏中的【直线】按钮或选择【工具】|【草图绘制实体】|【直线】菜单命令，系统弹出【插入线条】属性管理器，如图 2-8 所示。

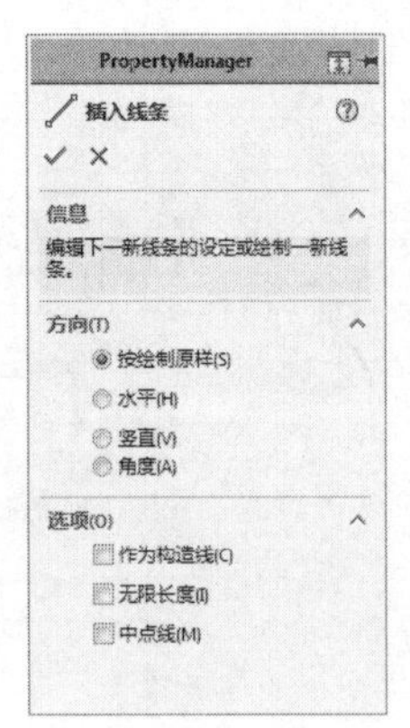

图 2-8

（2）可按照下述方法生成单一线条或直线链。

生成单一线条：在绘图区中单击鼠标左键，定义直线起点的位置，将鼠标指针拖动到直线的终点位置后释放鼠标。

生成直线链：将鼠标指针拖动到直线的一个终点位置单击鼠标左键，然后将鼠标指针拖动到直线的第二个终点位置再次单击鼠标左键，最后单击鼠标右键，在弹出的菜单中选择【选择】命令或【结束链】命令后结束绘制。

2.【线条属性】属性设置

在绘图区中选择绘制的直线，弹出【线条属性】属性管理器，设置该直线的属性，如图 2-9 所示。

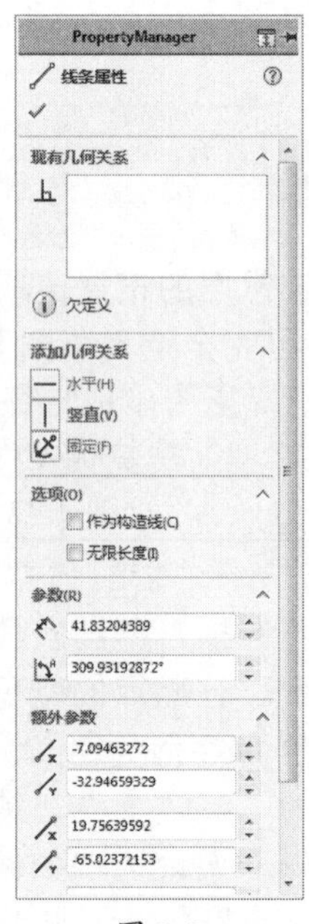

图 2-9

（1）【现有几何关系】选项组。

该选项组显示现有几何关系，即草图绘制过程中自动推理或使用【添加几何关系】选项组手动生成的现有几何关系。该选项组还显示所选草图实体的状态信息，如“欠定义”“完全定义”等。

（2）【添加几何关系】选项组。

该选项组可将新的几何关系添加到所选草图实体中，其中只列举了所选直线实体可使用的几何关系，如【水平】、【竖直】和【固定】等。

（3）【选项】选项组。

- 【作为构造线】：可以将实体直线转换为构造几何体的直线。
- 【无限长度】：可以生成一条可剪裁的、无限长度的直线。

（4）【参数】选项组。

- 【长度】：设置该直线的长度。
- 【角度】：相对于网格线的角度，水平角度为180°，竖直角度为90°，且逆时针为正向。

（5）【额外参数】选项组：设置线条端点的坐标。

2.2.2 圆

1. 绘制圆的方法

（1）单击【草图】工具栏中的【圆】按钮或选择【工具】|【草图绘制实体】|【圆】菜单命令，系统弹出【圆】属性管理器，如图2-10所示。

（2）在【圆类型】选项组中，若单击【圆】按钮，则在绘图区中单击鼠标左键可放置圆心；若单击【周边圆】按钮，在绘图区中单击鼠标左键便可放置圆弧，如图2-11所示。

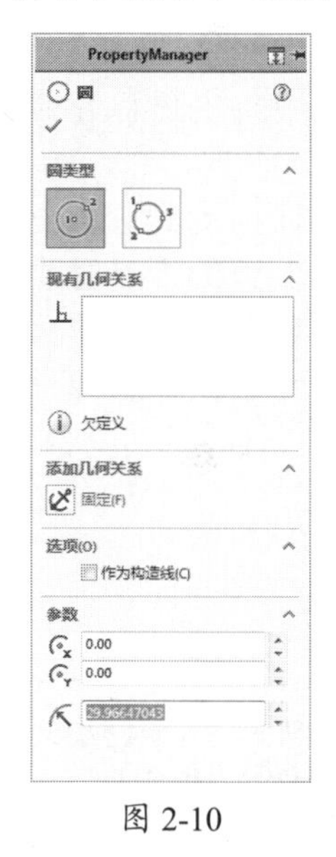

图 2-10

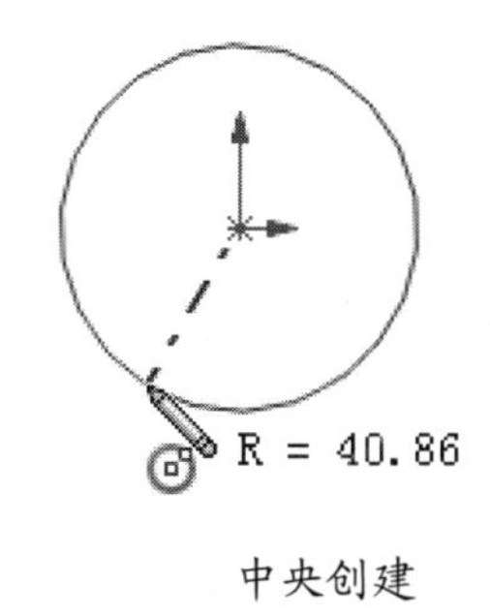

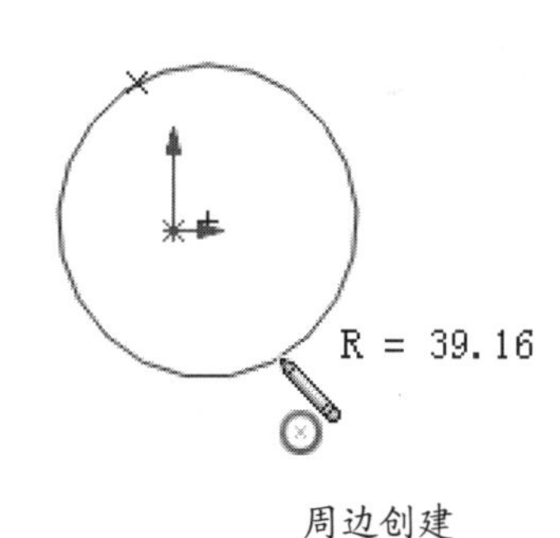

图 2-11

（3）拖动鼠标指针以定义半径。

（4）设置圆的属性，单击【确定】按钮，完成圆的绘制。

2. 【圆】属性设置

在绘图区选择绘制的圆，系统弹出【圆】属性管理器，可设置其属性，如图2-12所示。

（1）【现有几何关系】选项组。

可显示现有几何关系及所选草图实体的状态信息。

（2）【添加几何关系】选项组。

可将新的几何关系添加到所选的草图实体圆中。

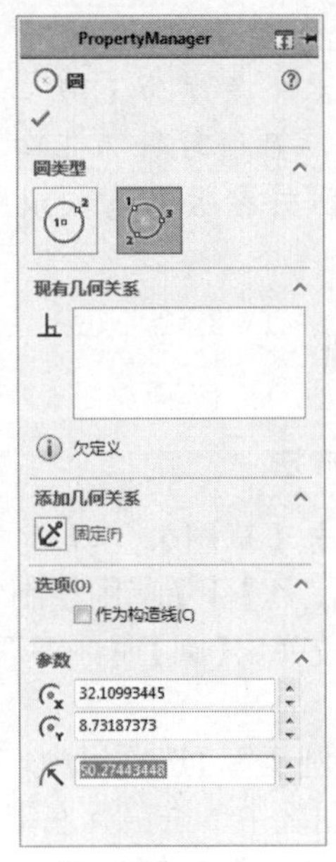

图 2-12

（3）【选项】选项组。

可启用【作为构造线】复选框，将实体圆转换为构造几何体的圆。

（4）【参数】选项组。

用来设置圆心的位置坐标和圆的半径尺寸。

- 【X 坐标置中】：设置圆心的 x 坐标。
- 【Y 坐标置中】：设置圆心的 y 坐标。
- 【半径】：设置圆的半径。

2.2.3 圆弧

圆弧有【圆心 / 起 / 终点画弧】、【切线弧】和【3 点圆弧】三种绘制方法。

1. 绘制圆心 / 起 / 终点画弧

（1）单击【草图】工具栏中的【圆心 / 起 / 终点画弧】按钮或者选择【工具】|【草图绘制实体】|【圆心 / 起 / 终点画弧】菜单命令。

（2）确定圆心，在绘图区中单击鼠标左键放置圆弧圆心。

（3）拖动鼠标指针放置起点、终点。

（4）单击鼠标左键，显示圆周参考线。

（5）拖动鼠标指针确定圆弧的长度和方向，然后单击鼠标左键。

（6）设置圆弧属性，单击【确定】按钮，完成圆弧的绘制。

2. 绘制切线弧

（1）单击【草图】工具栏中的【切线弧】按钮或选择【工具】|【草图绘制实体】|【切线弧】菜单命令。

（2）在直线、圆弧、椭圆或者样条曲线的端点处单击鼠标左键，系统弹出【圆弧】属性管理器。

（3）拖动鼠标指针绘制所需的形状，单击鼠标左键。

（4）设置圆弧的属性，单击【确定】按钮，完成圆弧的绘制。

3. 绘制 3 点圆弧

（1）单击【草图】工具栏中的【3 点圆弧】按钮或者选择【工具】|【草图绘制实体】|【三点圆弧】菜单命令，系统弹出【圆弧】属性管理器。

（2）在绘图区中单击鼠标左键确定圆弧的起点位置。

（3）将鼠标指针拖动到圆弧结束处，再次单击鼠标左键确定圆弧的终点位置。

（4）拖动圆弧设置圆弧的半径，必要时可更改圆弧的方向，单击鼠标左键。

（5）设置圆弧的属性，单击【确定】按钮，完成圆弧的绘制。

4.【圆弧】属性设置

在【圆弧】属性管理器中，可设置所绘制的【圆心 / 起 / 终点画弧】、【切线弧】和【3 点圆弧】的属性，如图 2-13 所示。

（1）【现有几何关系】选项组。

显示现有的几何关系，即在草图绘制过程中自动推理或使用【添加几何关系】选项组手动生成的几何关系（在列表中选择某一几何关系时，绘图区中的标注会高亮显示）；显示所选草图实体的状态信息，如“欠定义”“完全定义”等。

（2）【添加几何关系】选项组。

只列举所选实体可使用的几何关系，如【固定】等。

图 2-13

（3）【选项】选项组。

启用【作为构造线】复选框，可将实体圆弧转换为构造几何体的圆弧。

（4）【参数】选项组。

如果圆弧不受几何关系约束，可指定这些参数中的任何适当组合以定义圆弧。当更改一个或者多个参数时，其他参数会自动更新。

2.2.4 椭圆和椭圆弧

使用【椭圆】命令可生成一个完整椭圆，使用【部分椭圆】命令可生成一个椭圆弧。

1. 绘制椭圆

（1）选择【工具】|【草图绘制实体】|【椭圆（长短轴）】菜单命令，系统弹出【椭圆】属性管理器。

（2）在绘图区中单击鼠标左键放置椭圆中心。

（3）拖动鼠标指针并单击鼠标左键定义椭圆的长轴（或者短轴）。

（4）拖动鼠标指针并再次单击鼠标左键定义椭圆的短轴（或者长轴）。

（5）设置椭圆的属性，单击✔【确定】按钮，完成椭圆的绘制。

2. 绘制椭圆弧

（1）选择【工具】|【草图绘制实体】|【部分椭圆】菜单命令，系统弹出【椭圆】属性管理器。

（2）在绘图区中单击鼠标左键放置椭圆的中心位置。

（3）拖动鼠标指针并单击鼠标左键定义椭圆的第一个轴。

（4）拖动鼠标指针并单击鼠标左键定义椭圆的第二个轴，保留圆周引导线。

（5）围绕圆周拖动鼠标指针定义椭圆弧的范围。

（6）设置椭圆弧属性，单击✔【确定】按钮，完成椭圆弧的绘制。

3. 【椭圆】属性设置

可在【椭圆】属性管理器中编辑其属性，其中大部分选项组中的属性设置与【圆】属性设置相似，如图 2-14 所示，在此不做赘述。

【参数】选项组中的数值框，分别定义圆心的 x、y 坐标和短、长轴的长度。

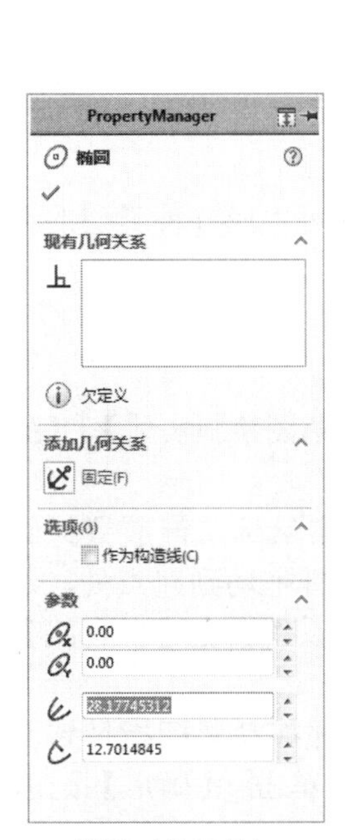

椭圆（长短轴）

部分椭圆

图 2-14

2.2.5 矩形和平行四边形

使用【矩形】命令可生成水平或竖直的矩形；使用【平行四边形】命令可生成任意角度的平行四边形。

（1）单击【草图】工具栏中的【边角矩形】按钮或选择【工具】|【草图绘制实体】|【矩形】菜单命令。

（2）在绘图区中单击鼠标左键放置矩形的第一个顶点，拖动鼠标指针定义矩形。在拖动鼠标指针时，会动态显示矩形的尺寸，当矩形的大小和形状符合要求时释放鼠标。

（3）要更改矩形的大小和形状，可选择并拖动一条边或一个顶点。在【线条属性】或【点】属性管理器中，【参数】选项组定义其位置坐标、尺寸等，也可以使用【智能尺寸】按钮定义矩形的位置坐标、尺寸等。单击✔【确定】按钮，完成矩形的绘制。

平行四边形的绘制方法与矩形类似，单击【草图】工具栏中的【平行四边形】按钮或选择【工具】|【草图绘制实体】|【平行四边形】菜单命令即可。

如果需要改变矩形或平行四边形中单条边线的属性，选择该边线，在【线条属性】属性管理器中编辑其属性。

2.2.6 抛物线

使用【抛物线】命令可生成各种类型的抛物线。

1. 绘制抛物线

（1）选择【工具】|【草图绘制实体】|【抛物线】菜单命令。

（2）在绘图区中单击鼠标左键放置抛物线的焦点，然后将鼠标指针拖动到起点处，沿抛物线轨迹绘制抛物线，系统弹出【抛物线】属性管理器。

（3）单击鼠标左键并拖动鼠标指针定义抛物线，设置抛物线属性，单击【确定】按钮，完成抛物线的绘制。

2. 【抛物线】属性设置

（1）在绘图区中选择绘制的抛物线，当鼠标指针位于抛物线上时会变成形状。系统弹出【抛物线】属性管理器，如图 2-15 所示。

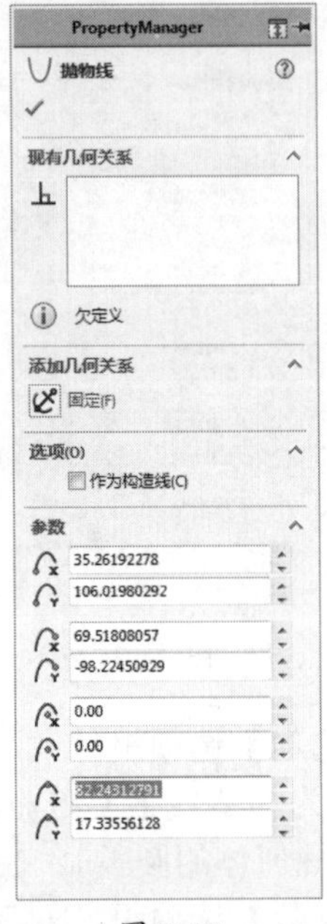

图 2-15

（2）当选择抛物线顶点时，鼠标指针变成形状，拖动顶点可改变曲线的形状。

- 将顶点拖离焦点时，抛物线开口扩大，曲线展开。
- 将顶点拖向焦点时，抛物线开口缩小，曲线变尖锐。
- 要改变抛物线一条边的长度而不修改抛物线的曲线，则应选择一个端点进行拖动。

（3）设置抛物线的属性。

在绘图区中选择绘制的抛物线，然后在【抛物线】属性管理器中编辑其各个点的属性。其他属性与【圆】属性设置相似，在此不做赘述。

2.2.7 多边形

使用【多边形】命令可以生成带有任何数量边的等边多边形。用内切圆或者外接圆的直径定义多边形的大小，还可指定旋转角度。

1. 绘制多边形

（1）单击【草图】工具栏中的⊙【多边形】按钮或选择【工具】|【草图绘制实体】|【多边形】菜单命令，系统弹出【多边形】属性管理器。

（2）在【参数】选项组的【边数】数值框中设置多变形的边数，或在绘制多边形之后修改其边数，选中【内切圆】或【外接圆】单选按钮，并在【圆直径】数值框中设置圆直径数值。

（3）在绘图区中单击鼠标左键放置多边形的中心，然后拖动鼠标指针定义多边形。

（4）设置多边形的属性，单击✔【确定】按钮，完成多边形的绘制。

2. 【多边形】属性设置

完成多边形的绘制后，可通过编辑多边形属性来改变多边形的大小、位置、形状等。

（1）用鼠标右击多边形的一条边，在弹出的菜单中选择【编辑多边形】命令。

（2）系统弹出【多边形】属性管理器，如图2-16所示，在此可编辑多边形的属性。

图 2-16

2.2.8 点

使用【点】命令，可将点插入到草图和工程图中。

（1）单击【草图】工具栏中的【点】按钮或选择【工具】|【草图绘制实体】|【点】菜单命令。

（2）在绘图区单击鼠标左键放置点，系统弹出【点】属性管理器，如图2-17所示。【点】命令保持激活，可继续插入点。若要设置点的属性，则在选择绘制的点后在【点】属性管理器中进行编辑。

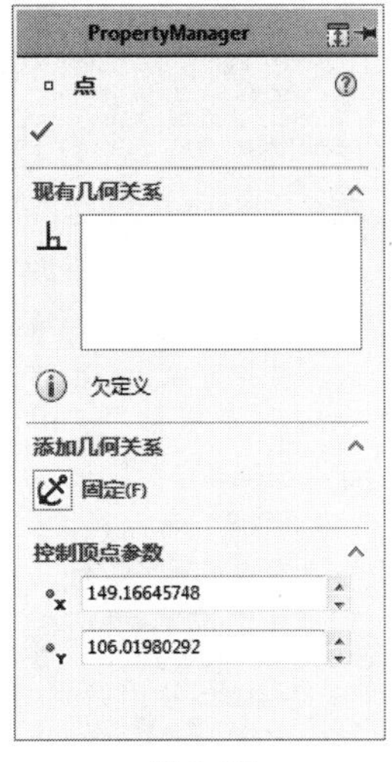

图 2-17

2.2.9 样条曲线

定义样条曲线的点至少有三个：中间为型值点（或者通过点），两端为端点。可通过拖动样条曲线的型值点或端点改变其形状，也可在端点处指定相切，还可在3D草图中绘制样条曲线，新绘制的样条曲线默认为“非成比例的”。

1. 绘制样条曲线

（1）单击【草图】工具栏中的【样条曲线】按钮或选择【工具】|【草图绘制实体】|【样条曲线】菜单命令。

（2）在绘图区单击鼠标左键放置第一点，然后拖动鼠标指针以定义曲线的第一段。

（3）在绘图区中放置第二点，拖动鼠标指针以定义样条曲线的第二段。

（4）重复以上步骤直到完成样条曲线。完成绘制时，双击最后一个点即可。

2．样条曲线的属性设置

在【样条曲线】属性管理器中进行设置，如图 2-18 所示。

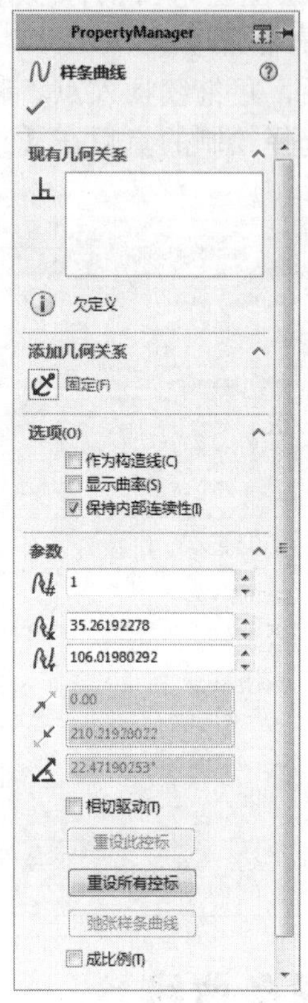

图 2-18

若样条曲线不受几何关系约束，则在【参数】选项组中指定以下参数定义样条曲线。

（1）【样条曲线控制点数】：滚动查看样条曲线上的点时，曲线相应点的序数出现在框中。

（2）【X 坐标】：设置样条曲线端点的 x 坐标。

（3）【Y 坐标】：设置样条曲线端点的 y 坐标。

（4）【相切重量 1】、【相切重量 2】：相切量。通过修改样条曲线点处的样条曲线曲率度数来控制相切向量。

（5）【相切径向方向】：通过修改相对于 x、y、z 轴的样条曲线倾斜角度来控制相切方向。

（6）【相切驱动】：启用该复选框，可以激活【相切重量 1】、【相切重量 2】和【相切径向方向】等参数。

（7）【重设此控标】按钮：将所选样条曲线控标重返到其初始状态。

（8）【重设所有控标】按钮：将所有样条曲线控标重返到其初始状态。

（9）【弛张样条曲线】按钮：可显示控制样条曲线的多边形，然后拖动控制多边形上的任何节点以更改其形状，如图 2-19 所示。

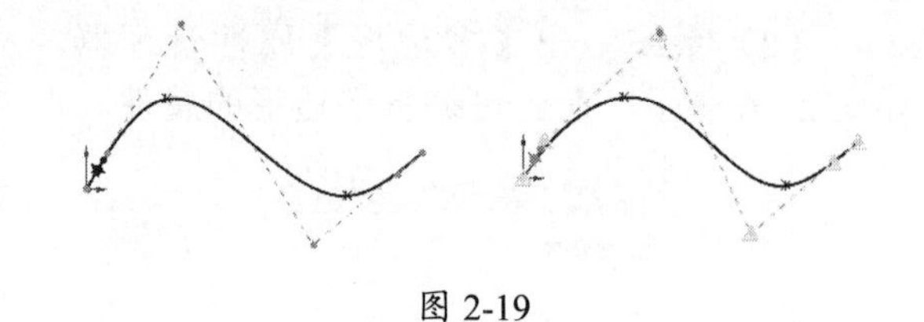
图 2-19

（10）【成比例】：成比例的样条曲线在拖动端点时会保持形状，整个样条曲线会按比例调整大小，可为成比例样条曲线的内部端点标注尺寸和添加几何关系。

2.3 编辑草图

草图绘制完毕后，需要对草图进一步进行编辑以符合设计的需要，本节介绍常用的草图编辑工具，如剪切复制、移动旋转、草图剪裁、草图延伸、分割合并、等距实体等。

2.3.1 剪切、复制、粘贴草图

在草图绘制中，可在同一草图中或在不同草图间进行剪切、复制、粘贴一个或多个草图实体的操作，如复制整个草图并将其粘贴到当前零件的一个面或另一个草图、零件、装配体或工程图文件中（目标文件必须是打开的）。

要在同一文件中复制草图或将草图复制到另一个文件，可在【特征管理器设计树】中选择、拖动草图实体，同时按住键盘上的 Ctrl 键。

要在同一草图内部移动，可在【特征管理器设计树】中选择并拖动草图实体，同时按住键盘上的 Shift 键。

2.3.2 移动、旋转、缩放、复制草图

如果要移动、旋转、按比例缩放、复制草图，可选择【工具】|【草图工具】菜单命令，然后选择以下命令。

【移动实体】：移动草图。

【旋转实体】：旋转草图。

【缩放实体比例】：按比例缩放草图。

【复制实体】：复制草图。

1. 移动和复制

使用【移动实体】命令可将实体移动一定距离，或以实体上某一点为基准，将实体移动至已有的草图点。

选择要移动的草图，然后选择【工具】|【草图工具】|【移动】菜单命令，系统弹出【移动】属性管理器。在【参数】选项组中，选中【从/到】单选按钮，再单击【起点】下的【基准点】选择框，在绘图区中选择移动的起点，拖动鼠标指针定义草图实体要移动到的位置，如图 2-20 所示。

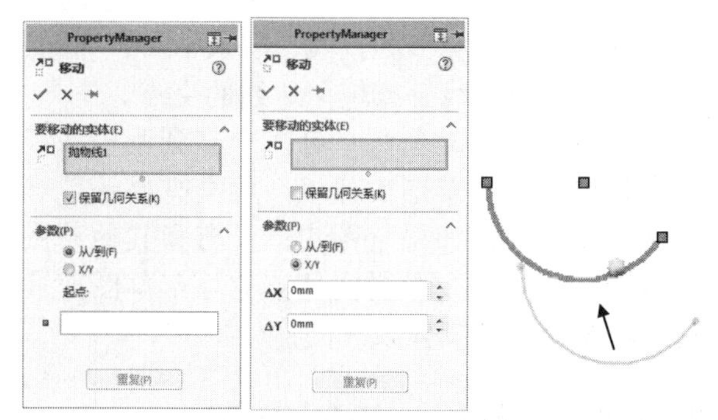

图 2-20

也可选中 X/Y 单选按钮，然后设置 ΔX 和 ΔY 数值定义草图实体移动的位置。

> **提示**
> 【移动】或【复制】操作不生成几何关系。如果需要在移动或者复制过程中保留现有几何关系，则启用【保留几何关系】复选框；当取消启用【保留几何关系】复选框时，只有所选项目和未被选择的项目之间的几何关系被断开，所选项目之间的几何关系仍被保留。

2. 旋转

使用【旋转实体】命令可使实体沿旋转中心旋转一定角度。

（1）选择要旋转的草图。

（2）选择【工具】|【草图工具】|【旋转】菜单命令。

（3）系统弹出【旋转】属性管理器。在【参数】选项组中，单击【旋转中心】下的【基准点】选择框，然后在绘图区中单击鼠标左键放置旋转中心，如图 2-21 所示。

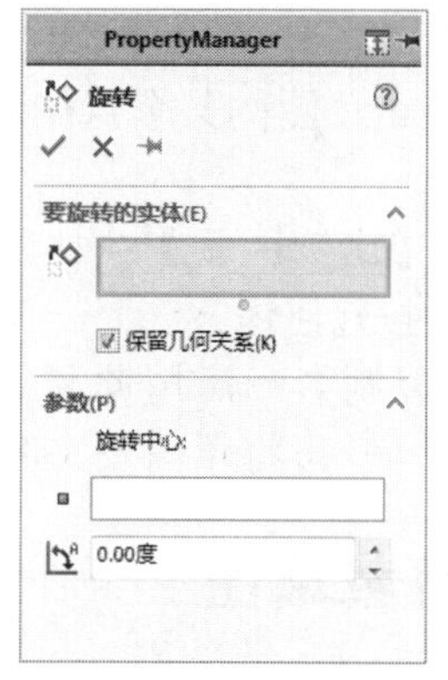

图 2-21

（4）在【角度】数值框中设置旋转角度，或将鼠标指针在绘图区中任意拖动，单击【确定】按钮，草图实体被旋转。

> **提示**
> 拖动鼠标指针时，角度捕捉增量根据鼠标指针离基准点的距离而变化，在【角度】数值框中会显示精确的角度值。

3. 按比例缩放

使用【缩放实体比例】命令可将实体放大或者缩小一定的倍数，或生成一系列尺寸成等比例的实体。

选择要按比例缩放的草图，选择【工具】|【草图工具】|【缩放比例】菜单命令，系统弹出【比例】属性管理器，如图 2-22 所示。

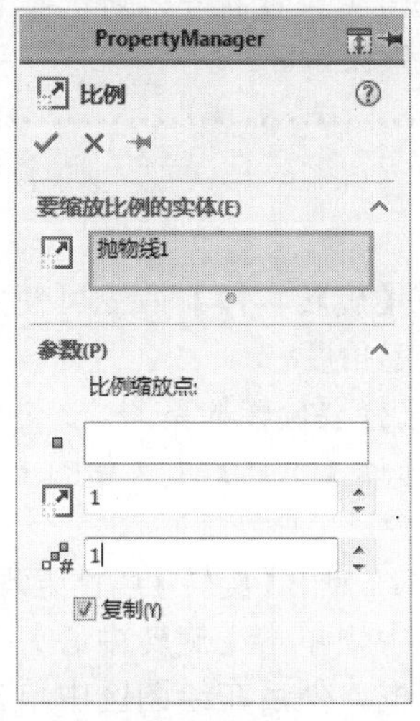

图 2-22

（1）【基准点】：单击【基准点】选择框，在绘图区中单击草图的某个点作为比例缩放的基准点。

（2）【比例因子】：比例因子按算术方法递增（不按几何体方法）。

（3）【复制】：启用此复选框，可以设置【份数】数值，可将草图按比例缩放并复制。

2.3.3 剪裁草图

使用剪裁命令可裁剪或延伸某一草图实体，使之与另一个草图实体重合，或者删除某一草图实体。

单击【草图】工具栏中的【剪裁实体】按钮或选择【工具】|【草图工具】|【剪裁】菜单命令，系统弹出【剪裁】属性管理器，如图 2-23 所示。

在【选项】选项组中可以设置以下参数。

（1）【强劲剪裁】：剪裁草图实体。拖动鼠标指针时，剪裁一个或多个草图实体到最近的草图实体处。

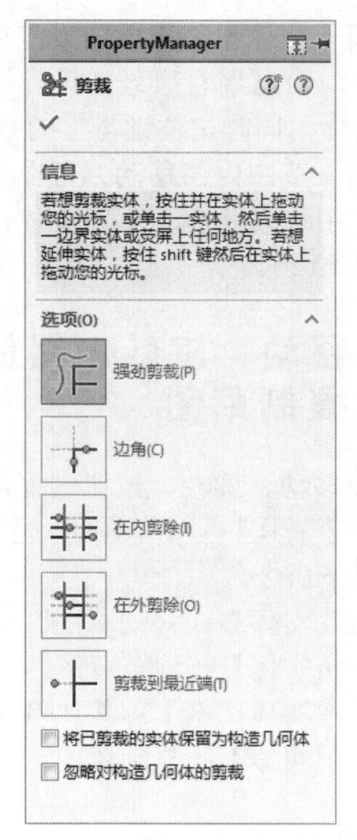

图 2-23

（2）【边角】：修改所选两个草图实体，直到它们以虚拟边角交叉。沿其自然路径延伸一个或两个草图实体时就会生成虚拟边角。

（3）【在内剪除】：剪裁位于两个所选边界之间的草图实体，例如，椭圆等闭环草图实体将会生成一个边界区域，方式与选择两个开环实体作为边界相同。

（4）【在外剪除】：剪裁位于两个所选边界之外的开环草图实体。

（5）【剪裁到最近端】：删除草图实体到与另一草图实体如直线、圆弧、圆、椭圆、样条曲线、中心线等或模型边线的交点。

在草图上移动鼠标指针，一直到希望剪裁（或者删除）的草图实体以红色高亮显示，然后单击该实体。如果草图实体没有和其他草图实体相交，则整个草图实体被删除。草图剪裁也可以删除草图实体余下的部分。

2.3.4 延伸、分割草图

1. 延伸草图

使用【延伸实体】命令可以延伸草图实

体以增加其长度，如直线、圆弧或中心线等常用于将一个草图实体延伸到另一个草图实体。

（1）单击【草图】工具栏中的【延伸实体】按钮或者选择【工具】|【草图工具】|【延伸】菜单命令。

（2）将鼠标指针拖动到要延伸的草图实体上，所选草图实体显示为红色，绿色的直线或圆弧表示草图实体延伸的方向。

（3）单击该草图实体，草图实体延伸到与下一草图实体相交。

如果预览显示延伸方向出错，可将鼠标指针拖动到直线或者圆弧的另一半上后再一次预览。

2. 分割草图

【分割实体】命令是通过添加分割点将一个草图实体分割成两个草图实体。

（1）打开包含需要分割实体的草图。

（2）选择【工具】|【草图工具】|【分割实体】菜单命令，或在绘图区中用鼠标右击草图实体，在弹出的快捷菜单中选择【分割实体】命令。

（3）单击草图实体上的分割位置，该草图实体被分割成两个草图实体，这两个草图实体间会添加一个分割点，如图2-24所示。

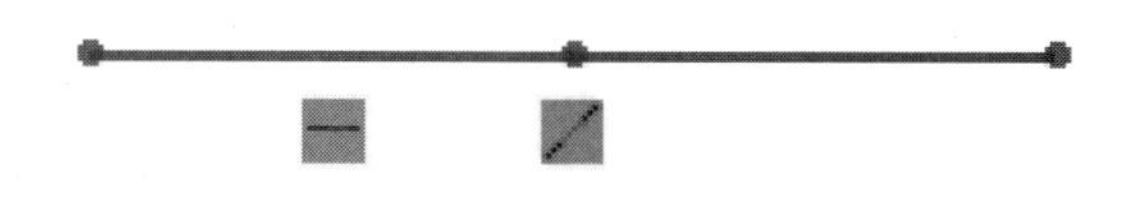

图 2-24

2.3.5 等距实体

使用【等距实体】命令可将其他特征的边线以一定的距离和方向偏移，偏移的特征可以是一个或多个草图实体、一个模型面、一条模型边线或外部草图曲线。

选择一个草图实体或者多个草图实体、一个模型面、一条模型边线或外部草图曲线等，单击【草图】工具栏中的【等距实体】按钮或选择【工具】|【草图工具】|【等距实体】菜单命令，系统弹出【等距实体】属性管理器，如图2-25所示。

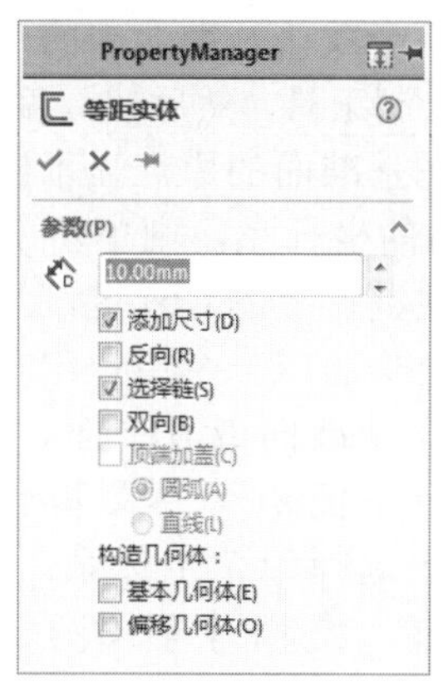

图 2-25

在【参数】选项组中设置以下参数。

（1）【等距距离】：设置等距数值，或在绘图区中移动鼠标指针以定义等距距离。

（2）【添加尺寸】：在草图中添加等距距离，不会影响到原有草图实体中的任何尺寸。

（3）【反向】：更改单向等距的方向。

（4）【选择链】：生成所有连续草图实体的等距实体。

（5）【双向】：在绘图区的两个方向生成等距实体。

（6）【顶端加盖】：通过启用【双向】复选框并添加顶盖以延伸原有非相交草图实体，可以选中【圆弧】或【直线】单选按钮作为延伸顶盖的类型。

（7）【构造几何体】：设置基本几何体或者偏移几何体。

2.4 3D草图

3D草图由系列直线、圆弧以及样条曲线构成。3D草图可以作为扫描路径，也可以用作放样或者扫描的引导线、放样的中心线等。

2.4.1 简介

单击【草图】工具栏中的(3D 草图)按钮或选择【插入】|【3D 草图】菜单命令，开始绘制 3D 草图。

1. 3D 草图坐标系

生成 3D 草图时，在默认情况下，通常是相对于模型中默认的坐标系进行绘制。如果要切换到另外两个默认基准面中的一个，则单击所需的草图绘制工具，然后按键盘上的 Tab 键，将当前的草图基准面的原点显示出来。如果要改变 3D 草图的坐标系，则单击所需的草图绘制工具，按住键盘上的 Ctrl 键，然后单击一个基准面、一个平面或一个用户定义的坐标系。如果选择一个基准面或者平面，3D 草图基准面将进行旋转，使 x、y 草图基准面与所选项目对正。如果选择一个坐标系，3D 草图基准面将进行旋转，使 x、y 草图基准面与该坐标系的 x、y 基准面平行。在开始绘制 3D 草图前，一般将视图方向改为等轴测，因为在此方向中 x、y、z 方向均可见，可以更方便地生成 3D 草图。

2. 空间控标

当使用 3D 草图绘图时，一个图形化的助手可以帮助定位方向，此助手被称为空间控标。在所选基准面上定义直线或者样条曲线的第一个点时，空间控标就会显示出来。使用空间控标可提示当前绘图的坐标，如图 2-26 所示。

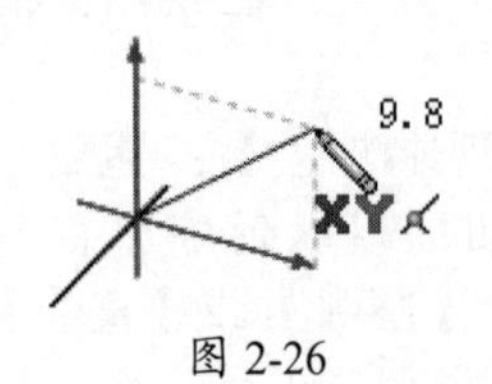

图 2-26

3. 3D 草图的尺寸标注

使用 3D 草图时，先按照近似长度绘制直线，然后再按照精确尺寸进行标注。选择两个点、一条直线或者两条平行线，可以添加一个长度尺寸。选择三个点或者两条直线，可以添加一个角度尺寸。

4. 直线捕捉

在 3D 草图中绘制直线时，可用直线捕捉零件中现有的几何体，如模型表面或顶点及草图点。如果沿一个主要坐标方向绘制直线，则不会激活捕捉功能；如果在一个平面上绘制直线，且系统推理出捕捉到一个空间点，则会显示一个暂时的 3D 图形框以指示不在平面上的捕捉。

2.4.2 3D 直线

当绘制直线时，直线捕捉到一个主要方向时（即 x、y、z）将分别被约束为水平、竖直或沿 z 轴方向（相对于当前的坐标系为 3D 草图添加几何关系），但并不一定要求沿着这 3 个主要方向之一绘制直线，可在当前基准面中与一个主要方向成任意角度进行绘制。如果直线端点捕捉到现有的几何模型，可在基准面之外进行绘制。

一般是相对于模型中的默认坐标系进行绘制。如果需要转换到其他两个默认基准面，则选择【草图绘制】工具，然后按键盘上的 Tab 键，显示当前草图基准面的原点。

(1) 单击【草图】工具栏中的【3D 草图】按钮或选择【插入】|【3D 草图】菜单命令，进入 3D 草图绘制状态。

(2) 单击【草图】工具栏中的【直线】按钮，系统弹出【插入线条】属性管理器。在绘图区中单击鼠标左键开始绘制直线，此时出现空间控标，帮助在不同的基准面上绘制草图（如果想改变基准面，按键盘上的 Tab 键）。

(3) 拖动鼠标指针至直线段的终点处。

(4) 如果要继续绘制直线，可选择线段的终点，然后按键盘上的 Tab 键转换到另一个基准面。

(5) 拖动鼠标指针直至出现第 2 段直线，然后释放鼠标，如图 2-27 所示。

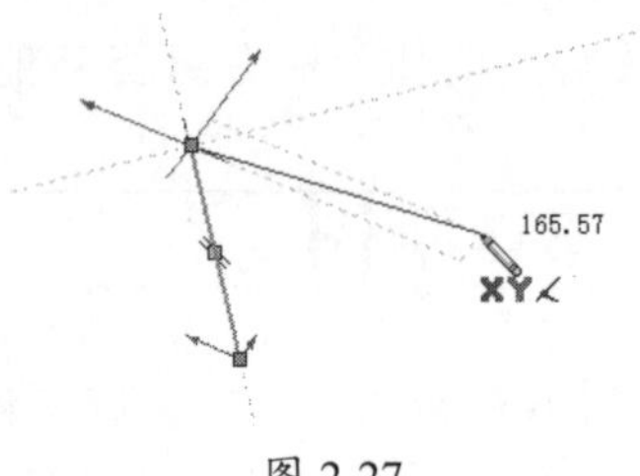

图 2-27

2.4.3 3D 圆角

3D 圆角的绘制方法如下。

（1）单击【草图】工具栏中的【3D 草图】按钮或选择【插入】|【3D 草图】菜单命令，进入 3D 草图绘制状态。

（2）单击【草图】工具栏中的【绘制圆角】按钮或选择【工具】|【草图工具】|【圆角】菜单命令，系统弹出【绘制圆角】属性管理器。在【圆角参数】选项组中，设置【圆角半径】数值，如图 2-28 所示。

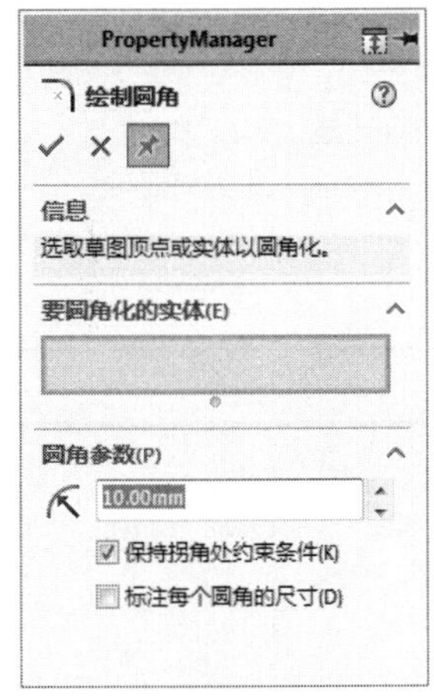

图 2-28

（3）选择两条相交的线段或选择其交叉点，即可绘制出圆角，如图 2-29 所示。

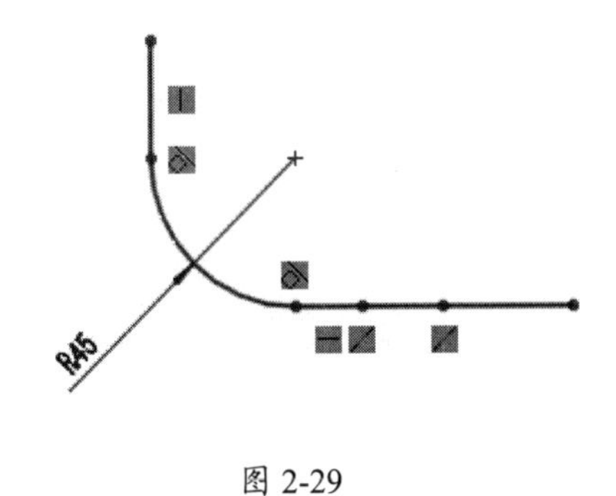

图 2-29

2.4.4 3D 样条曲线

3D 样条曲线的绘制方法如下。

（1）单击【草图】工具栏中的【3D 草图】按钮或选择【插入】|【3D 草图】菜单命令，进入 3D 草图绘制状态。

（2）单击【草图】工具栏中的【样条曲线】按钮或选择【工具】|【草图绘制实体】|【样条曲线】菜单命令。

（3）在绘图区中单击鼠标左键放置第一个点，拖动鼠标指针定义曲线的第一段，系统弹出【样条曲线】属性管理器，如图 2-30 所示，它比二维的【样条曲线】属性管理器多了【Z 坐标】参数。

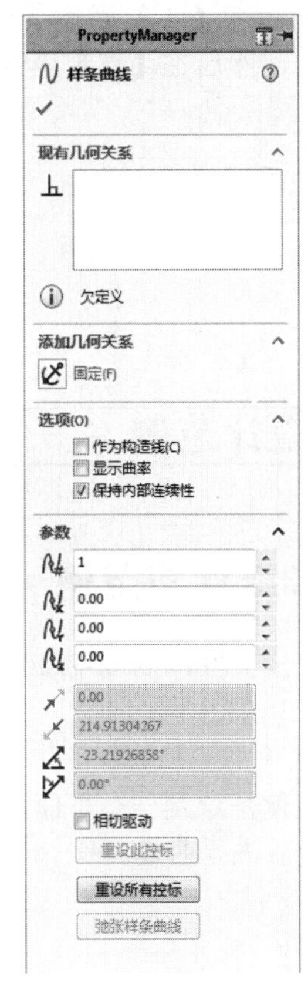

图 2-30

（4）每次单击鼠标左键时，都会出现空间控标来帮助在不同的基准面上绘制草图（如果想改变基准面，按键盘上的 Tab 键）。

（5）重复前面的步骤，直到完成 3D 样条曲线的绘制。

2.4.5 3D 草图点

3D 草图点的绘制方法如下。

（1）单击【草图】工具栏中的【3D 草图】按钮或者选择【插入】|【3D 草图】菜单命令，进入 3D 草图绘制状态。

（2）单击【草图】工具栏中的▫【点】按钮或者选择【工具】|【草图绘制实体】|【点】菜单命令。

（3）在绘图区中单击鼠标左键放置点，系统弹出【点】属性管理器，如图 2-31 所示，它比二维的【点】的属性设置多了【Z 坐标】参数。

（4）【点】命令保持激活，可继续插入点。

如果需要改变【点】属性，可在 3D 草图中选择一个点，然后在【点】属性管理器中编辑其属性。

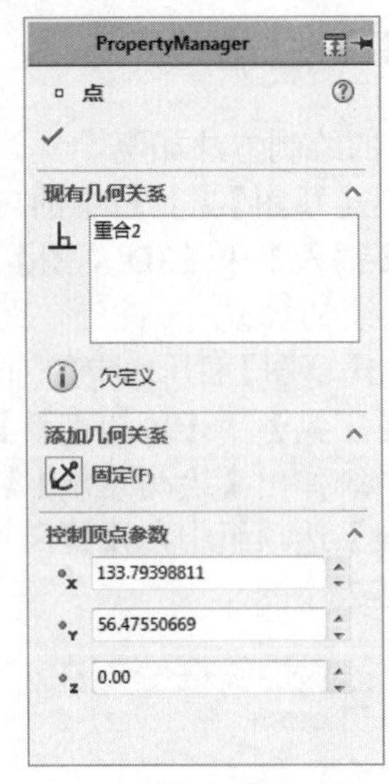

图 2-31

2.5 设计范例

2.5.1 二维草图范例

本范例完成文件：\02\2-1.sldprt

案例分析

本节的范例是绘制一个平面草图，首先选择绘制平面，之后使用绘制草图工具进行线条和弧线的绘制，最后进行剪裁。

案例操作

步骤 01 创建建草绘

① 单击【草图】选项卡中的【草图绘制】按钮，进行草图绘制。

② 在模型树中，选择【前视基准面】，如图 2-32 所示。

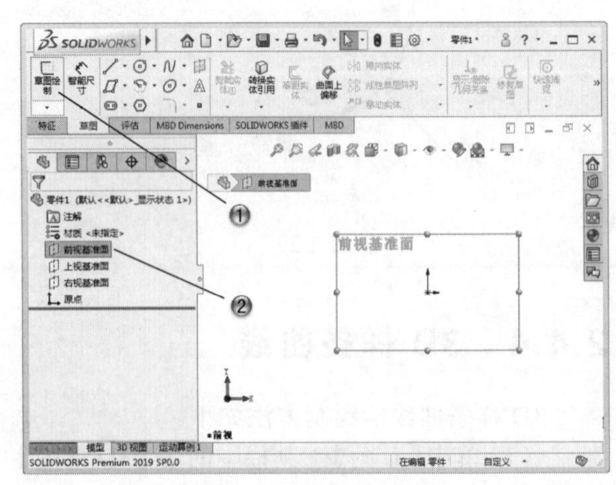

图 2-32

步骤02 绘制直线

① 单击【草图】选项卡中的【直线】按钮。

② 在绘图区中，绘制水平直线，如图2-33所示。

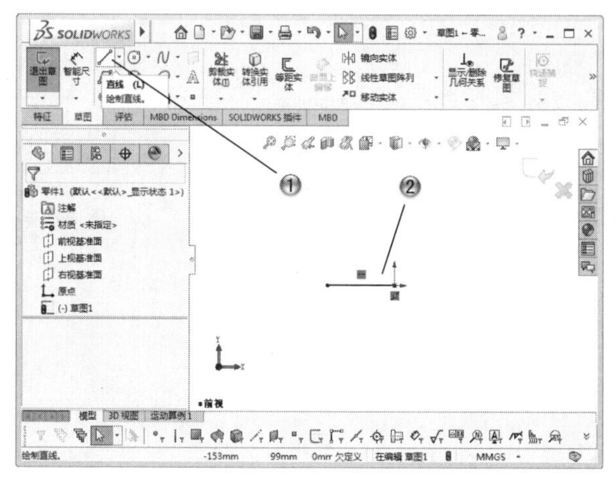

图 2-33

步骤03 标注直线尺寸

① 单击【草图】选项卡中的【智能尺寸】按钮。

② 在绘图区中，选择直线输入尺寸，如图2-34所示。

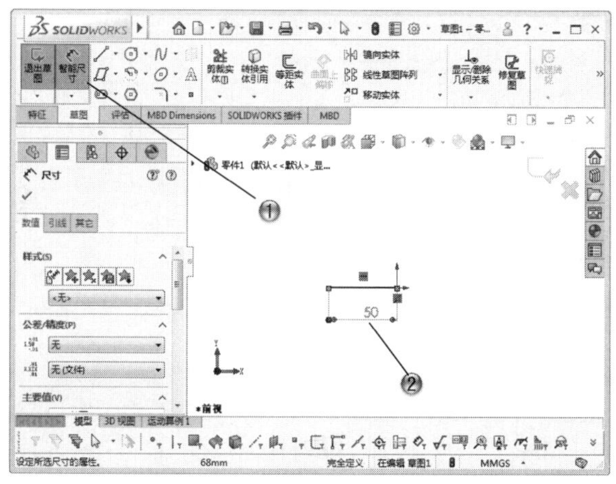

图 2-34

步骤04 绘制长度为50的直线

① 单击【草图】选项卡中的【直线】按钮。

② 在绘图区中，绘制长度为50的直线，如图2-35所示。

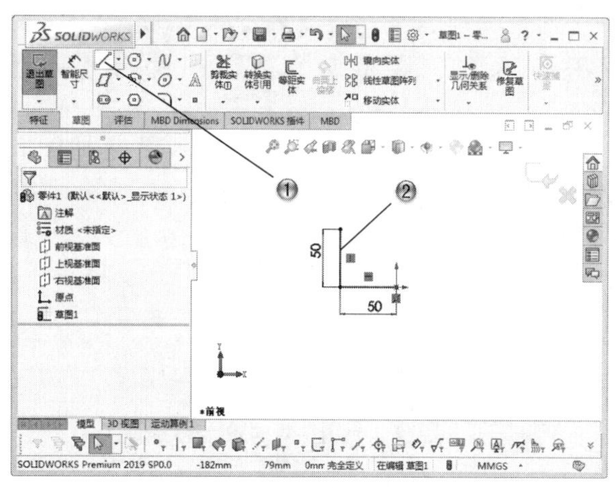

图 2-35

步骤05 绘制长度为60的直线

① 单击【草图】选项卡中的【直线】按钮。

② 在绘图区中，绘制长度为60的直线，如图2-36所示。

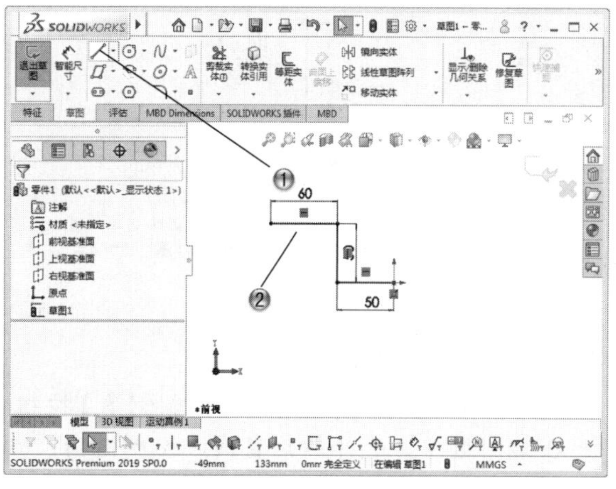

图 2-36

步骤06 绘制长度为120的直线

① 单击【草图】选项卡中的【直线】按钮。

② 在绘图区中，绘制长度为120的直线，如图2-37所示。

步骤07 绘制水平线

① 单击【草图】选项卡中的【直线】按钮。

② 在绘图区中，绘制水平直线，如图2-38所示。

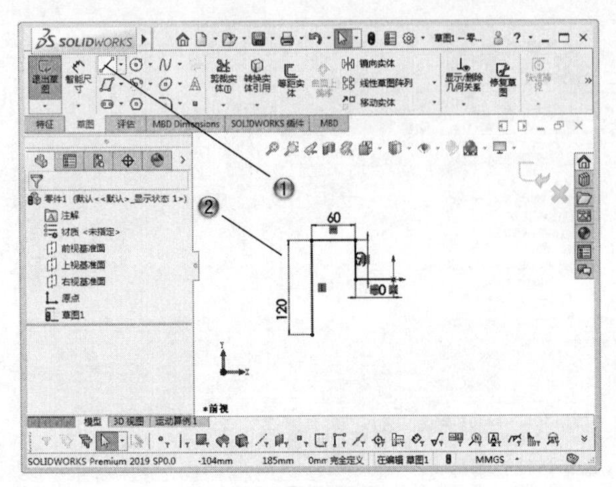

图 2-37

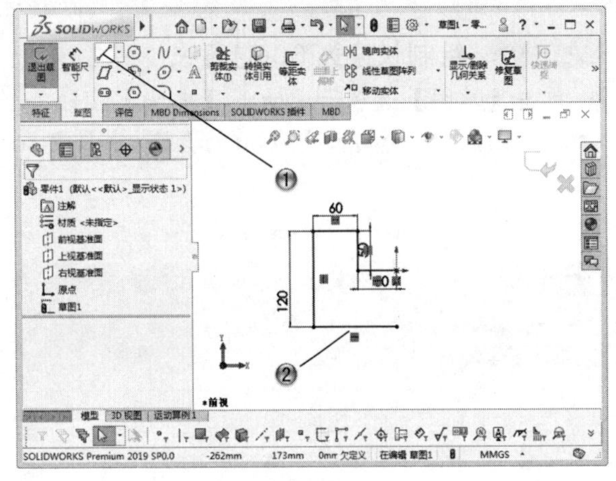

图 2-38

步骤 08 创建倒角

① 单击【草图】选项卡中的【绘制倒角】按钮。

② 在绘图区中，选择两条直线，绘制倒角，如图 2-39 所示。

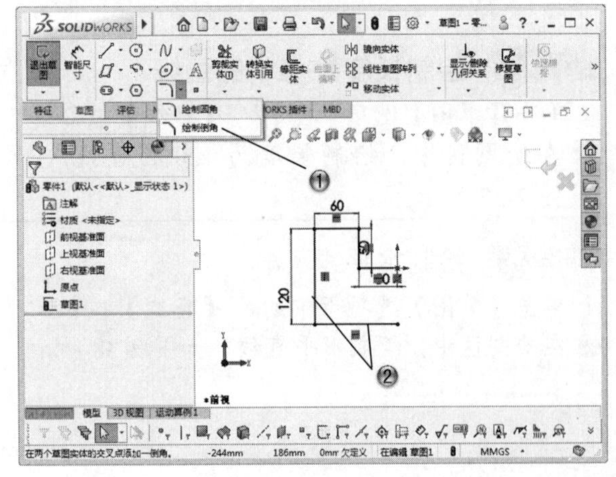

图 2-39

③ 在【绘制倒角】属性管理器中，设置倒角参数，如图 2-40 所示。

④ 单击【确定】按钮。

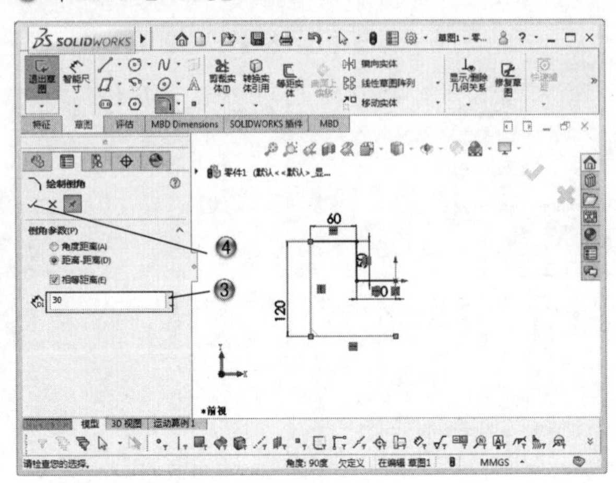

图 2-40

步骤 09 绘制中心线

① 单击【草图】选项卡中的【中心线】按钮。

② 在绘图区中，绘制中心线，如图 2-41 所示。

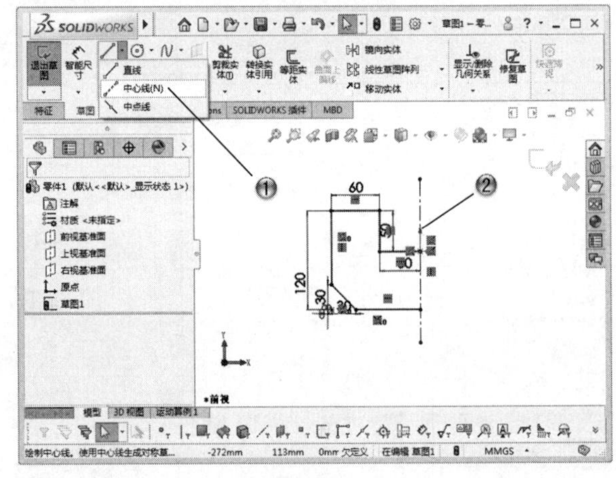

图 2-41

步骤 10 镜向草图

① 单击【草图】选项卡中的【镜向实体】按钮。

② 在绘图区中，选择镜向线条和镜向轴，如图 2-42 所示。

③ 单击【确定】按钮，完成镜向草图。

步骤 11 绘制圆形

① 单击【草图】选项卡中的【圆】按钮。

② 在绘图区中，绘制圆形，如图 2-43 所示。

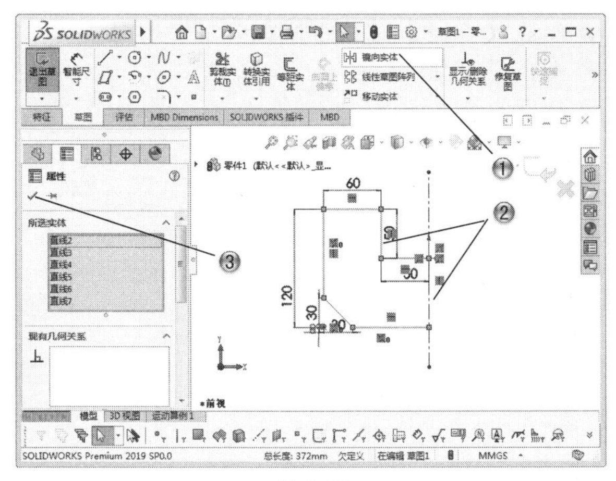

图 2-42

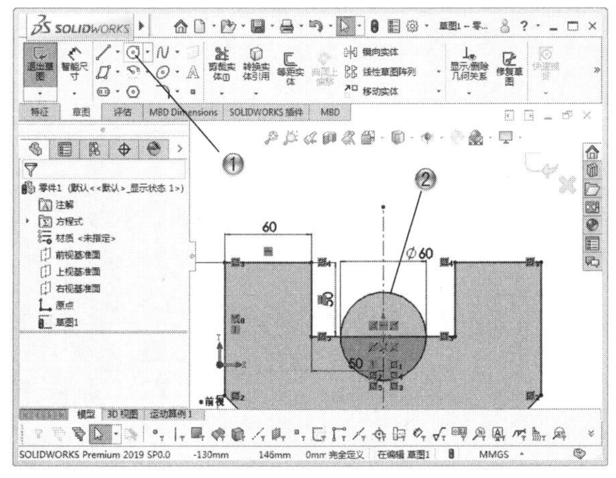

图 2-43

步骤 12 剪裁草图

① 单击【草图】选项卡中的【剪裁实体】按钮。

② 在绘图区中，选择剪裁线条，剪裁草图，如图 2-44 所示。

③ 单击【确定】按钮。

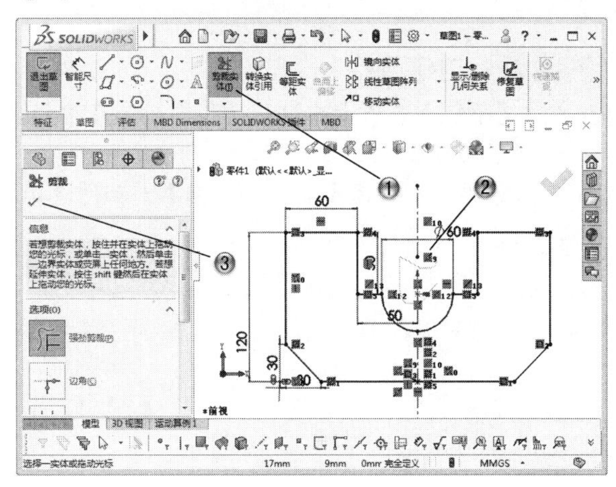

图 2-44

步骤 13 保存文件

① 单击【标准】工具栏中的【保存】按钮，如图 2-45 所示。

② 保存完成的草图。

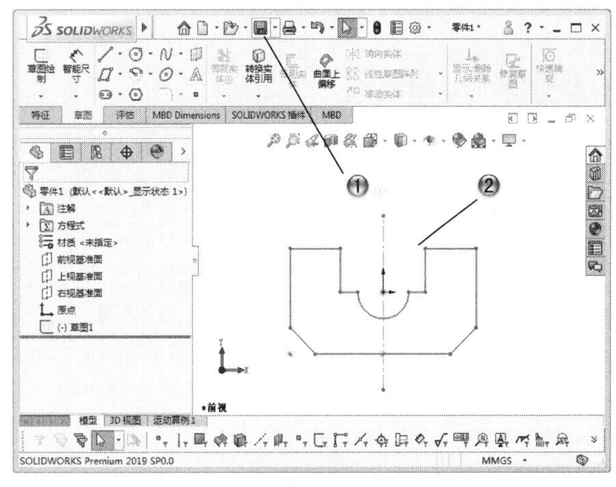

图 2-45

2.5.2 三维草图范例

本范例完成文件：\02\2-2.sldprt

案例分析

本节的范例是创建一个三维草图，绘制前需要创建二维平面草图，之后在平面草图基础上进行空间直线的绘制。

⚠ 案例操作

步骤 01 创建草绘

① 单击【草图】选项卡中的【草图绘制】按钮，进行草图绘制。

② 在模型树中，选择【上视基准面】，如图 2-46 所示。

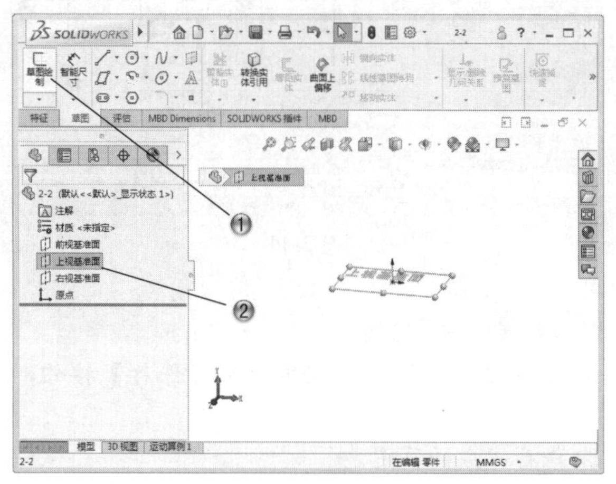

图 2-46

步骤 02 绘制矩形

① 单击【草图】选项卡中的【边角矩形】按钮。

② 在绘图区中，绘制 40×100 的矩形，如图 2-47 所示。

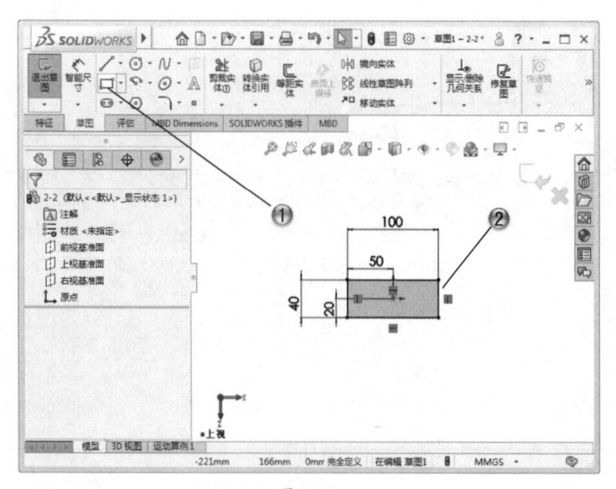

图 2-47

步骤 03 创建 3D 直线 1

① 单击【草图】选项卡中的【3D 草图】按钮，绘制空间草图。

② 单击【草图】选项卡中的【直线】按钮，如图 2-48 所示。

③ 绘制长度为 50 的直线。

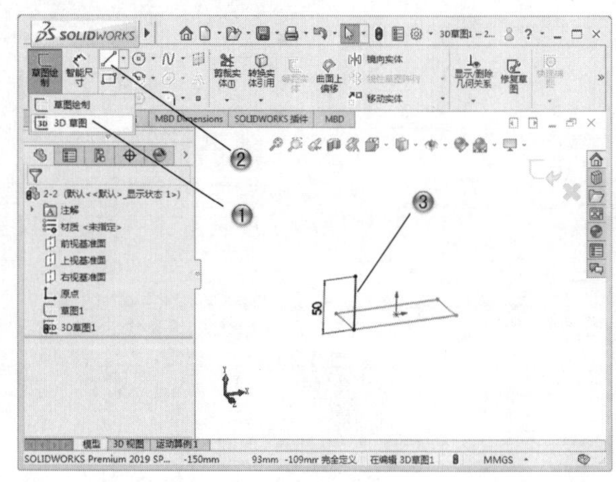

图 2-48

步骤 04 创建 3D 直线 2

① 单击【草图】选项卡中的【直线】按钮。

② 绘制长度为 50 的另一条直线，如图 2-49 所示。

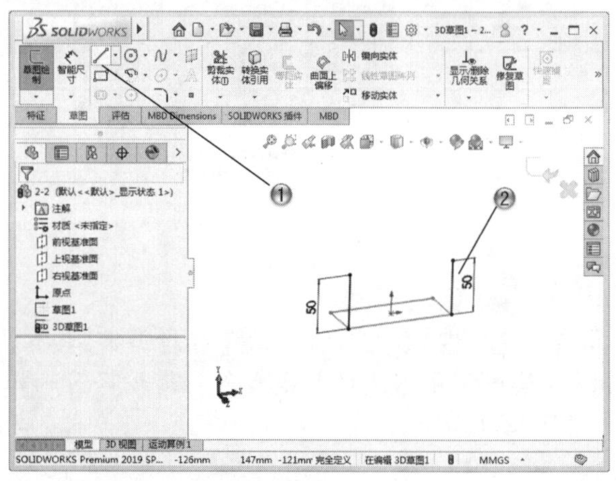

图 2-49

步骤 05 复制直线 1

① 单击【草图】选项卡中的【复制实体】按钮。

② 在绘图区中，选择直线 1 并设置参数，如图 2-50 所示。

③ 在【3D 复制】属性管理器中，单击【确定】按钮，复制草图。

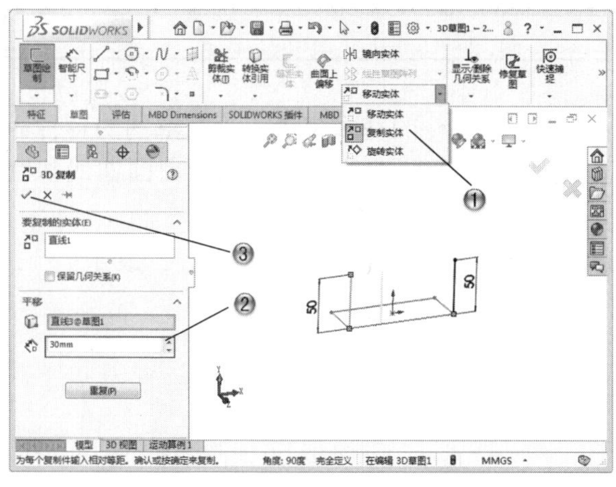

图 2-50

步骤 06 复制直线 2

① 单击【草图】选项卡中的【复制实体】按钮。

② 在绘图区中，选择直线 2 并设置参数，如图 2-51 所示。

③ 在【3D 复制】属性管理器中，单击【确定】按钮，复制草图。

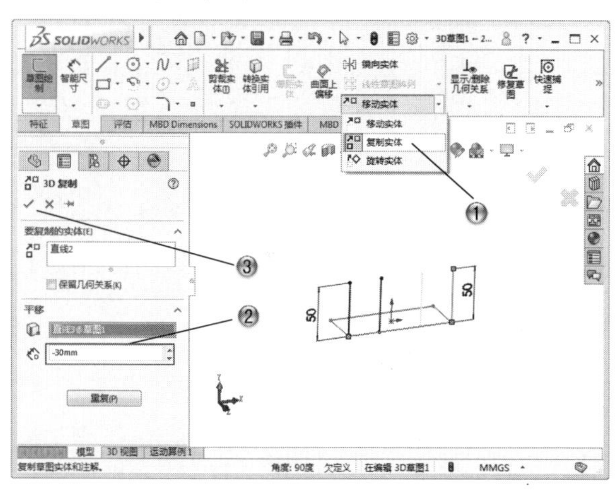

图 2-51

步骤 07 绘制直线 3

① 单击【草图】选项卡中的【直线】按钮，如图 2-52 所示。

② 绘制长度为 80 的直线。

步骤 08 绘制封闭图形

① 单击【草图】选项卡中的【直线】按钮，如图 2-53 所示。

② 在绘图区，绘制封闭的三角形。

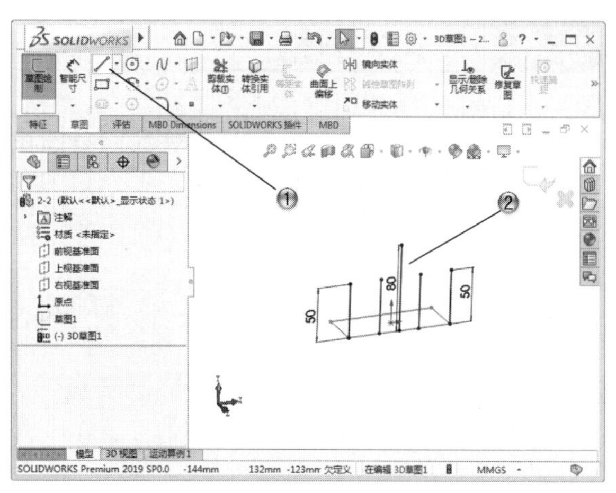

图 2-52

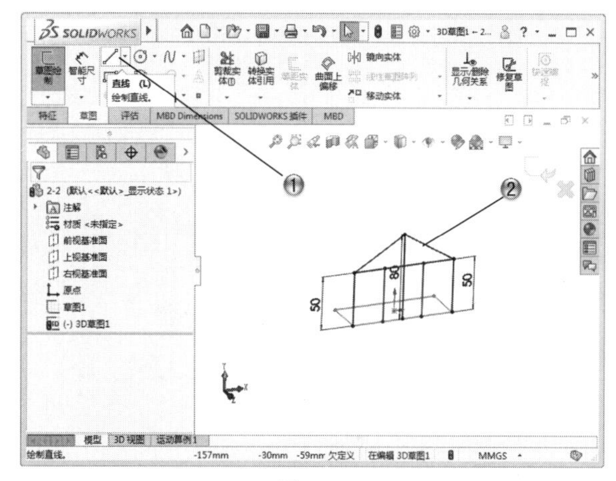

图 2-53

步骤 09 保存文件

① 单击【标准】工具栏中的【保存】按钮，如图 2-54 所示。

② 保存完成的草图。

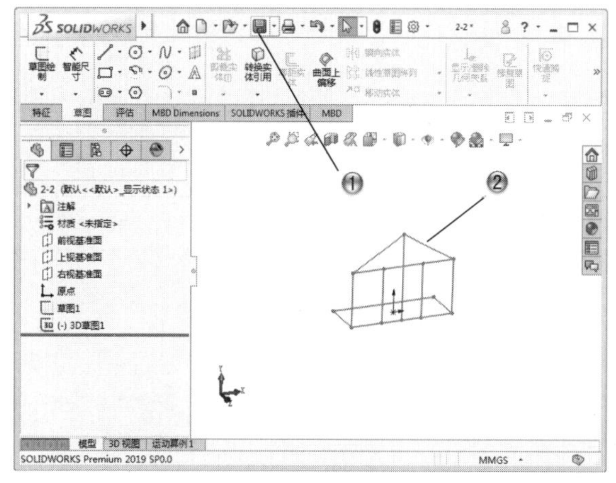

图 2-54

2.6 本章小结

本章主要介绍了 SOLIDWORKS 的草图设计，包括草图设计的基本概念，绘制草图的各种命令，以及编辑草图的各种方法。之后介绍的 3D 草图方便创建空间曲线，为以后的曲面曲线和空间特征的创建打下了基础。

第 3 章

实体特征设计

本章导读

拉伸凸台 / 基体是由草图生成的实体零件的第一个特征，基体是实体的基础，在此基础上可以通过增加和减少材料实现各种复杂的实体零件，本章重点讲解增加材料的拉伸凸台特征和减少材料的拉伸切除特征。

旋转特征通过绕中心线旋转一个或多个轮廓来添加或移除材料，可以生成凸台 / 基体、旋转切除或旋转曲面，旋转特征可以是实体、薄壁特征或曲面。

扫描特征是通过沿着一条路径移动轮廓（截面）来生成凸台 / 基体、切除或曲面的方法，使用该方法可以生成复杂的模型零件。

放样特征通过在轮廓之间进行过渡以生成特征。

本章主要介绍各种实体特征设计命令的使用方法，主要包括拉伸、旋转、扫描和放样。

3.1 拉伸特征

拉伸特征包括拉伸凸台/基体特征和拉伸切除特征，下面将着重介绍这两种特征。

3.1.1 拉伸凸台/基体特征

单击【特征】工具栏中的【拉伸凸台/基体】按钮或选择【插入】|【凸台/基体】|【拉伸】菜单命令，系统弹出【凸台-拉伸】属性管理器，如图 3-1 所示。

图 3-1

1. 【从】选项组

该选项组用来设置特征拉伸的开始条件，其选项包括【草图基准面】、【曲面/面/基准面】、【顶点】和【等距】，如图 3-1 所示。

（1）【草图基准面】：以草图所在的基准面作为基础开始拉伸。

（2）【曲面/面/基准面】：以这些实体作为基础开始拉伸。操作时必须为【曲面/面/基准面】选择有效的实体，实体可以是平面或者非平面，平面实体不必与草图基准面平行，但草图必须完全在非平面曲面或者平面的边界内。

（3）【顶点】：从选择的顶点处开始拉伸。

（4）【等距】：从与当前草图基准面等距的基准面上开始拉伸，等距距离可以手动输入。

2. 【方向 1】选项组

（1）【终止条件】：设置特征拉伸的终止条件，其选项如图 3-2 所示。单击【反向】按钮，可沿预览中所示的相反方向拉伸特征。

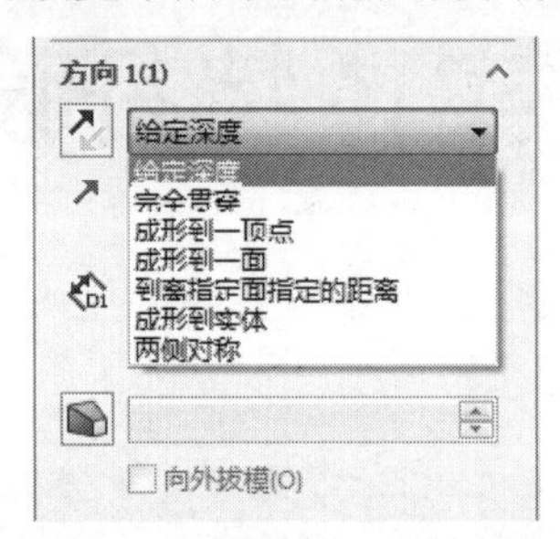

图 3-2

（2）【拉伸方向】：在图形区域中选择方向向量，并从垂直于草图轮廓的方向拉伸草图。

（3）【拔模开/关】：设置【拔模角度】数值，如果有必要，启用【向外拔模】复选框。

3. 【方向 2】选项组

该选项组中的参数用来设置同时从草图基准面向两个方向拉伸的相关参数，用法和【方向 1】选项组基本相同。

4. 【薄壁特征】选项组

薄壁特征基体是钣金零件的基础。该选项组中的参数可控制拉伸的【厚度】数值。

（1）【类型】：设置【薄壁特征】拉伸的类型，如图 3-3 所示。

（2）【顶端加盖】：为薄壁特征拉伸的顶端加盖，生成一个中空的零件（仅限于闭环的轮廓草图）。

（3）【加盖厚度】（在启用【顶端加盖】复选框时可用）：设置薄壁特征从拉伸端到草图基准面的加盖厚度，只可用于模型中第一个生成的拉伸特征。

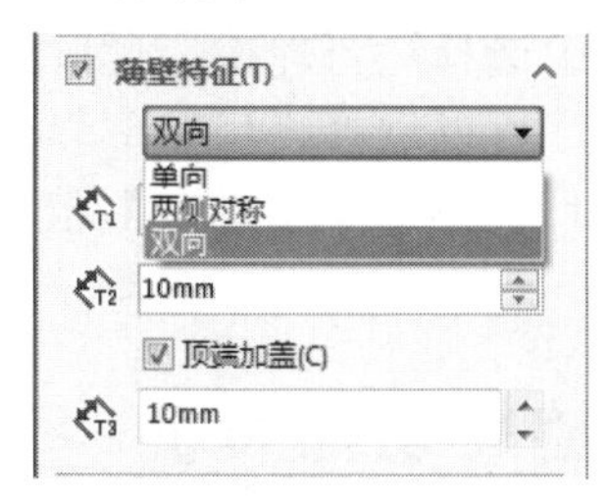

图 3-3

5. 【所选轮廓】选项组

◇【所选轮廓】：允许使用部分草图生成拉伸特征，可以在图形区域中选择草图轮廓和模型边线。

3.1.2 拉伸切除特征

单击【特征】工具栏中的【拉伸切除】按钮或选择【插入】|【切除】|【拉伸】菜单命令，弹出【切除 - 拉伸】属性管理器，如图 3-4 所示。

该属性设置与【凸台 - 拉伸】的属性设置方法基本一致。不同之处是，在【方向 1】选项组中多了【反侧切除】复选框。

【反侧切除】（仅限于拉伸的切除）用于移除轮廓外的所有部分，如图 3-5 所示。而在默认情况下，是从轮廓内部移除，如图 3-6 所示。

图 3-4

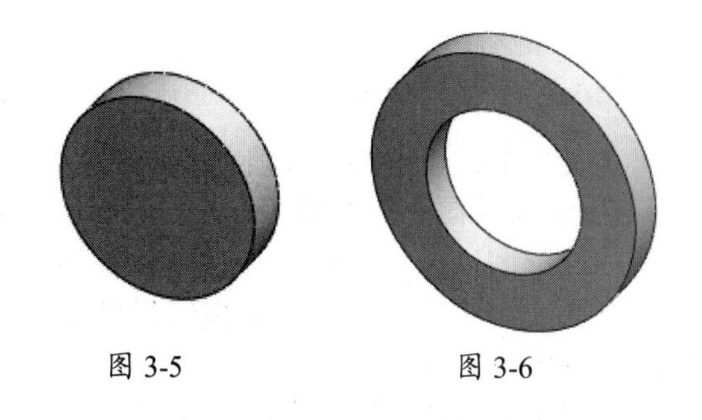

图 3-5　　图 3-6

3.2 旋转特征

下面讲解旋转特征的属性设置和创建旋转特征的操作步骤。

3.2.1 旋转凸台 / 基体特征

单击【特征】工具栏中的【旋转凸台 / 基体】按钮或者选择【插入】|【凸台 / 基体】|【旋转】菜单命令，系统打开【旋转】属性管理器，如图 3-7 所示。

1. 【旋转轴】和【方向】选项组

（1）【旋转轴】：选择旋转所围绕的轴，根据生成旋转特征的类型来看，此轴可以为中心线、直线或者边线。

（2）【旋转类型】：从草图基准面中定义旋转方向，其选项如图 3-7 所示。

（3）【反向】按钮：单击该按钮，更改旋转方向。

（4）【方向 1 角度】：设置旋转角度，默认的角度为 360°，沿顺时针方向从所选草图开始测量角度。

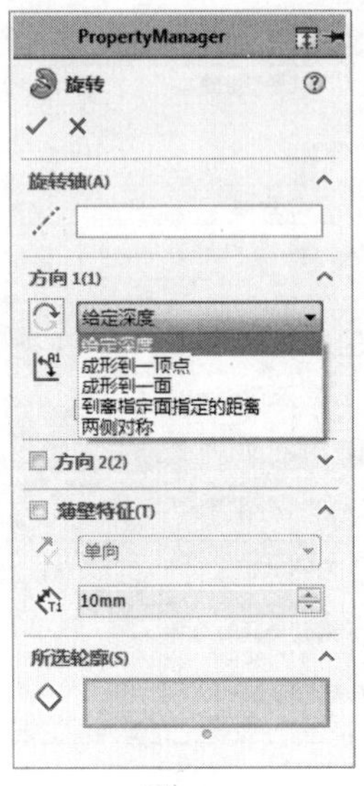

图 3-7

2．【薄壁特征】选项组

【类型】：设置旋转厚度的方向。

（1）【单向】：以同一【方向 1 厚度】数值，从草图以单一方向添加薄壁特征体积。如果有必要，单击【反向】按钮反转薄壁特征体积添加的方向。

（2）【两侧对称】：以同一【方向 1 厚度】数值，并以草图为中心，在草图两侧使用均等厚度的体积添加薄壁特征。

（3）【双向】：在草图两侧添加不同厚度的薄壁特征的体积。设置【方向 1 厚度】数值，从草图向外添加薄壁特征的体积；设置【方向 2 厚度】数值，从草图向内添加薄壁特征的体积。

3．【所选轮廓】选项组

在使用多轮廓生成旋转特征时使用此选项。

单击◇【所选轮廓】选择框，拖动鼠标指针，在图形区域中选择适当轮廓，此时显示出旋转特征的预览，可以选择任何轮廓以生成单一或者多实体零件，单击【确定】按钮，生成旋转特征。

3.2.2 旋转切除特征

单击【特征】工具栏中的【旋转切除】按钮或选择【插入】|【切除】|【旋转】菜单命令，弹出【切除-旋转】属性管理器，如图 3-8 所示。

图 3-8

该属性设置与【旋转】的属性设置方法基本一致。不同之处是特征经过的区域都会去掉，如图 3-9 所示。

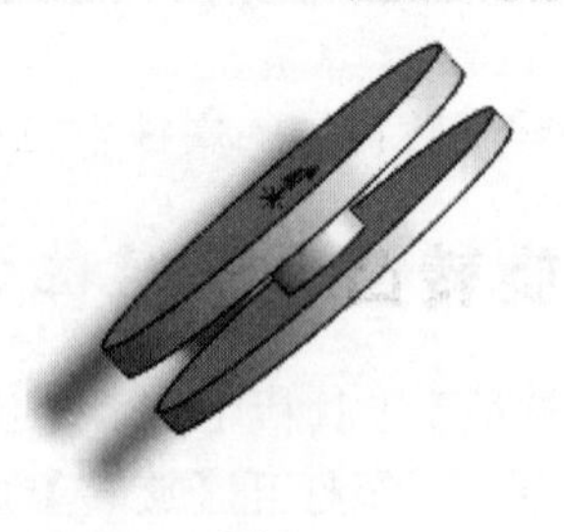

图 3-9

3.3 扫描特征

扫描特征是沿着一条路径移动轮廓，生成凸台 / 基体、切除或者曲面的一种方法。扫描特征时可利用引导线生成多轮廓特征及薄壁特征。

3.3.1 扫描特征的使用方法

扫描特征的使用方法如下。

- 单击【特征】工具栏中的【扫描】按钮或选择【插入】|【凸台/基体】|【扫描】菜单命令。
- 选择【插入】|【切除】|【扫描】菜单命令。
- 单击【曲面】工具栏中的【扫描曲面】按钮或选择【插入】|【曲面】|【扫描曲面】菜单命令。

3.3.2 扫描特征的属性设置

单击【特征】工具栏中的【扫描】按钮或者选择【插入】|【凸台/基体】|【扫描】菜单命令，打开【扫描】属性管理器，如图3-10所示。

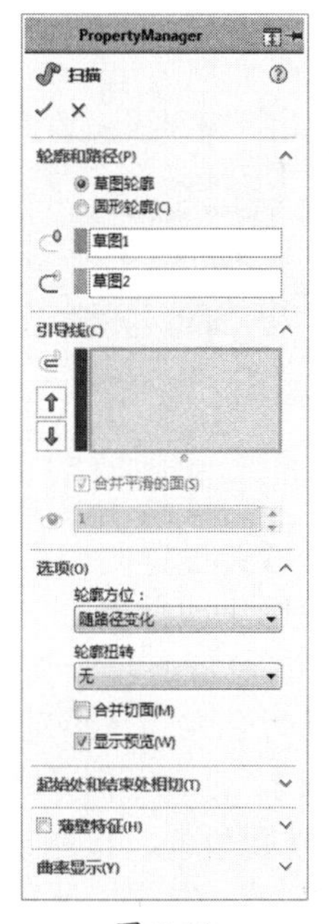

图 3-10

1.【轮廓和路径】选项组

（1）【轮廓】：设置用来生成扫描的草图轮廓。在图形区域中或【特征管理器设计树】中选择草图轮廓。基体或凸台的扫描特征轮廓应为闭环，曲面扫描特征的轮廓可为开环或闭环。

（2）【路径】：设置轮廓扫描的路径。路径可以是开环或者闭环，可以是草图中的一组曲线、一条曲线或一组模型边线，但路径的起点必须位于轮廓的基准面上。

> TIPS 提示
>
> 不论是轮廓、路径或形成的实体，都不能自相交叉。

2.【引导线】选项组

（1）【引导线】：在轮廓沿路径扫描时加以引导以生成特征。

> 注意：
>
> 引导线必须与轮廓或轮廓草图中的点重合。

（2）【上移】、【下移】：调整引导线的顺序。选择一条引导线并拖动鼠标指针以调整轮廓顺序。

（3）【合并平滑的面】：改进带引导线扫描的性能，并在引导线或者路径不是曲率连续的所有点处分割扫描。

（4）【显示截面】：显示扫描的截面。单击箭头，按截面数查看轮廓并进行删减。

3.【选项】选项组

（1）【轮廓方位】：控制轮廓在沿路径扫描时的方向，其选项如图3-11所示。

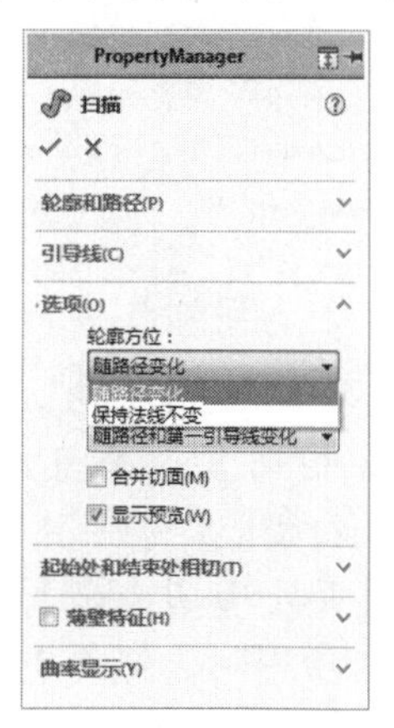

图 3-11

（2）【轮廓扭转】：控制轮廓在沿路径扫描时的形变方向，其选项如图 3-12 所示。

（3）【合并切面】：将多个实体合并成一个实体。

（4）【显示预览】：显示扫描的上色预览，取消选择此项，则只显示轮廓和路径。

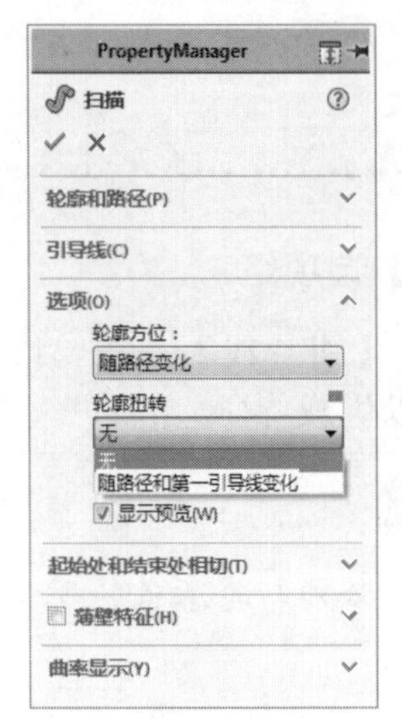

图 3-12

4.【起始处 / 结束处相切】选项组

（1）【起始处相切类型】：其选项如图 3-13 所示。

图 3-13

- 【无】：不应用相切。
- 【路径相切】：垂直于起始点路径而生成扫描。

（2）【结束处相切类型】：与【起始处相切类型】的选项相同，如图 3-14 所示，在此不做赘述。

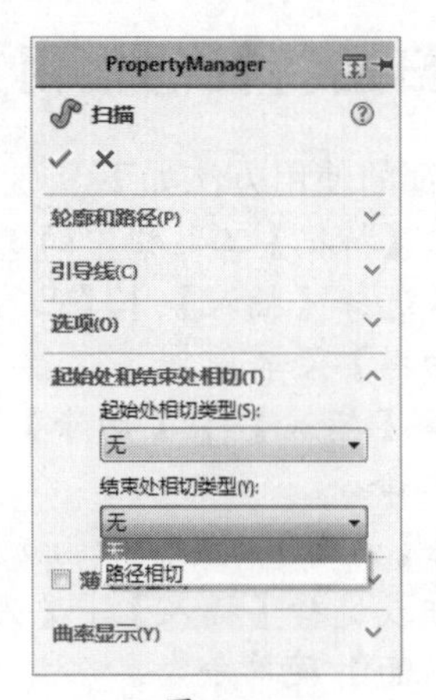

图 3-14

5.【薄壁特征】选项组

【薄壁特征】选项组设置【薄壁特征】扫描的类型，其选项如图 3-15 所示。

图 3-15

（1）【单向】：设置同一【厚度】数值，以单一方向从轮廓生成薄壁特征。

（2）【两侧对称】：设置同一【方向 1 厚度】数值，以两个方向从轮廓生成薄壁特征。

（3）【双向】：设置不同【方向 1 厚度】、【方向 2 厚度】数值，以相反的两个方向从轮廓生成薄壁特征。生成的薄壁特征扫描，如图 3-16 所示。

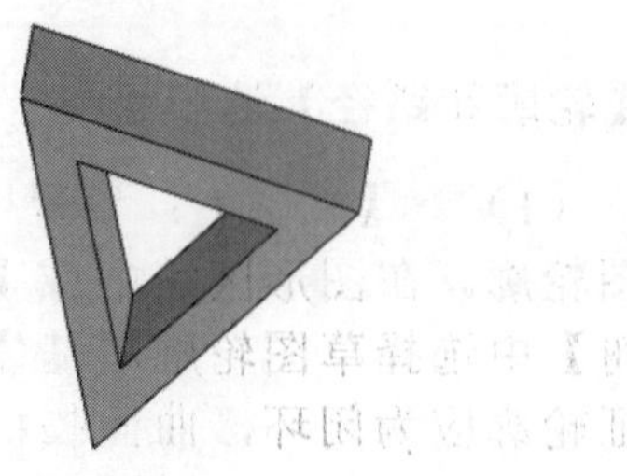

图 3-16

6.【曲率显示】选项组

【曲率显示】选项组如图 3-17 所示。

（1）【网格预览】：显示及设置模型上的网格和网格密度，如图 3-18 所示。

（2）【斑马条纹】：显示模式上的斑马应力条纹，以便观察应力分布，如图 3-19 所示。

（3）【曲率检查梳形图】：显示模型上的曲率分布，如图 3-20 所示。

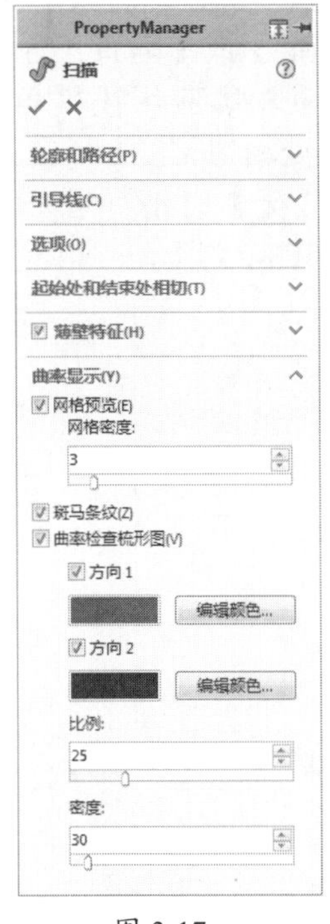

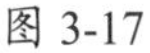

图 3-17

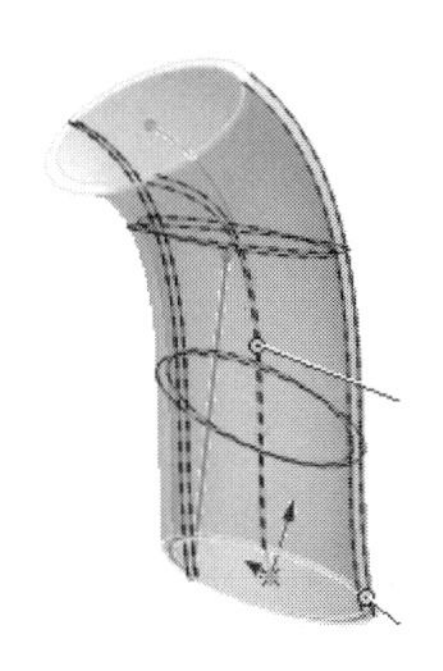

图 3-18

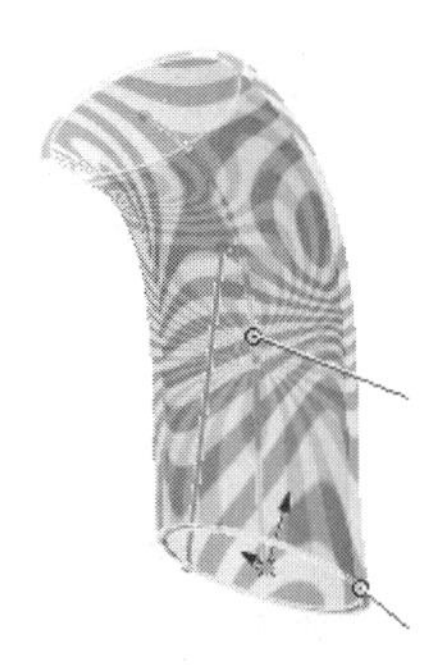

图 3-19

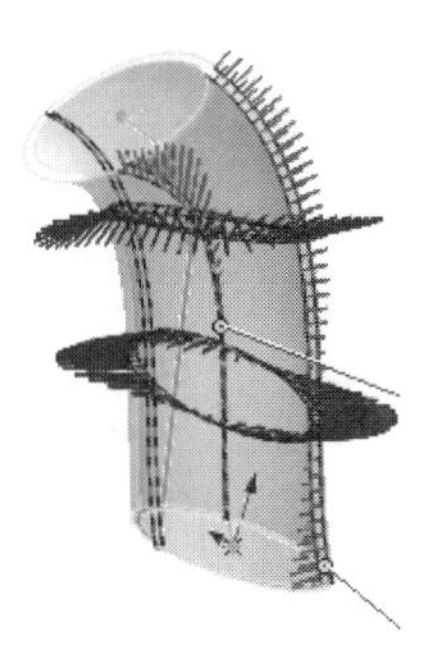

图 3-20

3.4 放样特征

放样特征通过在轮廓之间进行过渡以生成特征，放样的对象可以是基体/凸台、切除或者曲面，可用两个或多个轮廓生成放样，但仅第一个或最后一个对象的轮廓可以是点。

3.4.1 放样特征的使用方法

放样特征的使用方法如下。

- 单击【特征】工具栏中的【放样凸台/基体】按钮或选择【插入】|【凸台/基体】|【放样】菜单命令。
- 选择【插入】|【切除】|【放样】菜单命令。
- 单击【曲面】工具栏中的【放样曲面】按钮或选择【插入】|【曲面】|【放样】菜单命令。

3.4.2 放样特征的属性设置

选择【插入】|【凸台/基体】|【放样】菜单命令，系统弹出【放样】属性管理器，如图 3-21 所示。

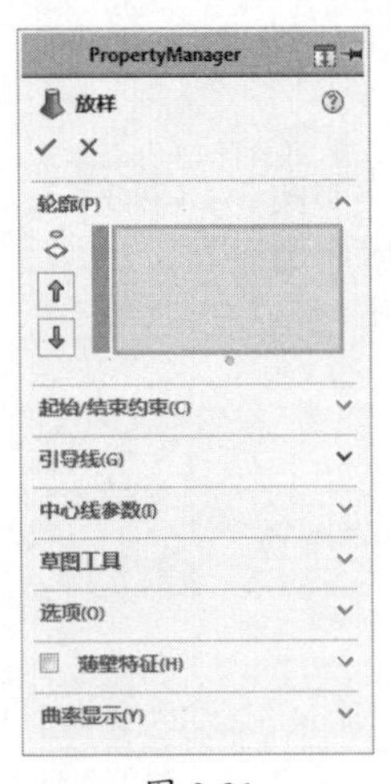

图 3-21

1.【轮廓】选项组

（1）【轮廓】：用来生成放样的轮廓，可以选择要放样的草图轮廓、面或者边线。

（2）【上移】、【下移】：调整轮廓的顺序。

> **提示**
>
> 如果预览显示放样不理想，重新选择或将草图重新组序以在轮廓上连接不同的点。

2.【起始 / 结束约束】选项组

（1）【开始约束】、【结束约束】：应用约束以控制开始和结束轮廓的相切，其选项如图 3-22 所示。

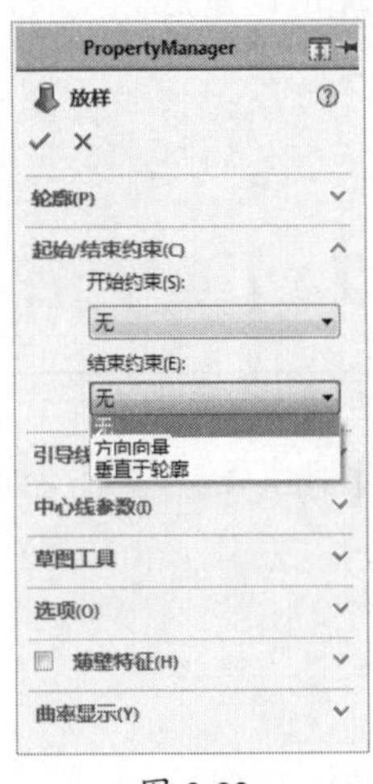

图 3-22

（2）【方向向量】（在设置【开始 / 结束约束】为【方向向量】时可用）：按照所选择的方向向量应用相切约束，放样与所选线性边线或轴相切，或与所选面或基准面的法线相切，如图 3-23 所示。

（3）【拔模角度】（在设置【开始 / 结束约束】为【方向向量】或【垂直于轮廓】时可用）：为起始或结束轮廓应用拔模角度。

（4）【起始 / 结束处相切长度】（在设置【开始 / 结束约束】为【无】时不可用）：控制对放样的影响量，如图 3-23 所示。

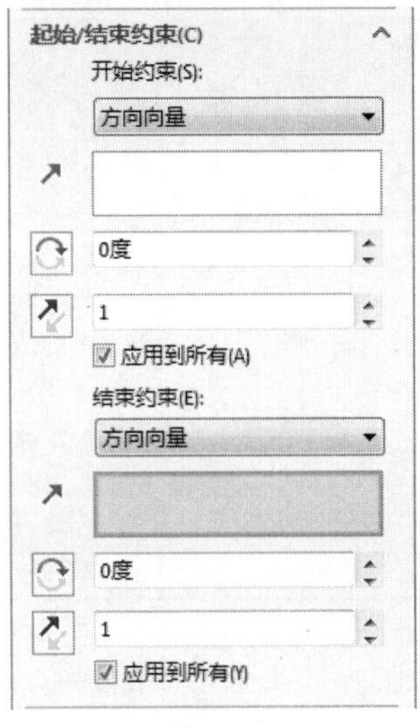

图 3-23

（5）【应用到所有】：显示一个为整个轮廓控制所有约束的控标；取消启用此复选框，显示可允许单个线段控制约束的多个控标。

在选择不同【开始 / 结束约束】选项时的效果如图 3-24 ～图 3-29 所示。

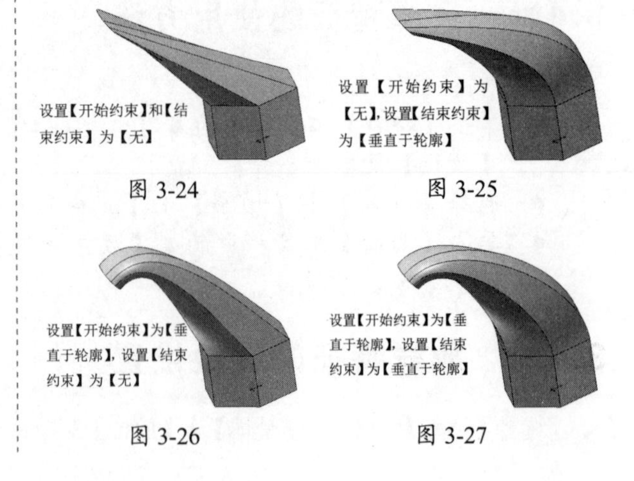

图 3-24　图 3-25

图 3-26　图 3-27

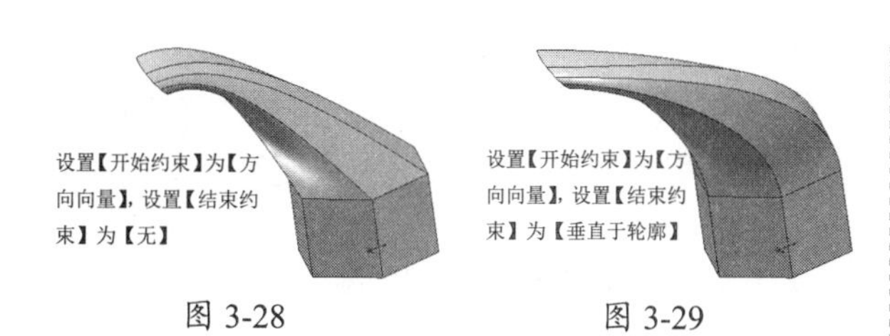

图 3-28　　图 3-29

3.【引导线】选项组

（1）【引导线感应类型】：控制引导线对放样的影响力，其选项如图 3-30 所示。

（2）【引导线】：选择引导线来控制放样。

（3）【上移】、【下移】：调整引导线的顺序。

（4）【草图<n>-相切】：控制放样与引导线相交处的相切关系（n 为所选引导线标号），其选项如图 3-30 所示。

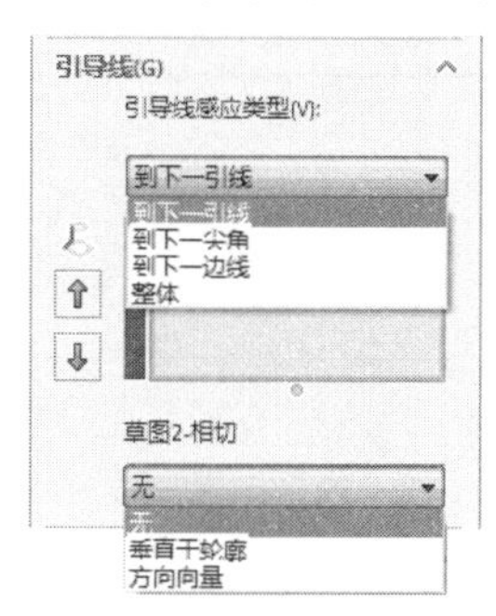

图 3-30

提示

为获得最佳结果，轮廓在其与引导线相交处还应与相切面相切。理想的公差是 2°或者小于 2°，可以使用连接点离相切面小于 30°的轮廓（角度大于 30°，放样就会失败）。

4.【中心线参数】选项组

【中心线参数】选项组如图 3-31 所示。

（1）【中心线】：使用中心线引导放样形状。

（2）【截面数】：在轮廓之间并围绕中心线添加截面。

（3）【显示截面】：显示放样截面。单击箭头显示截面，也可输入截面数，然后单击【显示截面】按钮跳转到该截面。

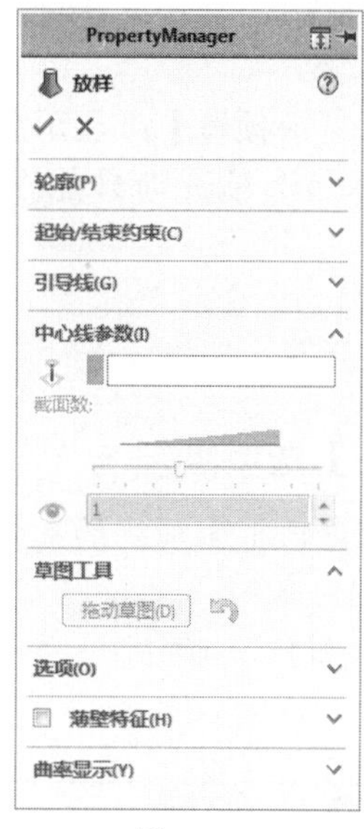

图 3-31

5.【草图工具】选项组

（1）【拖动草图】按钮：激活拖动模式，当编辑放样特征时，可从任何已经为放样定义了轮廓线的 3D 草图中拖动 3D 草图线段、点或基准面，3D 草图在拖动时自动更新。如果需要退出草图拖动状态，再次单击【拖动草图】按钮即可。

（2）按钮：撤销先前的草图拖动并将预览返回到其先前状态。

6.【选项】选项组

【选项】选项组如图 3-32 所示。

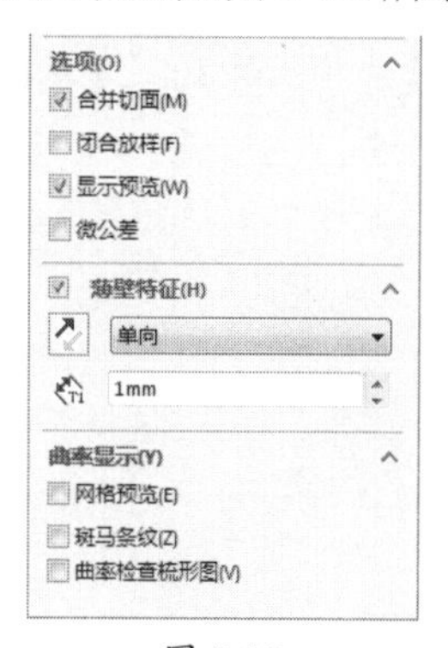

图 3-32

（1）【合并切面】：如果对应的线段相切，则保持放样中的曲面相切。

（2）【闭合放样】：沿放样方向生成闭合实体，选择此选项会自动连接最后一个和第一个草图实体。

（3）【显示预览】：显示放样的上色预览；取消选择此选项，则只能查看路径和引导线。

（4）【微公差】：在非常小的几何图形区域之间设置公差，创建放样时启用此设置。

7.【薄壁特征】选项组

设置【薄壁特征】放样的类型，如图 3-32 所示。

（1）【单向】：设置同一【厚度】数值，以单一方向从轮廓生成薄壁特征。

（2）【两侧对称】：设置同一【厚度】数值，以两个方向从轮廓生成薄壁特征。

（3）【双向】：设置不同【方向 1 厚度】、【方向 2 厚度】数值，以两个相反的方向从轮廓生成薄壁特征。

8.【曲率显示】选项组

（1）【网格预览】：显示及设置模型上的网格和网格密度。

（2）【斑马条纹】：显示模式上的斑马应力条纹，以便观察应力分布。

（3）【曲率检查梳形图】：显示模型上的曲率分布。

3.5 设计范例

3.5.1 支架范例

本范例完成文件：\03\3-1.sldprt

案例分析

本节的范例是创建一个零件支架模型，首先使用【旋转】命令创建基体，之后使用【拉伸】和【拉伸切除】命令创建侧边凸台，再绘制支架臂草图，完成拉伸特征。

案例操作

步骤 01 创建草绘

① 在模型树中，选择【前视基准面】，如图 3-33 所示。

② 单击【草图】选项卡中的【草图绘制】按钮，进行草图绘制。

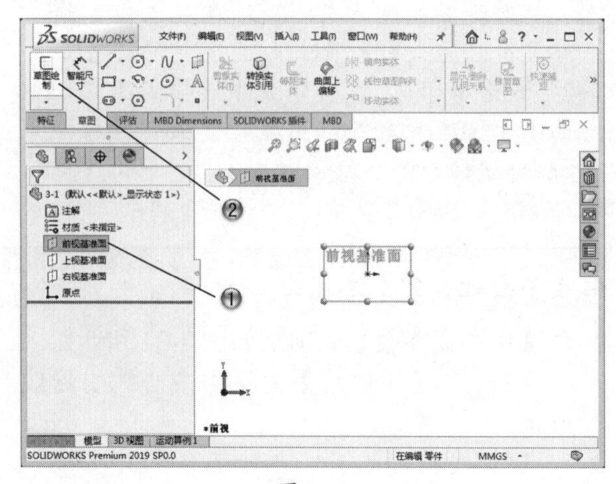

图 3-33

步骤 02 绘制矩形

① 单击【草图】选项卡中的【边角矩形】按钮。

② 在绘图区中，绘制矩形，如图 3-34 所示。

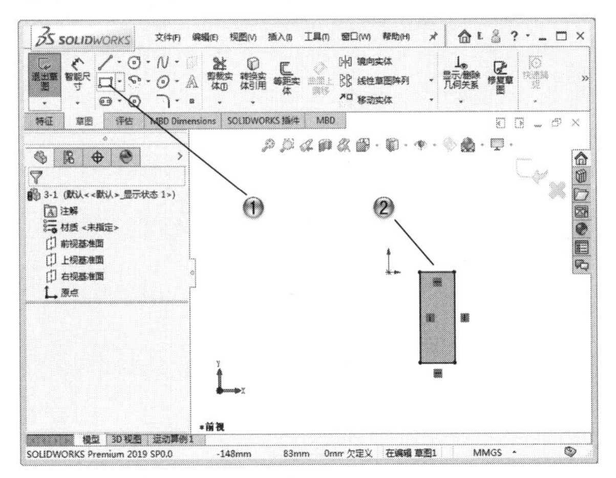

图 3-34

③ 单击【草图】选项卡中的【智能尺寸】按钮。

④ 在绘图区中，标注矩形尺寸，如图 3-35 所示。

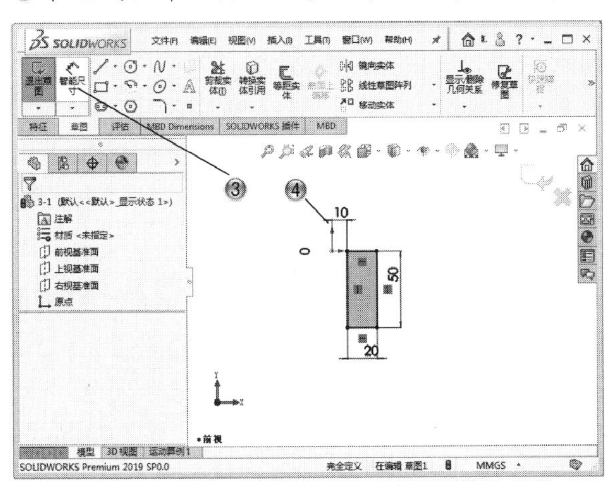

图 3-35

步骤 03 绘制中心线

① 单击【草图】选项卡中的【中心线】按钮，如图 3-36 所示。

② 绘制中心线。

步骤 04 创建旋转特征

① 在模型树中，选择【草图 1】，如图 3-37 所示。

② 单击【特征】选项卡中的【旋转凸台 / 基体】按钮，创建旋转特征。

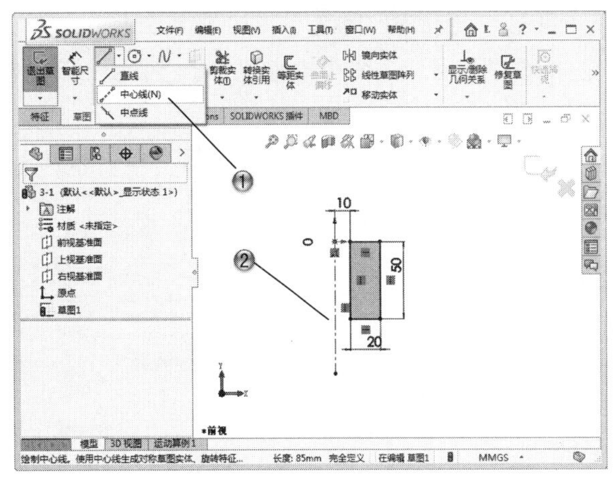

图 3-36

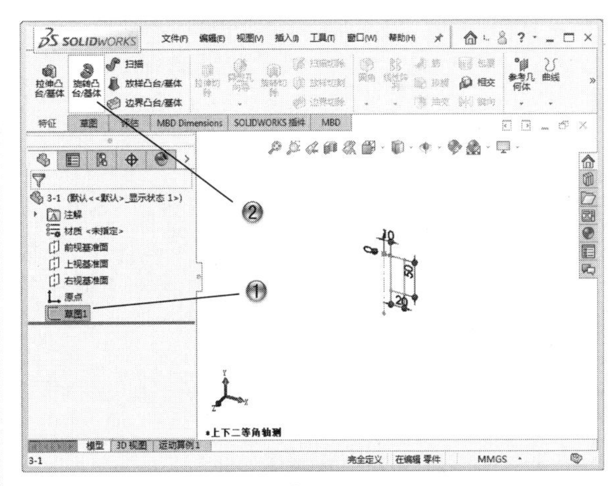

图 3-37

③ 设置旋转角度，如图 3-38 所示。

④ 在【旋转】属性管理器中，单击【确定】按钮。

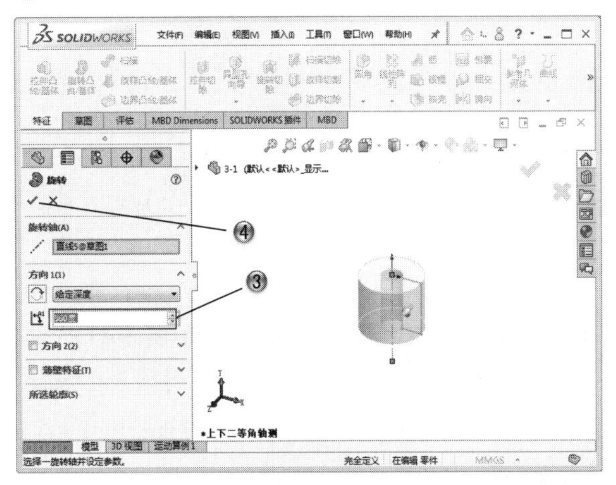

图 3-38

步骤05 创建基准面

① 在模型树中，选择【右视基准面】，如图 3-39 所示。

② 单击【特征】选项卡中的【基准面】按钮，创建基准面。

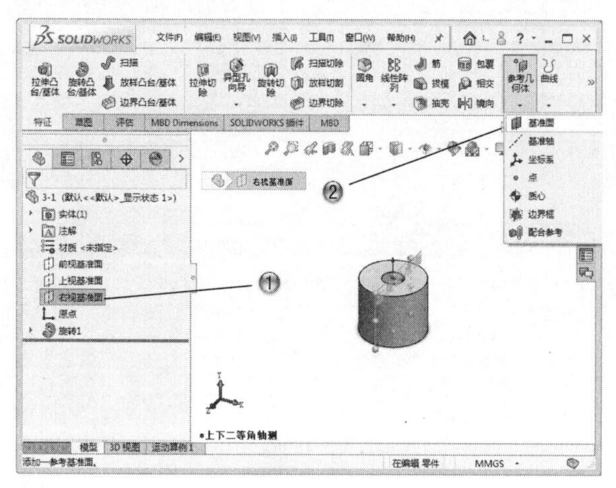

图 3-39

③ 设置基准面参数，如图 3-40 所示。

④ 在【基准面】属性管理器中，单击【确定】按钮。

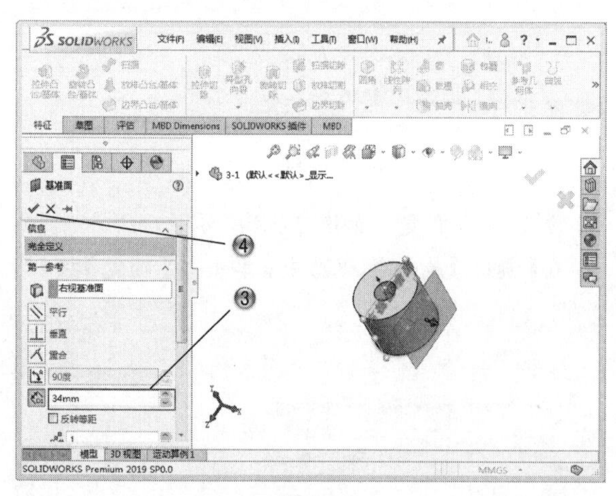

图 3-40

步骤06 创建草绘

① 在模型树中，选择【基准面 4】，如图 3-41 所示。

② 单击【草图】选项卡中的【草图绘制】按钮，进行草图绘制。

步骤07 绘制矩形

① 单击【草图】选项卡中的【边角矩形】按钮。

② 在绘图区中，绘制矩形，如图 3-42 所示。

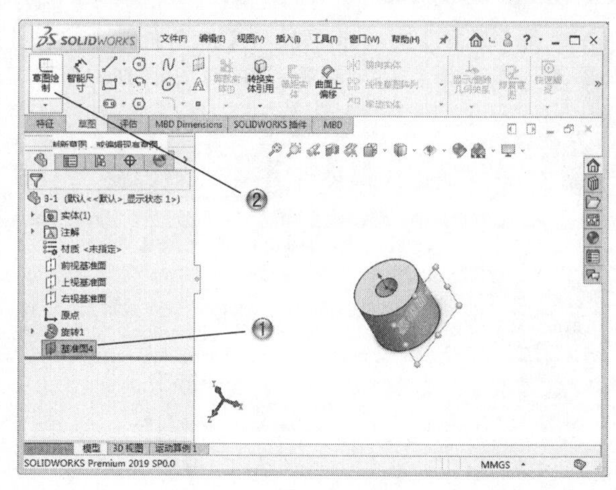

图 3-41

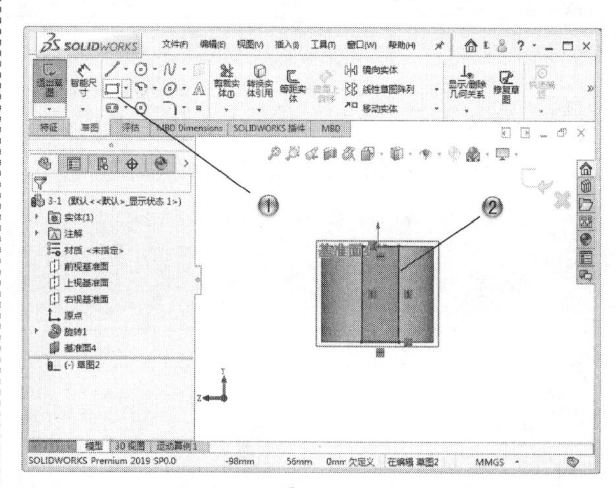

图 3-42

③ 单击【草图】选项卡中的【智能尺寸】按钮。

④ 在绘图区中，标注矩形尺寸，如图 3-43 所示。

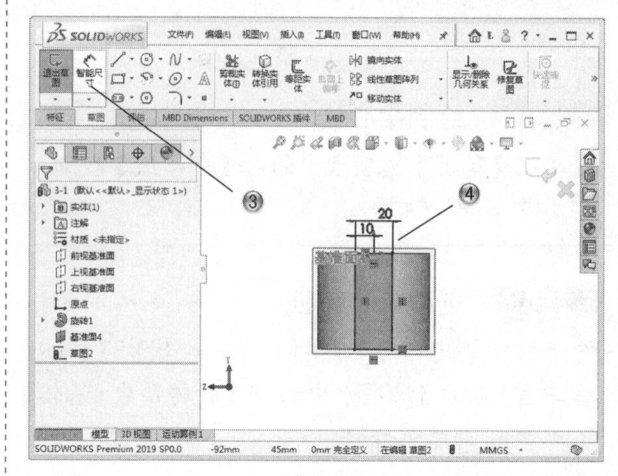

图 3-43

步骤 08 创建拉伸特征

① 在模型树中，选择【草图 2】，如图 3-44 所示。

② 单击【特征】选项卡中的【拉伸凸台 / 基体】按钮，创建拉伸特征。

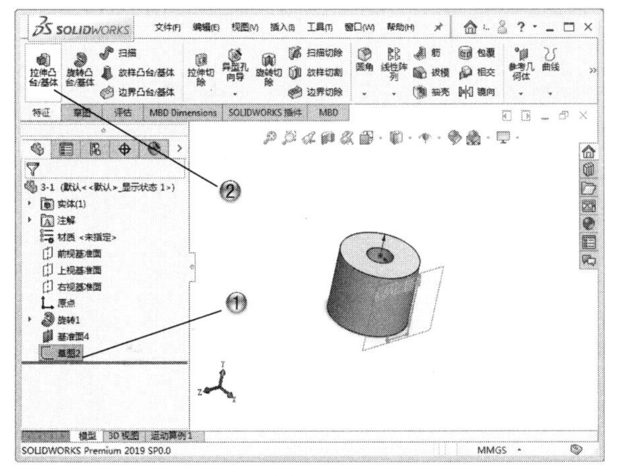

图 3-44

③ 设置拉伸参数，如图 3-45 所示。

④ 在【凸台 - 拉伸】属性管理器中，单击【确定】按钮。

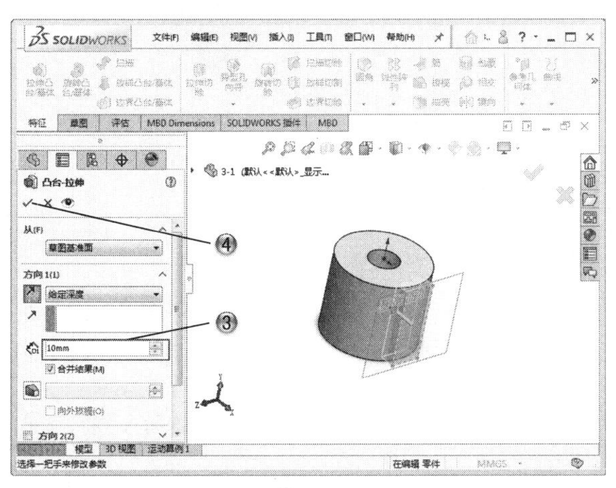

图 3-45

步骤 09 创建草绘

① 在模型树中，选择【基准面 4】，如图 3-46 所示。

② 单击【草图】选项卡中的【草图绘制】按钮，进行草图绘制。

步骤 10 绘制圆形

① 单击【草图】选项卡中的【圆】按钮。

② 在绘图区中，绘制两个圆形，如图 3-47 所示。

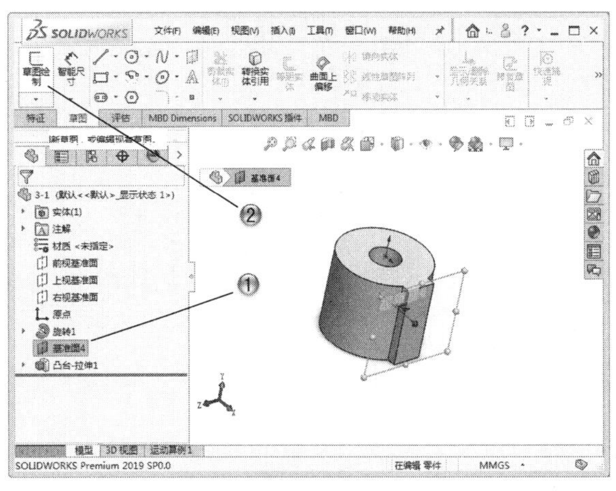

图 3-46

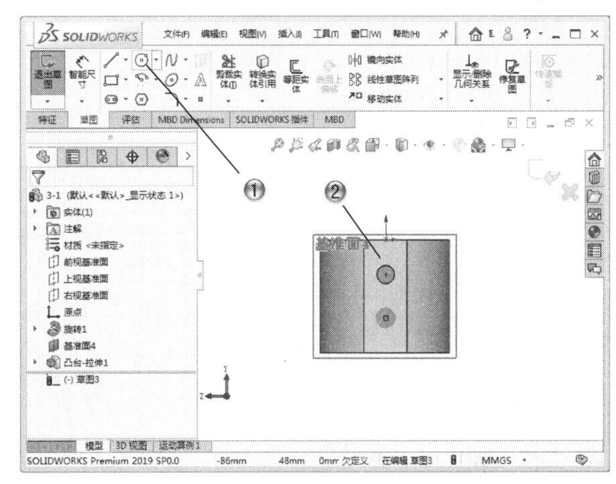

图 3-47

③ 单击【草图】选项卡中的【智能尺寸】按钮。

④ 在绘图区中，标注圆形尺寸，如图 3-48 所示。

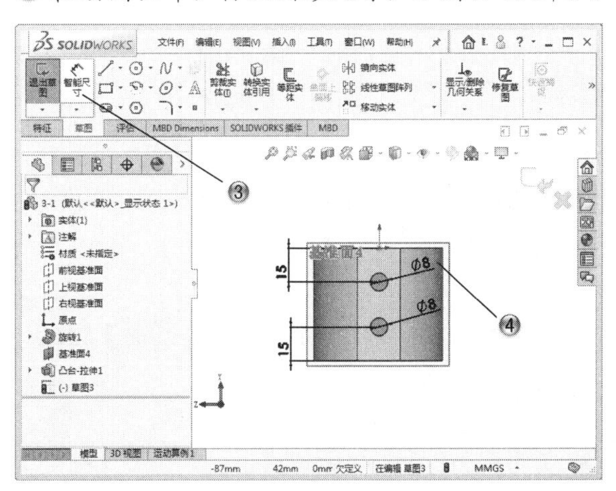

图 3-48

步骤 11 创建拉伸切除特征

① 在模型树中，选择【草图 3】，如图 3-49 所示。

② 单击【特征】选项卡中的【拉伸切除】按钮，创建拉伸切除特征。

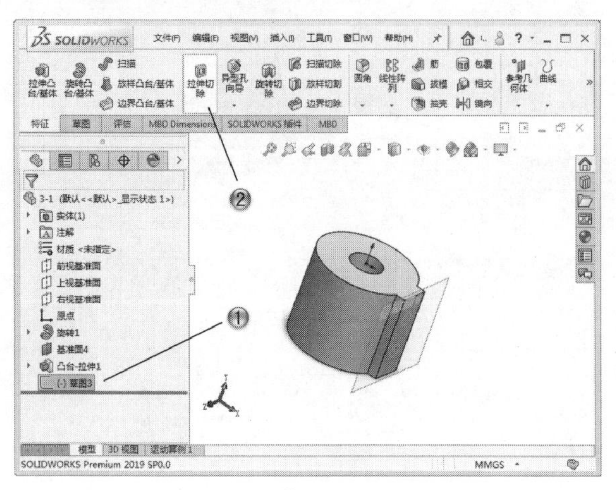

图 3-49

③ 设置拉伸切除参数，如图 3-50 所示。

④ 在【切除 - 拉伸】属性管理器中，单击【确定】按钮。

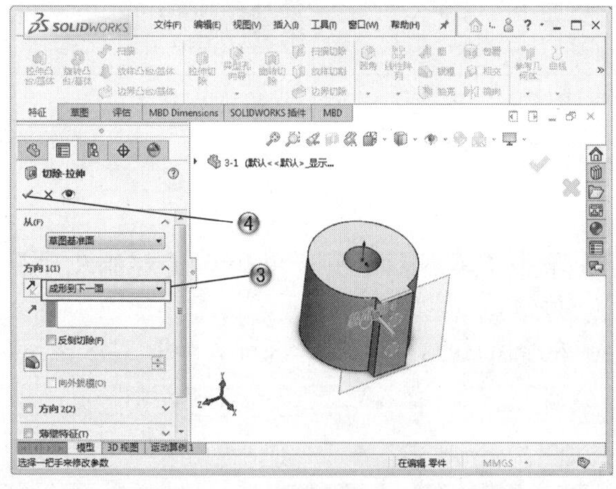

图 3-50

步骤 12 创建基准面

① 在模型树中，选择【上视基准面】，如图 3-51 所示。

② 单击【特征】选项卡中的【基准面】按钮，创建基准面。

③ 设置基准面参数，如图 3-52 所示。

④ 在【基准面】属性管理器中，单击【确定】按钮。

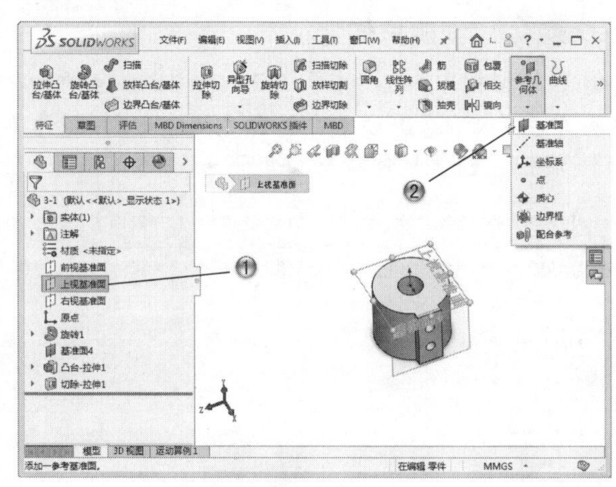

图 3-51

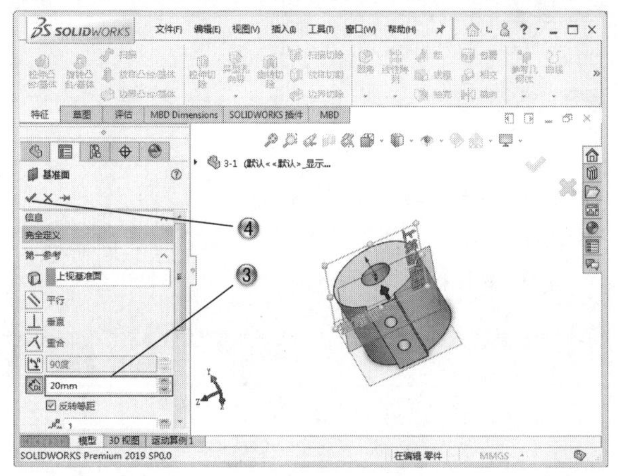

图 3-52

步骤 13 创建草绘

① 在模型树中，选择【基准面 5】，如图 3-53 所示。

② 单击【草图】选项卡中的【草图绘制】按钮，进行草图绘制。

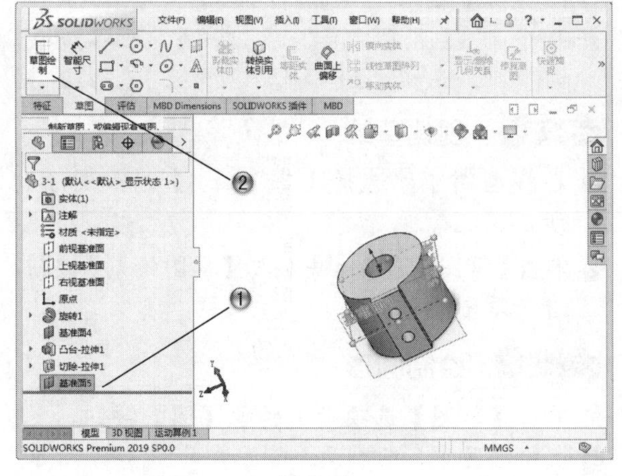

图 3-53

步骤 14 绘制矩形

① 单击【草图】选项卡中的【边角矩形】按钮。

② 在绘图区中，绘制矩形，如图 3-54 所示。

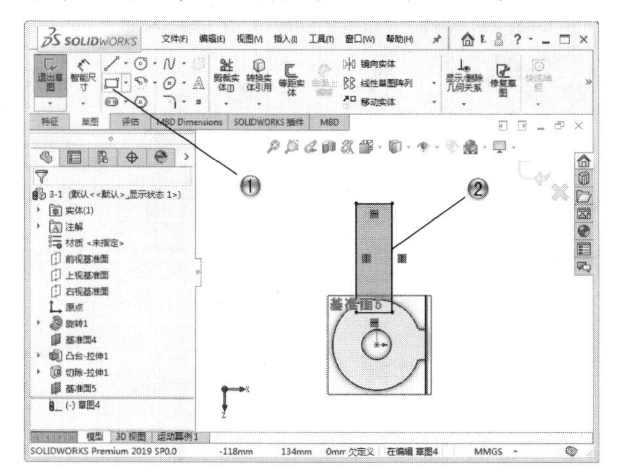

图 3-54

③ 单击【草图】选项卡中的【智能尺寸】按钮。

④ 在绘图区中，标注矩形尺寸，如图 3-55 所示。

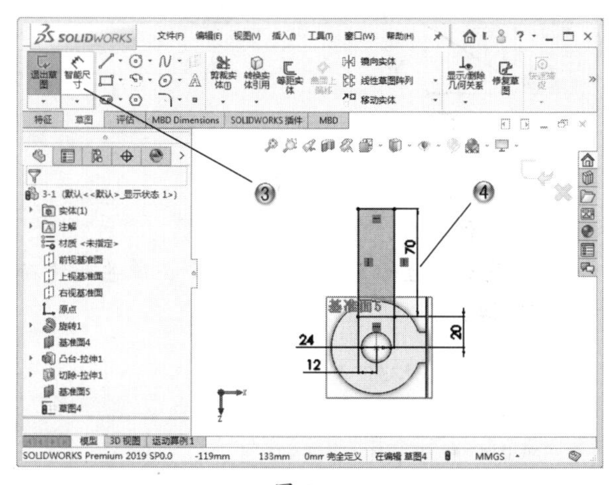

图 3-55

步骤 15 绘制圆形

① 单击【草图】选项卡中的【圆】按钮。

② 在绘图区中，绘制一个圆形，如图 3-56 所示。

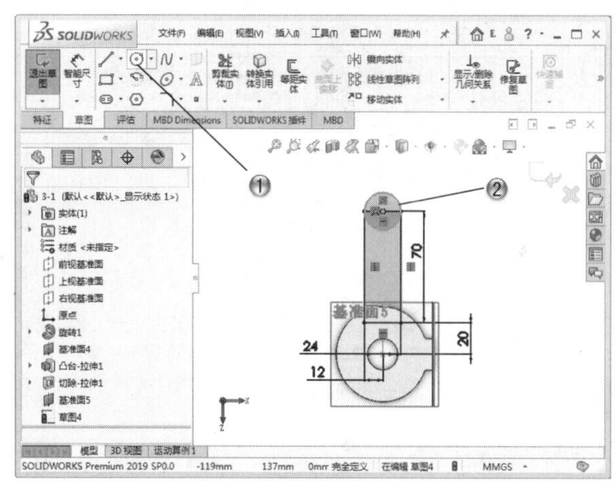

图 3-56

步骤 16 剪裁草图

① 单击【草图】选项卡中的【剪裁实体】按钮。

② 在绘图区中，选择剪裁线条，如图 3-57 所示。

③ 单击【确定】按钮，剪裁草图。

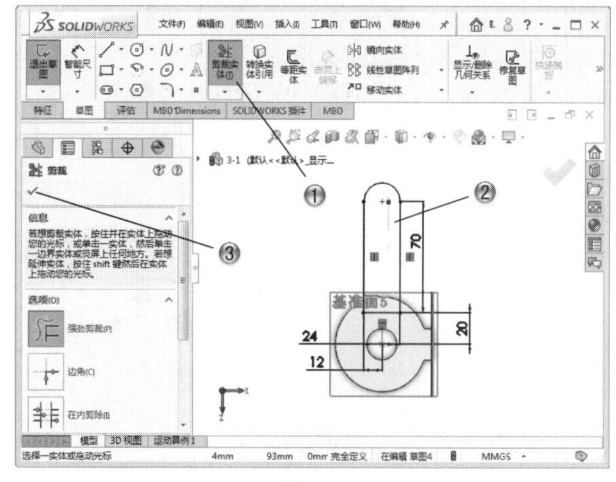

图 3-57

步骤 17 创建等距实体

① 单击【草图】选项卡中的【等距实体】按钮。

② 在绘图区中，选择目标草图，设置参数，如图 3-58 所示。

③ 在【等距实体】属性管理器中，单击【确定】按钮，创建等距实体。

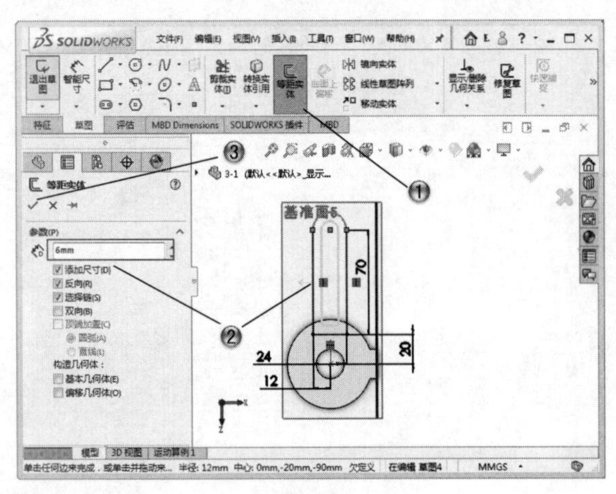

图 3-58

步骤 18 绘制圆形

① 单击【草图】选项卡中的【圆】按钮。

② 在绘图区中，绘制一个圆形，如图 3-59 所示。

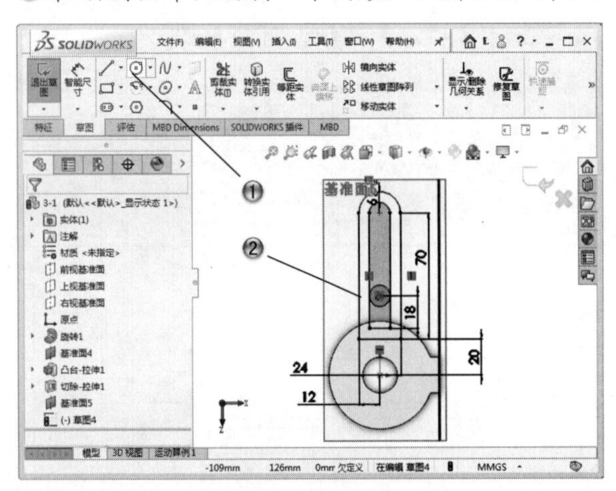

图 3-59

步骤 19 剪裁草图

① 单击【草图】选项卡中的【剪裁实体】按钮。

② 在绘图区中，选择剪裁线条，如图 3-60 所示。

③ 单击【确定】按钮，剪裁草图。

步骤 20 创建拉伸特征

① 在模型树中，选择【草图 4】，如图 3-61 所示。

② 单击【特征】选项卡中的【拉伸凸台 / 基体】按钮，创建拉伸特征。

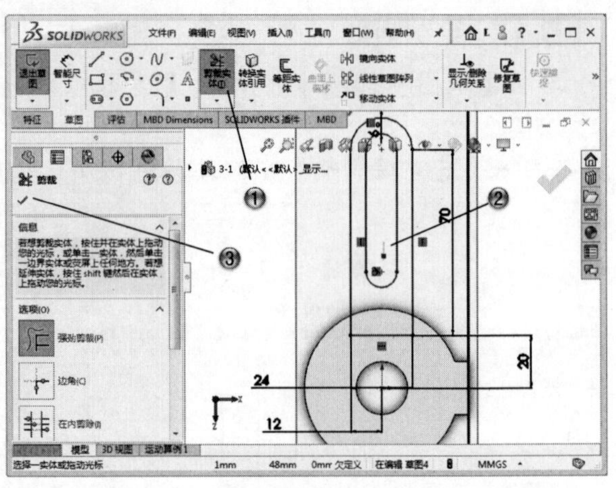

图 3-60

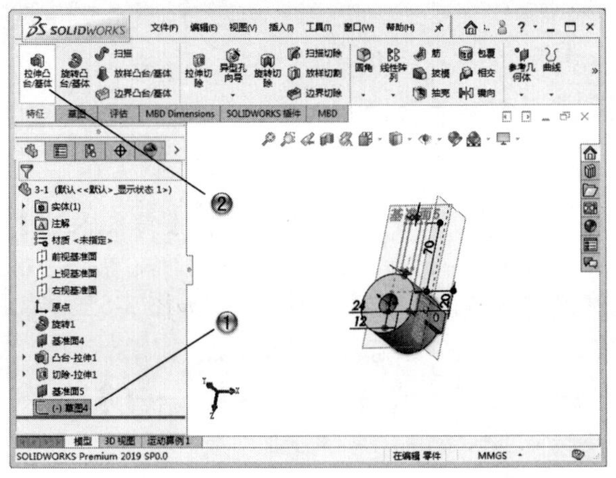

图 3-61

③ 设置拉伸参数，如图 3-62 所示。

④ 在【凸台 - 拉伸】属性管理器中，单击【确定】按钮。

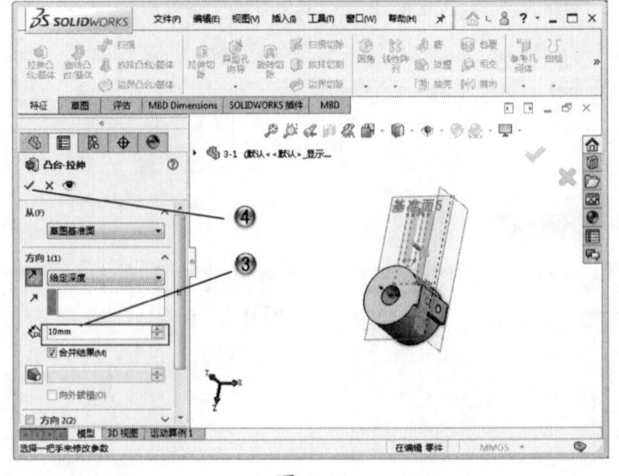

图 3-62

步骤 21 完成支架模型

完成的支架模型，如图 3-63 所示。

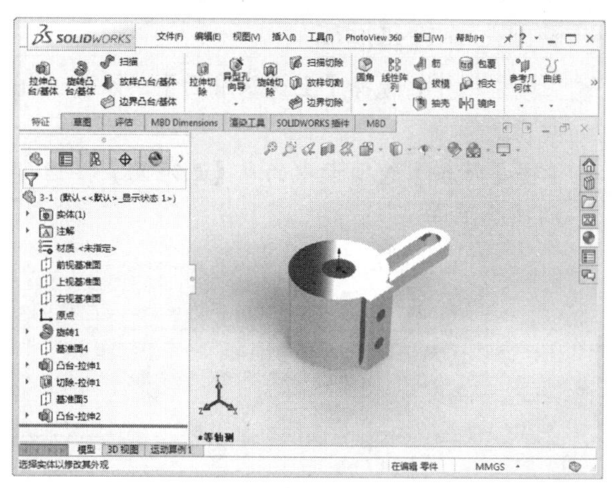

图 3-63

3.5.2 盒盖范例

本范例完成文件：\03\3-2.sldprt

案例分析

本节的范例是创建一个盒盖模型，首先绘制两个平面上的草图，使用放样命令创建基体特征，之后对基体进行切除，最后创建盖边的扫描特征。

案例操作

步骤 01 创建草绘 1

① 在模型树中，选择【上视基准面】，如图 3-64 所示。

② 单击【草图】选项卡中的【草图绘制】按钮，进行草图绘制。

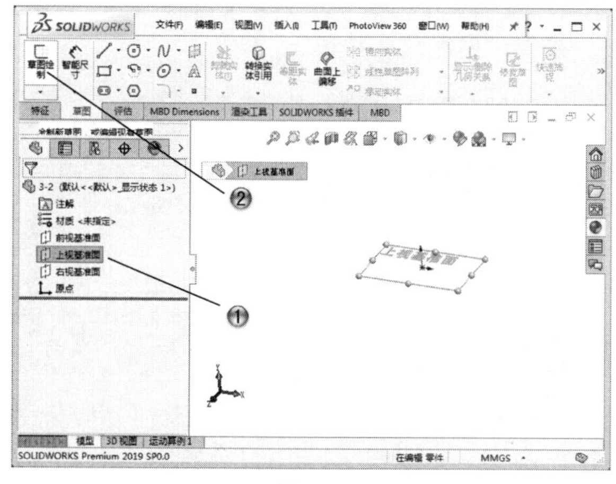

图 3-64

步骤 02 绘制圆形

① 单击【草图】选项卡中的【圆】按钮。

② 在绘图区中，绘制直径为 100 的圆形，如图 3-65 所示。

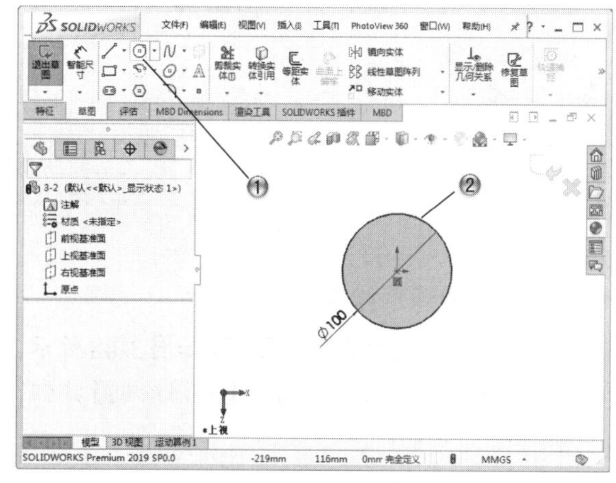

图 3-65

步骤 03 创建基准面

① 在模型树中，选择【上视基准面】，如图 3-66 所示。

② 单击【特征】选项卡中的【基准面】按钮，创建基准面。

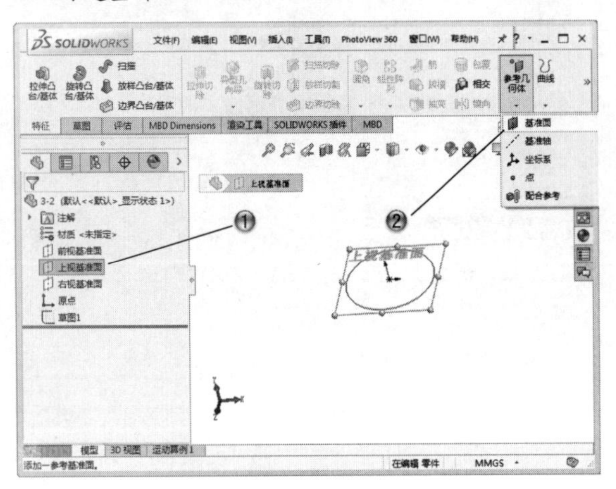

图 3-66

③ 设置基准面参数，如图 3-67 所示。

④ 在【基准面】属性管理器中，单击【确定】按钮。

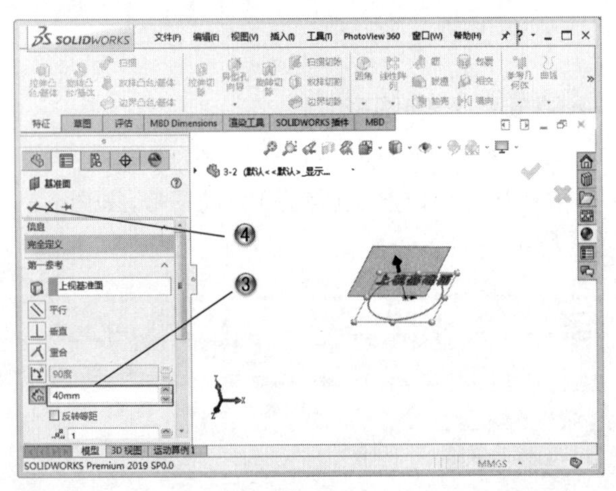

图 3-67

步骤 04 创建草绘 2

① 在模型树中，选择【基准面 4】，如图 3-68 所示。

② 单击【草图】选项卡中的【草图绘制】按钮，进行草图绘制。

步骤 05 绘制圆形

① 单击【草图】选项卡中的【圆】按钮。

② 在绘图区中，绘制直径为 70 的圆形，如图 3-69 所示。

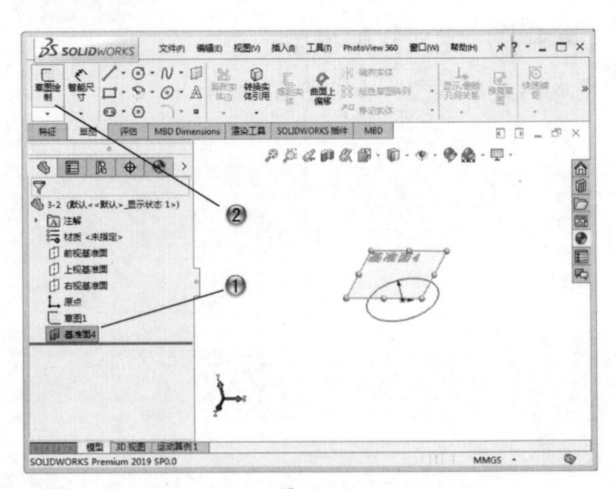

图 3-68

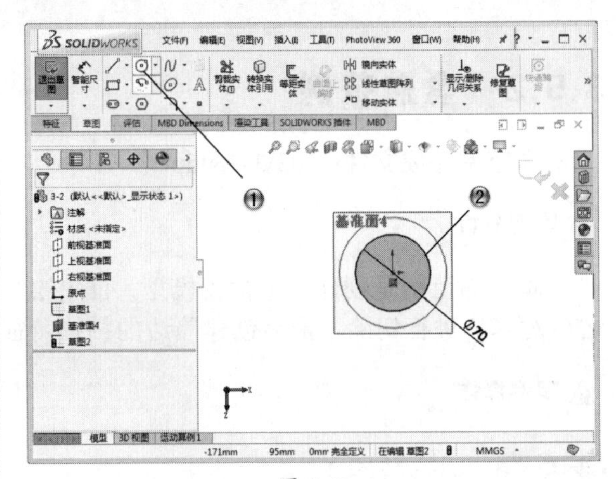

图 3-69

步骤 06 创建放样特征

① 在模型树中，选择【草图 1】和【草图 2】，如图 3-70 所示。

② 单击【特征】选项卡中的【放样凸台 / 基体】按钮，创建放样特征。

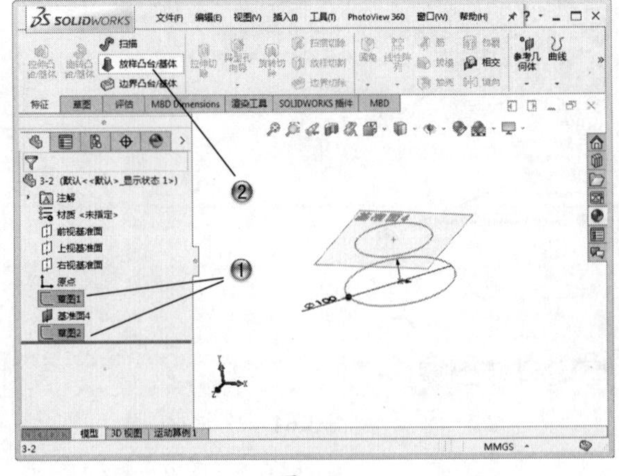

图 3-70

③ 设置放样参数，如图 3-71 所示。

④ 在【放样】属性管理器中，单击✓【确定】按钮。

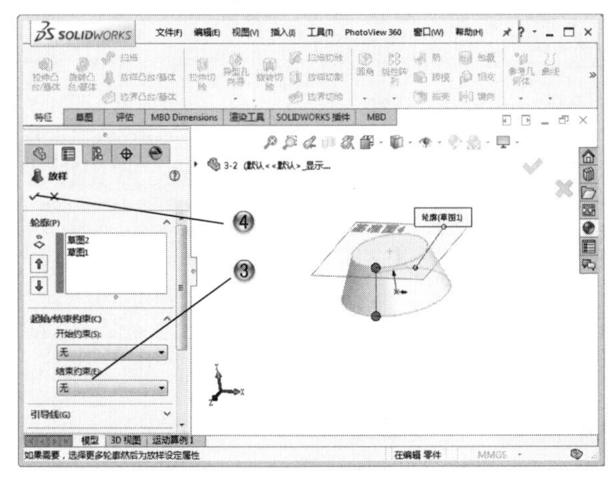

图 3-71

步骤07 创建草绘

① 在模型树中，选择【前视基准面】，如图 3-72 所示。

② 单击【草图】选项卡中的【草图绘制】按钮，进行草图绘制。

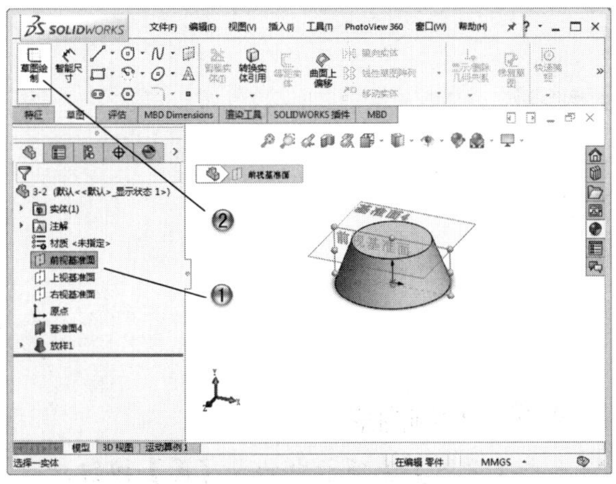

图 3-72

步骤08 绘制多边形

① 单击【草图】选项卡中的【直线】按钮。

② 在绘图区中，绘制多边形，如图 3-73 所示。

③ 单击【草图】选项卡中的【智能尺寸】按钮。

④ 在绘图区中，标注多边形尺寸，如图 3-74 所示。

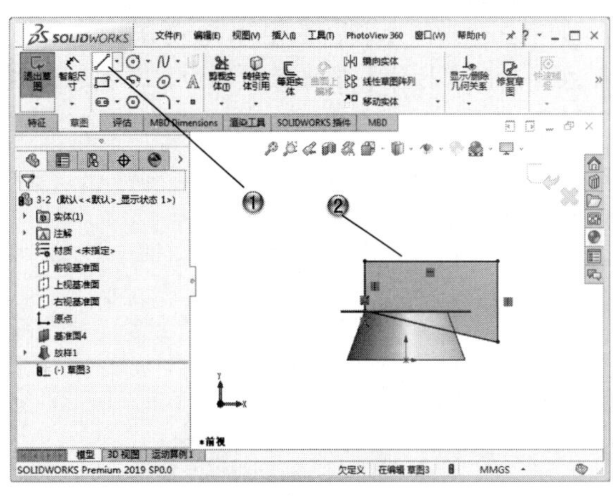

图 3-73

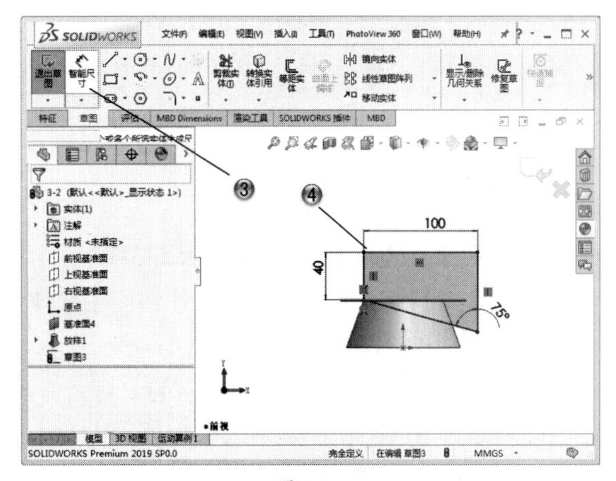

图 3-74

步骤09 创建拉伸切除特征

① 在模型树中，选择【草图 3】，如图 3-75 所示。

② 单击【特征】选项卡中的【拉伸切除】按钮，创建拉伸切除特征。

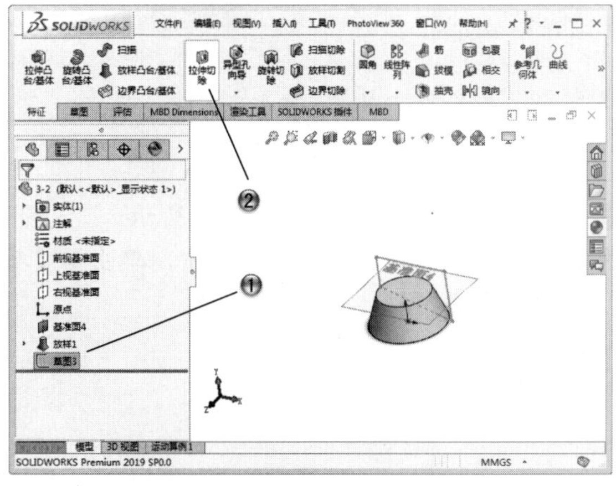

图 3-75

③ 设置拉伸切除参数，如图 3-76 所示。

④ 在【切除 - 拉伸】属性管理器中，单击✓【确定】按钮。

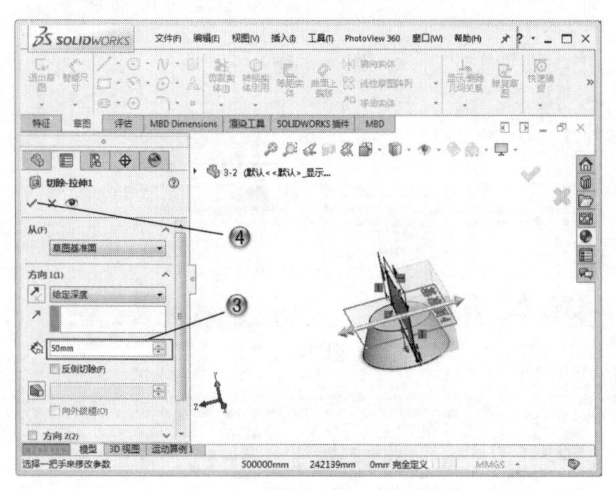

图 3-76

步骤 10 创建拉伸切除特征

① 在模型树中，选择【草图 3】，如图 3-77 所示。

② 单击【特征】选项卡中的【拉伸切除】按钮，创建拉伸切除特征。

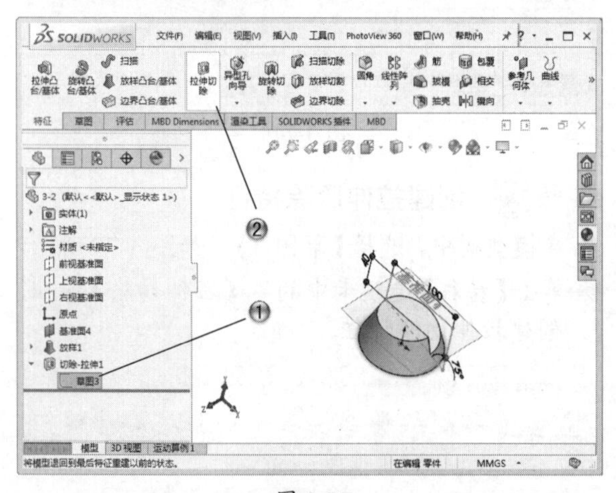

图 3-77

③ 设置拉伸切除参数，如图 3-78 所示。

④ 在【切除 - 拉伸】属性管理器中，单击✓【确定】按钮。

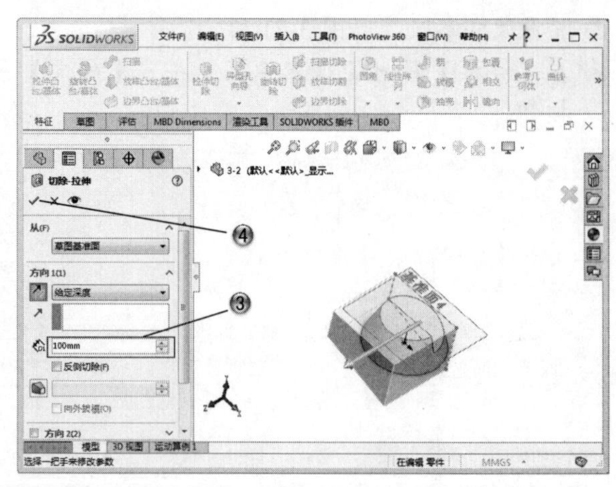

图 3-78

步骤 11 创建草绘

① 在模型树中，选择【前视基准面】，如图 3-79 所示。

② 单击【草图】选项卡中的【草图绘制】按钮，进行草图绘制。

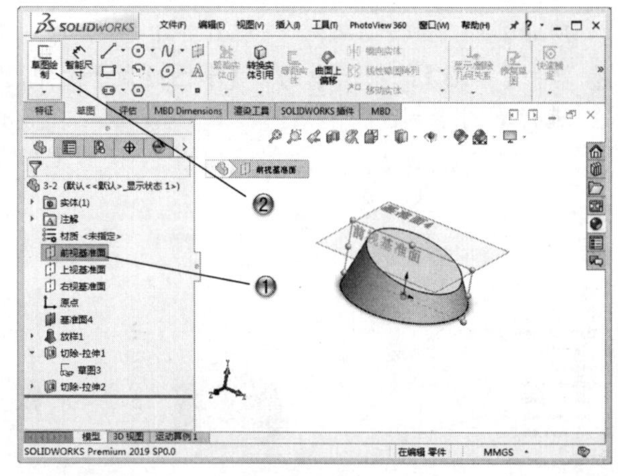

图 3-79

步骤 12 绘制圆形

① 单击【草图】选项卡中的【圆】按钮。

② 在绘图区中，绘制直径为 6 的圆形，如图 3-80 所示。

步骤 13 创建扫描特征

① 在模型树中，选择【草图 1】和【草图 4】，

如图 3-81 所示。

② 单击【特征】选项卡中的【扫描】按钮，创建扫描特征。

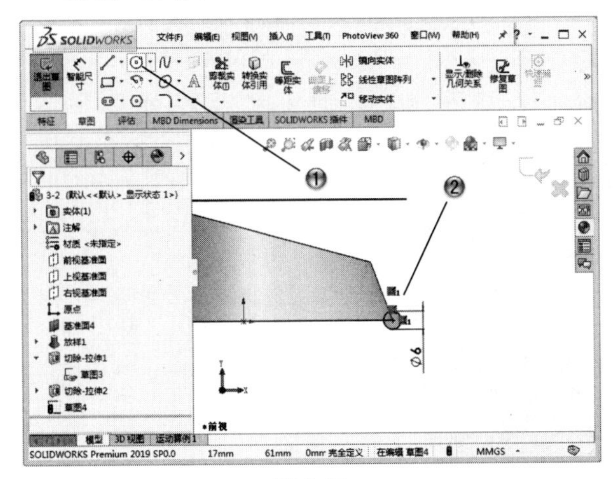

图 3-80

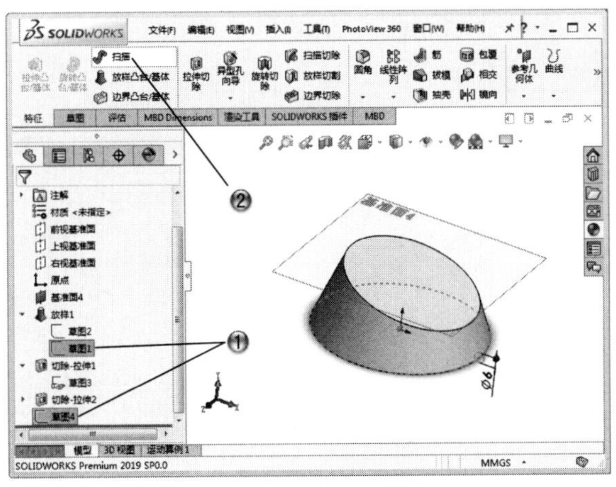

图 3-81

③ 设置扫描参数，如图 3-82 所示。

④ 在【扫描】属性管理器中，单击【确定】按钮。

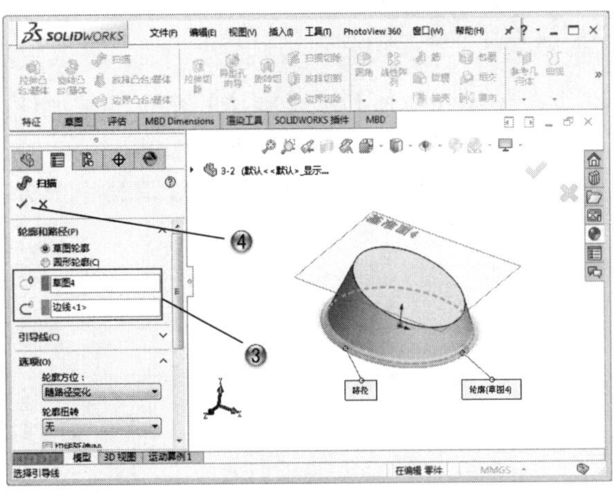

图 3-82

步骤 14 完成盒盖模型

完成的盒盖模型，如图 3-83 所示。

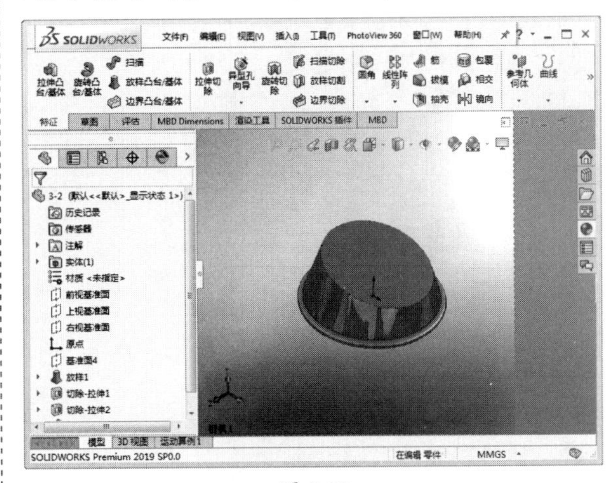

图 3-83

3.6 本章小结和练习

3.6.1 本章小结

本章主要介绍了实体特征的各种创建方法，熟悉了实体特征命令，其中包括拉伸、旋转、扫描和放样这四类命令。相关的命令还对应相应的切除命令，比如拉伸切除和旋转切除命令，读者可以结合范例进行学习。

3.6.2 练习

1. 使用【拉伸】和【旋转】命令创建如图 3-83 所示的法兰零件基体。
2. 使用【扫描】命令创建加强筋部分。
3. 使用【放样】命令创建不规则镂空部分。

图 3-83

第 4 章

实体附加特征

本章导读

实体附加特征是针对已经完成的实体模型，进行辅助性编辑的操作，进而形成的特征。在实体上添加各种附加特征，有多种命令可以实现。

本章主要介绍圆角特征、倒角特征、筋特征、孔特征和抽壳特征。筋特征用于在指定的位置生成加强筋；孔特征用于在给定位置生成直孔或异型孔；圆角特征一般用于为铸造类零件的边线添加圆角；倒角特征是在零件的边缘产生倒角；抽壳特征用于掏空零件，使选择的面敞开，在剩余的面上生成薄壁特征。

4.1 圆角特征

圆角特征是在零件上生成内圆角面或者外圆角面的一种特征，可在一个面的所有边线、所选的多组面、所选的边线或边线环上生成圆角。

一般而言，在生成圆角时应遵循以下规则。

（1）在添加小圆角之前添加较大圆角。当有多个圆角汇聚于一个顶点时，先生成较大的圆角。

（2）在生成圆角前先添加拔模特征。如果要生成具有多个圆角边线及拔模面的铸模零件，在大多数情况下，应在添加圆角之前添加拔模特征。

（3）最后添加装饰用的圆角。在大多数其他几何体定位后，尝试添加装饰圆角，添加的时间越早，系统重建零件需要花费的时间越长。

（4）如果要加快零件重建的速度，使用一次生成多个圆角的方法处理，需要相同半径圆角的多条边线。

4.1.1 圆角特征的属性设置

选择【插入】|【特征】|【圆角】菜单命令或者单击【特征】工具栏中的【圆角】按钮，系统弹出【圆角】属性管理器。

1. 恒定大小圆角

表示在整个边线上生成具有相同半径的圆角。单击【恒定大小圆角】按钮，【手工】模式下的【圆角】属性管理器如图 4-1 所示。

图 4-1

（1）【要圆角化的项目】选项组。

- 【边线、面、特征和环】：在图形区域中选择要进行圆角处理的实体。
- 【切线延伸】：将圆角延伸到所有与所选面相切的面。
- 【完整预览】：显示所有边线的圆角预览。
- 【部分预览】：只显示一条边线的圆角预览。
- 【无预览】：可以缩短复杂模型的重建时间。

（2）【圆角参数】选项组。

- 【半径】：设置圆角的半径。
- 【轮廓】：选择圆角的轮廓形状。

（3）【逆转参数】选项组。

在混合曲面之间沿着模型边线生成圆角并形成平滑的过渡，如图 4-2 所示。

- 【距离】：在顶点处设置圆角逆转距离。
- 【逆转顶点】：在图形区域中选择一个或者多个顶点。
- 【逆转距离】：以相应的【距离】数值列举边线数。
- 【设定所有】：应用当前的【距离】数值到【逆转距离】下的所有项目。

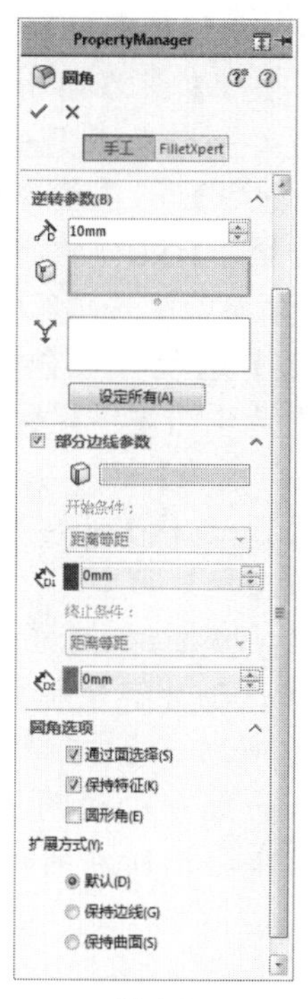

图 4-2

（4）【部分边线参数】选项组。

【部分边线参数】选项组设置一部分边线的参数起止。

- 【选择边线】选择框：选择部分修改的边线。
- 【与起点的偏移距离】：设置部分边线的开始参数。
- 【与端点的偏移距离】：设置部分边线的终止参数。

（5）【圆角选项】选项组。

- 【通过面选择】：通过隐藏边线的面选择边线。
- 【保持特征】：如果应用一个大到可以覆盖特征的圆角半径，则保持切除或者凸台特征使其可见。
- 【圆形角】：生成含圆形角的等半径圆角。必须选择至少两个相邻边线使其圆角化，圆形角在边线之间有平滑过渡，可以消除边线汇合处的尖锐接合点。
- 【扩展方式】：控制在单一闭合边线（如圆、样条曲线、椭圆等）上圆角与边线汇合时的方式。

  ☆【默认】：由应用程序选中【保持边线】或【保持曲面】单选按钮。

  ☆【保持边线】：模型边线保持不变，而圆角则进行调整。

  ☆【保持曲面】：圆角边线调整为连续和平滑，而模型边线更改为与圆角边线匹配。

2．变量大小圆角

用于生成含可变半径值的圆角，使用控制点帮助定义圆角。单击【变量大小圆角】按钮，属性管理器设置如图 4-3 所示。

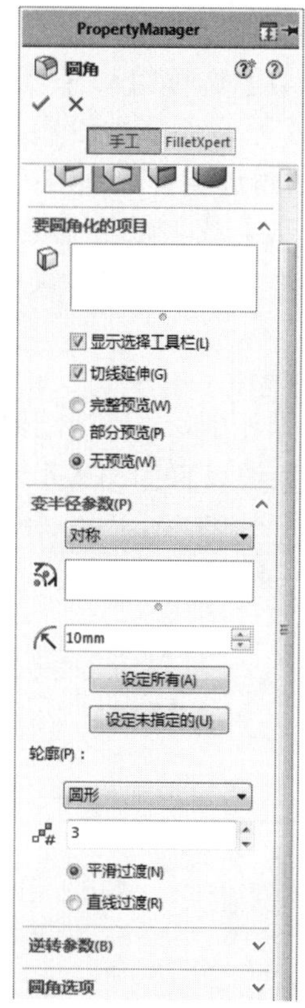

图 4-3

（1）【要圆角化的项目】选项组。

【边线、面、特征和环】：在图形区域中选择需要圆角处理的实体。

（2）【变半径参数】选项组。

- 【半径】：设置圆角半径。
- 【附加的半径】：列举在【要圆角化的项目】选项组的【边线、面、特征和环】选择框中的边线顶点，并列举在图形区域中选择的控制点。

- 【设定所有】：应用当前的【半径】到【附加的半径】下的所有项目。
- 【设定未指定的】：应用当前的【半径】到【附加的半径】下所有未指定半径的项目。
- 【实例数】：设置边线上的控制点数。
- 【平滑过渡】：生成圆角，当一条圆角边线接合于一个邻近面时，圆角半径从某一半径平滑地转换为另一半径。
- 【直线过渡】：生成圆角，圆角半径从某一半径线性转换为另一半径，但是不将切边与邻近圆角相匹配。

（3）【逆转参数】选项组。

【逆转参数】选项组与【恒定大小圆角】的【逆转参数】选项组属性设置相同。

（4）【圆角选项】选项组。

【圆角选项】选项组与【恒定大小圆角】的【圆角选项】选项组属性设置相同。

3．面圆角

用于混合非相邻、非连续的面。单击【面圆角】按钮，属性设置如图 4-4 所示。

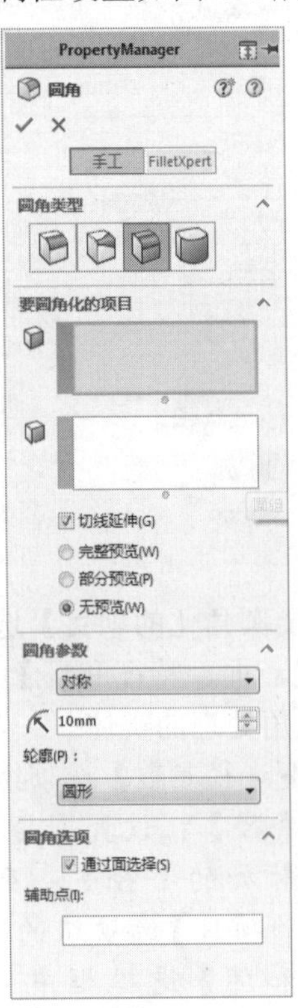

图 4-4

（1）【要圆角化的项目】选项组。

- 【面组 1】：在图形区域中选择要混合的第一个面或第一组面。
- 【面组 2】：在图形区域中选择要与【面组 1】混合的面。

（2）【圆角参数】选项组。

【圆角参数】选项组与【恒定大小圆角】的【圆角参数】选项组属性设置相同。

（3）【圆角选项】选项组。

- 【通过面选择】：应用通过隐藏边线的面选择边线。
- 【辅助点】：在可能不清楚在何处发生面混合时解决模糊选择的问题。单击【辅助点】选择框，然后单击要插入面圆角的边线上的一个顶点，圆角在靠近辅助点的位置处生成。

4．完整圆角

完整圆角是生成相切于三个相邻面组（一个或者多个面相切）的圆角。单击【完整圆角】按钮，属性设置如图 4-5 所示。

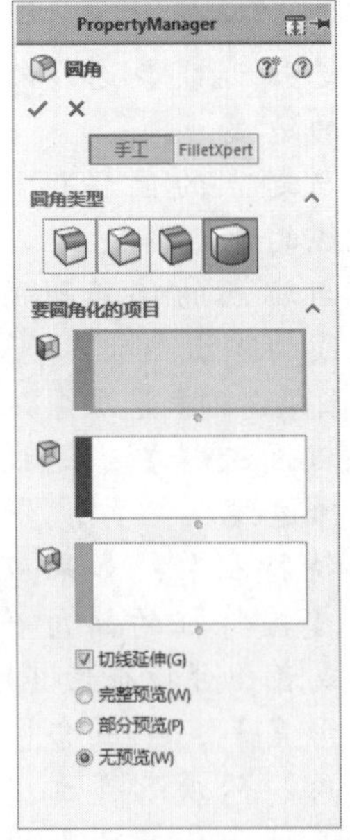

图 4-5

- 【面组 1】：选择第一个边侧面。
- 【中央面组】：选择中央面。
- 【面组 2】：选择与【面组 1】相反的面组。

5．FilletXpert 模式

FilletXpert 模式中的属性管理器如图 4-6 所示。在 FilletXpert 模式中，可以帮助管理、组织和重新排序圆角。使用【添加】选项卡可以生成新的圆角，使用【更改】选项卡可以修改现有圆角，如图 4-6 所示。

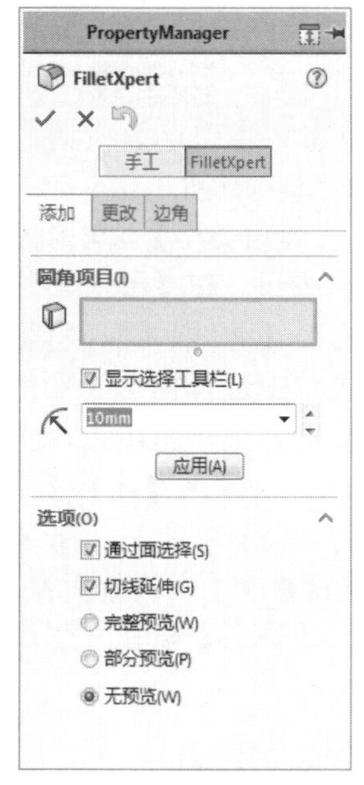

图 4-6

（1）【圆角项目】选项组。

- 【边线、面、特征和环】：在图形区域中选择要用圆角处理的实体。
- 【半径】：设置圆角半径。

（2）【选项】选项组。

- 【通过面选择】：在上色或者 HLR 显示模式中应用隐藏边线的选择。
- 【切线延伸】：将圆角延伸到所有与所选边线相切的边线。
- 【完整预览】：显示所有边线的圆角预览。
- 【部分预览】：只显示一条边线的圆角预览。
- 【无预览】：可以缩短复杂圆角的显示时间。

单击【更改】标签，切换到【更改】选项卡，如图 4-7 所示。

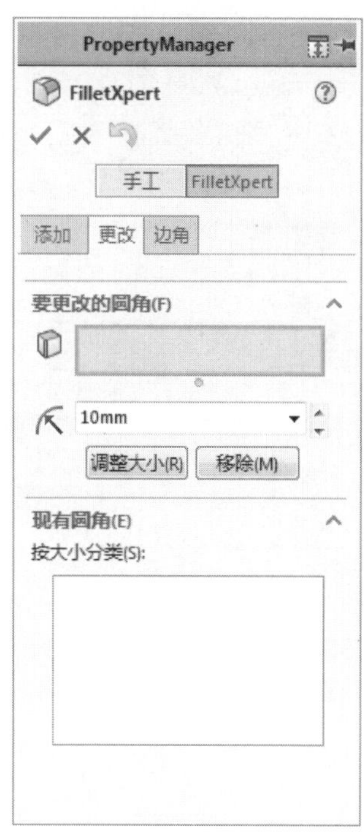

图 4-7

（1）【要更改的圆角】选项组。

- 【边线、面、特征和环】：选择要调整大小或者删除的圆角，可以在图形区域中选择个别边线，从包含多条圆角边线的圆角特征中删除个别边线或调整其大小，或以图形方式编辑圆角，而不必知道边线在圆角特征中的组织方式。
- 【半径】：设置新的圆角半径。
- 【调整大小】按钮：将所选圆角修改为设置的半径值。
- 【移除】按钮：从模型中删除所选的圆角。

（2）【现有圆角】选项组。

【按大小分类】用于按照大小过滤所有圆角。从其选择框中选择圆角大小以选择模型中包含该值的所有圆角，同时将它们显示在【边线、面、特征和环】选择框中。

单击【边角】标签，切换到【边角】选项卡，如图 4-8 所示。选择相应的边角面和复制目标即可。

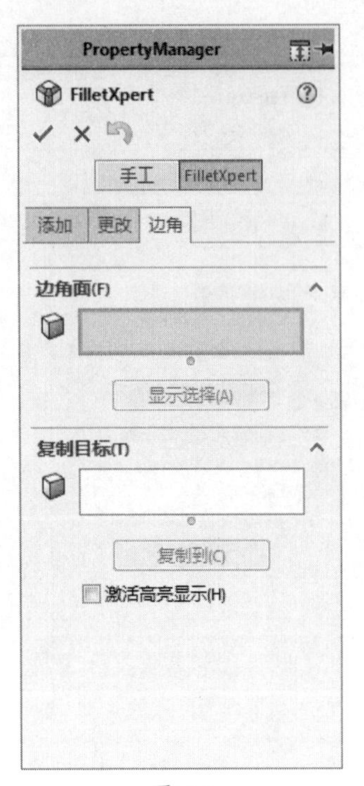

图 4-8

4.1.2 圆角特征的操作步骤

生成圆角特征的操作步骤如下。

（1）选择【插入】|【特征】|【圆角】菜单命令，系统打开【圆角】属性管理器。在【圆角类型】选项组中，单击【恒定大小圆角】按钮，如图 4-9 所示；在【要圆角化的项目】选项组中，单击【边线、面、特征和环】选择框，选择模型上面的 4 条边线，设置【半径】为 10mm，单击【确定】按钮，生成等半径圆角特征，如图 4-10 所示。

（2）在【圆角类型】选项组中，单击【变量大小圆角】按钮。在【要圆角化的项目】选项组中，单击【边线、面、特征和环】选择框，在图形区域中选择模型正面的一条边线。在【变半径参数】选项组中，单击【附加的半径】中的 P1，设置【半径】为 30mm；单击【附加的半径】中的 P2，设置【半径】为 20mm；再设置【实例数】为 3，如图 4-11 所示，单击【确定】按钮，生成变半径圆角特征，如图 4-12 所示。

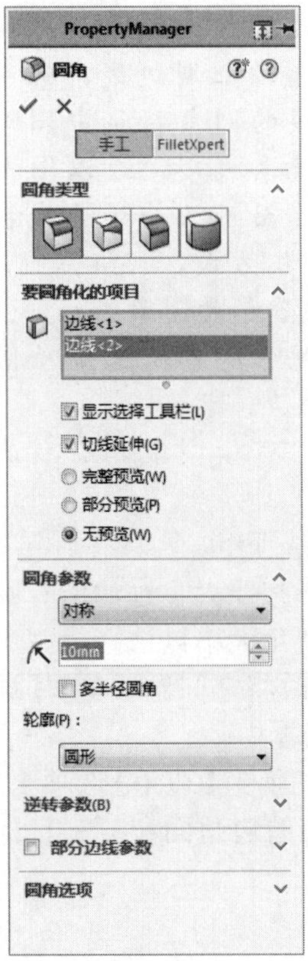

图 4-9

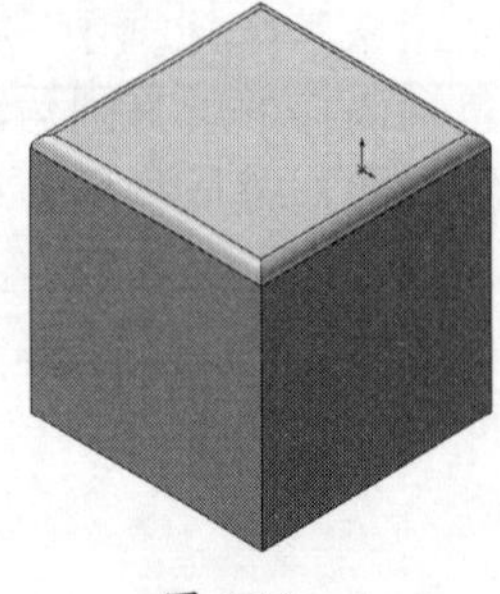
图 4-10

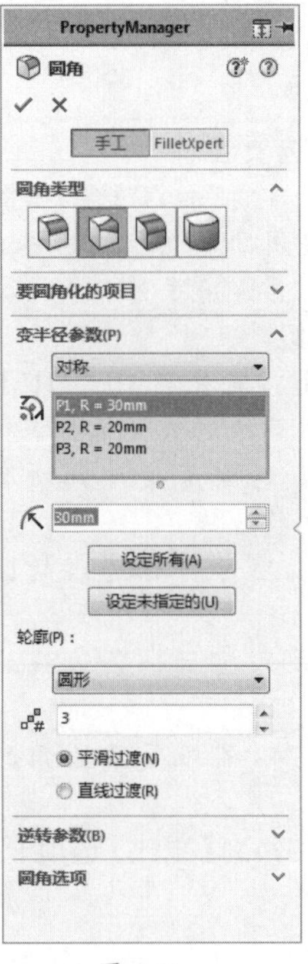

图 4-11

图 4-12

4.2 倒角特征

倒角特征是在所选边线、面或者顶点上生成倾斜角的特征。

4.2.1 倒角特征的属性设置

单击【特征】工具栏中的【倒角】按钮或者选择【插入】|【特征】|【倒角】菜单命令，系统弹出【倒角】属性管理器，如图 4-13 所示。

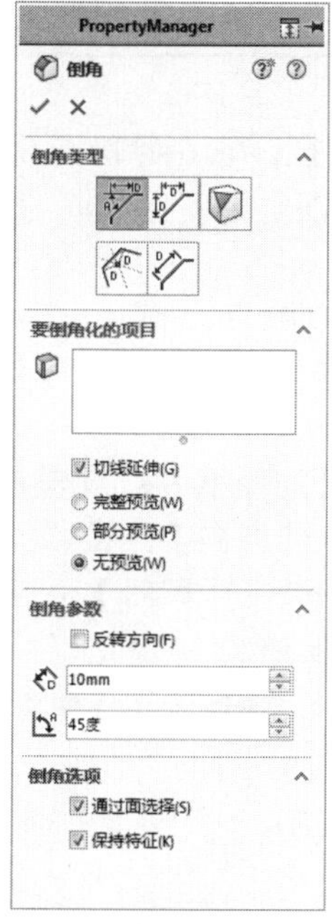

图 4-13

（1）【角度距离】：以角度和距离方式确定倒角。

（2）【距离 - 距离】：以距离和距离方式确定倒角。

（3）【顶点】：选择顶点，确定倒角。

（4）【等距面】：以等距面方式确定倒角。

（5）【面 - 面】：以面和面方式确定倒角。

（6）【边线和面或顶点】：在图形区域中选择需要倒角的实体。

（7）【距离】：设置倒角类型参数中的 D 值。

（8）【角度】：设置倒角类型参数中的 A 角度。

（9）【通过面选择】：通过隐藏边线的面选择边线。

（10）【保持特征】：保留如切除或拉伸之类的特征，这些特征在生成倒角时通常被移除。

4.2.2 倒角特征的操作步骤

生成倒角特征的操作步骤如下。

（1）选择【插入】|【特征】|【倒角】菜单命令，系统打开【倒角】属性管理器。在【要倒角化的项目】选项组中，单击【边线和面或顶点】选择框，在图形区域中选择模型的左侧边线。选中【角度距离】单选按钮，设置【距离】为 20mm，【角度】为 45 度，取消启用【保持特征】复选框，如图 4-14 所示，单击【确定】按钮，生成不保持特征的倒角特征，如图 4-15 所示。

（2）在【倒角选项】选项组中，启用【保持特征】复选框，单击【确定】按钮，生成保持特征的倒角特征，如图 4-16 所示。

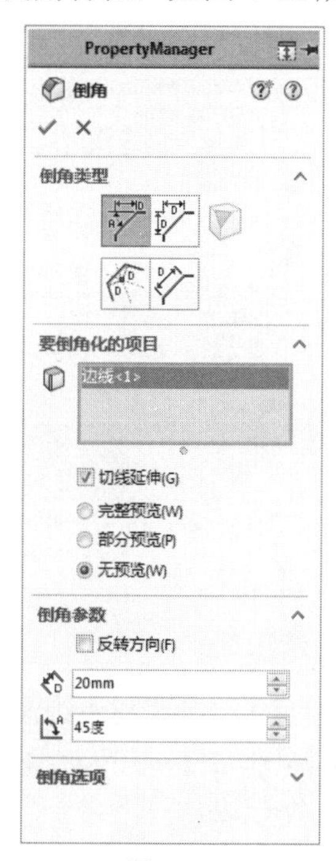

图 4-14

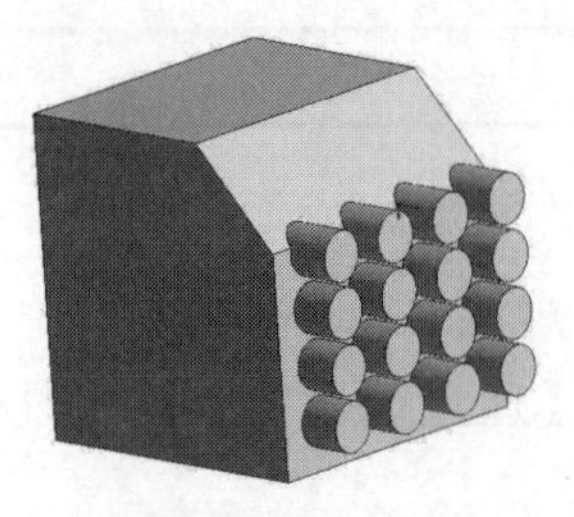

图 4-15

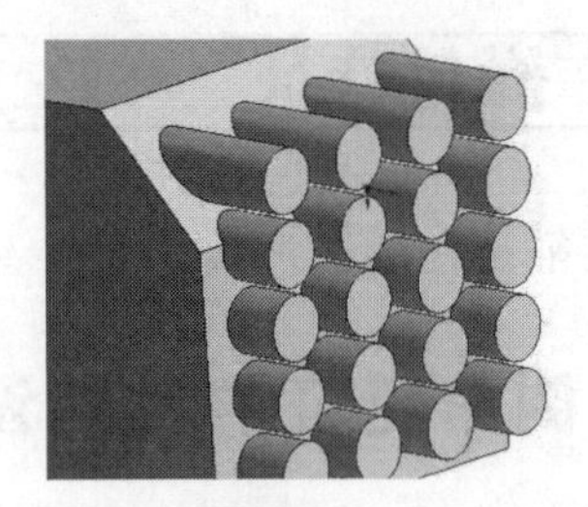

图 4-16

4.3 筋特征

筋是由开环或闭环绘制的轮廓所生成的，特殊类型的拉伸特征。它在轮廓与现有零件之间添加指定方向和厚度的材料，可使用单一或多个草图生成筋，也可以用拔模生成筋特征。

4.3.1 筋特征的属性设置

单击【特征】工具栏中的【筋】按钮或选择【插入】|【特征】|【筋】菜单命令，系统弹出【筋】属性管理器，如图 4-17 所示。

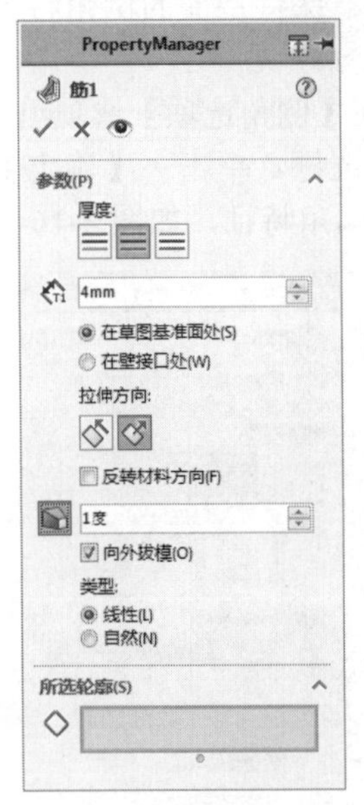

图 4-17

1. 【参数】选项组

（1）【厚度】：在草图边缘添加筋的厚度。

- 【第一边】：只延伸草图轮廓到草图的一边。
- 【两侧】：均匀延伸草图轮廓到草图的两边。
- 【第二边】：只延伸草图轮廓到草图的另一边。

（2）【筋厚度】：设置筋的厚度。

（3）【拉伸方向】：设置筋的拉伸方向。

- 【平行于草图】：平行于草图生成筋拉伸。
- 【垂直于草图】：垂直于草图生成筋拉伸。

选择不同选项时的效果如图 4-18 和图 4-19 所示。

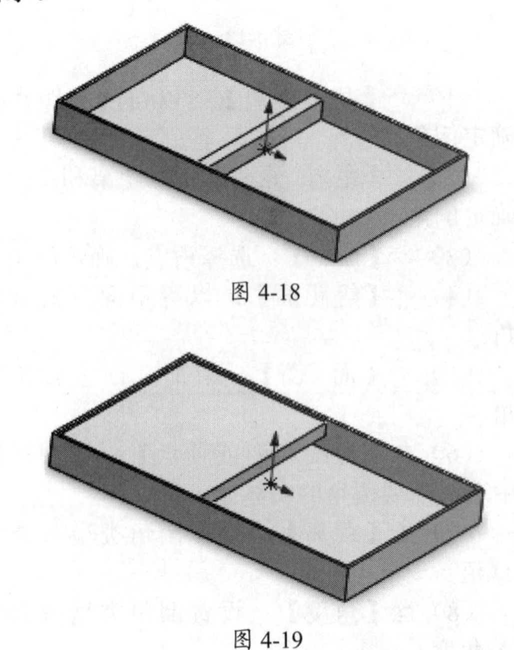

图 4-18

图 4-19

（4）【反转材料方向】：更改拉伸的方向。

（5）【拔模开/关】：添加拔模特征到筋，可以设置【拔模角度】。

- 【向外拔模】（在【拔模开/关】被选择时可用）：生成向外拔模角度；取消启用此复选框，将生成向内拔模角度。

（6）【下一参考】按钮（在【拉伸方向】中单击【平行于草图】按钮且【拔模开/关】被选择时可用）：切换草图轮廓，可以选择拔模所用的参考轮廓。

（7）【类型】（在【拉伸方向】中单击【垂直于草图】按钮时可用）。

- 【线性】：生成与草图方向相垂直的筋。
- 【自然】：生成沿草图轮廓延伸方向的筋。例如，如果草图为圆或者圆弧，则自然使用圆形延伸筋，直到与边界汇合。

2. 【所选轮廓】选项组

【所选轮廓】参数用来列举生成筋特征的草图轮廓。

4.3.2 筋特征的操作步骤

生成筋特征的操作步骤如下。

（1）选择一个草图。

（2）选择【插入】|【特征】|【筋】菜单命令，系统弹出【筋】的设置。在【参数】选项组中，单击【两侧】按钮，设置【筋厚度】为30mm，在【拉伸方向】中单击【平行于草图】按钮，取消启用【反转材料方向】复选框，如图4-20所示。

图 4-20

（3）单击【确定】按钮，结果如图4-21所示。

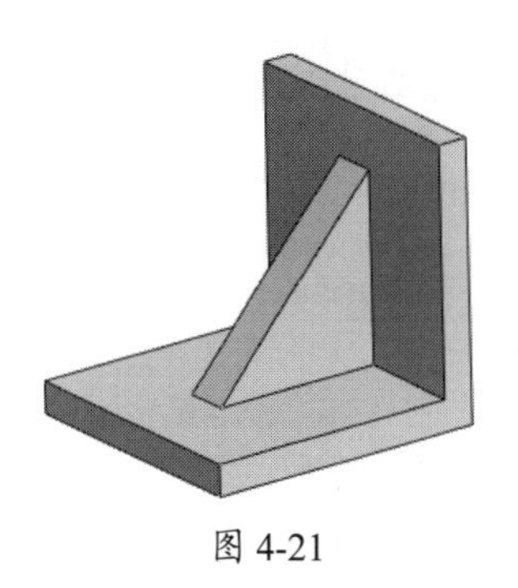

图 4-21

4.4 孔特征

孔特征是在模型上生成各种类型的孔。在平面上放置孔并设置深度，可以通过标注尺寸的方法定义它的位置。

作为设计者，一般是在设计阶段临近结束时生成孔，这样可以避免因为疏忽而将材料添加到先前生成的孔内。如果准备生成不需要其他参数的孔，可以选择【简单直孔】命令；如果准备生成具有复杂轮廓的异型孔（如锥孔等），则一般会选择【异型孔向导】命令。两者相比较，【简单直孔】命令在生成不需要其他参数的孔时，可以提供比【异型孔向导】命令更优越的性能。

4.4.1　孔特征的属性设置

1. 简单直孔

选择【插入】|【特征】|【孔】|【简单直孔】菜单命令，系统弹出【孔】属性管理器，如图 4-22 所示。

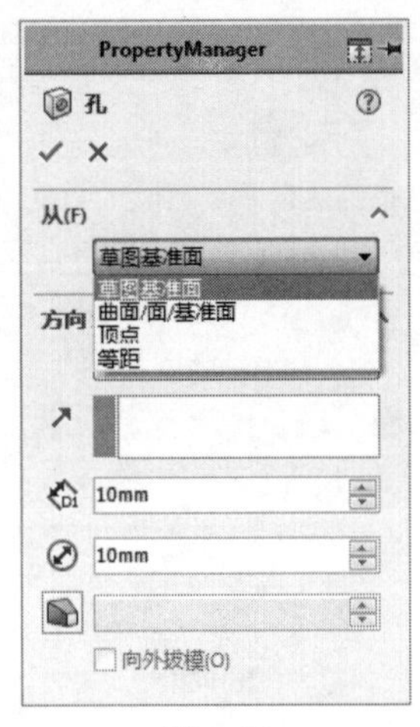

图 4-22

（1）【从】选项组（如图 4-23 所示）。

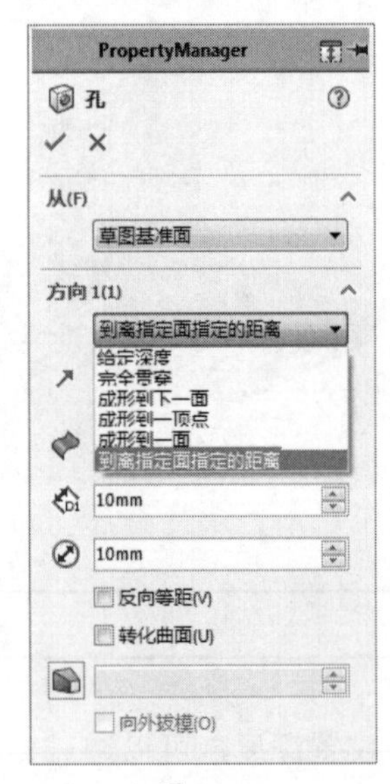

图 4-23

- 【草图基准面】：从草图所在的同一基准面开始生成简单直孔。
- 【曲面 / 面 / 基准面】：从这些实体之一开始生成简单直孔。
- 【顶点】：从所选择的顶点位置处开始生成简单直孔。
- 【等距】：从与当前草图基准面等距的基准面上生成简单直孔。

（2）【方向 1】选项组。

- 【终止条件】：其选项如图 4-23 所示。
  - ☆【给定深度】：从草图的基准面以指定的距离延伸特征。
  - ☆【完全贯穿】：从草图的基准面延伸特征直到贯穿所有现有的几何体。
  - ☆【成形到下一面】：从草图的基准面延伸特征到下一面（隔断整个轮廓）以生成特征。
  - ☆【成形到一顶点】：从草图基准面延伸特征到某一平面，这个平面平行于草图基准面且穿越指定的顶点。
  - ☆【成形到一面】：从草图的基准面延伸特征到所选的曲面以生成特征。
  - ☆【到离指定面指定的距离】：从草图的基准面到某面的特定距离处生成特征。
- 【拉伸方向】：用于在除了垂直于草图轮廓以外的其他方向拉伸孔。
- 【深度】或者【等距距离】：在设置【终止条件】为【给定深度】或者【到离指定面指定的距离】时可用（在选择【给定深度】选项时，此选项为【深度】；在选择【到离指定面指定的距离】选项时，此选项为【等距距离】）。
- 【孔直径】：设置孔的直径。
- 【拔模开 / 关】：添加拔模特征到孔，可以设置【拔模角度】。启用【向外拔模】复选框，则生成向外拔模。

2. 异型孔

单击【特征】工具栏中的【异型孔向导】按钮或者选择【插入】|【特征】|【孔向导】菜单命令，系统打开【孔规格】属性管理器，如图 4-24 所示。

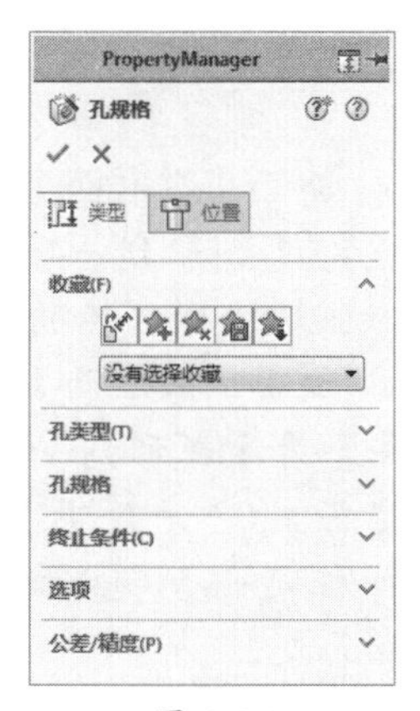

图 4-24

（1）【孔规格】属性管理器。

【孔规格】属性管理器包括以下两个选项卡。

- 【类型】：设置异形孔类型的参数。
- 【位置】：在平面或者非平面上找出异型孔向导孔，使用尺寸和其他草图绘制工具定位孔中心，如图 4-25 所示。

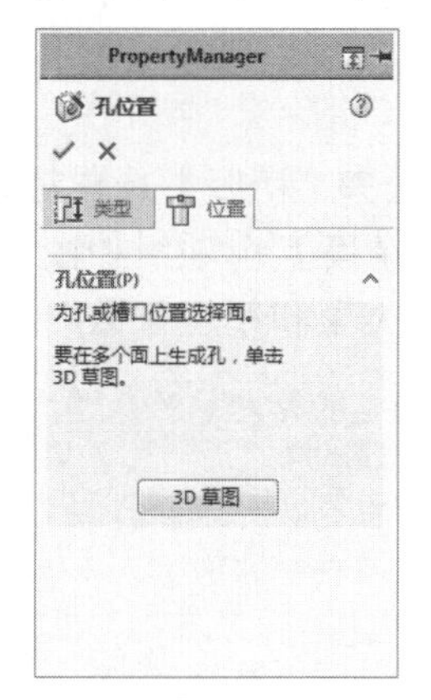

图 4-25

> **注意：**
>
> 如果需要添加不同的孔类型，可以将其添加为单独的异型孔向导特征。

（2）【收藏】选项组。

用于管理可以在模型中重新使用的常用异型孔清单，如图 4-24 所示。

- 【应用默认/无收藏】：重设到【没有选择最常用的】及默认设置。
- 【添加或更新收藏】：将所选异型孔向导孔添加到常用类型清单中。如果需要添加常用类型，单击【添加或更新收藏】按钮，打开【添加或更新收藏】对话框，输入名称，如图 4-26 所示，单击【确定】按钮。

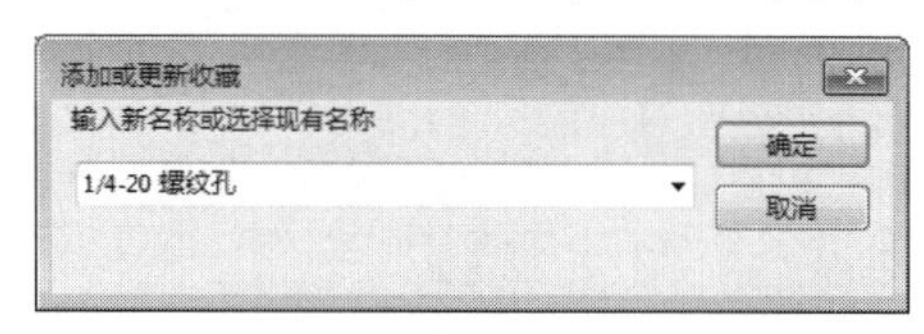

图 4-26

如果需要更新常用类型，单击【添加或更新收藏】按钮，打开【添加或更新收藏】对话框，输入新的或者现有名称。

- 【删除收藏】：删除所选的收藏。
- 【保存收藏】：保存所选的收藏。
- 【装入收藏】：载入收藏。

（3）【孔类型】选项组。

【孔类型】选项组会根据选择的孔类型而有所不同，孔类型包括【柱形沉头孔】、【锥形沉头孔】、【孔】、【直螺纹孔】、【锥形螺纹孔】、【旧制孔】、【柱孔槽口】、【锥孔槽口】、【槽口】。

- 【标准】：选择孔的标准，如 Ansi Metric、JIS 等。
- 【类型】：选择孔的类型，其选项如图 4-27 所示。

图 4-27

（4）【孔规格】选项组。

- 【大小】：为螺纹孔选择尺寸大小。
- 【配合】(在单击【柱形沉头孔】和【锥形沉头孔】按钮时可用)：为扣件选择配合形式。其选项如图 4-28 所示。

图 4-28

（5）【终止条件】选项组。

【终止条件】选项组中的参数根据孔类型的变化而有所不同，下拉选项如图 4-29 所示。

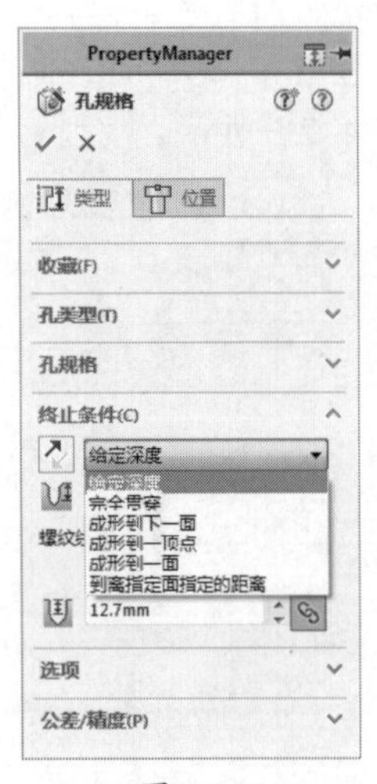

图 4-29

- 【盲孔深度】（在设置【终止条件】为【给定深度】时可用）：设定孔的深度。对于【螺纹孔】类型，可以设置螺纹线的【螺纹线类型】和【螺纹线深度】；对于【直管螺纹孔】类型，可以设置【螺纹线深度】。
- 【面/曲面/基准面】（在设置【终止条件】为【成形到一顶点】时可用）：将孔特征延伸到选择的顶点处。
- 【面/曲面/基准面】（在设置【终止条件】为【成形到一面】或者【到离指定面指定的距离】时可用）：将孔特征延伸到选择的面、曲面或者基准面处。
- 【等距距离】（在设置【终止条件】为【到离指定面指定的距离】时可用）：将孔特征延伸到从所选面、曲面或者基准面设置等距距离的平面处。

（6）【选项】选项组。

【选项】选项组如图 4-30 所示，包括【带螺纹标注】、【螺纹线等级】、【近端锥孔】、【近端锥形沉头孔直径】、【近端锥形沉头孔角度】等选项，选项根据孔类型的不同而发生变化。

（7）【公差/精度】选项组。

【公差/精度】选项组如图 4-30 所示，设置公差标注值类型和精度位数。

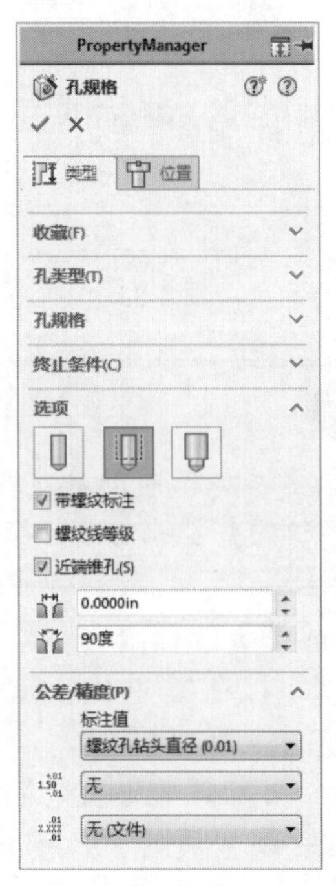

图 4-30

4.4.2 孔特征的操作步骤

生成孔特征的操作步骤如下。

（1）选择【插入】|【特征】|【孔】|【简单直孔】菜单命令，系统弹出【孔】属性管理器。在【从】选项组中，选择【草图基准面】选项，如图 4-31 所示；在【方向 1】选项组中，设置【终止条件】为【给定深度】、【深度】为 10mm、【孔直径】为 30mm，单击✓【确定】按钮，生成的简单直孔如图 4-32 所示。

图 4-31

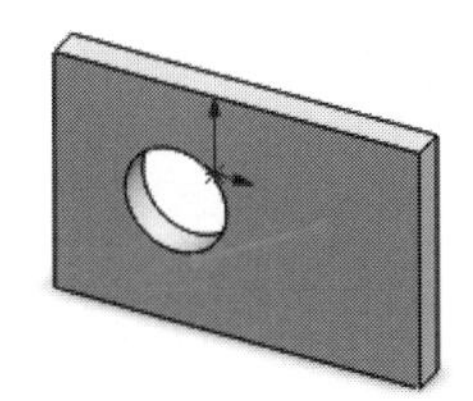

图 4-32

（2）选择【插入】|【特征】|【孔】|【向导】菜单命令，系统打开【孔规格】属性管理器。切换到【类型】选项卡，在【孔类型】选项组中，单击【锥形沉头孔】按钮，设置【标准】为 GB，【类型】为【内六角花形半沉头螺钉 GB/T2674】，【大小】为 M6，【配合】为【正常】，如图 4-33 所示；切换到【位置】选项卡，在图形区域中定义点的位置，单击✓【确定】按钮，创建的异型孔如图 4-34 所示。

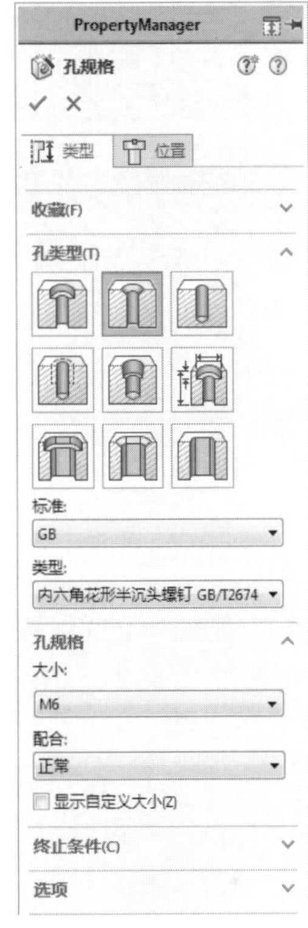

图 4-33

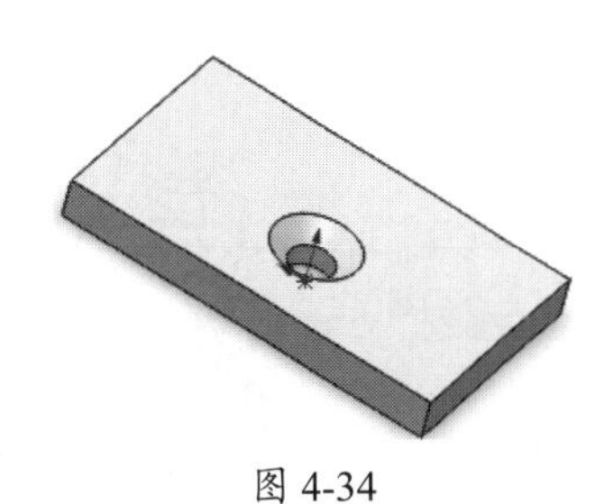

图 4-34

4.5 抽壳特征

抽壳特征可以掏空零件，使所选择的面敞开，在其他面上生成薄壁特征。如果没有选择模型上的任何面，则掏空实体零件，生成闭合的抽壳特征；也可以使用多个厚度以生成抽壳模型。

4.5.1 抽壳特征的属性设置

选择【插入】|【特征】|【抽壳】菜单命令或者单击【特征】工具栏中的【抽壳】按钮，

系统弹出【抽壳】属性管理器，如图 4-35 所示。

图 4-35

1. 【参数】选项组

（1）【厚度】：设置保留面的厚度。

（2）【移除的面】：在图形区域中可以选择一个或者多个面。

（3）【壳厚朝外】：增加模型的外部尺寸。

（4）【显示预览】：显示抽壳特征的预览。

2. 【多厚度设定】选项组

【多厚度面】：在图形区域中选择一个面，为所选面设置【多厚度】数值。

4.5.2 抽壳特征的操作步骤

生成抽壳特征的操作步骤如下。

（1）选择【插入】|【特征】|【抽壳】菜单命令，系统弹出【抽壳】属性管理器。在【参数】选项组中，设置【厚度】为 1mm，单击【移除的面】选择框，在图形区域中选择模型的上表面，如图 4-36 所示，单击【确定】按钮，生成抽壳特征，如图 4-37 所示。

（2）在【多厚度设定】选项组中，单击【多厚度面】选择框，选择模型的下表面和左侧面，设置【多厚度】为 4mm，如图 4-38 所示，单击【确定】按钮，生成多厚度抽壳特征，如图 4-39 所示。

图 4-36　　图 4-37

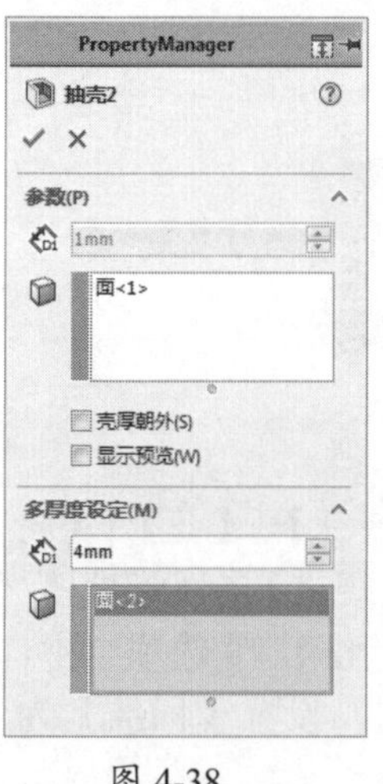

图 4-38

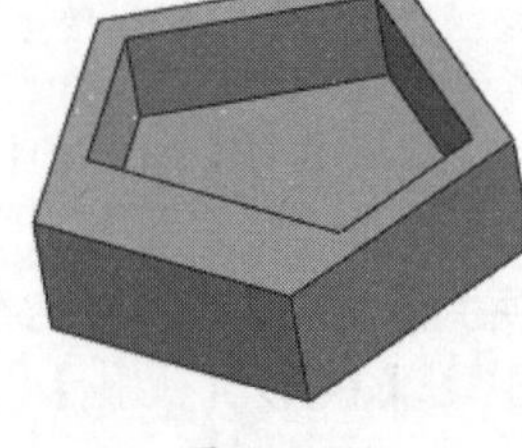

图 4-39

4.6 设计范例

4.6.1 固定件范例

本范例完成文件：\04\4-1.sldprt

案例分析

本节的范例是创建一个固定零件，使用拉伸命令创建基体特征，之后在基体上创建倒角和孔特征，最后创建圆角特征。

案例操作

步骤 01 创建草绘

① 在模型树中，选择【上视基准面】，如图 4-40 所示。

② 单击【草图】选项卡中的【草图绘制】按钮，进行草图绘制。

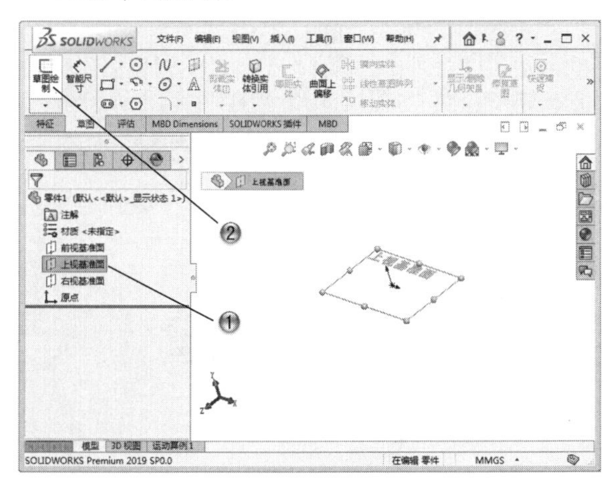

图 4-40

步骤 02 绘制矩形

① 单击【草图】选项卡中的【边角矩形】按钮。

② 在绘图区中，绘制矩形，如图 4-41 所示。

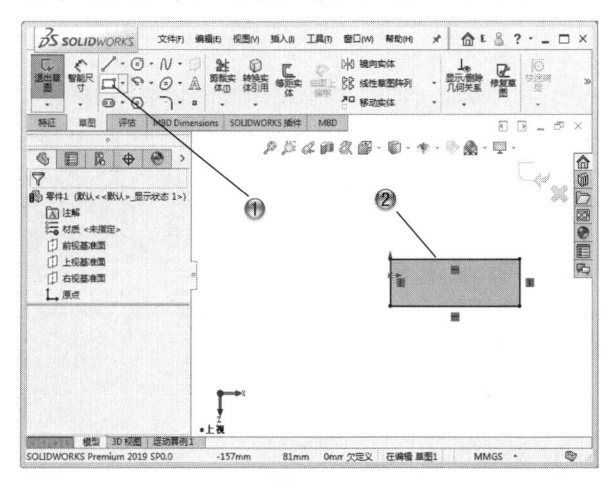

图 4-41

③ 单击【草图】选项卡中的【智能尺寸】按钮。

④ 在绘图区中，标注矩形尺寸，如图 4-42 所示。

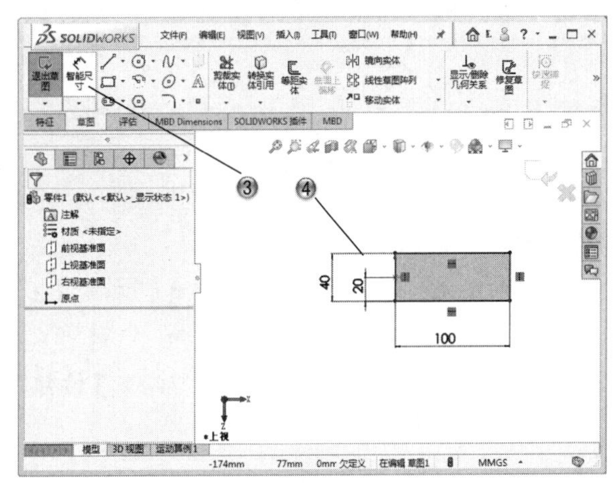

图 4-42

步骤 03 创建拉伸特征

① 在模型树中，选择【草图 1】，如图 4-43 所示。

② 单击【特征】选项卡中的【拉伸凸台 / 基体】按钮，创建拉伸特征。

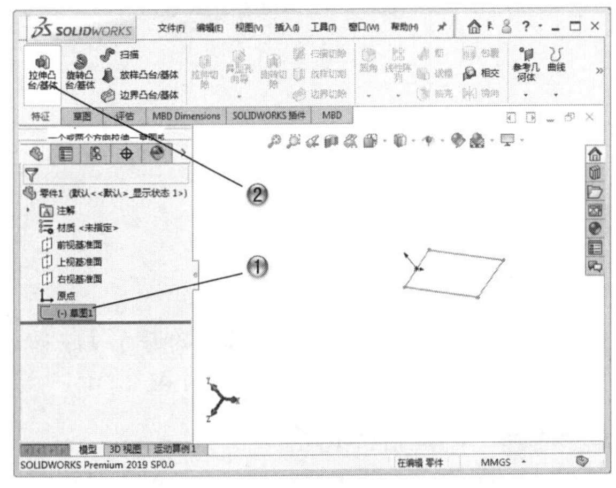

图 4-43

③ 设置拉伸参数，如图 4-44 所示。

④ 在【凸台 - 拉伸】属性管理器中，单击【确定】按钮。

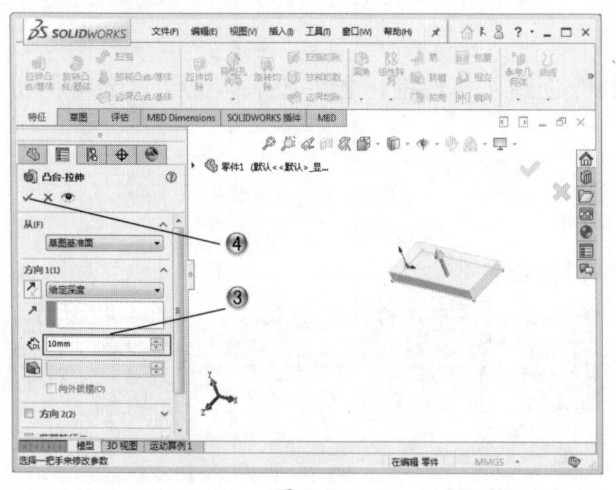

图 4-44

步骤 04 创建草绘

① 在模型树中，选择【上视基准面】，如图 4-45 所示。

② 单击【草图】选项卡中的【草图绘制】按钮，进行草图绘制。

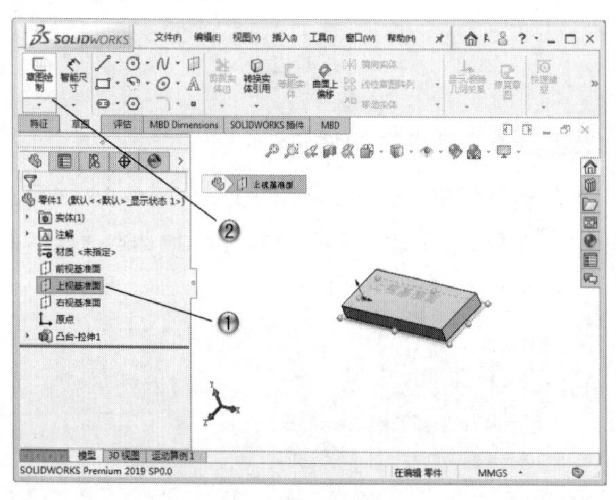

图 4-45

步骤 05 绘制矩形

① 单击【草图】选项卡中的【边角矩形】按钮。

② 在绘图区中，绘制矩形，如图 4-46 所示。

步骤 06 创建拉伸特征

① 在模型树中，选择【草图 2】，如图 4-47 所示。

② 单击【特征】选项卡中的【拉伸凸台 / 基体】按钮，创建拉伸特征。

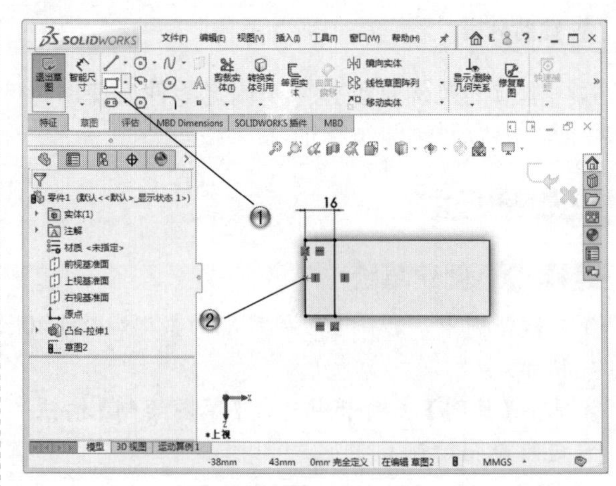

图 4-46

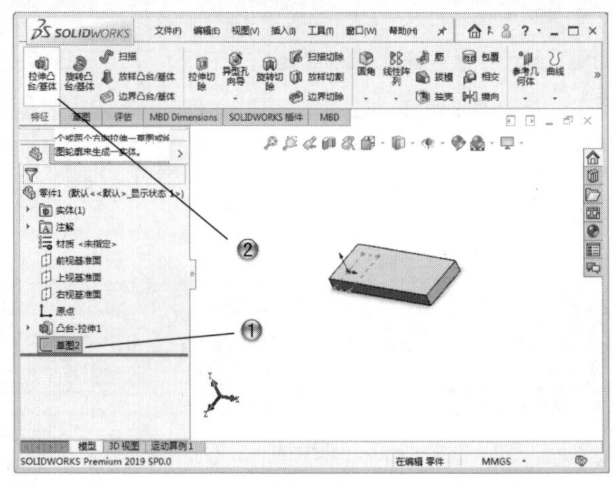

图 4-47

③ 设置拉伸参数，如图 4-48 所示。

④ 在【凸台 - 拉伸】属性管理器中，单击【确定】按钮。

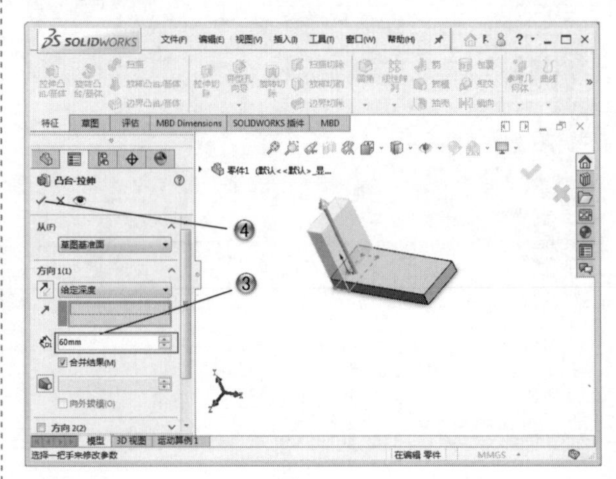

图 4-48

步骤 07 创建倒角

① 在绘图区中，选择倒角边线，如图 4-49 所示。

② 单击【特征】选项卡中的【倒角】按钮，创建倒角特征。

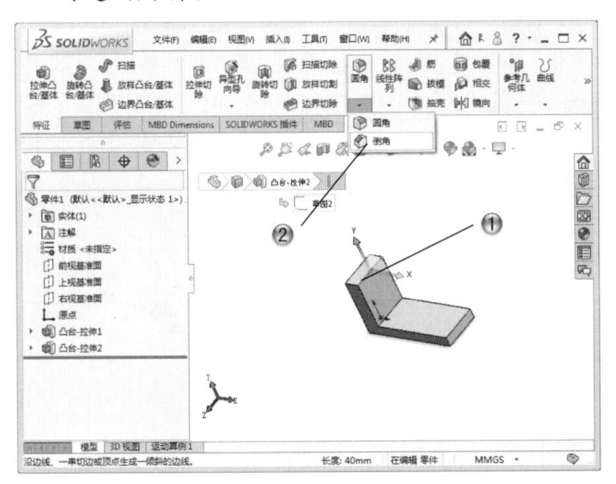

图 4-49

③ 设置倒角参数，如图 4-50 所示。

④ 在【倒角】属性管理器中，单击【确定】按钮。

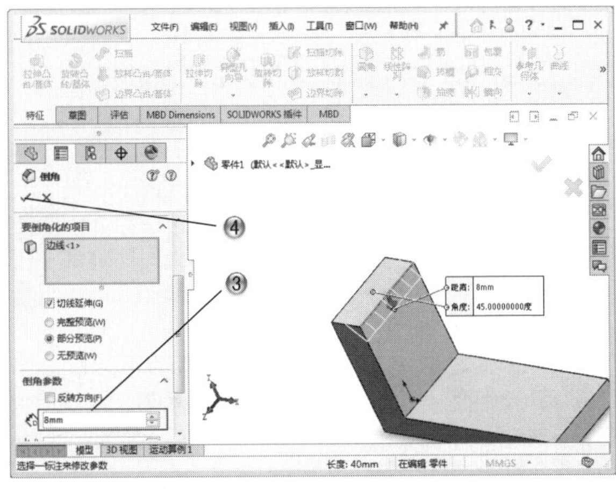

图 4-50

步骤 08 创建草绘

① 在模型树中，选择【上视基准面】，如图 4-51 所示。

② 单击【草图】选项卡中的【草图绘制】按钮，进行草图绘制。

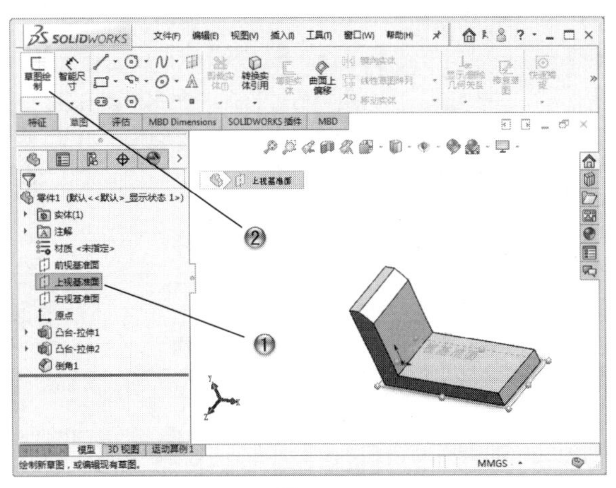

图 4-51

步骤 09 绘制圆形

① 单击【草图】选项卡中的【圆】按钮。

② 在绘图区中，绘制两个圆形，如图 4-52 所示。

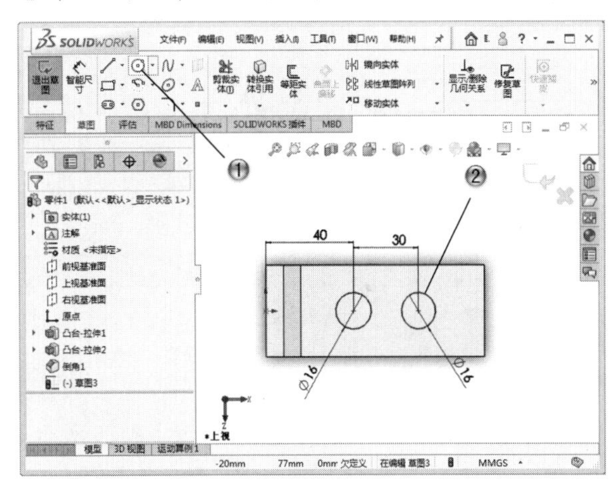

图 4-52

步骤 10 创建拉伸切除特征

① 在模型树中，选择【草图 3】，如图 4-53 所示。

② 单击【特征】选项卡中的【拉伸切除】按钮，创建拉伸切除特征。

③ 设置拉伸切除参数，如图 4-54 所示。

④ 在【切除 - 拉伸】属性管理器中，单击【确定】按钮。

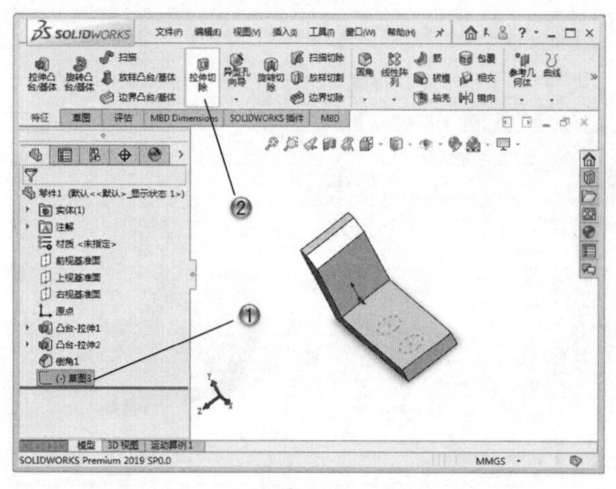

图 4-53

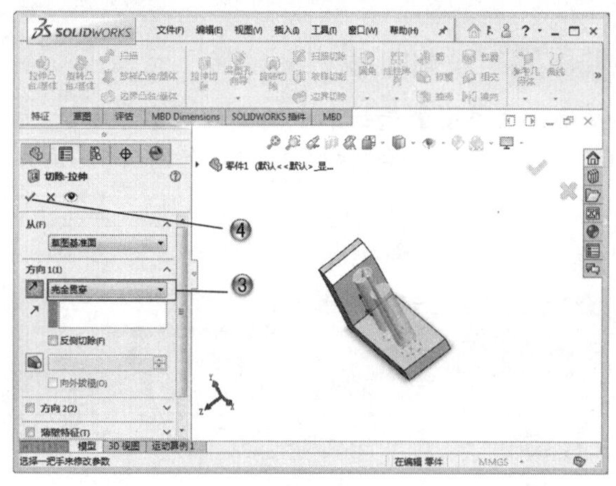

图 4-54

步骤 11 创建倒角

① 在绘图区中，选择倒角边线，如图 4-55 所示。

② 单击【特征】选项卡中的【倒角】按钮，创建倒角特征。

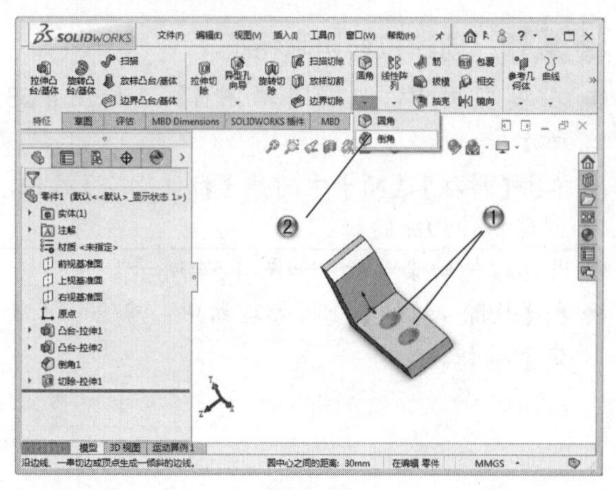

图 4-55

③ 设置倒角参数，如图 4-56 所示。

④ 在【倒角】属性管理器中，单击【确定】按钮。

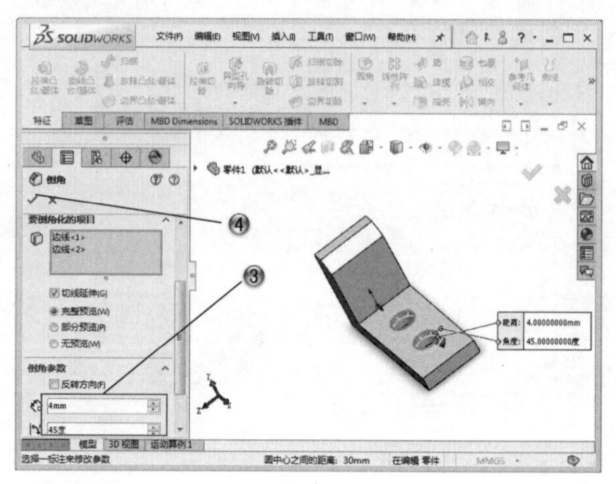

图 4-56

步骤 12 创建草绘

① 在模型树中，选择【右视基准面】，如图 4-57 所示。

② 单击【草图】选项卡中的【草图绘制】按钮，进行草图绘制。

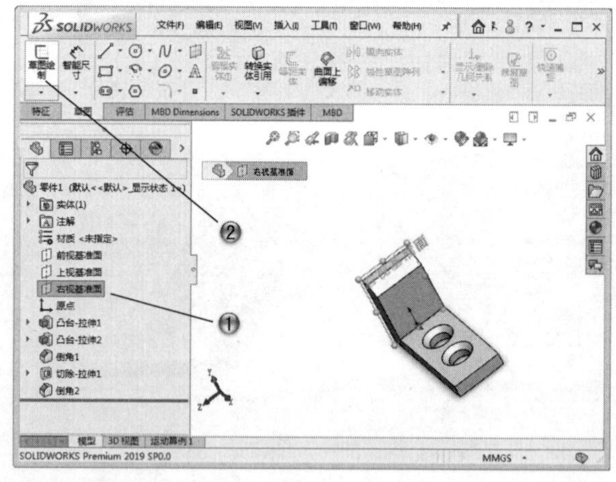

图 4-57

步骤 13 绘制圆形

① 单击【草图】选项卡中的【圆】按钮。

② 在绘图区中，绘制直径为 12 的圆形，如图 4-58 所示。

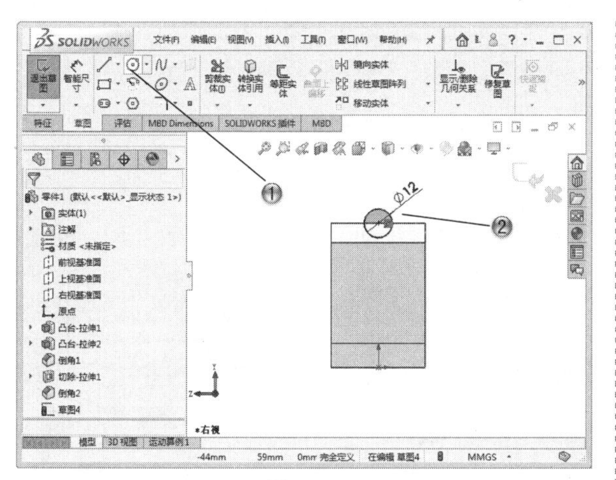

图 4-58

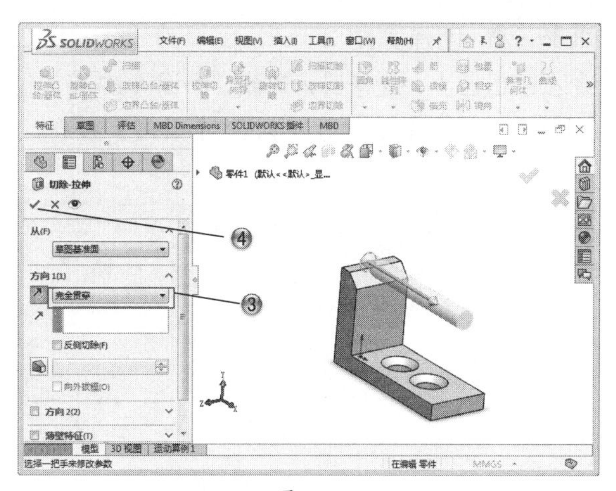

图 4-60

步骤 14 创建拉伸切除特征

① 在模型树中，选择【草图 4】，如图 4-59 所示。

② 单击【特征】选项卡中的【拉伸切除】按钮，创建拉伸切除特征。

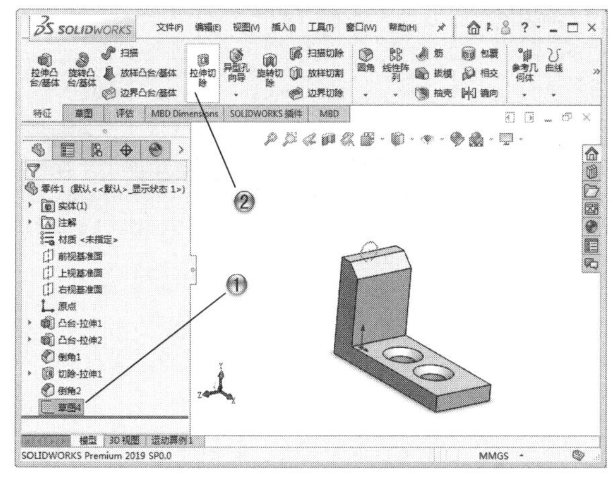

图 4-59

③ 设置拉伸切除参数，如图 4-60 所示。

④ 在【切除 - 拉伸】属性管理器中，单击【确定】按钮。

步骤 15 创建圆角 1

① 在绘图区中，选择圆角边线，如图 4-61 所示。

② 单击【特征】选项卡中的【圆角】按钮，创建圆角特征。

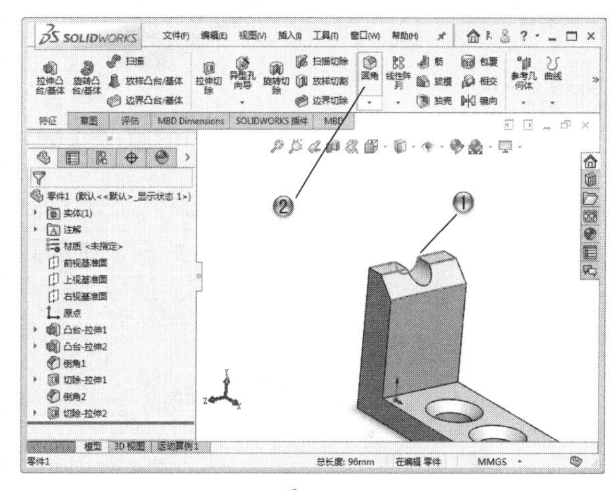

图 4-61

③ 设置圆角参数，如图 4-62 所示。

④ 在【圆角】属性管理器中，单击【确定】按钮。

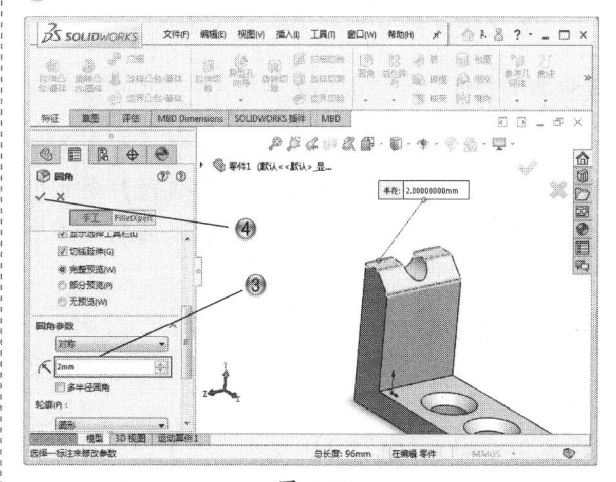

图 4-62

步骤 16 创建圆角 2

① 在绘图区中，选择圆角边线，如图 4-63 所示。

② 单击【特征】选项卡中的【圆角】按钮，创建圆角特征。

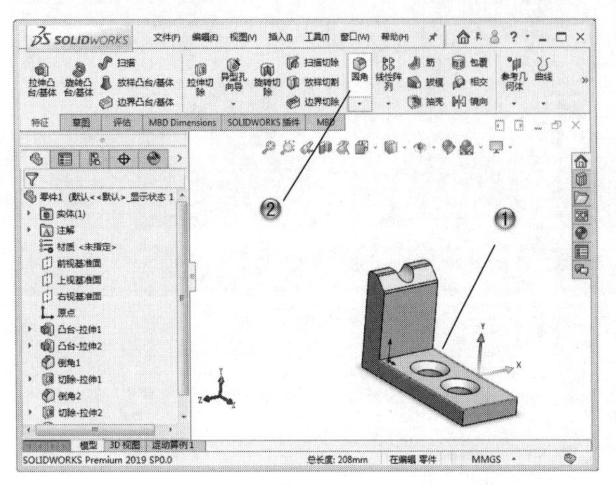

图 4-63

③ 设置圆角参数，如图 4-64 所示。

④ 在【圆角】属性管理器中，单击【确定】按钮。

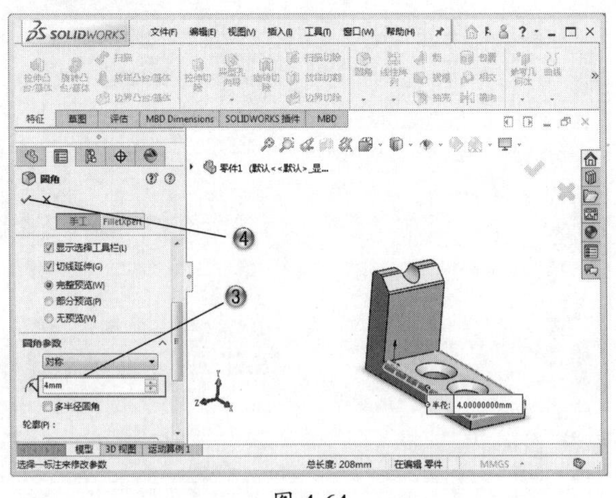

图 4-64

步骤 17 完成固定件模型

完成的固定件模型，如图 4-65 所示。

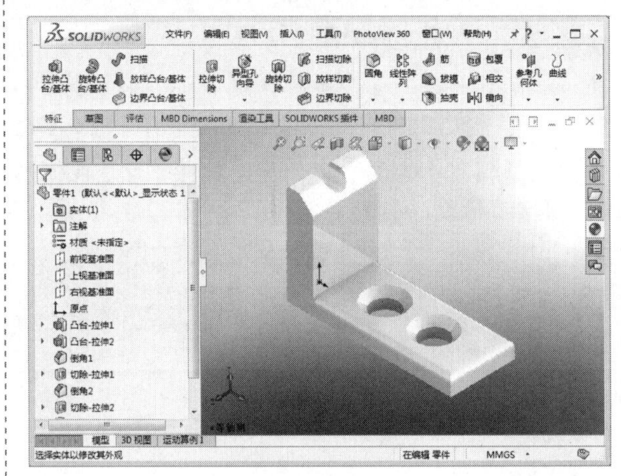

图 4-65

4.6.2 塑料盒范例

本范例完成文件：\04\4-2.sldprt

案例分析

本范例是创建一个塑料盒模型，首先创建拉伸特征作为盒体，之后使用【抽壳】命令创建中空部分，再在此基础上创建加强筋，最后创建孔特征。

案例操作

步骤 01 创建草绘

① 在模型树中，选择【上视基准面】，如图 4-66 所示。

② 单击【草图】选项卡中的【草图绘制】按钮，进行草图绘制。

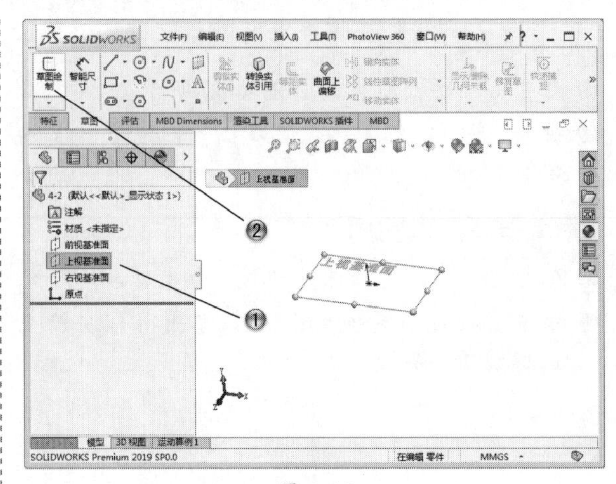

图 4-66

步骤02 绘制矩形

① 单击【草图】选项卡中的□【边角矩形】按钮。

② 在绘图区中，绘制矩形，如图4-67所示。

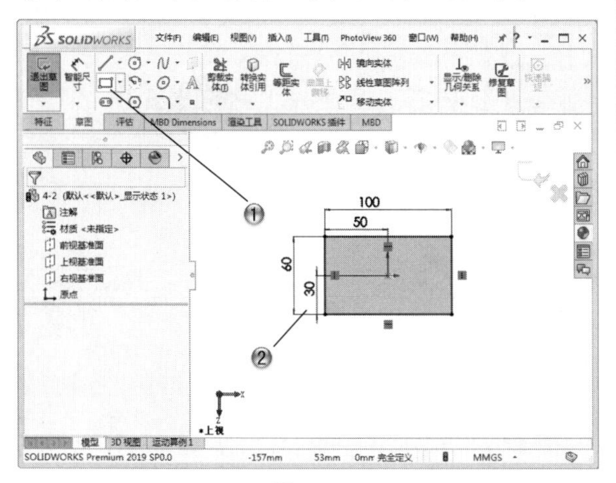

图4-67

步骤03 创建拉伸特征

① 在模型树中，选择【草图1】，如图4-68所示。

② 单击【特征】选项卡中的【拉伸凸台/基体】按钮，创建拉伸特征。

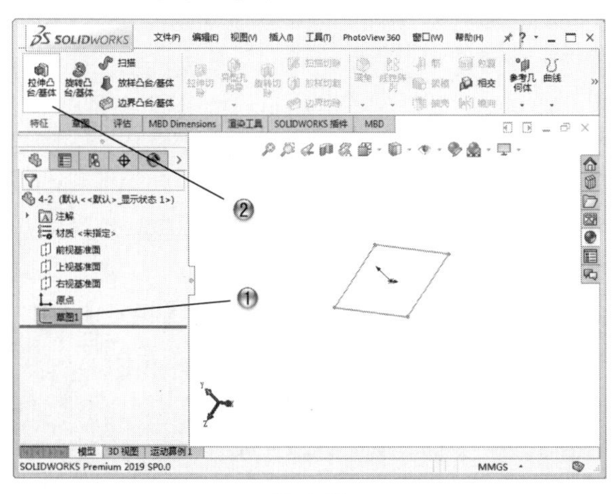

图4-68

③ 设置拉伸参数，如图4-69所示。

④ 在【凸台-拉伸】属性管理器中，单击✓【确定】按钮。

步骤04 创建圆角

① 在绘图区中，选择圆角边线，如图4-70所示。

② 单击【特征】选项卡中的【圆角】按钮，创建圆角特征。

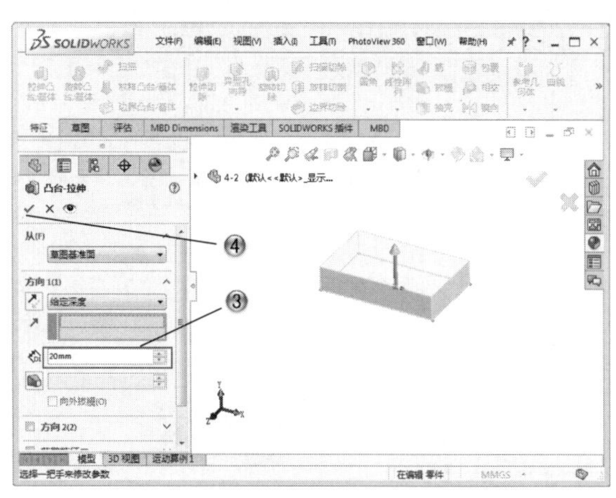

图4-69

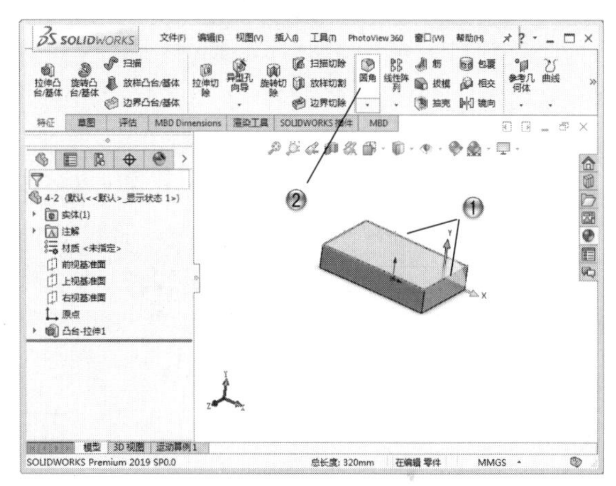

图4-70

③ 设置圆角参数，如图4-71所示。

④ 在【圆角】属性管理器中，单击✓【确定】按钮。

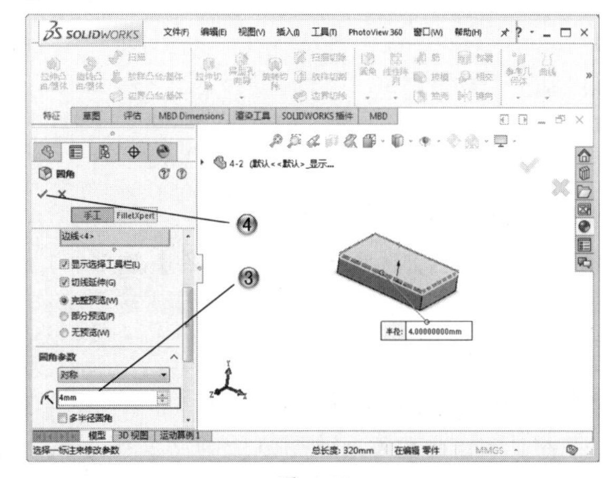

图4-71

步骤05 创建抽壳特征

① 在绘图区中，选择去除的平面，如图4-72所示。

② 单击【特征】选项卡中的【抽壳】按钮，创建抽壳特征。

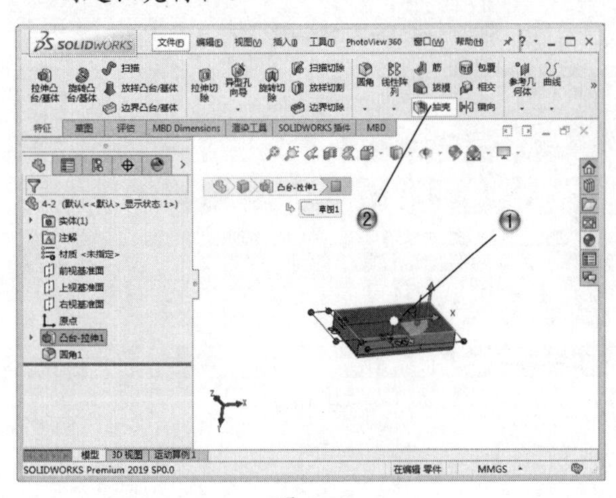

图 4-72

③ 设置抽壳参数，如图 4-73 所示。

④ 在【抽壳 1】属性管理器中，单击【确定】按钮。

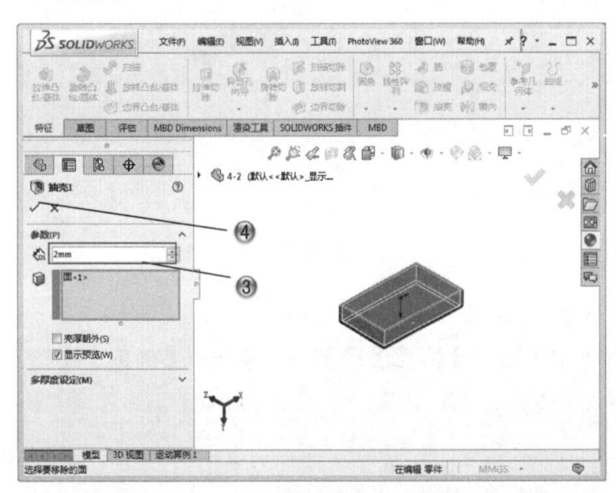

图 4-73

步骤 06 创建筋特征 1

① 单击【草图】选项卡中的【筋】按钮。

② 在模型树中，选择【右视基准面】，创建筋特征，如图 4-74 所示。

步骤 07 绘制筋草图

① 单击【草图】选项卡中的【直线】按钮，如图 4-75 所示。

② 在绘图区，绘制直线。

③ 在【草图】选项卡中，单击【退出草图】按钮。

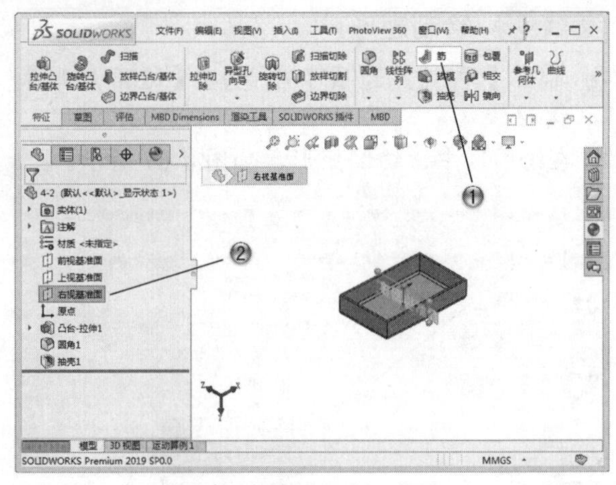

图 4-74

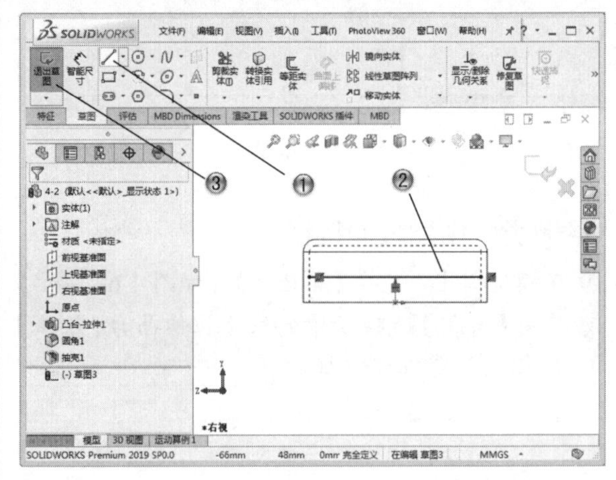

图 4-75

步骤 08 设置筋参数

① 在【筋 1】属性管理器中，设置参数，如图 4-76 所示。

② 在【筋 1】属性管理器中，单击【确定】按钮。

图 4-76

步骤09 创建筋特征2

① 单击【草图】选项卡中的【筋】按钮。

② 在模型树中，选择【前视基准面】，创建筋特征，如图4-77所示。

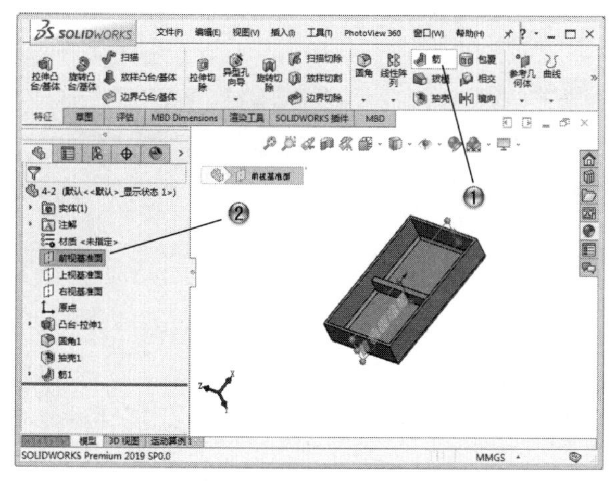

图 4-77

步骤10 绘制筋草图

① 单击【草图】选项卡中的【直线】按钮，如图4-78所示。

② 在绘图区，绘制直线。

③ 在【草图】选项卡中，单击【退出草图】按钮。

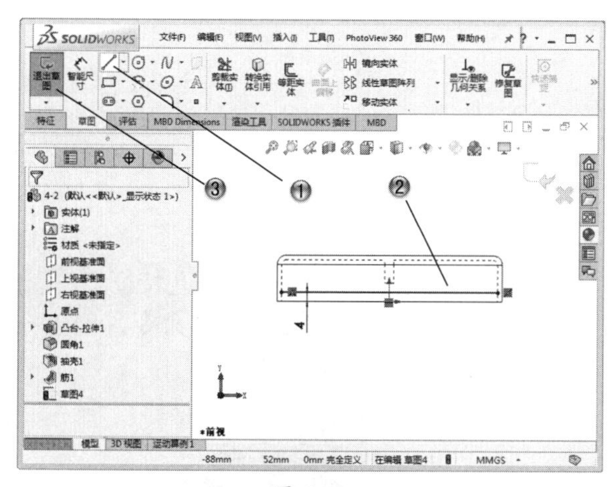

图 4-78

步骤11 设置筋参数

① 在【筋2】属性管理器中，设置参数，如图4-79所示。

② 在【筋2】属性管理器中，单击【确定】按钮。

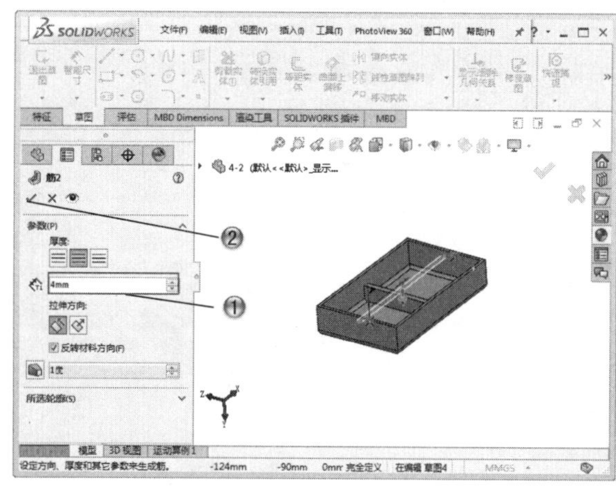

图 4-79

步骤12 创建异型孔

① 在【特征】选项卡中，单击【异型孔向导】按钮，如图4-80所示。

② 在绘图区中，选择孔的放置面。

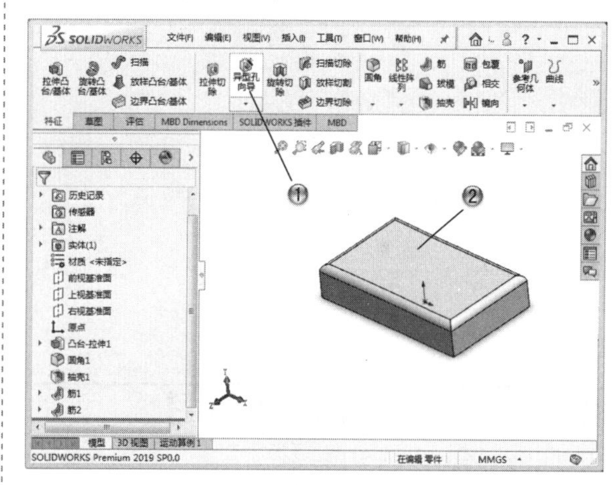

图 4-80

步骤13 标注孔位置

① 单击【草图】选项卡中的【智能尺寸】按钮。

② 在绘图区中，设置标注参数，标注孔的位置，如图4-81所示。

步骤14 设置孔参数

① 在【孔规格】属性管理器中，设置孔的参数，如图4-82所示。

② 在【孔规格】属性管理器中，单击【确定】按钮。

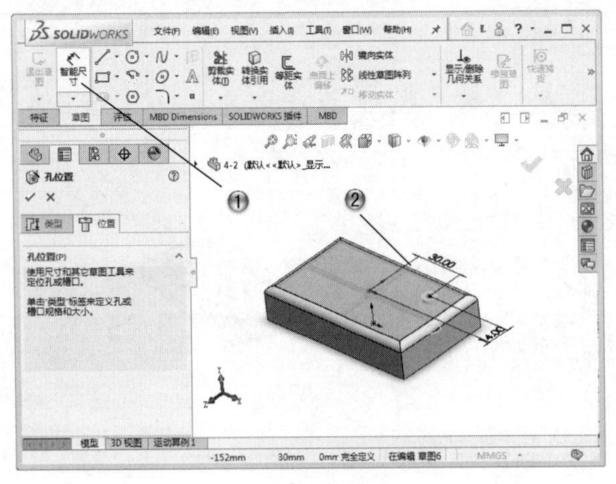

图 4-81

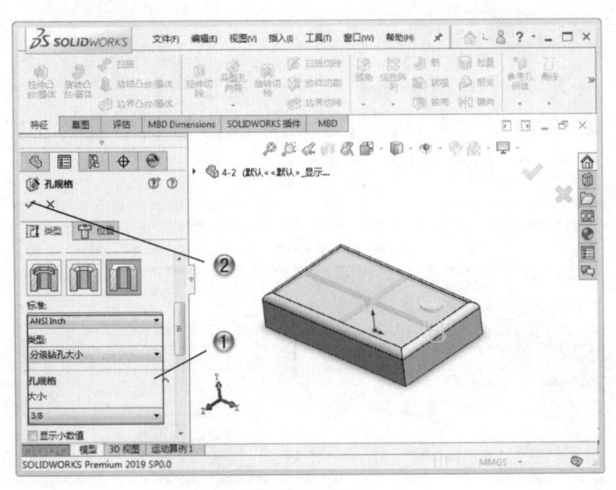

图 4-82

步骤 15 完成塑料盒模型

完成的塑料盒模型，如图 4-83 所示。

图 4-83

4.7 本章小结和练习

4.7.1 本章小结

本章主要介绍了实体附加特征的各种创建方法，其中包括了圆角、倒角、筋、孔和抽壳这五类命令，其中筋特征需要绘制截面草图，孔特征需要确定位置参数，读者可以学习范例进行熟悉。

4.7.2 练习

1. 如图 4-84 所示，创建壳体基体后，使用【抽壳】命令创建中空部分。

2. 使用【孔】命令创建各个孔特征。

3. 使用【倒角】和【圆角】命令，创建杆件和壳体上的倒角圆角部分。

图 4-84

第 5 章

零件形变特征

本章导读

零件形变特征可以改变复杂曲面和实体模型的局部或整体形状，无须考虑用于生成模型的草图或者特征约束，其特征包括压凹特征、弯曲特征、变形特征、拔模特征和圆顶特征等。

本章将主要介绍这 5 种零件形变特征的属性设置和创建步骤。

5.1 压凹特征

压凹特征是利用厚度和间隙生成的特征，其应用包括封装、冲印、铸模及机器的压入配合等。方法是根据所选实体类型，指定目标实体和工具实体之间的间隙数值，并为压凹特征指定厚度数值。压凹特征可以变形或从目标实体中切除某个部分。

压凹特征是利用工具实体的形状，在目标实体中生成袋套或突起，因此最终实体比原始实体显示更多的面、边线和顶点。其注意事项如下：

（1）目标实体和工具实体必须有一个为实体。

（2）如果要生成压凹特征，目标实体必须与工具实体接触，或间隙值必须允许穿越目标实体的突起。

（3）如果要生成切除特征，目标实体和工具实体不必相互接触，但间隙值必须大到可足够生成与目标实体的交叉。

（4）如果需要以曲面工具实体压凹（或者切除）实体，曲面必须与实体完全相交。

（5）唯一不受允许的压凹组合是：曲面目标实体和曲面工具实体。

5.1.1 压凹特征属性设置

选择【插入】|【特征】|【压凹】菜单命令，系统弹出【压凹】属性管理器，如图 5-1 所示。

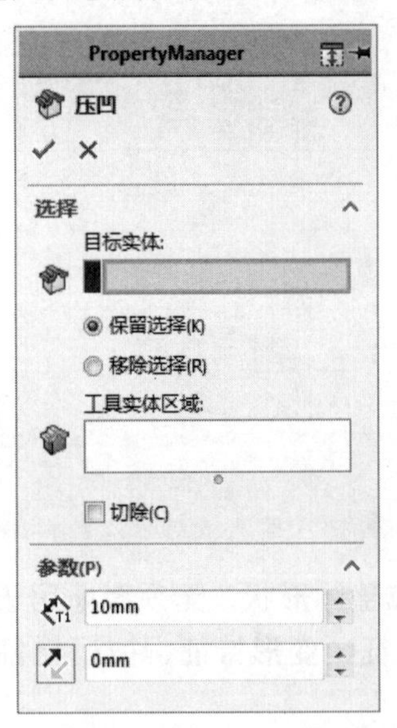

图 5-1

1. 【选择】选项组

（1）【目标实体】：选择要压凹的实体或曲面实体。

（2）【工具实体区域】：选择一个或多个实体（或者曲面实体）。

（3）【保留选择】、【移除选择】：选择要保留或移除的模型边界。

（4）【切除】：启用此复选框，则移除目标实体的交叉区域。无论是实体还是曲面，即使没有厚度也会存在间隙。

2. 【参数】选项组

（1）【厚度】（仅限实体）：确定压凹特征的厚度。

（2）【间隙】：确定目标实体和工具实体之间的间隙。如果有必要，单击【反向】按钮。

5.1.2 压凹特征创建步骤

选择【插入】|【特征】|【压凹】菜单命令，系统打开【压凹】属性管理器。在【选择】选项组中，单击【目标实体】选择框，在图形区域中选择模型实体；单击【工具实体区域】选择框，选择模型中拉伸特征的下表面；启用【切除】复选框；在【参数】选项组中，设置【厚度】为 2mm，如图 5-2 所示；在图形区域中显示出预览，单击【确定】按钮，生成压凹特征，如图 5-3 所示。

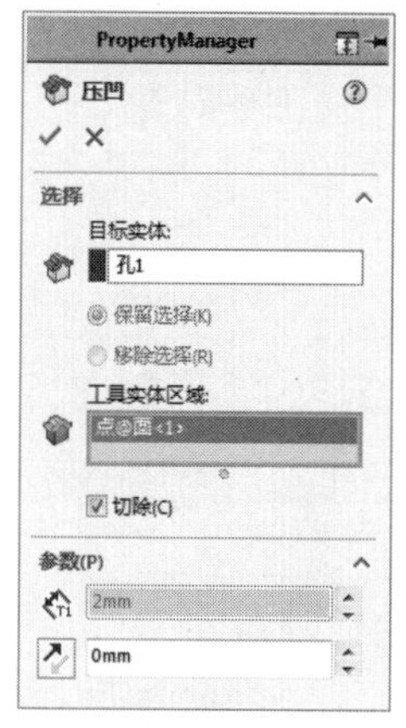

图 5-2

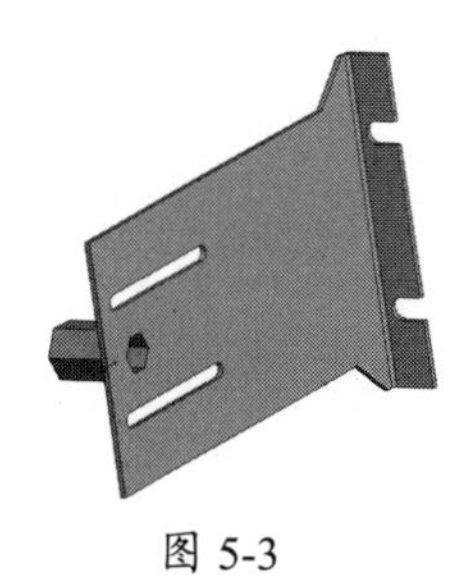

图 5-3

5.2 弯曲特征

弯曲特征是以直观的方式对复杂的模型进行变形。弯曲特征包括 4 个选项：折弯、扭曲、锥削和伸展。

5.2.1 弯曲特征属性设置

1. 折弯

围绕三重轴中的红色 x 轴（即折弯轴）折弯一个或者多个实体，可以重新定位三重轴的位置和剪裁基准面，也可以控制折弯的角度、位置和界限以改变折弯形状。

选择【插入】|【特征】|【弯曲】菜单命令，系统弹出【弯曲】属性管理器。在【弯曲输入】选项组中，选中【折弯】单选按钮，属性设置如图 5-4 所示。

（1）【弯曲输入】选项组。

- 【粗硬边线】：生成如圆锥面、圆柱面及平面等的分析曲面，通常会形成剪裁基准面与实体相交的分割面。如果取消选择此项，则结果将基于样条曲线，曲面和平面会因此显得更光滑，而原有面保持不变。
- 【角度】：设置折弯角度，需要配合折弯半径。
- 【半径】：设置折弯半径。

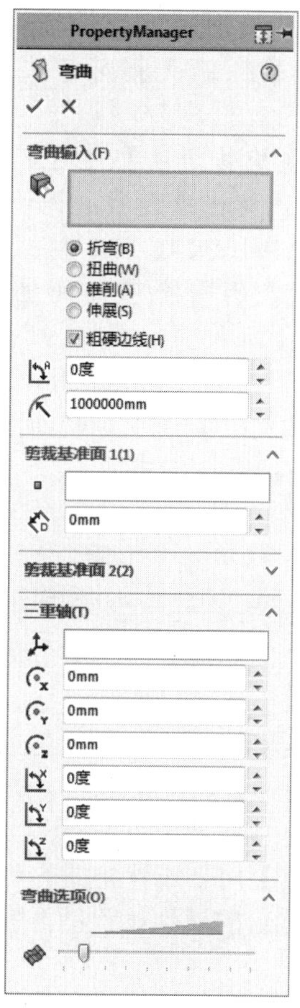

图 5-4

（2）【剪裁基准面1】选项组。

- 【为剪裁基准面1选择一参考实体】：将剪裁基准面1的原点锁定到所选模型上的点。
- 【基准面1剪裁距离】：从实体的外部界限沿三重轴的剪裁基准面轴（蓝色z轴）移动到剪裁基准面上的距离。

（3）【剪裁基准面2】选项组。

【剪裁基准面2】选项组的属性设置与【剪裁基准面1】选项组基本相同，在此不再赘述。

（4）【三重轴】选项组。

使用这些参数来设置三重轴的位置和方向。

- 【为枢轴三重轴参考选择一坐标系特征】：将三重轴的位置和方向锁定到坐标系上。

必须添加坐标系特征到模型上，才能使用此选项。

- 【X旋转原点】、【Y旋转原点】、【Z旋转原点】：沿指定轴移动三重轴位置（相对于三重轴的默认位置）。
- 【X旋转角度】、【Y旋转角度】、【Z旋转角度】：围绕指定轴旋转三重轴（相对于三重轴自身），此角度表示围绕零部件坐标系的旋转角度，且按照z、y、x顺序进行旋转。

（5）【弯曲选项】选项组。

【弯曲精度】用于控制曲面品质，提高品质会提高弯曲特征的成功率。

2．扭曲

扭曲特征是通过定位三重轴和剪裁基准面，控制扭曲的角度、位置和界限，使特征围绕三重轴的蓝色z轴扭曲。

选择【插入】|【特征】|【弯曲】菜单命令，系统打开【弯曲】属性管理器。在【弯曲输入】选项组中，选中【扭曲】单选按钮，如图5-5所示。

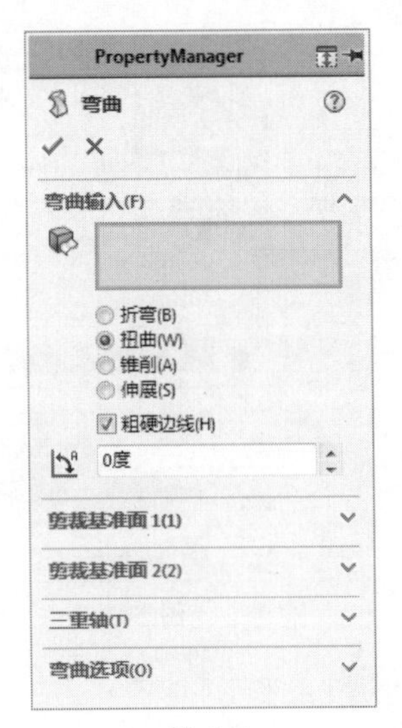

图 5-5

【角度】用于设置扭曲的角度。

其他选项组的属性设置不再赘述。

3．锥削

锥削特征是通过定位三重轴和剪裁基准面，控制锥削的角度、位置和界限，使特征按照三重轴的蓝色z轴方向进行锥削。

选择【插入】|【特征】|【弯曲】菜单命令，系统弹出【弯曲】属性管理器。在【弯曲输入】选项组中，选中【锥削】单选按钮，如图5-6所示。

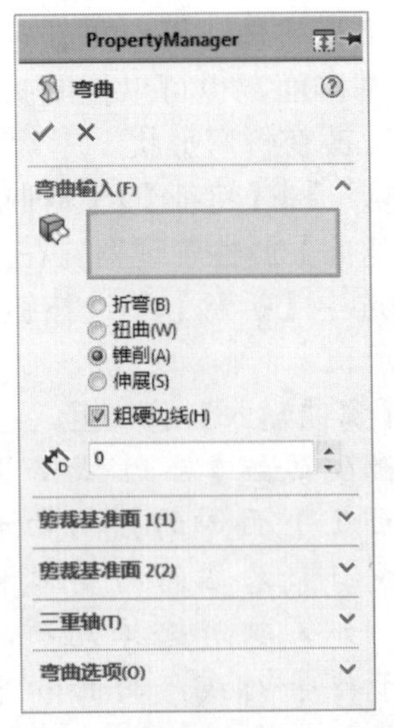

图 5-6

【锥剃因子】用于设置锥削量。调整锥剃因子时，剪裁基准面不移动。

其他选项组的属性设置不再赘述。

4．伸展

伸展特征是通过指定距离或使用鼠标左键拖动剪裁基准面的边线，使特征按照三重轴的蓝色 z 轴方向进行伸展。

选择【插入】|【特征】|【弯曲】菜单命令，系统打开【弯曲】属性管理器。在【弯曲输入】选项组中，选中【伸展】单选按钮，如图 5-7 所示。

【伸展距离】用于设置伸展量。

其他选项组的属性设置不再赘述。

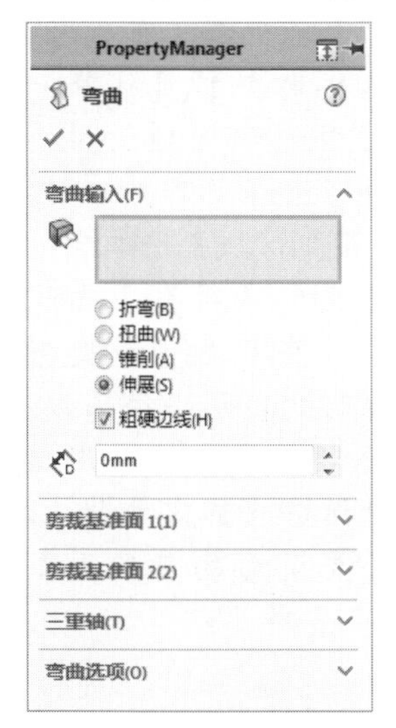

图 5-7

5.2.2 弯曲特征创建步骤

1．折弯

选择【插入】|【特征】|【弯曲】菜单命令，系统弹出【弯曲】属性管理器。在【弯曲输入】选项组中，选中【折弯】单选按钮；单击【弯曲的实体】选择框，在图形区域中选择所有拉伸特征；设置【角度】为 90 度，【半径】为 132.86mm；单击【确定】按钮，生成折弯弯曲特征，如图 5-8 所示。

2．扭曲

选择【插入】|【特征】|【弯曲】菜单命令，系统打开【弯曲】属性管理器。在【弯曲输入】选项组中，选中【扭曲】单选按钮；单击【弯曲的实体】选择框，在图形区域中选择所有拉伸特征；设置【角度】为 90 度，单击【确定】按钮，生成扭曲弯曲特征，如图 5-9 所示。

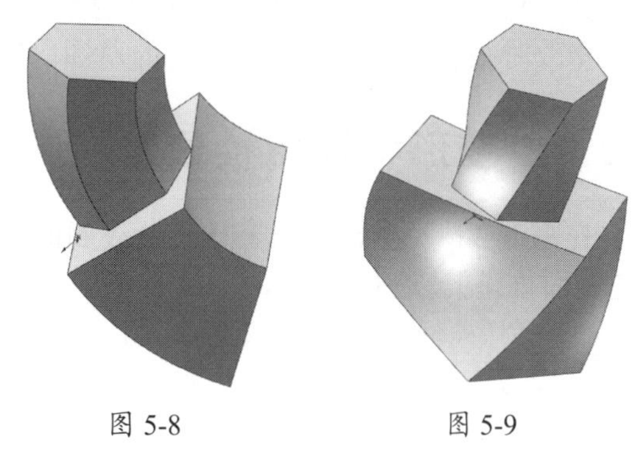
图 5-8　　图 5-9

3．锥削

选择【插入】|【特征】|【弯曲】菜单命令，系统弹出【弯曲】属性管理器。在【弯曲输入】选项组中，选中【锥削】单选按钮；单击【弯曲的实体】选择框，在图形区域中选择所有拉伸特征；设置【锥剃因子】为 1.5，单击【确定】按钮，生成锥削弯曲特征，如图 5-10 所示。

4．伸展

选择【插入】|【特征】|【弯曲】菜单命令，系统弹出【弯曲】属性管理器。在【弯曲输入】选项组中，选中【伸展】单选按钮；单击【弯曲的实体】选择框，在图形区域中选择所有拉伸特征；设置【伸展距离】为 100mm，单击【确定】按钮，生成伸展弯曲特征，如图 5-11 所示。

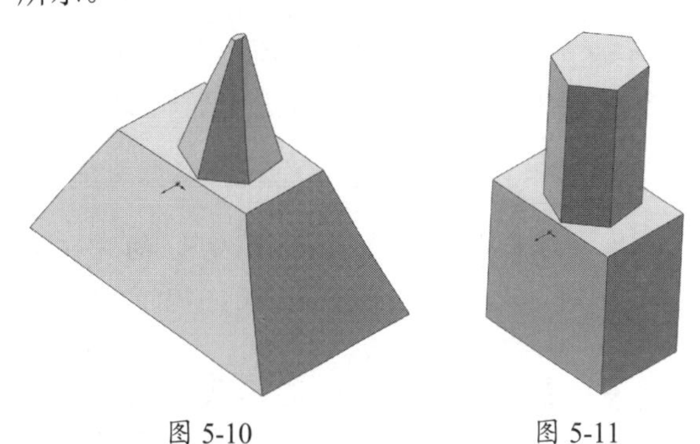
图 5-10　　图 5-11

5.3 变形特征

变形特征是改变复杂曲面和实体模型的局部或者整体形状，无须考虑用于生成模型的草图或者特征约束。变形特征提供一种简单的方法虚拟改变模型，在生成设计概念或者对复杂模型进行几何修改时很有用，因为使用传统的草图、特征或者历史记录进行编辑需要花费很长的时间。

5.3.1 变形特征属性设置

变形有3种类型，包括【点】、【曲线到曲线】和【曲面推进】。选择【插入】|【特征】|【变形】菜单命令，系统弹出【变形】属性管理器，如图 5-12 所示。

图 5-12

1. 点

点变形是改变复杂形状的最简单的方法。选择模型面、曲面、边线、顶点上的点，或者选择空间中的点，然后设置用于控制变形的距离和球形半径数值即可。

（1）【变形点】选项组。

- 【变形点】：设置变形的中心，可以选择平面、边线、顶点上的点或者空间中的点。
- 【变形方向】：选择线性边线、草图直线、平面、基准面或者两个点作为变形方向。
- 【变形距离】：指定变形的距离（即点位移）。
- 【显示预览】：使用线框视图（在取消启用【显示预览】复选框时）或者上色视图（在启用【显示预览】复选框时）预览结果。如果需要提高大型复杂模型的性能，一般在做了所有选择之后再启用该复选框。

（2）【变形区域】选项组。

- 【变形半径】：更改通过变形点的球状半径数值，变形区域的选择不会影响变形半径的数值。
- 【变形区域】：启用该复选框，可以激活【固定曲线/边线/面】和【要变形的其他面】选择框，如图 5-13 所示。

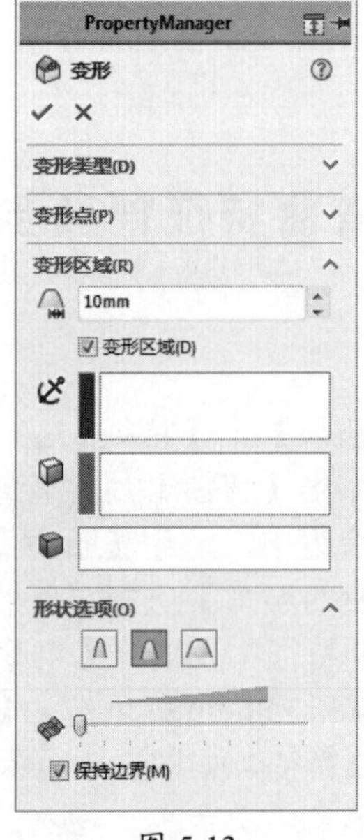

图 5-13

- 【要变形的实体】：在使用空间中的点时，允许选择多个实体或者一个实体。

（3）【形状选项】选项组。

- 【变形轴】（在取消启用【变形区域】复选框时可用）：通过生成平行于一条线性边线或者草图直线、垂直于一个平面或者基准面、沿着两个点或者顶点的折弯轴以控制变形形状。此选项使用【变形半径】数值生成类似于折弯的变形。
- 【刚度】按钮：控制变形过程中变形形状的刚性。可以将刚度层次与其他选项（如【变形轴】等）结合使用。刚度有3种层次，即【刚度—最小】、【刚度—中等】、【刚度—最大】。
- 【形状精度】：控制曲面品质。默认品质在高曲率区域中可能有所不足，当移动滑块到右侧提高精度时，可以增加变形特征的成功率。

2. 曲线到曲线

曲线到曲线变形是改变复杂形状更为精确的方法。它是通过将几何体从初始曲线（可以是曲线、边线、剖面曲线以及草图曲线组等）映射到目标曲线组而完成。

选择【插入】|【特征】|【变形】菜单命令，系统弹出【变形】属性管理器。在【变形类型】选项组中，选中【曲线到曲线】单选按钮，其属性设置如图5-14所示。

（1）【变形曲线】选项组。

- 【初始曲线】：设置变形特征的初始曲线。选择一条或者多条连接的曲线（或者边线）作为1组，可以是单一曲线、相邻边线或者曲线组。
- 【目标曲线】：设置变形特征的目标曲线。选择一条或者多条连接的曲线（或者边线）作为1组，可以是单一曲线、相邻边线或者曲线组。
- 【组[n]】（n为组的标号）：允许添加、删除以及循环选择组以进行修改。曲线可以是模型的一部分（如边线、剖面曲线等），也可以是单独的草图。
- 【显示预览】：使用线框视图或者上色视图预览结果。如果要提高使用大型复杂模型的性能，一般在做了所有选择之后再启用该复选框。

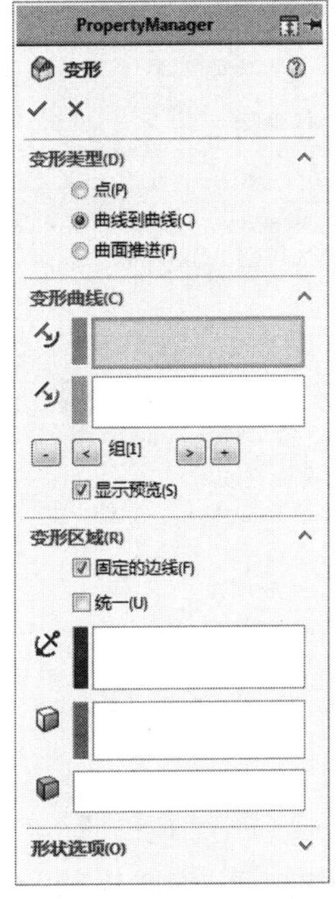

图5-14

（2）【变形区域】选项组。

- 【固定的边线】：防止所选曲线、边线或者面被移动。在图形区域中选择要变形的固定边线和额外面，如果取消启用该复选框，则只能选择实体。
- 【统一】：尝试在变形操作过程中保持原始形状的特性，它可以帮助还原曲线到曲线的变形操作，生成尖锐的形状。
- 【固定曲线/边线/面】：防止所选曲线、边线或者面被变形和移动。
- 【要变形的其他面】：允许添加要变形的特定面，如果未选择任何面，则整个实体将会受影响。
- 【要变形的实体】：如果【初始曲线】不是实体面或者曲面中草图曲线的一部分，或者要变形多个实体，则启用该复选框。

(3)【形状选项】选项组(如图5-15所示)。

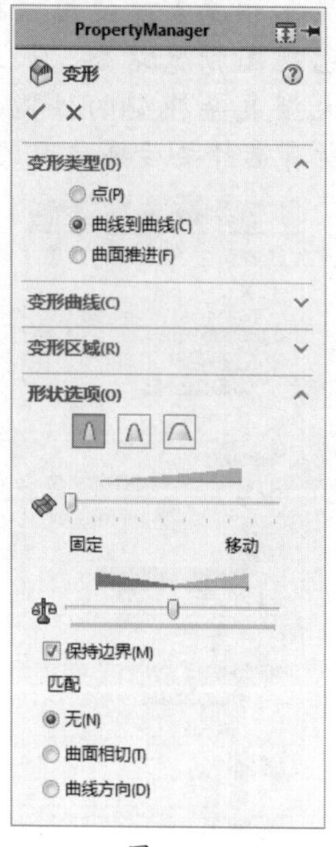

图 5-15

- 【刚度】按钮：控制变形过程中变形形状的刚性。
- 【形状精度】：控制曲面品质。默认品质在高曲率区域中可能有所不足，当移动滑块到右侧提高精度时，可以增加变形特征的成功率。
- 【重量】（在启用【固定的边线】复选框和取消启用【统一】复选框时可用）：控制下面的两个影响系数。
- 【匹配】：允许应用这些条件，将变形曲面或者面匹配到目标曲面或者面边线。

3．曲面推进

曲面推进变形通过使用工具实体的曲面，推进目标实体的曲面以改变其形状。目标实体曲面近似于工具实体曲面，但在变形前后每个目标曲面之间保持一对一的对应关系。可以选择自定义的工具实体（如多边形或者球面等），也可以使用自己的工具实体。在图形区域中使用三重轴标注可以调整工具实体的大小，拖动三重轴或者在【特征管理器设计树】中进行设置可以控制工具实体的移动。

选择【插入】|【特征】|【变形】菜单命令，系统弹出【变形】属性管理器。在【变形类型】选项组中，选中【曲面推进】单选按钮，其属性设置如图5-16所示。

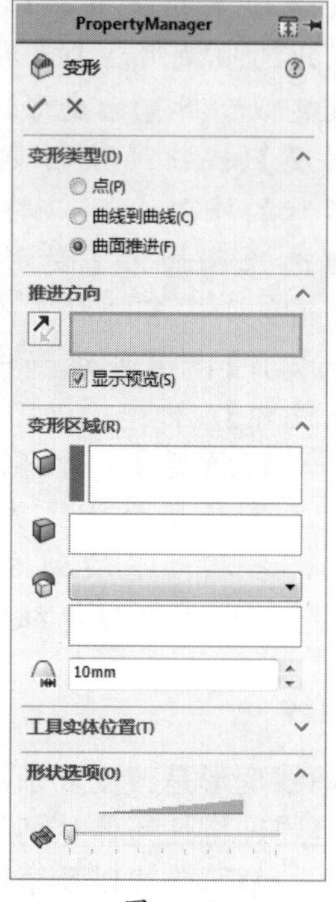

图 5-16

（1）【推进方向】选项组。

- 【变形方向】：设置推进变形的方向，可以选择一条草图直线或者直线边线、一个平面或者基准面、两个点或者顶点。
- 【显示预览】：使用线框视图或者上色视图预览结果，如果需要提高使用大型复杂模型的性能，一般在做了所有选择之后再启用该复选框。

（2）【变形区域】选项组。

- 【要变形的其他面】：允许添加要变形的特定面，此时仅变形所选面；如果未选择任何面，则整个实体将会受影响。
- 【要变形的实体】：即目标实体，决定要被工具实体变形的实体。无论工具实体在何处与目标实体相交，或者在何处生成相对位移（当工具实体不与目标实体相交时），整个实体都会受影响。

- 【要推进的工具实体】：设置对【要变形的实体】进行变形的工具实体。使用图形区域中的标注设置工具实体的大小。如果要使用已生成的工具实体，从其选项中选用【选择实体】，然后在图形区域中选择工具实体。【要推进的工具实体】下拉选项如图 5-17 所示。
- 【变形误差】：为工具实体与目标面或者实体的相交处指定圆角半径数值。

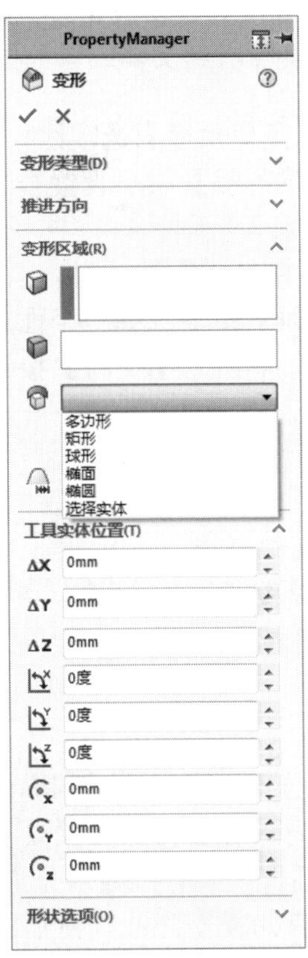

图 5-17

（3）【工具实体位置】选项组。

以下选项允许通过输入正确的数值重新定位工具实体。此方法比使用三重轴更精确。

- ΔX、ΔY、ΔZ：沿 x、y、z 轴移动工具实体的距离。
- 【X 旋转角度】、【Y 旋转角度】、【Z 旋转角度】：围绕 x、y、z 轴以及旋转原点旋转工具实体的旋转角度。
- 【X 旋转原点】、【Y 旋转原点】、【Z 旋转原点】：定位由图形区域中三重轴表示的旋转中心。

5.3.2 变形特征创建步骤

生成变形特征的操作步骤如下。

（1）选择【插入】|【特征】|【变形】菜单命令，系统弹出【变形】属性管理器。在【变形类型】选项组中，选中【点】单选按钮；在【变形点】选项组中，单击【变形点】选择框，在图形区域中选择模型的一个角端点；设置【变形距离】为 50mm；在【变形区域】选项组中，设置【变形半径】为 100mm，如图 5-18 所示；在【形状选项】选项组中，单击【刚度－最小】按钮，单击【确定】按钮，生成最小刚度变形特征，如图 5-19 所示。

图 5-18　　图 5-19

（2）在【形状选项】选项组中，单击【刚度－中等】按钮，单击【确定】按钮，生成中等刚度变形特征，如图 5-20 所示。

（3）在【形状选项】选项组中，单击【刚

度一最大】按钮，单击✓【确定】按钮，生成最大刚度变形特征，如图 5-21 所示。

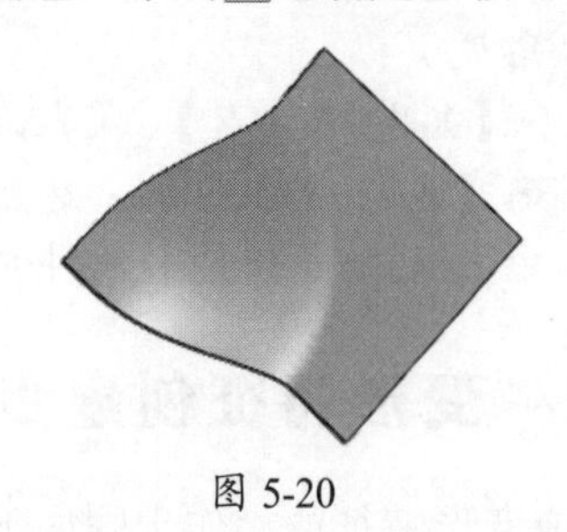

图 5-20

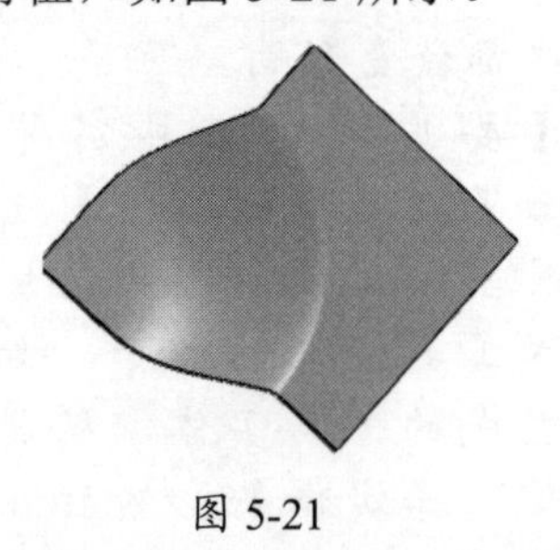

图 5-21

5.4 拔模特征

拔模特征是在指定的角度下切削模型中所选的面，使型腔零件更容易脱出模具。可以在现有的零件中插入拔模，或者在进行拉伸特征时拔模，也可以将拔模应用到实体或者曲面模型中。

5.4.1 拔模特征属性设置

在【手工】模式中，可以指定拔模类型，包括【中性面】、【分型线】和【阶梯拔模】。

1. 中性面

选择【插入】|【特征】|【拔模】菜单命令，系统弹出【拔模】属性管理器。在【拔模类型】选项组中，选中【中性面】单选按钮，如图 5-22 所示。

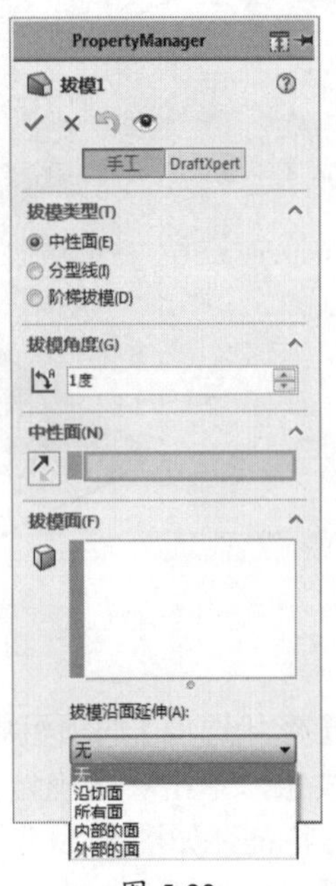

图 5-22

（1）【拔模角度】选项组。

【拔模角度】用于设置垂直于中性面进行测量的角度。

（2）【中性面】选项组。

【中性面】用于选择一个面或者基准面。如果有必要，单击【反向】按钮向相反的方向倾斜拔模。

（3）【拔模面】选项组。

- 【拔模面】：在图形区域中选择要拔模的面。
- 【拔模沿面延伸】：可以将拔模延伸到额外的面。

2. 分型线

选中【分型线】单选按钮，可以对分型线周围的曲面进行拔模。如果要在分型线上拔模，可以先插入一条分割线以分离要拔模的面，或者使用现有的模型边线，然后再指定拔模方向。可以使用拔模分析工具检查模型上的拔模角度。拔模分析根据所指定的角度和拔模方向生成模型颜色编码的渲染。

注意：

使用分型线拔模时，可以包括阶梯拔模。

选择【插入】|【特征】|【拔模】菜单命令，系统弹出【拔模】属性管理器。在【拔模类型】选项组中，选中【分型线】单选按钮，如图5-23所示。

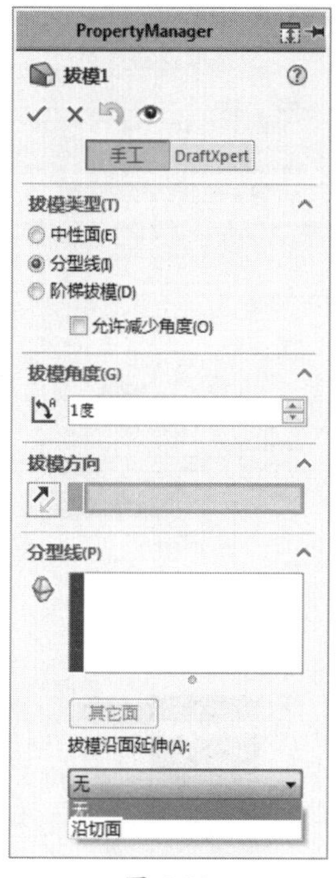

图 5-23

【允许减少角度】选项只可用于分型线拔模。在由最大角度所生成的角度总和与拔模角度为90°或者以上时，允许生成拔模。

注意：

在同被拔模的边线和面相邻的一个或者多个边或者面的法线与拔模方向几乎垂直时，可以启用【允许减少角度】复选框。当启用该复选框时，拔模面有些部分的拔模角度可能比指定的拔模角度要小。

（1）【拔模方向】选项组。

【拔模方向】用于在图形区域中选择一条边线或者一个面指示拔模的方向。如果有必要，单击【反向】按钮以改变拔模的方向。

（2）【分型线】选项组。

- 【分型线】：在图形区域中选择分型线。如果要为分型线的每一条线段指定不同的拔模方向，单击选择框中的边线名称，然后单击【其它面】按钮。
- 【拔模沿面延伸】：可以将拔模延伸到额外的面。

3. 阶梯拔模

阶梯拔模为分型线拔模的变体，它适用于为拔模方向的基准面旋转而生成某个面。

选择【插入】|【特征】|【拔模】菜单命令，系统弹出【拔模】属性管理器。在【拔模类型】选项组中，选中【阶梯拔模】单选按钮，如图5-24所示。【阶梯拔模】的属性设置与【分型线】基本相同，在此不做赘述。

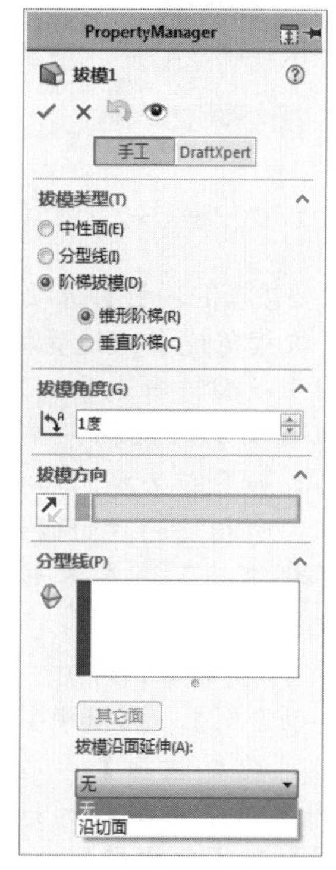

图 5-24

4. DraftXpert 模式

在DraftXpert模式中，可以生成多个拔模、执行拔模分析、编辑拔模以及自动调用FeatureXpert以求解初始没有进入模型的拔模特征。选择【插入】|【特征】|【拔模】菜单命令，系统弹出【拔模】属性管理器。在DraftXpert模式中，切换到【添加】选项卡，如图5-25所示。

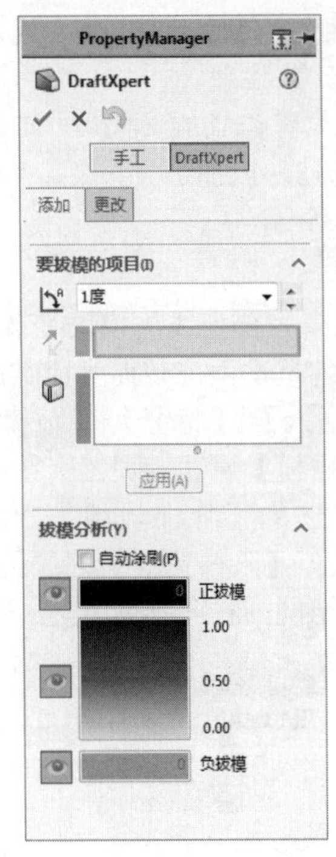

图 5-25

（1）【要拔模的项目】选项组。

- 【拔模角度】：设置拔模角度（垂直于中性面进行测量）。
- 【中性面】：选择一个平面或者基准面。如果有必要，单击【反向】按钮，向相反的方向倾斜拔模。
- 【拔模面】：在图形区域中选择要拔模的面。

（2）【拔模分析】选项组。

- 【自动涂刷】：选择模型的拔模分析。
- 【颜色轮廓映射】：通过颜色和数值显示模型中拔模的范围以及【正拔模】和【负拔模】的面数。

在 DraftXpert 模式中，切换到【更改】选项卡，如图 5-26 所示。

（1）【要更改的拔模】选项组。

- 【拔模面】：在图形区域中，选择包含要更改或者删除的拔模的面。
- 【中性面】：选择一个平面或者基准面。如果有必要，单击【反向】按钮，向相反的方向倾斜拔模。如果只更改【拔模角度】，则无须选择中性面。
- 【拔模角度】：设置拔模角度（垂直于中性面进行测量）。

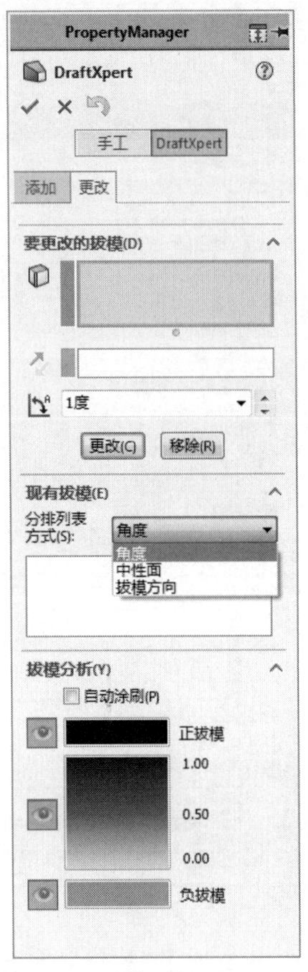

图 5-26

（2）【现有拔模】选项组。

【分排列表方式】用于按照【角度】、【中性面】或者【拔模方向】过滤所有拔模，可以根据需要更改或者删除拔模。

（3）【拔模分析】选择组。

【拔模分析】选择组的属性设置与【添加】选项卡中基本相同，在此不做赘述。

5.4.2　拔模特征创建步骤

选择【插入】|【特征】|【拔模】菜单命令，系统弹出【拔模】属性管理器。在【拔模类型】选项组中，选中【中性面】单选按钮；在【拔模角度】选项组中，设置【拔模角度】为 3 度；在【中性面】选项组中，单击【中性面】选择框，选择模型小圆柱体的上表面；在【拔模面】选项组中，单击【拔模面】选择框，选择模

型小圆柱体的圆柱面，如图 5-27 所示，单击✓【确定】按钮，生成拔模特征，如图 5-28 所示。

图 5-27

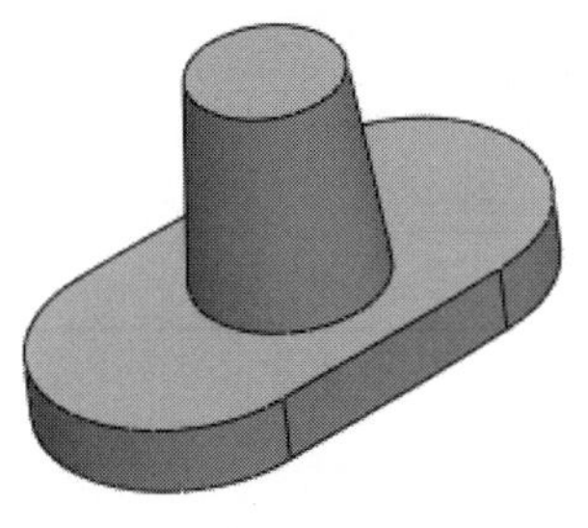

图 5-28

5.5 圆顶特征

圆顶特征可以在同一模型上同时生成一个或者多个圆顶。

5.5.1 圆顶特征属性设置

选择【插入】|【特征】|【圆顶】菜单命令，系统弹出【圆顶】属性管理器，如图 5-29 所示。

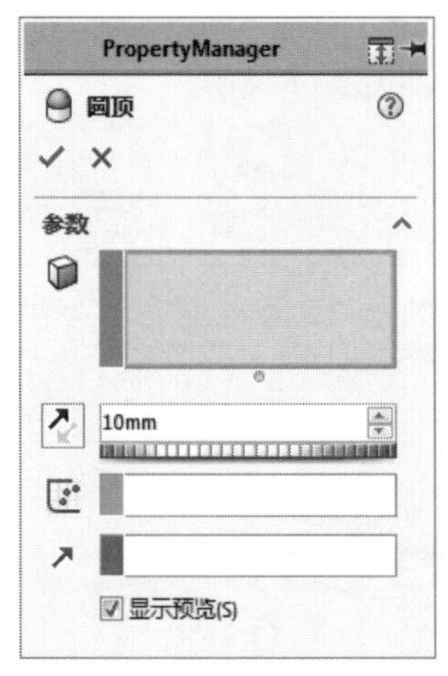

图 5-29

（1）【到圆顶的面】：选择一个或者多个平面或者非平面。

（2）【距离】：设置圆顶扩展的距离。

（3）【反向】：单击该按钮，可以生成凹陷圆顶（默认为凸起）。

（4）【约束点或草图】：选择一个点或者草图，通过对其形状进行约束以控制圆顶。当使用一个草图为约束时，【距离】数值框不可用。

（5）【方向】：从图形区域选择方向向量以垂直于面以外的方向拉伸圆顶，可以使用线性边线或者由两个草图点所生成的向量作为方向向量。

5.5.2 圆顶特征创建步骤

选择【插入】|【特征】|【圆顶】菜单命令，

系统弹出【圆顶】属性管理器，如图5-30所示。在【参数】选项组中，单击【到圆顶的面】选择框，在图形区域中选择模型的上表面；设置【距离】为10mm，单击【确定】按钮，生成圆顶特征，如图5-31所示。

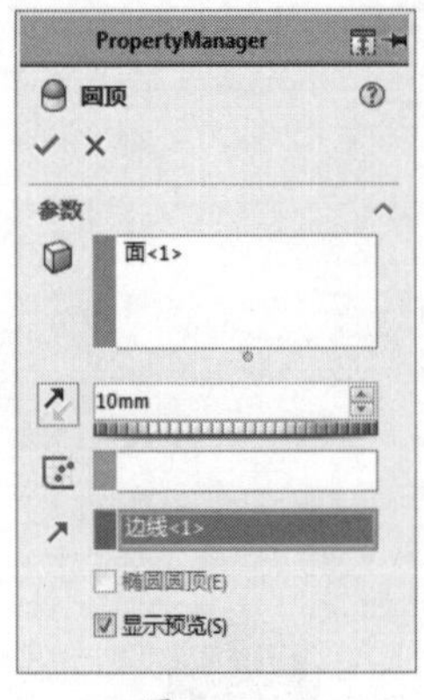

图 5-30

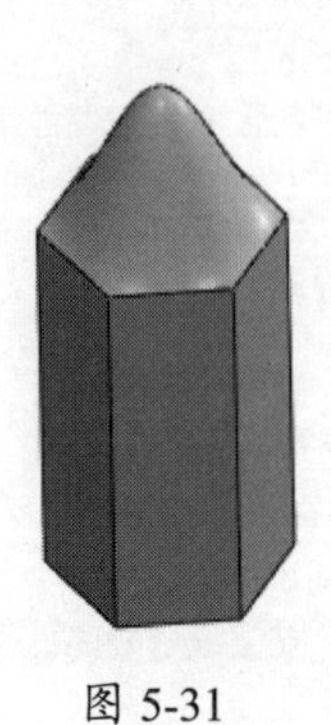

图 5-31

5.6 设计范例

5.6.1 压盘零件范例

本范例完成文件：\05\5-1.sldprt

案例分析

本节的范例是创建一个压盘零件，首先使用拉伸和拉伸切除命令创建基体特征，之后创建拔模特征，再创建非合并的拉伸圆柱体，使用它创建压凹特征。

案例操作

步骤 01 创建草绘

① 在模型树中，选择【上视基准面】，如图5-32所示。

② 单击【草图】选项卡中的【草图绘制】按钮，进行草图绘制。

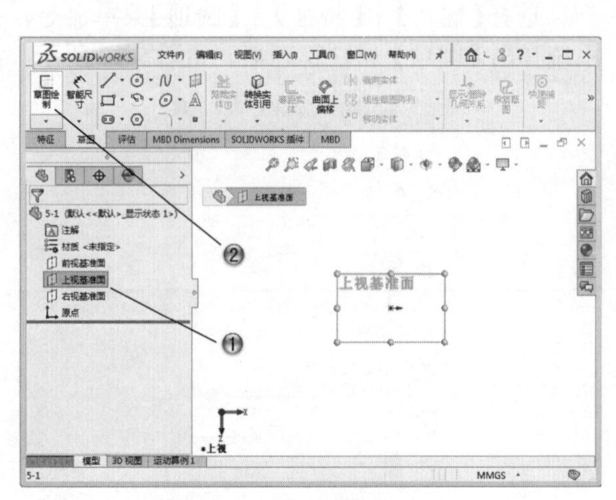

图 5-32

步骤 02 绘制圆形

① 单击【草图】选项卡中的【圆】按钮。

② 在绘图区中，绘制直径为200的圆形，如图5-33所示。

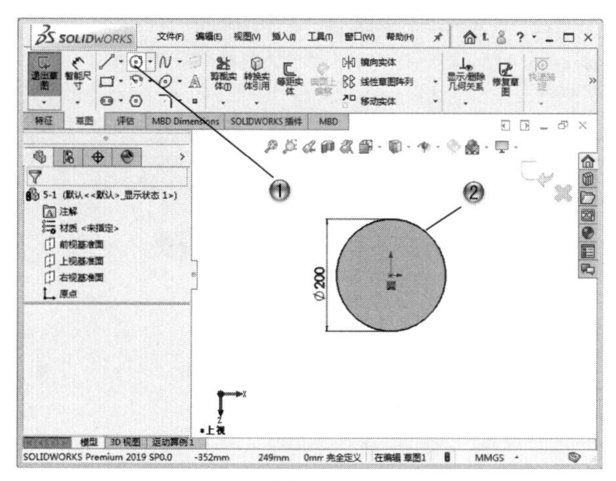

图 5-33

步骤 03 创建拉伸特征

① 在模型树中，选择【草图2】，如图5-34所示。

② 单击【特征】选项卡中的【拉伸凸台/基体】按钮，创建拉伸特征。

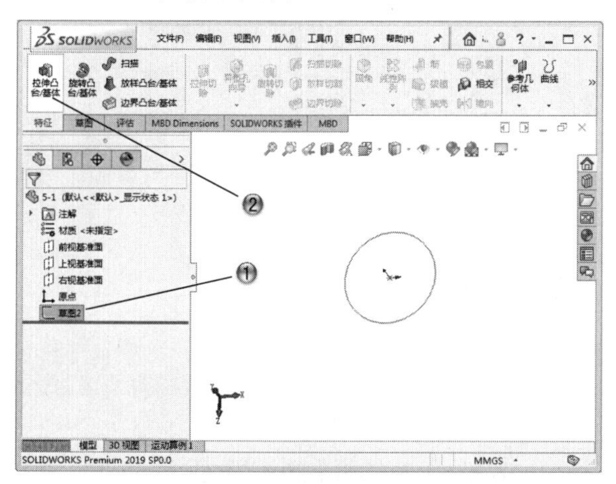

图 5-34

③ 设置拉伸参数，如图5-35所示。

④ 在【凸台-拉伸】属性管理器中，单击【确定】按钮。

步骤 04 创建草绘

① 在模型树中，选择【上视基准面】，如图5-36所示。

② 单击【草图】选项卡中的【草图绘制】按钮，进行草图绘制。

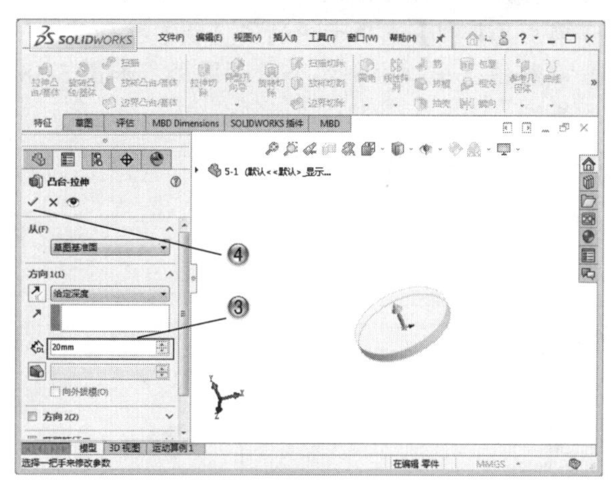

图 5-35

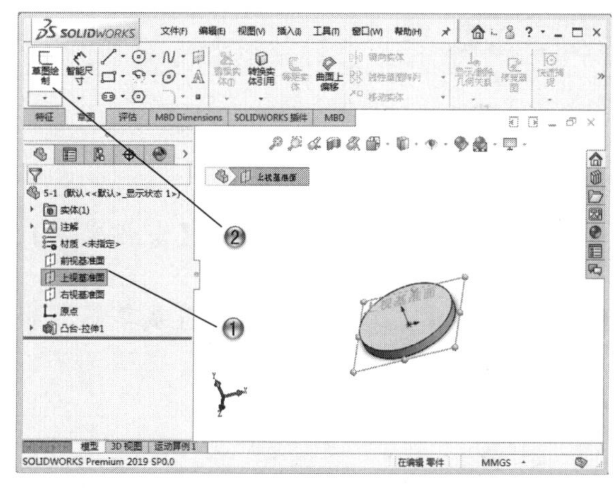

图 5-36

步骤 05 绘制直线图形

① 单击【草图】选项卡中的【直线】按钮。

② 在绘图区中，绘制两条直线，如图5-37所示。

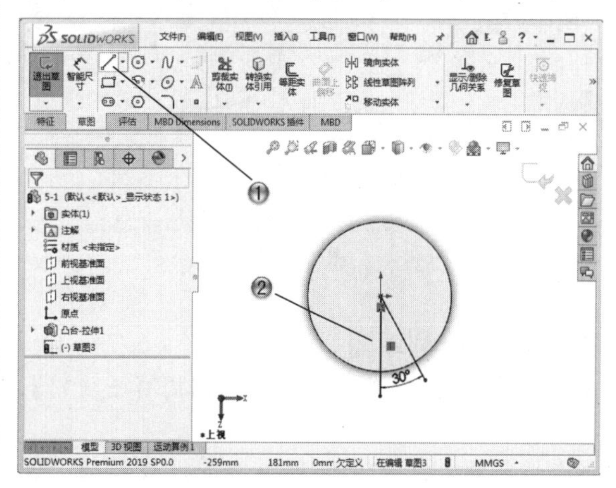

图 5-37

步骤 06 绘制同心圆

① 单击【草图】选项卡中的【圆】按钮。

② 在绘图区中，绘制两个同心圆形，如图 5-38 所示。

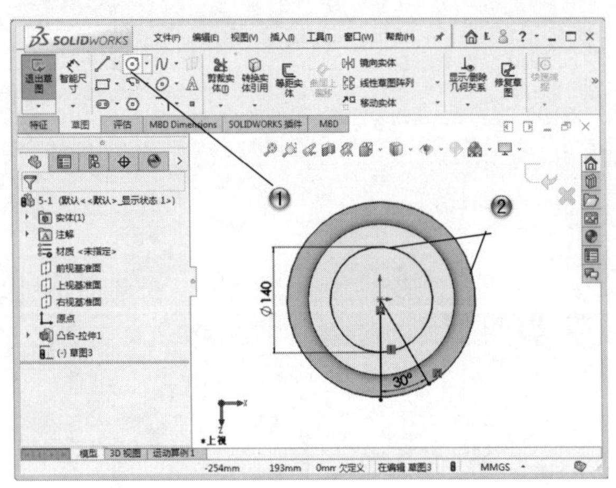

图 5-38

步骤 07 剪裁图形

① 单击【草图】选项卡中的【剪裁实体】按钮。

② 在绘图区中，选择剪裁线条剪裁草图，如图 5-39 所示。

③ 单击【确定】按钮。

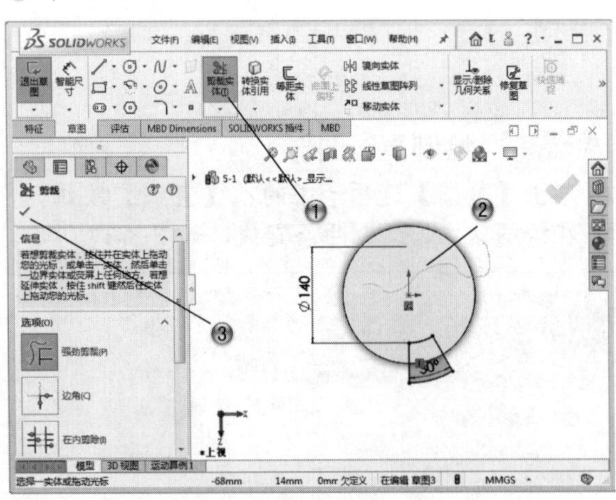

图 5-39

步骤 08 阵列草图

① 单击【草图】选项卡中的【圆周草图阵列】按钮。

②在绘图区中，选择阵列线条并设置参数，创建草图阵列，如图 5-40 所示。

③ 单击【确定】按钮。

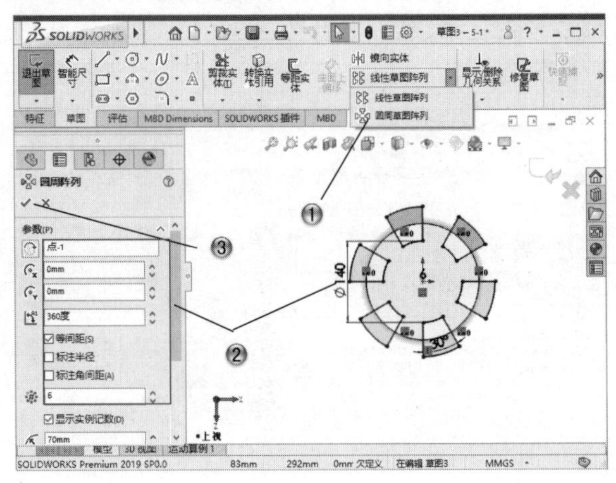

图 5-40

步骤 09 创建拉伸特征

① 在模型树中，选择【草图 3】，如图 5-41 所示。

② 单击【特征】选项卡中的【拉伸凸台 / 基体】按钮，创建拉伸特征。

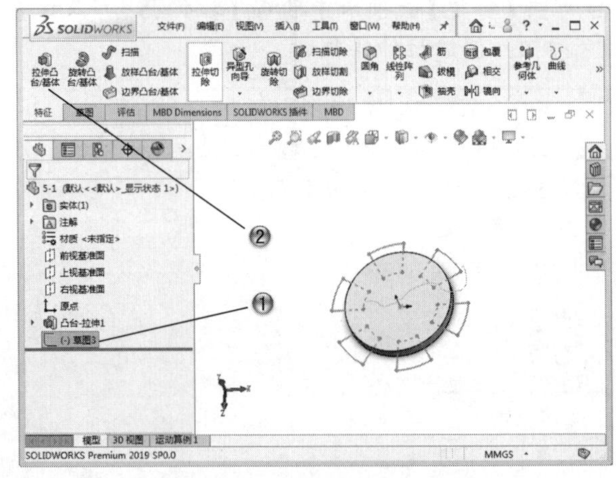

图 5-41

③ 设置拉伸参数，如图 5-42 所示。

④ 在【切除 - 拉伸】属性管理器中，单击【确定】按钮。

步骤 10 创建草绘

① 在模型树中，选择模型面，如图 5-43 所示。

② 单击【草图】选项卡中的【草图绘制】按钮，进行草图绘制。

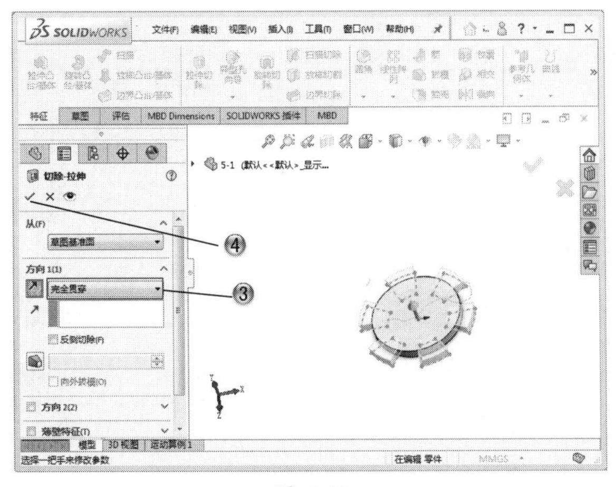

图 5-42

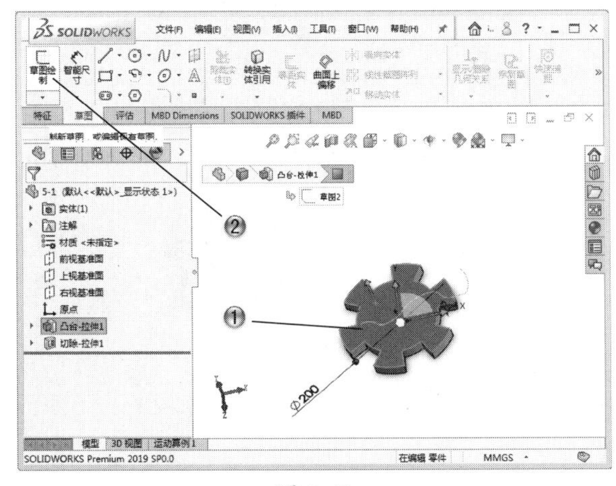

图 5-43

步骤 11 绘制直线

① 单击【草图】选项卡中的【直线】按钮。
② 在绘图区中，绘制两条直线，如图 5-44 所示。

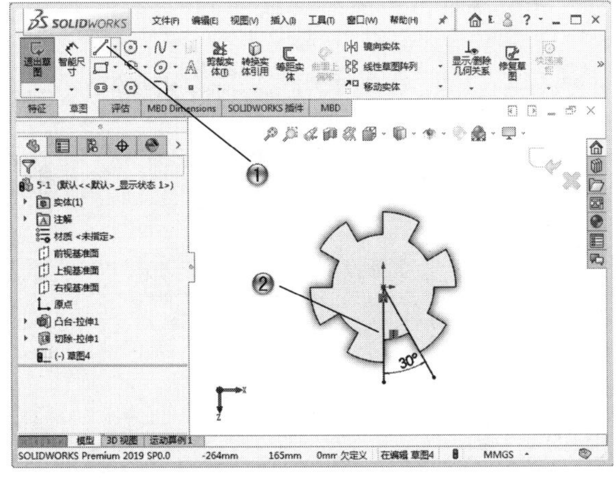

图 5-44

步骤 12 绘制同心圆形

① 单击【草图】选项卡中的【圆】按钮。
② 在绘图区中，绘制两个同心圆形，如图 5-45 所示。

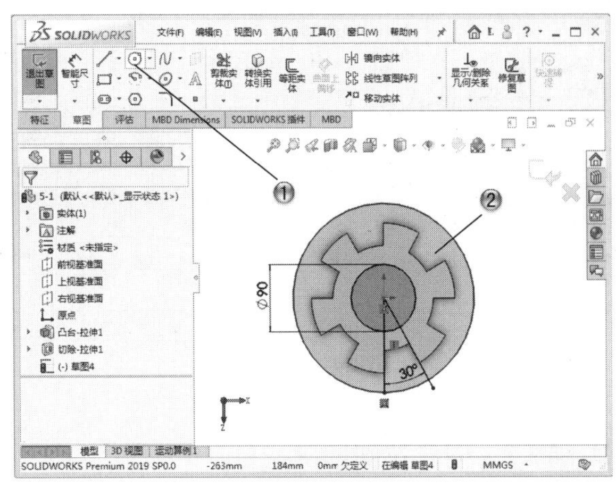

图 5-45

步骤 13 剪裁草图

① 单击【草图】选项卡中的【剪裁实体】按钮。
② 在绘图区中，选择剪裁线条剪裁草图，如图 5-46 所示。
③ 单击【确定】按钮。

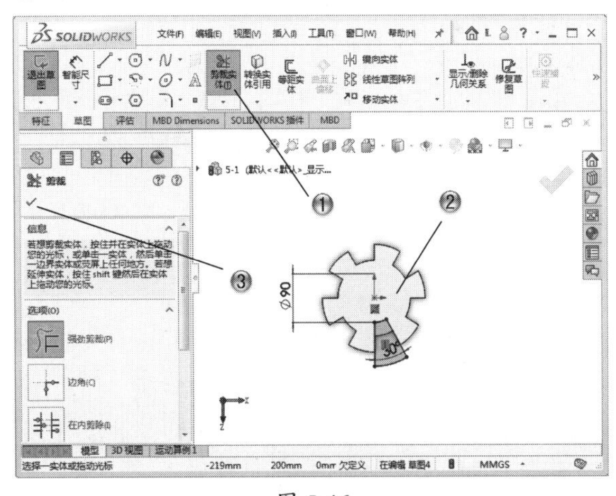

图 5-46

步骤 14 阵列草图

① 单击【草图】选项卡中的【圆周草图阵列】按钮。
② 在绘图区中，选择阵列线条并设置参数，创建草图阵列，如图 5-47 所示。

③ 单击✓【确定】按钮。

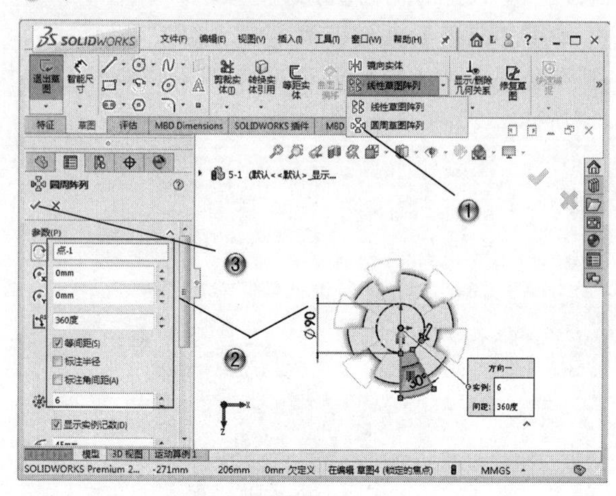

图 5-47

步骤 15 创建拉伸切除特征

① 在模型树中，选择【草图 4】，如图 5-48 所示。

② 单击【特征】选项卡中的【拉伸切除】按钮，创建拉伸切除特征。

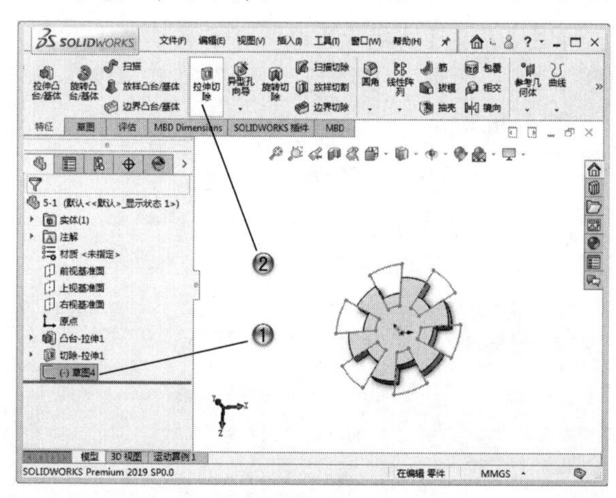

图 5-48

③ 设置拉伸切除参数，如图 5-49 所示。

④ 在【切除 - 拉伸】属性管理器中，单击✓【确定】按钮。

步骤 16 创建草绘

① 在模型树中，选择模型面，如图 5-50 所示。

② 单击【草图】选项卡中的【草图绘制】按钮，进行草图绘制。

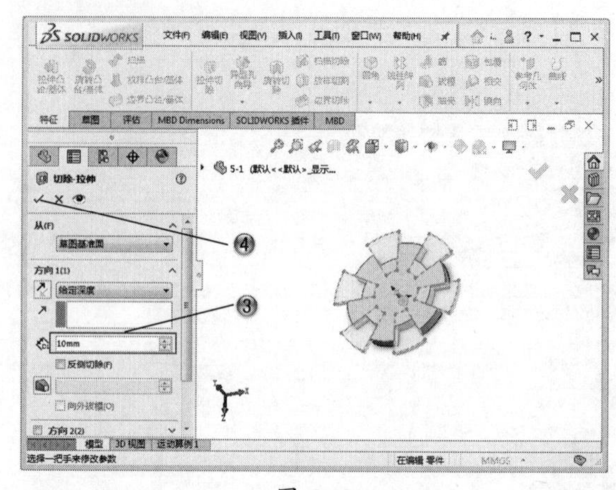

图 5-49

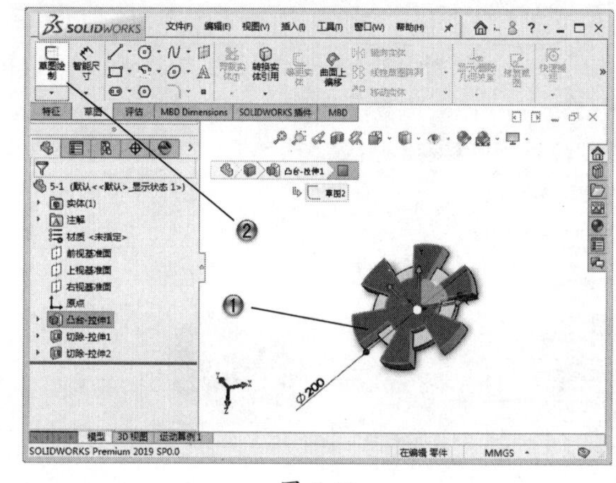

图 5-50

步骤 17 创建等距实体

① 单击【草图】选项卡中的【等距实体】按钮。

② 在绘图区中，选择草图并设置参数，创建等距草图，如图 5-51 所示。

③ 单击✓【确定】按钮。

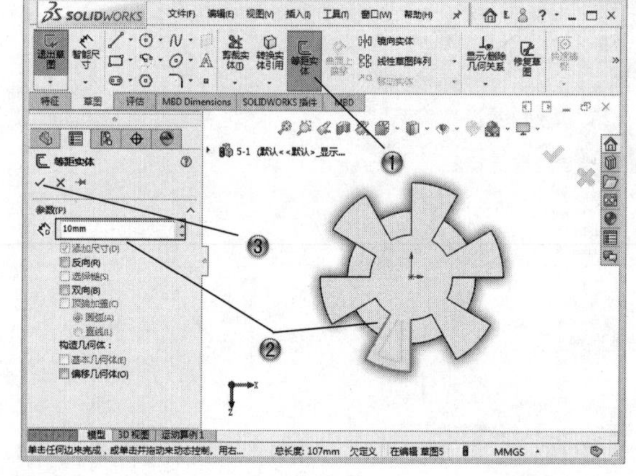

图 5-51

步骤 18 绘制圆形

① 单击【草图】选项卡中的【圆】按钮。

② 在绘图区中，绘制圆形，如图 5-52 所示。

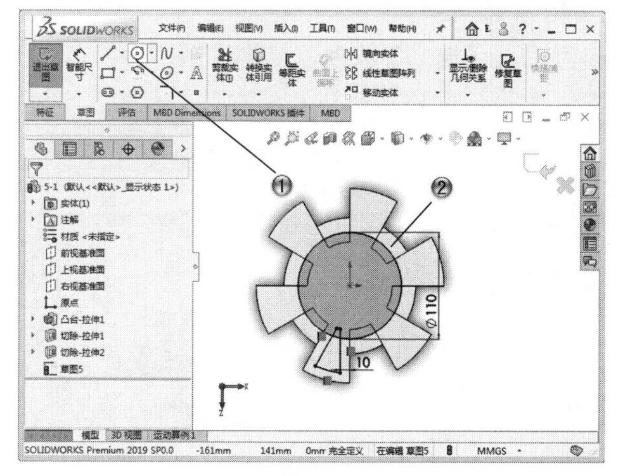

图 5-52

步骤 19 剪裁草图

① 单击【草图】选项卡中的【剪裁实体】按钮。

② 在绘图区中，选择剪裁线条，剪裁草图，如图 5-53 所示。

③ 单击【确定】按钮。

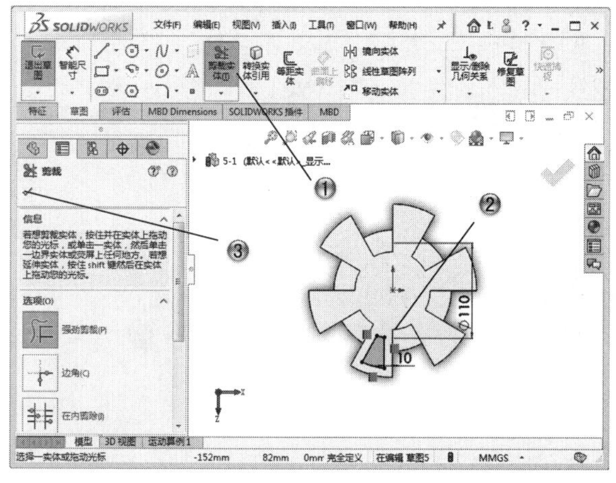

图 5-53

步骤 20 绘制圆角

① 单击【草图】选项卡中的【绘制圆角】按钮。

② 在绘图区中，选择线条并设置参数，如图 5-54 所示。

③ 单击【确定】按钮，创建圆角。

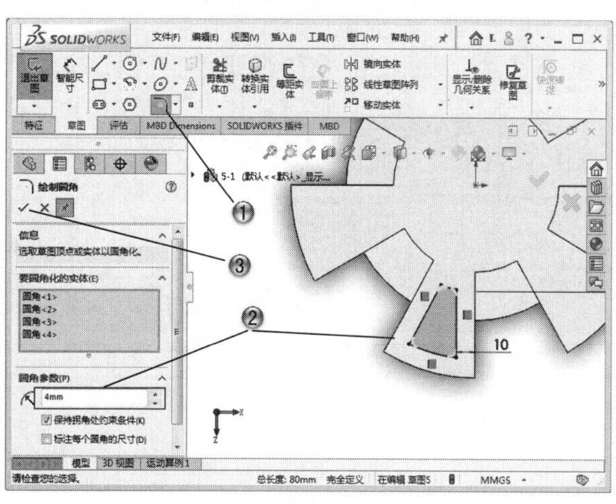

图 5-54

步骤 21 阵列草图

① 单击【草图】选项卡中的【圆周草图阵列】按钮。

② 在绘图区中，选择阵列线条并设置参数，创建草图阵列，如图 5-55 所示。

③ 单击【确定】按钮。

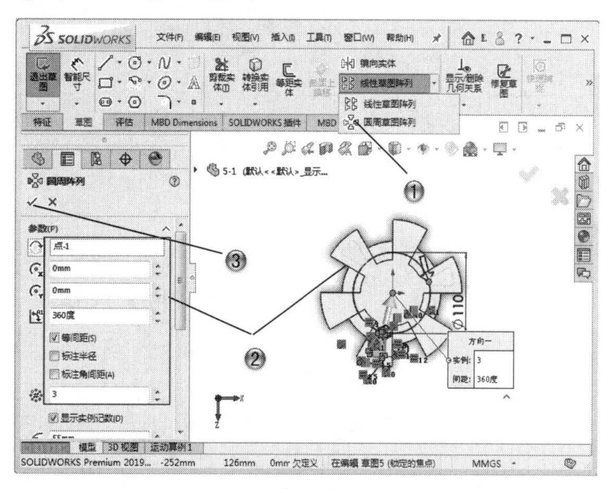

图 5-55

步骤 22 创建拉伸切除特征

① 在模型树中，选择【草图 5】，如图 5-56 所示。

② 单击【特征】选项卡中的【拉伸切除】按钮，创建拉伸切除特征。

③ 设置拉伸切除参数，如图 5-57 所示。

④ 在【切除 - 拉伸】属性管理器中，单击【确定】按钮。

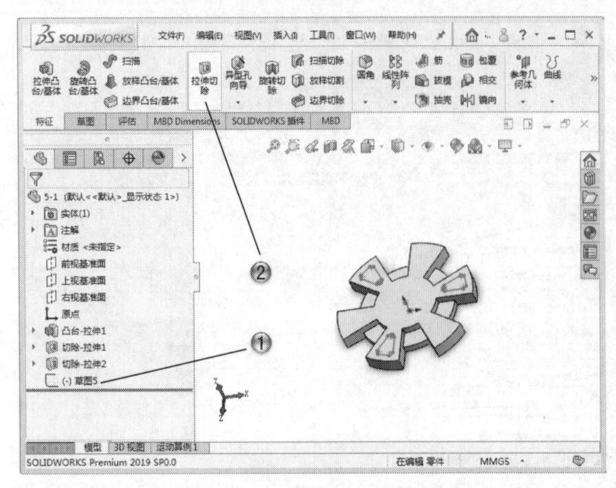

图 5-56

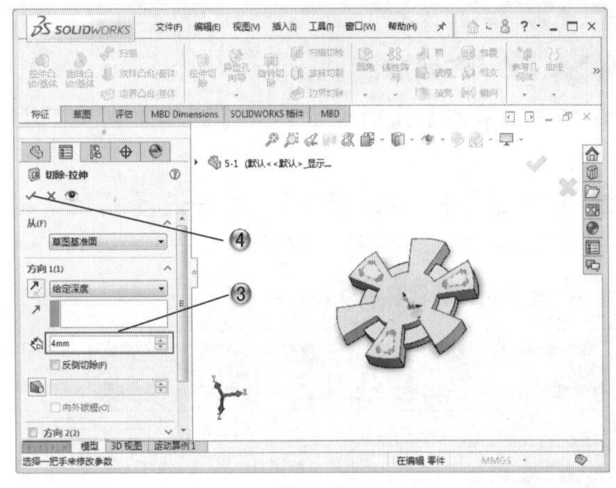

图 5-57

步骤 23 创建圆角

① 单击【特征】选项卡中的【圆角】按钮。

② 在绘图区中，选择圆角边线并设置参数，如图 5-58 所示。

③ 单击【确定】按钮，创建圆角。

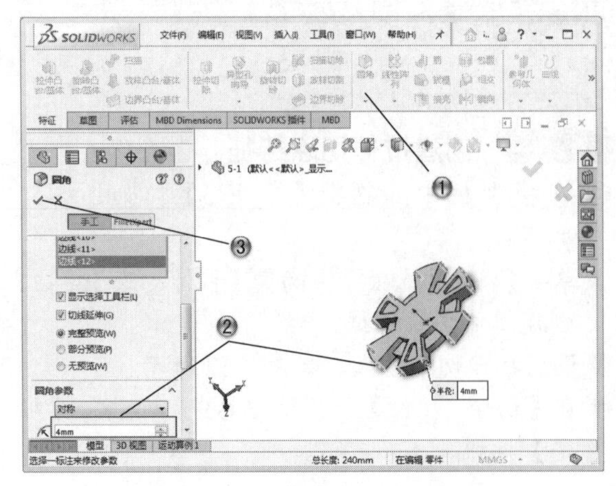

图 5-58

步骤 24 创建拔模特征

① 选择【插入】|【特征】|【拔模】菜单命令。

② 在绘图区中，选择分型线并设置参数，如图 5-59 所示。

③ 单击【确定】按钮，创建拔模。

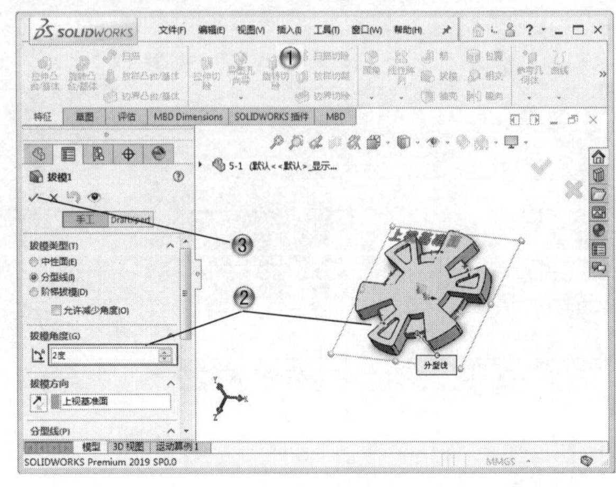

图 5-59

步骤 25 创建草绘

① 在模型树中，选择模型面，如图 5-60 所示。

② 单击【草图】选项卡中的【草图绘制】按钮，进行草图绘制。

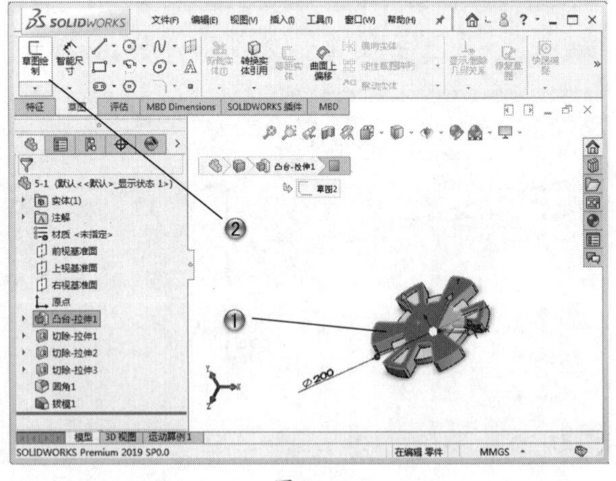

图 5-60

步骤 26 绘制圆形

① 单击【草图】选项卡中的【圆】按钮。

② 在绘图区中，绘制圆形，如图 5-61 所示。

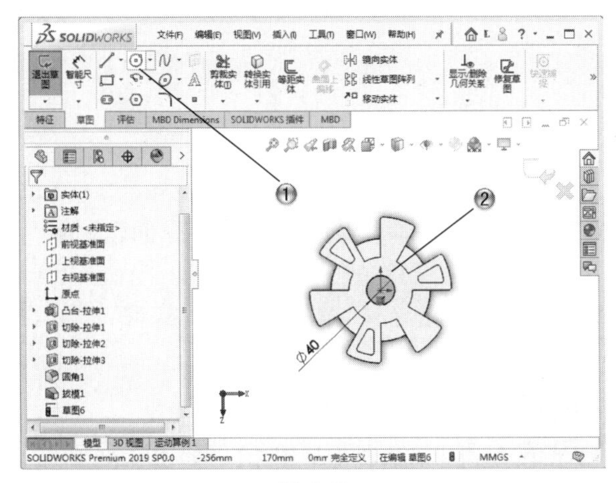

图 5-61

步骤 27 创建拉伸特征

① 在模型树中，选择【草图 6】，如图 5-62 所示。

② 单击【特征】选项卡中的【拉伸凸台 / 基体】按钮，创建拉伸特征。

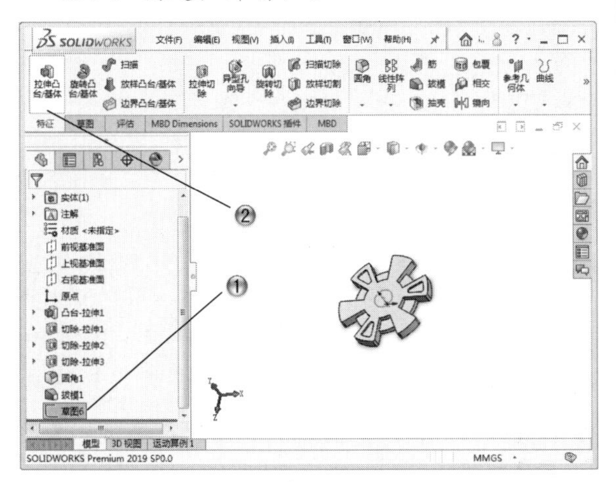

图 5-62

③ 设置拉伸参数，如图 5-63 所示。

④ 在【凸台 - 拉伸】属性管理器中，单击【确定】按钮。

步骤 28 创建压凹特征

① 选择【插入】|【特征】|【压凹】菜单命令。

② 在绘图区中，选择目标实体和工具实体，并设置参数，如图 5-64 所示。

③ 单击【确定】按钮，创建压凹特征。

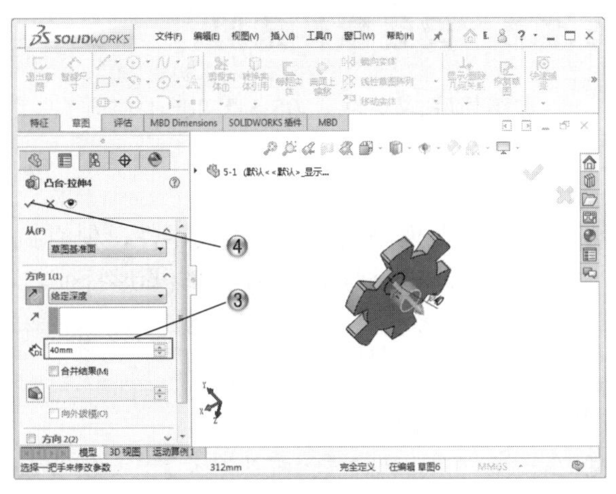

图 5-63

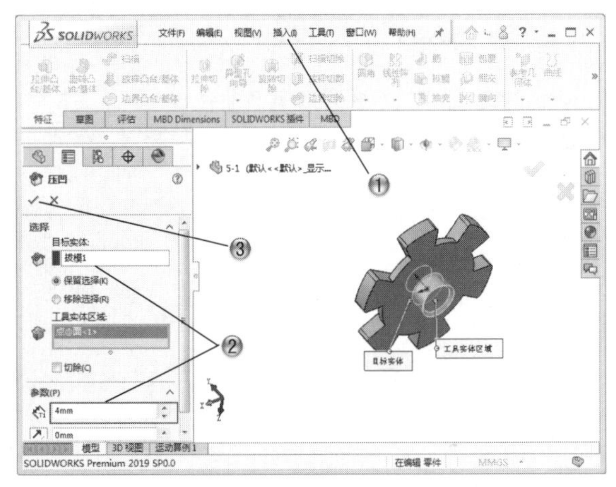

图 5-64

步骤 29 完成压盘零件模型

完成的压盘零件模型，如图 5-65 所示。

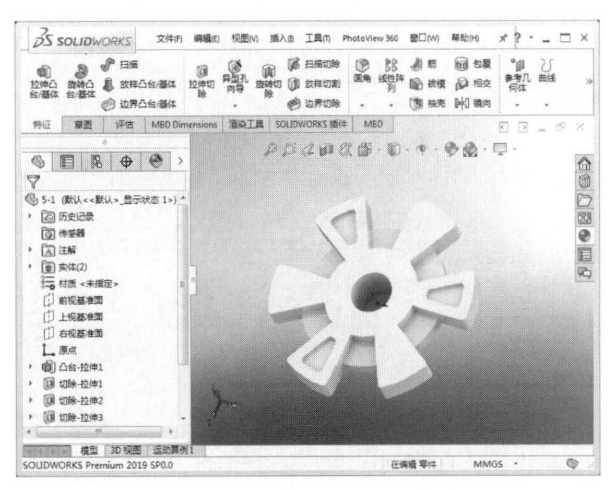

图 5-65

5.6.2 天线零件范例

本范例完成文件：\05\5-2.sldprt

案例分析

本节的范例是创建一个天线零件，使用拉伸命令创建天线基体，再使用圆顶命令创建顶点，最后使用弯曲和变形命令创建天线变形特征。

案例操作

步骤 01 创建草绘

① 在模型树中，选择【上视基准面】，如图 5-66 所示。

② 单击【草图】选项卡中的【草图绘制】按钮，进行草图绘制。

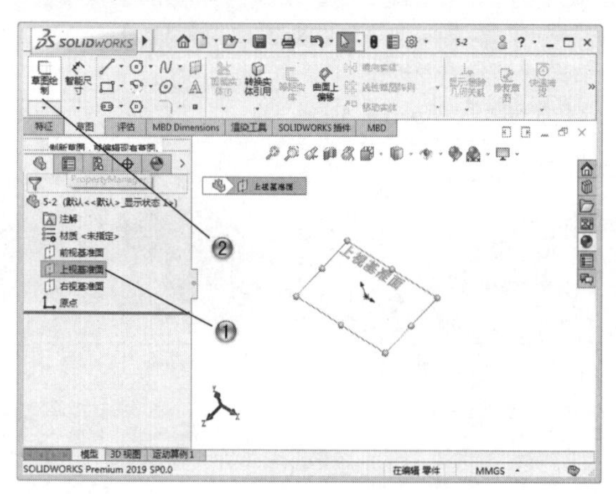

图 5-66

步骤 02 绘制圆形

① 单击【草图】选项卡中的【圆】按钮。

② 在绘图区中，绘制直径为 20 的圆形，如图 5-67 所示。

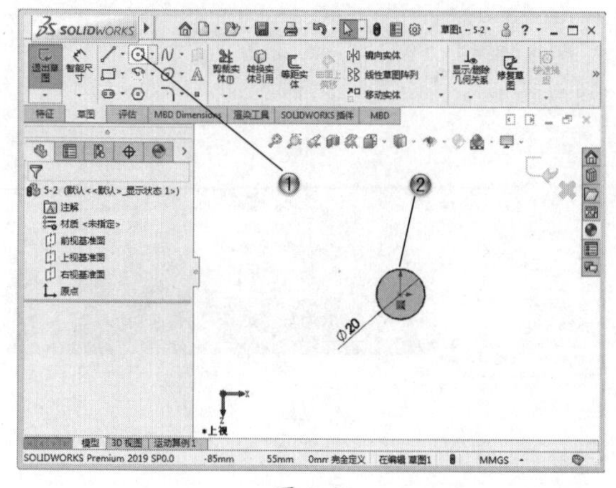

图 5-67

步骤 03 创建拉伸特征

① 在模型树中，选择【草图 1】，如图 5-68 所示。

② 单击【特征】选项卡中的【拉伸凸台 / 基体】按钮，创建拉伸特征。

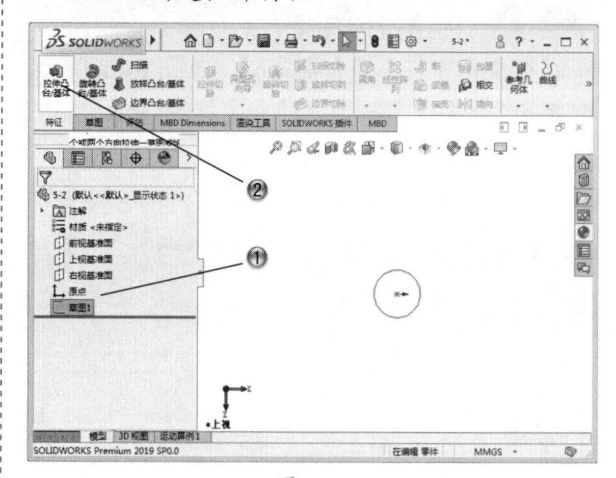

图 5-68

③ 设置拉伸参数，如图 5-69 所示。

④ 在【凸台 - 拉伸】属性管理器中，单击【确定】按钮。

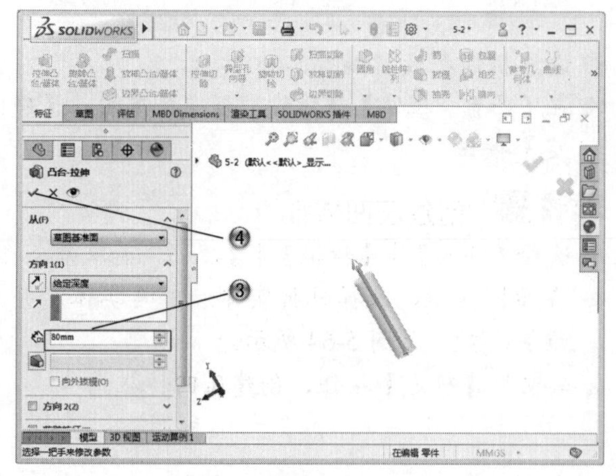

图 5-69

步骤04 创建草绘

① 在模型树中，选择模型面，如图5-70所示。

② 单击【草图】选项卡中的【草图绘制】按钮，进行草图绘制。

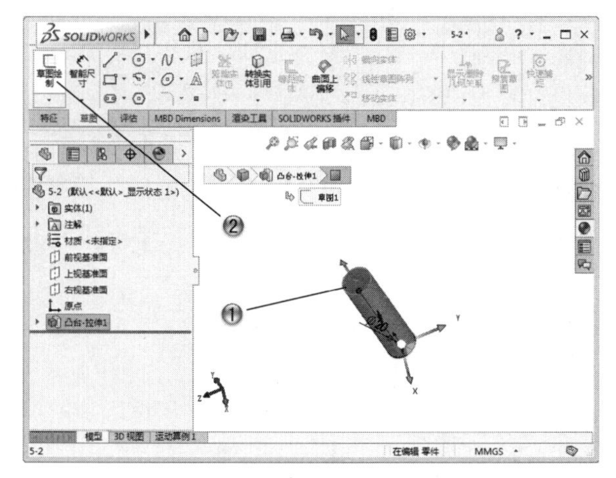

图 5-70

步骤05 绘制圆形

① 单击【草图】选项卡中的【圆】按钮。

② 在绘图区中，绘制直径为12的圆形，如图5-71所示。

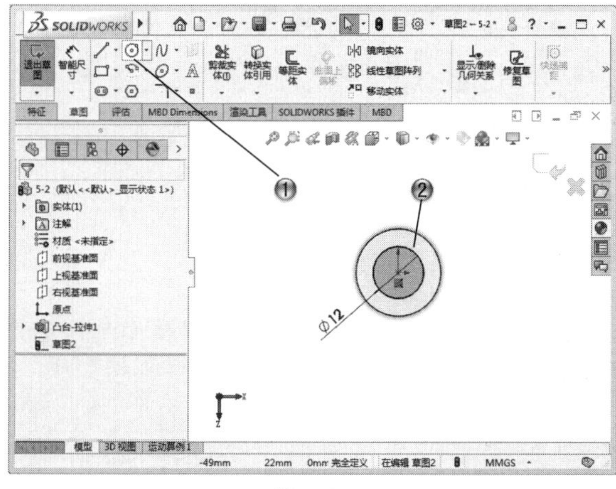

图 5-71

步骤06 创建拉伸特征

① 在模型树中，选择【草图2】，如图5-72所示。

② 单击【特征】选项卡中的【拉伸凸台/基体】按钮，创建拉伸特征。

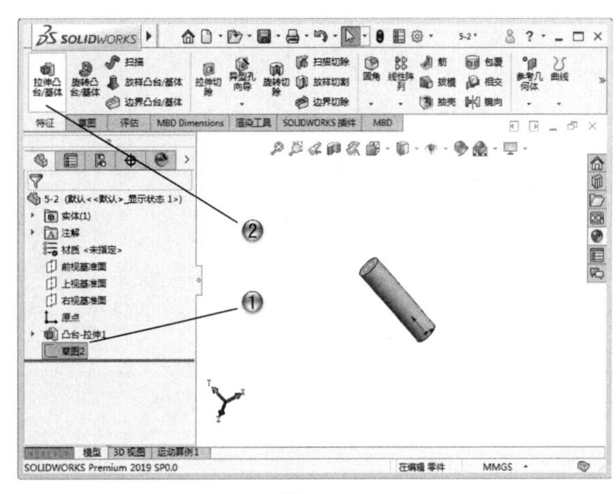

图 5-72

③ 设置拉伸参数，如图5-73所示。

④ 在【凸台-拉伸】属性管理器中，单击【确定】按钮。

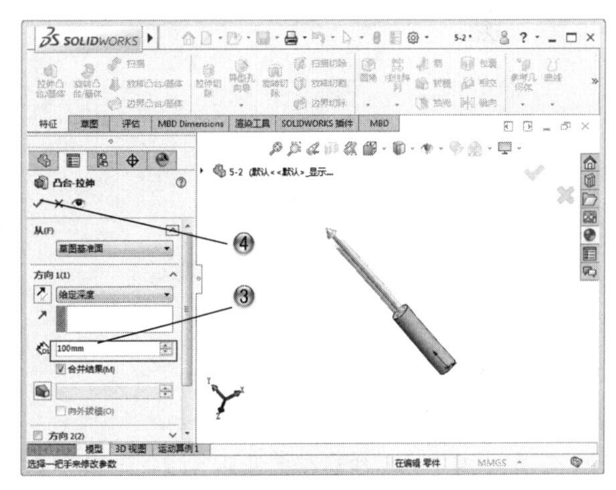

图 5-73

步骤07 创建圆顶特征

① 选择【插入】|【特征】|【圆顶】菜单命令。

② 在绘图区中，选择目标面，并设置参数，如图5-74所示。

③ 单击【确定】按钮，创建圆顶。

步骤08 创建倒角特征

① 单击【特征】选项卡中的【倒角】按钮。

② 在绘图区中，选择倒角边线，并设置参数，如图5-75所示。

③ 在【倒角】属性管理器中，单击【确定】按钮，创建倒角特征。

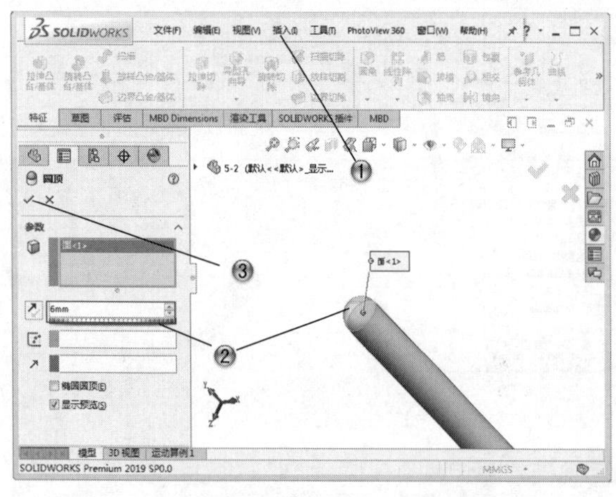

图 5-74

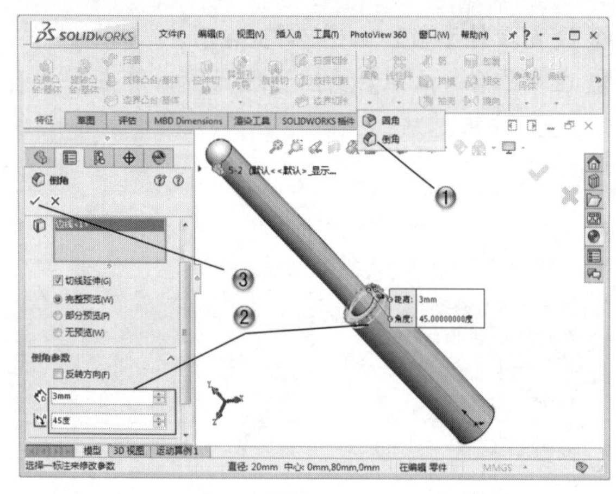

图 5-75

步骤 09 创建草绘

① 在模型树中，选择【右视基准面】，如图 5-76 所示。

② 单击【草图】选项卡中的【草图绘制】按钮，进行草图绘制。

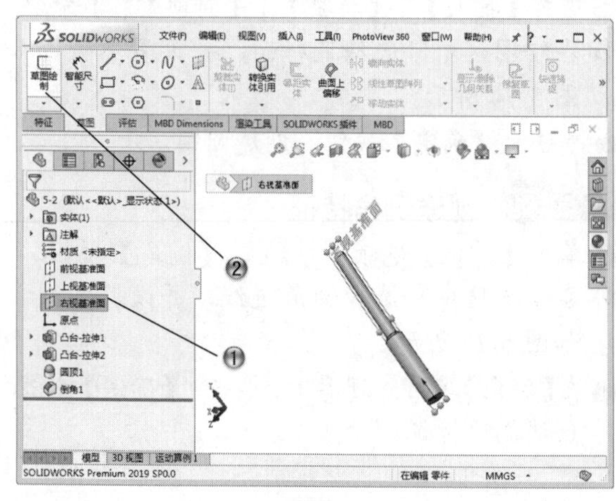

图 5-76

步骤 10 绘制圆形

① 单击【草图】选项卡中的【圆】按钮。

② 在绘图区中，绘制直径为 6 的圆形，如图 5-77 所示。

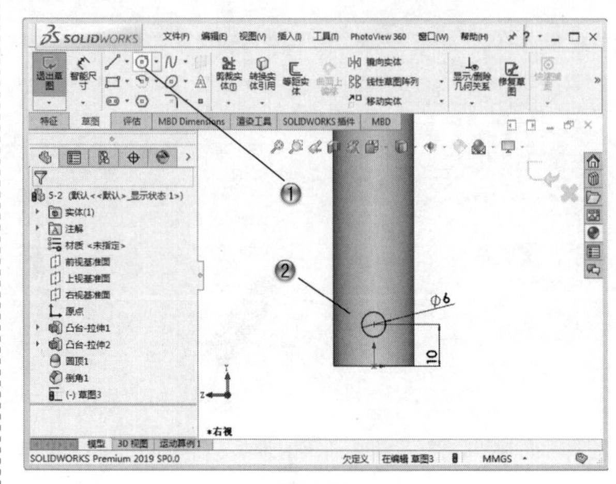

图 5-77

步骤 11 创建拉伸特征

① 在模型树中，选择【草图 3】，如图 5-78 所示。

② 单击【特征】选项卡中的【拉伸凸台 / 基体】按钮，创建拉伸特征。

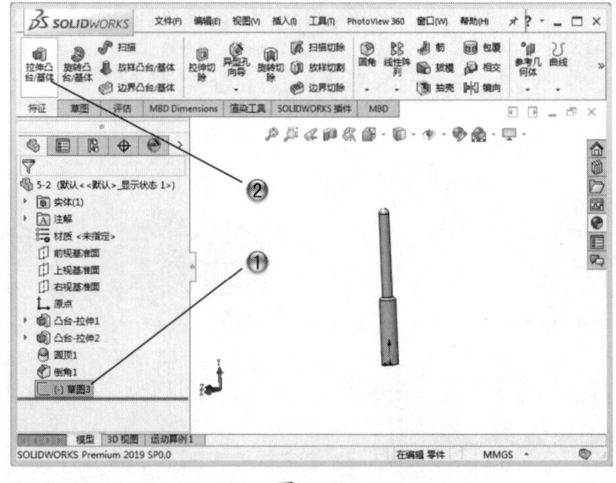

图 5-78

③ 设置拉伸参数，如图 5-79 所示。

④ 在【凸台 - 拉伸】属性管理器中，单击【确定】按钮。

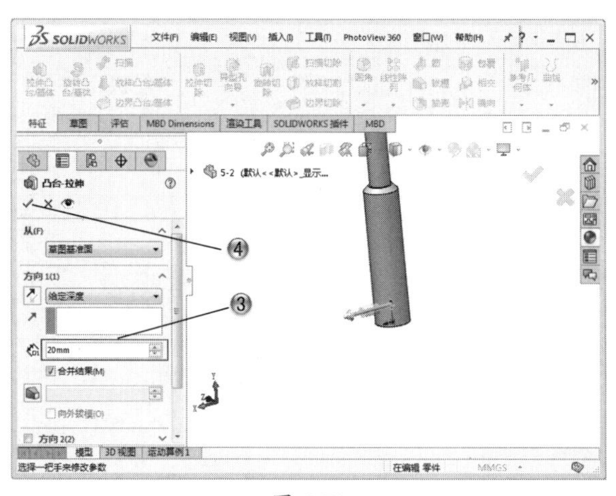

图 5-79

步骤 12 创建草绘

① 在模型树中，选择模型面，如图 5-80 所示。

② 单击【草图】选项卡中的【草图绘制】按钮，进行草图绘制。

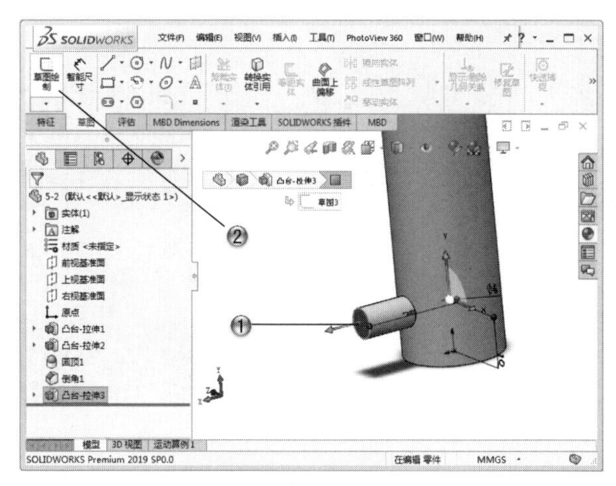

图 5-80

步骤 13 绘制圆形

① 单击【草图】选项卡中的【圆】按钮。

② 在绘图区中，绘制直径为 14 的圆形，如图 5-81 所示。

步骤 14 创建拉伸特征

① 在模型树中，选择【草图 4】，如图 5-82 所示。

② 单击【特征】选项卡中的【拉伸凸台 / 基体】按钮，创建拉伸特征。

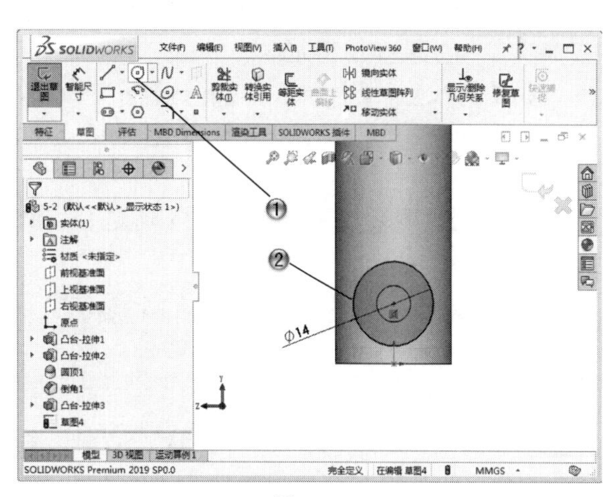

图 5-81

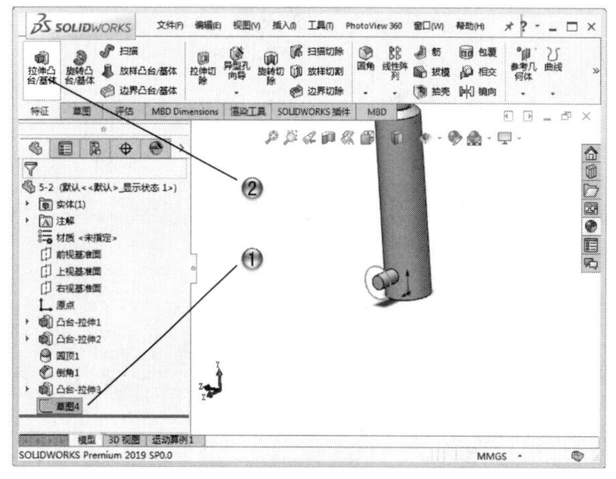

图 5-82

③ 设置拉伸参数，如图 5-83 所示。

④ 在【凸台 - 拉伸】属性管理器中，单击【确定】按钮。

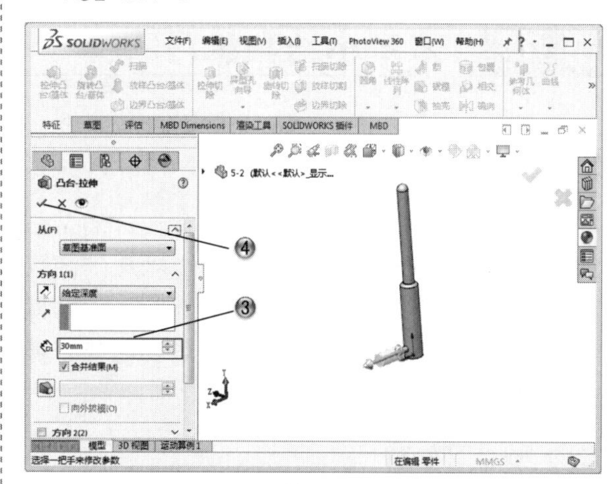

图 5-83

步骤 15　创建弯曲特征

① 选择【插入】|【特征】|【弯曲】菜单命令。

② 在绘图区中，选择模型并设置参数，如图 5-84 所示。

③ 在【弯曲】属性管理器中，单击✓【确定】按钮，创建弯曲特征。

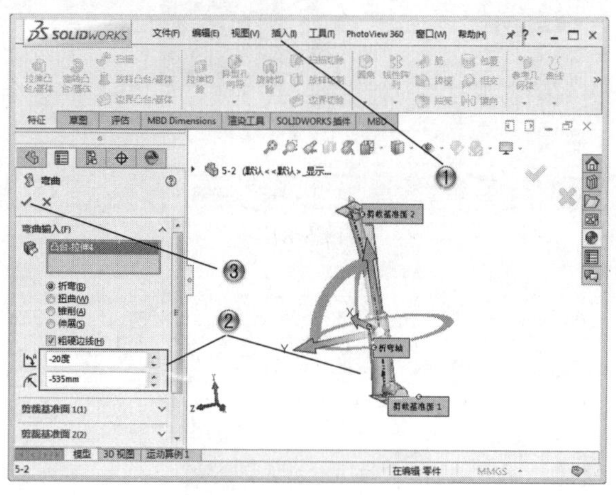

图 5-84

步骤 16　创建圆顶特征

① 选择【插入】|【特征】|【圆顶】菜单命令。

② 在绘图区中，选择目标面，并设置参数，如图 5-85 所示。

③ 单击✓【确定】按钮，创建圆顶。

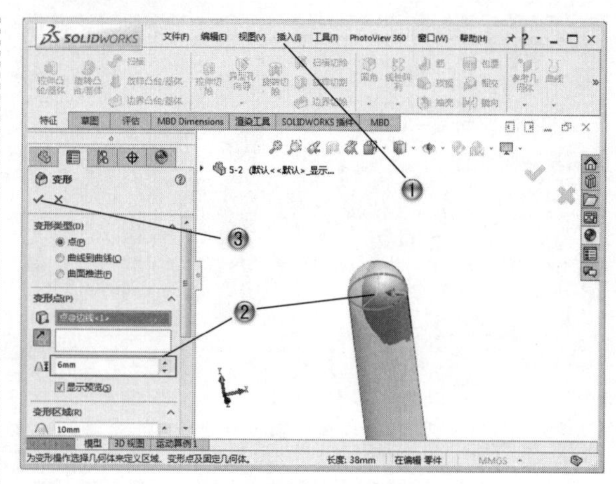

图 5-85

步骤 17　完成天线零件模型

完成的天线零件模型，如图 5-86 所示。

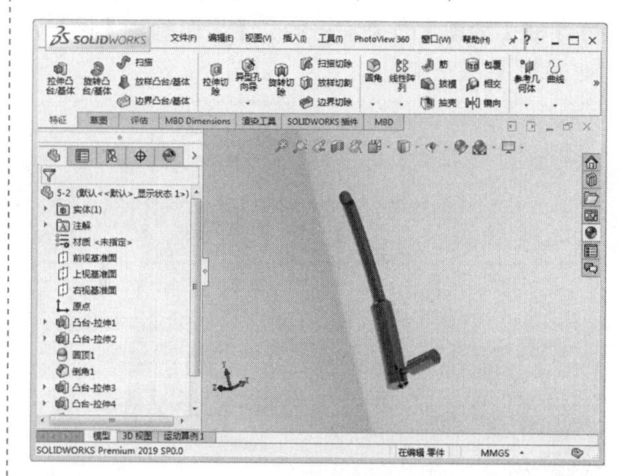

图 5-86

5.7　本章小结和练习

5.7.1　本章小结

本章主要介绍了属于零件形变特征的各种命令，包括压凹、弯曲、变形、拔模和圆顶这些命令。零件形变特征的各种命令，对于特殊零件和曲面的创建十分有帮助，可以创建普通实体命令无法创建的特征。

5.7.2　练习

1. 创建把手底座，如图 5-87 所示。
2. 使用拉伸命令创建手柄。
3. 使用弯曲和变形命令改造手柄。
4. 创建把手顶部圆顶特征。

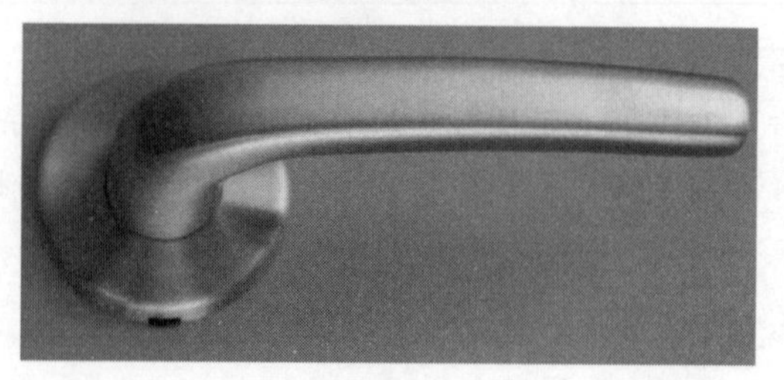

图 5-87

第6章

特征编辑

本章导读

组合是将实体组合起来，从而获得新的实体特征的过程。阵列是利用特征设计中的驱动尺寸，将增量进行更改并指定给阵列进行特征复制的过程。原始特征可以生成线性阵列、圆周阵列、曲线驱动的阵列、草图驱动的阵列和表格驱动的阵列等。镜向是将所选的草图、特征和零部件对称于所选平面或者面的复制过程。

本章将讲解组合编辑、阵列、镜向特征命令的属性设置和操作步骤等内容。

6.1 组合

本节将介绍对实体对象进行的组合操作，通过对其进行组合，可以获取一个新的实体。

6.1.1 组合

1. 组合实体的参数设置

选择【插入】|【特征】|【组合】菜单命令，打开【组合1】属性管理器，如图6-1所示。其参数设置方法如下。

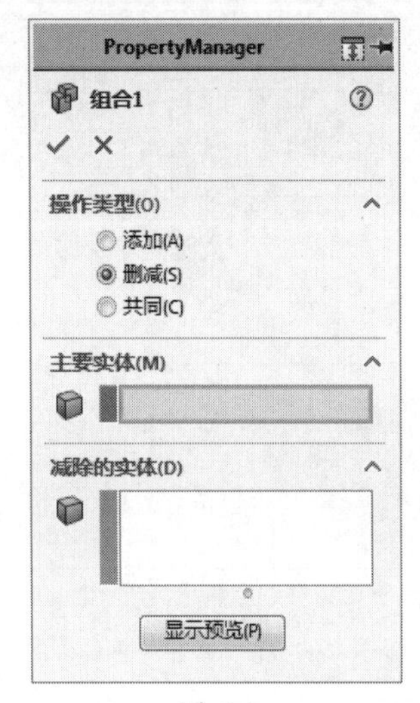

图 6-1

（1）【添加】：对选择的实体进行组合操作，选中该单选按钮，单击【实体】选择框，在绘图区选择要组合的实体即可。

（2）【删减】：选中【删减】单选按钮，单击【主要实体】选项组中的【实体】选择框，在绘图区域选择要保留的实体。单击【减除的实体】选项组中的【实体】选择框，在绘图区域选择要删除的实体。

（3）【共同】：移除除重叠之外的所有材料。选中【共同】单选按钮，单击【实体】选择框，在绘图区选择有重叠部分的实体。

其他属性设置不再赘述。

2. 组合实体的操作步骤

下面将如图6-2所示的两个实体进行组合操作。

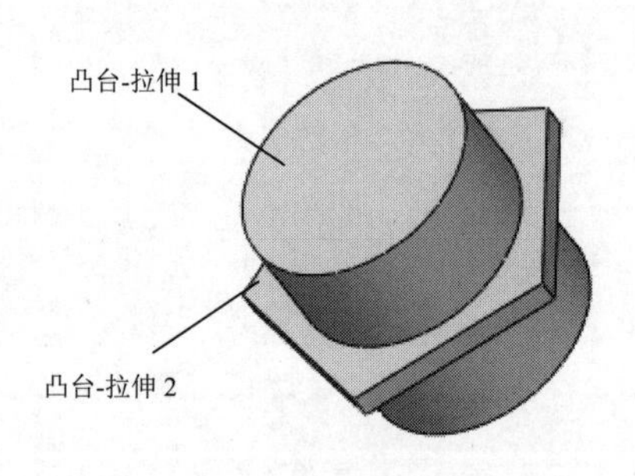

图 6-2

选择【插入】|【特征】|【组合】菜单命令，打开【组合1】属性管理器。

（1）【添加】型组合操作。

选中【添加】单选按钮，在绘图区分别选择【凸台-拉伸1】和【凸台-拉伸2】，单击【确定】按钮，属性设置如图6-3所示，生成的组合实体如图6-4所示。

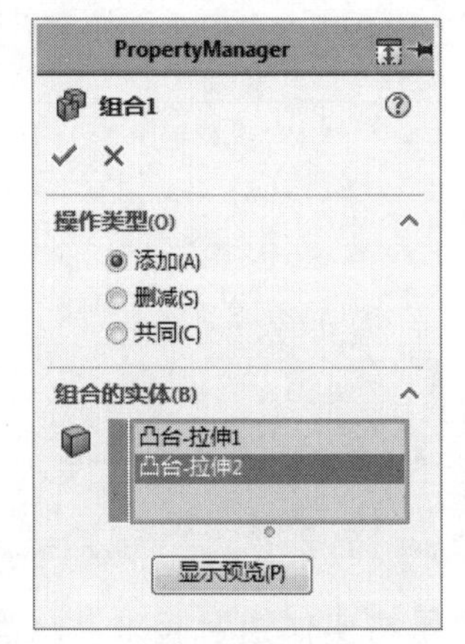

图 6-3

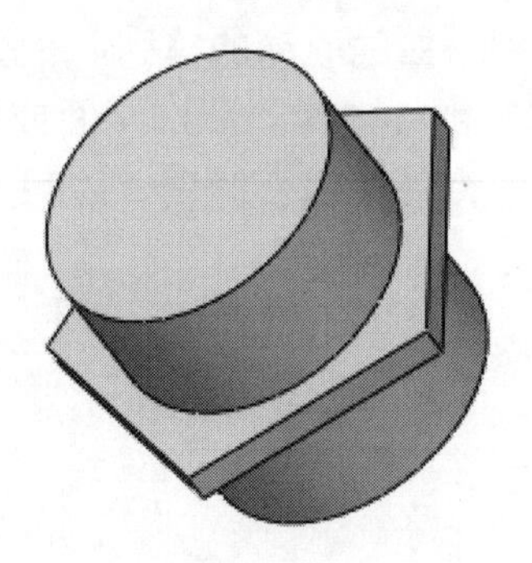

图 6-4

（2）【删减】型组合操作。

选中【删减】单选按钮，在绘图区选择【凸台 - 拉伸 1】为主要实体，选择【凸台 - 拉伸 2】为减除的实体，如图 6-5 所示，单击☑【确定】按钮，生成的组合实体如图 6-6 所示。

图 6-5　　图 6-6

（3）【共同】型组合操作。

选中【共同】单选按钮，在绘图区选择【凸台 - 拉伸 1】和【凸台 - 拉伸 2】，如图 6-7 所示，单击☑【确定】按钮，生成的组合实体如图 6-8 所示。

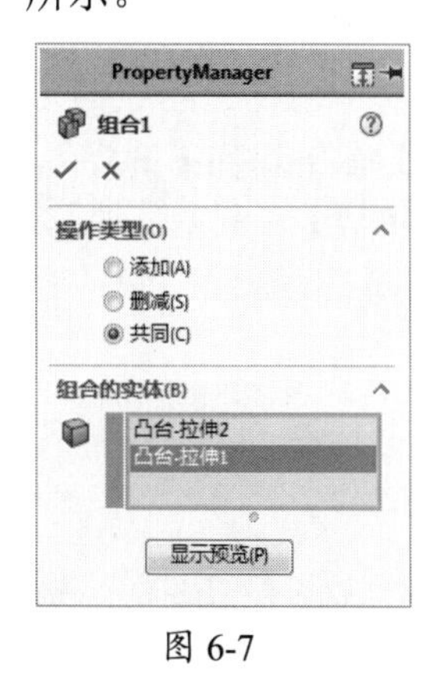

图 6-7　　图 6-8

6.1.2　分割

1. 分割实体的使用和参数设置

选择【插入】|【特征】|【分割】菜单命令，打开【分割】属性管理器，如图 6-9 所示。其参数设置方法如下。

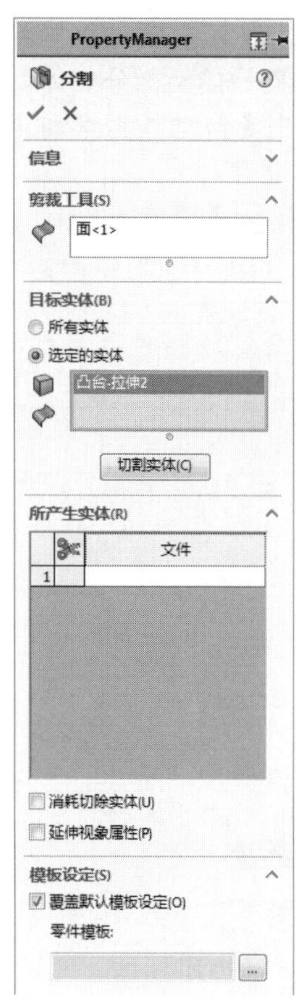

图 6-9

（1）【剪裁工具】选项组。

【剪裁曲面】用于在绘图区选择剪裁基准面、曲面或草图。

（2）【目标实体】选项组。

- 【目标实体】选择框：选择目标实体。
- 【切割实体】按钮：单击该按钮后选择要切除的部分。

（3）【所产生实体】选项组。

- 【消耗切除实体】：删除切除的实体。
- 【延伸视象属性】：将属性复制到新的零件文件中。

2. 分割实体的操作步骤

（1）选择【插入】|【特征】|【分割】菜单命令，打开【分割】属性管理器，如图 6-10 所示。

（2）选择【右视基准面】为剪裁曲面。

（3）单击【切割实体】按钮，在绘图区选择零件被分割后的两部分实体。

（4）单击【自动指派名称】按钮，则系统自动为实体命名。

（5）单击【确定】按钮，即可分割实体特征，结果如图 6-11 所示。

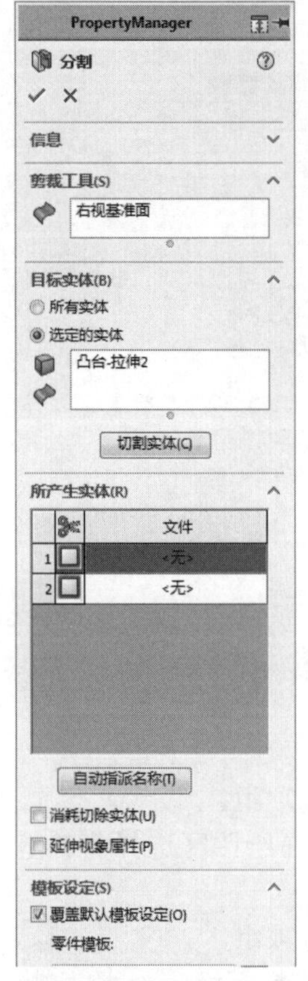

图 6-10

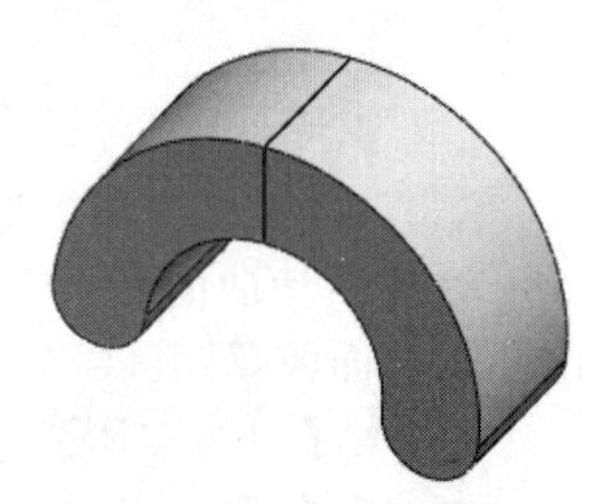

图 6-11

6.1.3 移动 / 复制实体

1. 移动 / 复制实体的使用和参数设置

选择【插入】|【特征】|【移动 / 复制】菜单命令，打开【移动 / 复制实体】属性管理器，如图 6-12 所示。其参数设置方法如下。

（1）【要移动 / 复制的实体和曲面或图形实体】：单击该选择框，在绘图区选择要移动的对象。

（2）【要配合的实体】：在绘图区选择要配合的实体。

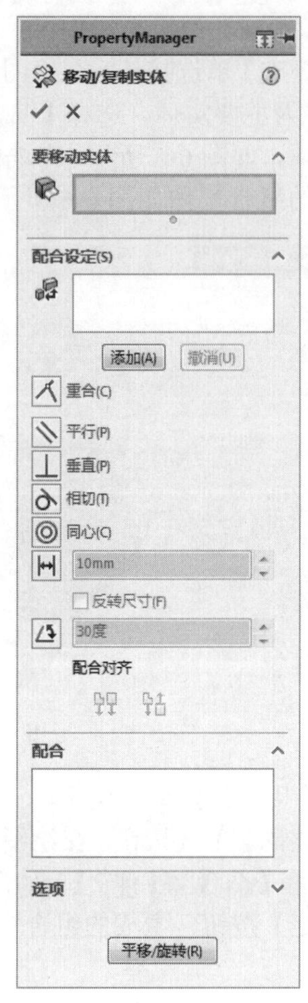

图 6-12

- 约束类型：包括【重合】、【平行】，【垂直】、【相切】、【同心】。
- 配合对齐：包括【同向对齐】和【异向对齐】。

其他选项不再赘述。

2. 移动 / 复制实体的操作

移动 / 复制实体的操作类似于装配体的配合操作，读者可参阅后面的装配体章节。

6.1.4 删除

1. 删除实体的使用和参数设置

选择【插入】|【特征】|【删除/保留实体】菜单命令，打开【删除 / 保留实体】属性管理器，如图 6-13 所示。其属性设置不再赘述。

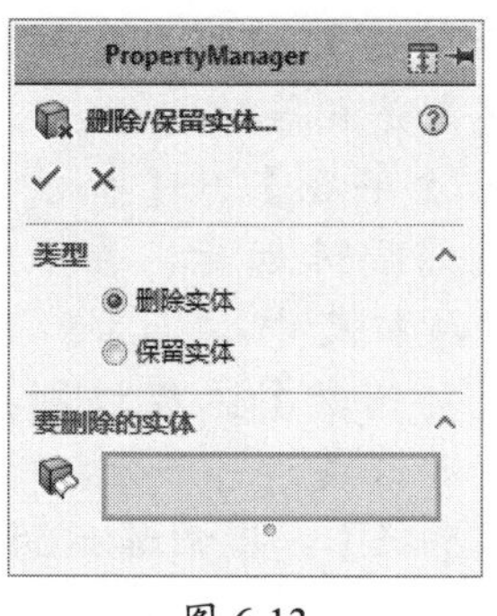

图 6-13

2. 删除实体的操作步骤

（1）选择【插入】|【特征】|【删除/保留实体】菜单命令，打开【删除/保留实体】属性管理器。

（2）单击【要删除/保留的实体/曲面实体】选择框，在绘图区选择要删除的对象。

（3）单击【确定】按钮，即可删除实体特征。

6.2 阵列

阵列编辑是利用特征设计中的驱动尺寸，将增量更改并指定给阵列进行特征复制的过程。原始特征可以生成线性阵列、圆周阵列、曲线驱动的阵列、草图驱动的阵列和表格驱动的阵列等。

6.2.1 线性草图阵列

1. 草图线性阵列的属性设置

对于基准面、零件或者装配体中的草图实体，使用【线性草图阵列】命令可以生成草图线性阵列。单击【草图】工具栏中的【线性草图阵列】按钮或者选择【工具】|【草图工具】|【线性阵列】菜单命令，系统打开【线性阵列】属性管理器，如图 6-14 所示。

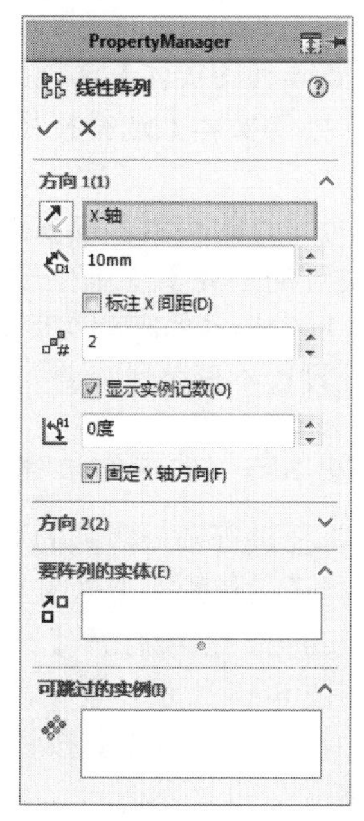

图 6-14

（1）【方向 1】、【方向 2】选项组。

【方向 1】选项组显示了沿 x 轴线性阵列的特征参数；【方向 2】选项组显示了沿 y 轴线性阵列的特征参数。

- 【反向】按钮：可以改变线性阵列的排列方向。
- 【间距】：线性阵列 x、y 轴相邻两个特征参数之间的距离。
- 【标注 x 间距】：形成线性阵列后，在草图上自动标注特征尺寸（如线性阵列特征之间的距离）。
- 【实例数】：经过线性阵列后草图最后形成的总个数。
- 【角度】：线性阵列的方向与 x、y 轴之间的夹角。

（2）【要阵列的实体】选项组。

【要阵列的实体】选择框用于选择阵列对象。

（3）【可跳过的实例】选项组。

【要跳过的单元】用于生成线性阵列时跳过在图形区域中选择的阵列实例。

其他属性设置不再赘述。

2. 生成草图线性阵列的操作步骤

（1）选择要进行线性阵列的草图。

（2）选择【工具】|【草图工具】|【线性阵列】菜单命令，系统打开【线性阵列】属

性管理器，如图 6-15 所示；根据需要，设置各选项组参数，单击✓【确定】按钮，生成草图线性阵列，如图 6-16 所示。

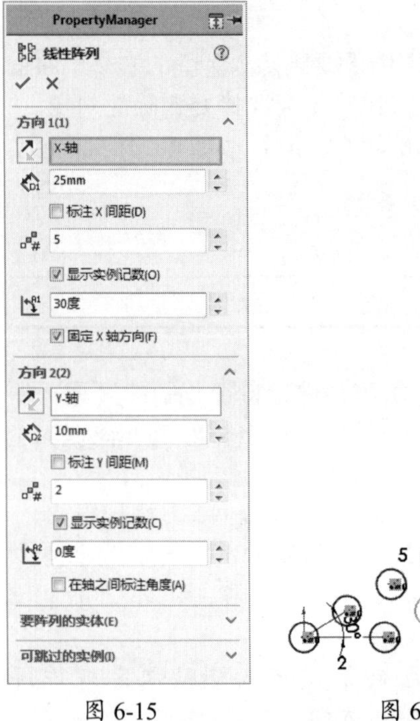

图 6-15

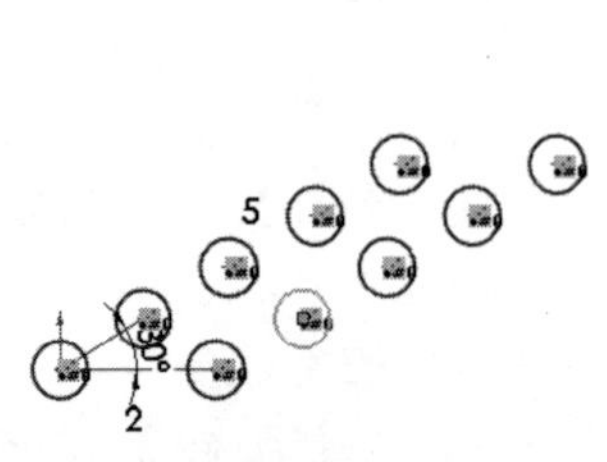

图 6-16

6.2.2　圆周草图阵列

1. 草图圆周阵列的属性设置

对于基准面、零件或者装配体上的草图实体，使用【圆周草图阵列】菜单命令可以生成草图圆周阵列。单击【草图】工具栏中的【圆周草图阵列】命令或者选择【工具】|【草图工具】|【圆周阵列】菜单命令，系统弹出【圆周阵列】属性管理器，如图 6-17 所示。

（1）【参数】选项组。

- 【反向】：草图圆周阵列围绕原点旋转的方向。
- 【中心点 X】：草图圆周阵列旋转中心的横坐标。
- 【中心点 Y】：草图圆周阵列旋转中心的纵坐标。
- 【圆弧角度】：圆周阵列旋转中心与要阵列的草图重心之间的夹角。
- 【等间距】：圆周阵列中草图之间的夹角是相等的。
- 【标注半径】、【标注角间距】：形成圆周阵列后，在草图上自动标注出特征尺寸。
- 【实例数】：经过圆周阵列后草图最后形成的总个数。
- 【半径】：圆周阵列的旋转半径。

图 6-17

（2）【要阵列的实体】选项组。

【要阵列的实体】选择框用于选择阵列对象。

（3）【可跳过的实例】选项组。

【要跳过的单元】用于生成圆周阵列时跳过在图形区域中选择的阵列实例。

其他属性设置不再赘述。

2. 生成草图圆周阵列的操作步骤

（1）选择要进行圆周阵列的草图。

（2）选择【工具】|【草图工具】|【圆周阵列】菜单命令，系统打开【圆周阵列】属性管理器，如图 6-18 所示；根据需要，设置各选项组参数，单击✓【确定】按钮，生成草图圆周阵列，如图 6-19 所示。

图 6-18　　图 6-19

6.2.3　特征线性阵列

特征阵列与草图阵列相似，都是复制一系列相同的要素。不同之处在于草图阵列复制的是草图，特征阵列复制的是结构特征；草图阵列得到的是一个草图，而特征阵列得到的是一个复杂的零件。

特征阵列包括线性阵列、圆周阵列、表格驱动的阵列、草图驱动的阵列和曲线驱动的阵列等。其中特征的线性阵列是在 1 个或者几个方向上生成多个指定的源特征。

1. 特征线性阵列的属性设置

单击【特征】工具栏中的【线性阵列】按钮或者选择【插入】|【阵列/镜向】|【线性阵列】菜单命令，系统弹出【线性阵列】属性管理器，如图 6-20 所示。

（1）【方向 1】、【方向 2】选项组。

分别指定两个线性阵列的方向。

- 【阵列方向】选择框：设置阵列方向，可以选择线性边线、直线、轴或者尺寸。
- 【反向】：改变阵列方向。
- 【间距】：设置阵列实例之间的间距。
- 【实例数】：设置阵列实例的数量。

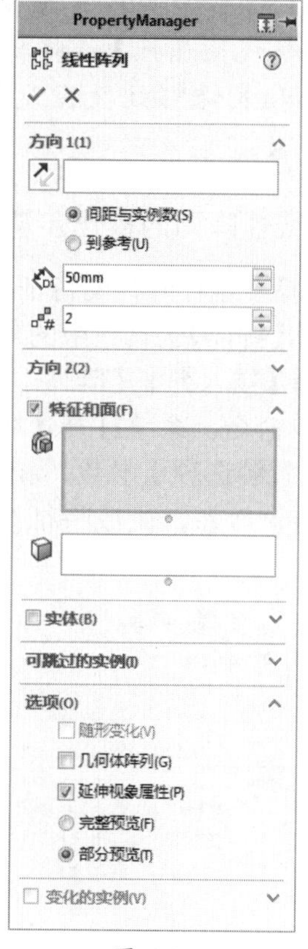

图 6-20

（2）【特征和面】选项组。

可以使用所选择的特征作为源特征，以生成线性阵列。可以使用构成源特征的面生成阵列。在图形区域中选择源特征的所有面，这对于只输入构成特征的面而不是特征本身的模型很有用。当设置【特征和面】选项组时，阵列必须保持在同一面或者边界内，不能跨越边界。

（3）【实体】选项组。

可以使用在多实体零件中选择的实体生成线性阵列。

（4）【可跳过的实例】选项组。

可以在生成线性阵列时跳过在图形区域中选择的阵列实例。

（5）【选项】选项组。

- 【随形变化】：允许重复时更改阵列。
- 【几何体阵列】：只使用特征的几何体（如面、边线等）生成线性阵列，而不生成特征的每个实例。此复选框可以加速阵列的生成及重建，对于与模型上其他面共用一个面的特征，不能启用该复选框。

- 【延伸视象属性】：将特征的颜色、纹理和装饰螺纹数据延伸到所有阵列实例。

2. 生成特征线性阵列的操作步骤

（1）选择要进行阵列的特征。

（2）单击【特征】工具栏中的【线性阵列】按钮或者选择【插入】|【阵列/镜向】|【线性阵列】菜单命令，系统打开【线性阵列】属性管理器；设置各选项组参数，如图 6-21 所示；单击【确定】按钮，生成特征线性阵列，如图 6-22 所示。

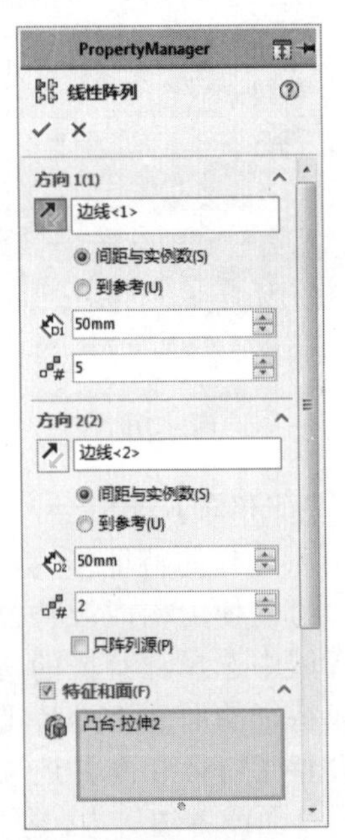

图 6-21

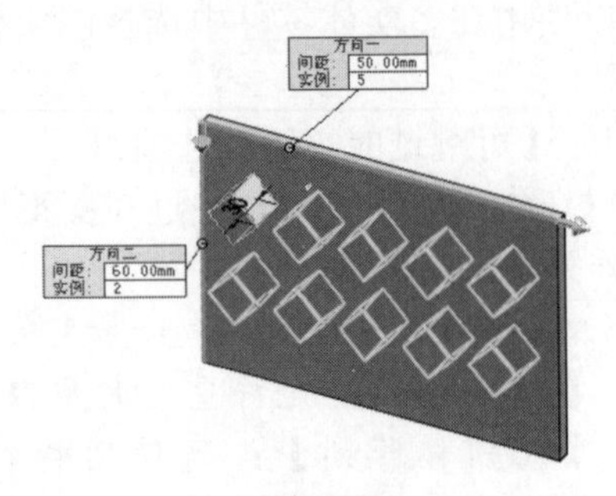

图 6-22

6.2.4 特征圆周阵列

特征的圆周阵列是将源特征围绕指定的轴线复制多个特征。

1. 特征圆周阵列的属性设置

单击【特征】工具栏中的【圆周阵列】按钮或者选择【插入】|【阵列/镜向】|【圆周阵列】菜单命令，系统弹出【阵列（圆周）】属性管理器，如图 6-23 所示。

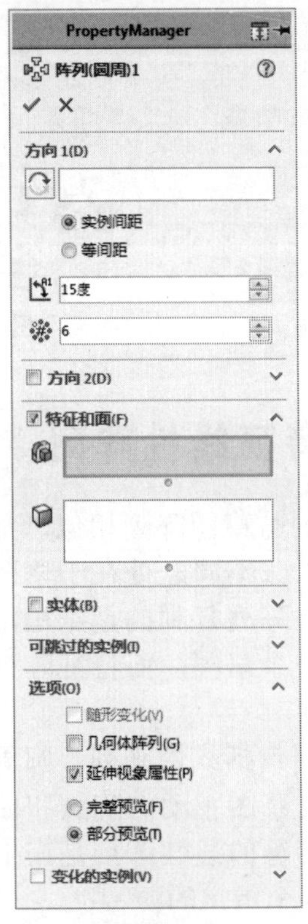

图 6-23

（1）【阵列轴】选择框：在绘图区中选择轴、模型边线或者角度尺寸，作为生成圆周阵列所围绕的轴。

（2）【反向】：改变圆周阵列的方向。

（3）【角度】：设置每个实例之间的角度。

（4）【实例数】：设置源特征的实例数。

（5）【等间距】：自动设置总角度为 360°。

其他属性设置不再赘述。

2. 生成特征圆周阵列的操作步骤

（1）选择要进行阵列的特征。

（2）单击【特征】工具栏中的【圆周阵列】按钮或者选择【插入】|【阵列/镜向】|【圆周阵列】菜单命令，弹出【阵列（圆周）】属性管理器；设置各选项组参数，如图6-24所示；单击【确定】按钮，生成特征圆周阵列，如图6-25所示。

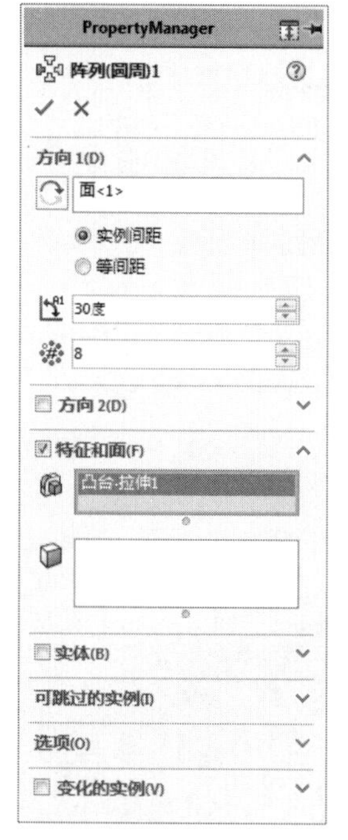

图 6-24

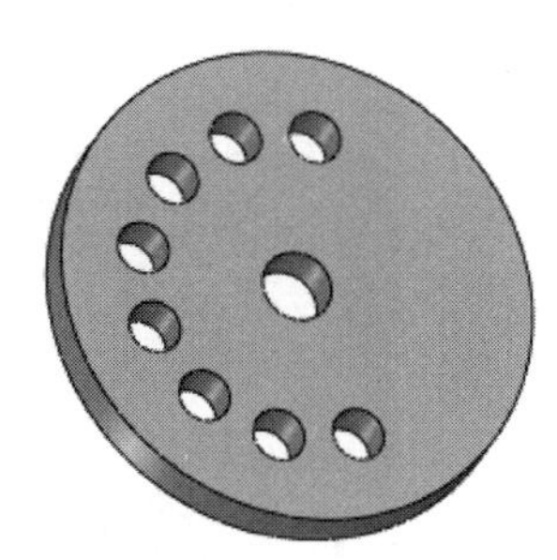

图 6-25

6.2.5 表格驱动的阵列

可以使用x、y坐标来对指定的源特征进行表格驱动的阵列。使用x、y坐标的孔阵列是表格驱动的阵列的常见应用，但也可以由表格驱动的阵列使用其他源特征（如凸台等）。

1. 表格驱动的阵列属性设置

单击【特征】工具栏中的【表格驱动的阵列】按钮或者选择【插入】|【阵列/镜向】|【表格驱动的阵列】菜单命令，弹出【由表格驱动的阵列】对话框，如图6-26所示。

（1）【读取文件】：输入含x、y坐标的阵列表或者文字文件。单击【浏览】按钮，选择阵列表（*.SLDPTAB）文件或者文字（*.TXT）文件以输入现有的x、y坐标。

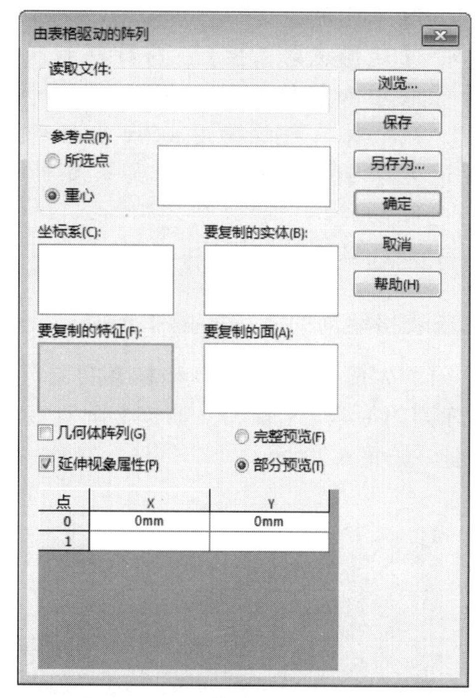

图 6-26

（2）【参考点】：指定在放置阵列实例时x、y坐标所适用的点，参考点的x、y坐标在阵列表中显示为点O。

（3）对象选择框。

- 【坐标系】：设置用来生成表格阵列的坐标系，包括原点、从【特征管理器设计树】中选择所生成的坐标系。
- 【要复制的实体】：根据多实体零件生成阵列。
- 【要复制的特征】：根据特征生成阵列，可以选择多个特征。
- 【要复制的面】：根据构成特征的面生成阵列，选择图形区域中的所有面。这对于只输入构成特征的面而不是特征本身的模型很有用。

（4）复选项。

- 【几何体阵列】：只使用特征的几何体（如面和边线等）生成阵列。此复选框可以加速阵列的生成及重建，对于具有与零件其他部分合并的特征，不能生成几何体阵列，几何体阵列在选择了【要复制的实体】时不可用。

- 【延伸视象属性】：将特征的颜色、纹理和装饰螺纹数据延伸到所有阵列实体。可以使用 x、y 坐标作为阵列实例生成位置点。如果要为表格驱动的阵列的每个实例输入 x、y 坐标，双击数值框输入坐标值即可。

2. 生成表格驱动的阵列的操作步骤

（1）生成坐标系 1。此坐标系的原点作为表格阵列的原点，x 轴和 y 轴定义阵列发生的基准面，如图 6-27 所示。

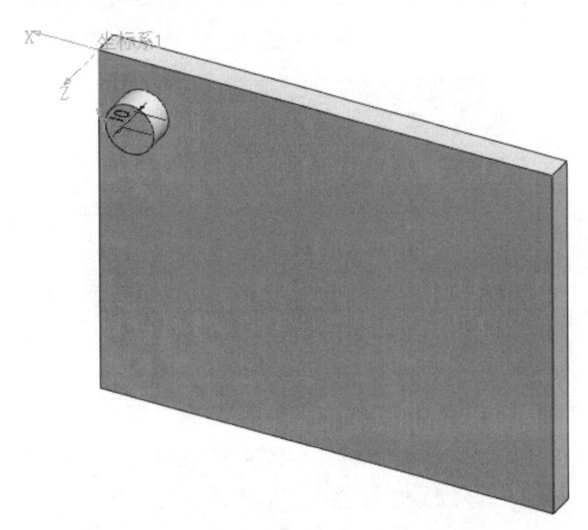

图 6-27

> **注意：**
>
> 在生成表格驱动的阵列前，必须要先生成一个坐标系，并且要求要阵列的特征相对于该坐标系有确定的空间位置关系。

（2）选择要进行阵列的特征。

（3）选择【插入】|【阵列/镜向】|【表格驱动的阵列】菜单命令，弹出【由表格驱动的阵列】对话框；设置参数如图 6-28 所示，单击【确定】按钮，生成表格驱动的阵列，如图 6-29 所示。

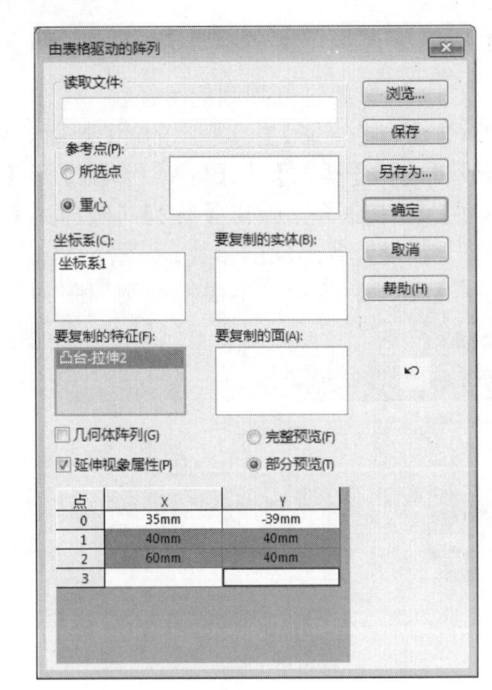

图 6-28

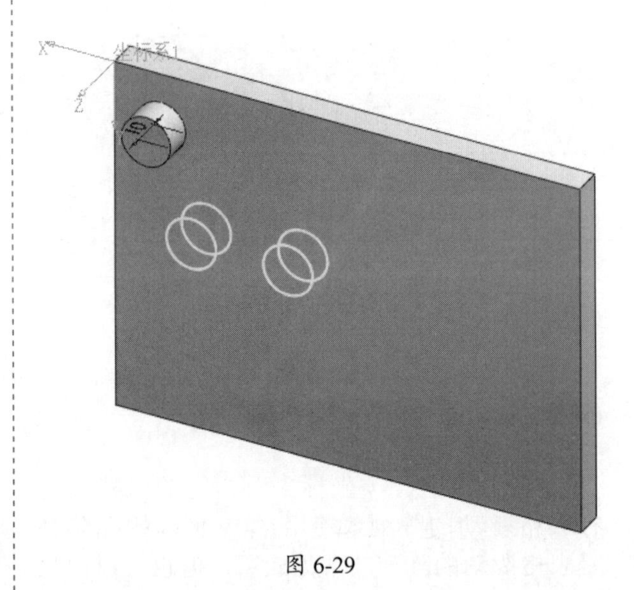

图 6-29

6.2.6 草图驱动的阵列

草图驱动的阵列是通过草图中的特征点复制源特征的一种阵列方式。

1. 草图驱动的阵列的属性设置

单击【特征】工具栏中的【草图驱动

的阵列】按钮或者选择【插入】|【阵列/镜向】|【草图驱动的阵列】菜单命令，系统打开【由草图驱动的阵列】属性管理器，如图6-30所示。

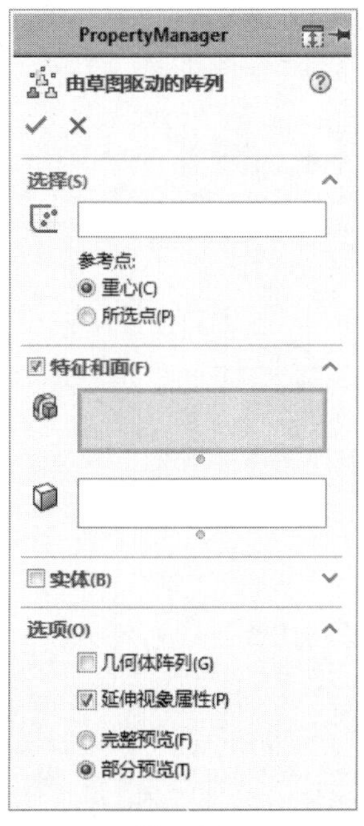

图6-30

（1）【参考草图】：在【特征管理器设计树】中选择草图用作阵列。

（2）【参考点】有如下类型。

- 【重心】：根据源特征的类型决定重心。
- 【所选点】：在图形区域中选择一个点作为参考点。

其他属性设置不再赘述。

2. 生成草图驱动的阵列的操作步骤

（1）绘制平面草图，草图中的点将成为源特征复制的目标点。

（2）选择要进行阵列的特征。

（3）选择【插入】|【阵列/镜向】|【草图驱动的阵列】菜单命令，系统弹出【由草图驱动的阵列】属性管理器，设置各选项组参数，如图6-31所示；单击【确定】按钮，生成草图驱动的阵列，如图6-32所示。

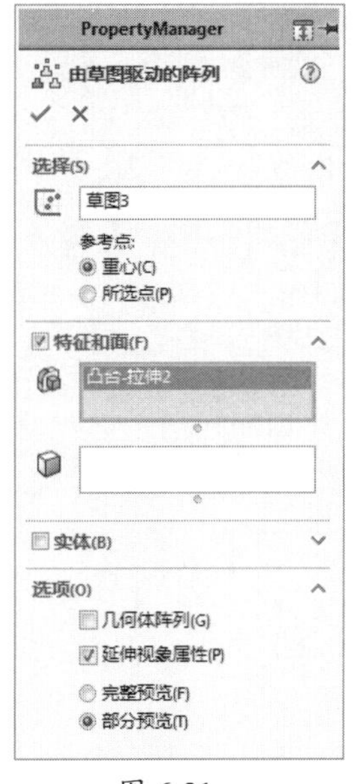

图6-31

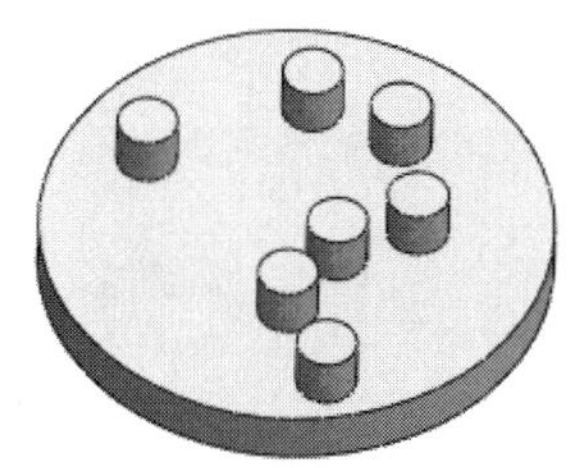

图6-32

6.2.7 曲线驱动的阵列

曲线驱动的阵列是通过草图中的平面或者3D曲线复制源特征的一种阵列方式。

1. 曲线驱动的阵列的属性设置

单击【特征】工具栏中的【曲线驱动的阵列】按钮或者选择【插入】|【阵列/镜向】|【曲线驱动的阵列】菜单命令，系统打开【曲线驱动的阵列】属性管理器，如图6-33所示。

（1）【阵列方向】选择框：选择曲线、边线、草图实体或者在【特征管理器设计树】中选择草图作为阵列的路径。

（2）【反向】：改变阵列的方向。

（3）【实例数】：为阵列中源特征的实例数设置数值。

（4）【等间距】：使每个阵列实例之间的距离相等。

（5）【间距】：沿曲线为阵列实例之间的距离设置数值，曲线与要阵列的特征之间的距离是垂直于曲线测量的。

（6）【曲线方法】：使用所选择的曲线定义阵列的方向。

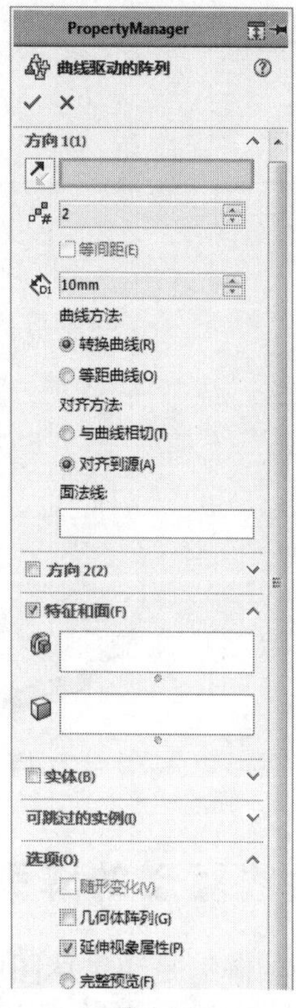

图 6-33

- 【转换曲线】：为每个实例保留从所选曲线原点到源特征的“Delta X”和“Delta Y”的距离。
- 【等距曲线】：为每个实例保留从所选曲线原点到源特征的垂直距离。

（7）【对齐方法】有如下类型。

- 【与曲线相切】：对齐所选择的与曲线相切的每个实例。
- 【对齐到源】：对齐每个实例以与源特征的原有对齐匹配。

（8）【面法线】选择框：（仅对于 3D 曲线）选择 3D 曲线所处的面以生成曲线驱动的阵列。

其他属性设置不再赘述。

2. 生成曲线驱动的阵列的操作步骤

（1）绘制曲线草图。

（2）选择要进行阵列的特征。

（3）选择【插入】|【阵列/镜向】|【曲线驱动的阵列】菜单命令，系统弹出【曲线驱动的阵列】属性管理器，设置各选项组参数，如图 6-34 所示；单击【确定】按钮，生成曲线驱动的阵列，如图 6-35 所示。

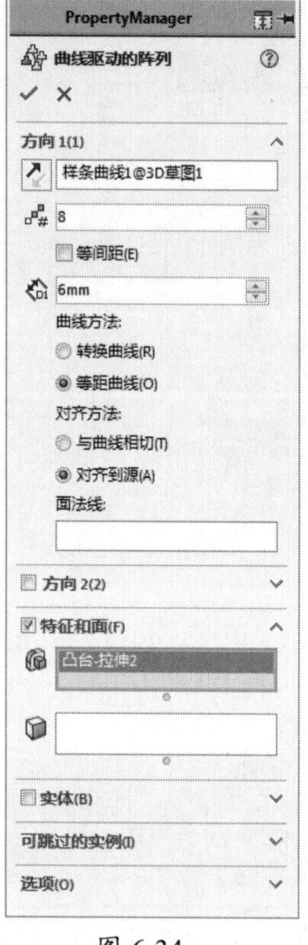

图 6-34

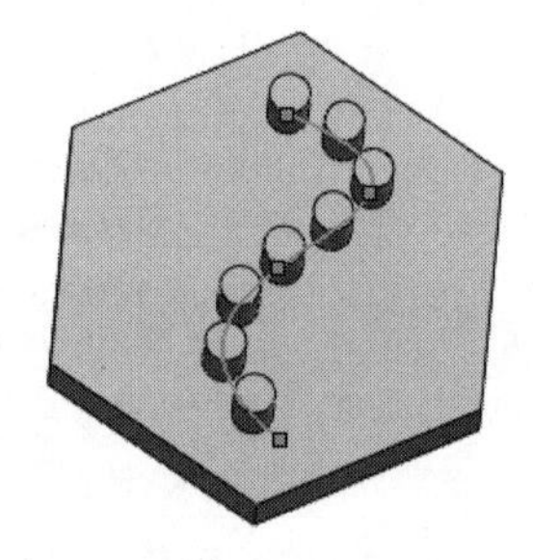

图 6-35

6.2.8 填充阵列

填充阵列是在限定的实体平面或者草图区域中进行的阵列复制。

1. 填充阵列的属性设置

单击【特征】工具栏中的【填充阵列】按钮或者选择【插入】|【阵列/镜向】|【填充阵列】菜单命令，系统打开【填充阵列】属性管理器，如图 6-36 所示。

（1）【填充边界】选项组。

【选择面或共平面上的草图、平面曲线】选择框用于定义要使用阵列填充的区域。

（2）【阵列布局】选项组。

定义填充边界内实例的布局阵列，可以自定义形状进行阵列或者对特征进行阵列，阵列实例以源特征为中心呈同轴心分布。

图 6-36

- 【穿孔】布局：为钣金穿孔式阵列生成网格。
- 【实例间距】：设置实例中心之间的距离。
- 【交错断续角度】：设置各实例行之间的交错断续角度，起始点位于阵列方向所使用的向量处。
- 【边距】：设置填充边界与最远端实例之间的边距，可以将边距的数值设置为零。
- 【阵列方向】：设置方向参考。如果未指定方向参考，系统将使用最合适的参考。
- 【圆周】布局：生成圆周形阵列，其参数如图 6-37 所示。
  ☆ 【环间距】：设置实例环间的距离。
  ☆ 【目标间距】：设置每个环内实例间距离以填充区域。每个环的实际间距可能有所不同，因此各实例之间会进行均匀调整。

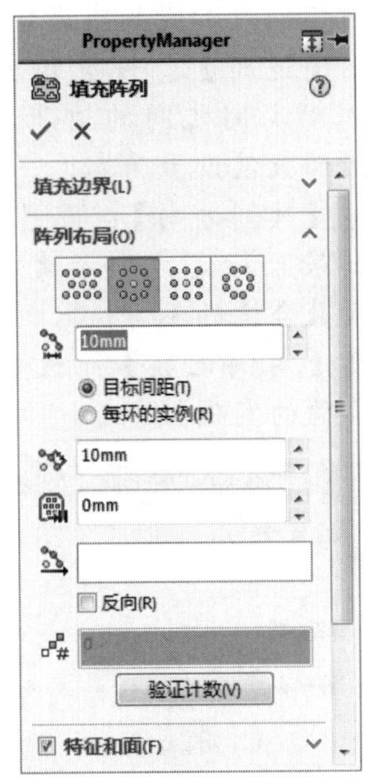

图 6-37

  ☆ 【每环的实例】：使用实例数（每环）填充区域。
  ☆ 【实例间距】(在选中【目标间距】单选按钮时可用）：设置每个环内实例中心间的距离。
  ☆ 【边距】：设置填充边界与最远端实例之间的边距，可以将边距的数值设置为零。
  ☆ 【阵列方向】：设置方向参考。如果未指定方向参考，系统将使用最合适的参考。
  ☆ 【实例记数】：设置每环的实例数。
- 【方形】布局：生成方形阵列，其参数如图 6-38 所示。
  ☆ 【环间距】：设置实例环间的距离。
  ☆ 【目标间距】：设置每个环内实例间距离以填充区域。每个环的实际间距可能有所不同，因此各实例之间会进行均匀调整。
  ☆ 【每边的实例】：使用实例数（每

个方形的每边）填充区域。

☆ 【实例间距】(在选中【目标间距】单选按钮时可用)：设置每个环内实例中心间的距离。

☆ 【边距】：设置填充边界与最远端实例之间的边距，可以将边距的数值设置为零。

☆ 【阵列方向】：设置方向参考。如果未指定方向参考，系统将使用最合适的参考。

☆ 【实例记数】：设置每个方形各边的实例数。

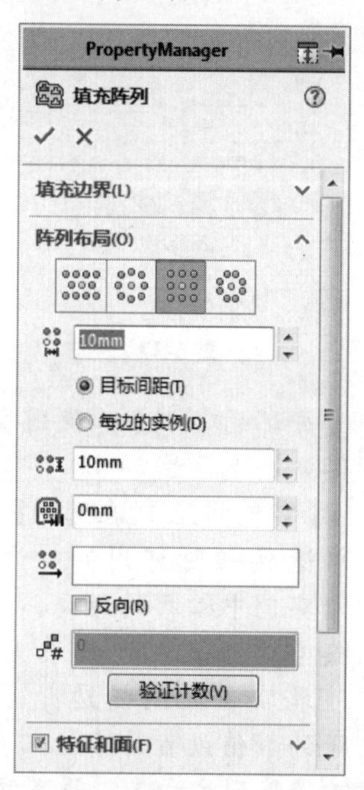

图 6-38

● 【多边形】布局：生成多边形阵列，其参数如图 6-39 所示。

☆ 【环间距】：设置实例环间的距离。

☆ 【多边形边】：设置阵列中的边数。

☆ 【目标间距】：设置每个环内实例间距离以填充区域。每个环的实际间距可能有所不同，因此各实例之间会进行均匀调整。

☆ 【每边的实例】：使用实例数（每个多边形的各边）填充区域。

☆ 【实例间距】(在选中【目标间距】单选按钮时可用)：设置每个环内实例中心间的距离。

☆ 【边距】：设置填充边界与最远端实例之间的边距，可以将边距的数值设置为零。

☆ 【阵列方向】：设置方向参考。如果未指定方向参考，系统将使用最合适的参考。

☆ 【实例记数】：设置每个多边形各边的实例数。

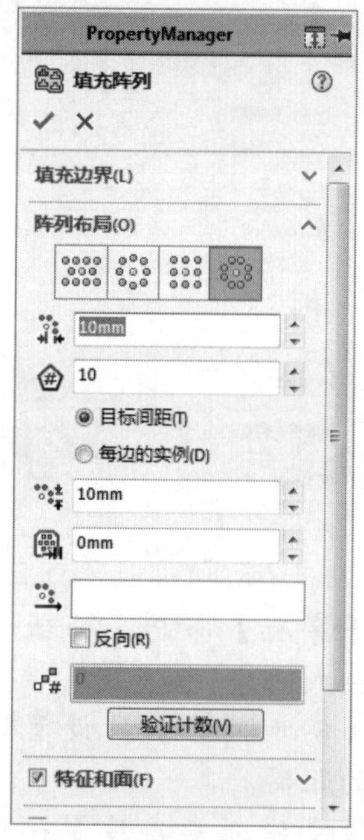

图 6-39

（3）【特征和面】选项组、【实体】选项组、【可跳过的实例】和【选项】选项组和前面的阵列设置相同，这里不再做赘述。

2. 生成填充阵列的操作步骤

（1）绘制平面草图。

（2）选择【插入】|【阵列 / 镜向】|【填充阵列】菜单命令，系统弹出【填充阵列】属性管理器，设置各选项组参数，如图 6-40 所示；单击【确定】按钮，生成填充阵列，如图 6-41 所示。

图 6-40

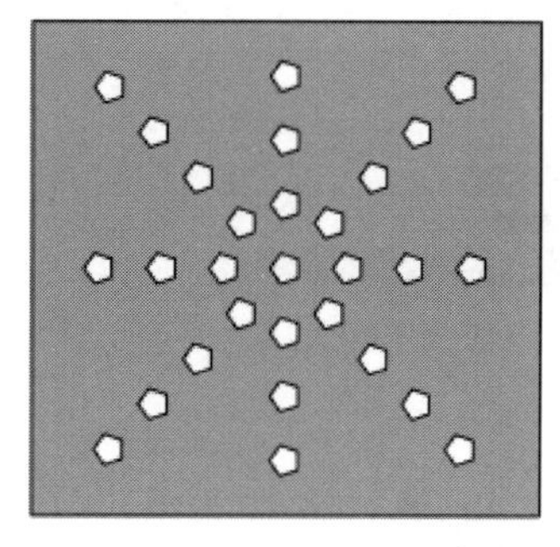

图 6-41

6.3 镜向

镜向编辑是将所选的草图、特征和零部件对称于所选平面或者面的复制过程。镜向编辑的方法，主要包括镜向草图、镜向特征和镜向零部件。本节主要介绍镜向草图和镜向特征这两种编辑方法。

6.3.1 镜向草图

镜向草图是以草图实体为目标进行镜向复制的操作。

1. 镜向现有草图实体

（1）镜向实体的属性设置。

单击【草图】工具栏中的【镜向实体】按钮或者选择【工具】|【草图工具】|【镜向】菜单命令，系统打开【镜向】属性管理器，如图 6-42 所示。

- 【要镜向的实体】选择框：选择草图实体。
- 【镜向轴】选择框：选择边线或者直线。

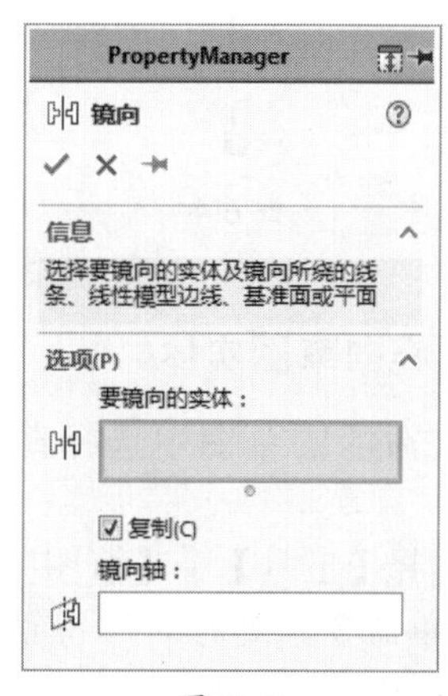

图 6-42

（2）镜向实体的操作步骤。

单击【草图】工具栏中的【镜向实体】按钮或者选择【工具】|【草图工具】|【镜

向】菜单命令，系统打开【镜向】属性管理器，设置参数如图 6-43 所示；单击✓【确定】按钮，镜向现有草图实体，如图 6-44 所示。

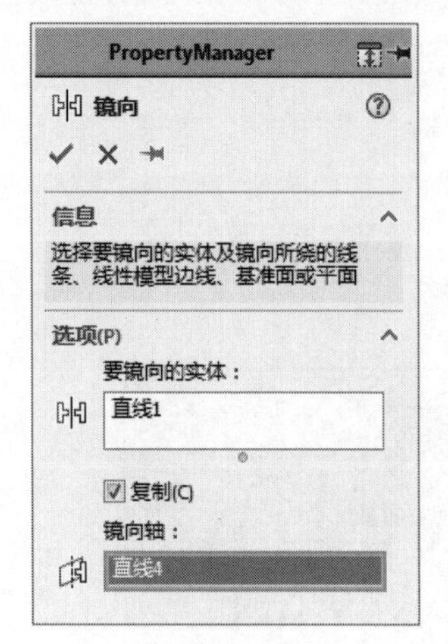

图 6-43

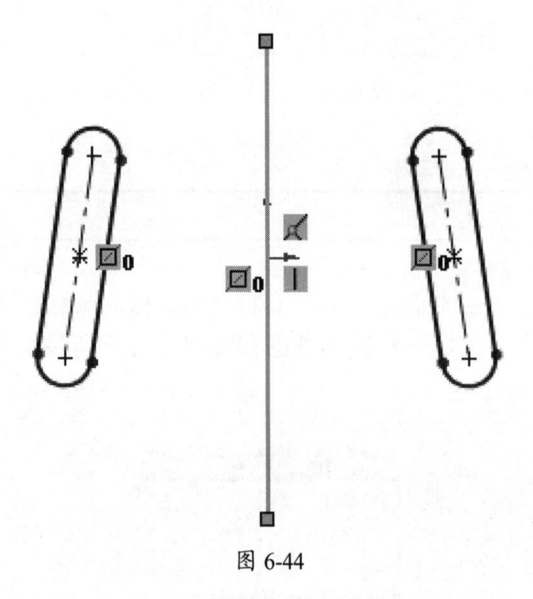

图 6-44

2. 在绘制时镜向草图实体

（1）在激活的草图中选择直线或者模型边线。

（2）选择【工具】|【草图工具】|【动态镜向】菜单命令，此时对称符号出现在直线或者边线的两端，如图 6-45 所示。

（3）实体在接下来的绘制中被镜向，如图 6-46 所示。

（4）如果要关闭镜向，则再次选择【工具】|【草图工具】|【动态镜向】菜单命令。

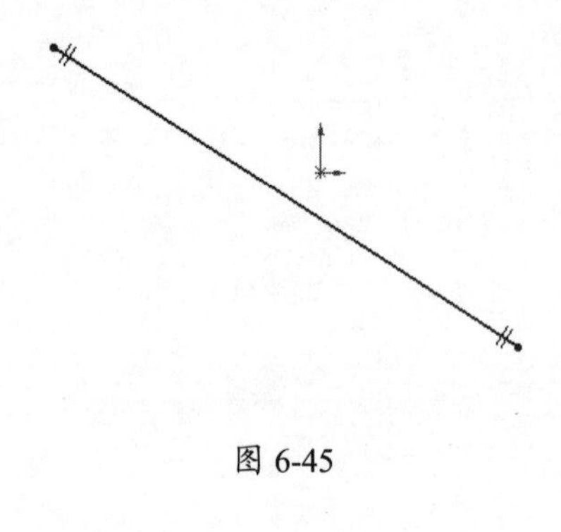

图 6-45

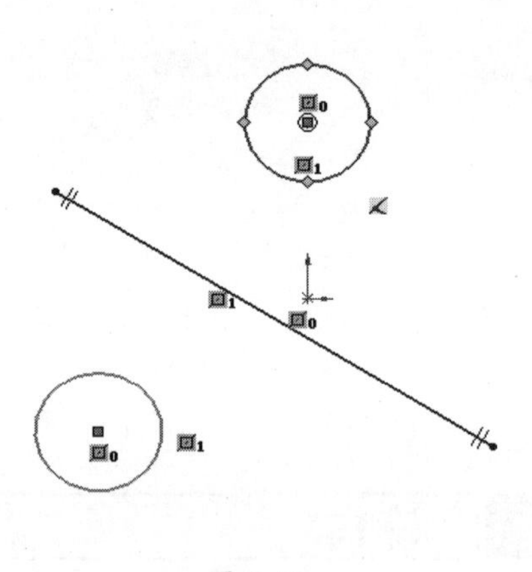

图 6-46

3. 镜向草图操作的注意事项

（1）镜向只包括新的实体或原有及镜向的实体。

（2）可镜向某些或所有草图实体。

（3）可围绕任何类型直线（不仅仅是构造性直线）镜向。

（4）可沿零件、装配体或工程图中的边线镜向。

6.3.2 镜向特征

镜向特征是沿面或者基准面镜向，以生成一个特征（或者多个特征）的复制操作。

1. 镜向特征的属性设置

选择【插入】|【阵列 / 镜向】|【镜向】菜单命令，系统弹出【镜向】属性管理器，如图 6-47 所示。

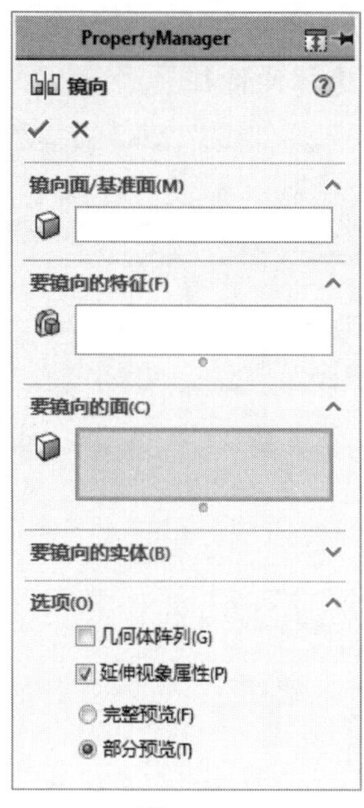

图 6-47

- 【镜向面/基准面】选项组：在图形区域中选择一个面或基准面作为镜向面。
- 【要镜向的特征】选项组：单击模型中一个或者多个特征，也可以在【特征管理器设计树】中选择要镜向的特征。
- 【要镜向的面】选项组：在图形区域中单击构成要镜向的特征的面，此选项组参数对于在输入的过程中仅包括特征的面且不包括特征本身的零件很有用。

2. 生成镜向特征的操作步骤

（1）选择要进行镜向的特征。

（2）选择【插入】|【阵列/镜向】|【镜向】菜单命令，系统弹出【镜向】属性管理器，设置各选项组参数，如图 6-48 所示；单击【确定】按钮，生成镜向特征，如图 6-49 所示。

图 6-48

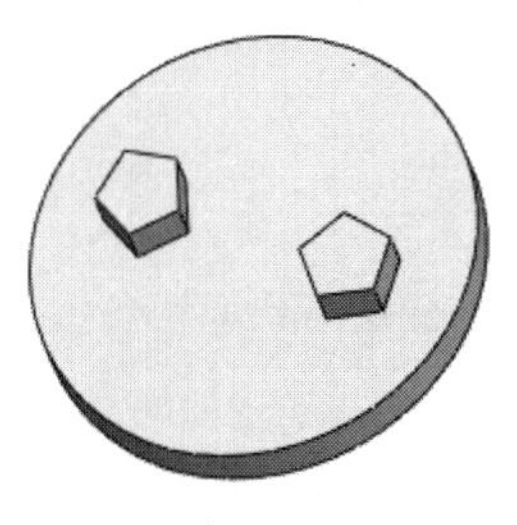

图 6-49

3. 镜向特征操作的注意事项

（1）在单一模型或多实体零件中，选择一个实体生成镜向实体。

（2）通过选择几何体阵列并使用特征范围来选择包括特征的实体，并将特征应用到一个或多个实体零件中。

6.4 设计范例

6.4.1 轴套范例

本范例完成文件：\06\6-1.sldprt、实体 1.sldprt、实体 2.sldprt

案例分析

本节的范例是创建轴套零件模型，首先使用【拉伸】命令创建基体，再创建孔特征，使用【阵列】命令创建孔特征，最后使用【分割】命令分割零件。

⚠ 案例操作

步骤 01 创建草绘

① 在模型树中，选择【上视基准面】，如图 6-50 所示。

② 单击【草图】选项卡中的【草图绘制】按钮，进行草图绘制。

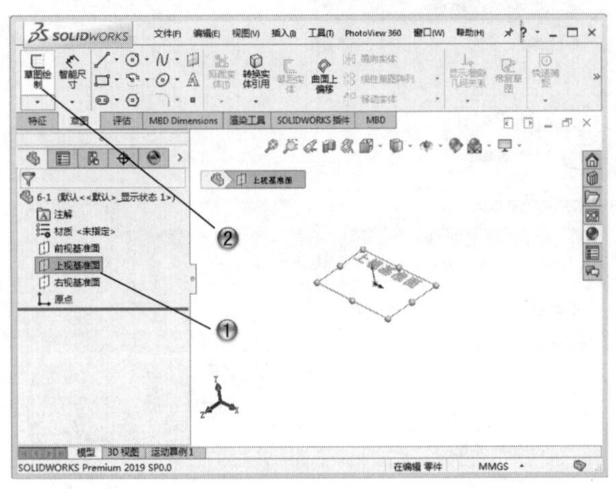

图 6-50

步骤 02 绘制圆形

① 单击【草图】选项卡中的【圆】按钮。

② 在绘图区中，绘制直径为 80 的圆形，如图 6-51 所示。

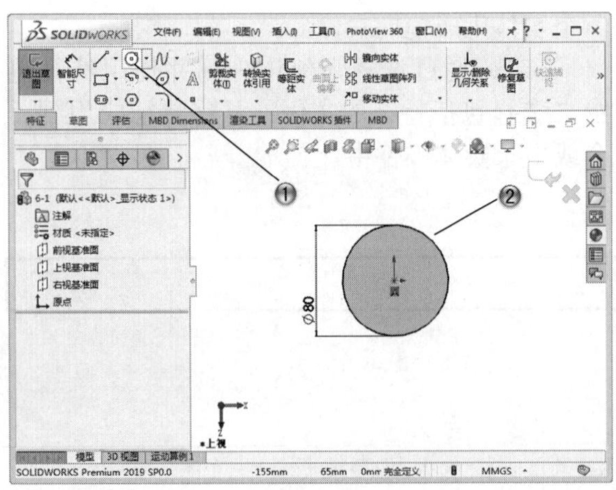

图 6-51

步骤 03 创建拉伸特征

① 在模型树中，选择【草图 1】，如图 6-52 所示。

② 单击【特征】选项卡中的【拉伸凸台 / 基体】按钮，创建拉伸特征。

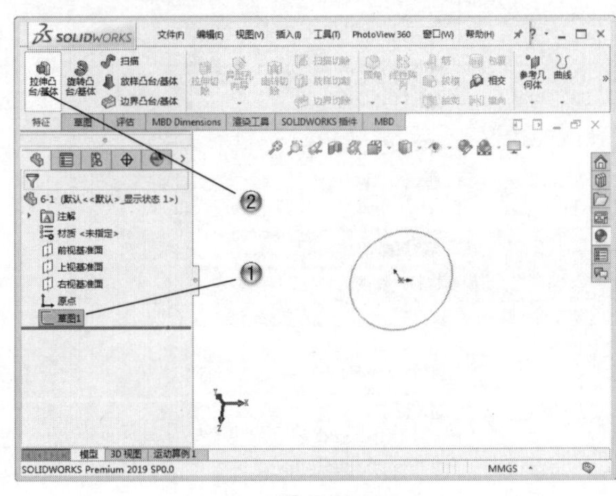

图 6-52

③ 设置拉伸参数，如图 6-53 所示。

④ 在【凸台 - 拉伸】属性管理器中，单击【确定】按钮。

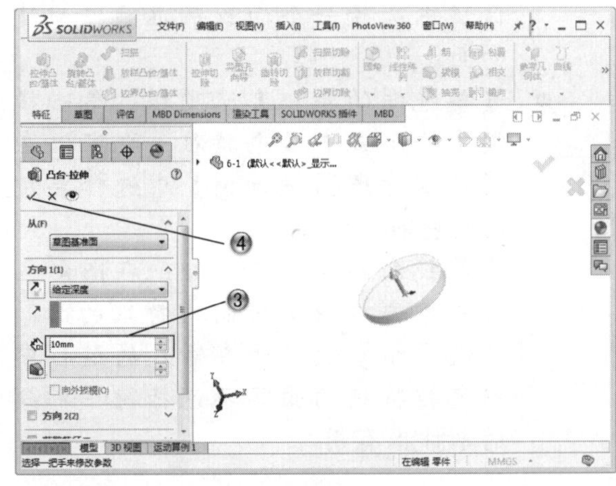

图 6-53

步骤 04 创建草绘

① 在模型树中，选择模型面，如图 6-54 所示。

② 单击【草图】选项卡中的【草图绘制】按钮，进行草图绘制。

步骤 05 绘制圆形

① 单击【草图】选项卡中的【圆】按钮。

② 在绘图区中，绘制直径为 60 的圆形，如图 6-55 所示。

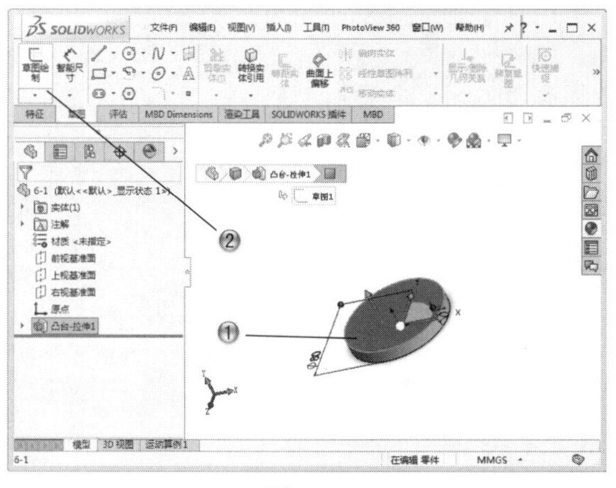
图 6-54

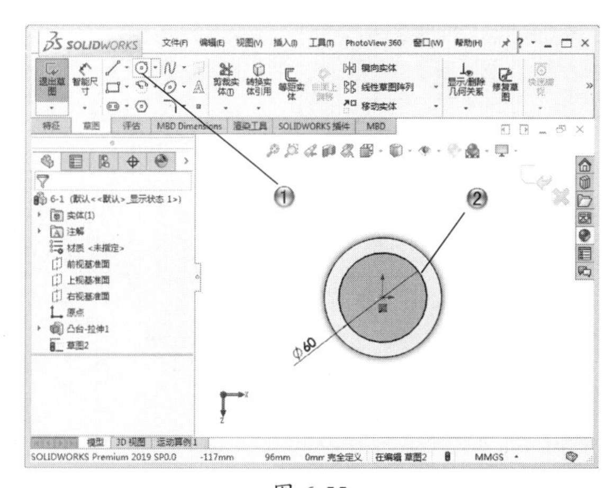
图 6-55

步骤06 创建拉伸特征

① 在模型树中，选择【草图2】，如图 6-56 所示。

② 单击【特征】选项卡中的【拉伸凸台 / 基体】按钮，创建拉伸特征。

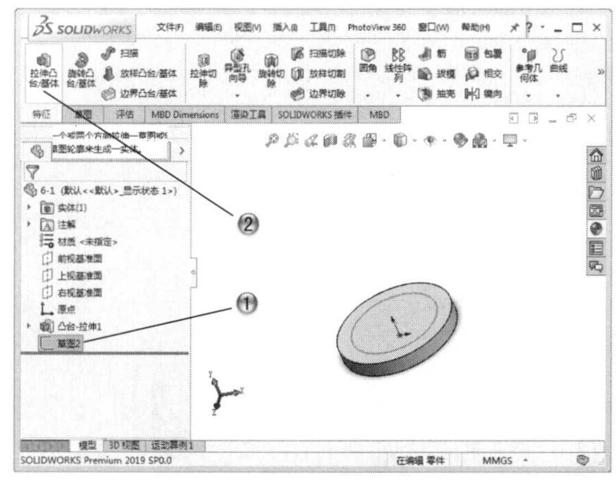
图 6-56

③ 设置拉伸参数，如图 6-57 所示。

④ 在【凸台 - 拉伸】属性管理器中，单击【确定】按钮。

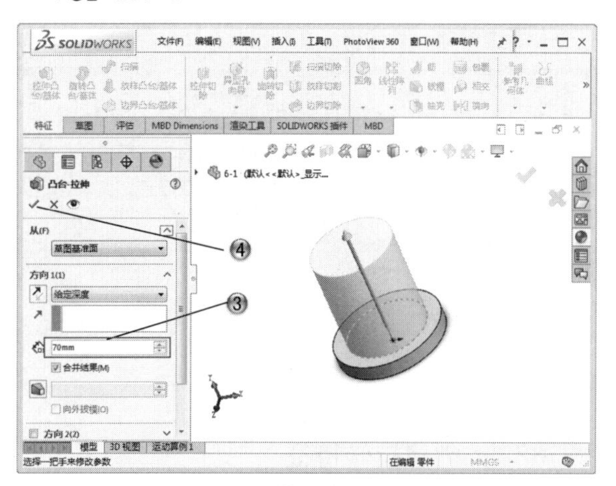
图 6-57

步骤07 创建草绘

① 在模型树中，选择模型面，如图 6-58 所示。

② 单击【草图】选项卡中的【草图绘制】按钮，进行草图绘制。

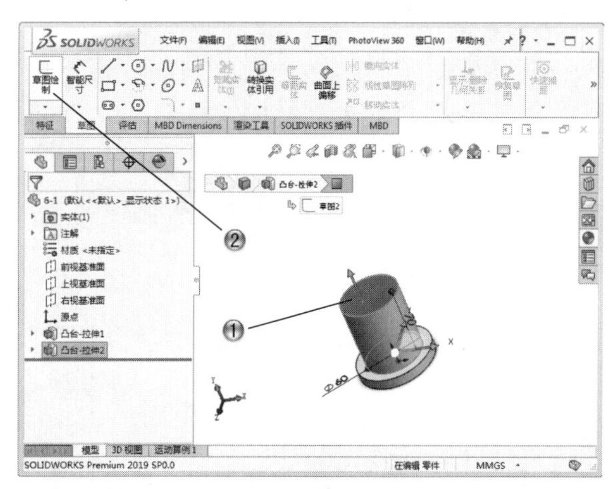
图 6-58

步骤08 绘制圆形

① 单击【草图】选项卡中的【圆】按钮。

② 在绘图区中，绘制直径为 50 的圆形，如图 6-59 所示。

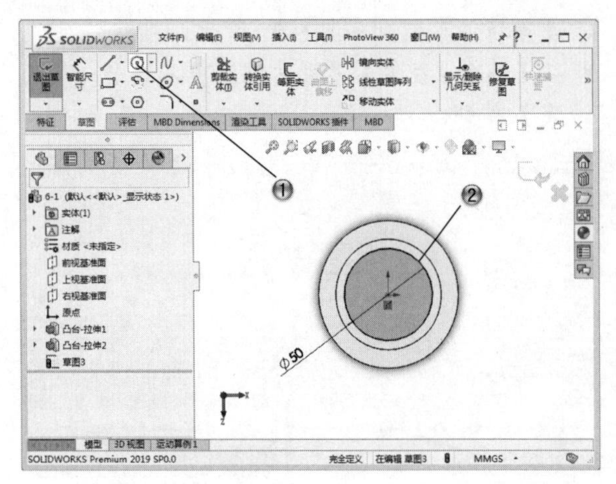

图 6-59

步骤 09 创建拉伸特征

① 在模型树中，选择【草图 3】，如图 6-60 所示。

② 单击【特征】选项卡中的【拉伸凸台 / 基体】按钮，创建拉伸特征。

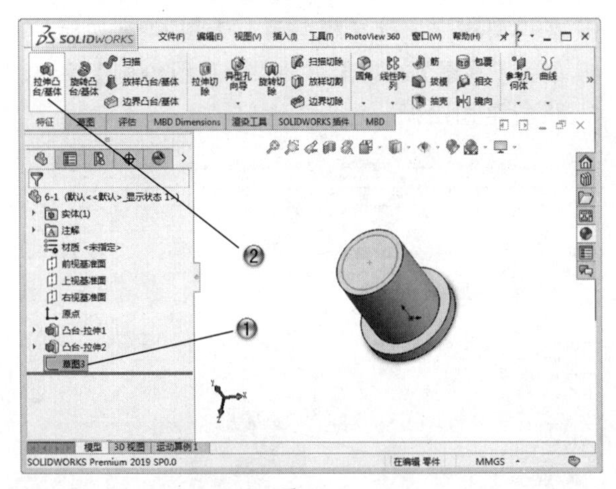

图 6-60

③ 设置拉伸参数，如图 6-61 所示。

④ 在【凸台 - 拉伸】属性管理器中，单击【确定】按钮。

步骤 10 创建孔特征

① 单击【特征】选项卡中的【异型孔向导】按钮。

② 在绘图区中，选择孔的位置并设置参数，创建孔，如图 6-62 所示。

③ 在【孔规格】属性管理器中，单击【确定】按钮。

图 6-61

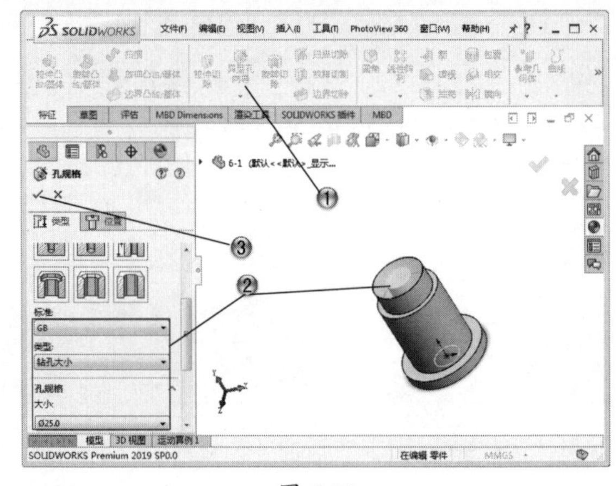

图 6-62

步骤 11 创建小孔特征

① 单击【特征】选项卡中的【异型孔向导】按钮。

② 在绘图区中，选择孔的位置并设置参数，创建小孔，如图 6-63 所示。

③ 在【孔规格】属性管理器中，单击【确定】按钮。

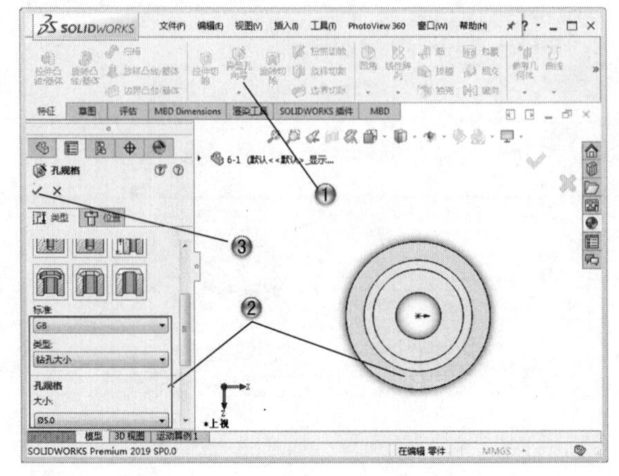

图 6-63

步骤12 创建孔阵列

① 单击【特征】选项卡中的【圆周草图阵列】按钮。

② 在绘图区中，选择孔并设置阵列参数，创建孔阵列，如图6-64所示。

③ 在【阵列（圆周）】属性管理器中，单击【确定】按钮。

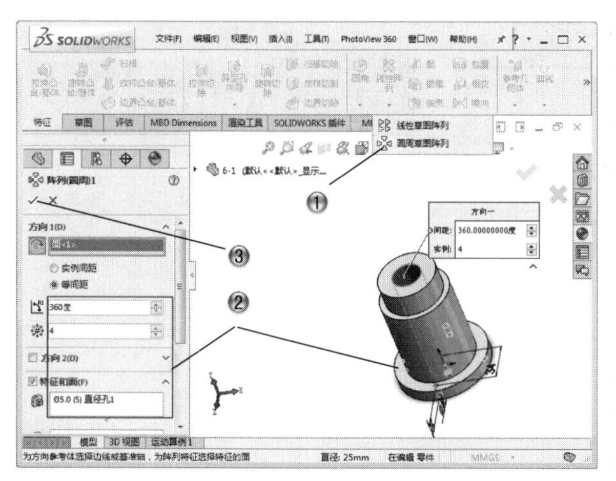

图6-64

步骤13 创建侧孔

① 单击【特征】选项卡中的【异型孔向导】按钮。

② 在绘图区中，选择孔的位置并设置参数，创建侧孔，如图6-65所示。

③ 在【孔规格】属性管理器中，单击【确定】按钮。

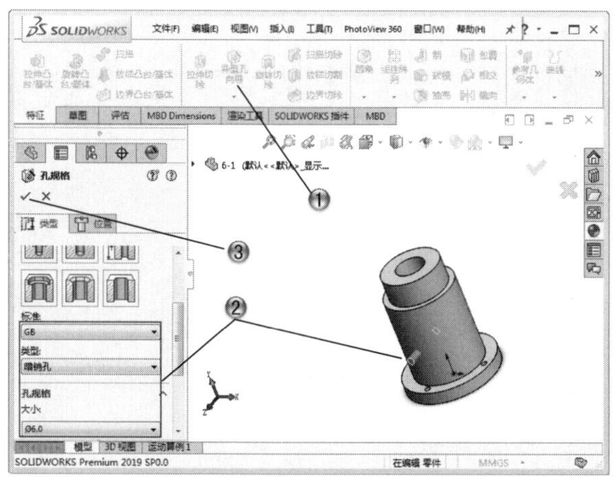

图6-65

步骤14 镜向孔

① 单击【特征】选项卡中的【镜向】按钮。

② 在绘图区中，选择镜向面和镜向特征，创建镜向，如图6-66所示。

③ 在【镜向】属性管理器中，单击【确定】按钮。

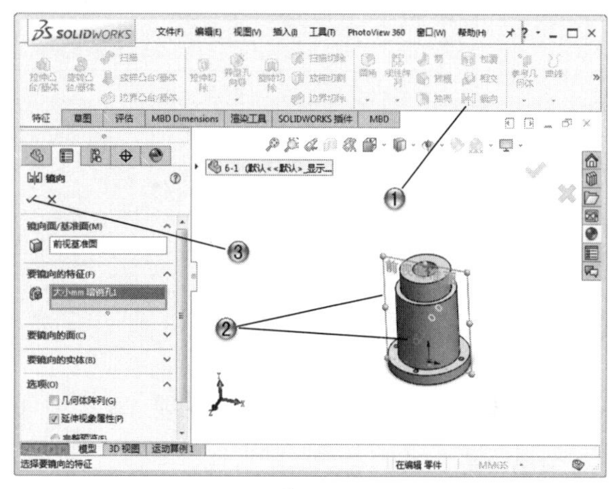

图6-66

步骤15 分割实体

① 选择【插入】|【特征】|【分割】菜单命令，分割实体。

② 在绘图区中，选择剪裁工具，对零件进行切除并自动命名，如图6-67所示。

③ 在【分割】属性管理器中，单击【确定】按钮。

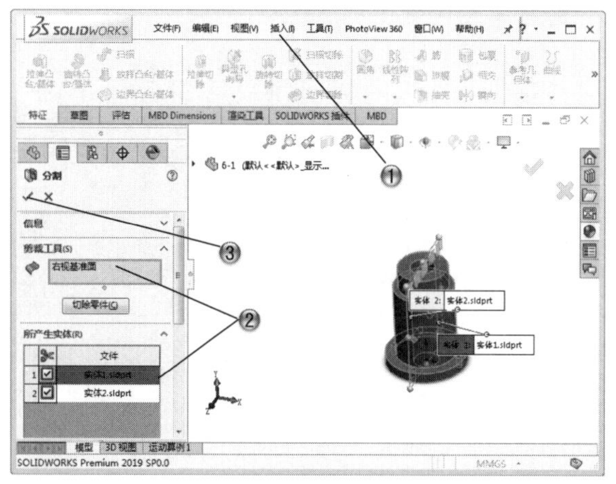

图6-67

步骤 16 完成轴套零件模型

完成的轴套零件模型，如图 6-68 所示。

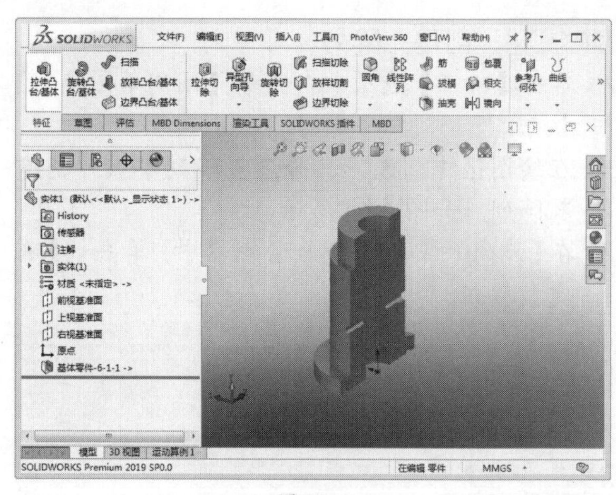

图 6-68

6.4.2 固定件范例

本范例完成文件：\06\6-2.sldprt

案例分析

本节的范例是创建一个固定件模型，首先创建拉伸基体，之后使用拉伸命令创建非合并特征，再创建孔特征并镜向，最后进行特征组合。

案例操作

步骤 01 创建草绘

① 在模型树中，选择【上视基准面】，如图 6-69 所示。

② 单击【草图】选项卡中的【草图绘制】按钮，进行草图绘制。

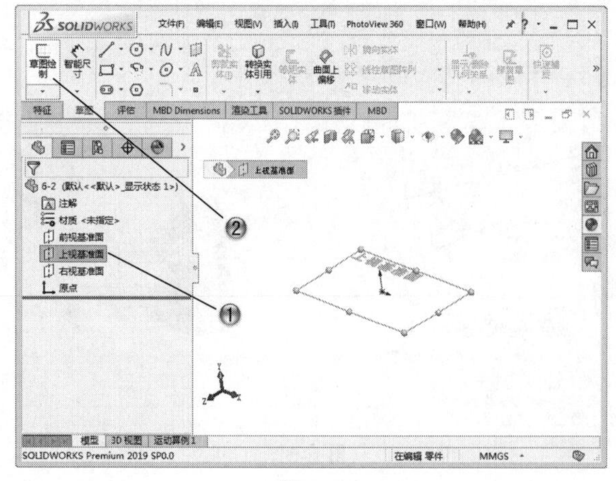

图 6-69

步骤 02 绘制矩形

① 单击【草图】选项卡中的【边角矩形】按钮。

② 在绘图区中，绘制 50×100 的矩形，如图 6-70 所示。

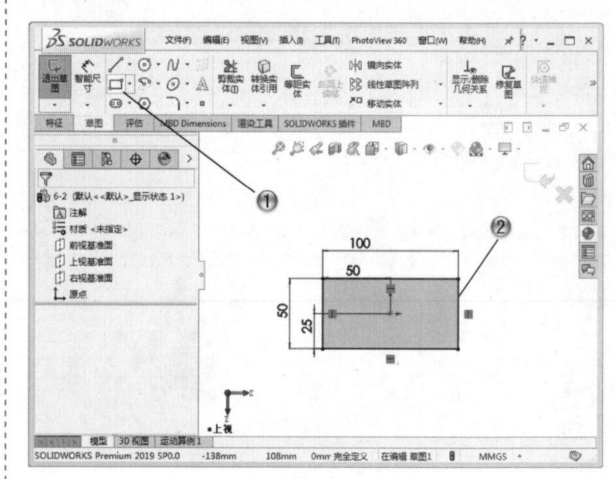

图 6-70

步骤03 绘制梯形

① 单击【草图】选项卡中的【直线】按钮。
② 在绘图区中，绘制梯形，如图 6-71 所示。

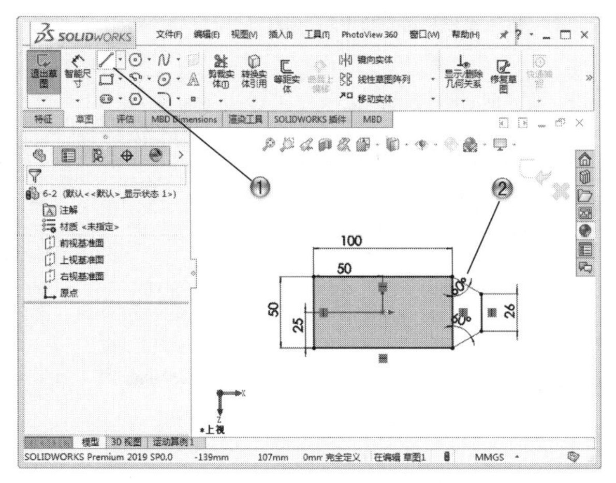

图 6-71

步骤04 镜向草图

① 单击【草图】选项卡中的【镜向实体】按钮。
② 在绘图区中，选择镜向实体和镜向轴，镜向草图，如图 6-72 所示。
③ 在【镜向】属性管理器中，单击【确定】按钮。

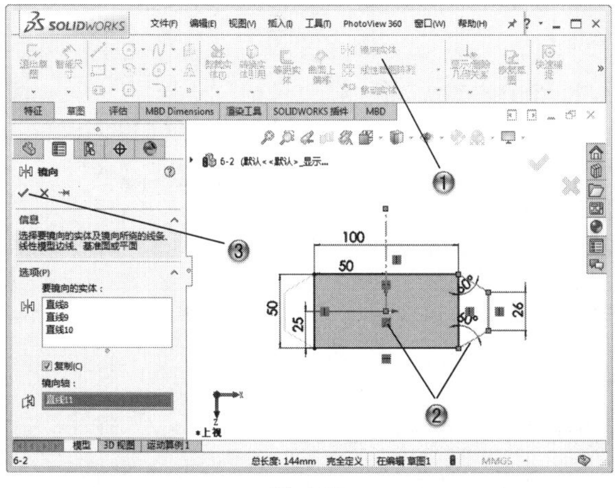

图 6-72

步骤05 剪裁草图

① 单击【草图】选项卡中的【剪裁实体】按钮。
② 在绘图区中，选择剪裁线条，剪裁草图，如图 6-73 所示。
③ 单击【确定】按钮。

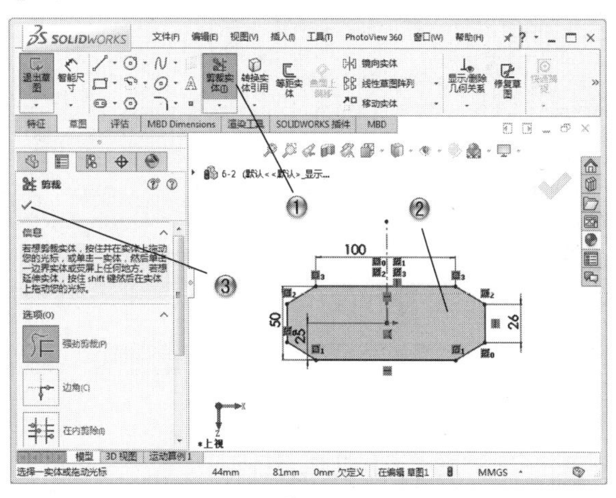

图 6-73

步骤06 创建拉伸特征

① 在模型树中，选择【草图 1】，如图 6-74 所示。
② 单击【特征】选项卡中的【拉伸凸台 / 基体】按钮，创建拉伸特征。

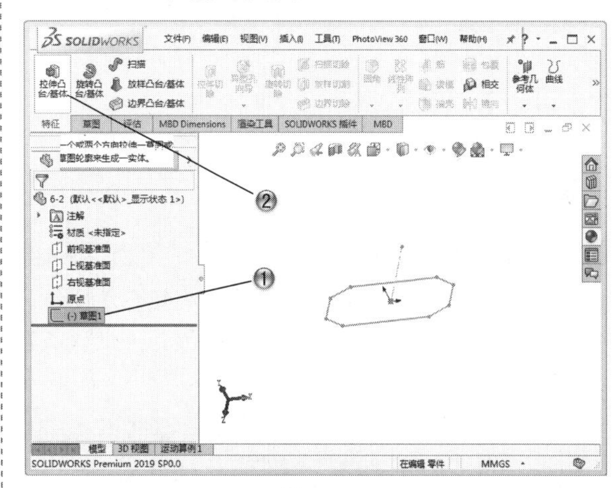

图 6-74

③ 设置拉伸参数，如图 6-75 所示。
④ 在【凸台 - 拉伸】属性管理器中，单击【确定】按钮。

步骤07 创建草绘

① 在模型树中，选择模型面，如图 6-76 所示。
② 单击【草图】选项卡中的【草图绘制】按钮，进行草图绘制。

图 6-75

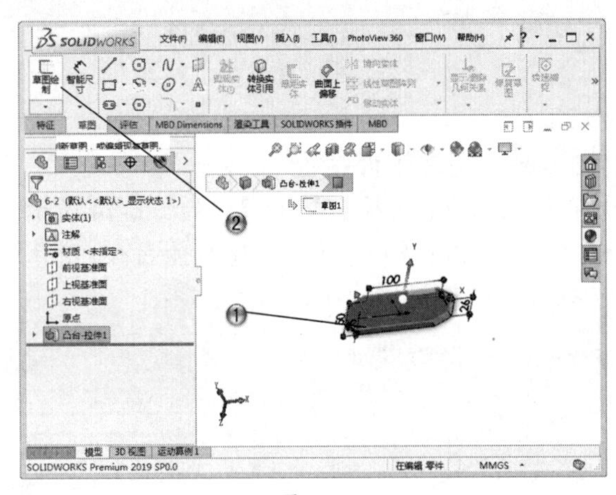

图 6-76

步骤08 绘制矩形

① 单击【草图】选项卡中的【边角矩形】按钮。

② 在绘图区中，绘制 4×40 的矩形，如图 6-77 所示。

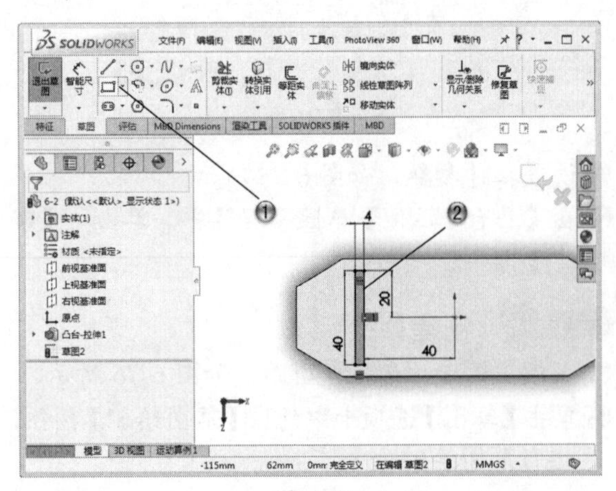

图 6-77

步骤09 创建拉伸特征

① 在模型树中，选择【草图 2】，如图 6-78 所示。

② 单击【特征】选项卡中的【拉伸凸台 / 基体】按钮，创建拉伸特征。

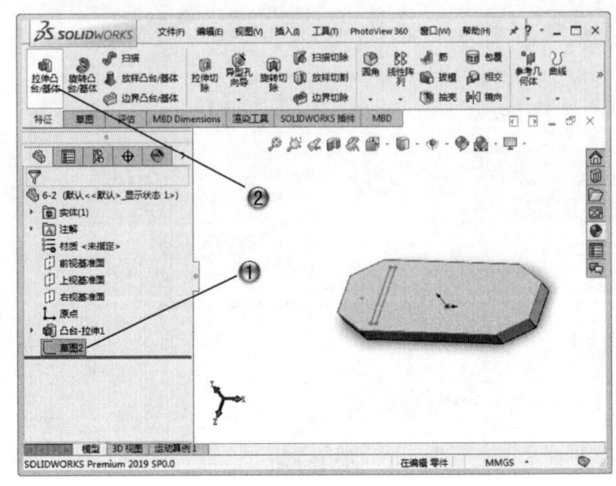

图 6-78

③ 设置拉伸参数，如图 6-79 所示。

④ 在【凸台 - 拉伸】属性管理器中，单击【确定】按钮。

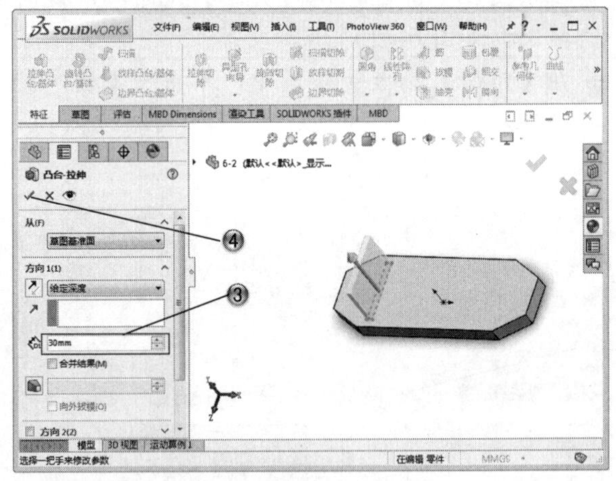

图 6-79

步骤10 创建倒角

① 单击【特征】选项卡中的【倒角】按钮。

② 在绘图区中，选择倒角边线并设置参数，如图 6-80 所示。

③ 在【倒角】属性管理器中，单击【确定】按钮，创建倒角特征。

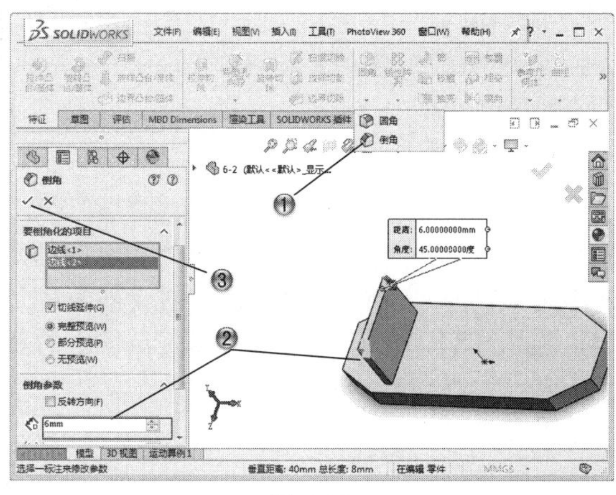

图 6-80

步骤 11 创建孔

① 单击【特征】选项卡中的【异型孔向导】按钮。

② 在绘图区中，选择孔的位置并设置参数，创建孔，如图 6-81 所示。

③ 在【孔规格】属性管理器中，单击【确定】按钮。

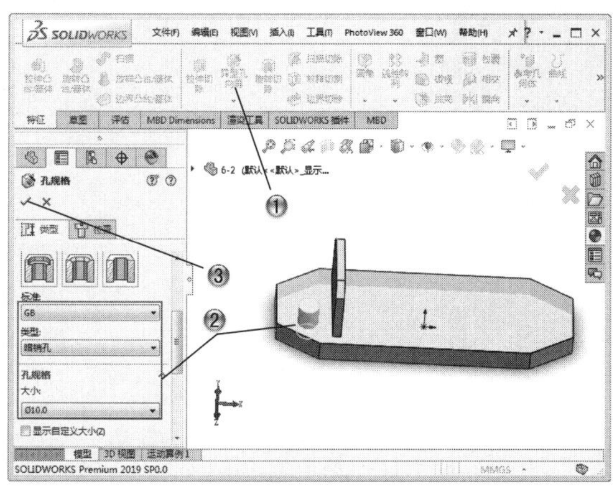

图 6-81

步骤 12 镜向特征

① 单击【特征】选项卡中的【镜向】按钮。

② 在绘图区中，选择镜向面和镜向特征，创建镜向，如图 6-82 所示。

③ 在【镜向】属性管理器中，单击【确定】按钮。

步骤 13 组合特征

① 选择【插入】|【特征】|【组合】菜单命令。

② 在绘图区中，选择要组合的实体，创建组合特征，如图 6-83 所示。

③ 在【组合】属性管理器中，单击【确定】按钮。

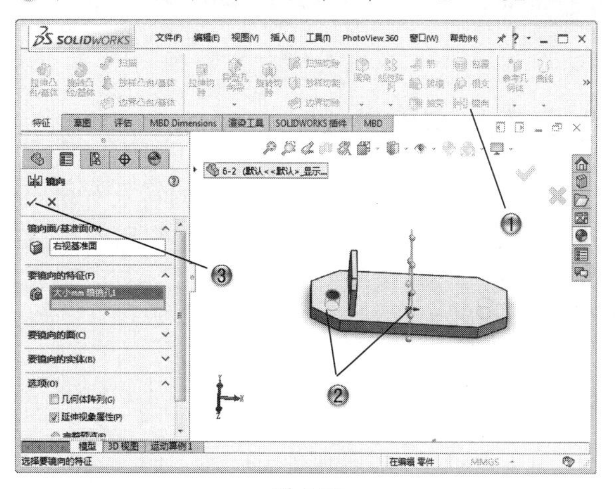

图 6-82

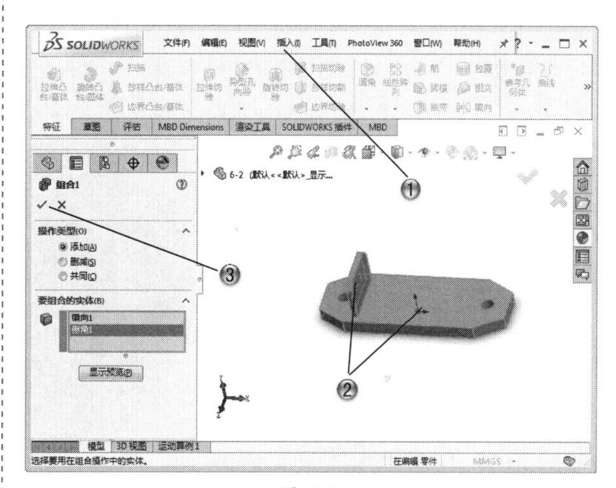

图 6-83

步骤 14 完成固定件零件模型

完成的固定件模型，如图 6-84 所示。

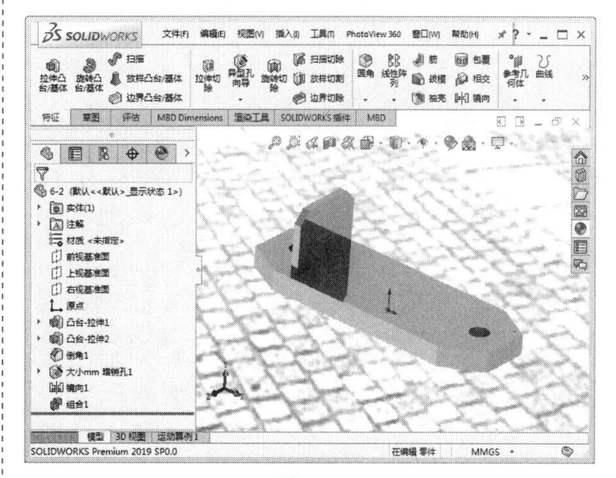

图 6-84

6.5 本章小结和练习

6.5.1 本章小结

本章讲解了对实体进行组合编辑及对相应对象进行阵列和镜向的方法。其中阵列和镜向都是按照一定规则复制源特征的操作。镜向操作是源特征围绕镜向轴或者镜向面进行一对一的复制过程。阵列操作是按照一定规则进行一对多的复制过程。阵列和镜向的操作对象可以是草图、特征和零部件等。

6.5.2 练习

1. 创建法兰拉伸基体，如图 6-85 所示。
2. 使用拉伸切除命令创建各个孔特征。
3. 使用阵列命令创建孔的阵列。
4. 使用组合命令创建中间的轴孔。

图 6-85

第 7 章

曲面设计和编辑

本章导读

SOLIDWORKS 提供了曲线和曲面的设计功能。曲线和曲面是复杂和不规则实体模型的主要组成部分，尤其在工业设计中，该组命令的应用更为广泛。曲线和曲面使不规则实体的绘制更加灵活、快捷。在 SOLIDWORKS 中，既可以生成曲面，也可以对生成的曲面进行编辑。编辑曲面的命令可以通过菜单命令进行选择，也可以通过工具栏进行调用。

本章主要介绍曲线和曲面的各种创建方法和编辑命令。曲线可用来生成实体模型特征，主要命令有投影曲线、组合曲线、螺旋线 / 涡状线、分割线、通过参考点的曲线和通过 XYZ 点的曲线等。曲面也是用来生成实体模型的几何体，主要命令有拉伸曲面、旋转曲面、扫描曲面、放样曲面、等距曲面和延展曲面。曲面编辑的主要命令有圆角曲面、填充曲面、延伸曲面，剪裁、替换和删除曲面。

7.1 曲线设计

曲线是组成不规则实体模型的最基本要素，SOLIDWORKS 提供了绘制曲线的工具栏和菜单命令。

7.1.1 投影曲线

投影曲线可以通过将绘制的曲线投影到模型面上的方式生成一条三维曲线，即“草图到面”的投影类型；也可以使用另一种方式生成投影曲线，即“草图到草图”的投影类型：首先在两个相交的基准面上分别绘制草图，此时系统会将每个草图沿所在平面的垂直方向投影以得到相应的曲面，最后这两个曲面在空间中相交，生成一条三维曲线。

单击【曲线】工具栏中的【投影曲线】按钮或者选择【插入】|【曲线】|【投影曲线】菜单命令，系统打开【投影曲线】属性管理器，如图 7-1 所示。在【选择】选项组中，可以选择两种投影类型，即【面上草图】和【草图上草图】。

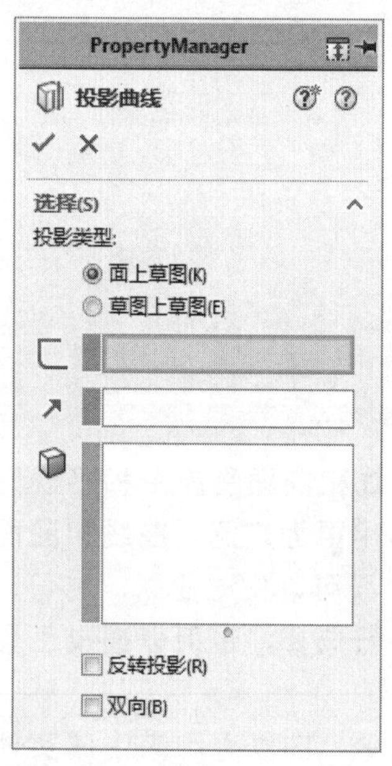

图 7-1

（1）【要投影的草图】选择框：在绘图区或者【特征管理器设计树】中，选择曲线草图。

（2）【投影方向】选择框：选择投影的方向参考对象。

（3）【投影面】选择框：在实体模型上选择想要投影草图的面。

（4）【反转投影】：设置投影曲线的方向。

（5）【双向】：向两个方向投影。

7.1.2 组合曲线

组合曲线通过将曲线、草图几何体和模型边线组合为一条单一曲线而生成。组合曲线可以作为生成放样特征或者扫描特征的引导线或者轮廓线。

单击【曲线】工具栏中的【组合曲线】按钮或者选择【插入】|【曲线】|【组合曲线】菜单命令，系统打开【组合曲线】属性管理器，如图 7-2 所示。

图 7-2

【要连接的实体】选择框用于在绘图区中选择要组合曲线的项目（如草图、边线或者曲线等）。

提示

组合曲线是一条连续的曲线，它可以是开环的，也可以是闭环的，因此在选择组合曲线的对象时，它们必须是连续的，中间不能有间隔。

7.1.3 螺旋线和涡状线

螺旋线和涡状线可以作为扫描特征的路径

或者引导线，也可以作为放样特征的引导线，通常用来生成螺纹、弹簧和发条等零件，也可以在工业设计中作为装饰使用。

单击【曲线】工具栏中的【螺旋线/涡状线】按钮或者选择【插入】|【曲线】|【螺旋线/涡状线】菜单命令，系统弹出【螺旋线/涡状线】属性管理器，如图 7-3 所示。

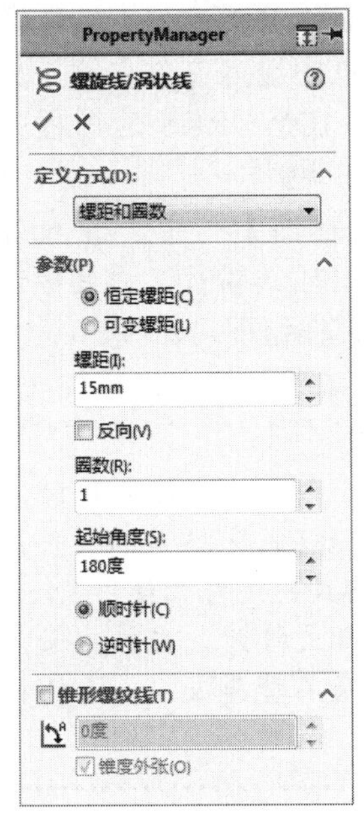

图 7-3

1.【定义方式】选项组

用来定义生成螺旋线和涡状线的方式，可以根据需要进行选择，如图 7-4 所示。

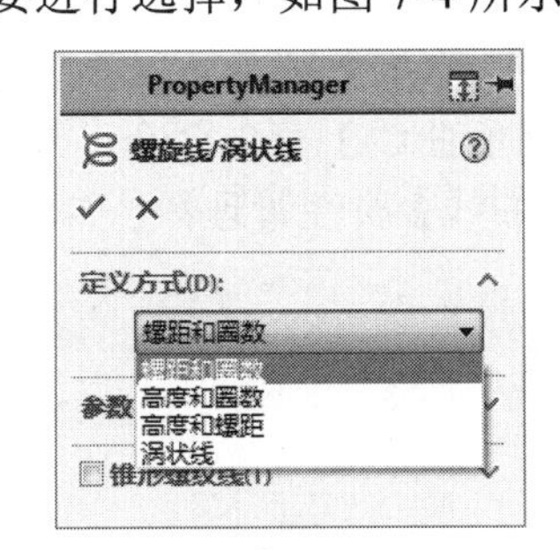

图 7-4

（1）【螺距和圈数】：通过定义螺距和圈数生成螺旋线。

（2）【高度和圈数】：通过定义高度和圈数生成螺旋线。

（3）【高度和螺距】：通过定义高度和螺距生成螺旋线。

（4）【涡状线】：通过定义螺距和圈数生成涡状线。

2.【参数】选项组

（1）【恒定螺距】（在选择【螺距和圈数】和【高度和螺距】选项时可用）：以恒定螺距方式生成螺旋线。

（2）【可变螺距】（在选择【螺距和圈数】和【高度和螺距】选项时可用）：以可变螺距方式生成螺旋线。

（3）【区域参数】（在选中【可变螺距】单选按钮后可用）：通过指定圈数或者高度、直径以及螺距生成可变螺距螺旋线，如图 7-5 所示。

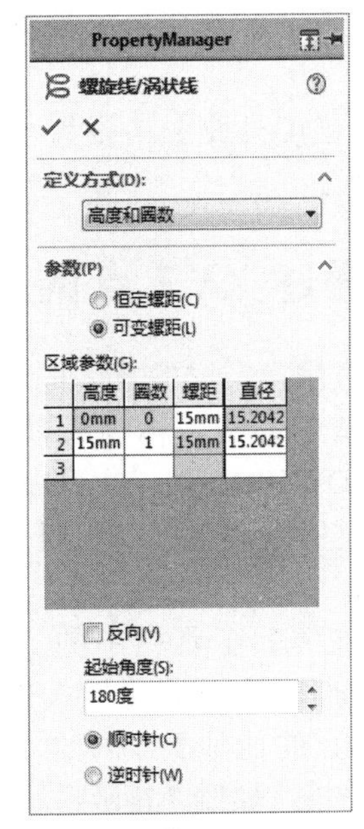

图 7-5

- 【螺距】（在选择【高度和圈数】选项时不可用）：为每个螺距设置半径更改比率。设置的数值必须至少为 0.001，且不大于 200000。
- 【圈数】（在选择【高度和螺距】选项时不可用）：设置螺旋线及涡状线的旋转数。
- 【高度】（在选择【高度和圈数】和【高度和螺距】时可用）：设置生成螺旋线的高度。

- 【直径】：设置螺旋线的截面直径。

（4）【反向】：用来反转螺旋线及涡状线的旋转方向。启用该复选框，则将螺旋线从原点处向后延伸或者生成一条向内旋转的涡状线。

（5）【起始角度】：设置在绘制的草图圆上开始初始旋转的位置。

- 【顺时针】：设置生成的螺旋线及涡状线的旋转方向为顺时针。
- 【逆时针】：设置生成的螺旋线及涡状线的旋转方向为逆时针。

3.【锥形螺纹线】选项组

【锥形螺纹线】选项组在【定义方式】选项组中选择【涡状线】选项时不可用。

（1）【锥形角度】：设置生成锥形螺纹线的角度。

（2）【锥度外张】：设置生成的螺纹线是否锥度外张。

7.1.4 通过 XYZ 点的曲线

可以通过用户定义的点生成样条曲线，以这种方式生成的曲线被称为通过 XYZ 点的曲线。在 SOLIDWORKS 中，用户既可以自定义样条曲线通过的点，也可以利用点坐标文件生成样条曲线。

单击【曲线】工具栏中的【通过 XYZ 点的曲线】按钮或者选择【插入】|【曲线】|【通过 XYZ 点的曲线】菜单命令，弹出【曲线文件】对话框，如图 7-6 所示。

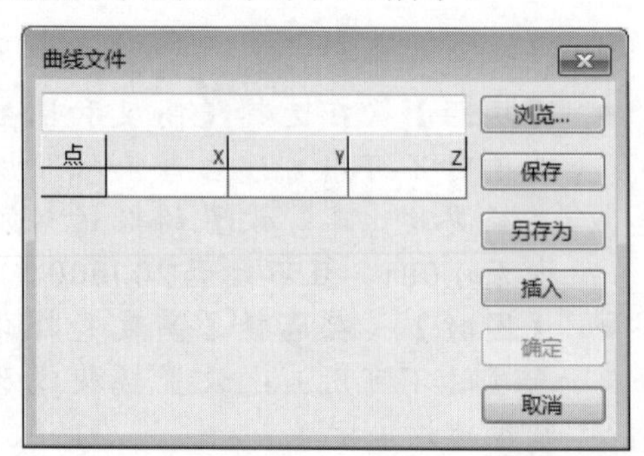

图 7-6

（1）【点】、X、Y、Z：【点】的列坐标定义生成曲线的点的顺序；X、Y、Z 的列坐标对应点的坐标值。双击每个单元格，即可激活该单元格，然后输入数值。

（2）【浏览】：单击【浏览】按钮，弹出【打开】对话框，可以输入存在的曲线文件，根据曲线文件，直接生成曲线。

（3）【保存】：单击【保存】按钮，弹出【另存为】对话框，选择想要保存的位置，然后在【文件名】文本框中输入文件名称。如果没有指定扩展名，SOLIDWORKS 应用程序会自动添加“*.sldcrv”扩展名。

（4）【插入】：用于插入新行。如果要在某一行之上插入新行，只要单击该行，然后单击【插入】按钮即可。

> **提示**
>
> 在输入存在的曲线文件时，文件不仅可以是“*.sldcrv”格式的文件，也可以是“*.txt”格式的文件。使用 Excel 等应用程序生成坐标文件时，文件中必须只包含坐标数据，而不能是 x、y、z 的标号及其他无关数据。

7.1.5 通过参考点的曲线

通过参考点的曲线是通过一个或者多个平面上的点而生成的曲线。

单击【曲线】工具栏中的【通过参考点的曲线】按钮或者选择【插入】|【曲线】|【通过参考点的曲线】菜单命令，系统打开【通过参考点的曲线】属性管理器，如图 7-7 所示。

图 7-7

（1）【通过点】选择框：选择通过一个或者多个平面上的点。

（2）【闭环曲线】：定义生成的曲线是否闭合。启用该复选框，则生成的曲线自动闭合。

提示

在生成通过参考点的曲线时，选择的参考点既可以是草图中的点，也可以是模型实体中的点。

7.1.6 分割线

分割线通过将实体投影到曲面或者平面上而生成。它将所选的面分割为多个分离的面，从而可以选择其中一个分离面进行操作。分割线也可以通过将草图投影到曲面实体而生成，投影的实体可以是草图、模型实体、曲面、面、基准面或者曲面样条曲线。

单击【曲线】工具栏中的【分割线】按钮或者选择【插入】|【曲线】|【分割线】菜单命令，系统弹出【分割线】属性管理器，如图 7-8 所示。

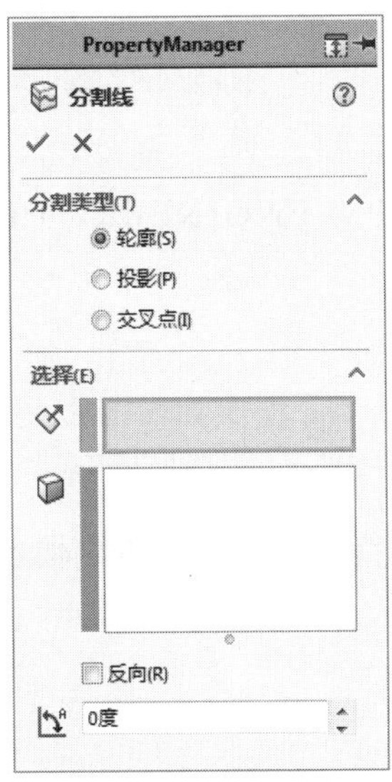

图 7-8

1.【轮廓】分割类型

【轮廓】属性是在圆柱形零件上生成分割线。

（1）【拔模方向】选择框：在绘图区或者【特征管理器设计树】中选择通过模型轮廓投影的基准面。

（2）【要分割的面】选择框：选择一个或者多个要分割的面。

（3）【反向】：设置拔模方向。启用该复选框，则以反方向拔模。

（4）【角度】：设置拔模角度，主要用于制造工艺方面的考虑。

注意：

生成【轮廓】类型的分割线时，要分割的面必须是曲面，不能是平面。

2.【投影】分割类型

【投影】属性是将草图线投影到表面上生成分割线，如图 7-9 所示。

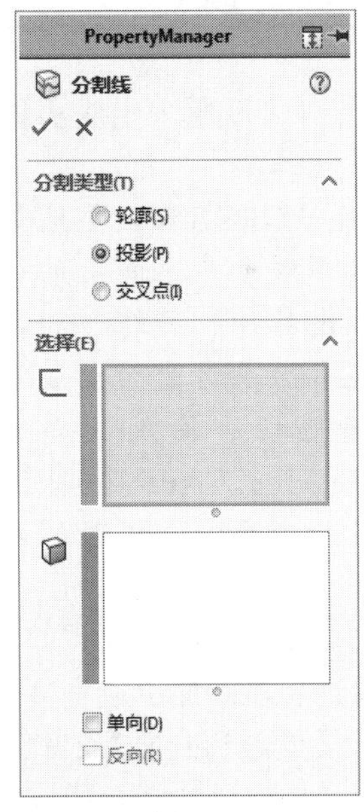

图 7-9

（1）【要投影的草图】选择框：在绘图区或者【特征管理器设计树】中选择草图，作为要投影的草图。

（2）【单向】：以单方向进行分割以生成分割线。

其他选项不再赘述。

3.【交叉点】分割类型

【交叉点】属性是以交叉实体、曲面、面、基准面或者曲面样条曲线分割面，如图 7-10 所示。

（1）【分割所有】：分割线穿越曲面上所有可能的区域，即分割所有可以分割的曲面。

（2）【自然】：按照曲面的形状进行分割。

（3）【线性】：按照线性方向进行分割。

其他选项不再赘述。

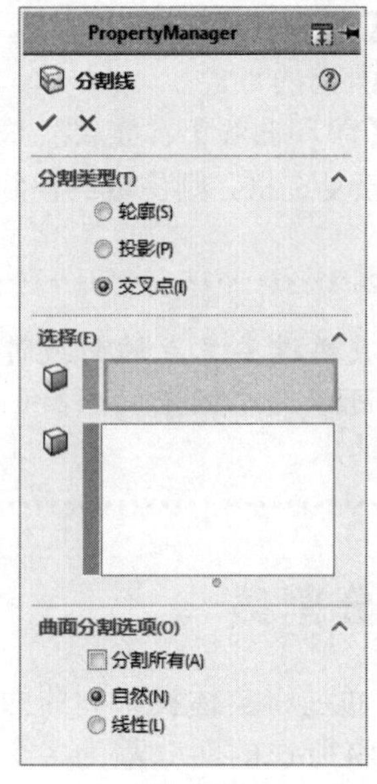

图 7-10

7.2 曲面设计

曲面是一种可以用来生成实体特征的几何体（如圆角曲面等）。一个零件中可以有多个曲面实体。

在 SOLIDWORKS 中，生成曲面的方式如下。

- 用草图或者基准面上的一组闭环边线插入平面。
- 由草图拉伸、旋转、扫描或者放样生成曲面。
- 用现有面或者曲面生成等距曲面。
- 从其他程序输入曲面文件，如 CATIA、ACIS、Pro/ENGINEER、Unigraphics、SolidEdge、Autodesk Inverntor 等。
- 由多个曲面组合成新的曲面。

在 SOLIDWORKS 中，使用曲面的方式如下。

（1）选择曲面边线和顶点作为扫描的引导线和路径。

（2）通过加厚曲面生成实体或者切除特征。

（3）使用【成形到一面】或者【到离指定面指定的距离】作为终止条件，拉伸实体或者切除实体。

（4）通过加厚已经缝合成实体的曲面生成实体特征。

（5）用曲面作为替换面。

7.2.1 拉伸曲面

拉伸曲面是将一条曲线拉伸为曲面。

单击【曲面】工具栏中的【拉伸曲面】按钮或者选择【插入】|【曲面】|【拉伸曲面】菜单命令，系统弹出【曲面 - 拉伸】属性管理器，如图 7-11 所示。

图 7-11

1.【从】选项组

在【从】选项组中，选择不同的开始条件对应不同的属性设置。

（1）【草图基准面】属性如图 7-11 所示。

（2）【曲面 / 面 / 基准面】属性如图 7-12 所示。

图 7-12

【选择一曲面 / 面 / 基准面】选择框用于选择一个面作为拉伸曲面的开始条件。

（3）【顶点】属性如图 7-13 所示。

【选择一顶点】选择框用于选择一个顶点作为拉伸曲面的开始条件。

（4）【等距】属性如图 7-14 所示。

【输入等距值】用于从与当前草图基准面等距的基准面上开始拉伸曲面，在数值框中可以输入等距数值。

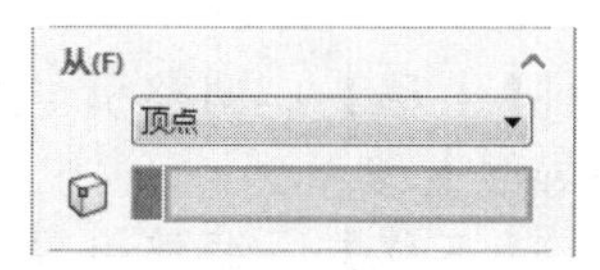

图 7-13

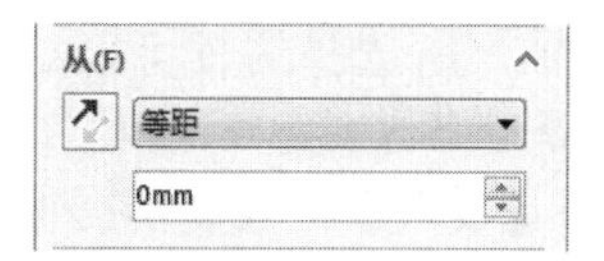

图 7-14

2.【方向 1】、【方向 2】选项组

（1）【终止条件】下拉列表：决定拉伸曲面的方式，如图 7-15 所示。

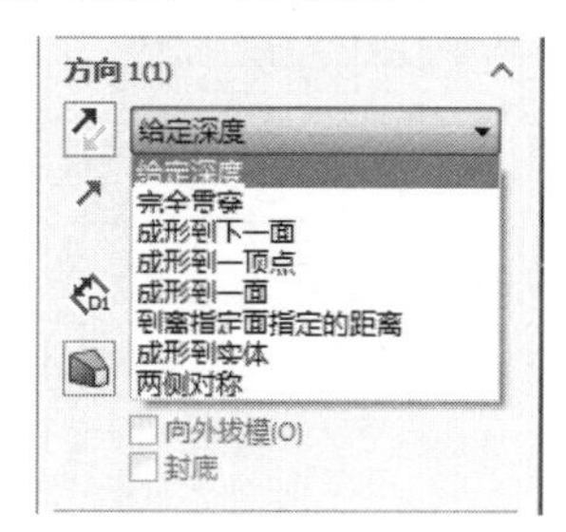

图 7-15

（2）【反向】：可以改变曲面拉伸的方向。

（3）【拉伸方向】：在绘图区中选择方向向量以垂直于草图轮廓的方向拉伸草图。

（4）【深度】：设置曲面拉伸的深度。

（5）【拔模开 / 关】：设置拔模角度，主要用于制造工艺的考虑。

（6）【向外拔模】：设置拔模的方向。

（7）【封底】：将拉伸曲面底面封闭。

其他属性设置不再赘述。

3.【所选轮廓】选项组

◇【所选轮廓】选项组用于在绘图区中选择草图轮廓和模型边线，使用部分草图生成曲面拉伸特征。

7.2.2 旋转曲面

从交叉或者非交叉的草图中选择不同的草图，并用所选轮廓生成的旋转的曲面，即为旋转曲面。

单击【曲面】工具栏中的【旋转曲面】按钮或者选择【插入】|【曲面】|【旋转曲面】菜单命令，系统打开【曲面 - 旋转】属性管理器，如图 7-16 所示。

（1）【旋转轴】选择框：设置曲面旋

转所围绕的轴，所选择的轴可以是中心线、直线，也可以是一条边线。

（2）【反向】：改变旋转曲面的方向。

（3）【旋转类型】下拉列表：设置生成旋转曲面的类型。

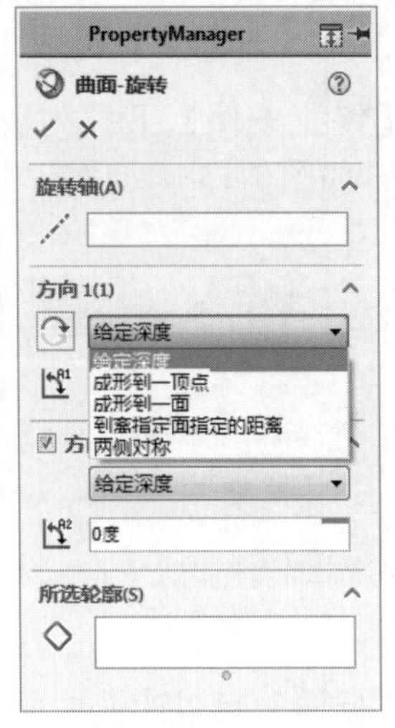

图 7-16

- 【给定深度】：从草图以单一方向生成旋转。
- 【成形到一顶点】：从草图基准面生成旋转到指定顶点。
- 【成形到一面】：从草图基准面生成旋转到指定曲面。
- 【到离指定面指定的距离】：从草图基准面生成旋转到指定曲面的指定等距。
- 【两侧对称】：从草图基准面以顺时针和逆时针方向生成旋转。

（4）【方向 1 角度】、【方向 2 角度】：设置旋转曲面的角度。系统默认的角度为 360°，角度从所选草图基准面以顺时针方向开始。

7.2.3 扫描曲面

利用轮廓和路径生成的曲面被称为扫描曲面。扫描曲面和扫描特征类似，也可以通过引导线生成。

单击【曲面】工具栏中的【扫描曲面】按钮或者选择【插入】|【曲面】|【扫描曲面】菜单命令，系统弹出【曲面 - 扫描】属性管理器，如图 7-17 所示。

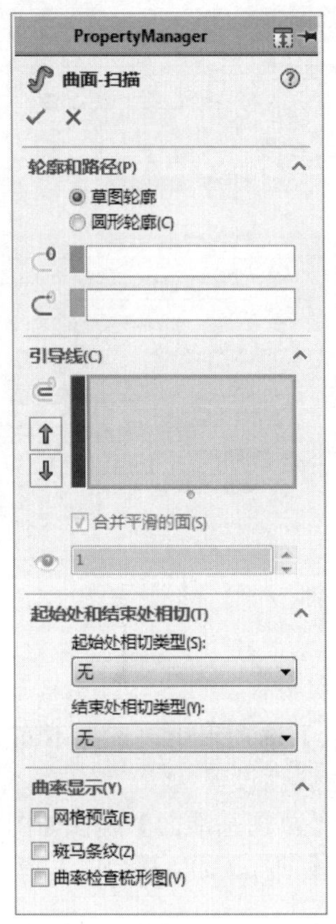

图 7-17

1.【轮廓和路径】选项组

（1）【轮廓】：设置扫描曲面的草图轮廓，在绘图区或者【特征管理器设计树】中选择草图轮廓，扫描曲面的轮廓可以是开环的，也可以是闭环的。

（2）【路径】：设置扫描曲面的路径，在绘图区或者【特征管理器设计树】中选择路径。

2.【引导线】选项组

（1）【引导线】：在轮廓沿路径扫描时加以引导。

（2）【上移】：调整引导线的顺序，使指定的引导线上移。

（3）【下移】：调整引导线的顺序，使指定的引导线下移。

（4）【合并平滑的面】：改进通过引导线扫描的性能，并在引导线或者路径不是曲率连续的所有点处，进行分割扫描。

（5）【显示截面】：显示扫描的截面，单击箭头可以进行滚动预览。

3.【起始处和结束处相切】选项组

（1）【起始处相切类型】如图7-18所示。

- 【无】：不应用相切。
- 【路径相切】：路径垂直于开始点处而生成扫描。

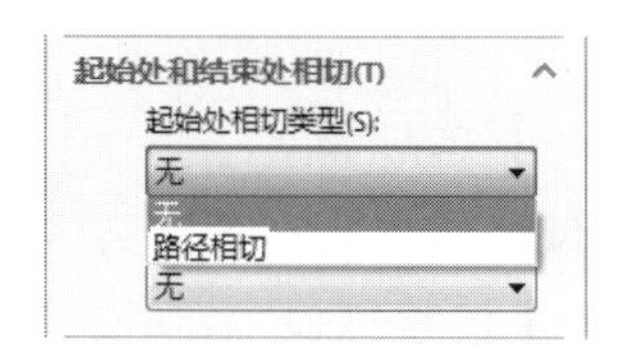

图 7-18

（2）【结束处相切类型】如图7-19所示。

- 【无】：不应用相切。
- 【路径相切】：路径垂直于结束点处而生成扫描。

图 7-19

4.【曲率显示】选项组

设置【网格预览】、【斑马条纹】、【曲率检查梳形图】的模型显示。

7.2.4 放样曲面

通过曲线之间的平滑过渡生成的曲面被称为放样曲面。放样曲面由放样的轮廓曲线组成，也可以根据需要使用引导线。

单击【曲面】工具栏中的【放样曲面】按钮或者选择【插入】|【曲面】|【放样曲面】菜单命令，系统打开【曲面-放样】属性管理器，如图7-20所示。

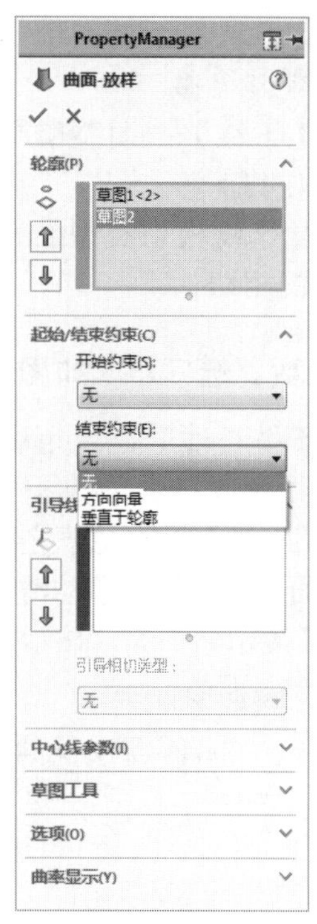

图 7-20

1.【轮廓】选项组

（1）【轮廓】：设置放样曲面的草图轮廓，可以在绘图区或者【特征管理器设计树】中选择草图轮廓。

（2）【上移】：调整轮廓草图的顺序，选择轮廓草图，使其上移。

（3）【下移】：调整轮廓草图的顺序，选择轮廓草图，使其下移。

2.【起始/结束约束】选项组

【开始约束】和【结束约束】列表有相同的选项。

（1）【无】：不应用相切约束，即曲率为零。

（2）【方向向量】：根据方向向量所选实体应用相切约束。

（3）【垂直于轮廓】：应用垂直于开始或者结束轮廓的相切约束。

3.【引导线】选项组

（1）【引导线】：选择引导线以控制放样曲面。

（2）【上移】：调整引导线的顺序，选择引导线，使其上移。

（3）【下移】：调整引导线的顺序，选择引导线，使其下移。

（4）【引导线相切类型】：控制放样与引导线相遇处的相切。

4.【中心线参数】选项组（如图 7-21 所示）

（1）【中心线】：使用中心线引导放样形状，中心线可以和引导线是同一条线。

（2）【截面数】：在轮廓之间围绕中心线添加截面，截面数可以通过移动滑块进行调整。

（3）【显示截面】：显示放样的截面，单击箭头显示截面数。

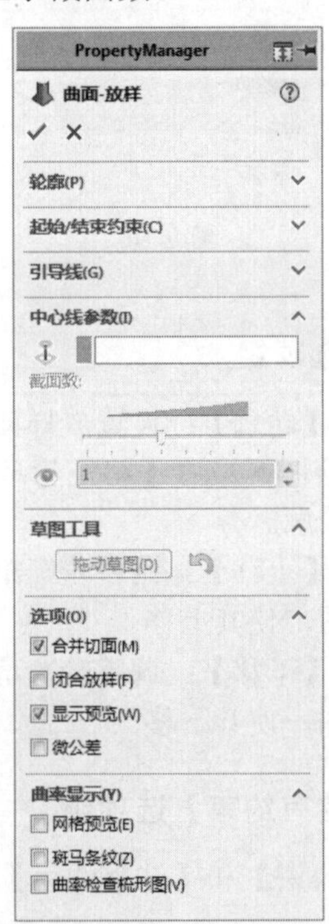

图 7-21

5.【草图工具】选项组

用于在同一草图（特别是 3D 草图）的轮廓中定义放样截面和引导线。

（1）【拖动草图】按钮：激活草图拖动模式。

（2）【撤销草图拖动】按钮：撤销先前的草图拖动操作，并将预览返回到其先前状态。

6.【选项】选项组

（1）【合并切面】：在生成放样曲面时，如果对应的线段相切，则使所生成的放样中的曲面保持相切。

（2）【闭合放样】：沿放样方向生成闭合实体，启用此复选框，会自动连接最后一个和第一个草图。

（3）【显示预览】：显示放样的上色预览；若取消启用此复选框，则只显示路径和引导线。

（4）【微公差】：在非常小的几何绘图区之间设置公差，创建放样时启用。

7.【曲率显示】选项组

设置【网格预览】、【斑马条纹】、【曲率检查梳形图】的模型显示。

7.2.5 等距曲面

将已经存在的曲面以指定距离生成的另一个曲面被称为等距曲面。该曲面既可以是模型的轮廓面，也可以是绘制的曲面。

单击【曲面】工具栏中的【等距曲面】按钮或者选择【插入】|【曲面】|【等距曲面】菜单命令，系统打开【等距曲面】属性管理器，如图 7-22 所示。

图 7-22

（1）（要等距的曲面或面）选择框：在绘图区中选择要等距的曲面或者平面。

（2）等距距离：可以输入等距距离数值。

（3）（反转等距方向）：改变等距的方向。

7.2.6 延展曲面

通过沿所选平面方向延展实体或者曲面的边线而生成的曲面被称为延展曲面。

选择【插入】|【曲面】|【延展曲面】菜单命令，系统弹出【延展曲面】属性管理器，如图 7-23 所示。

（1）【延展方向参考】选择框：在绘图区中选择一个面或者基准面。

（2）【反转延展方向】：改变曲面延展的方向。

（3）【要延展的边线】选择框：在绘图区中选择一条边线或者一组连续边线。

（4）【沿切面延伸】复选框：使曲面沿模型中的相切面继续延展。

（5）【延展距离】：设置延展曲面的宽度。

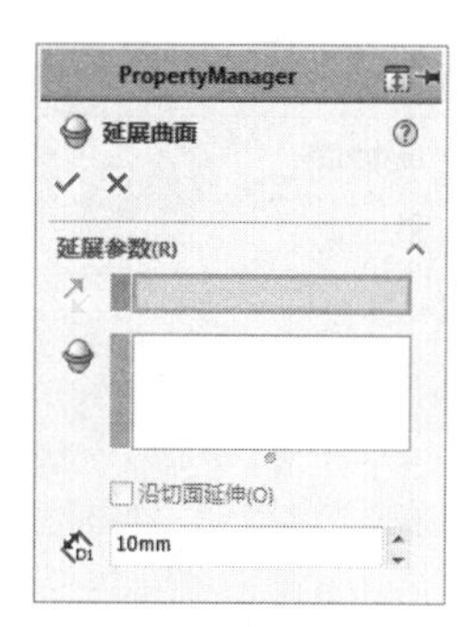

图 7-23

7.3 曲面编辑

7.3.1 圆角曲面

使用圆角命令将曲面实体中以一定角度相交的两个相邻面之间的边线进行平滑过渡生成的圆角，被称为圆角曲面。

单击【曲面】工具栏中的【圆角】按钮或者选择【插入】|【曲面】|【圆角】菜单命令，系统弹出【圆角】属性管理器，如图 7-24 所示。

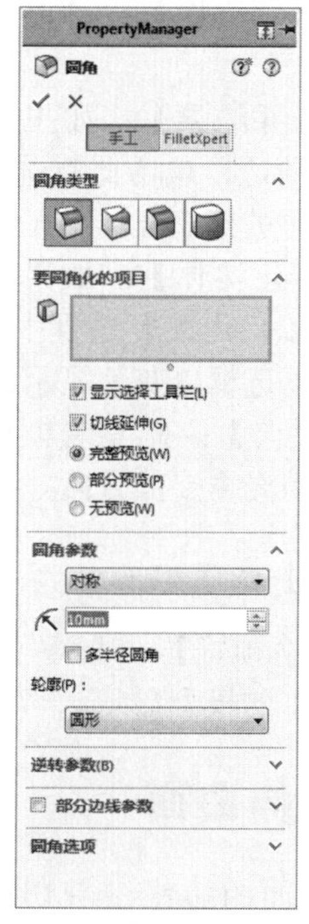

图 7-24

圆角曲面命令与圆角特征命令基本相同，在此不再赘述。

> **提示**
>
> 在生成圆角曲面时，圆角处理的是曲面实体的边线，可以生成多半径圆角曲面。圆角曲面只能在曲面和曲面之间生成，不能在曲面和实体之间生成。

7.3.2 填充曲面

在现有模型边线、草图或者曲线定义的边界内，生成带任何边数的曲面修补，被称为填充曲面。填充曲面可以用来构造填充模型中缝隙的曲面。

通常在以下几种情况中使用填充曲面。

（1）纠正没有正确输入到 SOLIDWORKS 中的零件。

（2）填充用于型心和型腔造型的零件中的孔。

（3）构建用于工业设计应用的曲面。

（4）生成实体模型。

（5）用于修补作为独立实体的特征或者合并这些特征。

单击【曲面】工具栏中的【填充曲面】按钮或者选择【插入】|【曲面】|【填充】

菜单命令，系统弹出【填充曲面】属性管理器，如图 7-25 所示。

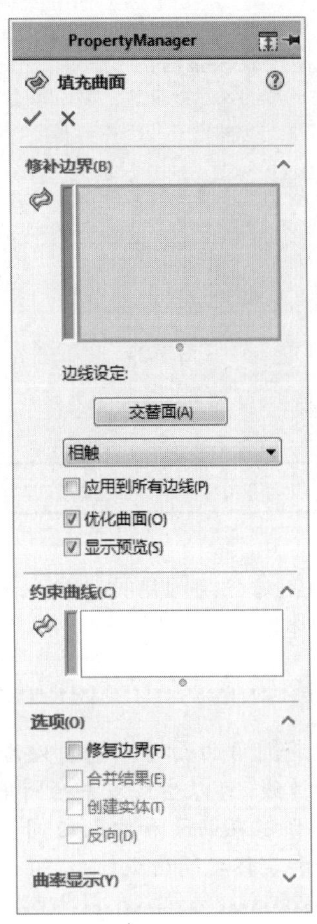

图 7-25

1.【修补边界】选项组

（1）【修补边界】选择框：定义所应用的修补边线。对于曲面或者实体边线，可以使用 2D 和 3D 草图作为修补的边界；对于所有草图边界，只能设置【曲率控制】类型为【相触】。

（2）【交替面】按钮：只在实体模型上生成修补时使用，用于控制修补曲率的反转边界面。

（3）【曲率控制】下拉列表：在生成的修补上进行控制，可以在同一修补中应用不同的曲率控制，其选项如图 7-26 所示。

（4）【应用到所有边线】：可以将相同的曲率控制应用到所有边线中。

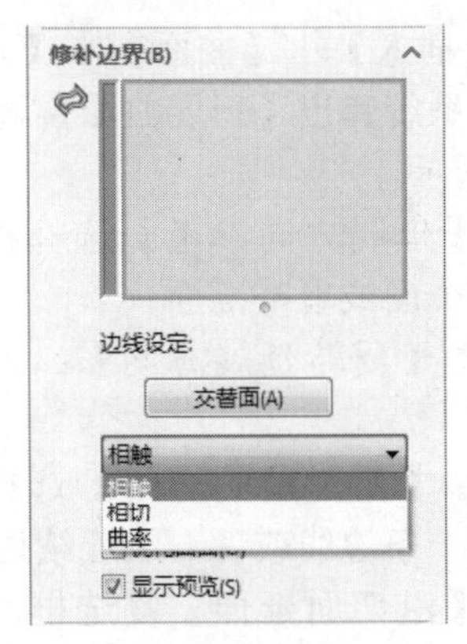

图 7-26

（5）【优化曲面】：用于对曲面进行优化，其潜在优势包括加快重建时间以及当与模型中的其他特征一起使用时增强稳定性。

（6）【显示预览】：以上色方式显示曲面填充预览。

2.【约束曲线】选项组

【约束曲线】用于在填充曲面时添加斜面控制，主要用在工业设计中，可以使用草图点或者样条曲线等草图实体生成约束曲线。

3.【选项】选项组

（1）【修复边界】：可以自动修复填充曲面的边界。

（2）【合并结果】：如果边界至少有一个边线是开环薄边，选中此复选框，则可以用边线所属的曲面进行缝合。

（3）【创建实体】：如果边界实体都是开环边线，可以启用此复选框生成实体。在默认情况下，此复选框以灰色显示。

（4）【反向】：此复选框用于纠正填充曲面时不符合填充需要的方向。

4.【曲率显示】选项组

设置【网格预览】、【斑马条纹】、【曲率检查梳形图】的模型显示。

7.3.3 延伸曲面

将现有曲面的边缘沿着切线方向进行延

伸，形成的曲面被称为延伸曲面。

单击【曲面】工具栏中的【延伸曲面】按钮或者选择【插入】|【曲面】|【延伸曲面】菜单命令，系统弹出【延伸曲面】属性管理器，如图 7-27 所示。

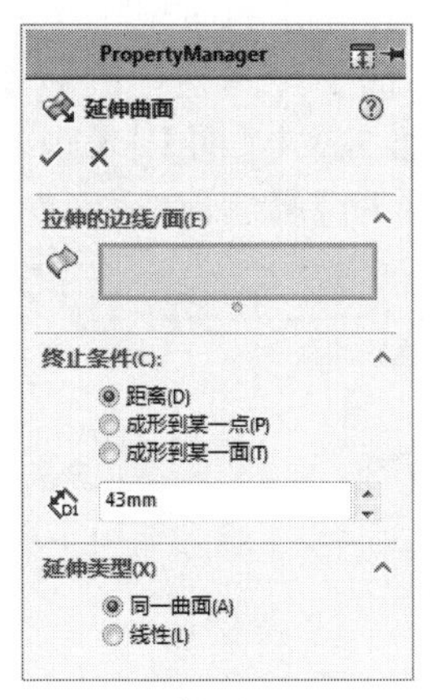

图 7-27

1.【拉伸的边线 / 面】选项组

【所选面 / 边线】选择框用于在绘图区中选择延伸的边线或者面。

2.【终止条件】选项组

（1）【距离】：按照设置的【距离】数值确定延伸曲面的距离。

（2）【成形到某一点】：在绘图区中选择某一顶点，将曲面延伸到指定的点。

（3）【成形到某一面】：在绘图区中选择某一面，将曲面延伸到指定的面。

3.【延伸类型】选项组

（1）【同一曲面】：以原有曲面的曲率沿曲面的几何体进行延伸。

（2）【线性】：沿指定的边线相切于原有曲面进行延伸。

7.3.4 剪裁曲面

可以使用曲面、基准面或者草图作为剪裁工具剪裁相交曲面，也可以将曲面和其他曲面配合使用，相互作为剪裁工具。

单击【曲面】工具栏中的【剪裁曲面】按钮或者选择【插入】|【曲面】|【剪裁曲面】菜单命令，系统打开【剪裁曲面】属性管理器，如图 7-28 所示。

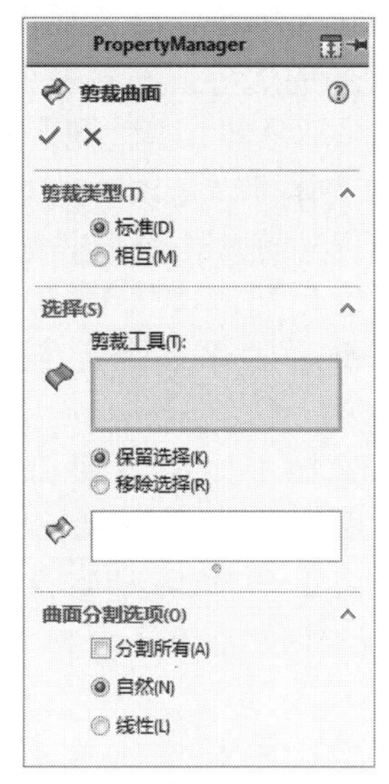

图 7-28

1.【剪裁类型】选项组

（1）【标准】：使用曲面、草图实体、曲线或者基准面等剪裁曲面。

（2）【相互】：使用曲面本身剪裁多个曲面。

2.【选择】选项组

（1）【剪裁工具】选择框：在绘图区中选择曲面、草图实体、曲线或者基准面作为剪裁其他曲面的工具。

（2）【保留选择】：设置剪裁曲面中选择的部分为要保留的部分。

（3）【移除选择】：设置剪裁曲面中选择的部分为要移除的部分。

（4）【保留的部分】选择框：在绘图区中选择保留的曲面。

3.【曲面分割选项】选项组

（1）【分割所有】：显示曲面中的所有分割。

（2）【自然】：强迫边界边线随曲面形状变化。

（3）【线性】：强迫边界边线随剪裁点的线性方向变化。

7.3.5 替换面

利用新曲面实体替换曲面或者实体中的面，这种方式被称为替换面。替换曲面实体不必与旧的面具有相同的边界。在替换面时，原来实体中的相邻面自动延伸并剪裁到替换曲面实体。

替换曲面实体可以是以下几种类型。

- 任何类型的曲面特征，如拉伸曲面、放样曲面等。
- 缝合曲面实体或者复杂的输入曲面实体。
- 通常情况下，替换曲面实体比要替换的面大。当替换曲面实体比要替换的面小的时候，替换曲面实体会自动延伸以与相邻面相交。

其使用方式如下。

- 以一个曲面实体替换另一个或者一组相连的面。
- 在单一操作中，用一个相同的曲面实体替换一组以上相连的面。
- 在实体或者曲面实体中替换面。

单击【曲面】工具栏中的【替换面】按钮或者选择【插入】|【面】|【替换】菜单命令，系统打开【替换面】属性管理器，如图7-29所示。

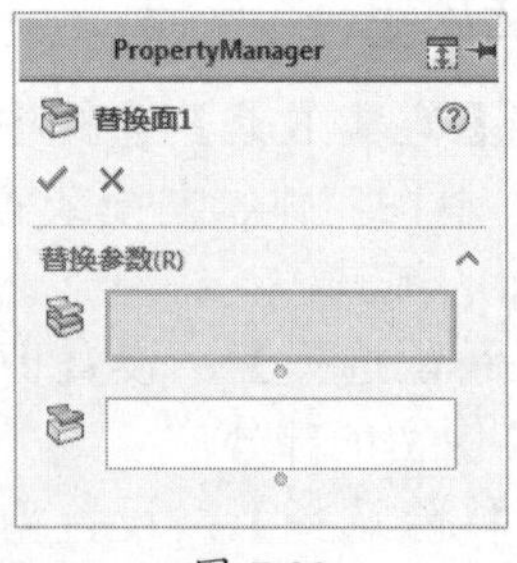

图 7-29

（1）【替换的目标面】选择框：在绘图区中选择曲面、草图实体、曲线或者基准面作为要替换的面。

（2）【替换曲面】选择框：选择替换曲面实体。

7.3.6 删除面

删除面是将存在的面删除并进行编辑。

单击【曲面】工具栏中的【删除面】按钮或者选择【插入】|【面】|【删除】菜单命令，系统打开【删除面】属性管理器，如图7-30所示。

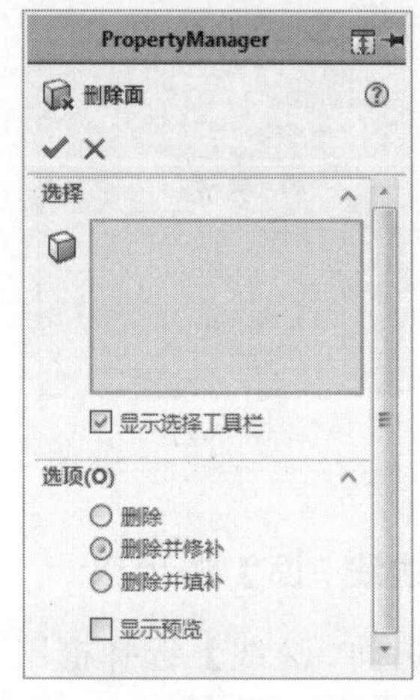

图 7-30

1.【选择】选择组

【要删除的面】选择框用于在绘图区中选择要删除的面。

2.【选项】选项组

（1）【删除】：从曲面实体删除面或者从实体中删除一个或者多个面以生成曲面。

（2）【删除并修补】：从曲面实体或者实体中删除一个面，并自动对实体进行修补和剪裁。

（3）【删除并填补】：删除存在的面并生成单一面，可以填补任何缝隙。

7.4 设计范例

7.4.1 水壶范例

本范例完成文件：\07\7-1.sldprt

案例分析

本节的范例是创建一个水壶的模型，首先使用旋转曲面命令创建基座和壶体，再使用扫描曲面命令创建手柄，最后使用拉伸曲面命令创建壶嘴，并进行剪裁。

案例操作

步骤01 创建草绘

① 在模型树中，选择【上视基准面】，如图7-31所示。

② 单击【草图】选项卡中的【草图绘制】按钮，进行草图绘制。

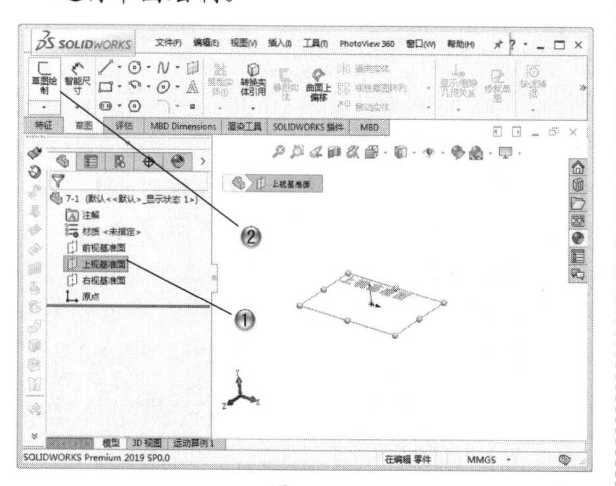

图7-31

步骤02 绘制圆形

① 单击【草图】选项卡中的【圆】按钮。

② 在绘图区中，绘制直径为60的圆形，如图7-32所示。

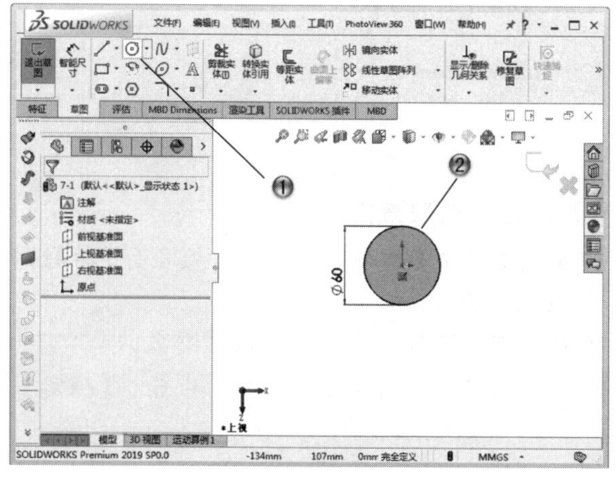

图7-32

步骤03 创建草绘

① 在模型树中，选择【右视基准面】，如图7-33所示。

② 单击【草图】选项卡中的【草图绘制】按钮，进行草图绘制。

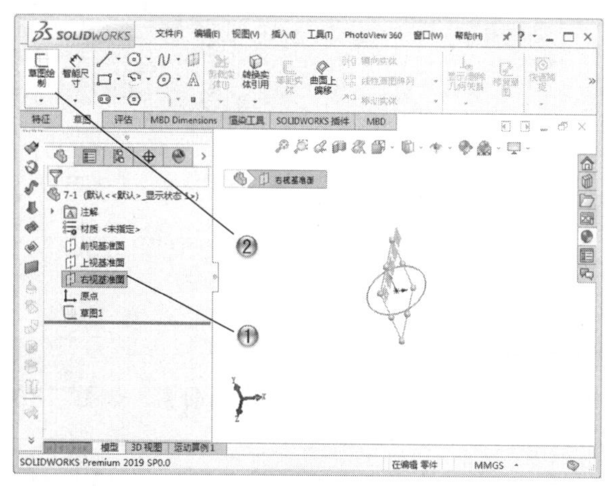

图7-33

步骤04 绘制圆弧

① 单击【草图】选项卡中的【三点圆弧】按钮。

② 在绘图区中，绘制圆弧，如图7-34所示。

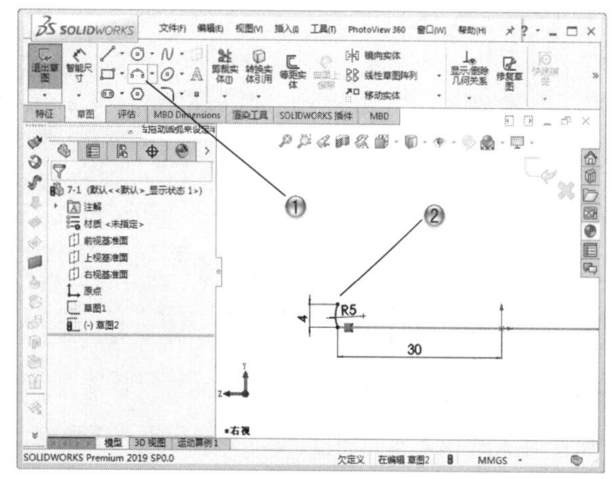

图7-34

步骤 05 创建旋转曲面

① 单击【曲面】工具栏中的【旋转曲面】按钮。

② 在绘图区中，选择旋转草图并设置参数，创建旋转曲面，如图 7-35 所示。

③ 在【曲面 - 旋转】属性管理器中，单击【确定】按钮。

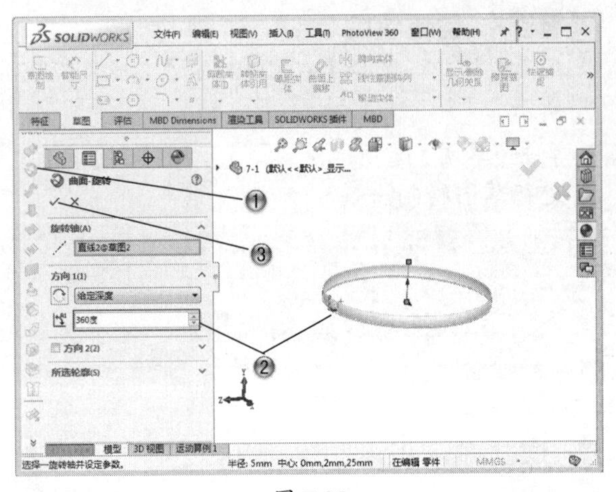

图 7-35

步骤 06 创建草绘

① 在模型树中，选择【右视基准面】，如图 7-36 所示。

② 单击【草图】选项卡中的【草图绘制】按钮，进行草图绘制。

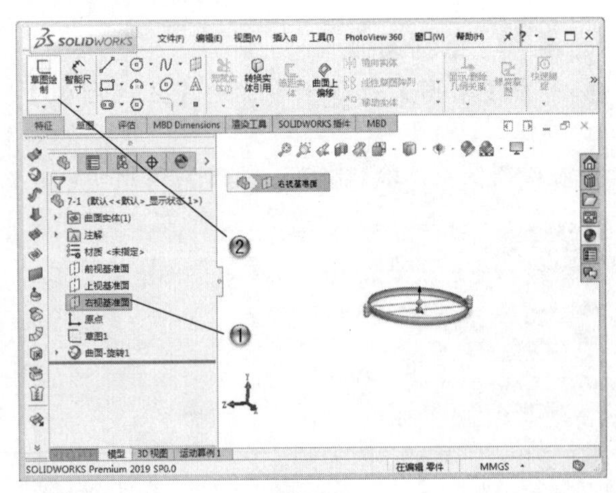

图 7-36

步骤 07 绘制样条曲线

① 单击【草图】选项卡中的【样条曲线】按钮。

② 在绘图区中，绘制样条曲线，如图 7-37 所示。

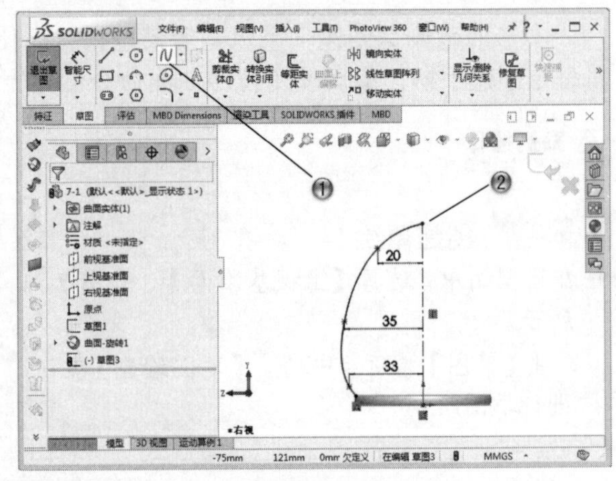

图 7-37

步骤 08 创建旋转曲面

① 单击【曲面】工具栏中的【旋转曲面】按钮。

② 在绘图区中，选择旋转草图并设置参数，创建旋转曲面，如图 7-38 所示。

③ 在【曲面 - 旋转】属性管理器中，单击【确定】按钮。

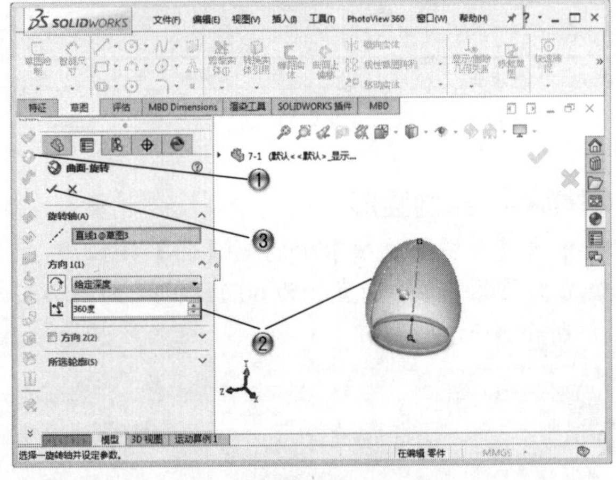

图 7-38

步骤 09 创建基准面

① 单击【特征】选项卡中的【基准面】按钮，如图 7-39 所示。

② 在绘图区选择参考面，并设置参数。

③ 在【基准面】属性管理器中，单击【确定】按钮，创建基准面。

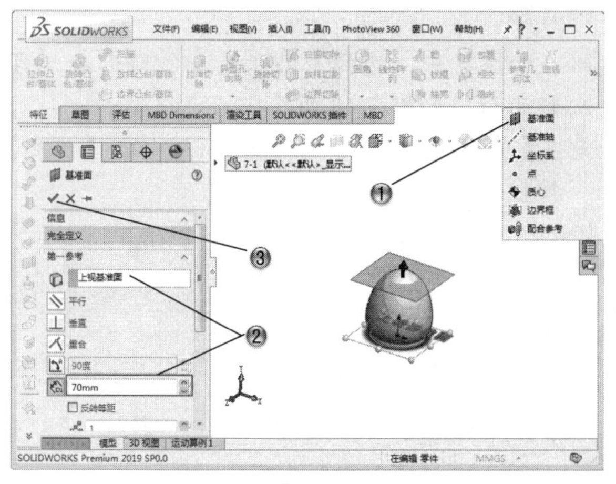

图 7-39

步骤 10 剪裁曲面

① 单击【曲面】工具栏中的【剪裁曲面】按钮。
② 在绘图区中，选择剪裁工具和保留部分，剪裁曲面，如图 7-40 所示。
③ 在【剪裁曲面】属性管理器中，单击【确定】按钮。

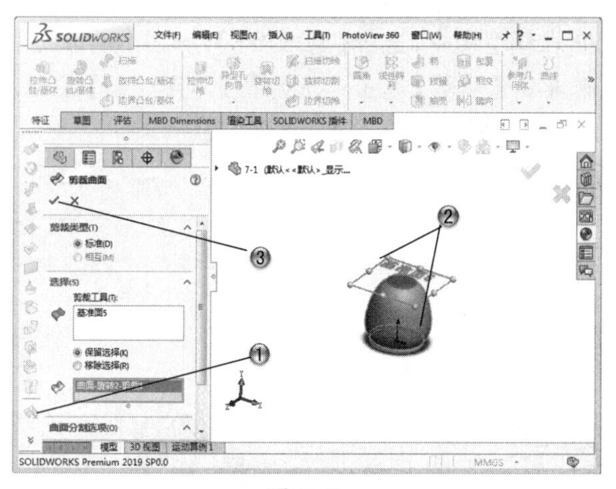

图 7-40

步骤 11 创建草绘

① 在模型树中，选择【前视基准面】，如图 7-41 所示。
② 单击【草图】选项卡中的【草图绘制】按钮，进行草图绘制。

步骤 12 绘制椭圆

① 单击【草图】选项卡中的【椭圆】按钮。
② 在绘图区中，绘制椭圆，如图 7-42 所示。

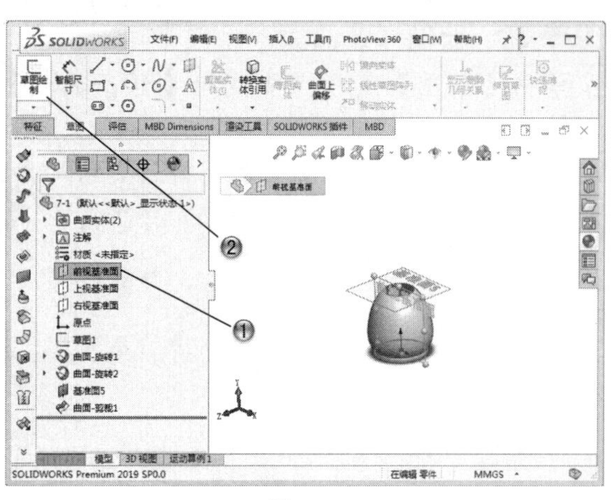

图 7-41

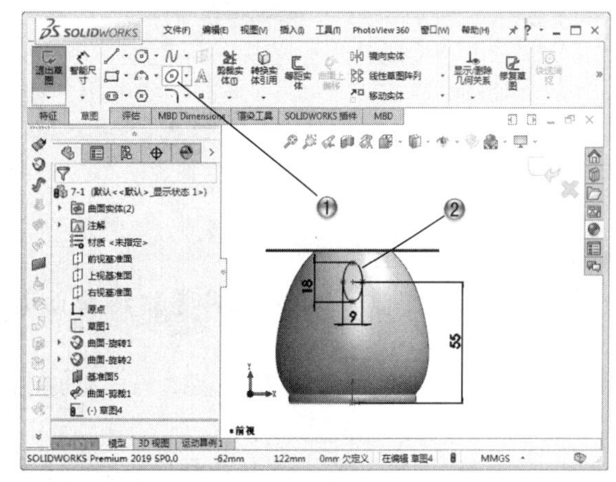

图 7-42

步骤 13 创建草绘

① 在模型树中，选择【右视基准面】，如图 7-43 所示。
② 单击【草图】选项卡中的【草图绘制】按钮，进行草图绘制。

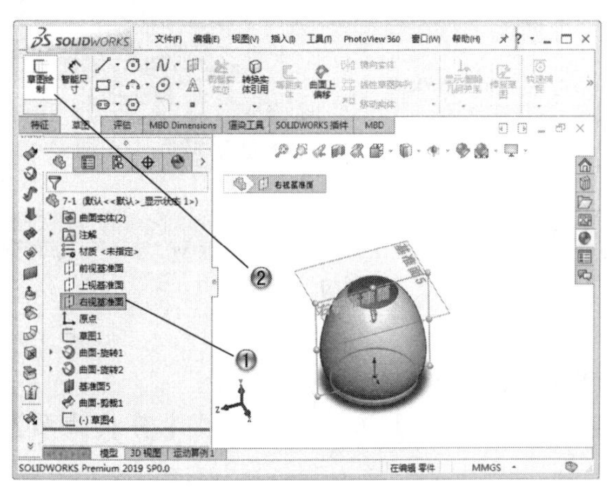

图 7-43

步骤14 绘制样条曲线

① 单击【草图】选项卡中的【样条曲线】按钮。

② 在绘图区中，绘制样条曲线，如图 7-44 所示。

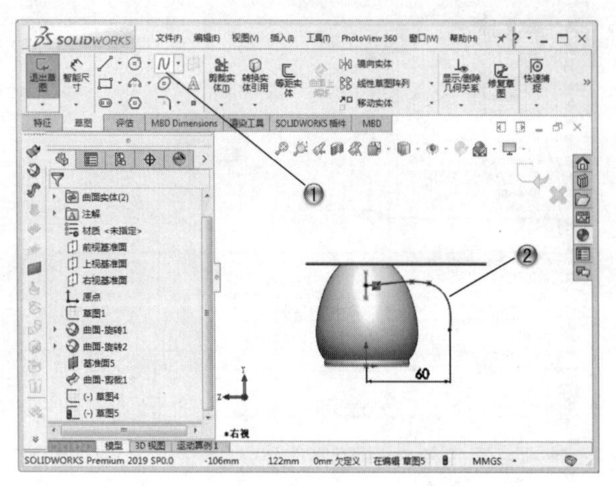

图 7-44

步骤15 创建扫描曲面

① 单击【曲面】工具栏中的【扫描曲面】按钮。

② 在绘图区中，选择截面和扫描路径，创建扫描曲面，如图 7-45 所示。

③ 在【曲面 - 扫描】属性管理器中，单击【确定】按钮。

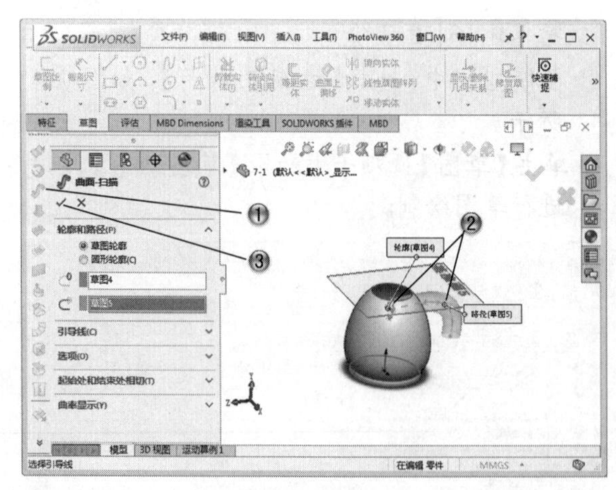

图 7-45

步骤16 剪裁曲面

① 单击【曲面】工具栏中的【剪裁曲面】按钮。

② 在绘图区中，选择剪裁工具和保留部分，剪裁曲面，如图 7-46 所示。

③ 在【剪裁曲面】属性管理器中，单击【确定】按钮。

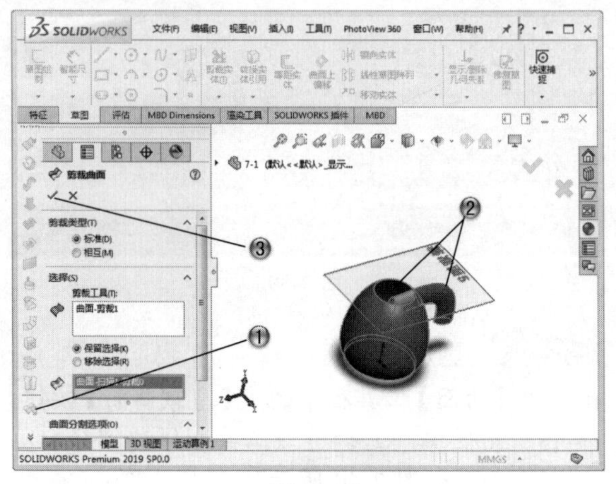

图 7-46

步骤17 创建草绘

① 在模型树中，选择【基准面 5】，如图 7-47 所示。

② 单击【草图】选项卡中的【草图绘制】按钮，进行草图绘制。

图 7-47

步骤18 绘制直线图形

① 单击【草图】选项卡中的【直线】按钮。

② 在绘图区中，绘制两条直线，如图 7-48 所示。

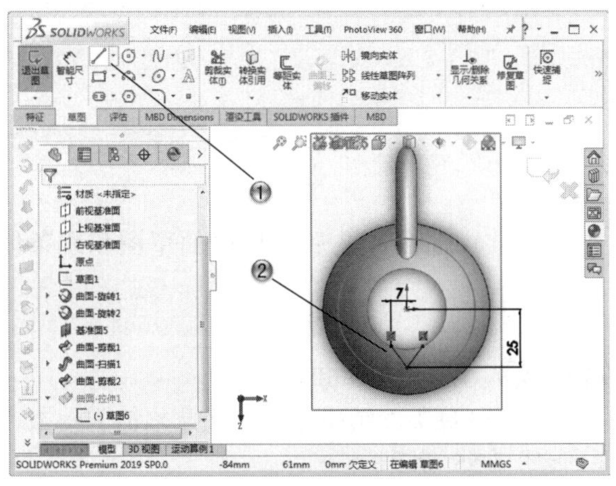

图 7-48

步骤 19 创建拉伸曲面

① 单击【曲面】工具栏中的【拉伸曲面】按钮。

② 在绘图区中，选择曲面并设置参数，创建拉伸曲面，如图 7-49 所示。

③ 在【曲面 - 拉伸】属性管理器中，单击【确定】按钮。

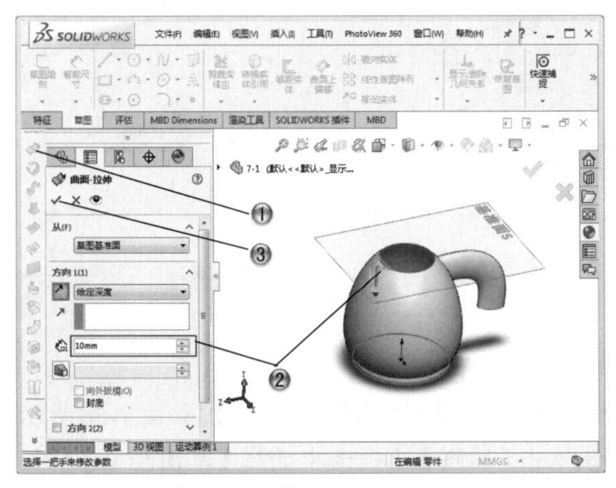

图 7-49

步骤 20 剪裁旋转曲面

① 单击【曲面】工具栏中的【剪裁曲面】按钮。

② 在绘图区中，选择剪裁工具和保留部分，剪裁旋转曲面，如图 7-50 所示。

③ 在【剪裁曲面】属性管理器中，单击【确定】按钮。

步骤 21 剪裁拉伸曲面

① 单击【曲面】工具栏中的【剪裁曲面】按钮。

② 在绘图区中，选择剪裁工具和保留部分，剪裁拉伸曲面，如图 7-51 所示。

③ 在【剪裁曲面】属性管理器中，单击【确定】按钮。

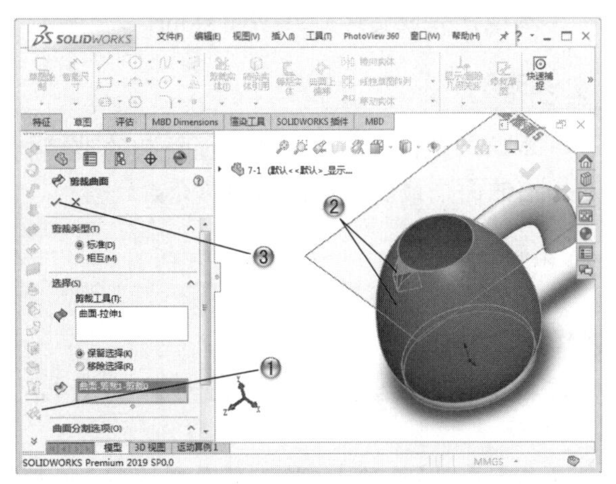

图 7-50

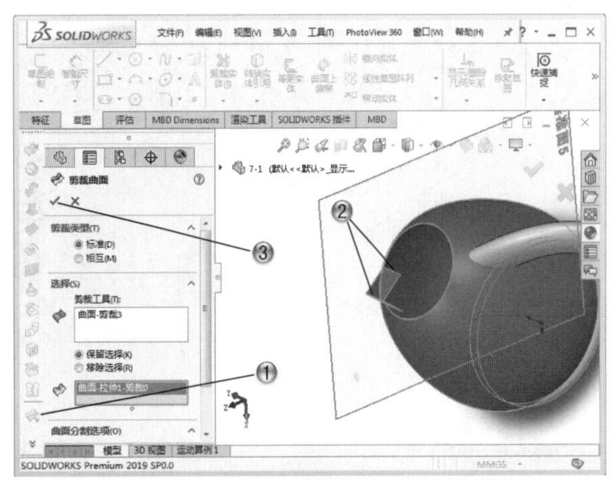

图 7-51

步骤 22 完成水壶零件模型

完成对水壶零件模型，如图 7-52 所示。

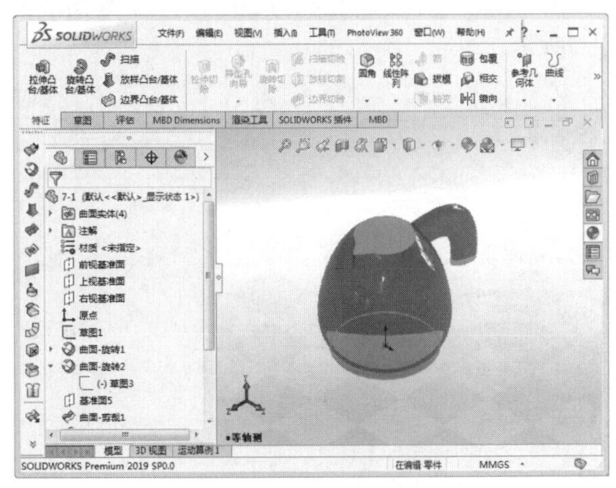

图 7-52

7.4.2 玻璃制品范例

本范例完成文件：\07\7-2.sldprt

案例分析

本节的范例是创建一个曲面复杂的玻璃制品，先创建放样曲面，之后使用截面草图和线条创建扫描曲面，最后进行曲面的填充。

案例操作

步骤 01 创建草绘

① 在模型树中，选择【前视基准面】，如图 7-53 所示。

② 单击【草图】选项卡中的【草图绘制】按钮，进行草图绘制。

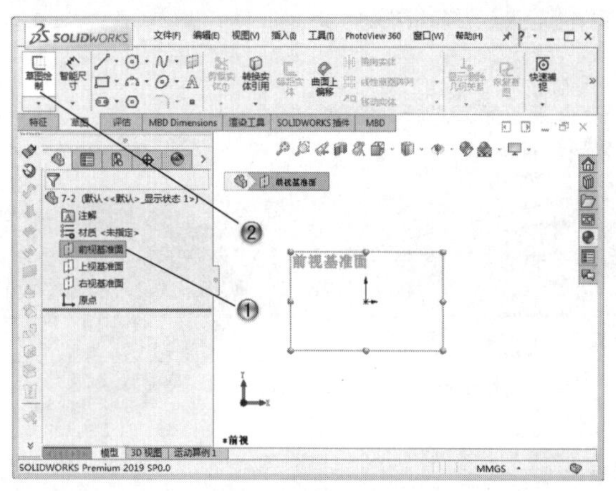

图 7-53

步骤 02 绘制圆形

① 单击【草图】选项卡中的【圆】按钮。

② 在绘图区中，绘制直径为 20 的圆形，如图 7-54 所示。

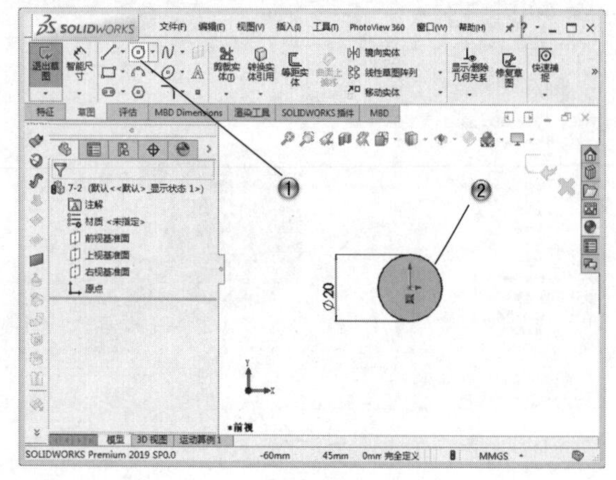

图 7-54

步骤 03 创建基准面

① 单击【特征】选项卡中的【基准面】按钮，如图 7-55 所示。

② 在绘图区选择参考面，并设置参数。

③ 在【基准面】属性管理器中，单击【确定】按钮，创建基准面。

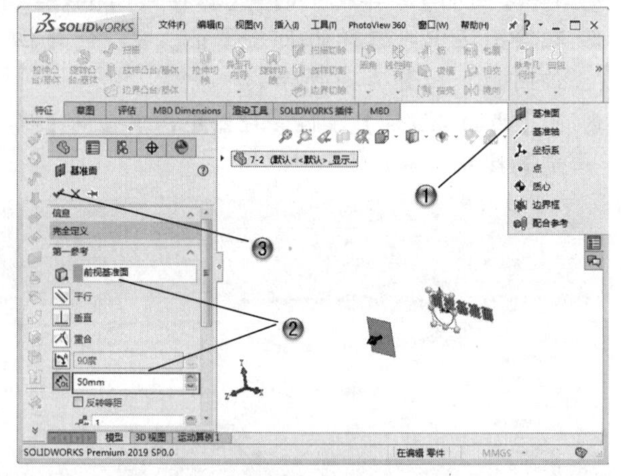

图 7-55

步骤 04 创建草绘

① 在模型树中，选择【基准面 4】，如图 7-56 所示。

② 单击【草图】选项卡中的【草图绘制】按钮，进行草图绘制。

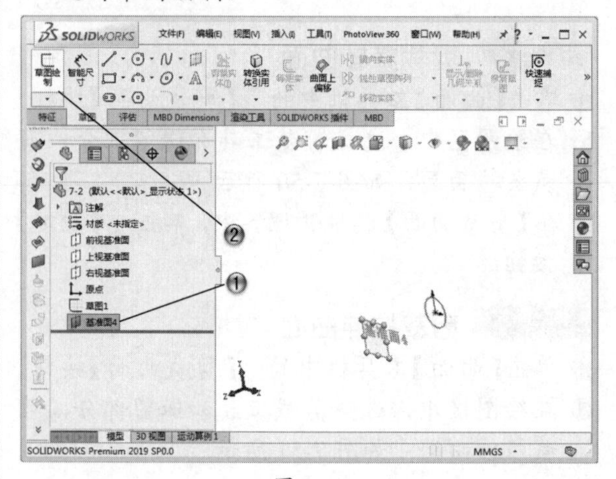

图 7-56

步骤05 绘制圆形

① 单击【草图】选项卡中的【圆】按钮。

② 在绘图区中，绘制直径40的圆形，如图7-57所示。

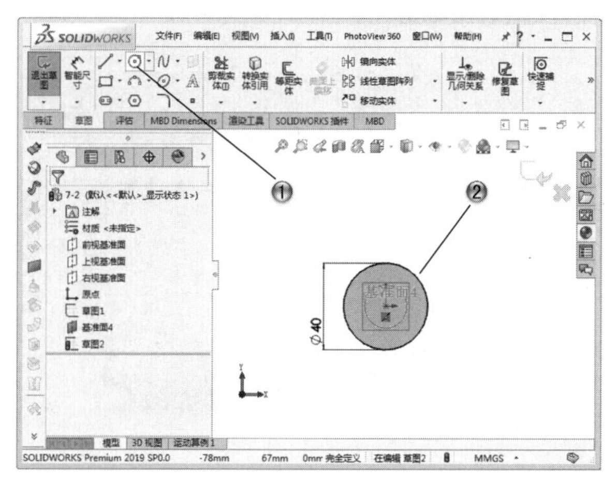

图 7-57

步骤06 创建基准面

① 单击【特征】选项卡中的【基准面】按钮，如图7-58所示。

② 在绘图区选择参考面，并设置参数。

③ 在【基准面】属性管理器中，单击【确定】按钮，创建基准面。

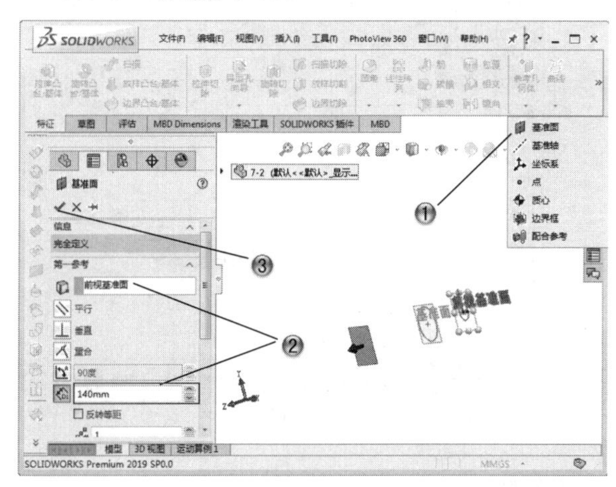

图 7-58

步骤07 创建草绘

① 在模型树中，选择【基准面5】，如图7-59所示。

② 单击【草图】选项卡中的【草图绘制】按钮，进行草图绘制。

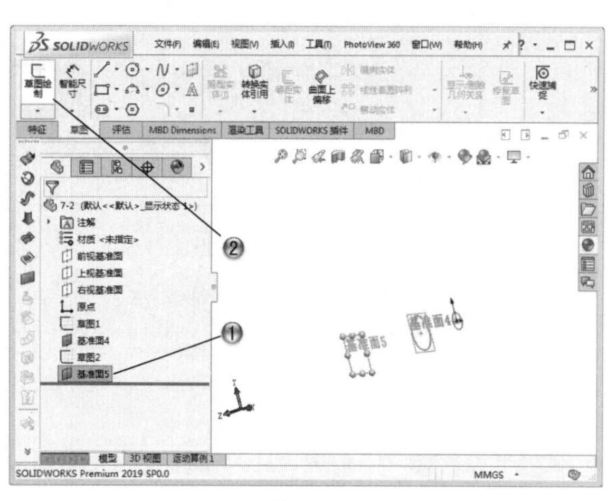

图 7-59

步骤08 绘制椭圆

① 单击【草图】选项卡中的【椭圆】按钮。

② 在绘图区中，绘制椭圆，如图7-60所示。

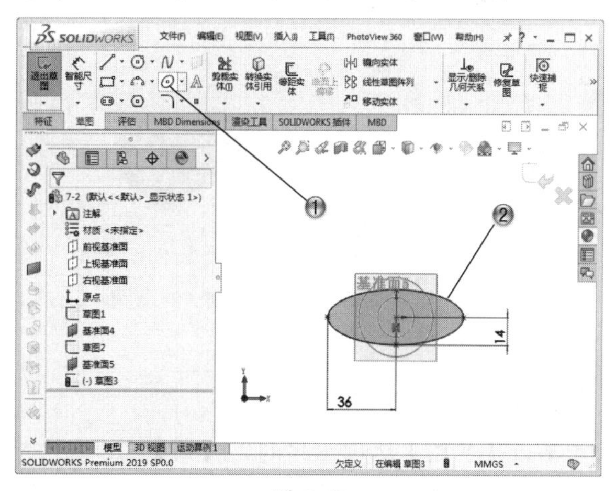

图 7-60

步骤09 创建放样曲面

① 单击【曲面】工具栏中的【放样曲面】按钮。

② 在绘图区中，选择3个轮廓，创建放样曲面，如图7-61所示。

③ 在【曲面-放样】属性管理器中，单击【确定】按钮。

步骤10 创建草绘

① 在模型树中，选择【基准面4】，如图7-62所示。

② 单击【草图】选项卡中的【草图绘制】按钮，进行草图绘制。

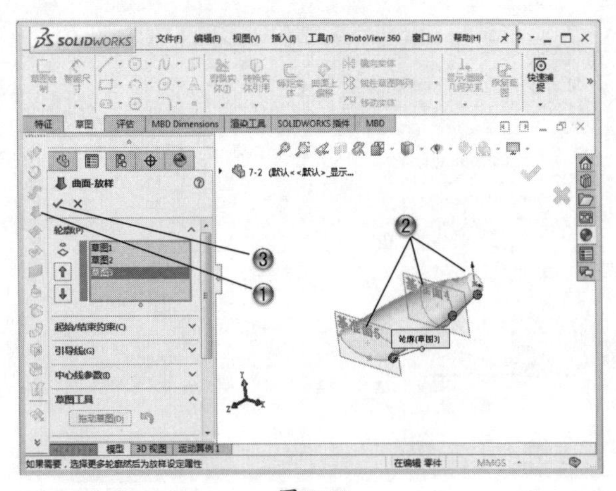

图 7-61

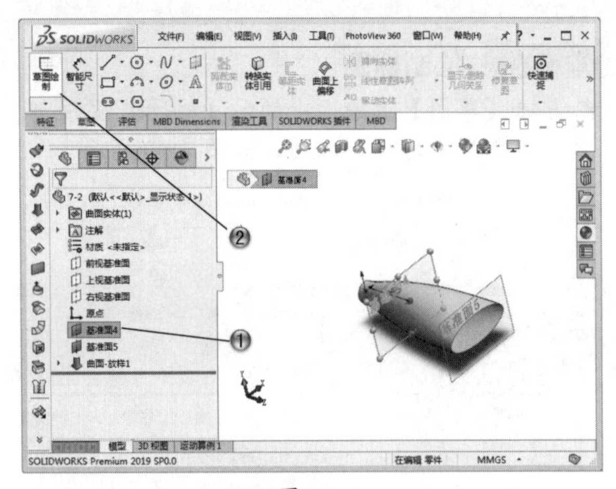

图 7-62

步骤 11 绘制圆形

① 单击【草图】选项卡中的【圆】按钮。

② 在绘图区中，绘制直径为22的圆形，如图7-63所示。

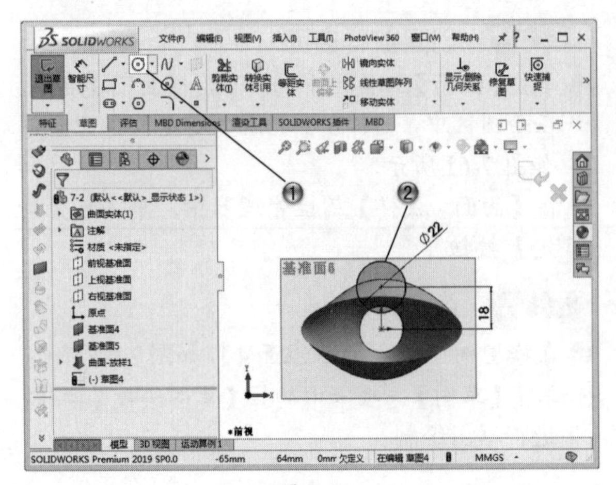

图 7-63

步骤 12 创建草绘

① 在模型树中，选择【右视基准面】，如图7-64所示。

② 单击【草图】选项卡中的【草图绘制】按钮，进行草图绘制。

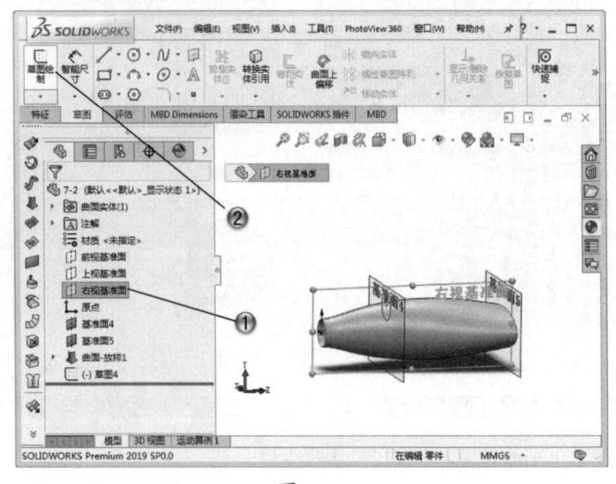

图 7-64

步骤 13 绘制样条曲线

① 单击【草图】选项卡中的【样条曲线】按钮。

② 在绘图区中，绘制样条曲线，如图7-65所示。

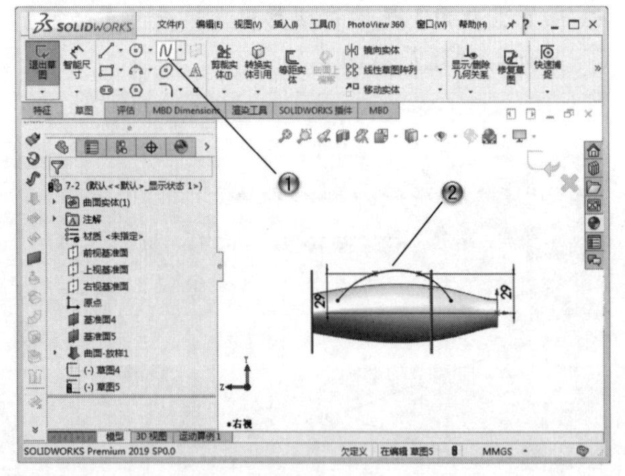

图 7-65

步骤 14 创建扫描曲面

① 单击【曲面】工具栏中的【扫描曲面】按钮。

② 在绘图区中，选择截面和路径，创建扫描曲面，如图7-66所示。

③ 在【曲面-扫描】属性管理器中，单击【确定】按钮。

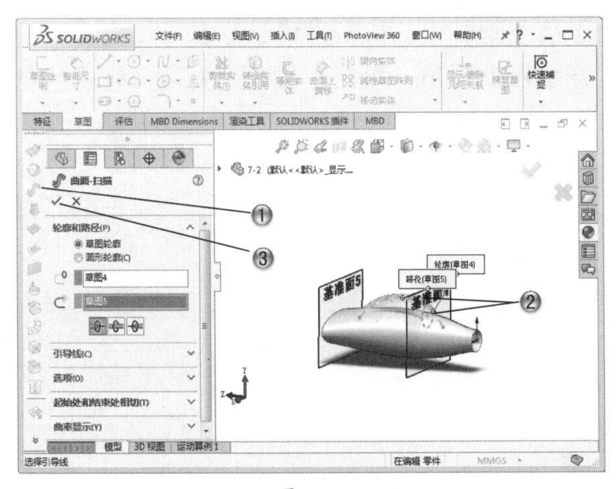

图 7-66

步骤 15 创建填充曲面 1

① 单击【曲面】工具栏中的【填充曲面】按钮。

② 在绘图区中，选择修补边界，创建填充曲面 1，如图 7-67 所示。

③ 在【填充曲面】属性管理器中，单击【确定】按钮。

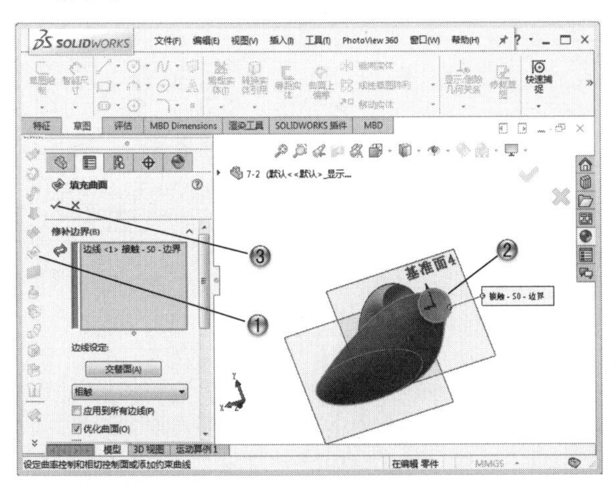

图 7-67

步骤 16 创建填充曲面 2

① 单击【曲面】工具栏中的【填充曲面】按钮。

② 在绘图区中，选择修补边界，创建填充曲面 2，如图 7-68 所示。

③ 在【填充曲面】属性管理器中，单击【确定】按钮。

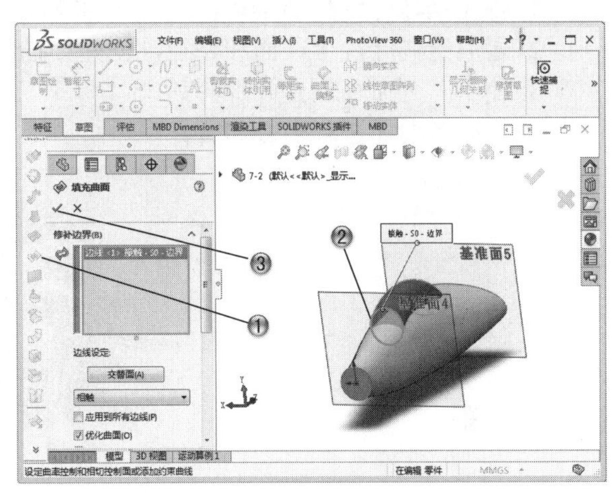

图 7-68

步骤 17 完成玻璃制品模型

完成的玻璃制品模型，如图 7-69 所示。

图 7-69

7.5 本章小结和练习

7.5.1 本章小结

本章介绍了曲线、曲面的设计和编辑方法。曲线和曲面是三维曲面造型的基础。曲线的生成结合了二维线条及特征实体。曲面的生成与特征的生成非常类似，但特征模型是具有厚度的几何体，而曲面模型是没有厚度的几何体。曲面编辑的方法包括圆角、填充、延伸、剪裁、替换和删除这些命令。

7.5.2 练习

1. 首先创建叶轮拉伸基体，如图 7-70 所示。
2. 之后绘制叶片 1 截面和路径，创建扫描特征。
3. 使用阵列命令创建叶片阵列。
4. 将所有曲面进行剪裁和合并。

图 7-70

第 8 章

装配体设计

本章导读

装配是 SOLIDWORKS 基本功能之一，装配体的首要功能是描述产品零件之间的配合关系，除此之外，装配模块还提供了干涉检查、爆炸视图、轴测剖视图、零部件压缩和装配统计、轻化等功能。另外，本章还介绍了 SOLIDWORKS 运动算例，它是一个与 SOLIDWORKS 完全集成的动画制作软件，其最大特点在于能够方便地制作出丰富的动画效果以演示产品的外观和性能，从而增强客户与企业之间的交流。

本章主要介绍装配体的设计过程和装配体动画的制作。装配体的设计包括干涉检查、爆炸视图、轴测视图、压缩零部件、统计和部件轻化，最后介绍制作动画的创建过程和方法。

8.1 设计装配体的两种方式

装配体可以生成由许多零部件所组成的复杂装配体，这些零部件可以是零件或者其他装配体，被称为子装配体。对于大多数操作而言，零件和装配体的行为方式是相同的。当在SOLIDWORKS中打开装配体时，将查找零部件文件以便在装配体中显示，同时零部件中的更改将自动反映在装配体中。

8.1.1 插入零部件的属性设置

单击【装配体】工具栏中的【插入零部件】按钮，或者选择【插入】|【零部件】|【现有零件/装配体】菜单命令，在【插入零部件】属性管理器中选择装配体文件，如图8-1所示。

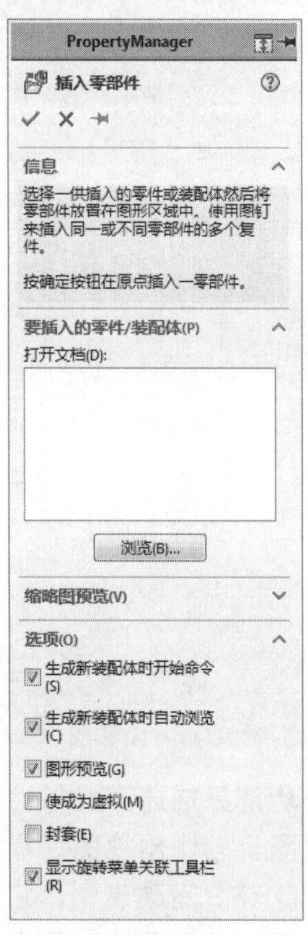

图 8-1

1.【要插入的零件/装配体】选项组

通过单击【浏览】按钮打开现有零件文件。

2.【选项】选项组

（1）【生成新装配体时开始命令】：当生成新装配体时，选择此项以打开此属性设置。

（2）【生成新装配体时自动浏览】：当生成新装配体时，选择此项进行模型查看。

（3）【图形预览】：在绘图区中看到所选文件的预览。

（4）【使成为虚拟】：使加载的零部件虚拟显示。

（5）【封套】：透明显示零部件。

（6）【显示旋转菜单关联工具栏】：在绘图区显示菜单关联的辅助工具栏，如图8-2所示。

在绘图区中单击，将零件添加到装配体。可以固定零部件的位置，这样零部件就不能相对于装配体原点进行移动。在默认情况下，装配体中的第一个零部件是固定的，但是可以随时使其浮动。

图 8-2

> **注意：**
>
> 至少有一个装配体零部件是固定的，或者与装配体基准面（或者原点）具有配合关系，这样可以为其余的配合提供参考，而且可以防止零部件在添加配合关系时意外地被移动。

8.1.2 设计装配体的两种方式

装配体文件的建立途径如下。

（1）自下而上设计装配体。

自下而上设计法是比较传统的方法。先设计并造型零件，然后将之插入装配体，接着使用配合来定位零件。若想更改零件，必须单独编辑零件，更改完成后可在装配体中看见修改。

自下而上设计法对于先前建造完成的零件，或者对于诸如金属器件、皮带轮、马达等之类的标准零部件是优先技术，这些零件不根据设计而更改其形状和大小，除非选择不同的零部件。

（2）自上而下设计装配体。

在自上而下装配体设计中，零件的一个或多个特征由装配体中的某项定义，如布局草图或另一零件的几何体。设计意图（特征大小，装配体中零部件的放置，与其他零件的距离等）来自顶层（装配体）并下移（到零件中），因此称为“自上而下”。例如，当使用拉伸命令在塑料零件上生成定位销时，可选择【成形到面】选项并选择线路板的底面（不同零件）。该选择将使定位销长度刚好接触线路板，即使线路板在将来移动也不会出问题。也就是销钉的长度在装配体中定义，而不是被零件中的静态尺寸所定义。

可使用自上而下设计法的情况如下。

- 单个特征可通过参考装配体中的其他零件而自上而下设计，如在上述情形中。在自下而上设计中，零件在单独窗口中建造，此窗口中只能看到零件。然而，SOLIDWORKS 也允许在装配体窗口中操作时编辑零件。这可使所有其他零部件的几何体作为参考（例如复制或标注尺寸）。该方法对于大多是静态但具有某些与其他装配体零部件交界的特征的零件较有帮助。
- 完整零件可通过在关联装配体中创建新零部件而以自上而下方法建造。用户所建造的零部件实际上是附加（配合）到装配体中的另一现有零部件，所建造的零部件的几何体是基于现有零部件。该方法对于像托架和器具之类的零件较有用，它们大多或完全依赖其他零件来定义其形状和大小。
- 整个装配体亦可自上而下设计，先通过建造定义零部件位置、关键尺寸等的布局草图，接着建造 3D 零件，这样 3D 零件遵循草图的大小和位置。（草图的速度和灵活性可让在建造任何 3D 几何体之前快速尝试数个设计版本。在建造 3D 几何体后，草图也可以让用户进行更改。）

8.2 装配体的干涉检查

在一个复杂装配体中，如果用视觉检查零部件之间是否存在干涉是件困难的事情，因此要用到干涉检查功能。

8.2.1 干涉检查的功能

在 SOLIDWORKS 中，装配体干涉检查的功能如下。

（1）决定零部件之间的干涉。

（2）显示干涉的真实体积为上色体积。

（3）更改干涉和不干涉零部件的显示设置，以更好查看干涉。

（4）选择忽略需要排除的干涉，如紧密配合、螺纹扣件的干涉等。

（5）选择将实体之间的干涉包括在多实体零件中。

（6）选择将子装配体看成单一零部件，这样子装配体零部件之间的干涉将不报出。

（7）将重合干涉和标准干涉区分开。

8.2.2 干涉检查的属性设置

单击【装配体】工具栏中的【干涉检查】按钮或者选择【工具】|【干涉检查】菜单命令，系统打开【干涉检查】属性管理器，如图 8-3 所示。

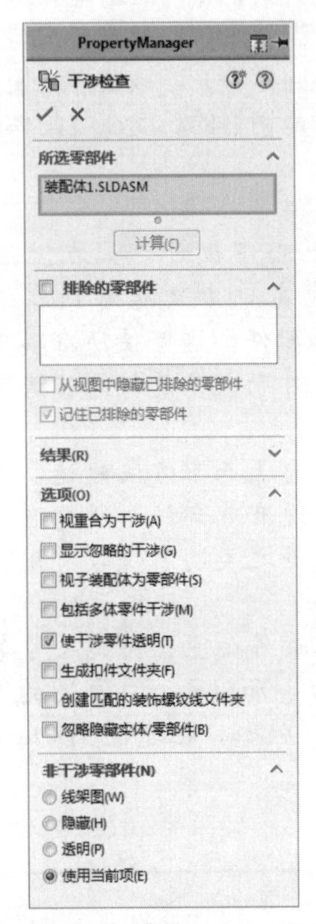

图 8-3

1.【所选零部件】选项组

（1）【所选零部件】选择框：显示为干涉检查所选择的零部件。根据默认设置，除非预选了其他零部件，顶层装配体将出现在选择框中。当检查一个装配体的干涉情况时，其所有零部件都将被检查。如果选择单一零部件，将只报告涉及该零部件的干涉。如果选择两个或者多个零部件，则只报告所选零部件之间的干涉。

（2）【计算】：单击此按钮，检查干涉情况。

检测到的干涉显示在【结果】列表框中，干涉的体积数值显示在每个列举项的右侧，如图 8-4 所示。

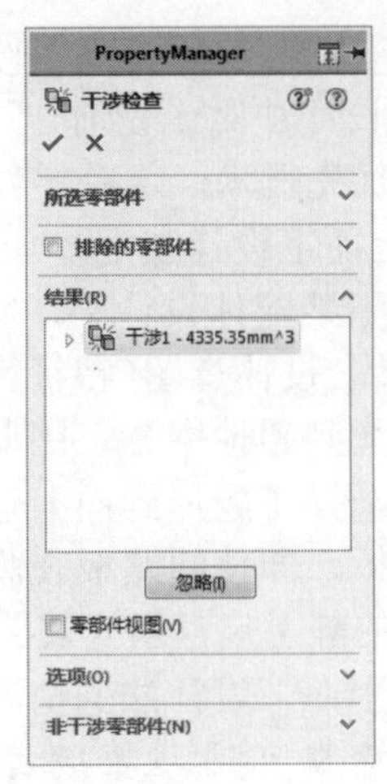

图 8-4

2.【结果】选项组

（1）【忽略】、【解除忽略】：为所选干涉在【忽略】和【解除忽略】模式之间进行转换。如果设置干涉为【忽略】，则会在以后的干涉计算中始终保持为【忽略】模式。

（2）【零部件视图】：按照零部件名称而非干涉标号显示干涉。

在【结果】选项组中，可以进行如下操作。

- 选择某干涉，使其在绘图区中以红色高亮显示。
- 展开干涉，以显示互相干涉的零部件的名称。
- 用鼠标右击某干涉，在弹出的快捷菜单中选择【放大所选范围】命令，如图 8-5 所示，在绘图区中放大干涉。

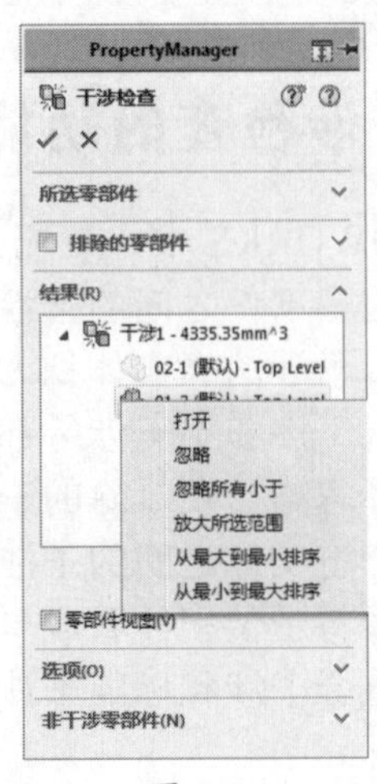

图 8-5

- 用鼠标右击某干涉，在弹出的快捷菜单中选择【忽略】命令。
- 用鼠标右击某忽略的干涉，在弹出的快捷菜单中选择【解除忽略】命令。

3.【选项】选项组

（1）【视重合为干涉】：将重合实体报告为干涉。

（2）【显示忽略的干涉】：显示在【结果】选项组中被设置为【忽略】的干涉。取消启用此复选框时，忽略的干涉将不被列举。

（3）【视子装配体为零部件】：取消启用此复选框时，子装配体被看作单一零部件，子装配体与零部件之间的干涉将不被报告。

（4）【包括多体零件干涉】：报告多实体零件中实体之间的干涉。

（5）【使干涉零件透明】：以透明模式显示所选干涉的零部件。

（6）【生成扣件文件夹】：将扣件（如螺母和螺栓等）之间的干涉隔离为【结果】选项组中的单独文件夹。

（7）【创建匹配的装饰螺纹线文件夹】：将匹配的装饰螺纹线隔离为单独文件夹。

（8）【忽略隐藏实体 / 零部件】：不计算隐藏实体的干涉。

4.【非干涉零部件】选项组

以所选模式显示非干涉的零部件，包括【线架图】、【隐藏】、【透明】、【使用当前项】。

8.3 装配体爆炸视图

出于制造的目的，经常需要分离装配体中的零部件以形象地分析它们之间的相互关系。装配体的爆炸视图可以分离其中的零部件以便查看该装配体。

一个爆炸视图由一个或者多个爆炸步骤组成，每一个爆炸视图保存在所生成的装配体配置中，而每一个配置都可以有一个爆炸视图。可以通过在绘图区中选择和拖动零部件的方式生成爆炸视图。

在爆炸视图中可以进行如下操作。

（1）自动均分爆炸成组的零部件（如硬件和螺栓等）。

（2）附加新的零部件到另一个零部件的现有爆炸步骤中。如果要添加一个零部件到已有爆炸视图的装配体中，这个方法很有用。

（3）如果子装配体中有爆炸视图，则可以在更高级别的装配体中重新使用此爆炸视图。

注意：

在装配体爆炸视图中，不能为其添加配合。

8.3.1 爆炸视图的属性设置

单击【装配体】工具栏中的【爆炸视图】按钮或者选择【插入】|【爆炸视图】菜单命令，系统弹出【爆炸】属性管理器，如图 8-6 所示。

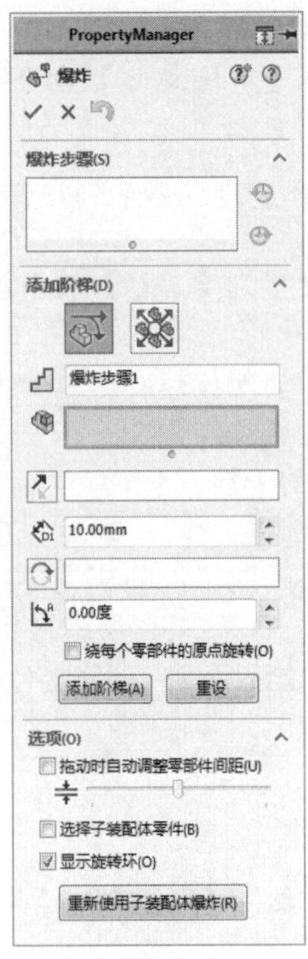

图 8-6

1.【爆炸步骤】列表框

【爆炸步骤】列表框用于显示爆炸到单一位置的一个或者多个所选零部件。

2.【添加阶梯】选项组

（1）【爆炸步骤的零部件】选择框：显示当前爆炸步骤所选的零部件。

（2）【爆炸方向】选择框：显示当前爆炸步骤所选的方向。

（3）【反向】：改变爆炸的方向。

（4）【爆炸距离】：显示当前爆炸步骤零部件移动的距离。

（5）【旋转轴】选择框：选择零部件的旋转固定轴，可以使用【反向】按钮调整方向。

（6）【旋转角度】：设置零部件的旋转度数。

3.【选项】选项组

（1）【拖动时自动调整零部件间距】：沿轴心自动均匀地分布零部件组的间距。

（2）【调整零部件链之间的间距】：调整零部件之间的距离。

（3）【选择子装配体零件】：启用此复选框，可以选择子装配体的单个零件；取消启用此复选框，可以选择整个子装配体。

（4）【显示旋转环】：在绘图区显示零部件旋转方向的环状体。

（5）【重新使用子装配体爆炸】按钮：使用先前在所选子装配体中定义的爆炸步骤。

8.3.2 编辑爆炸视图

1. 生成爆炸视图

（1）单击【装配体】工具栏中的【爆炸视图】按钮或者选择【插入】|【爆炸视图】菜单命令，系统打开【爆炸】属性管理器。

（2）在绘图区或者【特征管理器设计树】中，选择一个或者多个零部件以将其包含在第一个爆炸步骤中，在绘图区出现一个三重轴。零部件名称显示在【添加阶梯】选项组的【爆炸步骤的零部件】选择框中。

（3）将鼠标指针移动到指向零部件爆炸方向的三重轴臂杆上。

（4）拖动三重轴臂杆以爆炸零部件，现有爆炸步骤显示在【爆炸步骤】列表框中。

TIPS 提示

可以拖动三重轴中心的球体，将三重轴移动至其他位置。如果将三重轴放置在边线或者面上，则三重轴的轴会对齐该边线或者面。

（5）在【添加阶梯】选项组中，单击【完成】按钮，【爆炸步骤的零部件】选择框被清除，并且为下一爆炸步骤做准备。

（6）根据需要生成更多爆炸步骤，单击【确定】按钮。

2. 自动调整零部件间距

（1）选择两个或者更多零部件。

（2）在【选项】选项组中，启用【拖动

时自动调整零部件间距】复选框。

（3）拖动三重轴臂杆以爆炸零部件。

当放置零部件时，其中一个零部件保持在原位，系统会沿着相同的轴自动调整剩余零部件的间距以使其相等。

提示

若要更改自动调整的间距，可以在【选项】选项组中，移动÷【调整零部件链之间的间距】滑块即可。

3. 在装配体中使用子装配体的爆炸视图

（1）选择先前已经定义爆炸视图的子装配体。

（2）在【爆炸】属性管理器中，单击【重新使用子装配体爆炸】按钮，子装配体在绘图区中爆炸，且子装配体爆炸视图的步骤显示在【爆炸步骤】列表框中。

4. 编辑爆炸步骤

在【爆炸步骤】选项组中，用鼠标右击某个爆炸步骤，在弹出的快捷菜单中选择【编辑步骤】命令，根据需要进行以下修改。

（1）拖动零部件以将它们重新定位。

（2）选择零部件以添加到爆炸步骤。

（3）更改【添加阶梯】选项组中的参数。

（4）更改【选项】选项组中的参数。

单击✓【确定】按钮以完成此操作。

5. 从【爆炸步骤】选项组中删除零部件

在【爆炸步骤】选项组中，展开某个爆炸步骤。用鼠标右击零部件，在弹出的快捷菜单中选择【删除】命令。

6. 删除爆炸步骤

在【爆炸步骤】选项组中，用鼠标右击某个爆炸步骤，在弹出的快捷菜单中选择【删除】命令。

8.3.3 爆炸与解除爆炸

爆炸视图保存在生成爆炸图的装配体配置中，每一个装配体配置都可以有一个爆炸视图。

切换到【配置管理器】选项卡，展开【爆炸视图】图标可查看爆炸步骤，如图 8-7 所示。

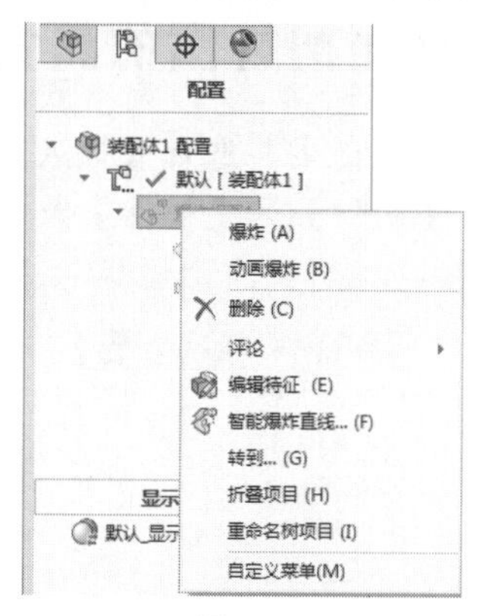

图 8-7

如果需要爆炸，可做如下操作。

（1）用鼠标右击【爆炸视图】图标，在弹出的快捷菜单中选择【爆炸】命令。

（2）用鼠标右击【爆炸视图】图标，在弹出的快捷菜单中选择【动画爆炸】命令，在装配体爆炸时显示【动画控制器】工具栏。

如果需要解除爆炸，用鼠标右击【爆炸视图】图标，在弹出的快捷菜单中选择【解除爆炸】命令，如图 8-8 所示。

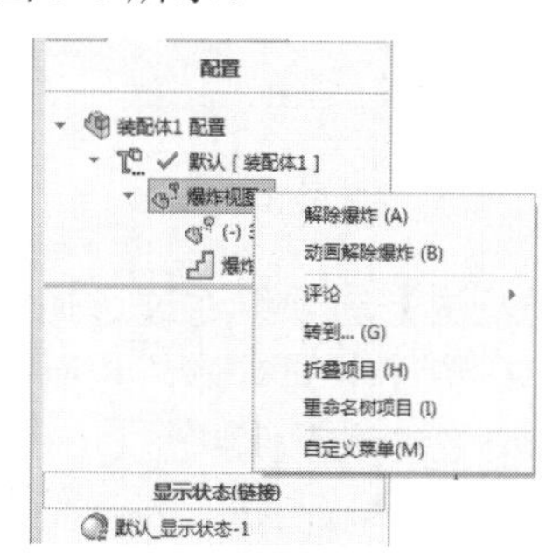

图 8-8

8.4 装配体轴测剖视图

隐藏零部件、更改零件透明度等是观察装配体模型的常用手段，但在许多产品中零部件之间的空间关系非常复杂，多具有多重嵌套关系，需要进行剖切才能观察其内部结构。借助 SOLIDWORKS 中的装配体特征可以实现轴测剖视图的功能。

装配体特征是在装配体窗口中生成的特征实体，虽然装配体特征改变了装配体的形态，但并不对零件产生影响。装配体特征主要包括切除和孔，适用于展示装配体的剖视图。

8.4.1 轴测剖视图的属性设置

在装配体窗口中，选择【插入】|【装配体特征】|【切除】|【拉伸】菜单命令，系统弹出【切除 - 拉伸】属性管理器，如图 8-9 所示。

图 8-9

【特征范围】选项组通过选择特征范围以选择应包含在特征中的实体，从而应用特征到一个或者多个多实体零件中。

（1）【所有零部件】：每次特征重新生成时，都要应用到所有的实体。如果将被特征所交叉的新实体添加到模型上，则这些新实体也被重新生成以将该特征包括在内。

（2）【所选零部件】：应用特征到选择的实体。

（3）【将特征传播到零件】：切除拉伸直到零件部分。

（4）【自动选择】：当以多实体零件生成模型时，特征将自动处理所有相关的交叉零件。【自动选择】只处理初始清单中的实体，并不会重新生成整个模型。

（5）【影响到的零部件】选择框（在取消启用【自动选择】复选框时可用）：在绘图区中选择受影响的实体。

8.4.2 轴测剖视图的操作步骤

（1）在装配体模块，单击【草图】工具栏中的【矩形】按钮，在装配体的上表面绘制矩形草图。

（2）在装配体窗口中，选择【插入】|【装配体特征】|【切除】|【拉伸】菜单命令，系统打开【切除 - 拉伸】属性管理器；在【方向 1】选项组中，设置【终止条件】为【完全贯穿】，如图 8-10 所示；单击【确定】按钮，装配体将生成轴测剖视图，如图 8-11 所示。

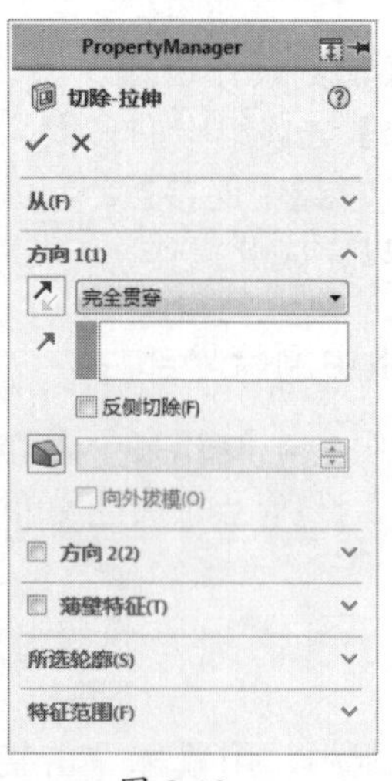

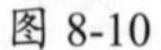

图 8-10

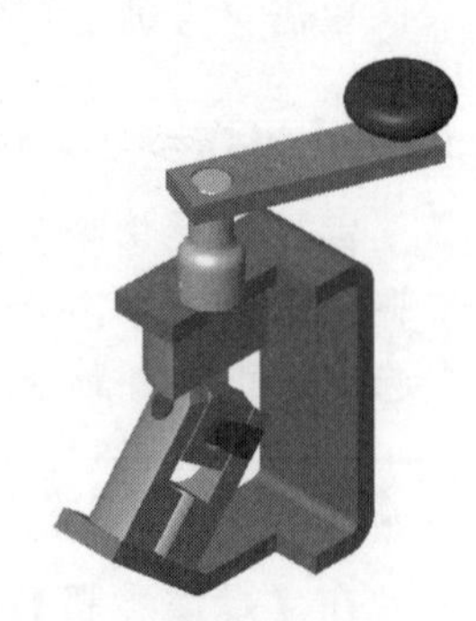

图 8-11

8.5 复杂装配体中零部件的压缩状态

根据某段时间内的工作范围，可以指定合适的零部件压缩状态，这样能减少工作时装入和计算的数据量。而且装配体的显示和重建速度会更快，也可以更有效地使用系统资源。

8.5.1 压缩状态的种类

装配体零部件共有 3 种压缩状态。

1. 还原

这是装配体零部件的正常状态。完全还原的零部件会完全装入内存，可以使用所有功能及模型数据，并可以完全访问、选取、参考、编辑、在配合中使用其实体。

2. 压缩

（1）可以使用压缩状态暂时将零部件从装配体中移除（而不是删除），零部件不装入内存，也不再是装配体中有功能的部分，用户无法看到压缩的零部件，也无法选择这个零部件的实体。

（2）压缩的零部件将从内存中移除，所以装入速度、重建模型速度和显示性能均有提高，由于减少了复杂程度，其余的零部件计算速度会更快。

（3）压缩零部件包含的配合关系也被压缩，因此装配体中零部件的位置可能变为“欠定义”，参考压缩零部件的关联特征也可能受影响，当恢复压缩的零部件为完全还原状态时，可能会产生矛盾，所以在生成模型时必须小心使用压缩状态。

3. 轻化

可以在装配体中激活的零部件完全还原或者轻化时装入装配体，零件和子装配体都可以为轻化，具体参见 8.7 节。

零部件压缩状态的比较如表 8-1 所示。

表 8-1 压缩状态比较表

	还原	轻化	压缩	隐藏
装入内存	是	部分	否	是
可见	是	是	否	否
在【特征管理器设计树】中可以使用的特征	是	否	否	否
可以添加配合关系的面和边线	是	是	否	否
解出的配合关系	是	是	否	是
解出的关联特征	是	是	否	是
解出的装配体特征	是	是	否	是
在整体操作时考虑	是	是	否	是
可以在关联中编辑	是	是	否	否
装入和重建模型的速度	正常	较快	较快	正常
显示速度	正常	正常	较快	较快

8.5.2 压缩状态的操作步骤

（1）在装配体窗口中，用鼠标右击【特征管理器设计树】中的零件名称，弹出的快捷工具如图 8-12 所示。

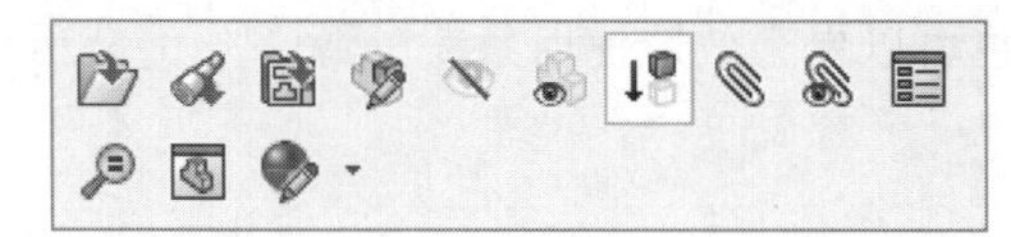

图 8-12

（2）在弹出的快捷工具中单击【压缩】按钮，选择的零部件被压缩，如图 8-13 所示。

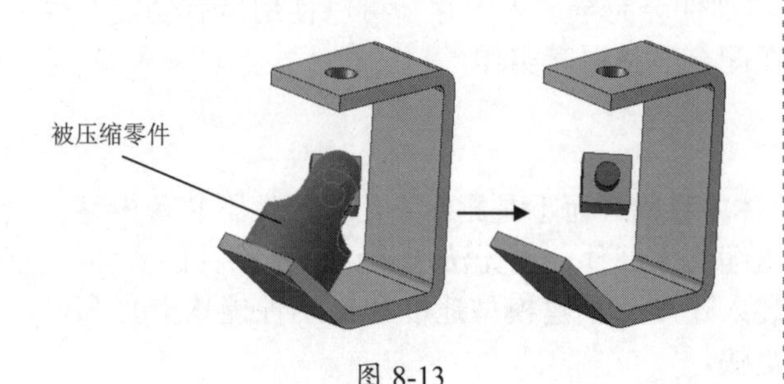

图 8-13

（3）在绘图区中，也可以用鼠标右击零部件，弹出快捷工具，如图 8-14 所示。

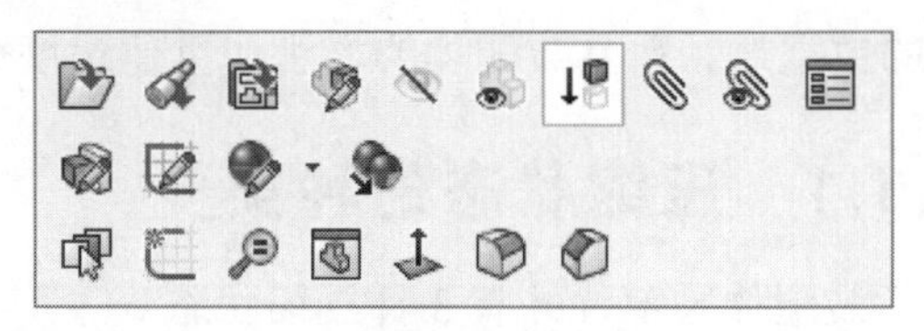

图 8-14

（4）单击【压缩】按钮，则该零件处于压缩状态，在绘图区中该零件被隐藏，如图 8-15 所示。

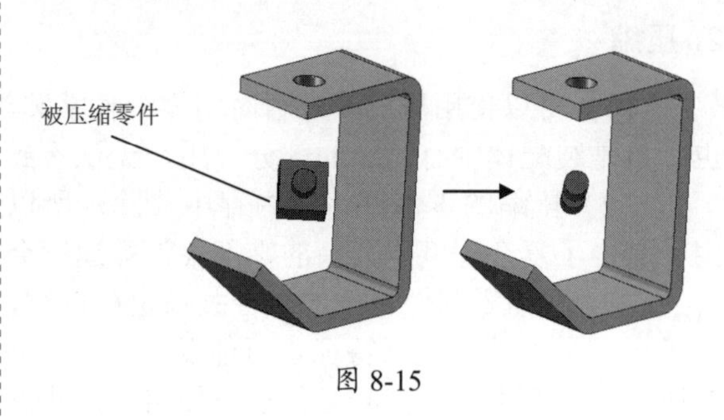

图 8-15

8.6 装配体的统计

装配体统计可以在装配体中生成零部件和配合报告。

8.6.1 装配体统计的信息

在装配体模块中，单击【装配体】工具栏中的【性能评估】按钮，弹出【性能评估】对话框，如图 8-16 所示。

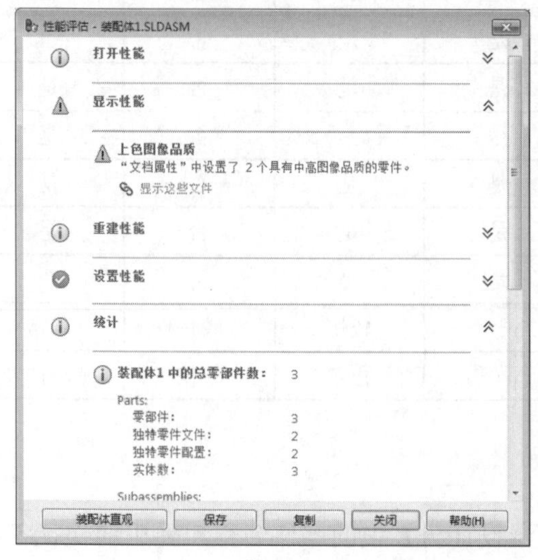

图 8-16

8.6.2 生成装配体统计

（1）打开如图 8-17 所示的轴装配体。

（2）在装配体窗口中，单击【装配体】工具栏中的【性能评估】按钮，弹出【性能评估】对话框，在绘图区显示性能评估结果，如图 8-18 所示。

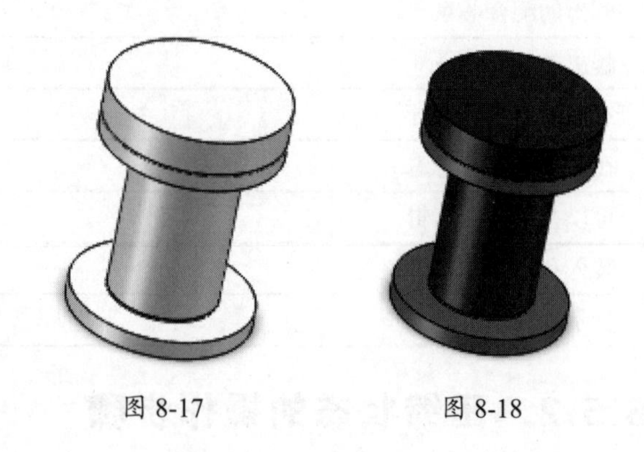

图 8-17　　图 8-18

（3）在弹出的【性能评估】对话框中，单击【保存】按钮，保存统计结果，如图 8-19 所示。

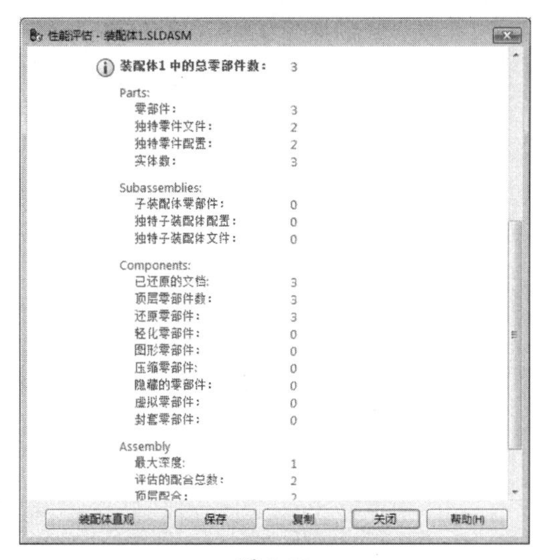

图 8-19

8.7 装配体的轻化

可以在装配体中激活的零部件完全还原或轻化时装入装配体，零件和子装配体都可以轻化。

8.7.1 轻化状态

当零部件完全还原时，其所有模型数据将装入内存。

当零部件为轻化时，只有部分模型数据装入内存，其余的模型数据根据需要装入。

通过使用轻化零部件，可以显著提高大型装配体的性能，使用轻化的零件装入装配体比使用完全还原的零部件装入同一装配体速度更快，因为计算的数据更少，包含轻化零部件的装配体重建速度更快。

因为零部件的完整模型数据只有在需要时才装入，所以轻化零部件的效率很高。只有受当前编辑进程中所作更改影响的零部件才完全还原，可不对轻化零部件还原而进行以下装配体操作：添加/移除配合，干涉检查，边线/面/零部件选择，碰撞检查，装配体特征，注解，测量，尺寸，截面属性，装配体参考几何体，质量属性，剖面视图，爆炸视图，高级零部件选择，物理模拟，高级显示/隐藏零部件。

参考轻化零件的还原零件上的关联特征将自动更新。

整体操作包括质量特性、干涉检查、爆炸视图、高级选择和高级显示/隐藏、求解方程式、显示剖面视图以及输出到其他文件格式。

当输出到其他文件格式及当求解涉及轻化零部件的方程式时，软件将提示还原轻化零部件或取消操作。

轻化零件在被选取进行此操作时，会自动还原。

8.7.2 轻化零部件的操作步骤

（1）装配体模块下，在【特征管理器设计树】中单击零部件名称或者在绘图区中选择零部件。

（2）选择【编辑】|【轻化】菜单命令，选择的零部件被轻化。

（3）也可以在【特征管理器设计树】中，用鼠标右击零部件名称或者在绘图区中单击零部件，在弹出的快捷菜单中选择【设定为轻化】命令，如图 8-20 所示。

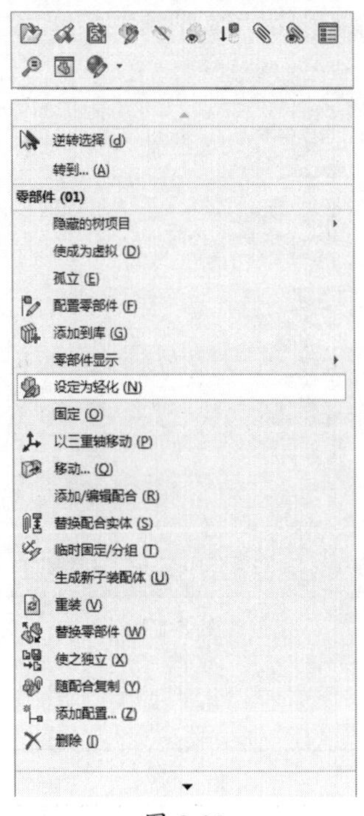

图 8-20

8.8 制作动画

装配体的运动动画可以使用【新建运动算例】命令创建，以方便进行装配体的运动展示。

8.8.1 制作装配体动画

在装配体模块中，单击【装配体】工具栏中的【新建运动算例】按钮，弹出【运动算例】选项卡，在此选项卡中创建新的运动特征，如图 8-21 所示。

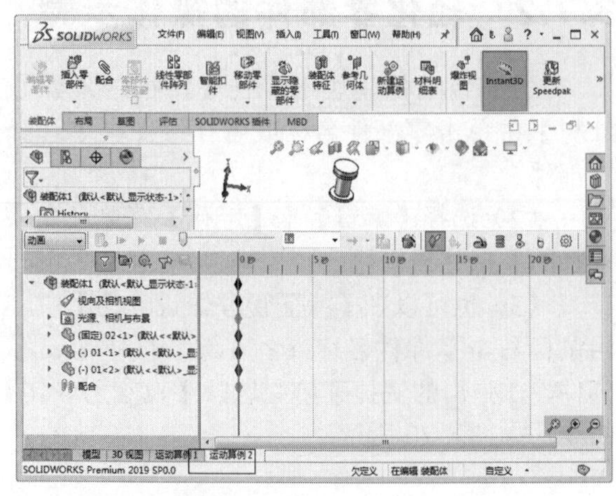

图 8-21

8.8.2 制作装配体动画的步骤

（1）在装配体模块中，单击【装配体】工具栏中的【新建运动算例】按钮，弹出【运动算例】选项卡。

（2）在【运动算例】选项卡中拖动零部件对应的时间节点到合适时间位置，如图 8-22 所示。

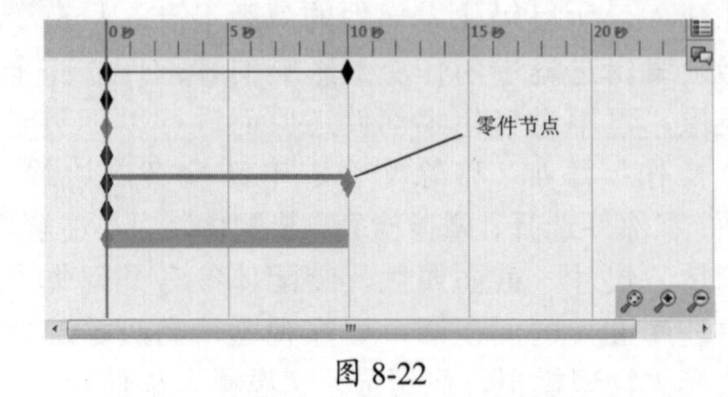

图 8-22

（3）单击【装配体】工具栏中的【移动零部件】按钮，移动零部件，如图 8-23 所示。

（4）依次拖动时间节点和使用【移动零部件】功能，创建新的动作；最后单击【运动算例】选项卡中的▶【播放】按钮，演示动画并保存，如图 8-24 所示。

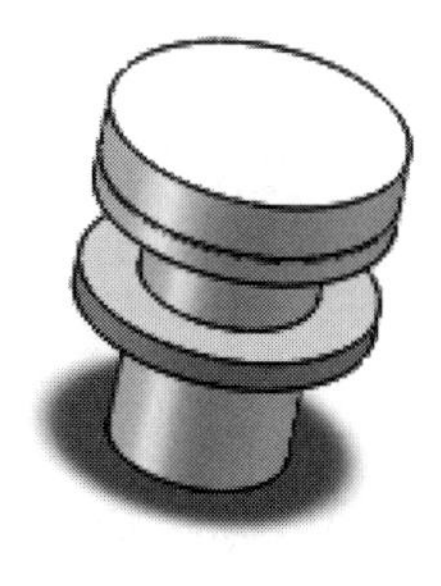

图 8-23

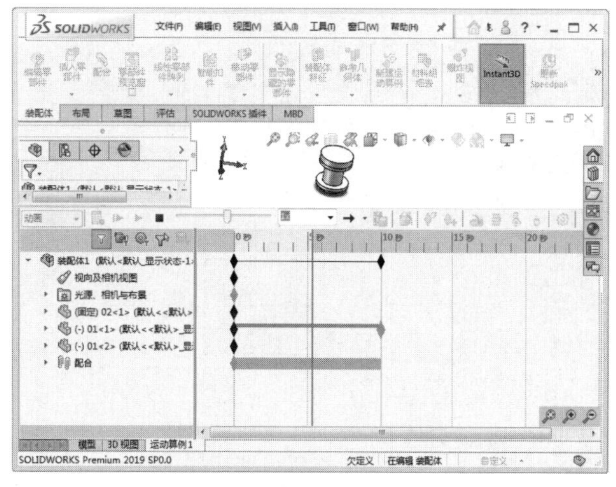

图 8-24

8.9 设计范例

8.9.1 传动轴范例

本范例完成文件：\08\8-1.sldprt、8-2.sldprt、8-3.sldprt、8-4.sldprt、8-5.sldasm

案例分析

本节的范例是创建一套传动轴的零件并进行装配，首先创建 3 个零部件模型，之后创建装配体文件，并进行装配定位，完成装配模型。

案例操作

步骤 01 创建草绘

① 在模型树中，选择【上视基准面】，如图 8-25 所示。

② 单击【草图】选项卡中的【草图绘制】按钮，进行草图绘制。

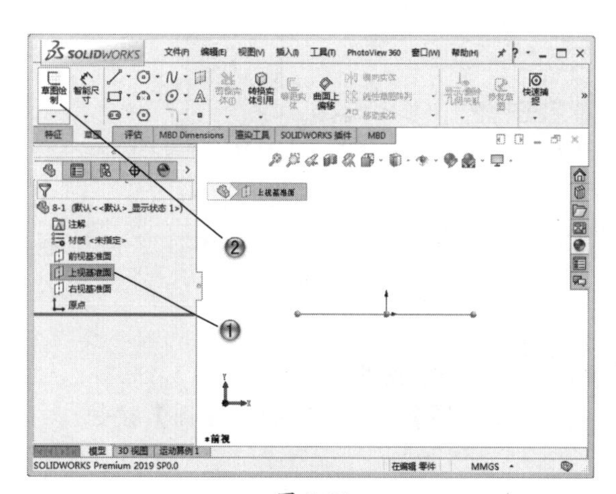

图 8-25

步骤 02 绘制矩形

① 单击【草图】选项卡中的【边角矩形】按钮。

② 在绘图区中，绘制200×200的矩形，如图8-26所示。

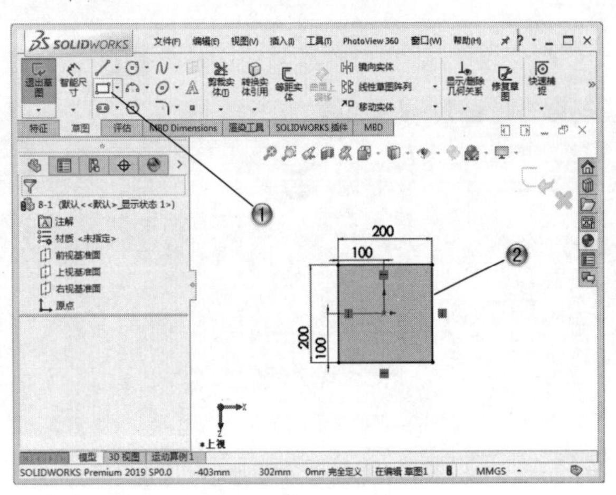

图 8-26

步骤 03 绘制圆角

① 单击【草图】选项卡中的【绘制圆角】按钮。

② 在绘图区中，选择线条并设置参数，如图8-27所示。

③ 单击【确定】按钮，创建圆角。

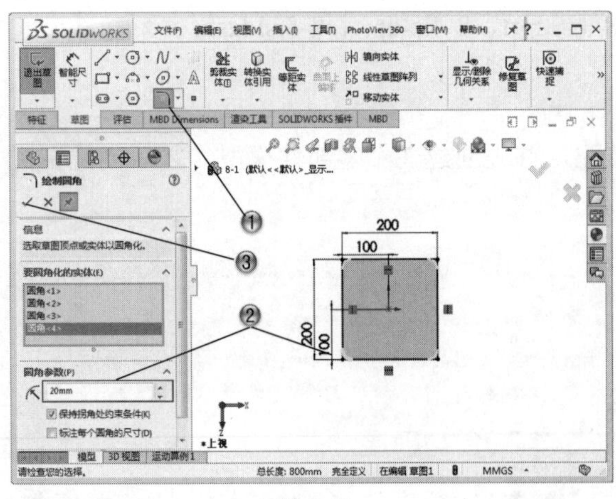

图 8-27

步骤 04 绘制圆形

① 单击【草图】选项卡中的【圆】按钮。

② 在绘图区中，绘制直径为20的圆形，如图8-28所示。

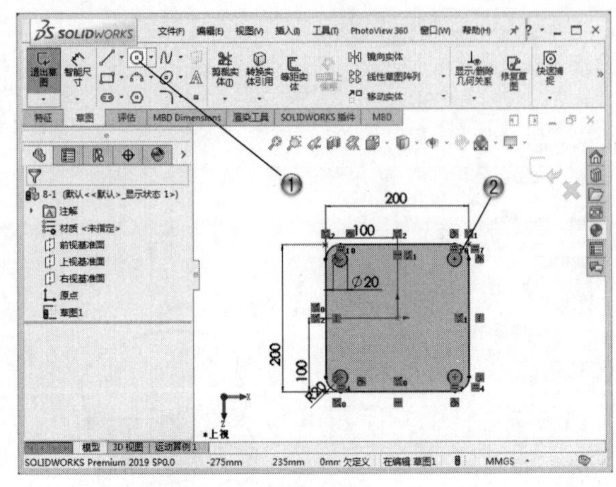

图 8-28

步骤 05 创建拉伸特征

① 在模型树中，选择【草图1】，如图8-29所示。

② 单击【特征】选项卡中的【拉伸凸台/基体】按钮，创建拉伸特征。

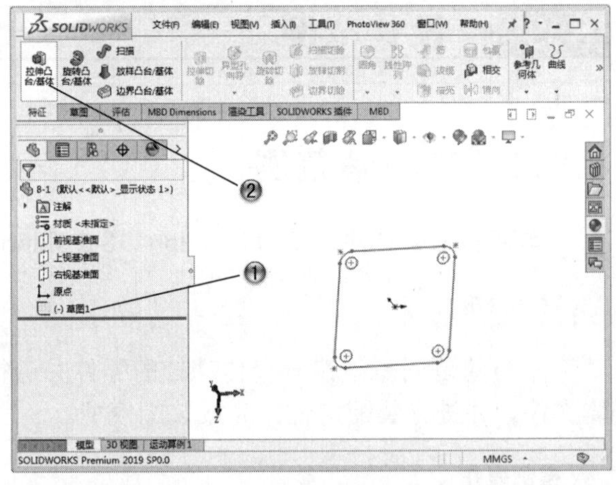

图 8-29

③ 设置拉伸参数，如图8-30所示。

④ 在【凸台-拉伸】属性管理器中，单击【确定】按钮。

步骤 06 创建草绘

① 在模型树中，选择模型面，如图8-31所示。

② 单击【草图】选项卡中的【草图绘制】按钮，进行草图绘制。

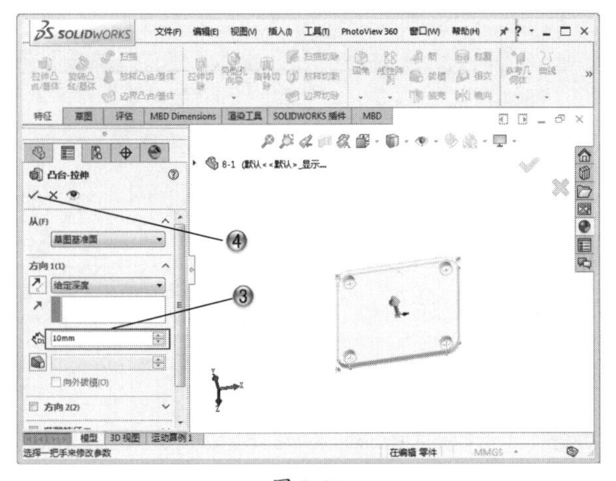
图 8-30

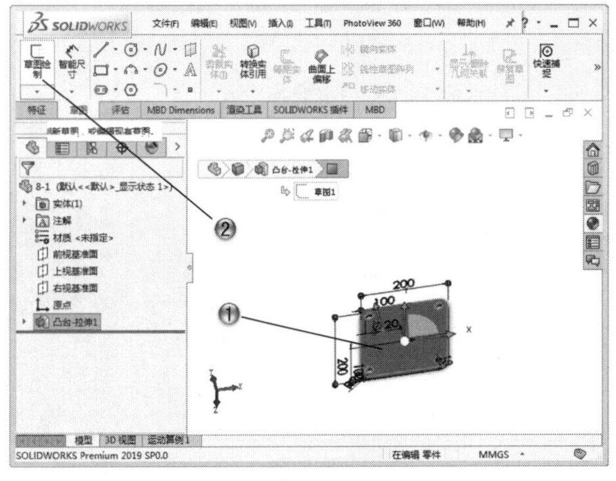
图 8-31

步骤 07 绘制直线图形

① 单击【草图】选项卡中的【直线】按钮。

② 在绘图区中，绘制直线图形，如图 8-32 所示。

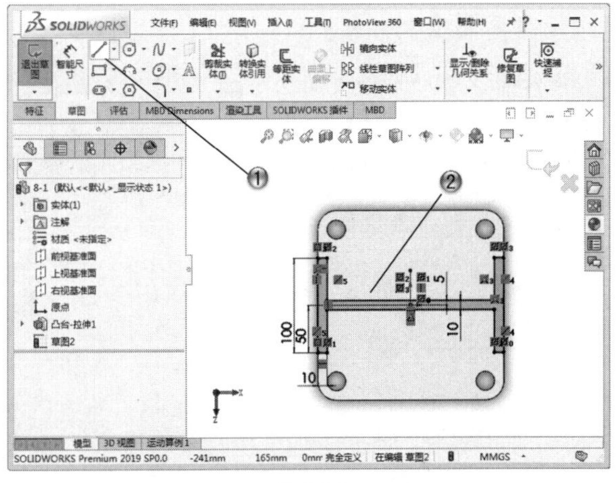
图 8-32

步骤 08 创建拉伸特征

① 在模型树中，选择【草图 2】，如图 8-33 所示。

② 单击【特征】选项卡中的【拉伸凸台 / 基体】按钮，创建拉伸特征。

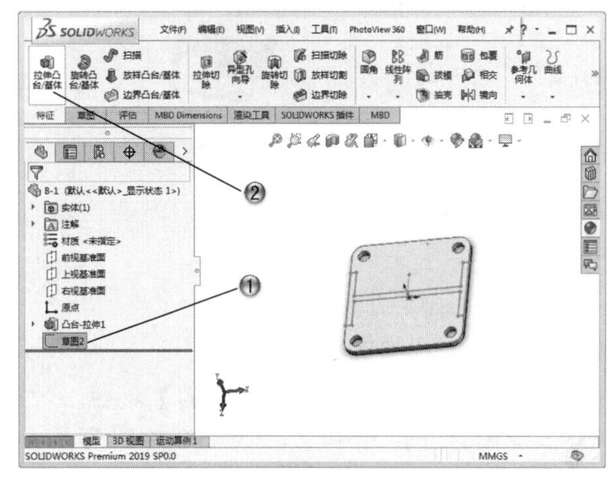
图 8-33

③ 设置拉伸参数，如图 8-34 所示。

④ 在【凸台 - 拉伸】属性管理器中，单击【确定】按钮。

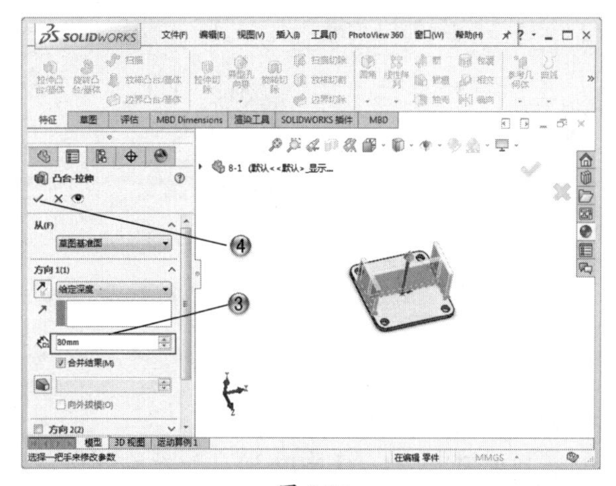
图 8-34

步骤 09 创建草绘

① 在模型树中，选择【右视基准面】，如图 8-35 所示。

② 单击【草图】选项卡中的【草图绘制】按钮，进行草图绘制。

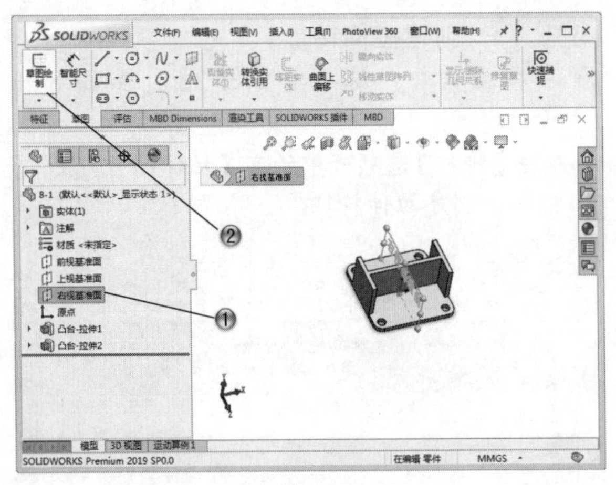

图 8-35

步骤 10 绘制圆形

① 单击【草图】选项卡中的【圆】按钮。

② 在绘图区中，绘制直径为 200 的圆形，如图 8-36 所示。

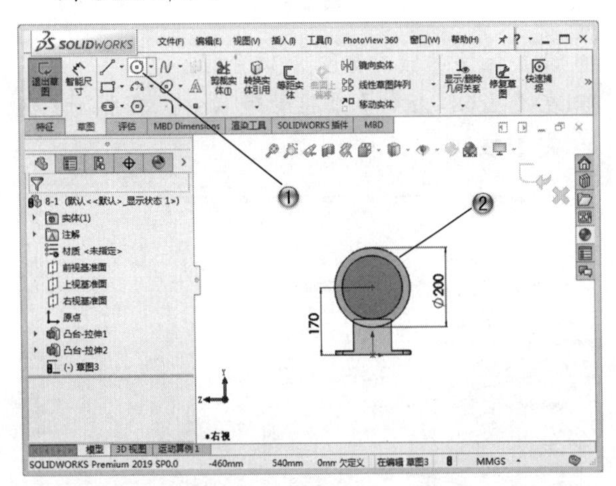

图 8-36

步骤 11 创建拉伸特征

① 在模型树中，选择【草图 3】，如图 8-37 所示。

② 单击【特征】选项卡中的【拉伸凸台 / 基体】按钮，创建拉伸特征。

③ 设置拉伸参数，如图 8-38 所示。

④ 在【凸台 - 拉伸】属性管理器中，单击【确定】按钮。

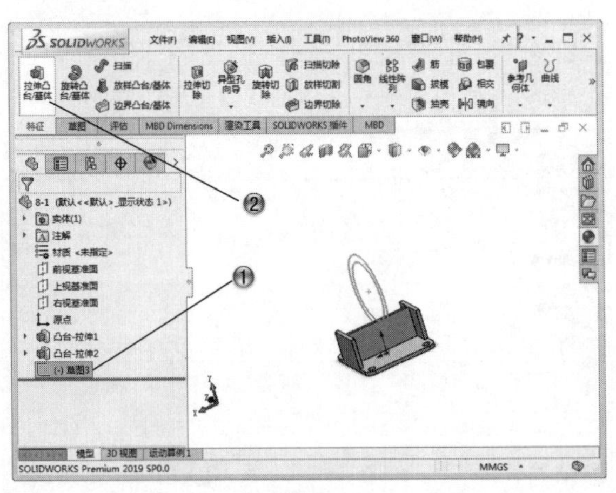

图 8-37

图 8-38

步骤 12 创建零件 2 草绘

① 在模型树中，选择【前视基准面】，如图 8-39 所示。

② 单击【草图】选项卡中的【草图绘制】按钮，进行草图绘制。

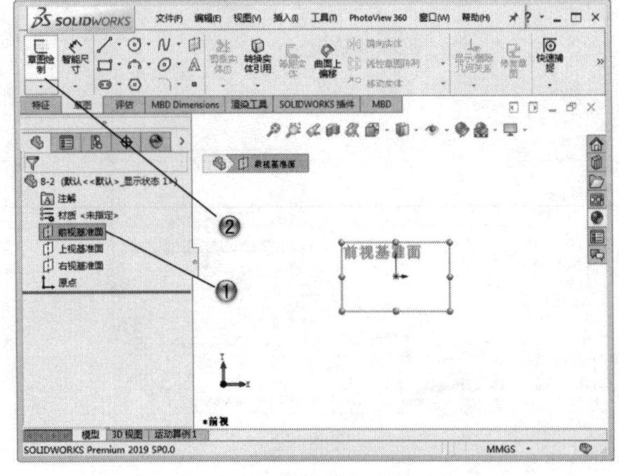

图 8-39

步骤13 绘制同心圆

① 单击【草图】选项卡中的【圆】按钮。

② 在绘图区中，绘制两个同心圆形，如图8-40所示。

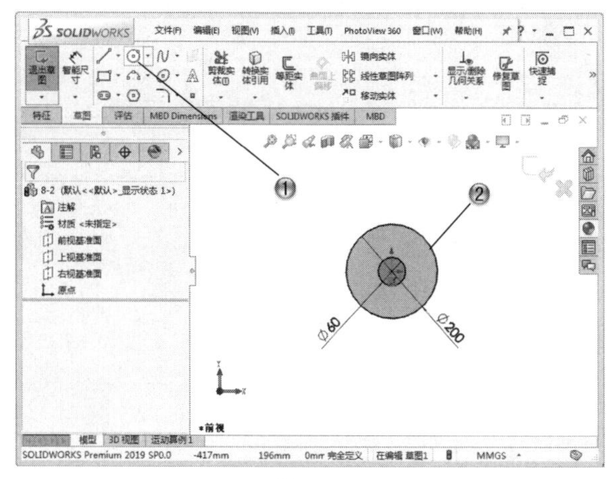

图 8-40

步骤14 创建拉伸特征

① 在模型树中，选择【草图1】，如图8-41所示。

② 单击【特征】选项卡中的【拉伸凸台/基体】按钮，创建拉伸特征。

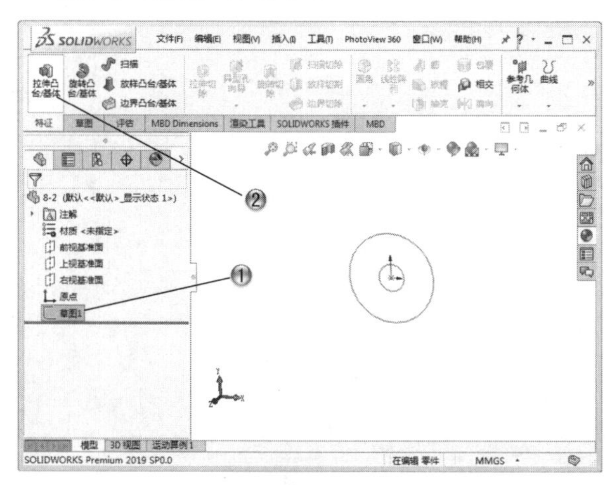

图 8-41

③ 设置拉伸参数，如图8-42所示。

④ 在【凸台-拉伸】属性管理器中，单击【确定】按钮。

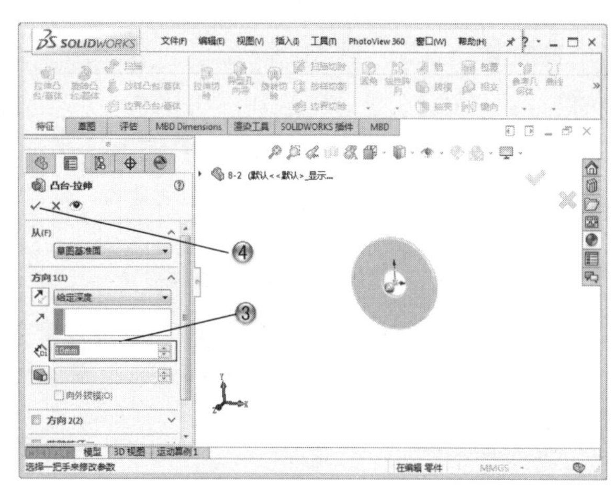

图 8-42

步骤15 创建孔

① 单击【特征】选项卡中的【异型孔向导】按钮。

② 在绘图区中，选择孔的位置并设置参数，创建孔，如图8-43所示。

③ 在【孔规格】属性管理器中，单击【确定】按钮。

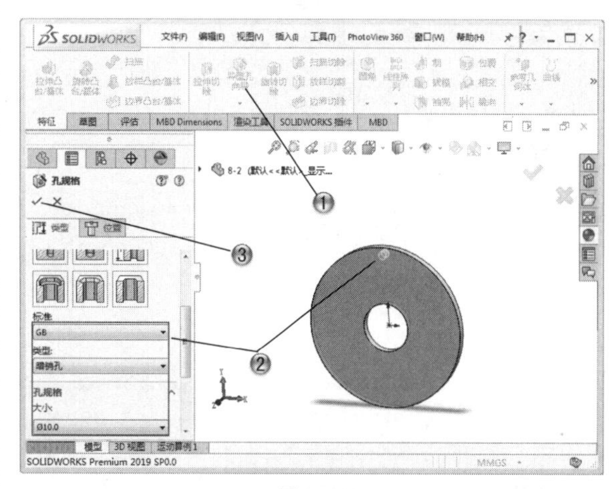

图 8-43

步骤16 阵列孔特征

① 单击【特征】选项卡中的【圆周草图阵列】按钮。

② 在绘图区中，选择孔并设置阵列参数，创建阵列孔特征，如图8-44所示。

③ 在【阵列（圆周）】属性管理器中，单击【确定】按钮。

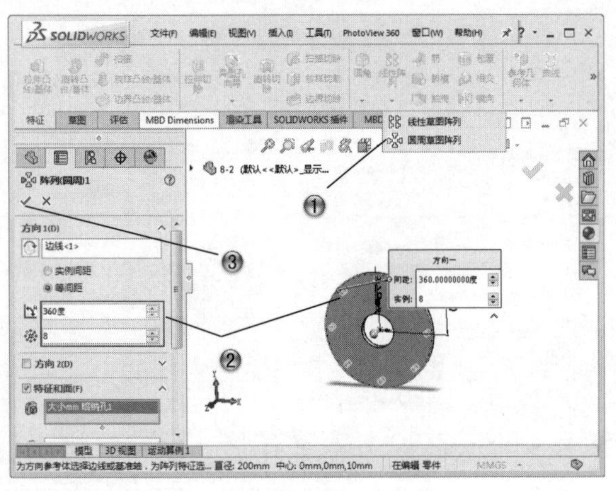

图 8-44

步骤 17 创建零件 3 草绘

① 在模型树中，选择【前视基准面】，如图 8-45 所示。

② 单击【草图】选项卡中的【草图绘制】按钮，进行草图绘制。

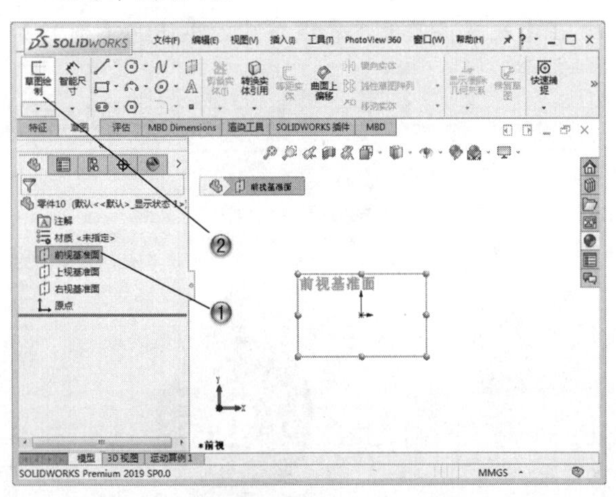

图 8-45

步骤 18 绘制直线图形

① 单击【草图】选项卡中的【直线】按钮。

② 在绘图区中，绘制直线图形，如图 8-46 所示。

步骤 19 创建旋转特征

① 在模型树中，选择【草图 1】，如图 8-47 所示。

② 单击【特征】选项卡中的【旋转凸台 / 基体】按钮，创建旋转特征。

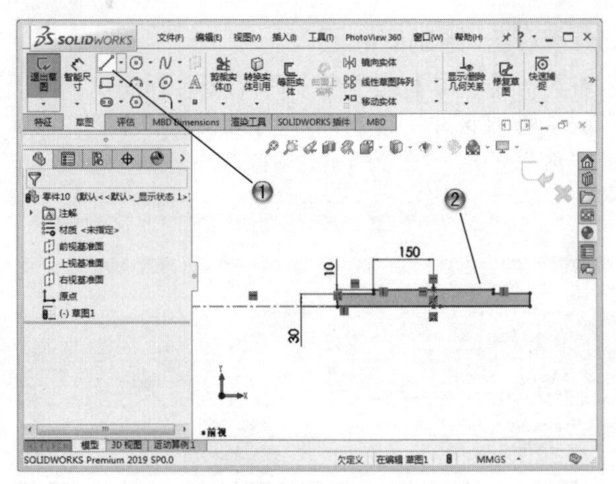

图 8-46

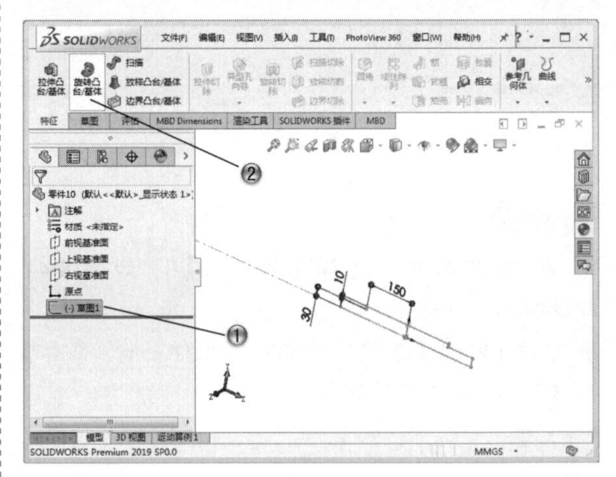

图 8-47

③ 设置旋转角度，如图 8-48 所示。

④ 在【旋转】属性管理器中，单击【确定】按钮。

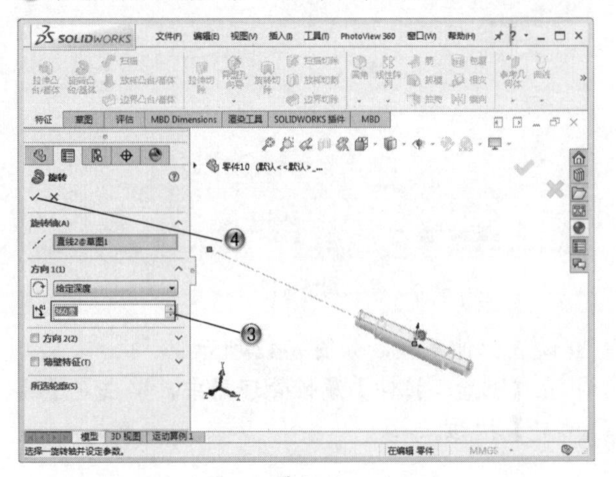

图 8-48

步骤20 开始装配体

① 创建装配体文件，在弹出的【打开】对话框中选择零件，如图 8-49 所示。

② 在【打开】对话框中，单击【打开】按钮。

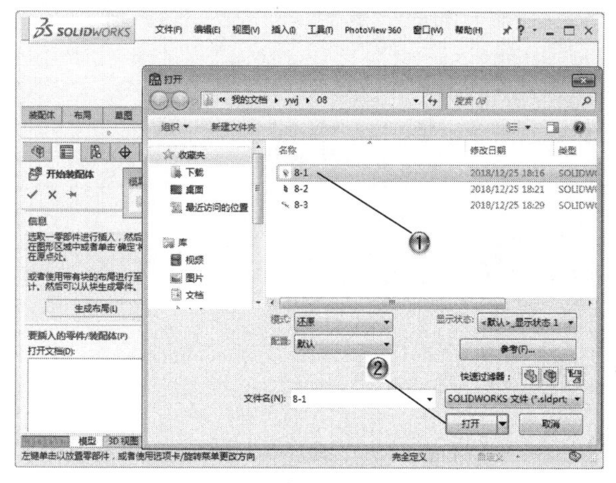

图 8-49

步骤21 插入零部件

① 在绘图区，单击放置零件，如图 8-50 所示。

② 单击【装配体】选项卡中的【插入零部件】按钮。

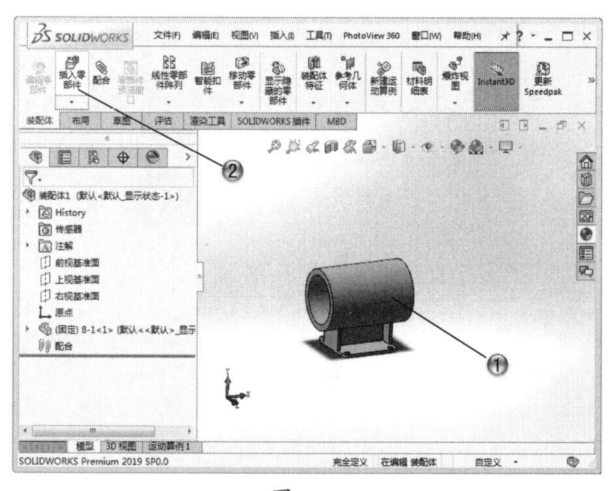

图 8-50

步骤22 选择零部件

① 在【插入零部件】属性管理器中，单击【浏览】按钮，如图 8-51 所示。

② 在弹出的【打开】对话框中选择零件。

③ 在【打开】对话框中，单击【打开】按钮。

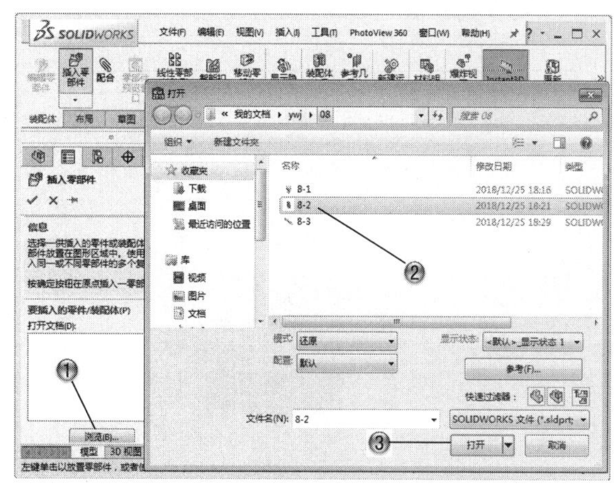

图 8-51

步骤23 设置配合

① 单击【装配体】选项卡中的【配合】按钮，如图 8-52 所示。

② 单击【同轴心】按钮，在绘图区选择同轴边线。

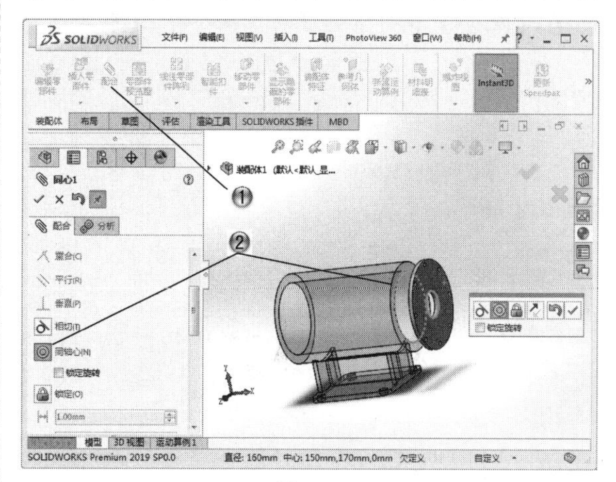

图 8-52

③ 单击【重合】按钮，在绘图区选择重合面，如图 8-53 所示。

④ 在【配合】属性管理器中，单击【确定】按钮。

步骤24 插入零部件

① 单击【装配体】选项卡中的【插入零部件】按钮，如图 8-54 所示。

② 在【插入零部件】属性管理器中，单击【浏览】按钮。

③ 在弹出的【打开】对话框中选择零件。

④ 在【打开】对话框中，单击【打开】按钮。

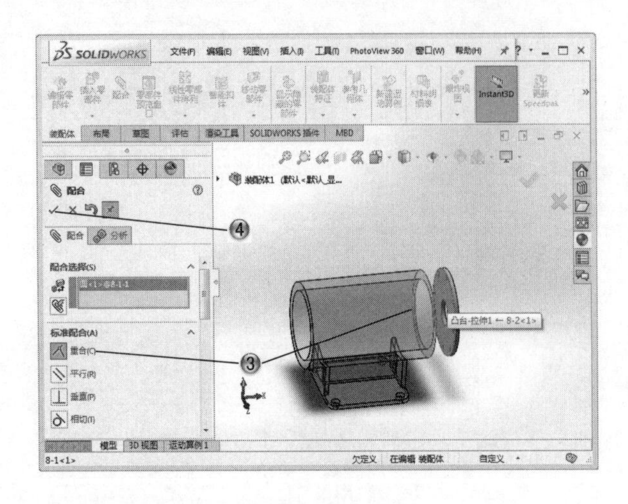

图 8-53

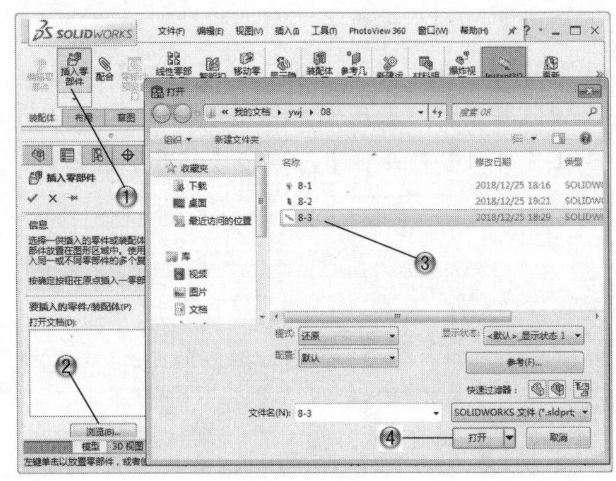

图 8-54

步骤 25 设置配合

① 单击【装配体】选项卡中的【配合】按钮，如图 8-55 所示。

② 单击【同轴心】按钮，在绘图区选择同轴边线。

③ 单击【重合】按钮，在绘图区选择重合面，如图 8-56 所示。

④ 在【配合】属性管理器中，单击【确定】按钮。

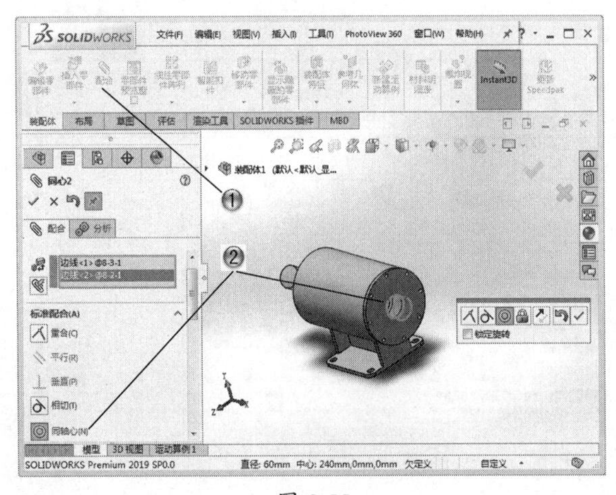

图 8-55

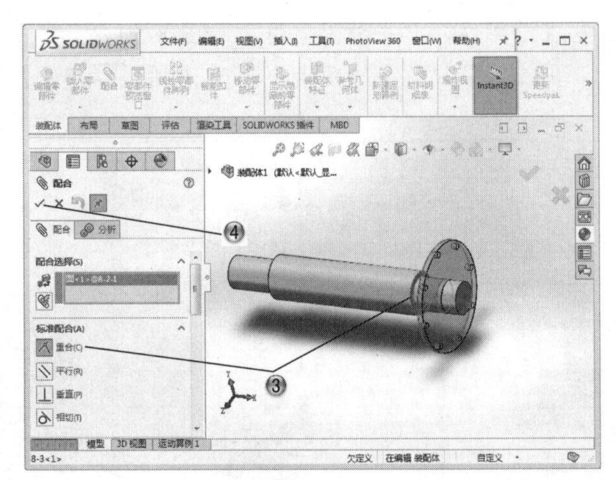

图 8-56

步骤 26 插入零部件

① 单击【装配体】选项卡中的【插入零部件】按钮，如图 8-57 所示。

② 在【插入零部件】属性管理器中，单击【浏览】按钮。

③ 在弹出的【打开】对话框中选择零件。

④ 在【打开】对话框中，单击【打开】按钮，并放置设置配合。

步骤 27 完成传动轴装配模型

完成的传动轴装配模型，如图 8-58 所示。

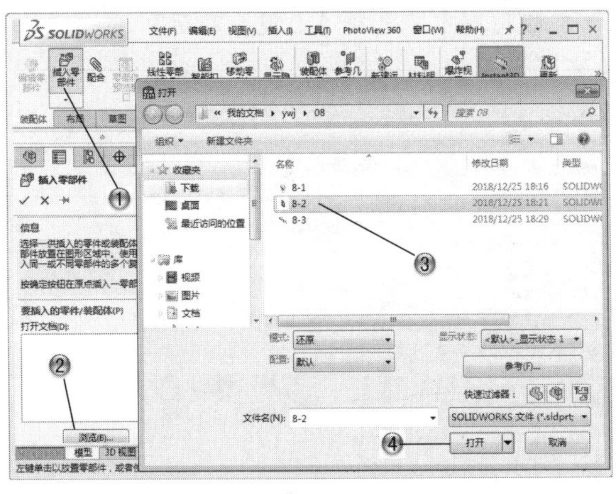

图 8-57

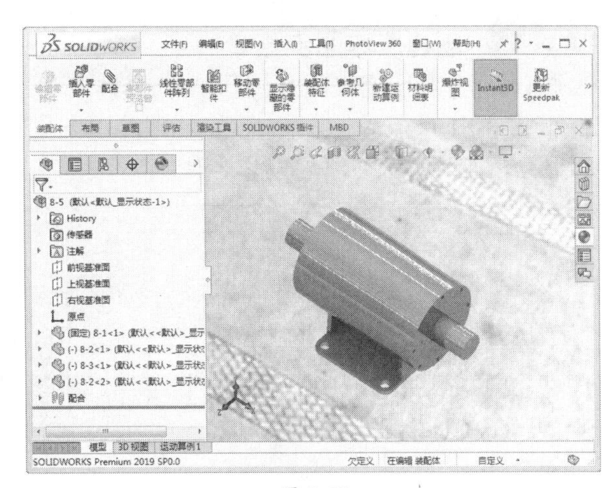

图 8-58

8.9.2 传动轴装配范例

本范例完成文件：\08\8-5.sldasm、8-6.sldasm

案例分析

本节的范例是在装配体基础上进行编辑，首先创建爆炸视图，将零部件分别进行移动形成爆炸视图；之后创建轴测剖面视图，绘制一个矩形，进行拉伸切除。

案例操作

步骤 01 干涉检查

① 单击【装配体】选项卡中的【干涉检查】按钮，如图 8-59 所示。

② 单击【计算】按钮，查看检查结果。

③ 在【干涉检查】属性管理器中，单击【确定】按钮。

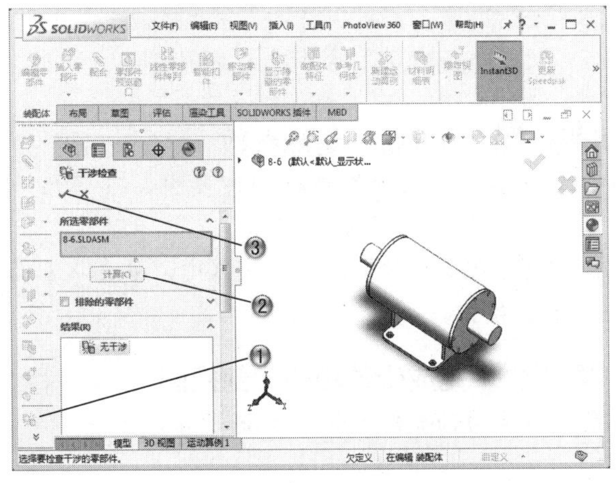

图 8-59

步骤 02 创建爆炸图步骤 1

① 单击【装配体】选项卡中的【爆炸视图】按钮，如图 8-60 所示。

② 在绘图区中，设置并移动零部件。

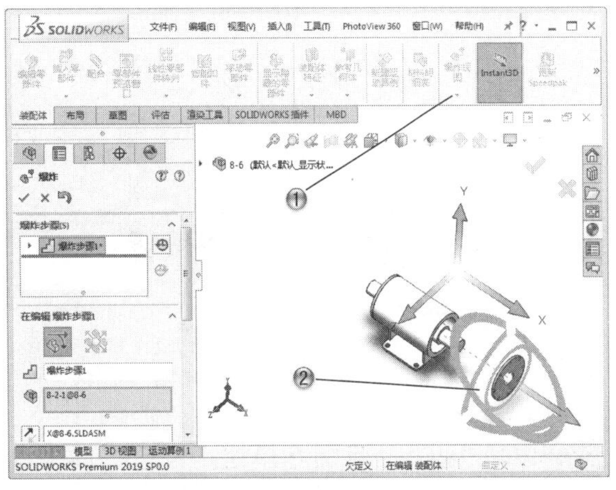

图 8-60

步骤 03　创建爆炸图步骤 2

① 在【爆炸】属性管理器中，创建新的爆炸步骤，如图 8-61 所示。

② 在绘图区中，设置并移动零部件。

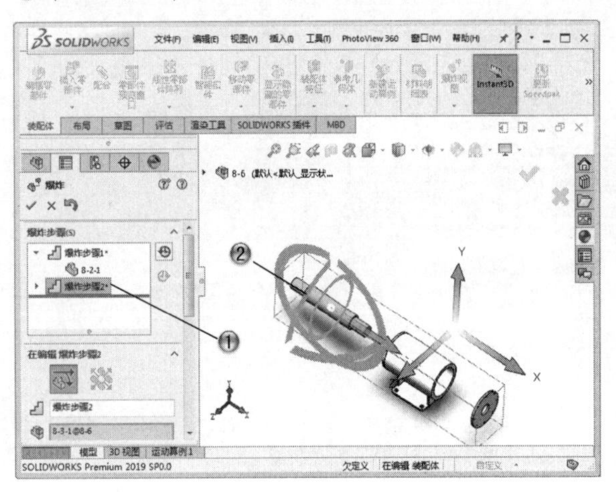

图 8-61

步骤 04　创建爆炸图步骤 3

① 在【爆炸】属性管理器中，创建新的爆炸步骤，如图 8-62 所示。

② 在绘图区中，设置并移动零部件。

③ 在【爆炸】属性管理器中，单击【确定】按钮。

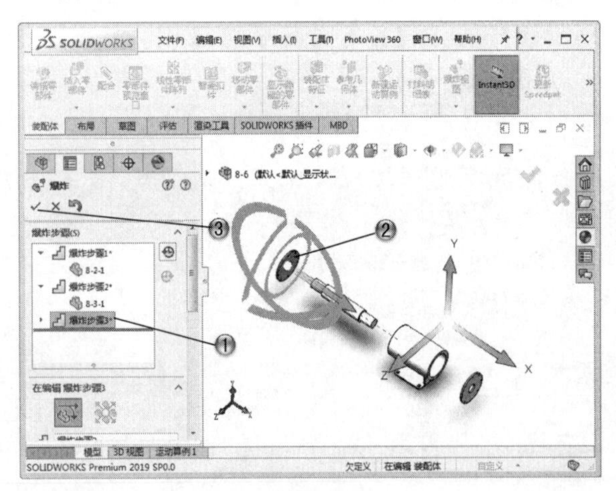

图 8-62

步骤 05　创建拉伸切除草绘

① 单击【装配体】工具栏中的【拉伸切除】按钮，如图 8-63 所示。

② 在模型树中，选择【上视基准面】。

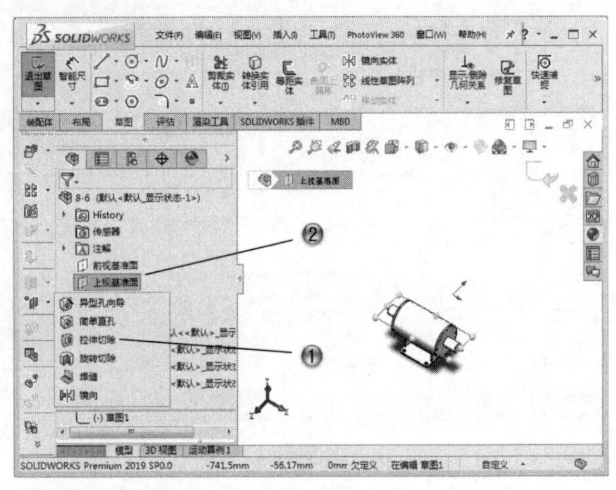

图 8-63

步骤 06　绘制矩形

① 单击【草图】选项卡中的【边角矩形】按钮。

② 在绘图区中，绘制矩形，如图 8-64 所示。

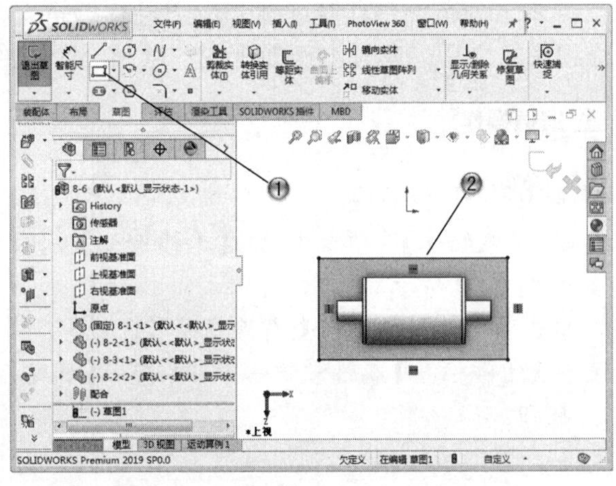

图 8-64

步骤 07　设置拉伸切除参数

① 在【切除 - 拉伸】属性管理器中，设置拉伸切除参数，如图 8-65 所示。

② 在【切除 - 拉伸】属性管理器中，单击【确定】按钮。

步骤 08　完成传动轴轴测剖视图

完成的传动轴剖视图如图 8-66 所示。

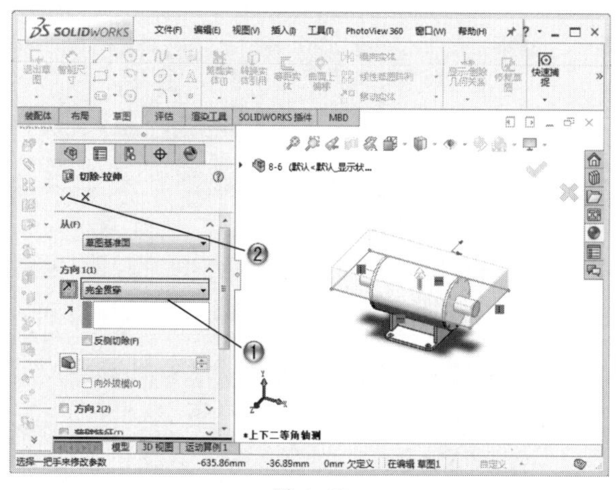
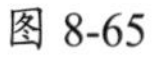

图 8-65

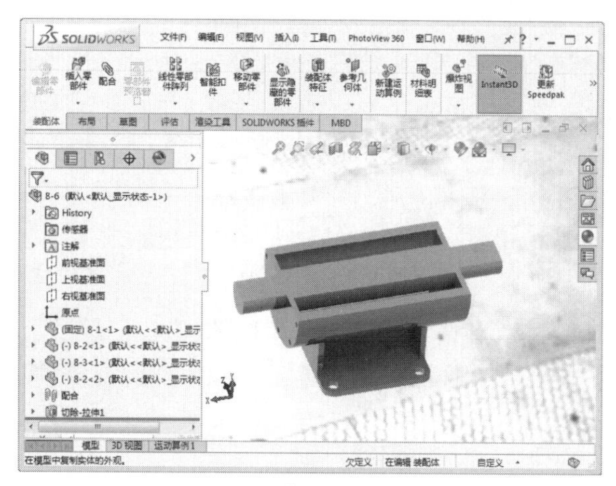

图 8-66

8.10 本章小结和练习

8.10.1 本章小结

在 SOLIDWORKS 中，可以生成由许多零部件组成的复杂装配体。装配体的零部件可以包括独立的零件和其他子装配体。灵活运用装配体中的干涉检查、爆炸视图、轴测剖视图、压缩状态和装配统计等功能，可以有效地判断零部件在虚拟现实中的装配关系和干涉位置等，为装配体的设计提供很好的帮助。

8.10.2 练习

1. 创建台钳底座，如图 8-67 所示。
2. 创建台钳移动夹具部分。
3. 再创建螺纹杆和手柄。
4. 创建装配模型并定位。

图 8-67

第9章

焊件设计

本章导读

在 SOLIDWORKS 焊件设计模块中，可以将多种焊接类型的焊缝零件，添加到装配体中，生成的焊缝属于装配体特征，是关联装配体中生成的新装配体零部件，因此，它是对装配体设计的一个有效的补充。

本章将具体介绍焊件设计的基本操作方法，其中包括焊件轮廓和结构构件设计、添加焊缝，以及子焊件和工程图的内容，最后介绍焊件的切割清单。

9.1 焊件轮廓

创建焊件，首先需要生成焊件轮廓，以便在生成焊件结构构件时使用。生成焊件轮廓就是将轮廓创建为库特征零件，再将其保存于一个定义好的位置。其具体创建方法如下。

（1）打开一个新零件。

（2）绘制轮廓草图。当用轮廓生成一个焊件结构构件时，草图的原点为默认穿透点，且可以选择草图中的任何顶点或草图点作为交替穿透点。

（3）选择所绘制的草图。

（4）选择【文件】|【另存为】菜单命令，打开【另存为】对话框。

（5）选择保存目录，在【保存类型】中选择“*.sldlfp”，输入【文件名】名称，单击【保存】按钮。

9.2 结构构件

在零件中生成第一个结构构件时，【焊件】图标将被添加到【特征管理器设计树】中。在【配置管理器】中生成两个默认配置，即一个父配置（默认“按加工”）和一个派生配置（默认“按焊接”）。

1. 结构构件的属性种类

结构构件包含以下属性。

（1）结构构件都使用轮廓，例如角铁等。

（2）轮廓由【标准】、【类型】及【大小】等属性识别。

（3）结构构件可以包含多个片段，但所有片段只能使用一个轮廓。

（4）分别具有不同轮廓的多个结构构件可以属于同一个焊接零件。

（5）在一个结构构件中的任何特定点处，只有两个实体可以交叉。

（6）结构构件在【特征管理器设计树】中以【结构构件1】、【结构构件2】等名称显示。

（7）可以生成自己的轮廓，并将其添加到现有焊件轮廓库中。

（8）焊件轮廓位于软件安装目录中。

（9）允许修改结构构件的轮廓草图，指定穿透点。

（10）可以在【特征管理器设计树】中选择结构构件，并生成用于工程图的切割清单。

2. 结构构件的属性设置

单击【焊件】工具栏中的【结构构件】按钮，或者选择【插入】|【焊件】|【结构构件】菜单命令，系统打开【结构构件】属性管理器，如图 9-1 所示。

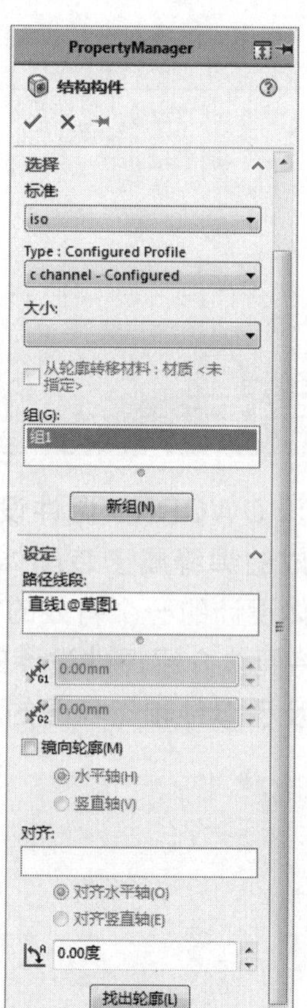

图 9-1

（1）【选择】选项组。

- 【标准】：选择先前所定义的iso、ansi inch或者自定义标准。
- 【类型（type）】：选择轮廓类型。
- 【大小】：选择轮廓大小。
- 【组】：可以在图形区域中选择一组草图实体。

（2）【设定】选项组。

视选择的【类型】，【设定】选项组会有所不同。如果希望添加多个结构构件，单击【路径线段】选择框，选择路径线条即可。

- 【路径线段】选择框：选择焊件的路径。
- 【旋转角度】：可以相对于相邻的结构构件按照固定度数进行旋转。
- 【找出轮廓】按钮：更改相邻结构构件之间的穿透点（默认穿透点为草图原点）。

9.3 剪裁结构构件

创建结构构件后，可以用结构构件和其他实体剪裁结构构件，使其在焊件零件中正确对接。可以利用【剪裁/延伸】命令剪裁或延伸两个汇合的结构构件、一个或多个相对于另一实体的结构构件等。

> 提示
>
> 需要剪裁焊件模型中的所有边角，以确定结构构件的长度可以被精确计算。

9.3.1 剪裁/延伸的属性设置

单击【焊件】工具栏中的【剪裁/延伸】按钮或者选择【插入】|【焊件】|【剪裁/延伸】菜单命令，系统打开【剪裁/延伸】属性管理器，如图9-2所示。

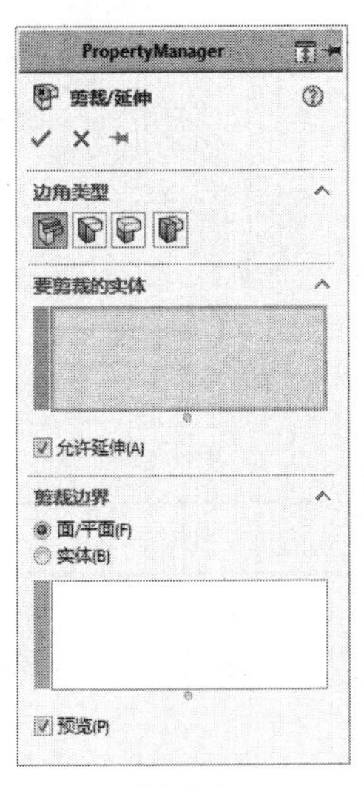

图9-2

1.【边角类型】选项组

可以设置剪裁的边角类型，包括【终端剪裁】、【终端斜接】、【终端对接1】、【终端对接2】，其效果如图9-3所示。

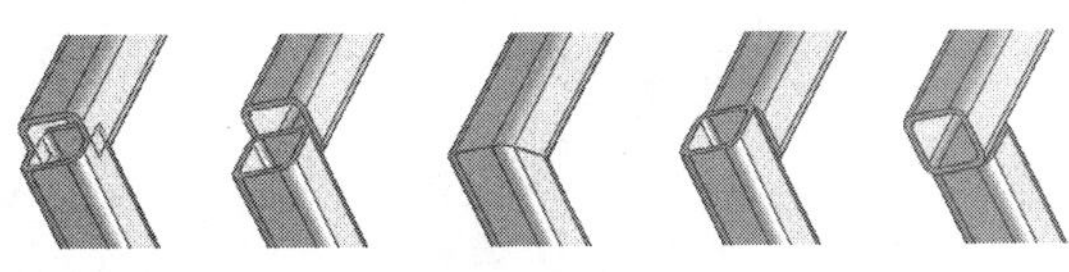

图9-3

2.【要剪裁的实体】选项组

对于【终端剪裁】、【终端对接1】、【终端对接2】类型，选择要剪裁的一个实体。

对于【终端斜接】，选择要剪裁的一个或者多个实体。

3.【剪裁边界】选项组

当单击【终端剪裁】按钮时，选择剪裁

所相对的1个或者多个相邻面。

（1）【面/平面】：使用平面作为剪裁边界。

（2）【实体】：使用实体作为剪裁边界。

注意：

选中【面/平面】单选按钮，选择平面作为剪裁边界，通常更有效且性能更好；只有在对圆形管道或者阶梯式曲面等的非平面实体进行剪裁时，选中【实体】单选按钮，选择实体作为剪裁边界。

当单击【终端斜接】、【终端对接1】、【终端对接2】边角类型按钮时，【剪裁边界】选项组如图9-4所示，选择剪裁所相对的一个相邻结构构件。

（3）【预览】：在图形区域中预览剪裁。

（4）【允许延伸】：允许结构构件进行延伸或者剪裁；取消启用该复选框，则只可以进行剪裁。

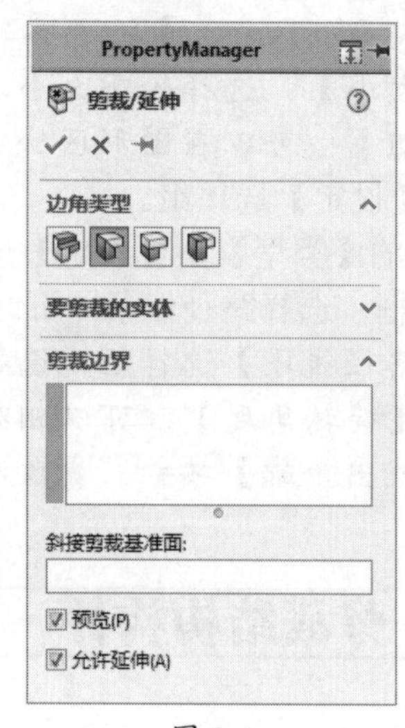

图9-4

9.3.2 剪裁/延伸结构构件的操作步骤

（1）单击【焊件】工具栏中的【剪裁/延伸】按钮（或者选择【插入】|【焊件】|【剪裁/延伸】菜单命令），系统弹出【剪裁/延伸】属性管理器。

（2）在【边角类型】选项组中，单击【终端剪裁】按钮；在【要剪裁的实体】选项组中，单击【实体】选择框，在图形区域中选择要剪裁的实体，如图9-5所示；在【剪裁边界】选项组中，单击【面/实体】选择框，在图形区域中选择作为剪裁边界的实体，如图9-6所示；在图形区域中显示出剪裁的预览，如图9-7所示，单击【确定】按钮。

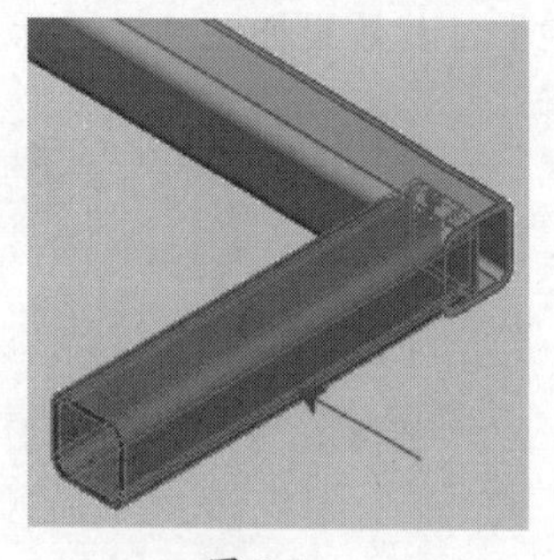

图9-5

图9-6

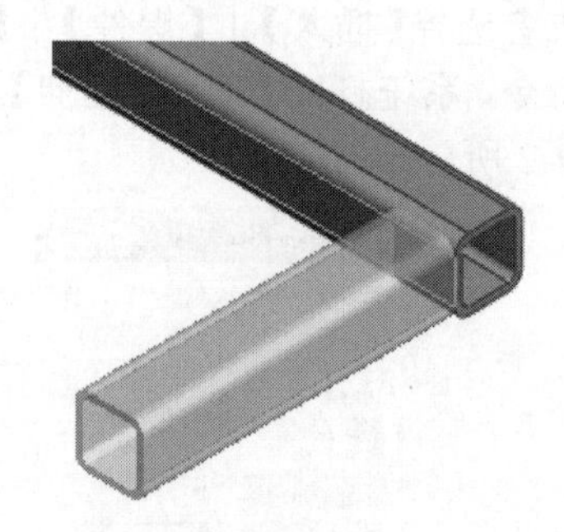

图9-7

9.4 添加焊缝

焊缝在模型中显示为图形。焊缝是轻化单元，不会影响性能。下面分别介绍焊缝及圆角焊缝的添加方法。

9.4.1 焊缝

用户可以向焊件零件和装配体以及多实体零件添加简化焊缝。

简化焊缝的优点如下。

（1）与所有类型的几何体兼容，包括带有缝隙的实体。

（2）可以轻化显示简化的焊缝。

（3）在使用焊接表的工程图中包含焊缝属性。

（4）使用智能焊接工具为焊缝路径选择面。

（5）焊缝符号与焊缝关联。

（6）支持焊接路径（长度）定义的控标。

（7）包含在【属性管理器设计树】的焊接文件夹中。

此外，用户还可以设置焊接子文件夹的属性，这些属性如下所示。

（1）焊接材料。

（2）焊接工艺。

（3）单位长度焊接质量。

（4）单位质量焊接成本。

（5）单位长度焊接时间。

（6）焊道数。

1. 焊缝的属性设置

进入焊件环境后，单击【焊件】工具栏中的【焊缝】按钮或者选择【插入】|【焊件】|【圆角焊缝】菜单命令，打开如图9-8所示的【焊缝】属性管理器。

（1）【焊接路径】选项组。

- 【选择面】选择框：选择要产生焊缝的面。
- 【智能焊接选择工具】按钮：单击该按钮，系统会自动根据所绘制的曲线在图形区域确定焊接面，选择焊接路径。
- 【新焊接路径】按钮：单击该按钮，创建新一组的焊接路径。

（2）【设定】选项组。

- 【焊接选择】：在图形区域选择焊接面。
  - ☆【焊接几何体】：选择几何体以创建焊缝。
  - ☆【焊接路径】：选择边线/草图以创建焊缝。
- 【焊接起始点】：从要被焊接的单一实体中选择面和边线。
- 【焊接终止点】：从多个实体中选择面或边线，以指定与在【焊缝起始点】中选定的实体的连接。
- 【焊缝大小】：输入焊缝的半径大小。

2. 生成焊缝的操作步骤

（1）单击【焊件】工具栏中的【焊缝】按钮，或者选择【插入】|【焊件】|【焊缝】菜单命令，系统打开【焊缝】属性管理器。

（2）单击【设定】选项组中的【焊接选择】选择框，选择如图9-9所示的两个面为焊接面，设置【焊缝大小】为5mm。

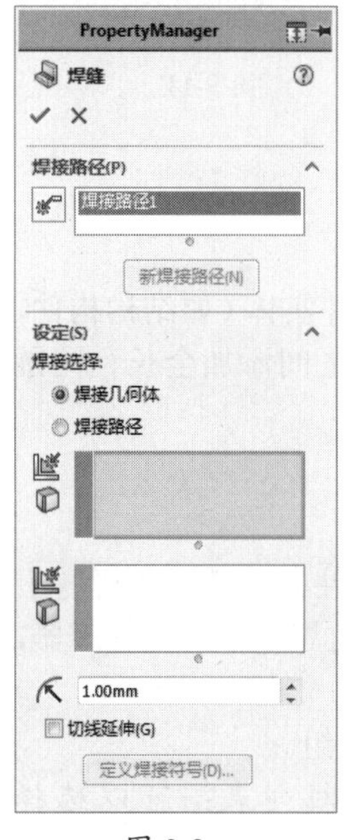

图 9-8

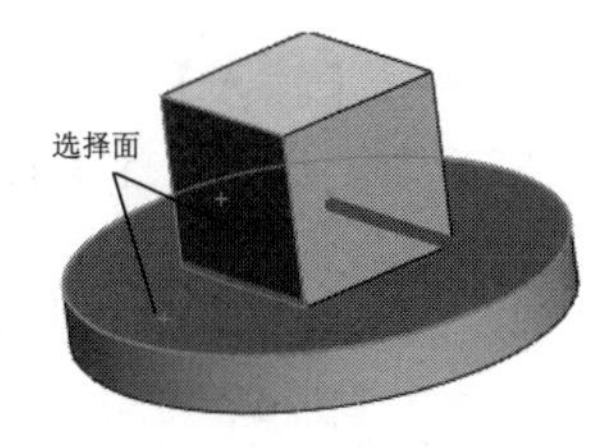

图 9-9

（3）选中【两边】单选按钮，参数设置如图9-10所示，单击【确定】按钮，创建的焊缝如图9-11所示。

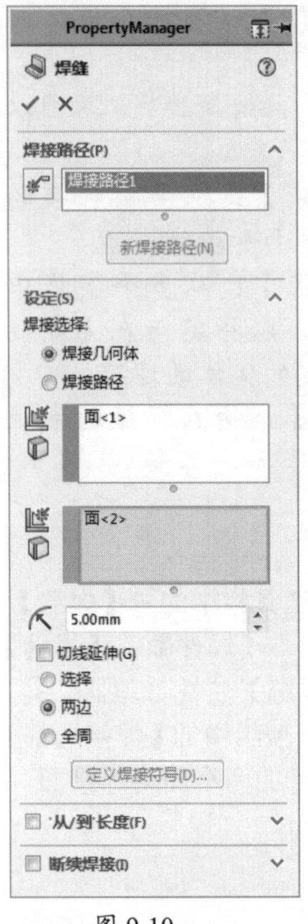

图 9-10

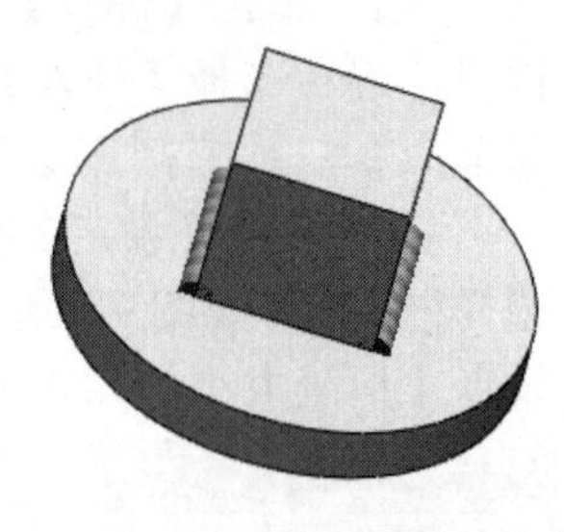

图 9-11

9.4.2 圆角焊缝

可以在任何交叉的焊件实体（如结构构件、平板焊件或者角撑板等）之间添加全长、间歇或交错的圆角焊缝。

1．圆角焊缝的属性设置

选择【插入】|【焊件】|【圆角焊缝】菜单命令，系统打开【圆角焊缝】属性管理器，如图 9-12 所示。

（1）【箭头边】选项组。

- 【焊缝类型】下拉列表：可以选择焊缝类型。
- 【焊缝大小】、【节距】：在设置【焊缝类型】为【间歇】或者【交错】时可用。

注意：

尽管面组必须选择平面，但圆角焊缝在启用【切线延伸】复选框时，可以为面组选择非平面或者相切轮廓。

（2）【对边】选项组。

其属性设置和【箭头边】选项组类似，如图 9-13 所示，不再赘述。

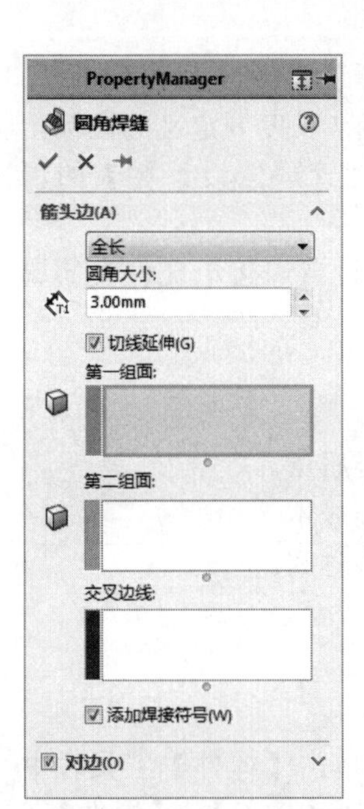

图 9-12

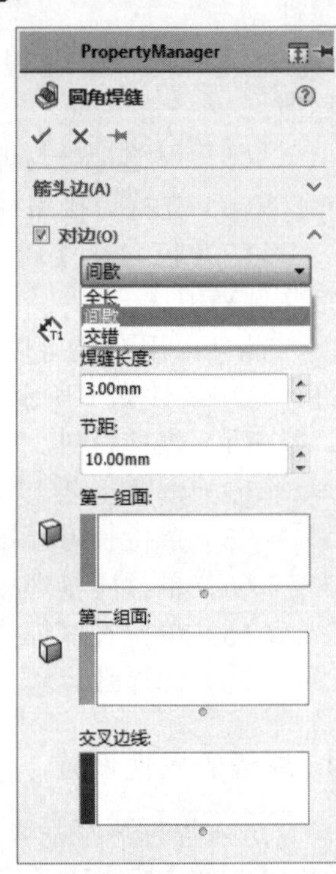

图 9-13

注意：

在设置【焊缝类型】为【交错】时，可以将圆角焊缝应用到对边。

2. 生成圆角焊缝的操作步骤

（1）选择【插入】|【焊件】|【圆角焊缝】菜单命令，系统弹出【圆角焊缝】属性管理器。

（2）在【箭头边】选项组中，选择【焊

缝类型】，设置【焊缝大小】数值，单击【第一组面】选择框，在图形区域中选择一个面组，如图 9-14 所示；单击【第二组面】选择框，在图形区域中选择一个交叉面组，如图 9-15 所示。

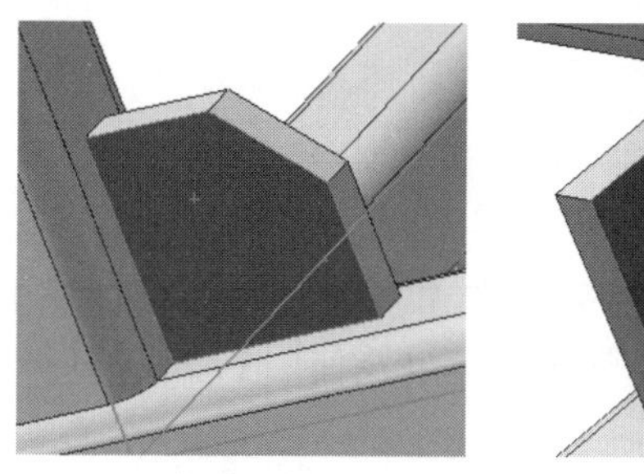
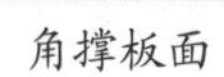
角撑板面

结构构件面

图 9-14

结构构件面

平板焊件面

图 9-15

（3）在图形区域中沿交叉实体之间的边线显示圆角焊缝的预览。

注意：

系统会根据选择的【第一组面】和【第二组面】指定虚拟边线。

（4）在【对边】选项组中，选择【焊缝类型】，设置【焊缝大小】的数值；单击【第一组面】选择框，在图形区域中选择一个面组，如图 9-16 所示；单击【第二组面】选择框，在图形区域中选择一个交叉面组，如图 9-17 所示。

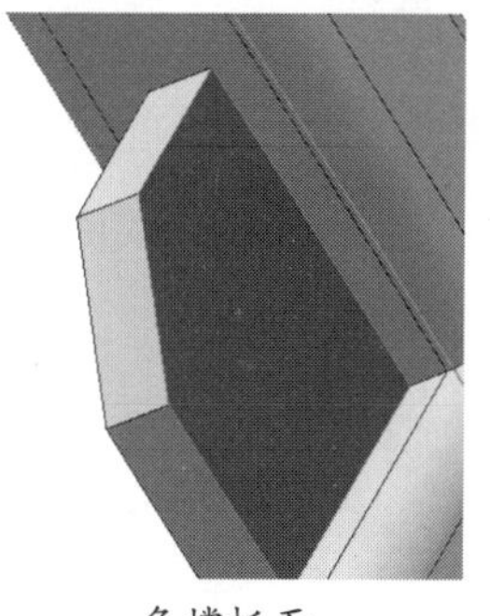
角撑板面

结构构件面

图 9-16

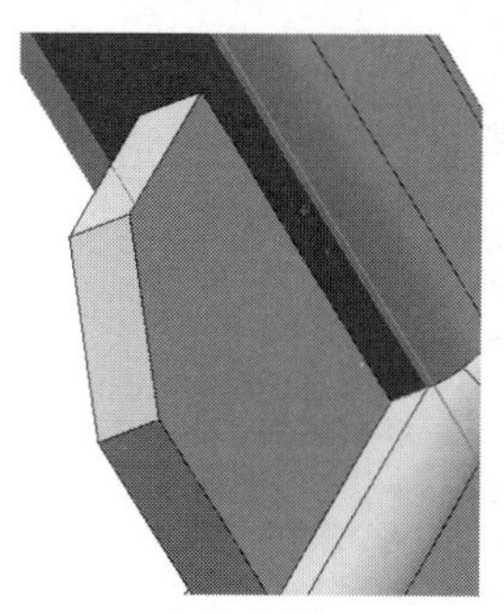
结构构件面

平板焊件面

图 9-17

（5）单击【确定】按钮，在图形区域中沿交叉实体之间的边线显示圆角焊缝的预览，如图 9-18 所示。

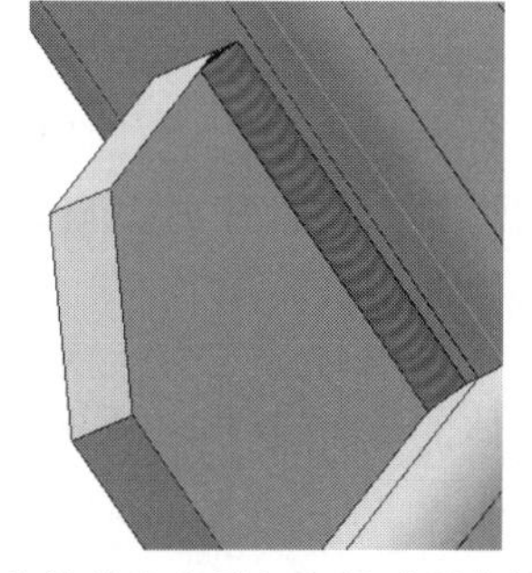
结构构件和角撑板之间的圆角焊缝

结构构件和平板焊件之间的圆角焊缝

图 9-18

9.5 子焊件和焊件工程图

下面讲解子焊件和焊件工程图的相关内容。

9.5.1 子焊件

子焊件可以将复杂模型分为更容易管理的实体。子焊件包括列举在【特征管理器设计树】的【切割清单】中的任何实体，包括结构构件、顶端盖、角撑板、圆角焊缝以及使用【剪裁/延伸】命令所剪裁的结构构件。

（1）在焊件模型的【特征管理器设计树】中，展开【切割清单】。

（2）选择要包含在子焊件中的实体，可以配合键盘上的 Ctrl 键进行批量选择，所选实体在图形区域中呈高亮显示。

（3）用鼠标右击选择的实体，在弹出的快捷菜单中选择【生成子焊件】命令，如图 9-19 所示，包含所选实体的【子焊件】文件夹出现在【切割清单】中。

（4）用鼠标右击【子焊件】文件夹，在弹出的快捷菜单中选择【插入到新零件】命令，如图 9-20 所示。子焊件模型在新的 SOLIDWORKS 窗口中打开，并弹出【另存为】对话框。

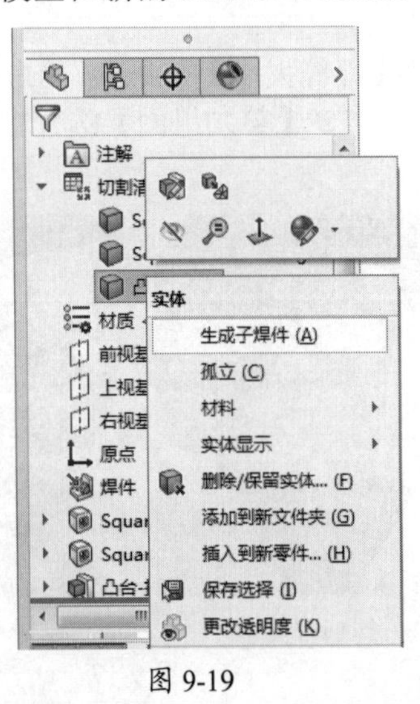

图 9-19

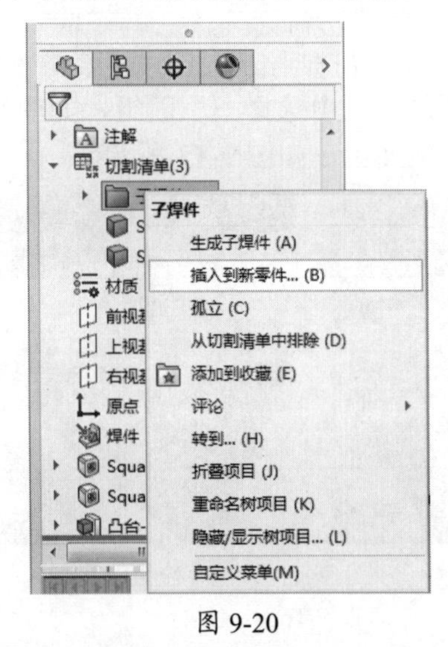

图 9-20

（5）设置【文件名】，并进行保存，在焊件模型中所作的更改扩展到子焊件模型中。

9.5.2 焊件工程图

焊件工程图属于图纸设计部分，我们将在工程图章节进行详细介绍。它包括整个焊件零件的视图、焊件零件单个实体的视图（即相对视图）、焊件切割清单、零件序号、自动零件序号、剖面视图的备选剖面线等。

所有配置在生成零件序号时均参考同一切割清单。即使零件序号是在另一视图中生成的，也会与切割清单保持关联。附加到整个焊件工程图视图中的实体的零件序号，以及附加到只显示实体的工程图视图中同一实体的零件序号，具有相同的项目号。

如果将自动零件序号插入到焊件的工程图中，而该工程图不包含切割清单，则会提示是否生成切割清单。如果删除切割清单，所有与该切割清单相关的零件序号的项目号都会变为1。

9.6 焊件切割清单

当第一个焊件特征被插入到零件中时，【注解】文件夹会重新命名为【切割清单】，以表示要包括在切割清单中的项目。

切割清单中所有焊件实体的选项在新的焊件零件中默认打开。如果希望关闭，用鼠标右击【切割清单】图标，在弹出的快捷菜单中取消选择【自动切割清单自动创建切割清单】命令，如图9-21所示。

9.6.1 生成切割清单

1. 更新切割清单

在焊件零件的【特征管理器设计树】中，用鼠标右击【切割清单】图标，在弹出的快捷菜单中选择【更新】命令，如图9-21所示。相同项目在【切割清单】项目子文件夹中列组。

2. 制作焊缝

焊缝不包括在切割清单中，可以选择其他排除在外的特征。如果需要将特征排除在切割清单之外，可以用鼠标右击特征，在弹出的快捷菜单中选择【制作焊缝】命令，如图9-22所示。

图 9-21

图 9-22

9.6.2 保存切割清单

焊件切割清单包括项目号、数量以及切割清单自定义属性。

用鼠标右击切割清单，在弹出的快捷菜单中选择【保存实体】命令，如图9-23所示。在弹出的【保存实体】属性管理器中，设置焊件信息，单击【确定】按钮进行保存，如图9-24所示。

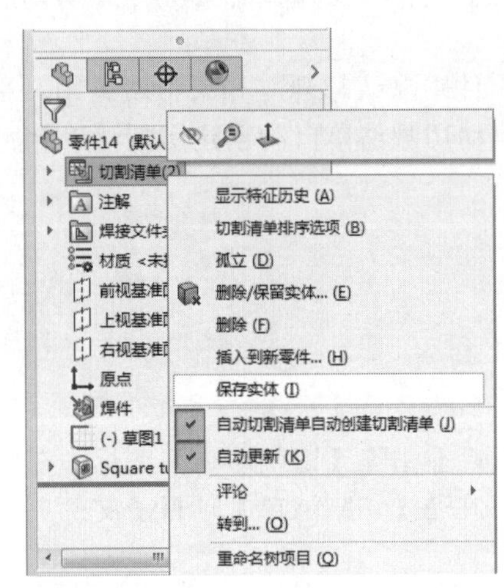

图 9-23

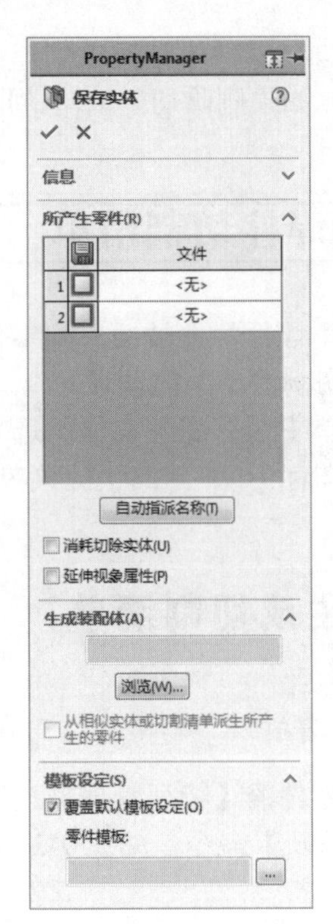

图 9-24

9.7 设计范例

9.7.1 角撑件范例

本范例完成文件：\09\9-1.sldprt

案例分析

本节的范例是创建角撑件模型，首先绘制模型骨架线条，之后创建结构构件，再创建焊缝，最后创建 3 个角撑板。

案例操作

步骤 01 创建草绘

① 在模型树中，选择【前视基准面】，如图 9-25 所示。

② 单击【草图】选项卡中的【草图绘制】按钮，进行草图绘制。

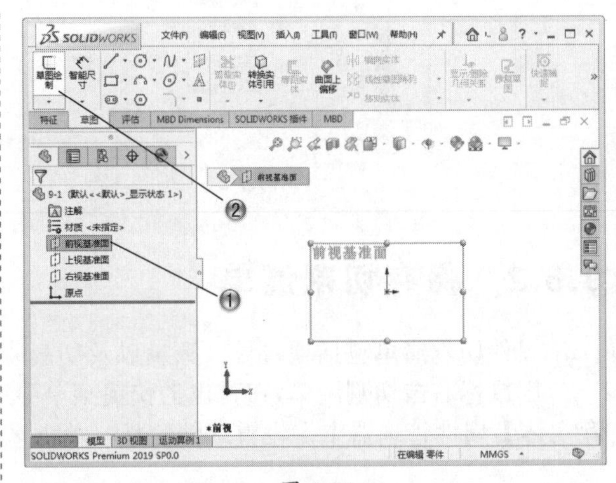

图 9-25

步骤 02 绘制直线图形

① 单击【草图】选项卡中的【直线】按钮。
② 在绘图区中，绘制直线图形，如图 9-26 所示。

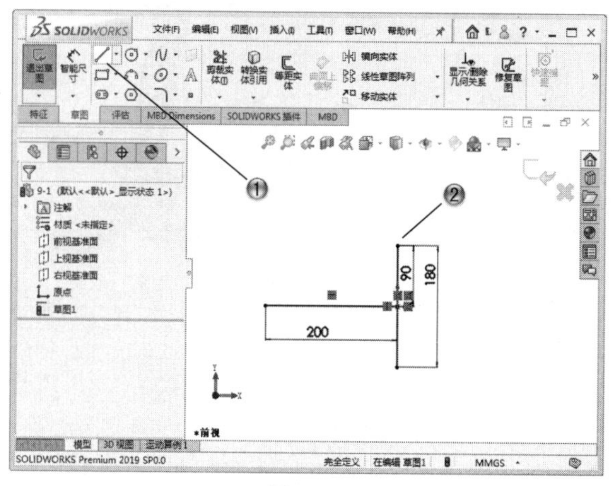

图 9-26

步骤 03 创建草绘

① 在模型树中，选择【右视基准面】，如图 9-27 所示。
② 单击【草图】选项卡中的【草图绘制】按钮，进行草图绘制。

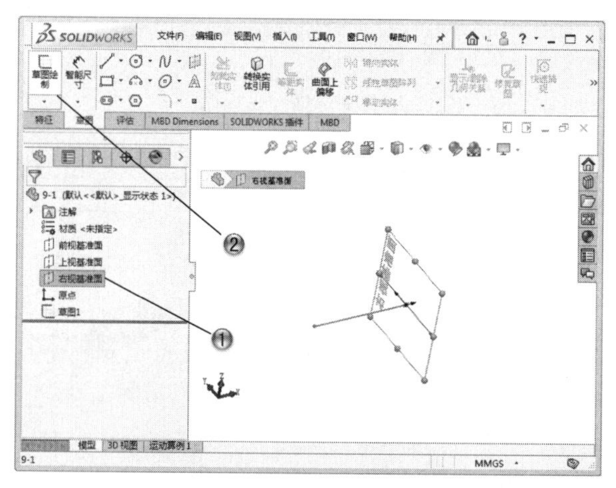

图 9-27

步骤 04 绘制直线

① 单击【草图】选项卡中的【直线】按钮。
② 在绘图区中，绘制直线，如图 9-28 所示。

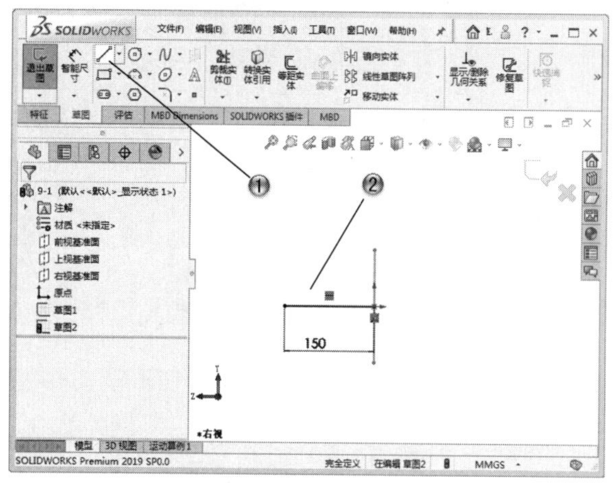

图 9-28

步骤 05 创建结构构件 1

① 单击【焊件】工具栏中的【焊件】按钮，如图 9-29 所示。
② 单击【焊件】工具栏中的【结构构件】按钮。
③ 在弹出的【结构构件】属性管理器中，设置参数，并选择草图，创建构件 1。
④ 在【结构构件】属性管理器中，单击【确定】按钮。

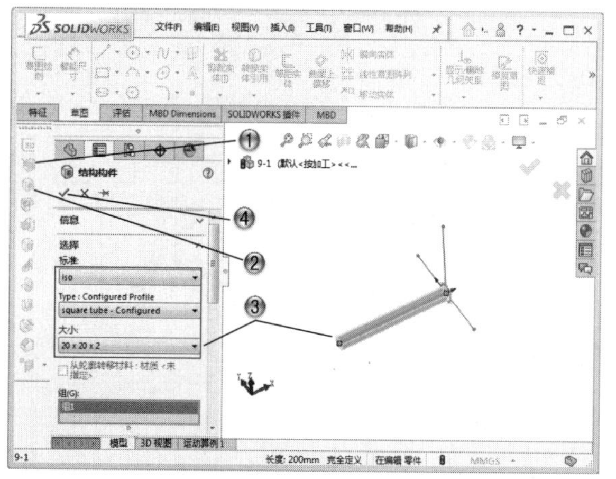

图 9-29

步骤 06 创建结构构件 2

① 单击【焊件】工具栏中的【结构构件】按钮，如图 9-30 所示。
② 在弹出的【结构构件】属性管理器中，设置参数，并选择草图，创建构件 2。
③ 在【结构构件】属性管理器中，单击【确定】按钮。

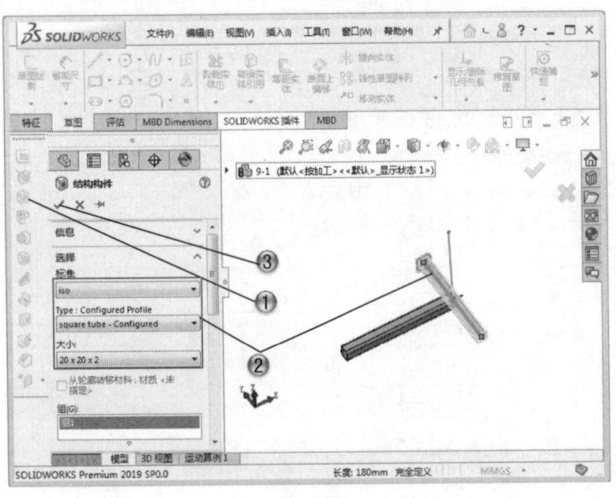

图 9-30

步骤 07 创建结构构件 3

① 单击【焊件】工具栏中的【结构构件】按钮，如图 9-31 所示。

② 在弹出的【结构构件】属性管理器中，设置参数，并选择草图，创建构件 3。

③ 在【结构构件】属性管理器中，单击【确定】按钮。

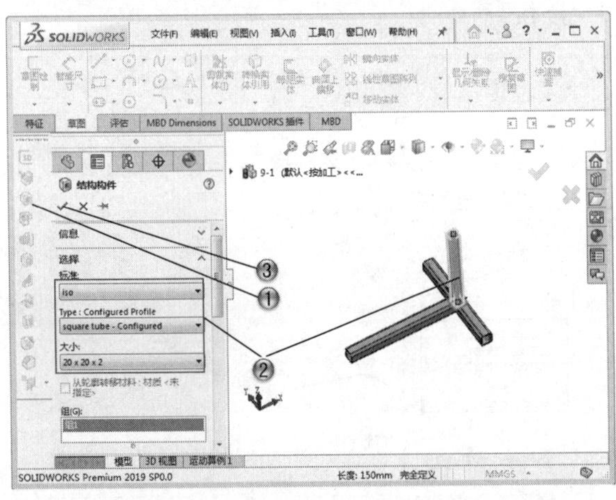

图 9-31

步骤 08 剪裁水平构件

① 单击【焊件】工具栏中的【剪裁/延伸】按钮，如图 9-32 所示。

② 在绘图区中，选择要剪裁的实体和剪裁边界，剪裁水平构件。

③ 在【剪裁/延伸】属性管理器中，单击【确定】按钮。

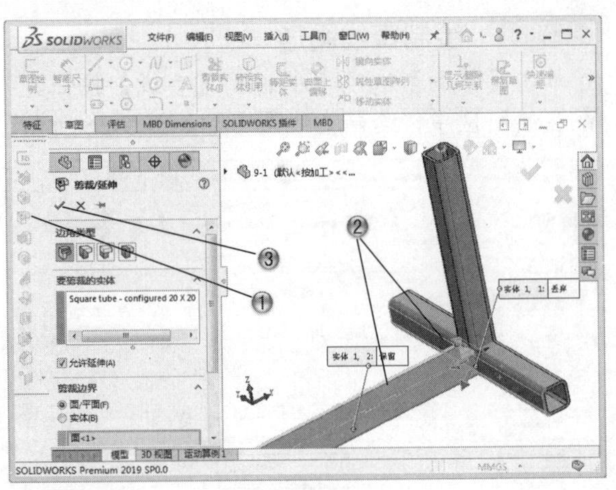

图 9-32

步骤 09 剪裁竖直构件

① 单击【焊件】工具栏中的【剪裁/延伸】按钮，如图 9-33 所示。

② 在绘图区中，选择要剪裁的实体和剪裁边界，剪裁竖直构件。

③ 在【剪裁/延伸】属性管理器中，单击【确定】按钮。

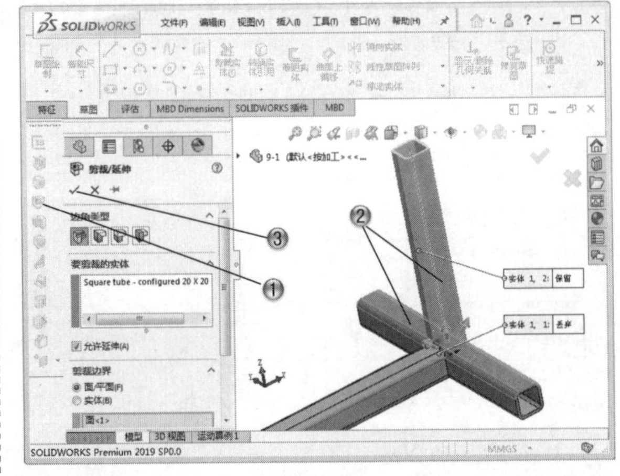

图 9-33

步骤 10 创建焊缝

① 单击【焊件】工具栏中的【焊缝】按钮，如图 9-34 所示。

② 在绘图区中，选择焊接边线，创建焊缝。

③ 在【焊缝】属性管理器中，单击【确定】按钮。

步骤 11 创建角撑板 1

① 单击【焊件】工具栏中的【角撑板】按钮，如图 9-35 所示。

② 在绘图区中，选择支撑面并设置参数，创建角撑板1。

③ 在【角撑板】属性管理器中，单击✓【确定】按钮。

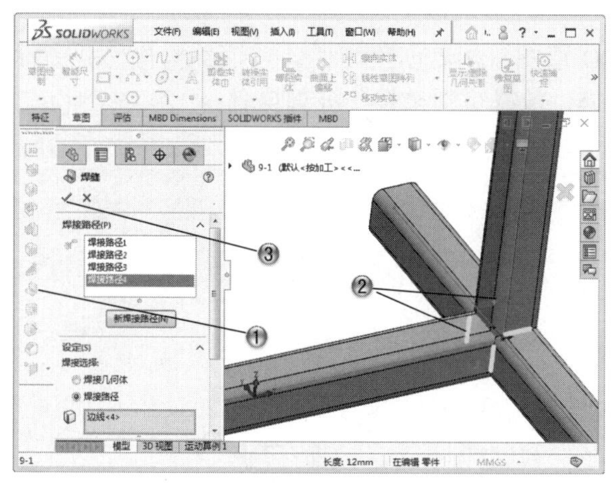

图 9-34

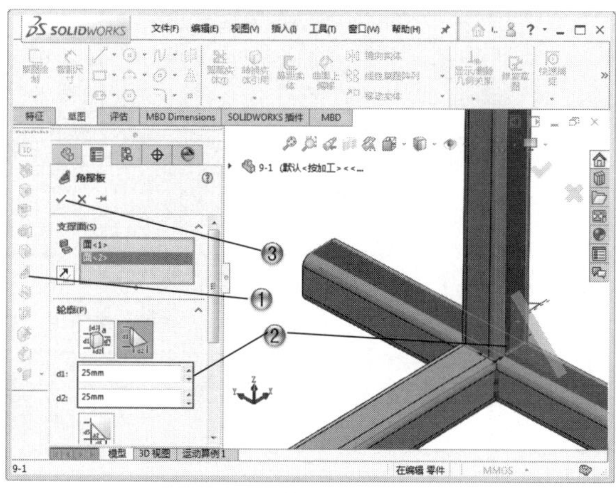

图 9-35

步骤12 创建角撑板2

① 单击【焊件】工具栏中的【角撑板】按钮，如图9-36所示。

② 在绘图区中，选择支撑面并设置参数，创建角撑板2。

③ 在【角撑板】属性管理器中，单击✓【确定】按钮。

步骤13 创建角撑板3

① 单击【焊件】工具栏中的【角撑板】按钮，如图9-37所示。

② 在绘图区中，选择支撑面并设置参数，创建角撑板3。

③ 在【角撑板】属性管理器中，单击✓【确定】按钮。

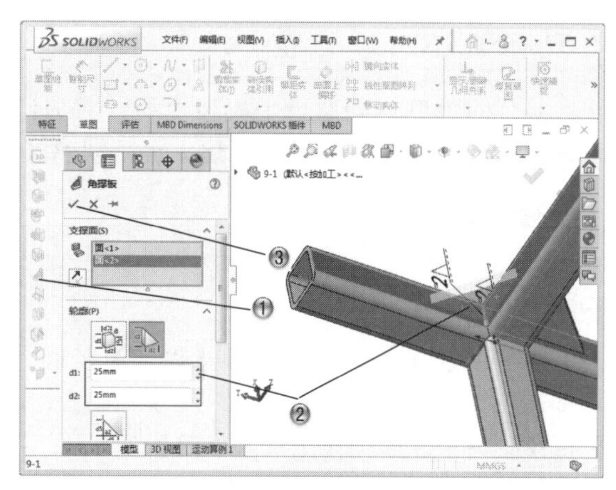

图 9-36

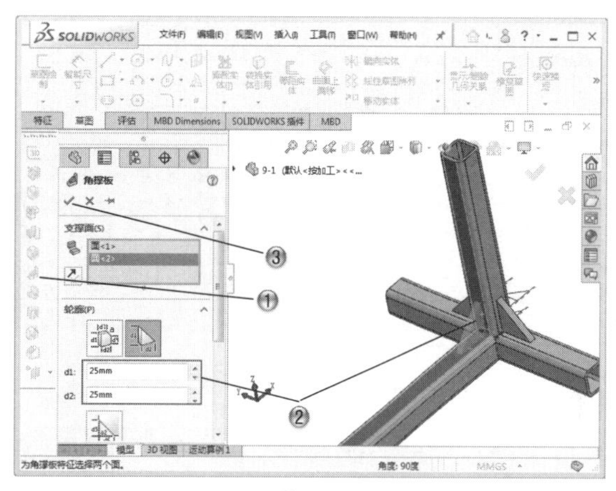

图 9-37

步骤14 完成角撑件零件模型

完成的角撑件零件模型，如图9-38所示。

图 9-38

9.7.2 桌架范例

本范例完成文件：\09\9-2.sldprt

案例分析

本节的范例是创建一个桌架模型，首先绘制3D草图，接着创建焊件、角钢结构构件并进行剪裁，再创建方钢桌腿进行剪裁，然后创建圆钢支撑，最终绘制桌脚并添加焊缝。

案例操作

步骤01 创建草绘

① 单击【焊件】工具栏中的【焊件】按钮，如图9-39所示。

② 在模型树中，选择【上视基准面】。

③ 单击【草图】选项卡中的【草图绘制】按钮，进行草图绘制。

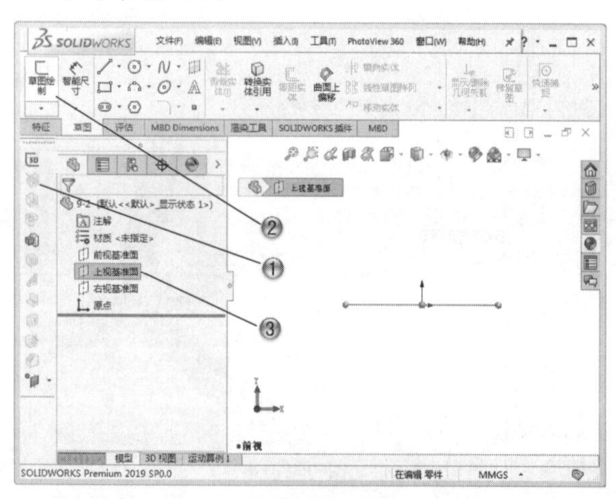

图 9-39

步骤02 绘制矩形

① 单击【草图】选项卡中的【边角矩形】按钮。

② 在绘图区中，绘制140×240的矩形，如图9-40所示。

步骤03 创建3D直线

① 单击【焊件】选项卡中的【3D草图】按钮。

② 单击【草图】选项卡中的【直线】按钮，如图9-41所示。

③ 绘制长为140的直线。

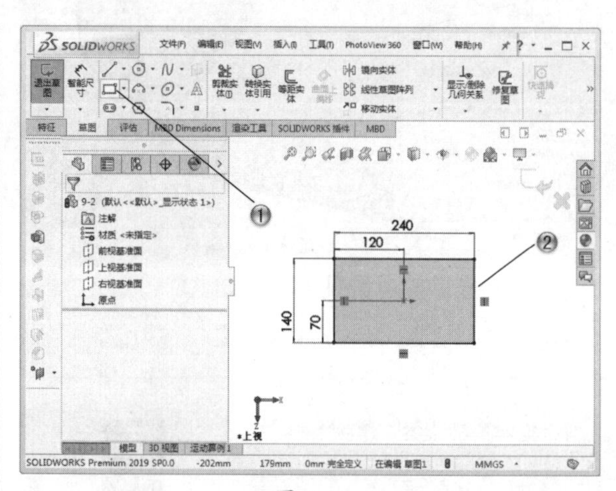

图 9-40

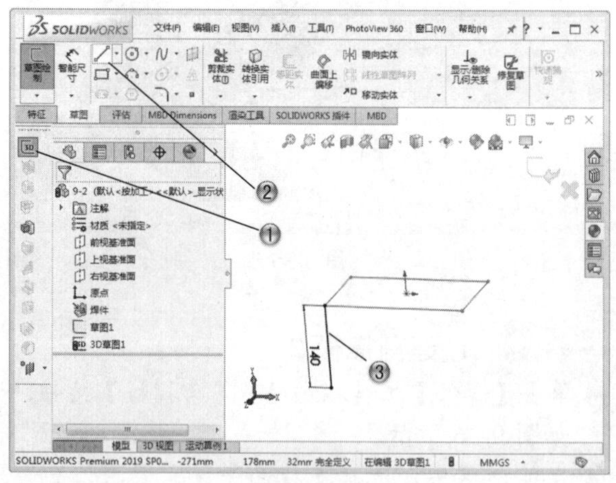

图 9-41

步骤04 创建其余直线

① 单击【草图】选项卡中的【直线】按钮，如图9-42所示。

② 绘制其余3条直线。

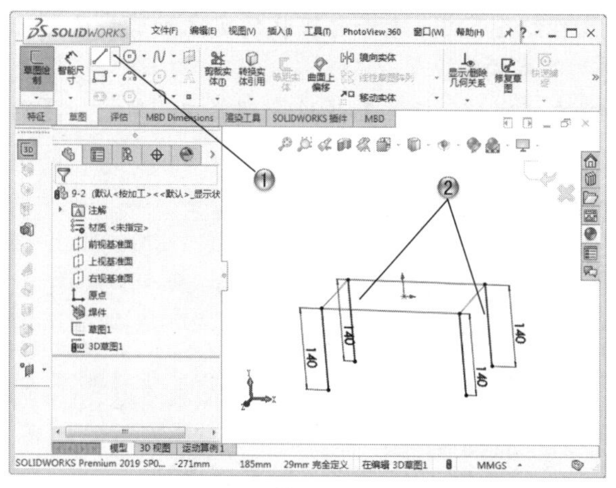
图 9-42

步骤05 创建交叉直线

① 单击【草图】选项卡中的【直线】按钮，如图 9-43 所示。

② 绘制 4 条交叉直线。

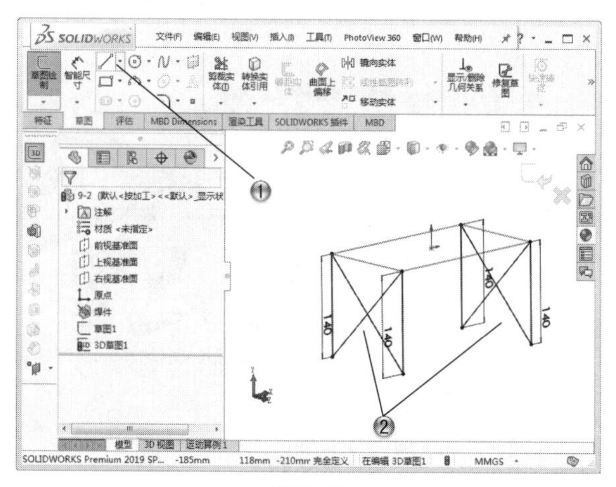
图 9-43

步骤06 创建结构构件 1

① 单击【焊件】工具栏中的【结构构件】按钮，如图 9-44 所示。

② 在弹出的【结构构件】属性管理器中，设置参数，并选择草图，创建构件 1。

③ 在【结构构件】属性管理器中，单击【确定】按钮。

步骤07 剪裁构件

① 单击【焊件】工具栏中的【剪裁/延伸】按钮，如图 9-45 所示。

② 在绘图区中，选择要剪裁的实体和剪裁边界，剪裁构件。

③ 在【剪裁/延伸】属性管理器中，单击【确定】按钮。

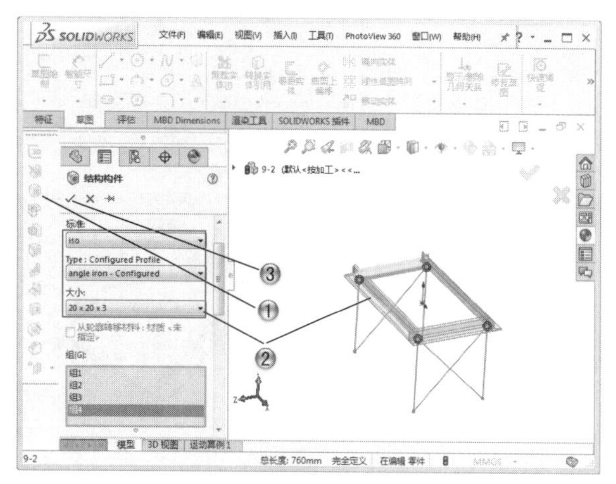
图 9-44

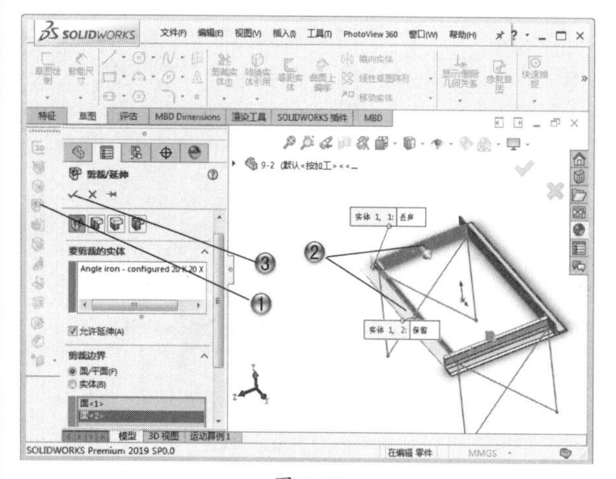
图 9-45

步骤08 剪裁结构构件

① 单击【焊件】工具栏中的【剪裁/延伸】按钮，如图 9-46 所示。

② 在绘图区中，选择要剪裁的实体和剪裁边界，剪裁构件。

③ 在【剪裁/延伸】属性管理器中，单击【确定】按钮。

步骤09 创建结构构件 2

① 单击【焊件】工具栏中的【结构构件】按钮，如图 9-47 所示。

② 在弹出的【结构构件】属性管理器中，设置参数，并选择草图，创建构件 2。

③ 在【结构构件】属性管理器中，单击✓【确定】按钮。

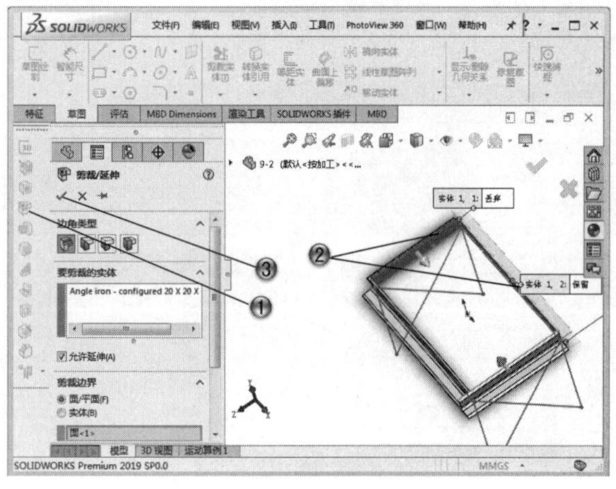

图 9-46

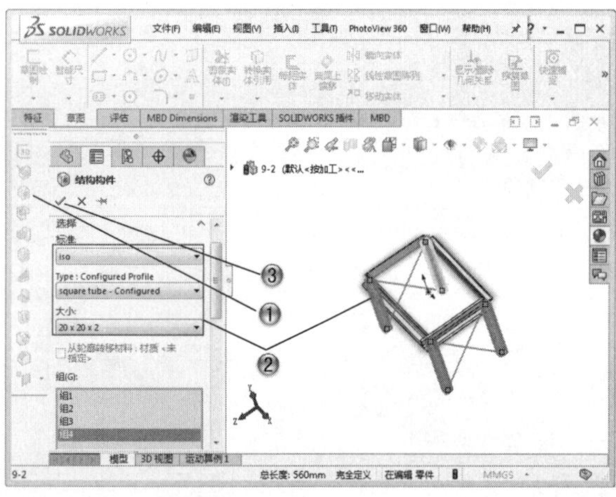

图 9-47

步骤 10 创建结构构件 3

① 单击【焊件】工具栏中的【结构构件】按钮，如图 9-48 所示。

② 在弹出的【结构构件】属性管理器中，设置参数，并选择草图，创建构件 3。

③在【结构构件】属性管理器中，单击✓【确定】按钮。

步骤 11 剪裁构件

① 单击【焊件】工具栏中的【剪裁/延伸】按钮，如图 9-49 所示。

② 在绘图区中，选择要剪裁的实体和剪裁边界，剪裁构件。

③ 在【剪裁/延伸】属性管理器中，单击✓【确定】按钮。

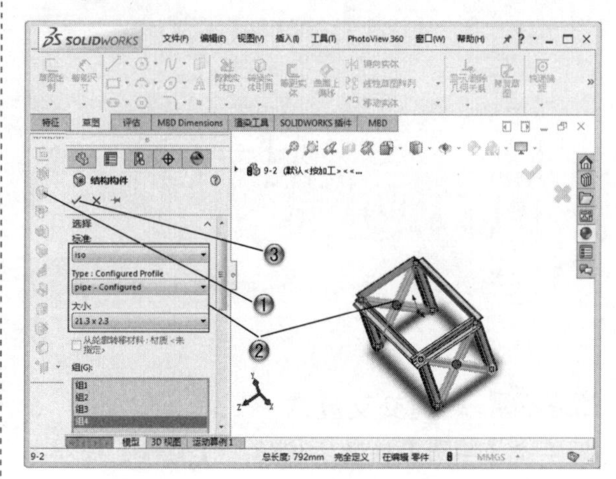

图 9-48

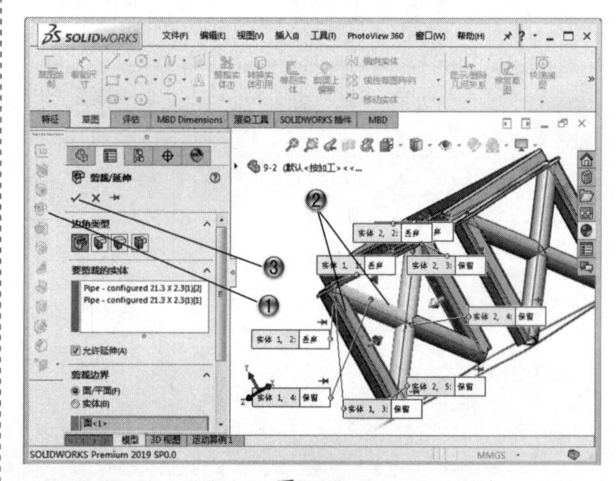

图 9-49

步骤 12 剪裁构件

① 单击【焊件】工具栏中的【剪裁/延伸】按钮，如图 9-50 所示。

② 在绘图区中，选择要剪裁的实体和剪裁边界，剪裁构件。

③ 在【剪裁/延伸】属性管理器中，单击✓【确定】按钮。

步骤 13 创建草绘

① 在模型树中，选择模型面，如图 9-51 所示。

② 单击【草图】选项卡中的【草图绘制】按钮，进行草图绘制。

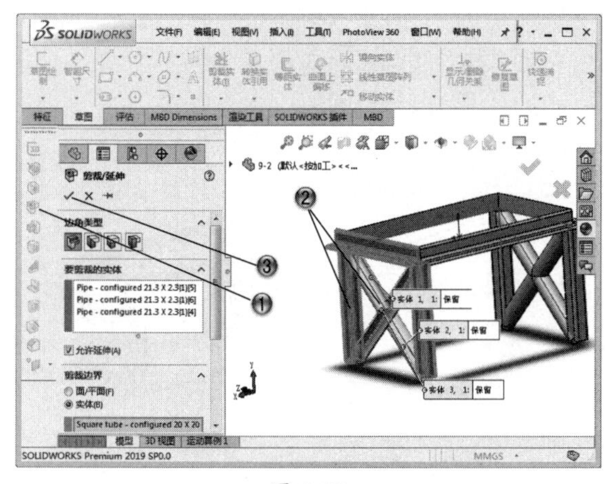

图 9-50

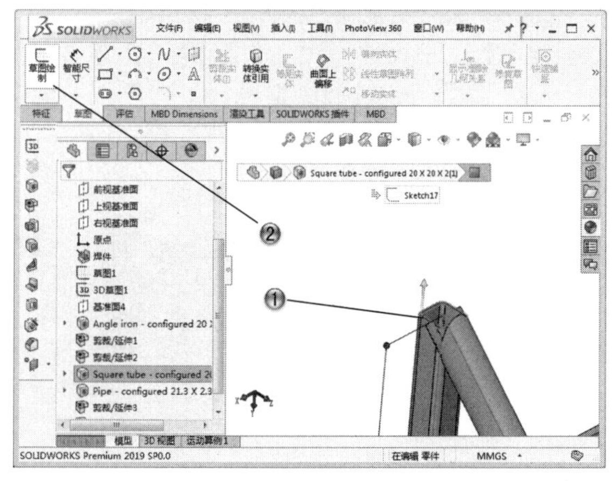

图 9-51

步骤14 绘制矩形

① 单击【草图】选项卡中的□【边角矩形】按钮。

② 在绘图区中，绘制40×40的矩形，如图9-52所示。

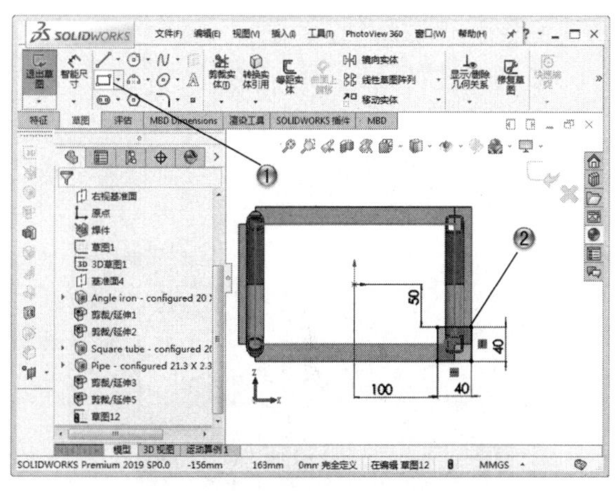

图 9-52

步骤15 创建拉伸特征

① 在模型树中，选择【草图12】，如图9-53所示。

② 单击【特征】选项卡中的【拉伸凸台/基体】按钮，创建拉伸特征。

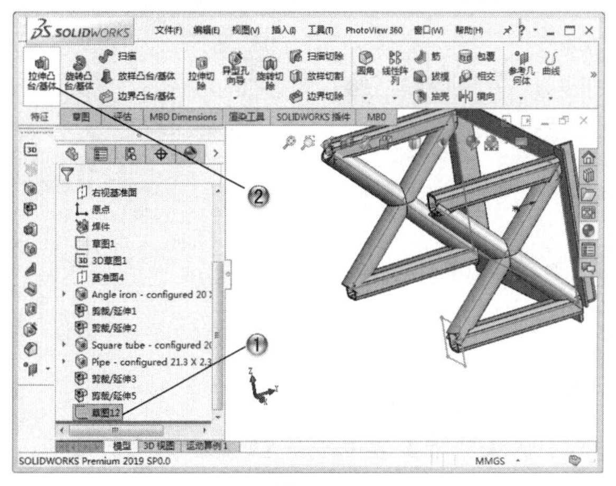

图 9-53

③ 设置拉伸参数，如图9-54所示。

④ 在【凸台-拉伸】属性管理器中，单击✓【确定】按钮。

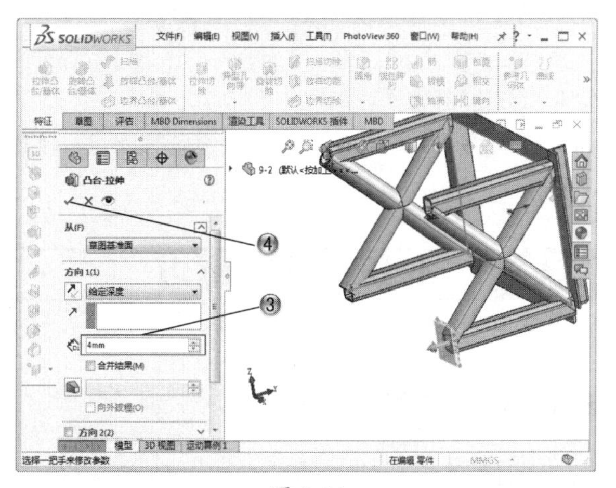

图 9-54

步骤16 阵列特征

① 单击【特征】选项卡中的【线性阵列】按钮。

② 在绘图区中，选择拉伸并设置阵列参数，创建阵列，如图9-55所示。

③ 在【线性阵列】属性管理器中，单击✓【确定】按钮。

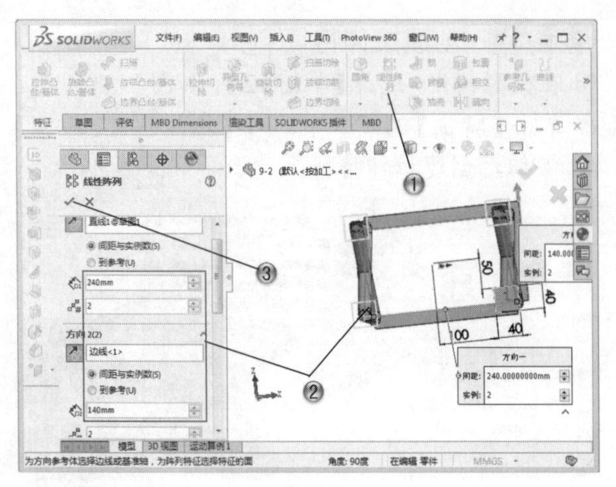

图 9-55

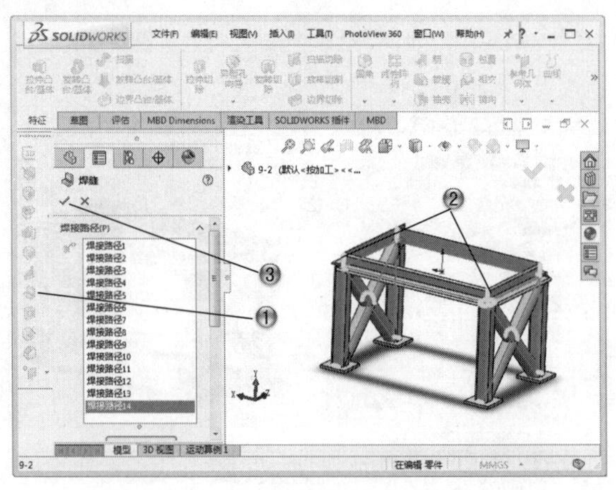

图 9-56

图 9-57

步骤 17 创建焊缝

① 单击【焊件】工具栏中的【焊缝】按钮，如图 9-56 所示。

② 在绘图区中，选择焊接边线，创建焊缝。

③ 在【焊缝】属性管理器中，单击【确定】按钮。

步骤 18 完成桌架零件模型

完成的桌架零件模型如图 9-57 所示。

9.8 本章小结和练习

9.8.1 本章小结

通过本章的练习，读者可以掌握焊件设计的基本知识，如生成结构构件、剪裁结构构件、生成圆角焊缝、管理切割清单等。添加焊缝方便了以后的加工出图，请读者结合范例认真学习。

9.8.2 练习

1. 首先创建焊件框架的 3D 草图，如图 9-58 所示。

2. 再创建结构构件。

3. 添加焊缝特征。

4. 创建孔特征。

图 9-58

第10章

工程图设计

本章导读

工程图是用来表达三维模型的二维图样，通常包含一组视图、完整的尺寸、技术要求、标题栏等内容。在工程图设计中，可以利用 SOLIDWORKS 设计的实体零件和装配体直接生成所需视图，也可以基于现有的视图生成新的视图。

工程图是产品设计的重要技术文件，一方面体现了设计成果；另一方面也是指导生产的参考依据。在产品的生产制造过程中，工程图还是设计人员进行交流和提高工作效率的重要工具，是工程界的技术语言。SOLIDWORKS 提供了强大的工程图设计功能，用户可以很方便地借助零部件或者装配体三维模型生成所需的各个视图，包括剖视图、局部放大视图等。SOLIDWORKS 在工程图与零部件或者装配体三维模型之间提供有全相关的功能，即对零部件或者装配体三维模型进行修改时，所有相关的工程视图将自动更新，以反映零部件或者装配体的形状和尺寸变化；反之，当在一个工程图中修改零部件或者装配体尺寸时，系统也自动将相关的其他工程视图及三维零部件或者装配体中相应结构的尺寸进行更新。

本章主要介绍工程图的基本设置方法，以及工程视图的创建和尺寸、注释的添加，最后介绍打印工程图的方法。

10.1 工程图基本设置

下面讲解工程图的线型、图层以及图纸格式等的设置方法。

10.1.1 工程图线型设置

对于视图中图线的线色、线粗、线型、颜色显示模式等，可以利用【线型】工具栏进行设置。【线型】工具栏如图 10-1 所示。

（1）【图层属性】：设置图层属性（如颜色、厚度、样式等），将实体移动到图层中，然后为新的实体选择图层。

（2）【线色】：可对图线颜色进行设置。

（3）【线粗】：单击该按钮，会弹出如图 10-2 所示的【线粗】菜单，可对图线粗细进行设置。

（4）【线条样式】：单击该按钮，会弹出如图 10-3 所示的【线条样式】菜单，可对图线样式进行设置。

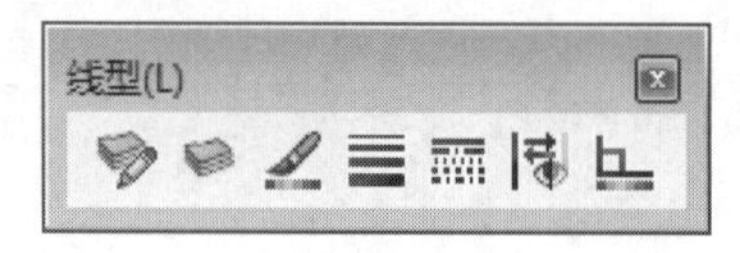

图 10-1

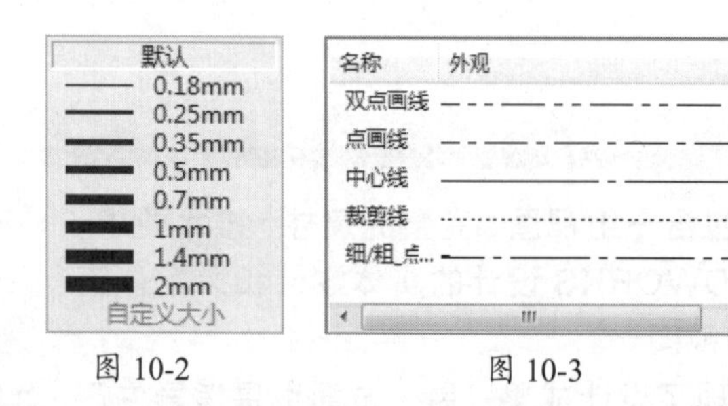

图 10-2　　图 10-3

（5）【颜色显示模式】：单击该按钮，线色会在所设置的颜色中进行切换。

在工程图中如果需要对线型进行设置，一般在绘制草图实体之前，先利用【线型】工具栏中的【线色】、【线粗】和【线条样式】按钮对要绘制的图线设置所需的格式，这样可使被添加到工程图中的草图实体均使用指定的线型格式，直到重新设置另一种格式为止。

如果需要改变直线、边线或草图视图的格式，可先选择需要更改的直线、边线或草图实体，然后利用【线型】工具栏中的相应按钮进行修改，新格式将被应用到所选视图中。

10.1.2 工程图图层设置

在工程图文件中，用户可根据需求建立图层，并为每个图层上生成的新实体指定线条颜色、线条粗细和线条样式。新的实体会自动添加到激活的图层中。图层可以被隐藏或显示。另外，还可将实体从一个图层移动到另一个图层。创建好工程图的图层后，可分别为每个尺寸、注解、表格和视图标号等局部视图选择不同的图层设置。例如，可创建两个图层，将其中一个分配给直径尺寸，另一个分配给表面粗糙度注解。可在文档层设置各个局部视图的图层，无须在工程图中切换图层即可应用自定义图层。

可以将尺寸和注解（包括注释、区域剖面线、块、折断线、局部视图图标、剖面线及表格等）移动到图层上并使用图层指定的颜色。草图实体使用图层的所有属性。

可以将零件或装配体工程图中的零部件移动到图层。【图层】工具栏中包括一个用于为零部件选择命名图层的清单，如图 10-4 所示。

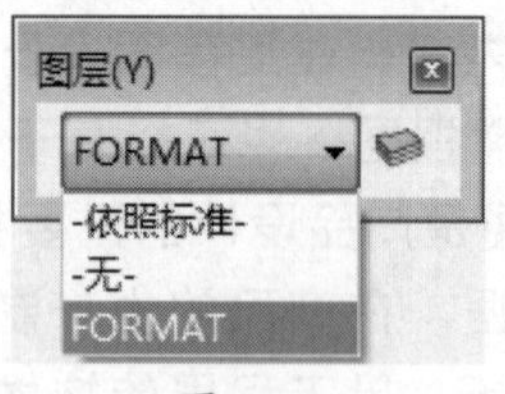

图 10-4

如果将 DXF 或者 DWG 文件输入到 SOLIDWORKS 工程图中，会自动生成图层。在最初生成 DXF 或 DWG 文件的系统中指定的图层信息（如名称、属性和实体位置等）将保留。

如果将带有图层的工程图作为 DXF 或 DWG 文件输出，则图层信息包含在文件中。

当在目标系统中打开文件时，实体都位于相同图层上，并且具有相同的属性，除非使用映射将实体重新导向新的图层。

在工程图中，单击【图层】工具栏中的【图层属性】按钮，可进行相关的图层操作。

1. 建立图层

（1）在工程图中，单击【图层】工具栏中的【图层属性】按钮，弹出如图 10-5 所示的【图层】对话框。

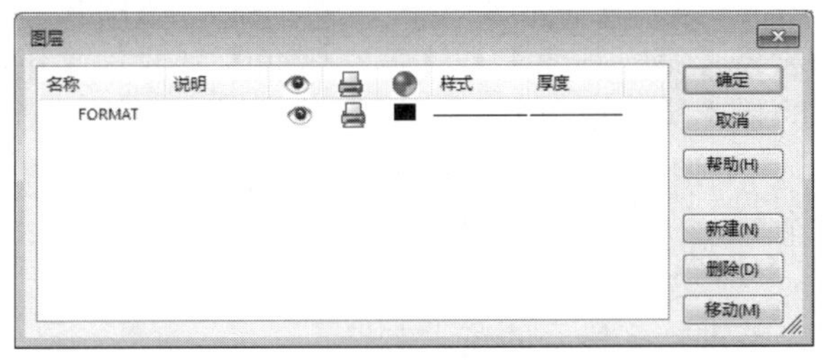

图 10-5

（2）单击【新建】按钮，输入新图层的名称。

（3）更改图层默认图线的颜色、样式和粗细等。

- 【颜色】：单击【颜色】下的颜色框，弹出【颜色】对话框，可选择或设置颜色，如图 10-6 所示。
- 【样式】：单击【样式】下的图线，在弹出的菜单中选择图线样式。
- 【厚度】：单击【厚度】下的直线，在弹出的菜单中选择图线的粗细。

（4）单击【确定】按钮，可为文件建立新的图层。

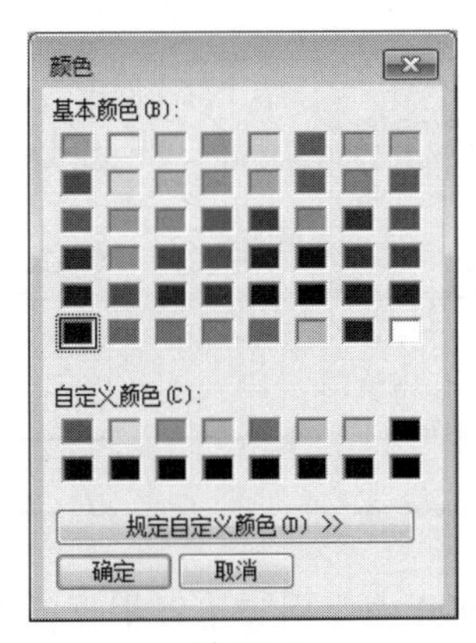

图 10-6

2. 图层操作

（1）在【图层】对话框中，➡图标所指示的图层为激活的图层。如果要激活图层，单击图层左侧，则所添加的新实体会出现在激活的图层中。

（2）图标表示图层打开或关闭的状态。表示图层可见，表示隐藏该图层。

（3）如果要删除图层，选择图层，然后单击【删除】按钮。

（4）如果要移动实体到激活的图层，选择工程图中的实体，然后单击【移动】按钮，即可将其移动至激活的图层。

（5）如果要更改图层名称，则单击图层名称，输入新名称即可。

10.1.3 图纸格式设置

当生成新的工程图时，必须选择图纸格式。图纸可采用标准图纸格式，也可自定义和修改图纸格式。通过对图纸格式的设置，有助于生成具有统一格式的工程图。

图纸格式主要用于保存图纸中相对不变的部分，如图框、标题栏和明细栏等。

1. 图纸格式的属性设置

（1）标准图纸格式。

SOLIDWORKS 提供了各种标准图纸大小的图纸格式，可在【图纸格式 / 大小】对话框的【标准图纸大小】列表框中进行选择，如图 10-7 所示。单击【浏览】按钮，可加载用户自定义的图纸格式。

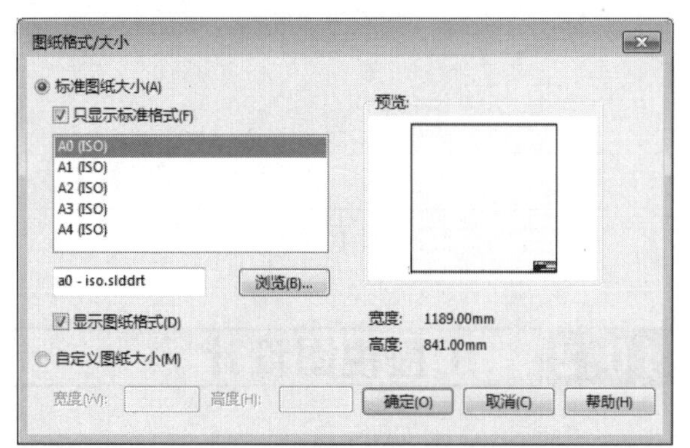

图 10-7

（2）无图纸格式。

【自定义图纸大小】选项可定义无图纸格式，即选择无边框、标题栏的空白图纸。此选项要求指定纸张大小，用户也可定义自己的格式，如图 10-8 所示。

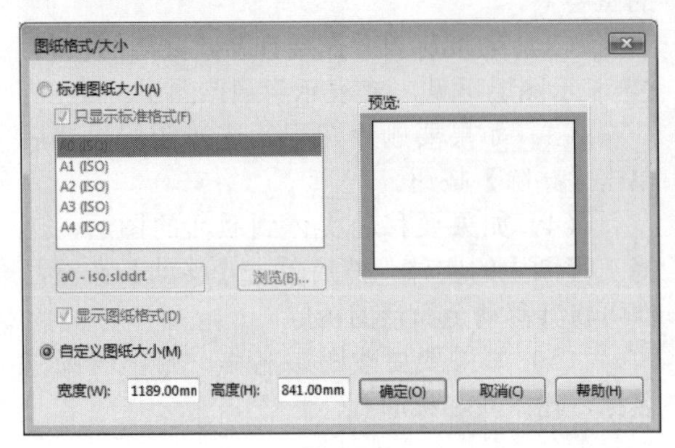

图 10-8

2. 使用图纸格式的操作步骤

（1）单击【标准】工具栏中的【新建】按钮，弹出如图 10-9 所示的【新建 SOLIDWORKS 文件】对话框。

（2）选中【工程图】图标，单击【确定】按钮，弹出【图纸格式 / 大小】对话框，根据需要设置参数，单击【确定】按钮。

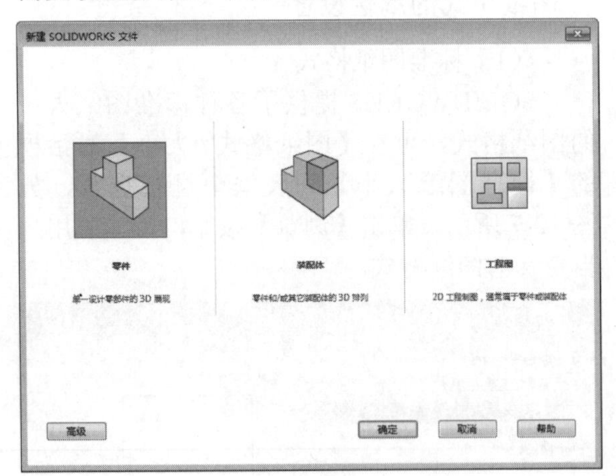

图 10-9

10.1.4 编辑图纸格式

生成一个工程图文件后，可随时对图纸大小、图纸格式、绘图比例、投影类型等图纸细节进行修改。

在【特征管理器设计树】中，用鼠标右击图标，或在工程图纸的空白区域单击鼠标右键，在弹出的快捷菜单中选择【属性】命令，弹出【图纸属性】对话框，如图 10-10 所示。

【图纸属性】对话框中比较特殊的选项如下。

（1）【投影类型】：为标准三视图投影选择【第一视角】或【第三视角】（我国采用的是【第一视角】）。

（2）【下一视图标号】：指定用作下一个剖面视图或局部视图标号的英文字母。

（3）【下一基准标号】：指定用作下一个基准特征标号的英文字母。

（4）【使用模型中此处显示的自定义属性值】：如果在图纸上显示了一个以上的模型，且工程图中包含链接到模型自定义属性的注释，则选择希望使用的属性所在的模型视图；如果没有另外指定，则将使用图纸第一个视图中的模型属性。

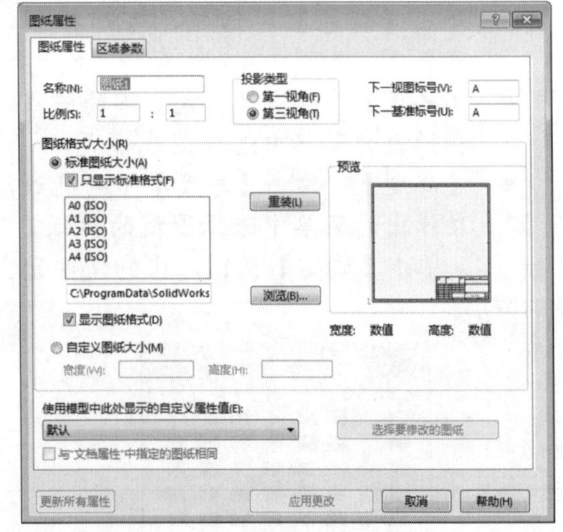

图 10-10

10.2 工程视图设计

工程视图是指在图纸中生成的所有视图。在 SOLIDWORKS 中，用户可以根据需要生成各种零件模型的表达视图，如投影视图、剖面视图、局部放大视图、轴测视图等。

10.2.1 概述

在生成工程视图之前，应首先生成零部件或者装配体的三维模型，然后根据此三维模型考虑和规划视图，如工程图由几个视图组成、是否需要剖视等，最后再生成工程视图。

新建工程图文件，完成图纸格式的设置后，就可以生成工程视图了。【工程图】工具栏如图 10-11 所示，根据需要，可以选择相应的命令生成工程视图。

图 10-11

（1）【投影视图】：指从主、俯、左三个方向插入视图。

（2）【辅助视图】：指垂直于所选参考边线的视图。

（3）【剖面视图】：可以用一条剖切线分割父视图。剖面视图可以是直切剖面或者是用阶梯剖切线定义的等距剖面。

（4）【移除的剖面】：添加已移除的剖面视图。

（5）【局部视图】：通常是以放大比例方式显示一个视图的某个部分，可以是正交视图、空间（等轴测）视图、剖面视图、裁剪视图、爆炸装配体视图或者另一局部视图等。

（6）【相对视图】：正交视图，由模型中两个直交面或者基准面及各自的具体方位的规格定义。

（7）【标准三视图】：前视图为模型视图，其他两个视图为投影视图，使用在图纸属性中所指定的第一视角或者第三视角投影法。

（8）【断开的剖视图】：是现有工程视图的一部分，而不是单独的视图。可以用闭合的轮廓（通常是样条曲线）定义断开的剖视图。

（9）【断裂视图】：也称为中断视图。断裂视图可以将工程图视图以较大比例显示在较小的工程图纸上。与断裂区域相关的参考尺寸和模型尺寸反映实际的模型数值。

（10）【剪裁视图】：除了局部视图、已用于生成局部视图的视图或者爆炸视图，用户可以根据需要裁剪任何工程视图。

10.2.2 标准三视图

标准三视图可以生成三个默认的正交视图，其中主视图方向为零件或者装配体的前视，投影类型则按照图纸格式设置的第一视角或者第三视角投影法。

在标准三视图中，主视图、俯视图及左视图有固定的对齐关系。主视图与俯视图长度方向对齐，主视图与左视图高度方向对齐，俯视图与左视图宽度相等。俯视图可以竖直移动，左视图可以水平移动。

下面介绍标准三视图的属性设置方法。

单击【工程图】工具栏中的【标准三视图】按钮或者选择【插入】|【工程图视图】|【标准三视图】菜单命令，系统弹出【标准三视图】属性管理器，如图 10-12 所示。

单击【浏览】按钮后，选择零件模型，并在绘图区单击放置视图即可。

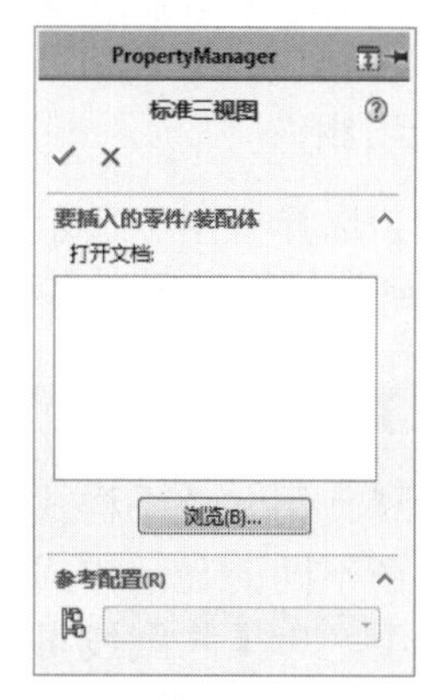

图 10-12

10.2.3 投影视图

投影视图是根据已有视图利用正交投影生成的视图。投影视图的投影方法是根据在【图纸属性】对话框中所设置的第一视角或者第三视角投影类型而确定的。

单击【工程图】工具栏中的【投影视图】按钮或者选择【插入】|【工程图视图】|【投影视图】菜单命令，系统弹出【投影视图】属性管理器，如图 10-13 所示。

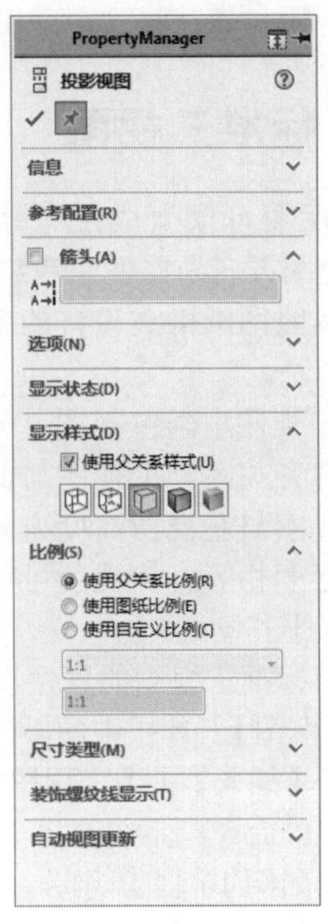

图 10-13

下面介绍投影视图的常用属性设置。

1.【箭头】选项组

【标号】选择框用于显示按相应父视图的投影方向得到的投影视图的名称。

2.【显示样式】选项组

取消启用【使用父关系样式】复选框，可以选择与父视图不同的显示样式，显示样式包括【线架图】、【隐藏线可见】、【消除隐藏线】、【带边线上色】和【上色】。

3.【比例】选项组

（1）【使用父关系比例】单选按钮：可以应用为父视图所使用的相同比例。

（2）【使用图纸比例】单选按钮：可以应用为工程图图纸所使用的相同比例。

（3）【使用自定义比例】单选按钮：可以根据需要应用自定义的比例。

10.2.4 剪裁视图

生成剪裁视图的操作步骤如下。

（1）新建工程图文件，生成零部件模型的工程视图。

（2）单击要生成剪裁视图的工程视图，使用草图绘制工具绘制一条封闭的轮廓，如图 10-14 所示。

（3）选择封闭的剪裁轮廓，单击【工程图】工具栏中的【剪裁视图】按钮，或者选择【插入】|【工程图视图】|【剪裁视图】菜单命令。此时，剪裁轮廓以外的视图消失，生成剪裁视图，如图 10-15 所示。

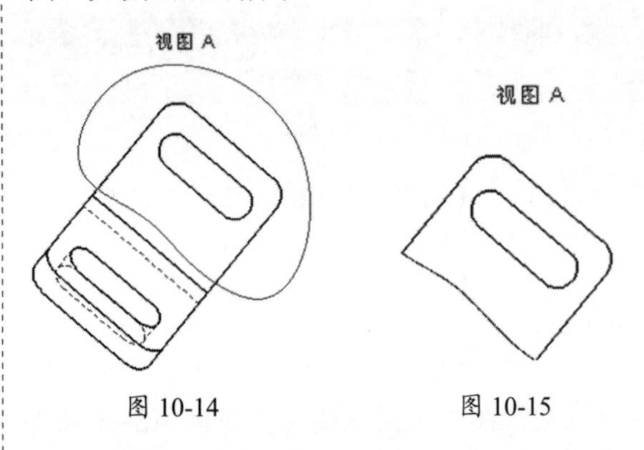

图 10-14　　图 10-15

10.2.5 局部视图

局部视图是一种派生视图，可以用来显示父视图的某一局部形状，通常采用放大比例方式显示。局部视图的父视图可以是正交视图、空间（等轴测）视图、剖面视图、裁剪视图、爆炸装配体视图或者另一局部视图，但不能在透视图中生成模型的局部视图。

下面介绍局部视图的属性设置。

单击【工程图】工具栏中的【局部视图】按钮，或者选择【插入】|【工程图视图】|【局部视图】菜单命令，系统弹出【局部视图】属性管理器，如图 10-16 所示。

1.【局部视图图标】选项组

（1）【样式】：可以选择一种样式，也可以选中【轮廓】（必须在此之前已经绘制好一条封闭的轮廓曲线）或者【圆】单选按钮。【样式】下拉列表如图 10-17 所示。

（2）【标号】：编辑与局部视图相关的字母。

（3）【字体】按钮：如果要为局部视图标号选择文件字体以外的字体，取消启用【文件字体】复选框，然后单击【字体】按钮。

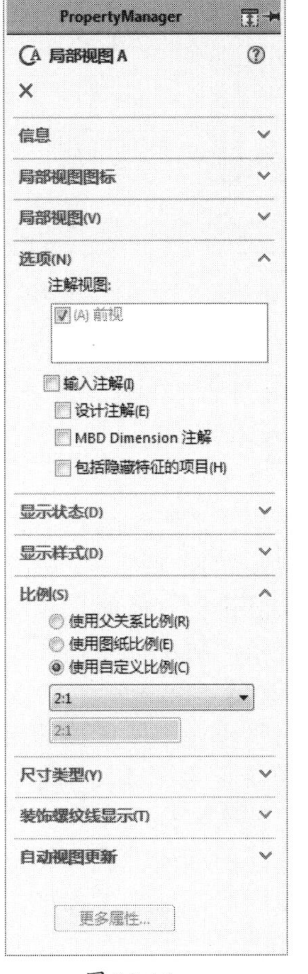

图 10-16

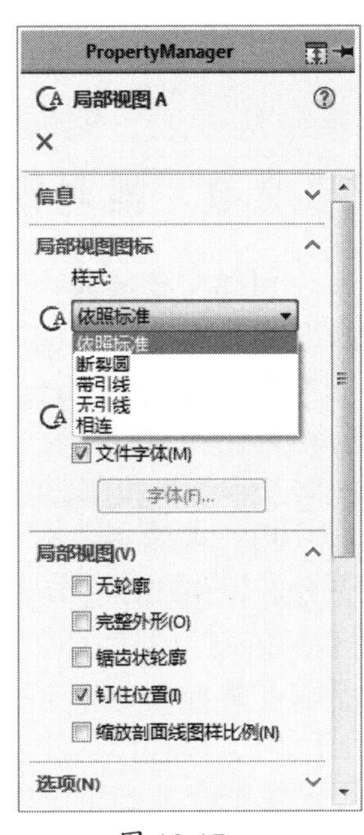

图 10-17

2.【局部视图】选项组

（1）【无轮廓】：没有轮廓外形显示。

（2）【完整外形】：局部视图轮廓外形全部显示。

（3）【锯齿状轮廓】：显示视图锯齿轮廓。

（4）【钉住位置】：可以阻止父视图比例更改时局部视图发生移动。

（5）【缩放剖面线图样比例】：可以根据局部视图的比例缩放剖面线图样比例。

10.2.6 剖面视图

剖面视图是通过一条剖切线切割父视图而生成的，属于派生视图，可以显示模型内部的形状和尺寸。剖面视图可以是剖切面或者是用阶梯剖切线定义的等距剖面视图，并可以生成半剖视图。

下面介绍一下剖面视图的属性设置。

单击【草图】工具栏中的【中心线】按钮，在激活的视图中绘制单一或者相互平行的中心线（也可以单击【草图】工具栏中的【直线】按钮，在激活的视图中绘制单一或者相互平行的直线段）。选择绘制的中心线（或者直线段），单击【工程图】工具栏中的【剖面视图】按钮或者选择【插入】|【工程图视图】|【剖面视图】菜单命令，系统弹出【剖面视图辅助】属性管理器，如图 10-18 所示，在绘图区绘制截面后，弹出【剖面视图 C-C】（根据生成的剖面视图字母顺序排序）属性管理器，如图 10-19 所示。

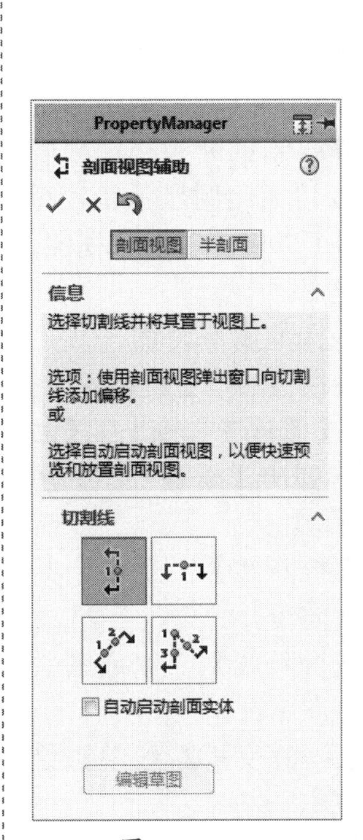

图 10-18

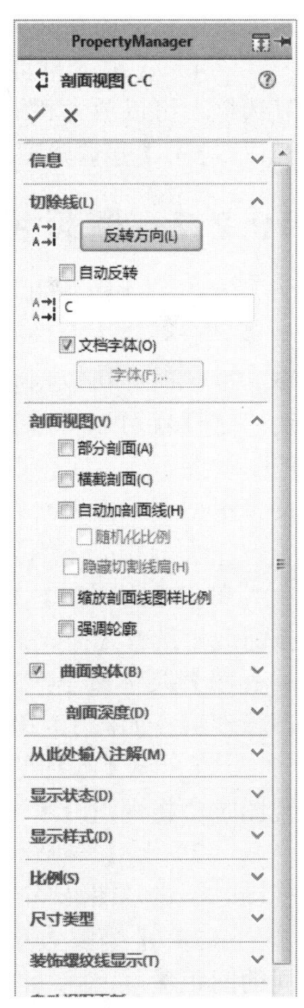

图 10-19

1.【切除线】选项组

（1）【反转方向】按钮：反转剖切的方向。

（2）【标号】文本框：编辑与剖切线或者剖面视图相关的字母。

（3）【字体】按钮：如果剖切线标号选择文档字体以外的字体，取消启用【文档字体】复选框，然后单击【字体】按钮，可以为剖切线或者剖面视图相关字母选择其他字体。

2.【剖面视图】选项组

（1）【部分剖面】：当剖切线没有完全切透视图中模型的边框线时，会弹出剖切线小于视图几何体的提示信息，并询问是否生成局部剖视图。

（2）【横截剖面】：只有被剖切线切除的曲面出现在剖面视图中。

（3）【自动加剖面线】：启用此复选框，系统可以自动添加必要的剖面（切）线。

（4）【缩放剖面线图样比例】：启用此复选框，可以放大和缩小剖面线比例。

（5）【强调轮廓】：突出显示视图轮廓。

10.2.7 断裂视图

对于一些较长的零件（如轴、杆、型材等），如果沿着长度方向的形状统一（或者按一定规律）变化时，可以用折断显示的断裂视图来表达，这样就可以将零件以较大比例显示在较小的工程图纸上。断裂视图可以应用于多个视图，并可根据要求撤销断裂视图。

下面介绍一下断裂视图的属性设置。

单击【工程图】工具栏中的【断裂视图】按钮或者选择【插入】|【工程图视图】|【断裂视图】菜单命令，系统弹出【断裂视图】属性管理器，如图 10-20 所示。

（1）【添加竖直折断线】：生成断裂视图时，将视图沿水平方向断开。

（2）【添加水平折断线】：生成断裂视图时，将视图沿竖直方向断开。

（3）【缝隙大小】：改变折断线缝隙之间的间距量。

（4）【折断线样式】：定义折断线的类型，其效果如图 10-21 所示。

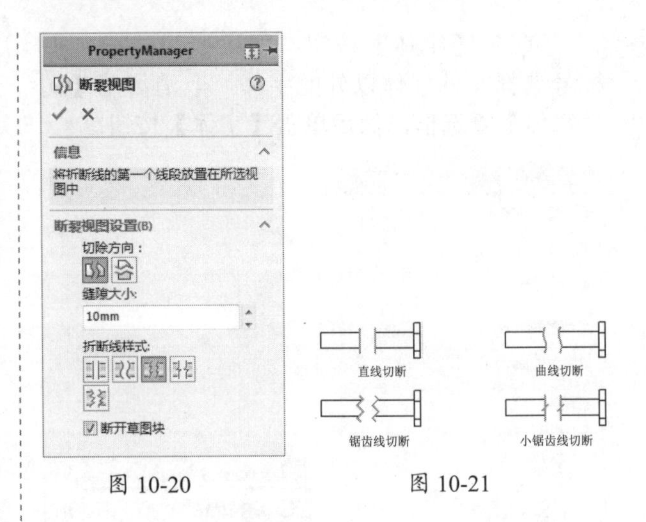

图 10-20　　图 10-21

10.2.8 相对视图

如果需要零件视图正确、清晰地表达零件的形状结构，使用模型视图和投影视图生成的工程视图可能会不符合实际情况。此时可以利用相对视图自行定义主视图，解决零件视图定向与工程视图投影方向的矛盾。

相对视图是一个相对于模型中所选面的正交视图，由模型的两个直交面及各自具体方位规格定义。通过在模型中依次选择两个正交平面或者基准面并指定所选面的朝向，生成特定方位的工程视图。相对视图可以作为工程视图中的第一个基础正交视图。

下面介绍一下相对视图的属性设置。

选择【插入】|【工程图视图】|【相对于模型】菜单命令，系统弹出【相对视图】属性管理器，如图 10-22 所示。

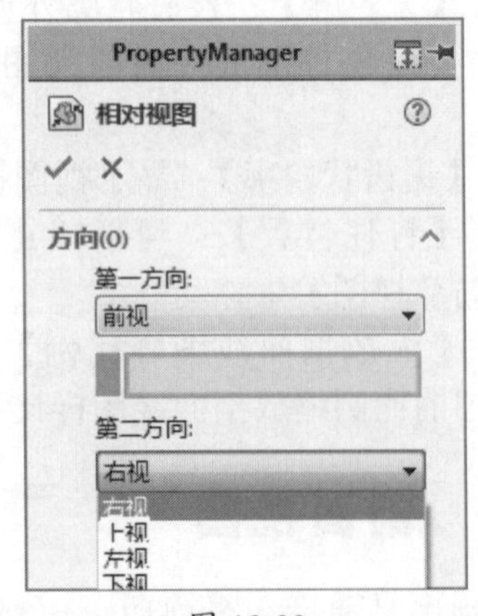

图 10-22

（1）【第一方向】：选择方向，然后单击【第一方向的面 / 基准面】选择框，在图纸区域中选择一个面或者基准面。

（2）【第二方向】：选择方向，然后单击【第二方向的面 / 基准面】选择框，在图纸区域中选择一个面或基准面。

10.3 尺寸标注

下面对尺寸标注进行简要的介绍，并讲解添加尺寸标注的操作步骤。

10.3.1 尺寸标注概述

工程图中的尺寸标注是与模型相关联的，而且模型中的变更会反映到工程图中。

（1）模型尺寸。通常在生成每个零件特征时即生成尺寸，然后将这些尺寸插入各个工程视图中。在模型中改变尺寸会更新工程图，在工程图中改变插入的尺寸也会改变模型。

（2）为工程图标注。当生成尺寸时，可指定在插入模型尺寸到工程图中时，是否应包括尺寸在内。用右键单击尺寸并选择为工程图标注尺寸，也可指定为工程图所标注的尺寸自动插入到新的工程视图中。

（3）参考尺寸。也可以在工程图文档中添加尺寸，但是这些尺寸是参考尺寸，并且是从动尺寸；不能编辑参考尺寸的数值而更改模型。然而，当模型的标注尺寸改变时，参考尺寸值也会改变。

（4）颜色。在默认情况下，模型尺寸为黑色，零件或装配体文件中以蓝色显示的尺寸（例如拉伸深度）。参考尺寸以灰色显示，并默认带有括号。可在工具、选项、系统选项、颜色中为各种类型尺寸指定颜色，并在工具、选项、文件属性、尺寸标注中指定添加默认括号。

（5）箭头。尺寸被选中时尺寸箭头上出现圆形控标。当单击箭头控标时（如果尺寸有两个控标，可以单击任一个控标），箭头向外或向内反转。用右键单击控标时，箭头样式清单出现。可以使用此方法单独更改任何尺寸箭头的样式。

（6）选择。可通过单击尺寸的任何地方，包括尺寸和延伸线和箭头来选择尺寸。

（7）隐藏和显示尺寸。可以使用【视图】菜单来隐藏和显示尺寸。也可以用右键单击尺寸，然后选择【隐藏】命令来隐藏尺寸；也可在注解视图中隐藏和显示尺寸。

（8）隐藏和显示直线。若要隐藏一尺寸线或延伸线，用右键单击直线，然后选择【隐藏尺寸线】或【隐藏延伸线】命令。若想显示隐藏线，用右键单击尺寸或一条可见直线，然后选择【显示尺寸线】或【显示延伸线】命令。

10.3.2 添加尺寸标注的操作步骤

（1）单击【尺寸 / 几何关系】工具栏中的【智能尺寸】按钮，或单击【工具】|【标注尺寸】|【智能尺寸】菜单命令。

（2）单击要标注尺寸的几何体，即可进行标注。具体的操作如表 10-1 所示。

表 10-1 标注尺寸

标注项目	单击
直线或边线的长度	直线
两直线之间的角度	两条直线、或一直线和模型上的一边线

续表

标注项目	单击
两直线之间的距离	两条平行直线，或一条直线与一条平行的模型边线
点到直线的垂直距离	点以及直线或模型边线
两点之间的距离	两个点
圆弧半径	圆弧
圆弧真实长度	圆弧及两个端点
圆的直径	圆周
一个或两个实体为圆弧或圆时的距离	圆心或圆弧 / 圆的圆周，及其他实体 (直线，边线，点等)
线性边线的中点	用右键单击要标注中点尺寸的边线，然后单击选择中点。接着选择第二个要标注尺寸的实体

10.4 注解和注释

利用注释工具可以在工程图中添加文字信息和一些特殊要求的标注形式。注释文字可以独立浮动，也可以指向某个对象（如面、边线或者顶点等）。注释中可以包含文字、符号、参数文字或者超文本链接。如果注释中包含引线，则引线可以是直线、折弯线或者多转折引线。

10.4.1 注释的属性设置

单击【注解】工具栏中的【注释】按钮或者选择【插入】|【注解】|【注释】菜单命令，系统弹出【注释】属性管理器，如图 10-23 所示。

1.【样式】选项组

（1）【将默认属性应用到所选注释】：将默认类型应用到所选注释中。

（2）【添加或更新样式】：单击该按钮，在弹出的对话框中输入新名称，然后单击【确定】按钮，即可将样式添加到文件中，如图 10-24 所示。

（3）【删除样式】：从【设定当前样式】中选择一种样式，单击该按钮，即可将常用类型删除。

（4）【保存样式】：在【设定当前样式】中显示一种样式，单击该按钮，在弹出的【另存为】对话框中，选择保存该文件的文件夹，编辑文件名，最后单击【保存】按钮。

（5）【装入样式】：单击该按钮，在弹出的【打开】对话框中选择合适的文件夹，然后选择 1 个或者多个文件，单击【打开】按钮，装入的样式出现在【设定当前样式】列表中。

注意：

注释有两种类型。如果在【注释】属性管理器中输入文本并将其另存为常用注释，则该文本会随注释属性保存。当生成新注释时，选择该常用注释并将注释放置在图形区域中，注释便会与该文本一起出现。如果选择文件中的文本，然后选择一种样式，则会应用该样式的属性，而不更改所选文本；如果生成不含文本的注释并将其另存为常用注释，则只保存注释属性。

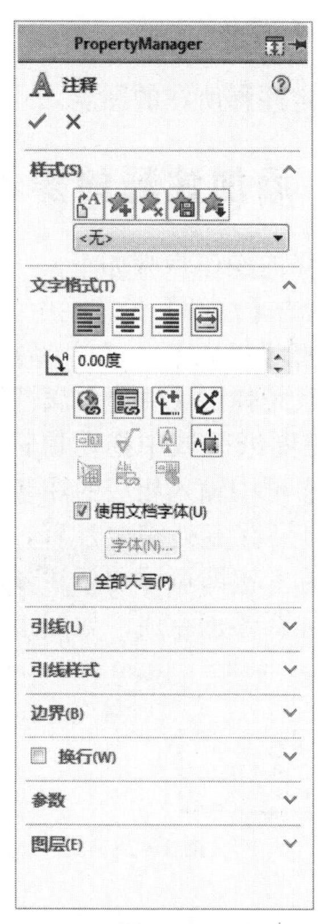

图 10-23

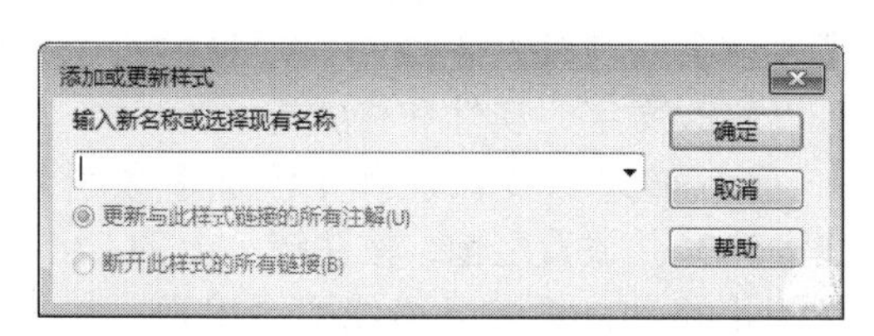

图 10-24

2.【文字格式】选项组

（1）文字对齐方式：包括【左对齐】、【居中】、【右对齐】和【套合文字】。

（2）【角度】：设置注释文字的旋转角度（正角度值表示逆时针方向旋转）。

（3）【插入超文本链接】：单击该按钮，可以在注释中包含超文本链接。

（4）【链接到属性】：单击该按钮，可以将注释链接到文件属性。

（5）【添加符号】：将鼠标指针放置在需要显示符号的【注释】文字框中，单击【添加符号】按钮，弹出快捷菜单选择符号，符号即显示在注释中，如图 10-25 所示。

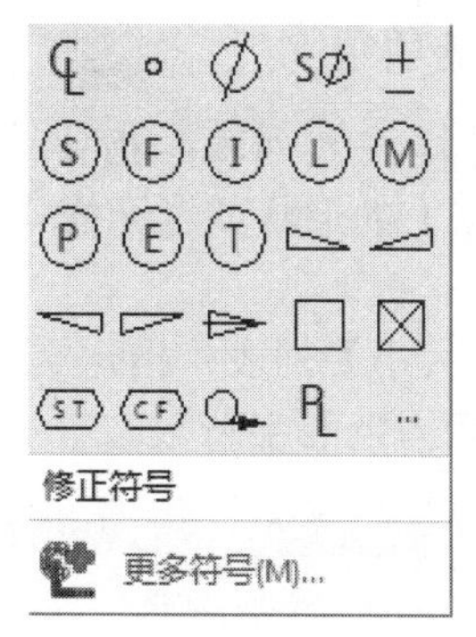

图 10-25

（6）【锁定 / 解除锁定注释】：将注释固定到位。当编辑注释时，可以调整其边界框，但不能移动注释本身（只可用于工程图）。

（7）【插入形位公差】：可以在注释中插入形位公差符号。

（8）【插入表面粗糙度符号】：可以在注释中插入表面粗糙度符号。

（9）【插入基准特征】：可以在注释中插入基准特征符号。

（10）【使用文档字体】：启用该复选框，使用文件设置的字体；取消启用该复选框，【字体】按钮处于可选择状态。单击【字体】按钮，弹出【选择字体】对话框，可以选择字体样式、大小及效果。

3.【引线】选项组

（1）单击【引线】、【多转折引线】、【无引线】或者【自动引线】按钮，确定是否选择引线。

（2）单击【引线靠左】、【引线向右】、【引线最近】按钮，确定引线的位置。

（3）单击【直引线】、【折弯引线】、【下划线引线】按钮，确定引线样式。

（4）从【箭头样式】列表框中选择一种箭头样式，如图 10-26 所示。如果选择【智能箭头】样式，则应用适当的箭头（如根据出详图标准，将应用到面上、应用到边线上等）到注释中。

（5）【应用到所有】按钮：将更改应用到所选注释的所有箭头。如果所选注释有多条引线，而自动引线没有被选择，则可以为每个单独引线使用不同的箭头样式。

4.【边界】选项组

（1）【样式】列表：指定边界（包含文字的几何形状）的形状或者无样式，如图 10-27 所示。

（2）【大小】列表：指定文字是否为【紧密配合】或者固定的字符数。

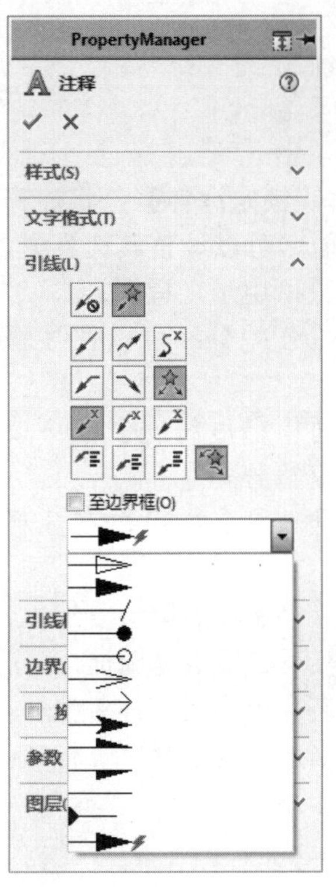

图 10-26

图 10-27

5.【图层】选项组

用来指定注释所在的图层。

10.4.2 添加注释的操作步骤

添加注释的操作步骤如下。

（1）单击【注解】工具栏中的【注释】按钮或者选择【插入】|【注解】|【注释】菜单命令，系统弹出【注释】属性管理器。

（2）在图纸区域中拖动鼠标指针定义文字框，在文字框中输入相应的注释文字。

（3）如果有多处需要注释，只需在相应位置单击鼠标左键即可添加新注释，单击【确定】按钮，注释添加完成，如图 10-28 所示。

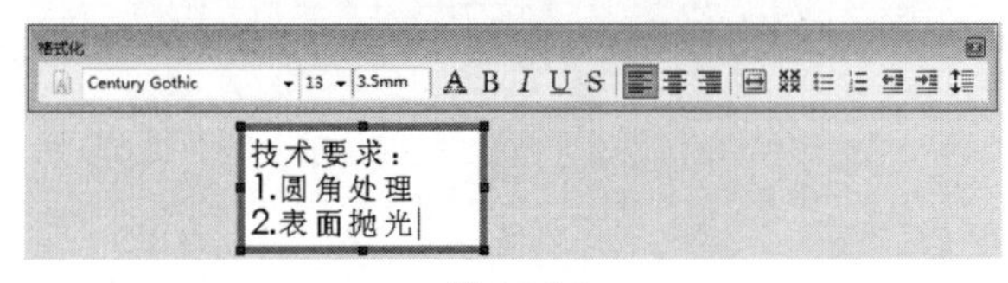

图 10-28

（4）若添加注释，还可以在工程图图纸区域中单击鼠标右键，在弹出的快捷菜单中选择【注解】|【注释】命令。注释的每个实例均可以修改文字、属性和格式等。

（5）如果需要在注释中添加多条引线，在拖曳注释并放置之前，按住键盘上的 Ctrl 键，注释停止移动，第二条引线即会出现，单击鼠标左键放置引线。

10.5 打印工程图

在 SOLIDWORKS 中，可以打印整个工程图纸，也可以只打印图纸中所选的区域。如果使用彩色打印机，可以打印彩色的工程图（默认设置为黑白打印），也可以为单独的工程图纸指定不同的设置。

在打印图纸时，要求用户正确安装并设置打印机、页面和线粗等。

10.5.1 页面设置

打印工程图前，需要对当前文件进行页面设置。

打开需要打印的工程图文件。选择【文件】|【页面设置】菜单命令，弹出【页面设置】对话框，如图 10-29 所示。

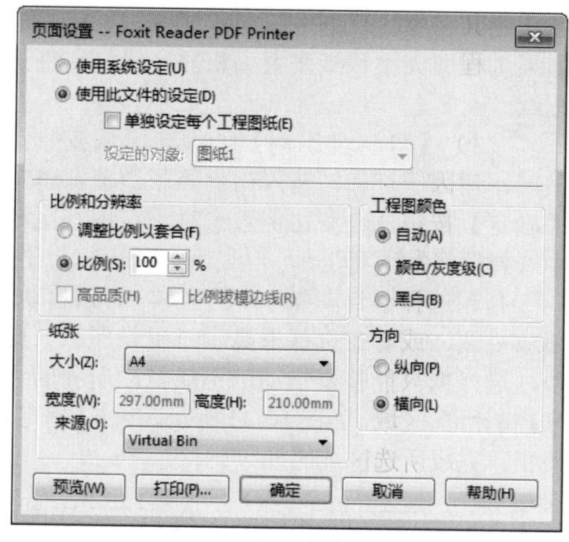

图 10-29

1.【比例和分辨率】选项组

（1）【调整比例以套合】（仅对于工程图）：按照使用的纸张大小自动调整工程图的尺寸。

（2）【比例】：设置图纸打印比例，按照该比例缩放值（即百分比）打印文件。

（3）【高品质】（仅对于工程图）：SOLIDWORKS 软件为打印机和纸张大小组合决定最优分辨率，输出并进行打印。

2.【纸张】选项组

（1）【大小】：设置打印文件的纸张大小。

（2）【来源】：设置纸张所处的打印机纸匣。

3.【工程图颜色】选项组

（1）【自动】：如果打印机或者绘图机驱动程序报告能够进行彩色打印，发送彩色数据，否则发送黑白数据。

（2）【颜色 / 灰度级】：忽略打印机或者绘图机驱动程序的报告结果，发送彩色数据到打印机或者绘图机。黑白打印机通常以灰度级打印彩色实体。当彩色打印机或者绘图机使用自动设置进行黑白打印时，选中此单选按钮。

（3）【黑白】：不论打印机或者绘图机的报告结果如何，发送黑白数据到打印机或者绘图机。

10.5.2 线粗设置

选择【文件】|【打印】菜单命令，弹出【打印】对话框，如图 10-30 所示。

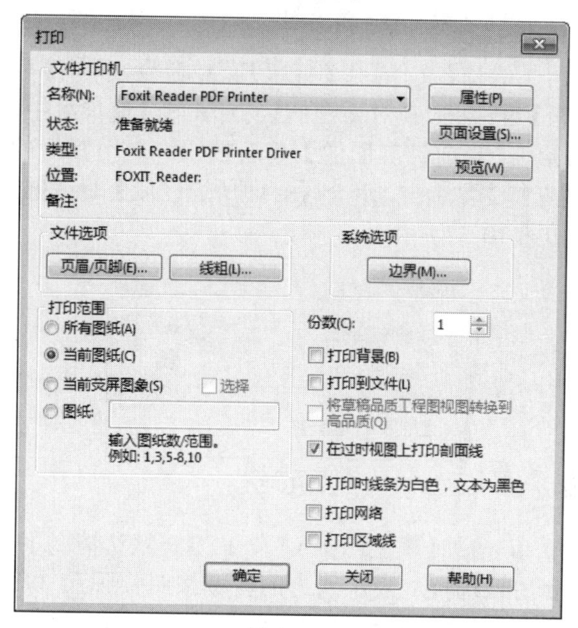

图 10-30

在【打印】对话框中，单击【线粗】按钮，在弹出的【文档属性 - 线粗】对话框中设置打印时的线粗，如图 10-31 所示。

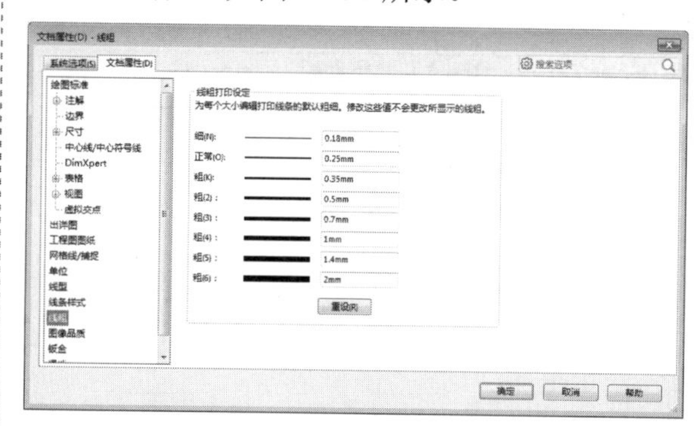

图 10-31

10.5.3 打印出图

完成页面设置和线粗设置后，就可以进行打印出图的操作了。

1. 整个工程图图纸

选择【文件】|【打印】菜单命令，弹出【打

印】对话框。在对话框的【打印范围】选项组中，选中相应的单选按钮并输入想要打印的页数，单击【确定】按钮打印文件。

2. 打印工程图所选区域

选择【文件】|【打印】菜单命令，弹出【打印】对话框。在对话框的【打印范围】选项组中，选中【当前荧屏图像】单选按钮，启用其后的【选择】复选框，弹出【打印所选区域】对话框，如图 10-32 所示。

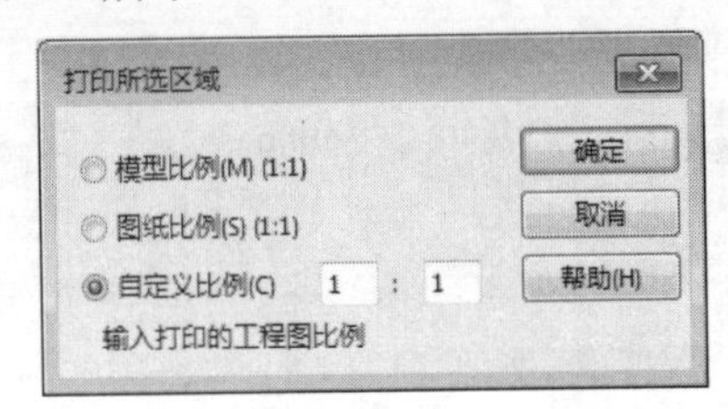

图 10-32

（1）【模型比例（1 ∶ 1）】：默认情况下，启用该选项，表示所选的区域按照实际尺寸打印，即 mm（毫米）的模型尺寸按照 mm（毫米）打印。因此，对于使用不同于默认图纸比例的视图，需要使用自定义比例以获得需要的结果。

（2）【图纸比例（1 ∶ 1）】：所选区域按照其在整张图纸中的显示比例进行打印。如果工程图大小和纸张大小相同，将打印整张图纸。

（3）【自定义比例】：所选区域按照定义的比例因子打印，输入比例因子数值，单击【确定】按钮。改变比例因子时，在图纸区域中选择框将发生变化。

拖动选择框到需要打印的区域。可以移动、缩放视图，或者在选择框显示时更换图纸。此外，选择框只能整框拖动，不能拖动单独的边来控制所选区域，如图 10-33 所示。单击【确定】按钮，完成所选区域的打印。

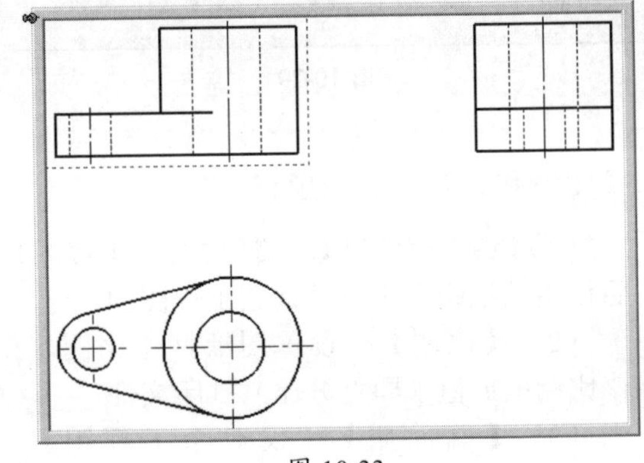

图 10-33

10.6 设计范例

10.6.1 支架图纸范例

本范例操作文件：\10\3-1.sldprt
本范例完成文件：\10\10-1.slddrw

案例分析

本节的范例是创建支架模型的工程图纸，首先创建工程图，之后添加零件，创建零件的三视图，再依次添加视图上的尺寸标注，最后创建剖面视图。

案例操作

步骤 01 加载模型

① 创建工程图文件，在弹出的【打开】对话框中选择零件，如图 10-34 所示。

② 在【打开】对话框中，单击 ✓【打开】按钮。

图 10-34

步骤 02 放置三视图

① 在绘图区，单击放置主视图，如图 10-35 所示。

② 在绘图区，单击放置俯视图。

③ 在绘图区，单击放置侧视图。

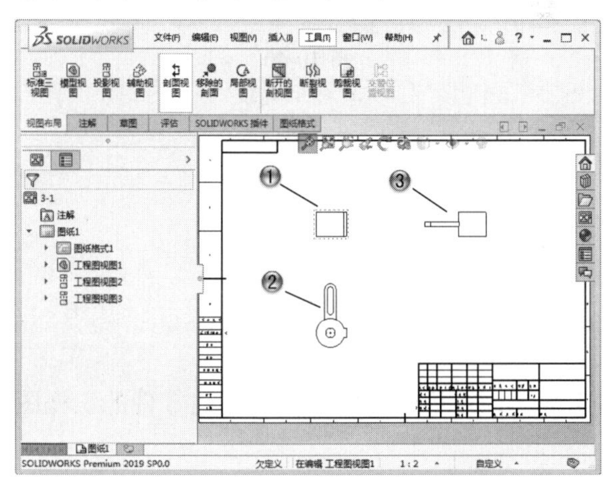

图 10-35

步骤 03 创建主视图尺寸

① 单击【注解】选项卡中的【智能尺寸】按钮，如图 10-36 所示。

② 在绘图区中，标注主视图的尺寸。

步骤 04 创建俯视图尺寸

① 单击【注解】选项卡中的【智能尺寸】按钮，如图 10-37 所示。

② 在绘图区中，标注俯视图的尺寸。

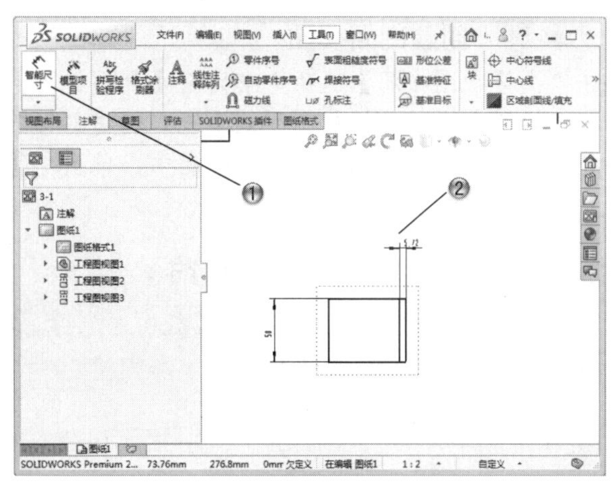

图 10-36

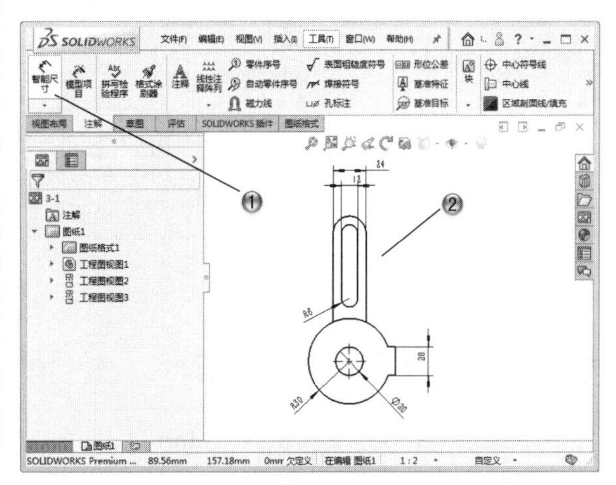

图 10-37

步骤 05 创建侧视图尺寸

① 单击【注解】选项卡中的【智能尺寸】按钮，如图 10-38 所示。

② 在绘图区中，标注侧视图的尺寸。

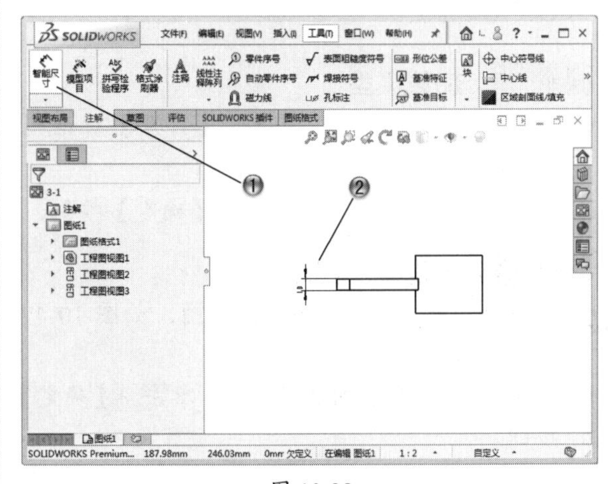

图 10-38

步骤 06 创建剖面视图

① 单击【视图布局】选项卡中的【剖面视图】按钮，如图 10-39 所示。
② 在绘图区中，选择视图和剖面线，创建剖视图。
③ 在【剖面视图 A-A】属性管理器中，单击【确定】按钮。

步骤 07 完成支架图纸

完成绘制的支架图纸如图 10-40 所示。

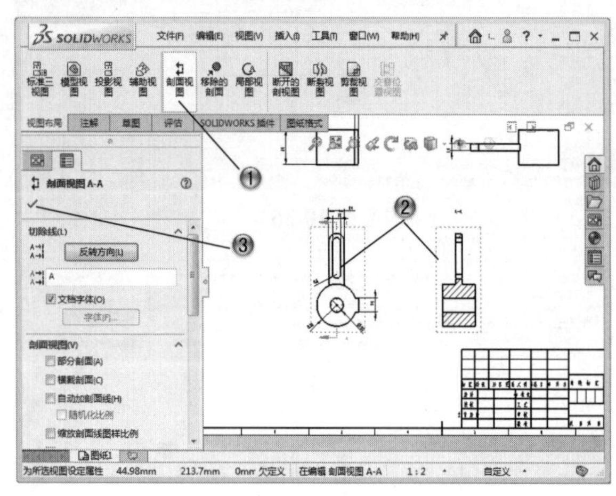

图 10-39

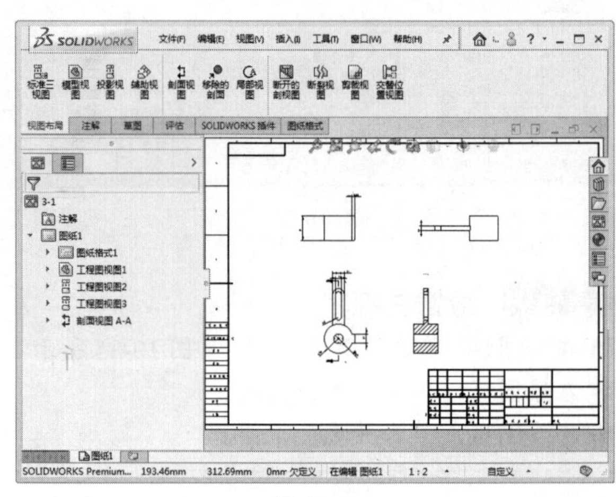

图 10-40

10.6.2 桌架图纸范例

本范例操作文件：\10\9-2.sldprt
本范例完成文件：\10\10-2.slddrw

案例分析

本节的范例是创建桌架的工程图纸，首先创建工程图，之后添加零件，并创建零件的三视图和立体视图，再依次添加视图上的尺寸标注。

案例操作

步骤 01 加载模型

① 创建工程图文件，在弹出的【打开】对话框中选择零件，如图 10-41 所示。
② 在【打开】对话框中，单击【确定】按钮。

步骤 02 创建模型视图

① 在绘图区中，依次单击放置视图，如图 10-42 所示。
② 在【投影视图】属性管理器中，单击【确定】按钮。

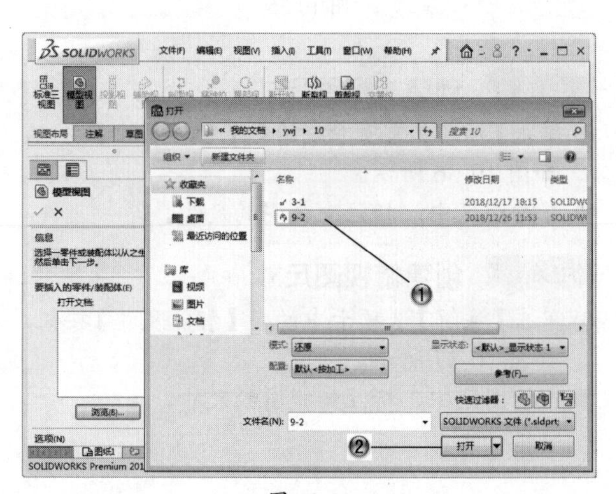

图 10-41

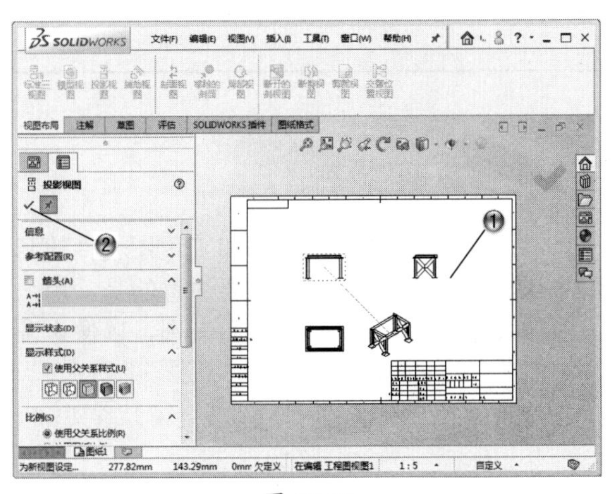

图 10-42

步骤 03 创建俯视图尺寸

① 单击【注解】选项卡中的【智能尺寸】按钮，如图 10-43 所示。

② 在绘图区中，标注俯视图的尺寸。

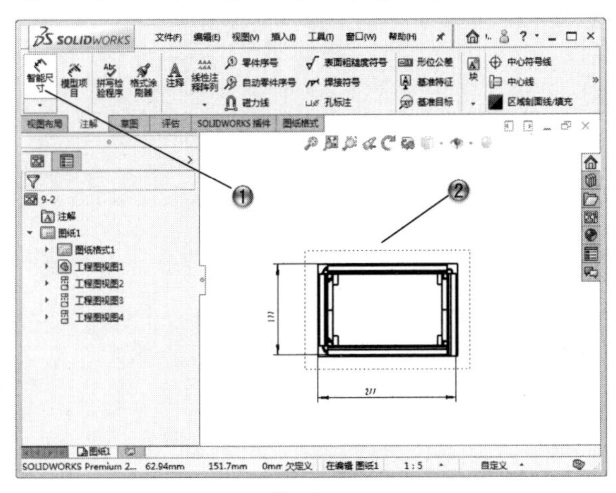

图 10-43

步骤 04 创建主视图尺寸

① 单击【注解】选项卡中的【智能尺寸】按钮，如图 10-44 所示。

② 在绘图区中，标注主视图的尺寸。

步骤 05 创建文字注释

① 单击【注解】选项卡中的【注释】按钮，如图 10-45 所示。

② 在绘图区中，添加文字注释。

③ 在【注释】属性管理器中，单击【确定】按钮。

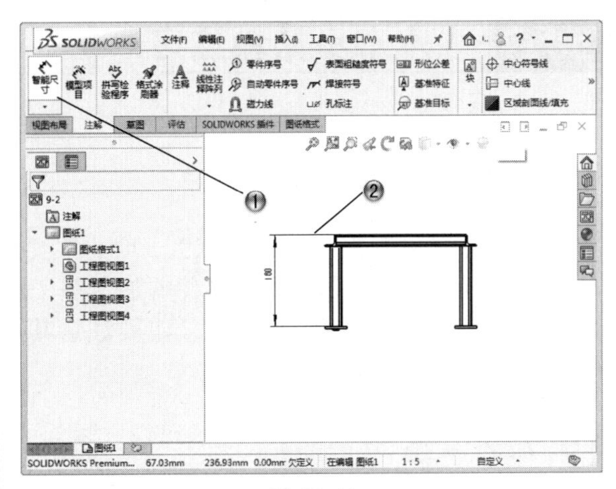

图 10-44

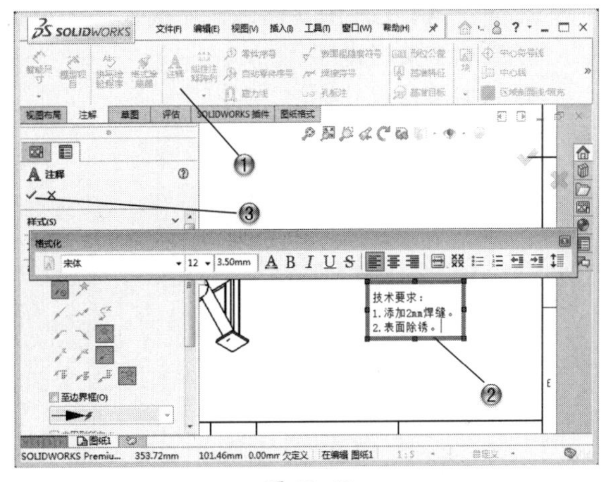

图 10-45

步骤 06 完成桌架图纸

完成绘制的桌架图纸如图 10-46 所示。

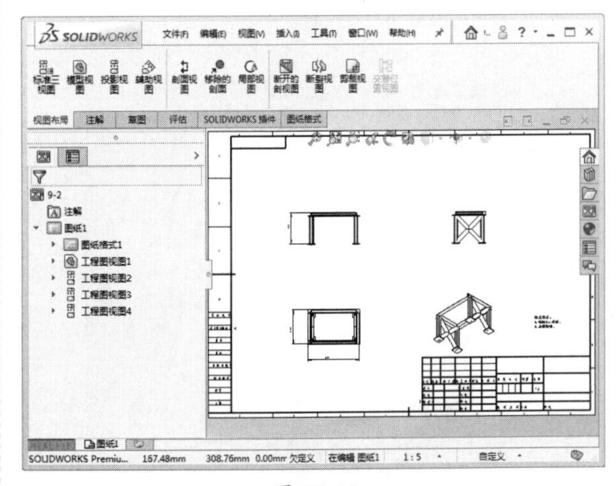

图 10-46

10.7 本章小结和练习

10.7.1 本章小结

生成工程图是 SOLIDWORKS 一项非常实用的功能，掌握好生成工程视图和工程图文件的基本操作，可以快速、正确地为零件的加工等工程活动提供合格的工程图样。需要注意的是，用户在使用 SOLIDWORKS 软件时，一定要注意其与我国技术制图国家标准的联系和区别，以便正确使用软件提供的各项功能。

10.7.2 练习

1. 使用第 1 章的零件模型创建工程图。
2. 创建 A4 工程图文件，并加载零件模型。
3. 添加链接三视图。
4. 添加零件尺寸标注。

第11章

钣金设计

本章导读

钣金类零件结构简单，应用广泛，多用于各种产品的机壳和支架部分。SOLIDWORKS 软件具有功能强大的钣金建模功能，使用户能方便地建立钣金模型。

本章将讲解钣金模块的各种功能，首先介绍钣金的基本术语，之后介绍钣金特征的两类创建方法，以及钣金的设计，包括钣金的零件设计、编辑钣金特征和使用钣金成形工具，其中使用钣金成形工具需要创建成形零件。

11.1 基本术语

在钣金零件设计中，经常涉及一些术语，包括折弯系数、折弯系数表、K 因子和折弯扣除等。

11.1.1 折弯系数

折弯系数是沿材料中性轴所测得的圆弧长度。在生成折弯时，可输入数值以指定明确的折弯系数给任何一个钣金折弯。

以下方程式用来决定使用折弯系数数值时的总平展长度：

$$Lt = A + B + BA$$

式中：Lt 表示总平展长度；A 和 B 的含义如图 11-1 所示；BA 表示折弯系数值。

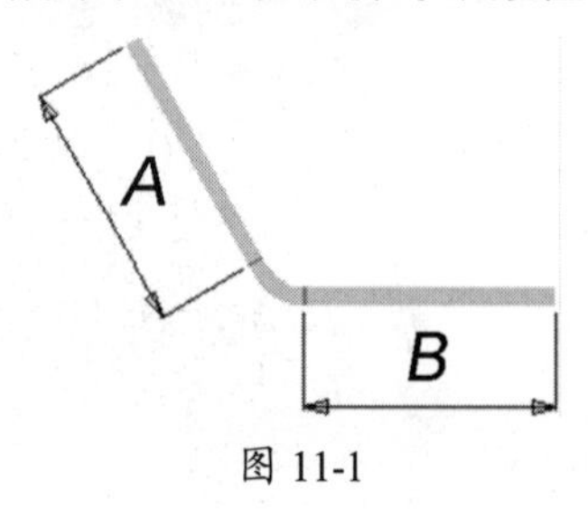

图 11-1

11.1.2 折弯系数表

折弯系数表指定钣金零件的折弯系数或折弯扣除数值。折弯系数表还包括折弯半径、折弯角度以及零件厚度的数值。有两种折弯系数表可供使用，一是带有 BTL 扩展名的文本文件；二是嵌入的 Excel 电子表格。

11.1.3 K 因子

K 因子代表中立板相对于钣金零件厚度的位置的比率。带 K 因子的折弯系数使用以下计算公式，

$$BA = \Pi\ (R + KT)\ A\ /\ 180$$

式中：BA 表示折弯系数值；R 表示内侧折弯半径；K 表示 K 因子；T 表示材料厚度；A 表示折弯角度（经过折弯材料的角度）。

11.1.4 折弯扣除

折弯扣除通常是指回退量，也是一个通过简单算法来描述钣金折弯的过程。在生成折弯时，可以通过输入数值来给任何钣金折弯指定一个明确的折弯扣除。

以下方程用来决定使用折弯扣除数值时的总平展长度：

$$Lt = A + B - BD$$

式中：Lt 表示总平展长度；A 和 B 的含义如图 11-2 所示；BD 表示折弯扣除值。

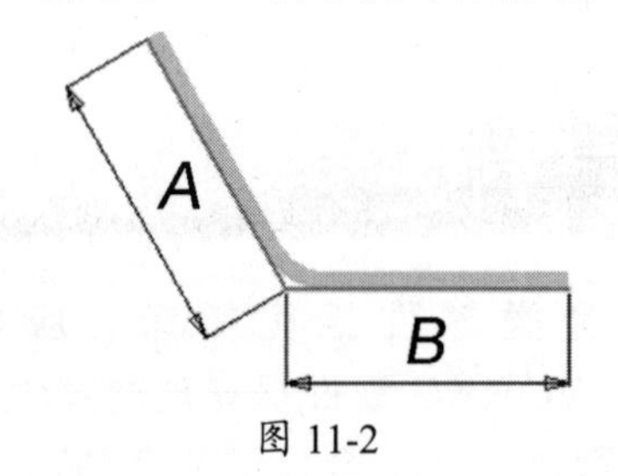

图 11-2

11.2 钣金特征设计

生成钣金特征有两种方法。一是利用钣金工具直接生成；二是将零件进行转换。

11.2.1 利用钣金工具

下面的 3 个特征分别代表钣金的 3 个基本操作，这些特征位于钣金的【特征管理器设计树】中。

（1）【钣金】：包含了钣金零件的定义，此特征保存了整个零件的默认折弯参数信息，如折弯半径、折弯系数、自动切释放槽（预切槽）比例等。

（2）【基体 - 法兰】：钣金零件的第一个实体特征，包括深度和厚度等信息。

（3）【平板型式】：默认情况下，平板型式特征是被压缩的，因为零件是处于折弯状态下。若想平展零件，用鼠标右键单击平板型式，然后选择【解除压缩】命令。当平板型式特征被压缩时，在【特征管理器设计树】中，新特征均自动插入到平板型式特征上方；当平板型式特征解除压缩后，在【特征管理器设计树】中，新特征插入到平板型式特征下方，并且不在折叠零件中显示。

11.2.2 零件转换为钣金

首先生成一个零件，然后使用【钣金】工具栏中的【插入折弯】按钮生成钣金。在【特征管理器设计树】中有三个特征，这三个特征分别代表钣金的三个基本操作。

（1）【钣金】：包含了钣金零件的定义，此特征保存了整个零件的默认折弯参数信息（厚度、折弯半径、折弯系数、自动切释放槽比例和固定实体等）。

（2）【展开】：代表展开的零件，此特征包含将尖角或圆角转换成折弯的有关信息。每个由模型生成的折弯作为单独的特征列在展开折弯下，由圆角边角、圆柱面和圆锥面形成的折弯作为圆角折弯列出；由尖角边角形成的折弯作为尖角折弯列出。展开折弯中列出的尖角草图，包含由系统生成的所有尖角和圆角折弯的折弯线。

（3）【折叠】：代表将展开的零件转换成成形零件的过程，由展开零件中指定的折弯线所生成的折弯列出在此特征中。加工折弯下列出的平面草图是这些折弯线的占位符，【特征管理器设计树】中加工折弯图标后列出的特征，不会在零件展开视图中出现。

11.3 钣金零件设计

有两种基本方法可以生成钣金零件，一是利用钣金命令直接生成；二是将设计实体进行转换。

11.3.1 生成钣金零件

首先介绍使用特定的钣金命令生成钣金零件。

1. 基体法兰

基体法兰是钣金零件的第一个特征。当基体法兰被添加到 SOLIDWORKS 零件后，系统会将该零件标记为钣金零件，在适当位置生成折弯，并且在【特征管理器设计树】中显示特定的钣金特征。

单击【钣金】工具栏中的【基体法兰 / 薄片】按钮或者选择【插入】|【钣金】|【基体法兰】菜单命令，系统弹出【基体法兰】属性管理器，如图 11-3 所示。

（1）【钣金规格】选项组。

根据指定的材料，启用【使用规格表】复选框定义钣金的电子表格及数值。规格表由 SOLIDWORKS 软件提供，位于安装目录中。

（2）【钣金参数】选项组。

- 【厚度】：设置钣金厚度。
- 【反向】：以相反方向加厚草图。

（3）【折弯系数】选项组。

【折弯系数】选项组包含【K 因子】、【折弯系数】、【折弯扣除】、【折弯系数表】、【折弯计算】这些选项，如图 11-4 所示。

（4）【自动切释放槽】选项组。

在【自动释放槽类型】中选择【矩形】或者【矩圆形】选项，其参数如图 11-5 所示。取消启用【使用释放槽比例】复选框，则可以设置【释放槽宽度】和【释放槽深度】。

2. 边线法兰

在一条或者多条边线上可以添加边线法兰。单击【钣金】工具栏中的【边线法兰】按钮或者选择【插入】|【钣金】|【边线法兰】菜单命令，系统弹出【边线 - 法兰】属性管理器，如图 11-6 所示。

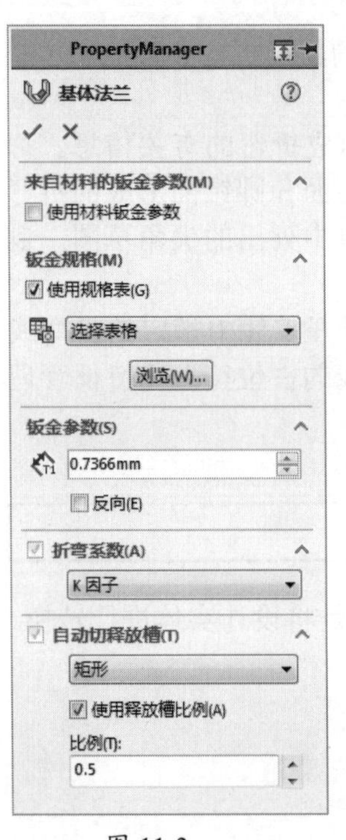

图 11-3

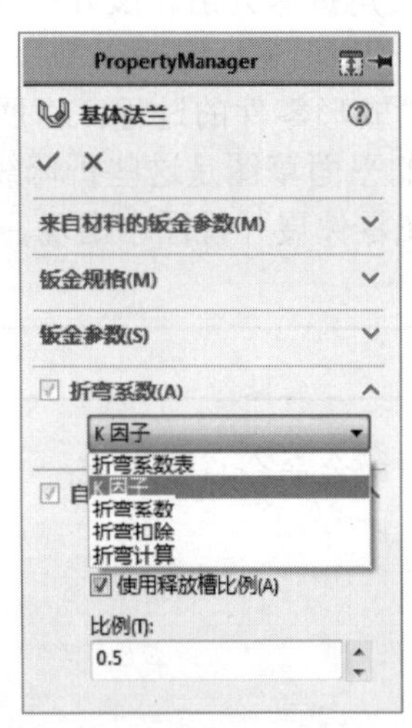

图 11-4

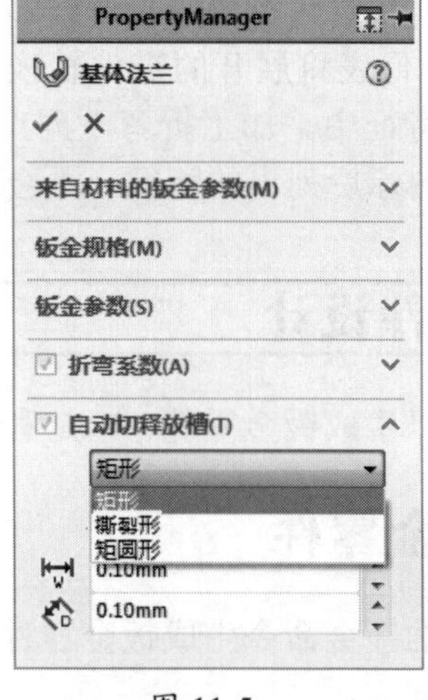

图 11-5

图 11-6

（1）【法兰参数】选项组。

- 【边线】选择框：在图形区域中选择边线。
- 【编辑法兰轮廓】按钮：编辑轮廓草图。
- 【使用默认半径】：可以使用系统默认的半径。
- 【折弯半径】：在取消启用【使用默认半径】复选框时可用。
- 【缝隙距离】：设置缝隙数值。

（2）【角度】选项组。

- 【法兰角度】：设置角度数值。
- 【选择面】选择框：为法兰角度选择参考面。

（3）【法兰长度】选项组。

- 【长度终止条件】：选择终止条件，有【给定深度】和【成形到一顶点】两种。

- 【反向】：改变法兰边线的方向。
- 【长度】：设置长度数值，然后为测量选择一个原点，包括【外部虚拟交点】、【双弯曲】和【内部虚拟交点】。

（4）【法兰位置】选项组。

- 【法兰位置】：可以单击以下按钮之一，包括【材料在内】、【材料在外】、【折弯在外】、【虚拟交点的折弯】、【与折弯相切】。
- 【剪裁侧边折弯】：移除邻近折弯的多余部分。
- 【等距】：启用该复选框，可以生成等距法兰。

（5）【自定义折弯系数】选项组。

【自定义折弯系数】选项组如图 11-7 所示；选择【折弯系数类型】并为折弯系数设置数值，【折弯系数类型】下拉列表如图 11-8 所示。

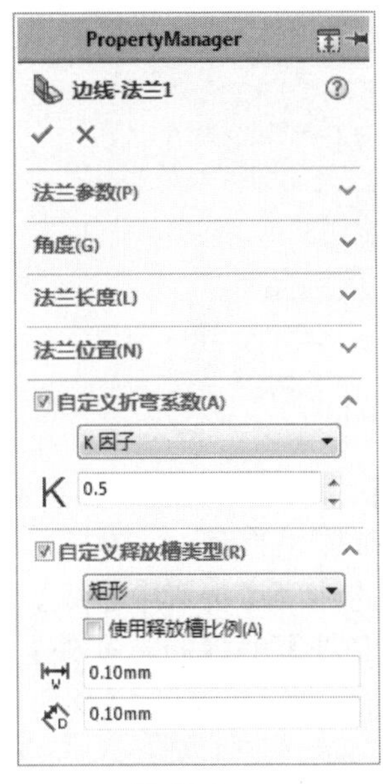

图 11-7

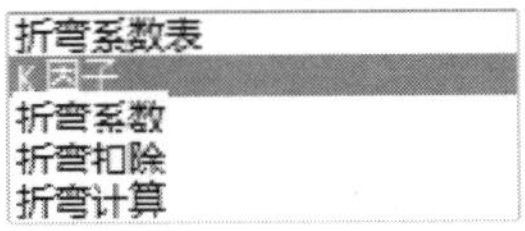

折弯系数表
K因子
折弯系数
折弯扣除
折弯计算

图 11-8

（6）【自定义释放槽类型】选项组。

选择【释放槽类型】以添加释放槽切除，【释放槽类型】下拉列表如图 11-9 所示。

图 11-9

3. 斜接法兰

单击【钣金】工具栏中的【斜接法兰】按钮或者选择【插入】|【钣金】|【斜接法兰】菜单命令，系统弹出【斜接法兰】属性管理器，如图 11-10 所示。

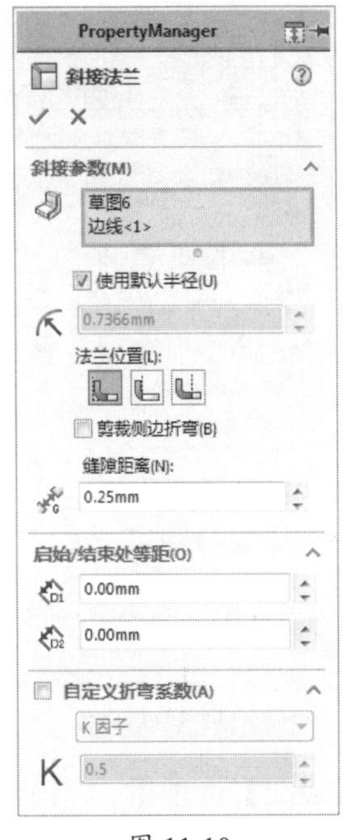

图 11-10

（1）【斜接参数】选项组。

【沿边线】选择框用于选择要斜接的边线。

其他参数不再赘述。

（2）【启始 / 结束处等距】选项组。

如果需要斜接法兰跨越模型的整个边线，将【开始等距距离】和【结束等距距离】设置为零。

4. 褶边

褶边可以被添加到钣金零件的所选边线上。单击【钣金】工具栏中的【褶边】按钮或者选择【插入】|【钣金】|【褶边】菜单命令，系统弹出【褶边】属性管理器，如图 11-11 所示。

褶边的创建原则如下。

一是所选边线必须为直线。

二是斜接边角被自动添加到交叉褶边上。

三是如果选择多个要添加褶边的边线，则

这些边线必须在同一面上。

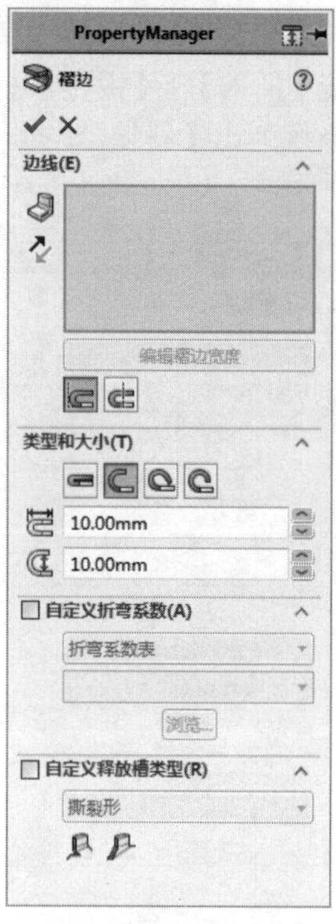

图 11-11

（1）【边线】选项组。

【边线】选择框用于在图形区域中选择需要添加褶边的边线。

（2）【类型和大小】选项组。

选择褶边类型，包括【闭合】、【打开】、【撕裂形】和【滚轧】，选择不同类型的效果如图 11-12 所示。

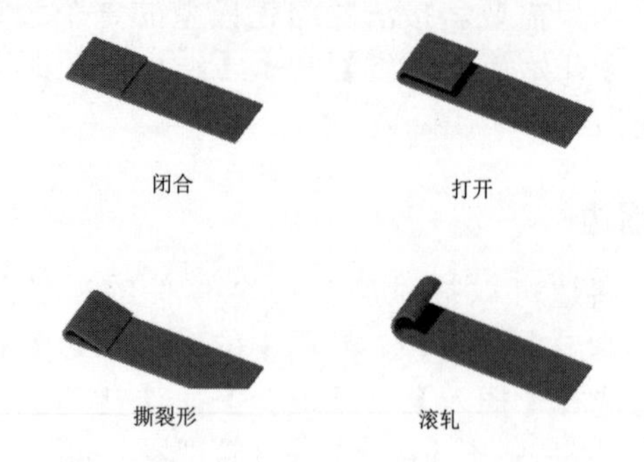

图 11-12

- 【长度】：在选择【闭合】和【打开】类型时可用。
- 【缝隙距离】：在选择【打开】类型时可用。
- 【角度】：在选择【撕裂形】和【滚轧】类型时可用。
- 【半径】：在选择【撕裂形】和【滚轧】类型时可用。

5. 绘制的折弯

绘制的折弯在钣金零件处于折叠状态时，将折弯线添加到零件，使折弯线的尺寸标注到其他折叠的几何体上。

单击【钣金】工具栏中的【绘制的折弯】按钮或者选择【插入】|【钣金】|【绘制的折弯】菜单命令，系统弹出【绘制的折弯】属性管理器，如图 11-13 所示。

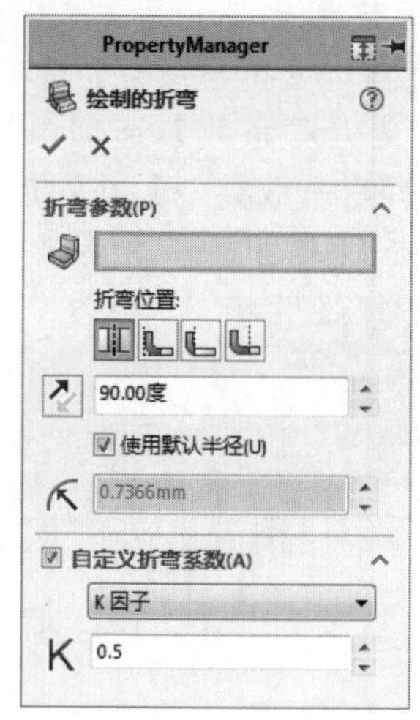

图 11-13

（1）【固定面】选择框：在图形区域中选择一个不因为特征而移动的面。

（2）【折弯位置】：包括【折弯中心线】、【材料在内】、【材料在外】和【折弯在外】。

6. 闭合角

可以在钣金法兰之间添加闭合角。

单击【钣金】工具栏中的【闭合角】按钮或者选择【插入】|【钣金】|【闭合角】菜单命令，系统弹出【闭合角】属性管理器，如图 11-14 所示。

（1）【要延伸的面】选择框：选择一个或者多个平面。

（2）【边角类型】：可以选择边角类型，包括【对接】、【重叠】、【欠重叠】。

（3）【缝隙距离】：设置缝隙数值。

（4）【重叠 / 欠重叠比率】：设置比率数值。

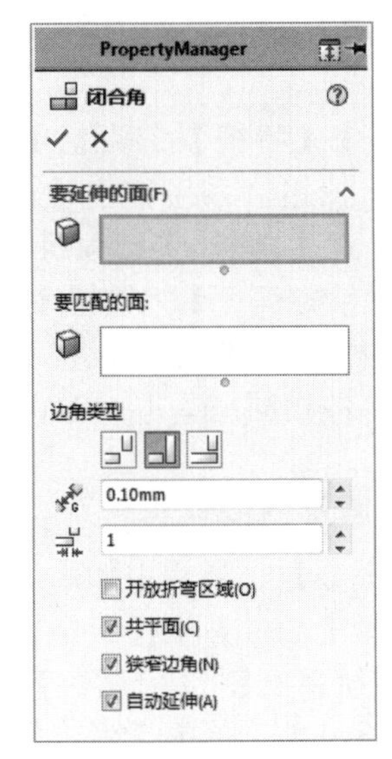

图 11-14

7. 转折

转折通过从草图线生成两个折弯而将材料添加到钣金零件上。

单击【钣金】工具栏中的【转折】按钮或者选择【插入】|【钣金】|【转折】菜单命令，系统弹出【转折】属性管理器，如图 11-15 所示。

其属性设置和折弯类似，不再赘述。

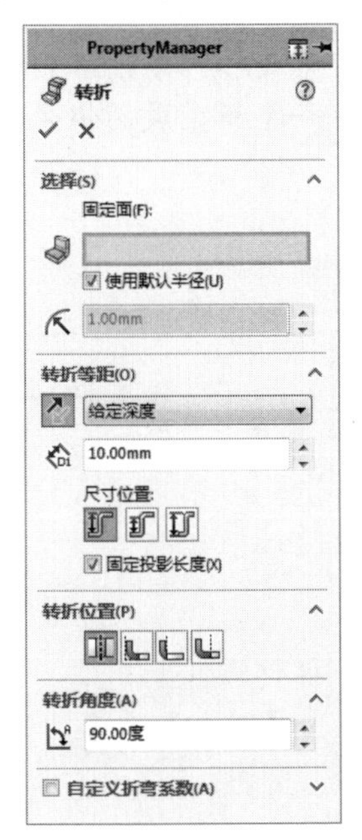

图 11-15

8. 断开边角

单击【钣金】工具栏中的【断开边角 / 边角剪裁】按钮或者选择【插入】|【钣金】|【断开边角】菜单命令，系统弹出【断开边角】属性管理器，如图 11-16 所示。

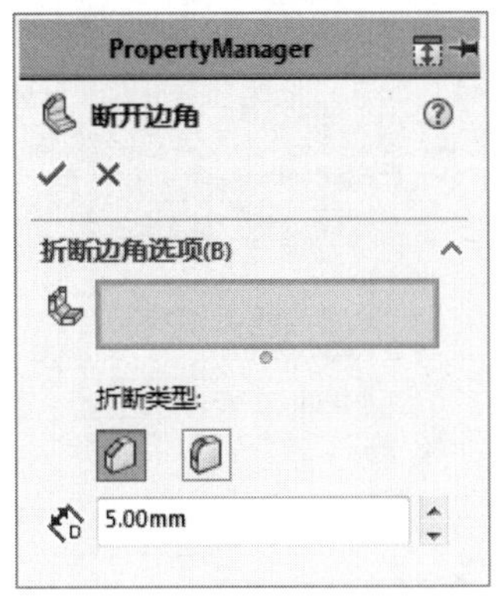

图 11-16

（1）【边角边线和 / 或法兰面】选择框：选择要断开的边角、边线或者法兰面。

（2）【折断类型】：可以选择折断类型，包括【倒角】、【圆角】，选择不同类型的效果如图 11-17 所示。

（3）【距离】：在单击【倒角】按钮时可用。

（4）【半径】：在单击【圆角】按钮时可用。

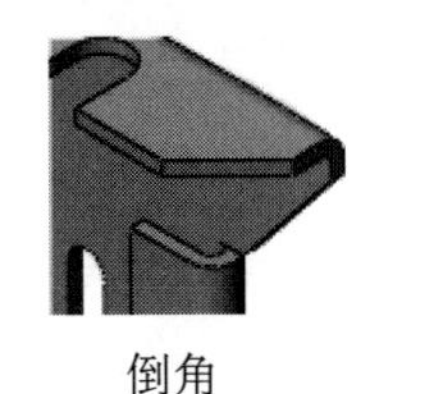

倒角　　圆角

图 11-17

11.3.2 实体转换为钣金

1. 使用折弯生成钣金零件

单击【钣金】工具栏中的【插入折弯】按钮或者选择【插入】|【钣金】|【折弯】菜单命令，系统弹出【折弯】属性管理器，如图 11-18 所示。

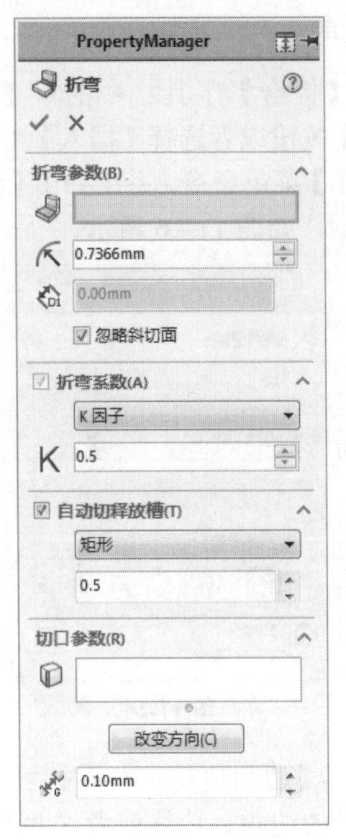

图 11-18

（1）【折弯参数】选项组。

【固定的面或边线】选择框用于选择模型上的固定面，当零件展开时该固定面的位置保持不变。

（2）【切口参数】选项组。

【要切口的边线】选择框用于选择内部或者外部边线，也可以选择线性草图实体。

2. 添加薄壁特征到钣金零件

（1）在零件上选择一个草图。

（2）选择需要添加薄壁特征的平面上的线性边线，并单击【草图】工具栏中的【转换实体引用】按钮。

（3）移动距折弯最近的顶点至一定距离，留出折弯半径。

（4）单击【特征】工具栏中的【拉伸凸台/基体】按钮，系统弹出【凸台-拉伸】属性管理器；在【方向1】选项组中，选择【终止条件】为【给定深度】，设置【深度】数值；在【薄壁特征】选项组中，设置【厚度】数值与钣金基体零件相同；单击【确定】按钮。

3. 生成包含圆锥面的钣金零件

单击【钣金】工具栏中的【插入折弯】按钮或者选择【插入】|【钣金】|【折弯】菜单命令，系统弹出【折弯】属性管理器；在【折弯参数】选项组中，单击【固定的面或边线】选择框，在图形区域中选择圆锥面一个端面的一条线性边线作为固定边线；设置【折弯半径】；在【折弯系数】选项组中，选择【折弯系数】类型并进行设置。

注意：

如果生成一个或者多个包含圆锥面的钣金零件，必须选择K因子作为折弯系数类型。所选择的折弯系数类型及为折弯半径、折弯系数和自动切释放槽设置的数值会成为下一个新生成的钣金零件的默认设置。

11.4 编辑钣金特征

下面讲解几种编辑钣金特征的方法。

11.4.1 切口

切口特征通常用于生成钣金零件，但可以将切口特征添加到任何零件上。

单击【钣金】工具栏中的【切口】按钮或者选择【插入】|【钣金】|【切口】菜单命令，系统弹出【切口】属性管理器，如图 11-19 所示。其属性设置不再赘述。

生成切口特征的原则如下。

图 11-19

（1）沿所选内部或者外部模型边线生成切口。

（2）从线性草图实体上生成切口。

（3）通过组合模型边线在单一线性草图实体上生成切口。

11.4.2 展开

在钣金零件中，单击【钣金】工具栏中的【展开】按钮或者选择【插入】|【钣金】|【展开】菜单命令，系统弹出【展开】属性管理器，如图 11-20 所示。

图 11-20

（1）【固定面】选择框：在图形区域中选择一个不因为特征而移动的面。

（2）【要展开的折弯】选择框：选择一个或者多个折弯。

其他属性设置不再赘述。

11.4.3 折叠

单击【钣金】工具栏中的【折叠】按钮或者选择【插入】|【钣金】|【折叠】菜单命令，系统弹出【折叠】属性管理器，如图 11-21 所示。

（1）【固定面】选择框：在图形区域中选择一个不因为特征而移动的面。

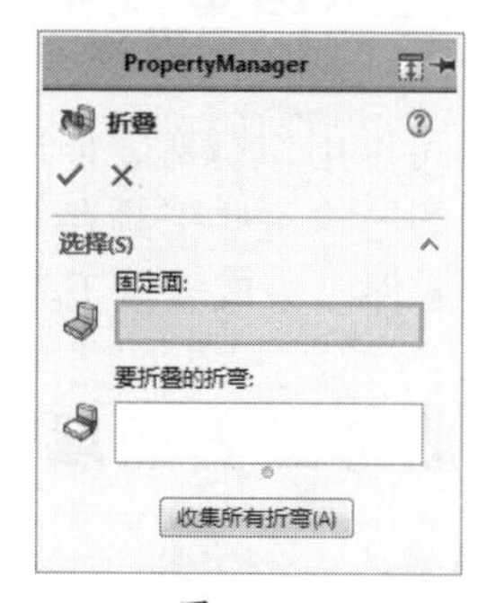

图 11-21

（2）【要折叠的折弯】选择框：选择一个或者多个折弯。

其他属性设置不再赘述。

11.4.4 放样折弯

在钣金零件中，放样折弯使用由放样连接的两个开环轮廓草图，基体法兰特征不与放样折弯特征一起使用。SOLIDWORKS 中包含多个以放样的折弯生成的预制钣金零件，位于安装目录中。

单击【钣金】工具栏中的【放样折弯】按钮或者选择【插入】|【钣金】|【放样的折弯】菜单命令，系统弹出【放样折弯】属性管理器，如图 11-22 所示。

【折弯线数量】用于为控制平板型式折弯线的粗糙度设置数值。

其他属性设置不再赘述。

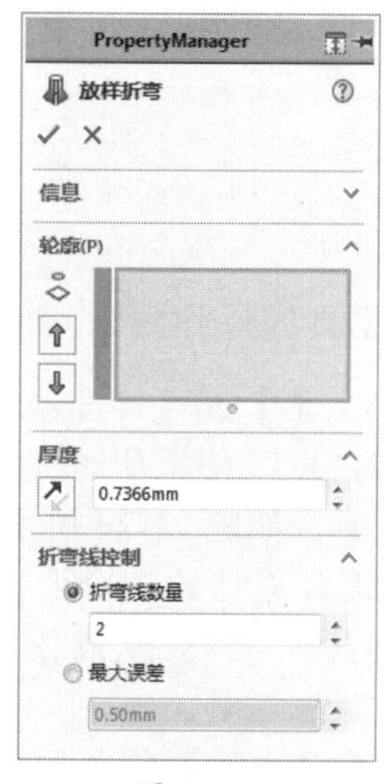

图 11-22

11.5 使用钣金成形工具

成形工具可以用作折弯、伸展或者成形钣金的冲模，生成一些成形特征，例如百叶窗、矛状器具、法兰和筋等，这些工具存储在软件安装目录中。可以从【设计库】中插入成形工具，并将之应用到钣金零件。生成成形工具的许多步骤与生成 SOLIDWORKS 零件的步骤相同。

11.5.1 成形工具的属性设置

可以创建新的成形工具，并将它们添加到钣金零件中。生成成形工具时，可以添加定位草图以确定成形工具在钣金零件上的位置，并用颜色区分停止面和要移除的面。

1. 成形工具属性设置

单击【钣金】工具栏中的【成形工具】按钮或者选择【插入】|【钣金】|【成形工具】菜单命令，系统弹出【成形工具】属性管理器，如图 11-23 所示。

其属性设置不再赘述。

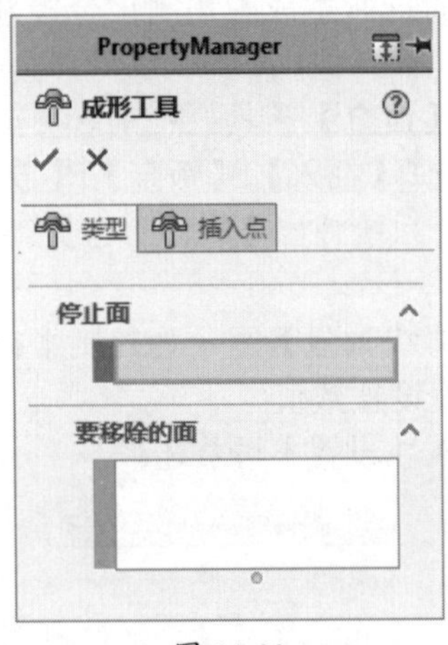

图 11-23

2. 定位成形工具的操作方法

在【成形工具】属性管理器中，打开【插入点】选项卡，可以使用草图工具在钣金零件上定位成形工具，如图 11-24 所示。

（1）在钣金零件的一个面上绘制任何实体（如构造性直线等），从而使用尺寸和几何关系帮助定位成形工具。

（2）在【设计库】任务窗口中，选择工具文件夹。

（3）选择成形工具，将其拖动到需要定位的面上，成形工具被放置在该面上，设置【放置成形特征】对话框中的参数。

（4）使用【智能尺寸】等草图命令定位成形工具，单击【确定】按钮。

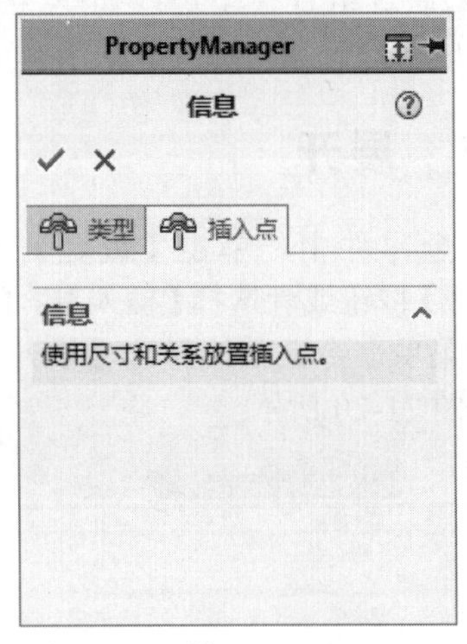

图 11-24

11.5.2 成形工具操作步骤

在 SOLIDWORKS 中，可以使用【设计库】中的成形工具生成钣金零件。

（1）打开钣金零件，在任务窗口中切换到【设计库】选项卡，选择工具文件夹，如图 11-25 所示。

（2）选择成形工具，将其从【设计库】任务窗口中拖动到需要改变形状的面上。

（3）按键盘上的 Tab 键，改变其方向到材质的另一侧，如图 11-26 所示。

（4）将特征拖动至要应用的位置，设置【放置成形特征】对话框中的参数。

（5）使用【智能尺寸】等草图命令定义成形工具，最后单击【确定】按钮。

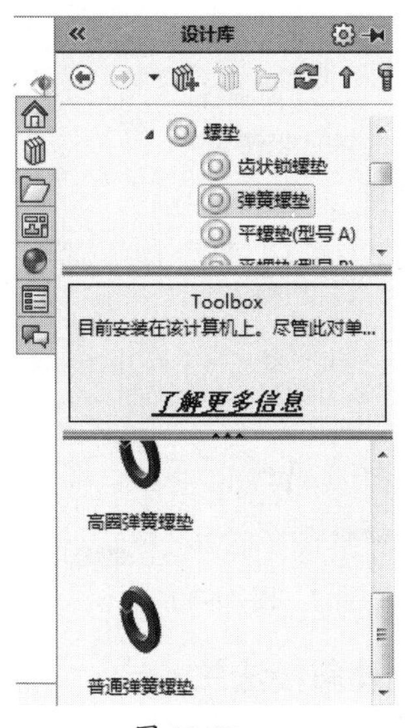

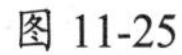

图 11-25

图 11-26

11.6 设计范例

11.6.1 钣金盖范例

本范例完成文件：\11\11-1.sldprt

案例分析

本节的范例是创建一个钣金盖模型，首先绘制草图，然后使用【基体/法兰】命令创建钣金基体，再创建折线法兰和边线法兰，并使用【镜向】命令创建对称特征；最后创建拉伸特征。

案例操作

步骤 01 创建草绘

① 在模型树中，选择【上视基准面】，如图 11-27 所示。

② 单击【草图】选项卡中的【草图绘制】按钮，进行草图绘制。

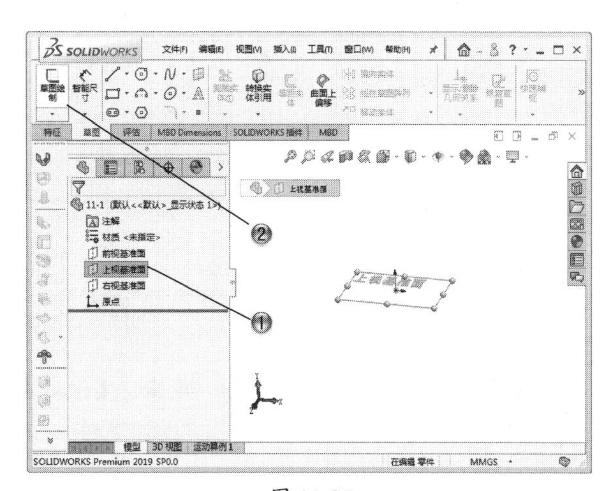

图 11-27

步骤 02 绘制矩形

① 单击【草图】选项卡中的【边角矩形】按钮。

② 在绘图区中，绘制 100×100 的矩形，如图 11-28 所示。

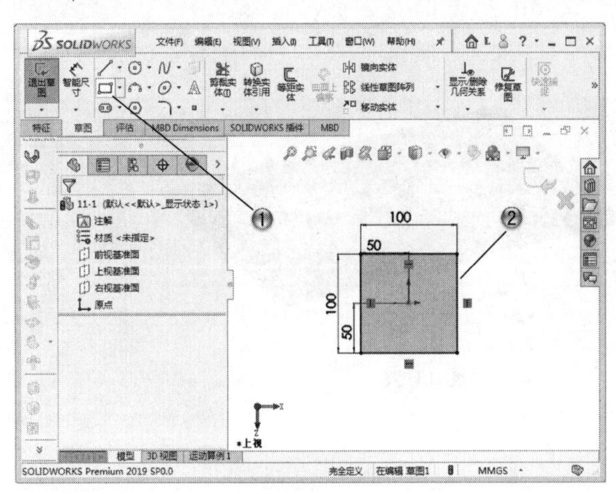

图 11-28

步骤 03 创建基体法兰

① 单击【钣金】工具栏中的【基体法兰/薄片】按钮，如图 11-29 所示。

② 在绘图区中，选择【草图 1】，创建基体法兰。

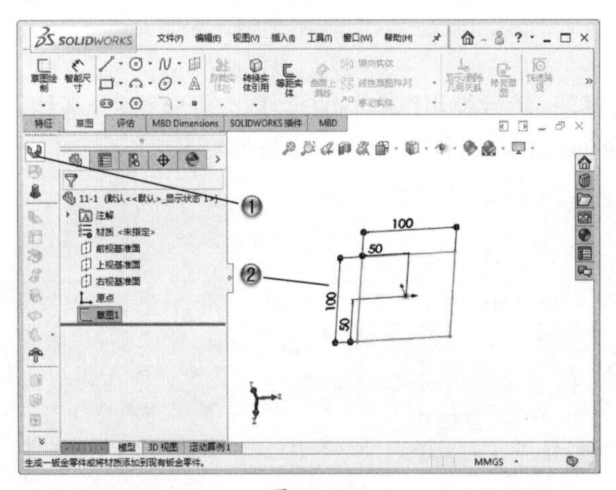

图 11-29

③ 在【基体法兰】属性管理器中，设置参数，如图 11-30 所示。

④ 在【基体法兰】属性管理器中，单击【确定】按钮。

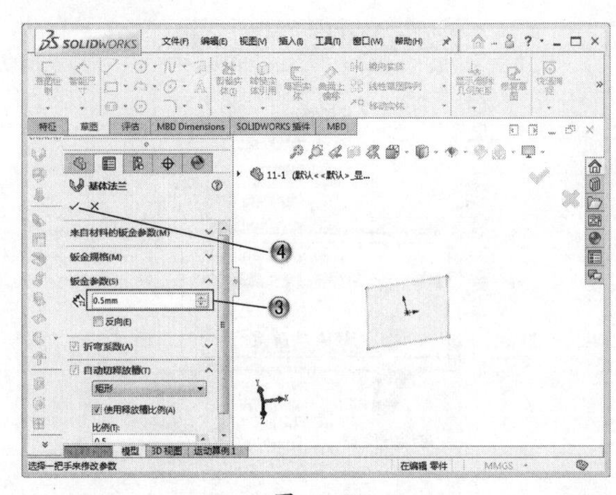

图 11-30

步骤 04 创建斜接法兰

① 单击【钣金】工具栏中的【斜接法兰】按钮，创建斜接法兰，如图 11-31 所示。

② 在绘图区中，选择前视基准面。

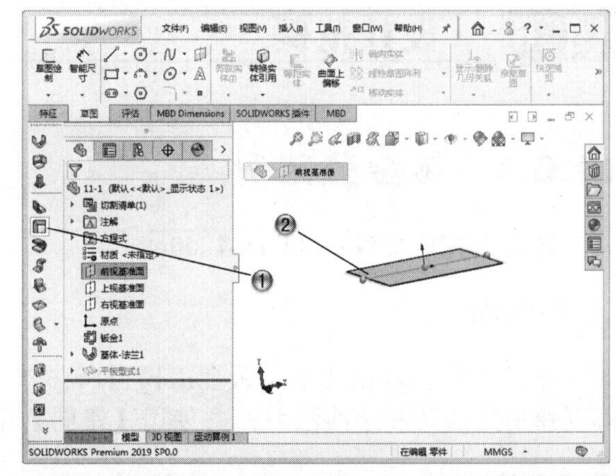

图 11-31

③ 在绘图区中，选择法兰边线，如图 11-32 所示。

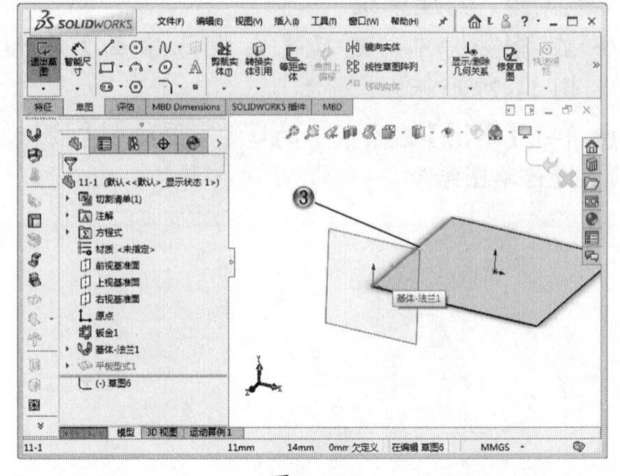

图 11-32

步骤 05 绘制法兰截面

① 单击【草图】选项卡中的【直线】按钮，如图 11-33 所示。

② 在绘图区中，绘制直线。

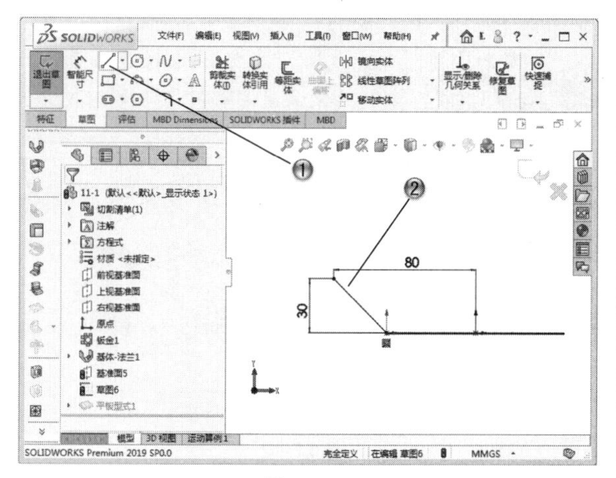

图 11-33

③ 在【斜接法兰】属性管理器中，设置参数，如图 11-34 所示。

④ 在【斜接法兰】属性管理器中，单击【确定】按钮。

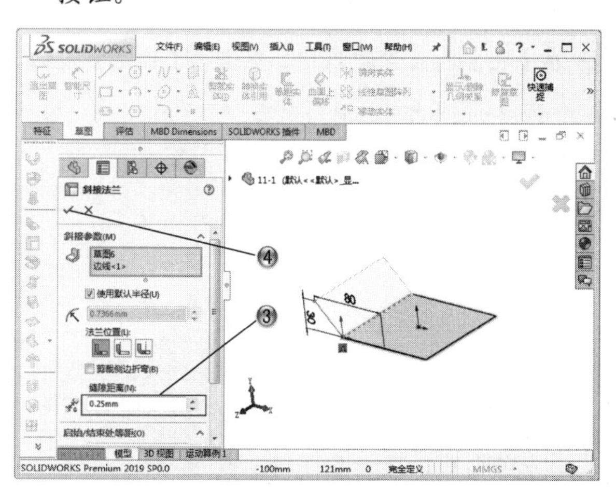

图 11-34

步骤 06 创建边线法兰

① 单击【钣金】工具栏中的【边线法兰】按钮，如图 11-35 所示。

② 在绘图区中，选择法兰边线并设置参数，创建边线法兰。

③ 在【边线 - 法兰】属性管理器中，单击【确定】按钮。

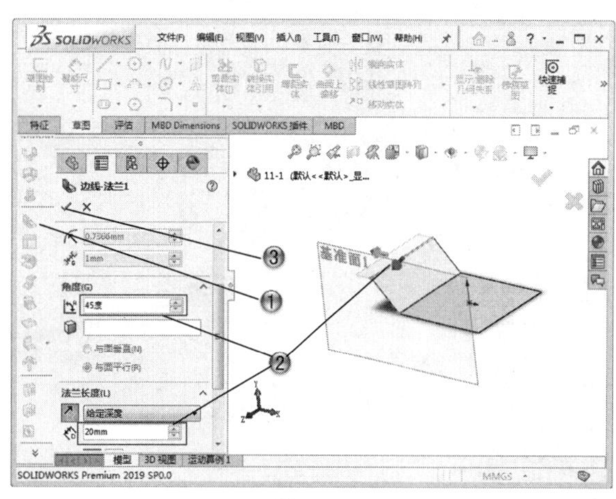

图 11-35

步骤 07 镜向特征

① 单击【特征】选项卡中的【镜向】按钮，如图 11-36 所示。

② 在绘图区中，选择镜向面和镜向特征，创建镜向。

③ 在【镜向】属性管理器中，单击【确定】按钮。

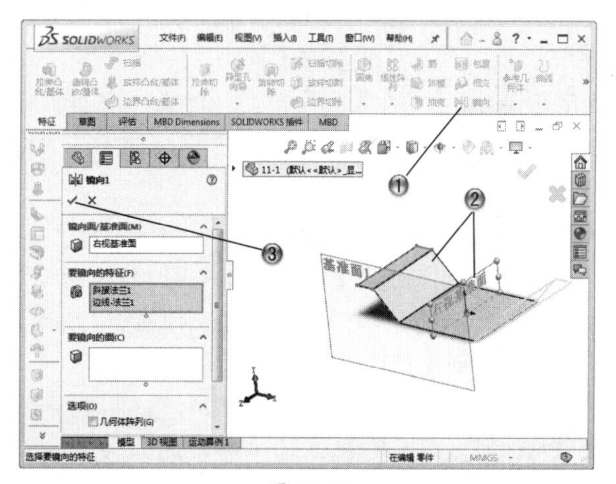

图 11-36

步骤 08 创建草绘

① 在模型树中，选择模型面，如图 11-37 所示。

② 单击【草图】选项卡的【草图绘制】按钮，进行草图绘制。

步骤 09 绘制梯形

① 单击【草图】选项卡中的【直线】按钮。

② 在绘图区中，绘制梯形，如图 11-38 所示。

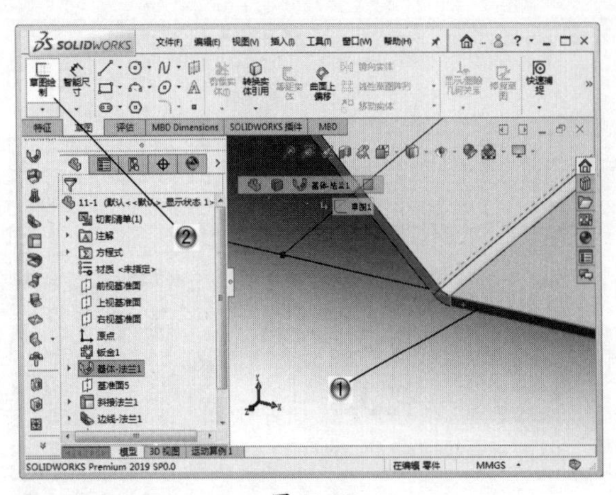

图 11-37

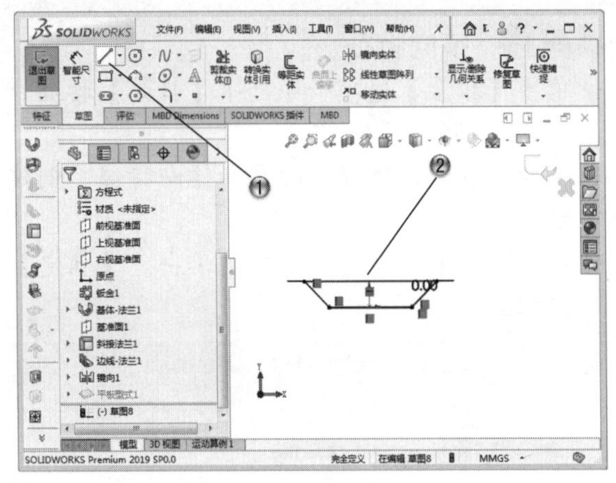

图 11-38

步骤 10 创建拉伸特征

① 在模型树中，选择【草图 8】，如图 11-39 所示。

② 单击【特征】选项卡中的【拉伸凸台 / 基体】按钮，创建拉伸特征。

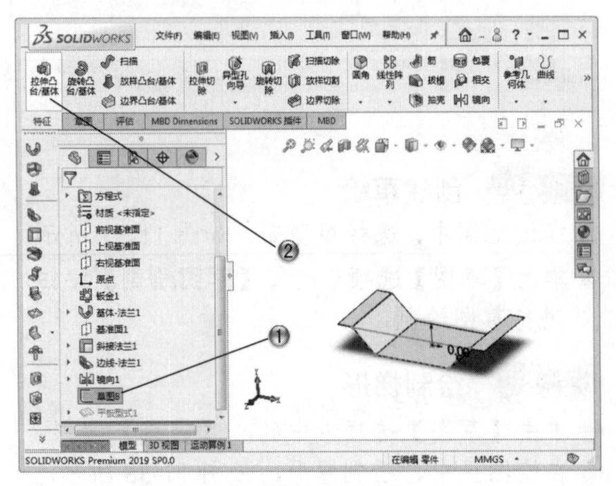

图 11-39

③ 设置拉伸参数，如图 11-40 所示。

④ 在【凸台 - 拉伸 1】属性管理器中，单击【确定】按钮。

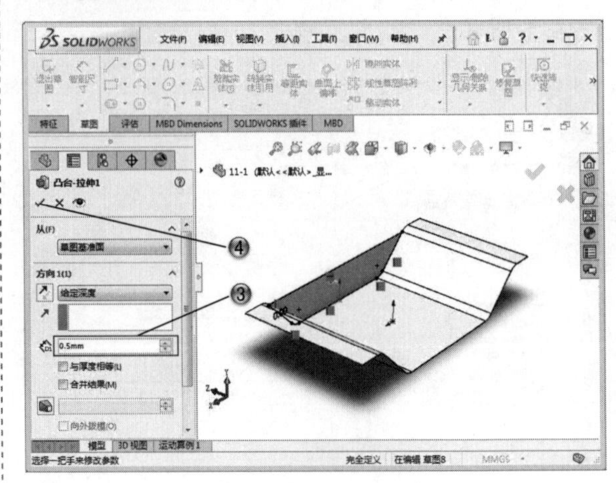

图 11-40

步骤 11 创建孔特征

① 单击【钣金】工具栏中的【简单孔】按钮，如图 11-41 所示。

② 在绘图区中，选择孔的位置并设置参数，创建孔。

③ 在【孔】属性管理器中，单击【确定】按钮。

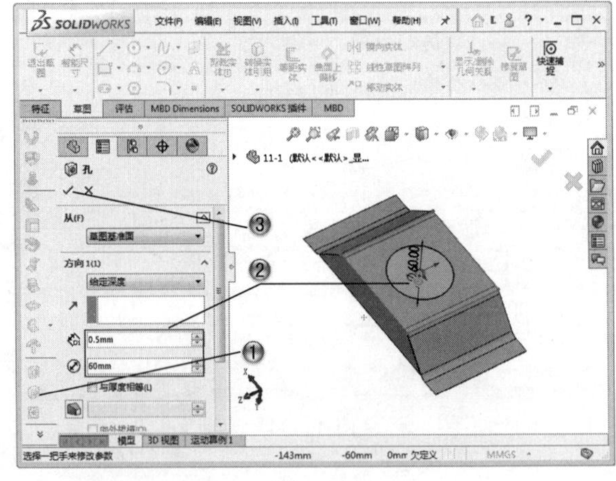

图 11-41

步骤 12 完成钣金盖零件模型

完成的钣金盖模型如图 11-42 所示。

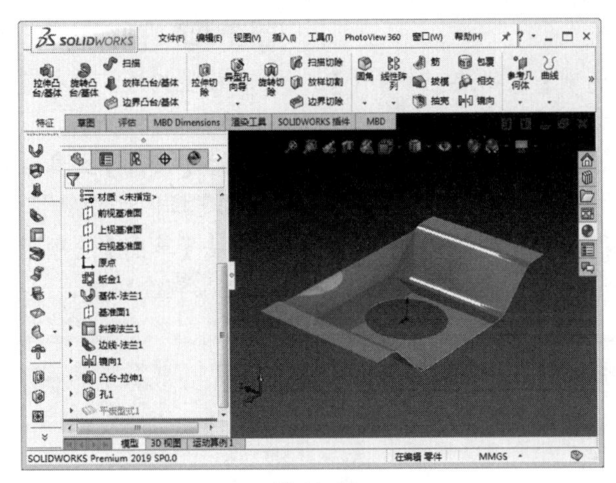

图 11-42

11.6.2 钣金组件范例

本范例完成文件：\11\11-2.sldprt

案例分析

本节的范例是创建一个钣金组件模型，首先绘制草图，然后使用【基体 / 法兰】命令创建钣金基体，再创建边线法兰，并使用拉伸切除命令创建切除特征；继续创建边线法兰并镜向，使用【拉伸切除】命令创建孔特征；最后创建褶边。

案例操作

步骤 01 创建草绘

① 在模型树中，选择【上视基准面】，如图 11-43 所示。

② 单击【草图】选项卡中的【草图绘制】按钮，进行草图绘制。

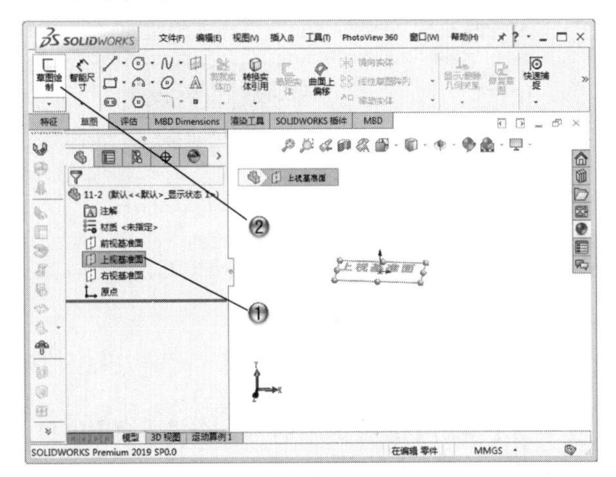

图 11-43

步骤 02 绘制矩形

① 单击【草图】选项卡中的【边角矩形】按钮。

② 在绘图区中，绘制 20×40 的矩形，如图 11-44 所示。

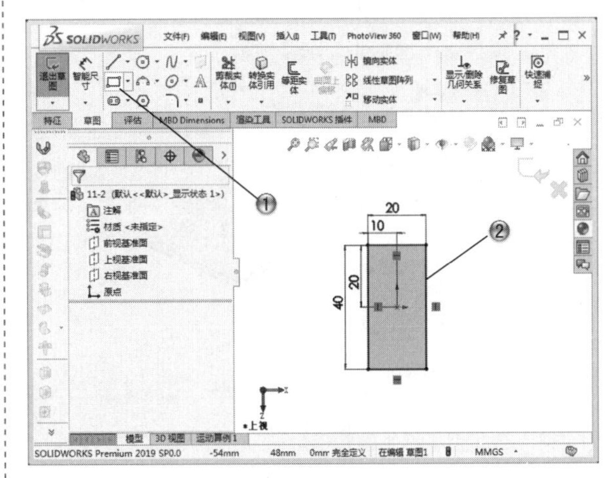

图 11-44

步骤 03 创建基体法兰

① 单击【钣金】工具栏中的【基体法兰/薄片】按钮，如图 11-45 所示。

② 在绘图区中，选择草图 1 并设置参数，创建基体法兰。

③ 在【基体法兰】属性管理器中，单击【确定】按钮。

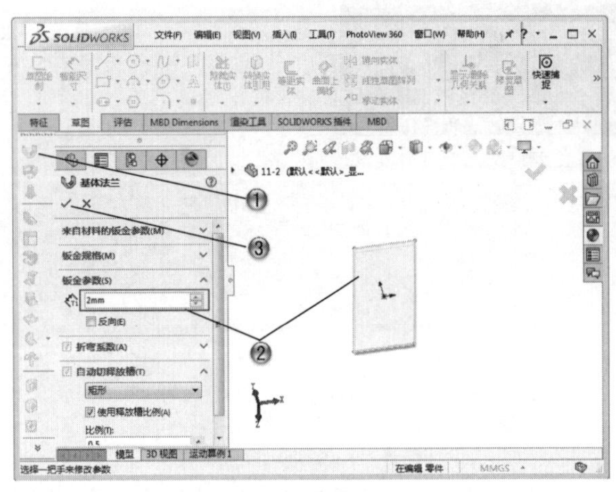

图 11-45

步骤 04 创建边线法兰

① 单击【钣金】工具栏中的【边线法兰】按钮，如图 11-46 所示。

② 在绘图区中，选择法兰边线并设置参数，创建边线法兰。

③ 在【边线-法兰】属性管理器中，单击【确定】按钮。

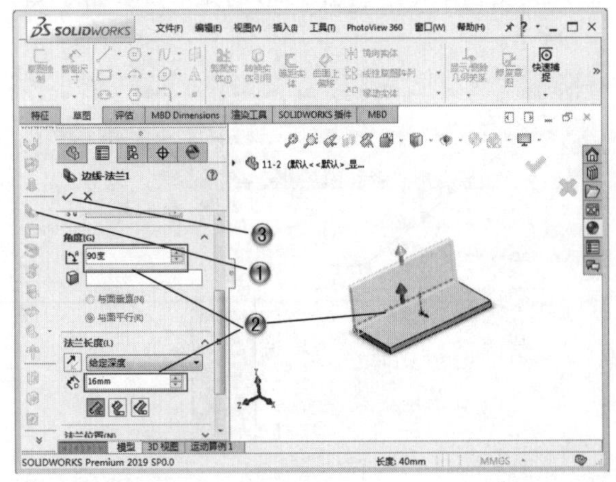

图 11-46

步骤 05 创建拉伸切除特征

① 在模型树中，选择【右视基准面】，如图 11-47 所示。

② 单击【钣金】工具栏中的【拉伸切除】按钮，创建拉伸切除特征。

③ 单击【草图】选项卡中的【草图绘制】按钮，进入草绘环境。

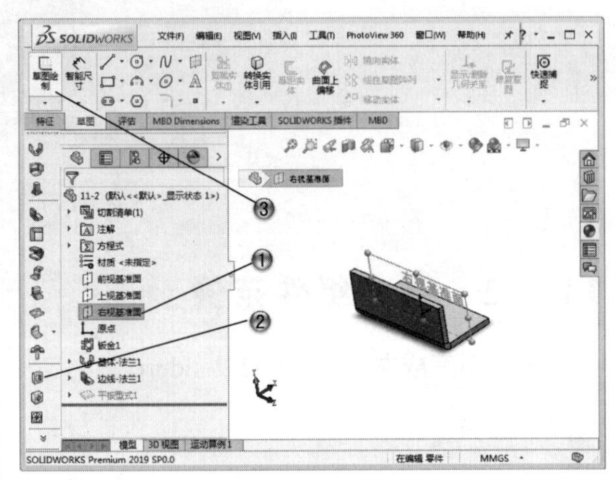

图 11-47

步骤 06 绘制矩形

① 单击【草图】选项卡中的【边角矩形】按钮。

② 在绘图区中，绘制 12×30 的矩形，如图 11-48 所示。

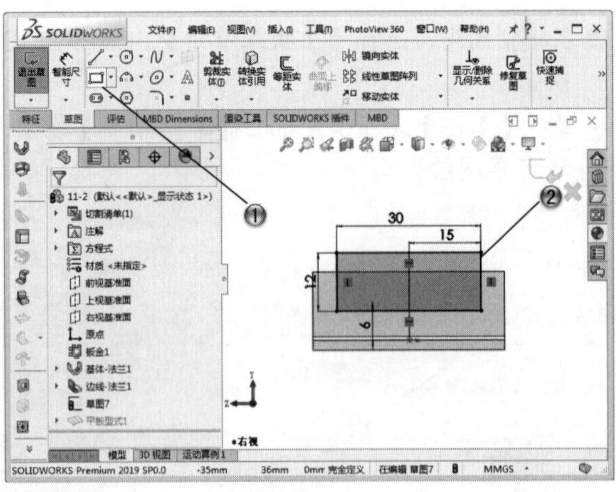

图 11-48

步骤 07 绘制圆角

① 单击【草图】选项卡中的【绘制圆角】按钮，如图 11-49 所示。

② 在绘图区中，选择线条并设置参数，创建圆角。

③ 在【绘制圆角】属性管理器中，单击✓【确定】按钮。

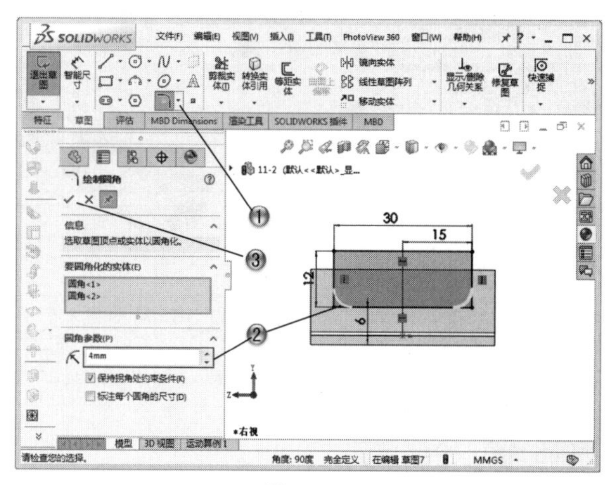

图 11-49

步骤 08 设置拉伸切除参数

① 在【切除 - 拉伸】属性管理器中，设置拉伸切除参数，如图 11-50 所示。

② 在【切除 - 拉伸】属性管理器中，单击✓【确定】按钮。

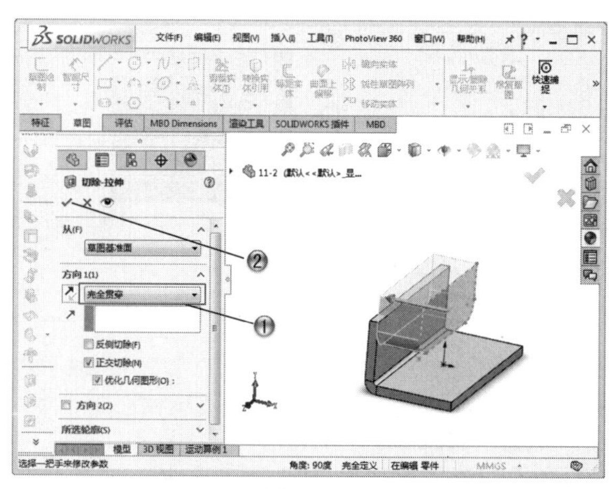

图 11-50

步骤 09 创建边线法兰 3

① 单击【钣金】工具栏中的【边线法兰】按钮，如图 11-51 所示。

② 在绘图区中，选择法兰边线并设置参数，创建边线法兰 3。

③ 在【边线 - 法兰】属性管理器中，单击✓【确定】按钮。

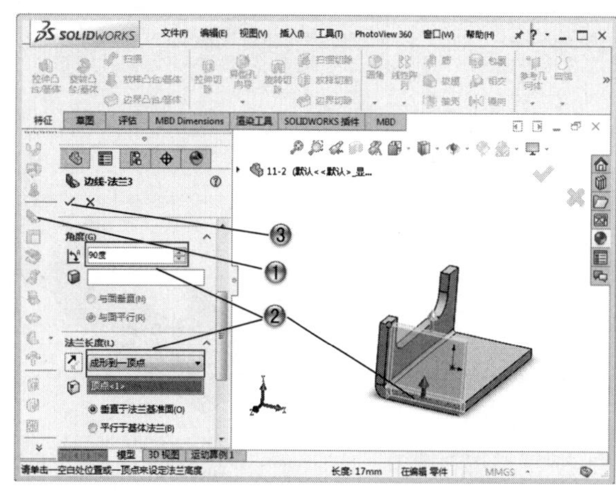

图 11-51

步骤 10 创建边线法兰 4

① 单击【钣金】工具栏中的【边线法兰】按钮，如图 11-52 所示。

② 在绘图区中，选择法兰边线并设置参数，创建边线法兰 4。

③ 在【边线 - 法兰】属性管理器中，单击✓【确定】按钮。

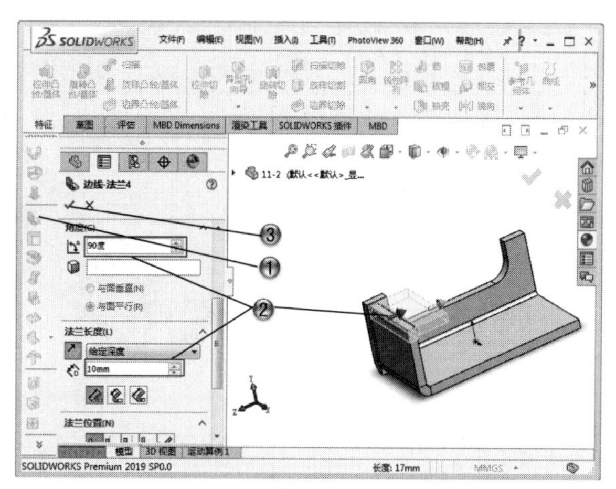

图 11-52

步骤 11 创建边线法兰 5

① 单击【钣金】工具栏中的【边线法兰】按钮，如图 11-53 所示。

② 在绘图区中，选择法兰边线并设置参数，创建边线法兰 5。

③ 在【边线 - 法兰】属性管理器中，单击✓【确定】按钮。

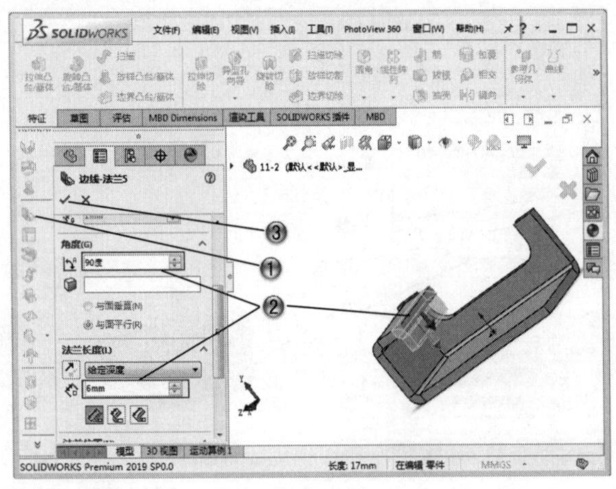
图 11-53

步骤 12 镜向特征

① 单击【特征】选项卡中的【镜向】按钮，如图 11-54 所示。

② 在绘图区中，选择镜向面和镜向特征，创建镜向。

③ 在【镜向】属性管理器中，单击【确定】按钮。

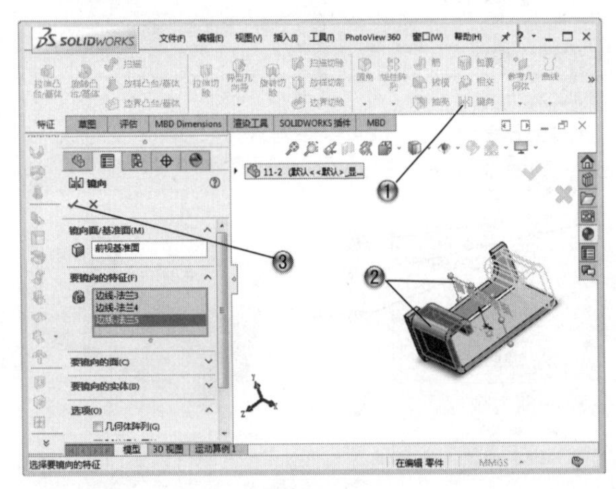
图 11-54

步骤 13 创建拉伸切除特征

① 在模型树中，选择模型面，如图 11-55 所示。

② 单击【钣金】工具栏中的【拉伸切除】按钮，创建拉伸切除特征。

③ 单击【草图】选项卡中的【草图绘制】按钮，进行草图绘制。

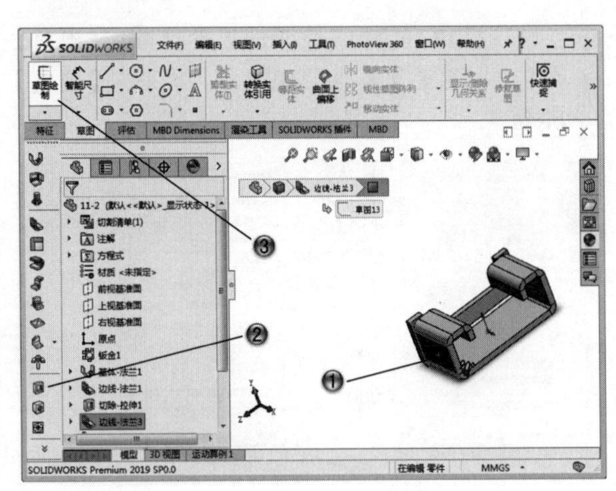
图 11-55

步骤 14 绘制圆形

① 单击【草图】选项卡中的【圆】按钮，如图 11-56 所示。

② 在绘图区中，绘制直径为 9 的圆形。

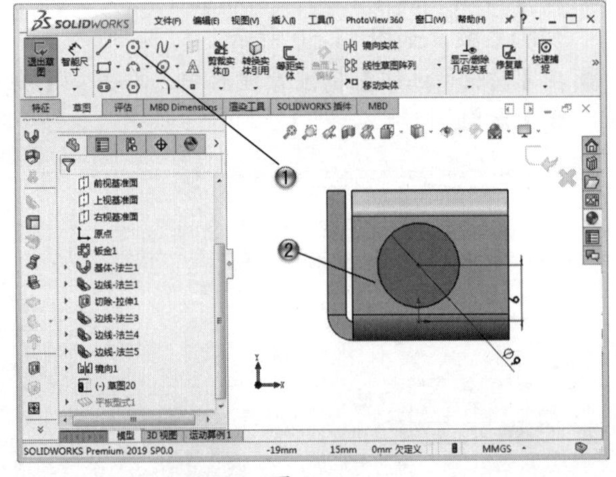
图 11-56

步骤 15 设置拉伸切除参数

① 在【切除 - 拉伸】属性管理器中，设置拉伸切除参数，如图 11-57 所示。

② 在【切除 - 拉伸】属性管理器中，单击【确定】按钮。

步骤 16 创建褶边

① 单击【钣金】工具栏中的【褶边】按钮，如图 11-58 所示。

② 在绘图区中，选择褶边边线并设置参数，创建褶边。

③ 在【褶边】属性管理器中，单击✓【确定】按钮。

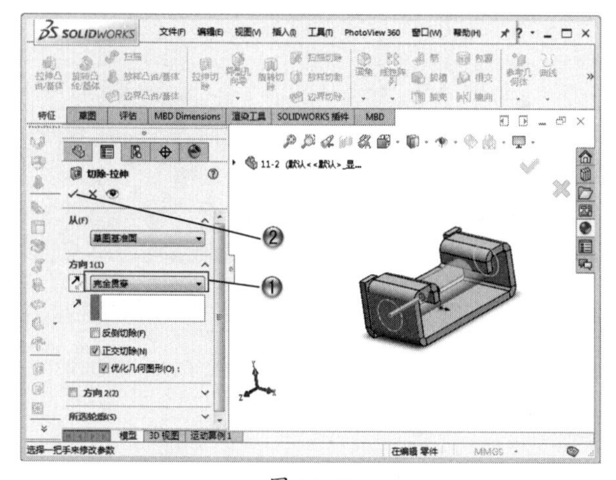

图 11-57

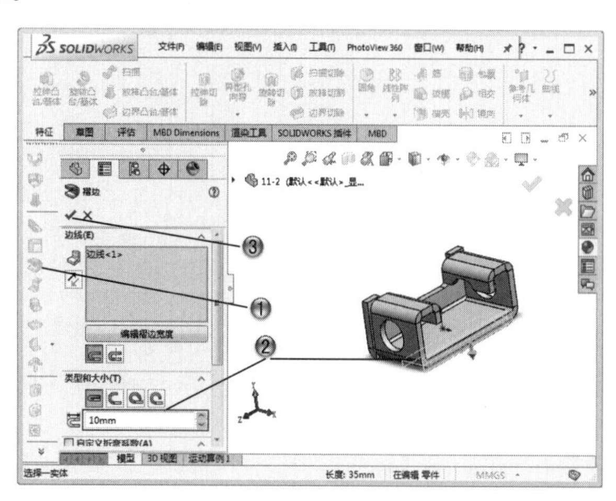

图 11-58

步骤 17 完成钣金组件模型

完成的钣金组件模型如图 11-59 所示。

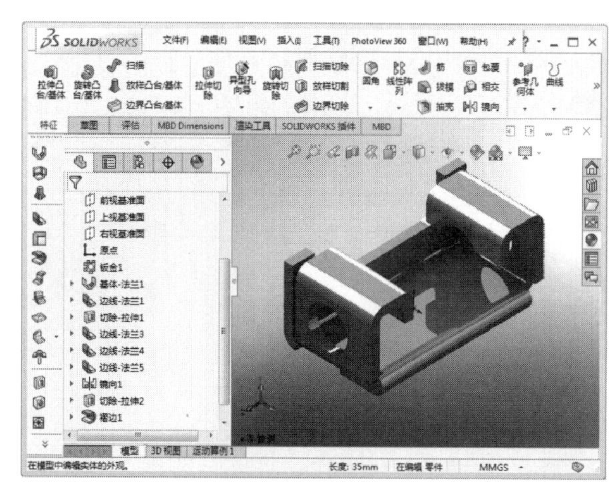

图 11-59

11.7 本章小结和练习

11.7.1 本章小结

本章介绍了有关钣金的基本术语，建立钣金和编辑钣金的方法，以及使用钣金成形工具的方法，最后结合具体实例讲解了建立钣金零件的步骤。熟练使用钣金工具和钣金成形工具，可以设计结构复杂的钣金零件，希望读者能够认真学习掌握。

11.7.2 练习

1. 首先创建钣金箱体的草图，如图 11-60 所示。
2. 创建基体法兰。
3. 创建 3 边的边线法兰。
4. 创建各个孔特征。

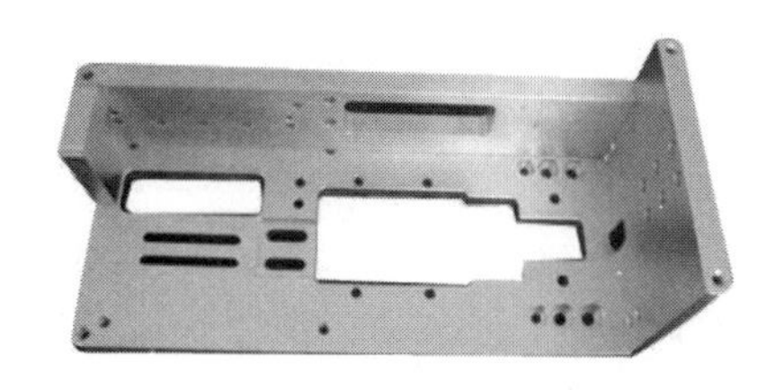

图 11-60

第12章

渲染输出

本章导读

PhotoView 360 插件是 SOLIDWORKS 中的标准渲染解决方案。SOLIDWORKS 2019 渲染技术已经更新，改善了用户体验和最终效果。渲染可以在 SOLIDWORKS Professional 和 SOLIDWORKS Premium 中使用。在打开 PhotoView 360 插件之后，可从 PhotoView 360 菜单或 CommandManager（命令管理器）的【渲染工具】工具栏中选择所需的操作命令。

本章首先介绍渲染的基本概述，之后介绍如何设置渲染零件的布景、光源、外观和贴图。完成设置后，可以渲染输出逼真图像。

12.1 PhotoView 渲染概述

PhotoView 360是一个SOLIDWORKS插件，可产生具有真实感的 SOLIDWORKS 模型渲染。渲染的属性设置包括在模型中的外观、光源、布景及贴图。PhotoView 360 可用在 SOLIDWORKS Professional 和 SOLIDWORKS Premium 中。

使用 PhotoView 渲染的步骤如下。

（1）选择【工具】|【插件】菜单命令，打开【插件】对话框，勾选活动插件 PhotoView 360 复选框，如图 12-1 所示。

（2）打开 PhotoView 360 插件后，在图形区域中开启预览或者打开预览窗口查看对模型所作的更改如何影响渲染。

（3）设置布景、光源、材质以及贴图。

（4）编辑光源。

（5）设置 PhotoView 360 选项。

（6）当准备就绪时，可以随即进行最终渲染（选择 PhotoView 360 |【最终渲染】菜单命令），也可以后进行渲染(选择 PhotoView 360 |【排定渲染】菜单命令)。

（7）在【最终渲染】对话框中保存图像。

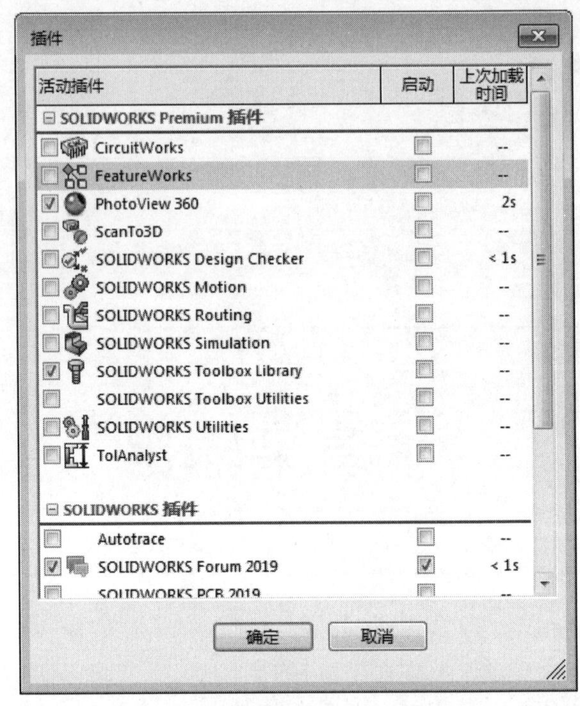

图 12-1

注意：

在默认情况下，PhotoView 中的照明关闭。在关闭光源时，可以使用布景所提供的逼真光源，该光源通常足够进行渲染。在 PhotoView 中，通常需要使用其他照明措施来照亮模型中的封闭空间。

12.2 设置光源、材质、贴图

12.2.1 设置布景

布景是由环绕 SOLIDWORKS 模型的虚拟框或球形组成的，可以调整布景壁的大小和位置。此外，可以为每个布景壁切换显示状态和反射度，并将背景添加到布景。布景功能经过增强，现在能够完全控制出现在模型后面的布景。外观管理器列出应用于当前激活模型的背景和环境。新编辑布景的特征管理器可从外观管理器中调用，可供调整地板尺寸、控制背景或环境，并保存自定义布景。

选择【工具】|【插件】菜单命令，弹出【插件】对话框，调用 PhotoView 360 插件。

选择【视图】|【工具栏】|【渲染工具】菜单命令，调出【渲染工具】工具栏。单击【渲

染工具】工具栏中的【编辑布景】按钮，或选择 PhotoView 360 |【编辑布景】菜单命令，弹出【编辑布景】属性管理器，如图 12-2 所示。

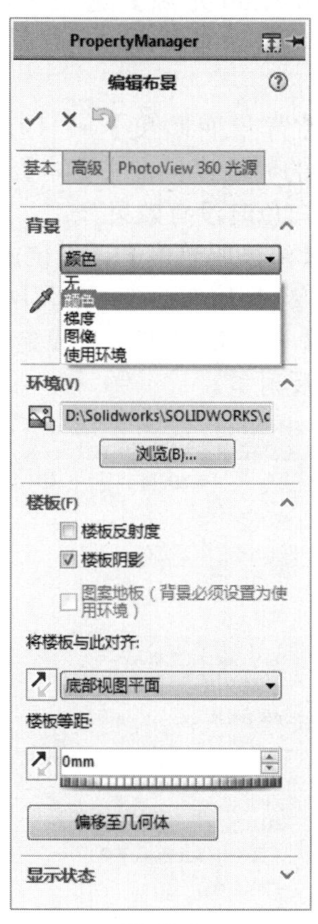

图 12-2

1.【基本】选项卡

单击【基本】标签，切换到【基本】选项卡，下面介绍该选项卡中的参数。

（1）【背景】选项组。

随布景使用背景图像，这样在模型背后可见的内容与由环境所投射的反射不同。例如，在使用庭院布景中的反射时，可能在模型后出现素色。

- 【背景类型】：从中选择需要的背景类型。
- 【背景颜色】：将背景设定到单一颜色（在将【背景类型】设定为【颜色】时可供使用）。
- 【顶部渐变颜色】和【底部渐变颜色】：将背景设定到由选定的颜色所定义的颜色范围（在将【背景类型】设定为【梯度】时可供使用）。

（2）【环境】选项组。

选取任何球状映射为布景环境的图像。

单击【浏览】按钮，将背景设定到用户所选定的图像的球状映射版本。

（3）【楼板】选项组。

- 【楼板反射度】：在楼板上显示模型反射。在启用【楼板阴影】复选框时可供使用。
- 【楼板阴影】：在楼板上显示模型所投射的阴影。
- 【将楼板与此对齐】：将楼板与基准面对齐。选取 XY、YZ、XZ 之一或选定的基准面。当更改对齐方式时，视向更改，从而将楼板保留在模型之下。
- 【楼板等距】：将模型高度设定到楼板之上或之下。其中【反转等距方向】用于交换楼板和模型的位置。

> **提示**
>
> （1）当调整【楼板等距】时，图形区域中的操纵杆也相应移动。
>
> （2）要拖动等距，将鼠标悬空在操纵杆的一端上，当光标变成时，拖动操纵杆。
>
> （3）要反转等距方向，用右键单击操纵杆的一端，然后单击反向。

2.【高级】选项卡

单击【高级】标签，切换到【高级】选项卡，如图 12-3 所示，该选项卡为布景设定的高级控件，下面介绍其中的参数。

（1）【楼板大小 / 旋转】选项组。

- 【固定高宽比例】：当更改宽度或高度时，均匀缩放楼板。
- 【自动调整楼板大小】：根据模型的边界框调整楼板大小。
- 【宽度】和【深度】：调整楼板的宽度和深度。

- 【高宽比例】：只读，显示当前的高宽比例。
- 【旋转】：相对环境旋转楼板。旋转环境可以改变模型上的反射。当出现反射外观且背景类型是使用环境时，即表现出这种效果。

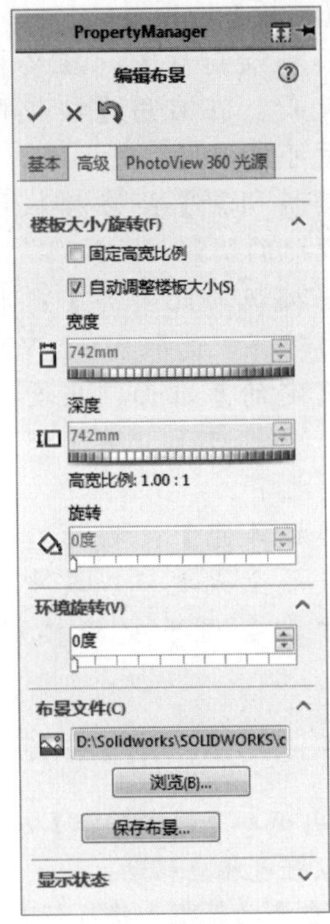

图 12-3

（2）【环境旋转】选项组。

相对于模型水平旋转环境，影响到光源、反射及背景的可见部分。

（3）【布景文件】选项组。

- 【浏览】按钮：选取另一布景文件以供使用。
- 【保存布景】按钮：将当前布景保存到文件。会提示将保存了布景的文件夹在任务窗格中保持可见。

提示

当保存布景时，与模型关联的物理光源也会被保存。

3.【PhotoView360 光源】选项卡

单击【PhotoView360 光源】标签，切换到【PhotoView360 光源】选项卡，如图 12-4 所示，该选项卡为布景设定光源属性，对其参数的说明如下。

（1）【背景明暗度】：只在 PhotoView 中设定背景的明暗度。在【基本】选项卡上的背景是无或白色时没有效果。

（2）【渲染明暗度】：设定由 HDRI（高动态范围图像）环境在渲染中所使用的明暗度。

（3）【布景反射度】：设定由 HDRI 环境所提供的反射量。

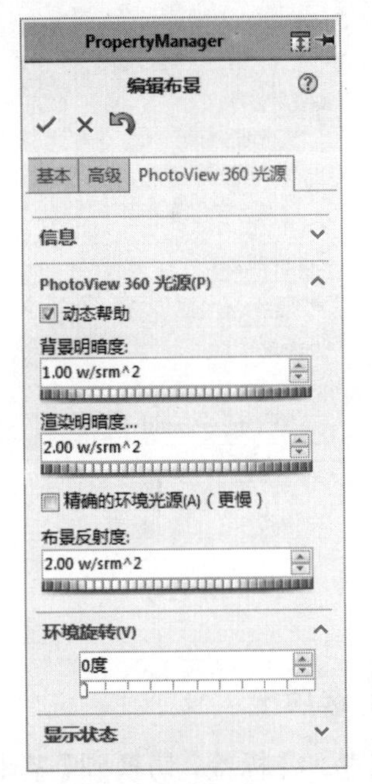

图 12-4

12.2.2 设置光源

SOLIDWORKS 提供了常见的三种光源类型：线光源、点光源及聚光源。下面来介绍这三种光源的使用和设置方法。

SOLIDWORKS 和 PhotoView 360 的照明控件相互独立。后者的控件 DisplayManager 可以对照明的各个方面进行管理，管理的内容包括只有在 PhotoView 360 作为插件时才可用的照明控件。DisplayManager 列出应用于当前激活模型的光源。现在，可通过集成阴影和雾灯控件获得更强大的 PhotoView 360 功能。光线强度通过功率控制。

- SOLIDWORKS：在默认情况下，SOLIDWORKS 中的点光源、聚光源和线光源打开。在 PhotoView 360 中无法使用布景照明，因此通常需要手动照亮模型。
- PhotoView 360：在默认情况下，插件中的照明关闭。在关闭光源时，可以使用布景所提供的逼真光源，该光源通常足够进行渲染。在 PhotoView 360 中，通常需要使用其他照明措施来照亮模型中的封闭。

1. 线光源

在属性管理器中切换到【外观属性管理器】选项卡，单击【查看布景、光源和相机】按钮，用鼠标右击一个光源选项，在弹出的快捷菜单中选择【添加线光源】命令，如图 12-5 所示。弹出【线光源】属性管理器（根据生成的线光源，数字顺序排序），如图 12-6 所示。

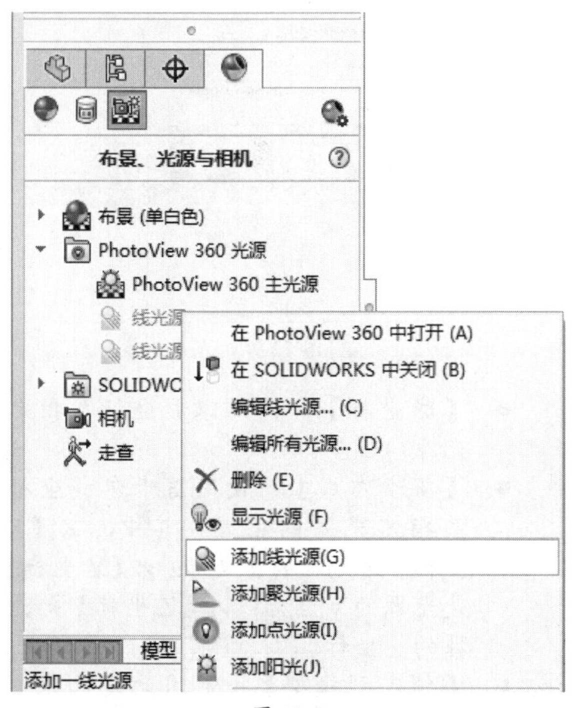

图 12-5

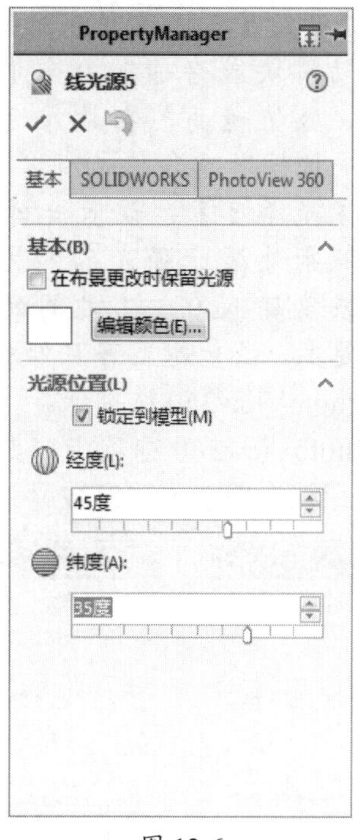

图 12-6

（1）【基本】选项卡。

单击【基本】标签，切换到【基本】选项卡，下面介绍该选项卡中的参数。

- 【编辑颜色】按钮：单击此按钮，弹出【颜色】对话框，这样就可以选择带颜色的光源，而不是默认的白色光源。
- 【锁定到模型】：启用此复选框，相对于模型的光源位置被保留；取消启用此复选框，光源在模型空间中保持固定。
- 【经度】：光源的经度坐标。
- 【纬度】：光源的纬度坐标。

（2）SOLIDWORKS 选项卡。

打开 SOLIDWORKS 选项卡，如图 12-7 所示。

- 【在 SOLIDWORKS 中打开】：打开或者关闭模型中的光源。
- 【环境光源】：设置光源的强度。移动滑块或者输入 0～1 之间的数值。数值越高，光源强度越强。在模型各个方向上，光源强度均等地被改变。

- 【明暗度】：设置光源的明暗度。移动滑块或者输入0～1之间的数值。数值越高，在最靠近光源的模型一侧投射越多的光线。
- 【光泽度】：设置光泽表面在光线照射处显示强光的能力。移动滑块或者输入0～1之间的数值。数值越高，强光越显著且外观越光亮。

（3）PhotoView360选项卡。

打开PhotoView360选项卡，如图12-8所示，下面介绍该选项卡中的参数。

图 12-7

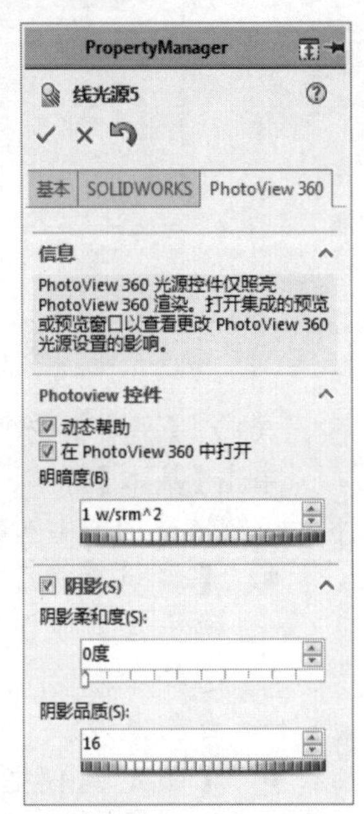

图 12-8

- 【在PhotoView360中打开】：在PhotoView中打开光源。光源在默认情况下关闭，同时启用PhotoView照明选项。
- 【明暗度】：在PhotoView中设置光源明暗度。
- 【阴影柔和度】：增强或柔和光源的阴影投射。此数值越低，阴影越深。此数值越高，阴影越浅，但可能会影响渲染时间。要模拟太阳的效果，可试验使用3到5之间的值。
- 【阴影品质】：减少柔和阴影中的颗粒度。当增加【阴影柔和度】时，可设定较高值以降低颗粒度。增加此设定可增加渲染时间。

2. 点光源

用鼠标右击光源选项，在弹出的快捷菜单中选择【添加点光源】命令，在【属性管理器】中弹出【点光源】属性管理器（根据生成的点光源，数字顺序排序）。

（1）【基本】选项卡。

单击【基本】标签，切换到【基本】选项卡，如图12-9所示，下面介绍该选项卡中的参数。

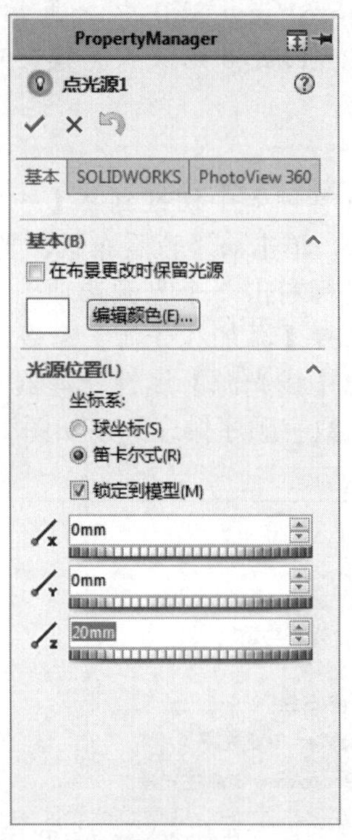

图 12-9

- 【球坐标】：使用球形坐标系指定光源的位置。
- 【笛卡尔式】：使用笛卡尔式坐标系指定光源的位置。其中，【X坐标】是光源的x坐标；【Y坐标】是光源的y坐标；【Z坐标】是光源的z坐标。
- 【锁定到模型】：启用此复选框，相对于模型的光源位置被保留；取消启用此复选框，则光源在模型空间中保持固定。

（2）SOLIDWORKS 选项卡。

打开 SOLIDWORKS 选项卡，如图 12-10 所示。参数和线光源相似，这里不再赘述。

（3）PhotoView 360 选项卡。

切换到点光源的 PhotoView 360 选项卡，如图 12-11 所示，下面介绍该选项卡中的参数。

- 【点光源半径】：在选项卡中设定点光源半径，可影响到阴影的柔和性。此数值越低，阴影越深。此数值越高，阴影越浅，但可能会影响渲染时间。
- 【阴影品质】：当阴影半径增加时可提高品质。
- 【雾灯半径】：设置光源周围的雾灯范围。
- 【雾灯品质】：当雾灯半径增加时可降低颗粒度。增加此设定可增加渲染时间。

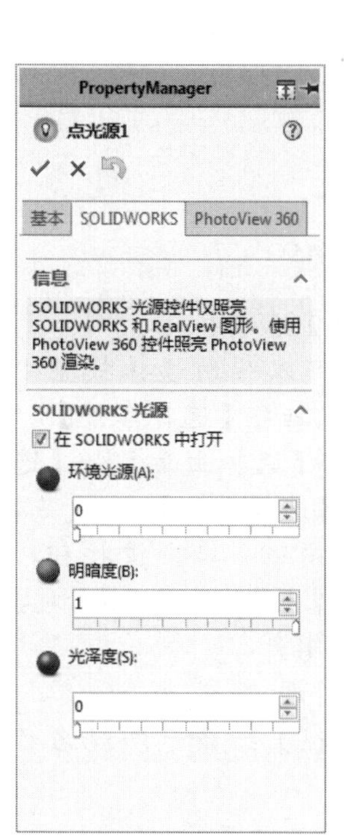

图 12-10

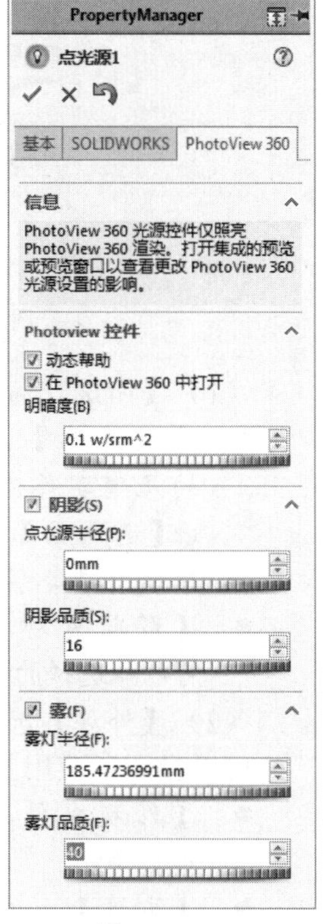

图 12-11

3. 聚光源

用鼠标右击光源选项，在弹出的快捷菜单中选择【添加聚光源】命令，打开【聚光源】属性管理器，如图 12-12 所示。下面介绍各参数的设置。

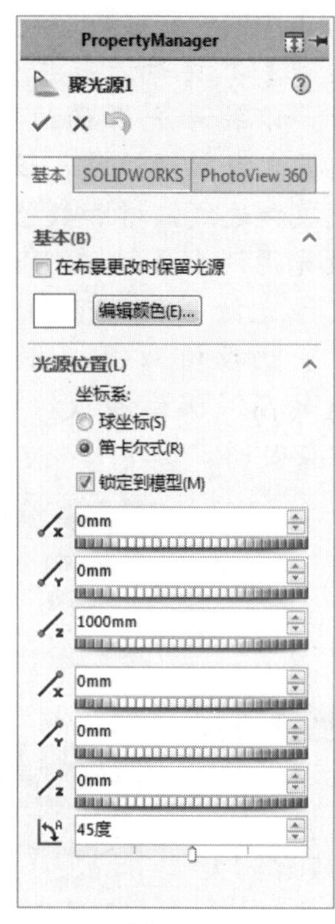

图 12-12

（1）【基本】选项卡。

- 【球坐标】：使用球形坐标系指定光源的位置。
- 【笛卡尔式】：使用笛卡尔式坐标系指定光源的位置。
- 【锁定到模型】：启用此复选框，相对于模型的光源位置被保留；取消启用此复选框，光源在模型空间中保持固定。
- 【X 坐标】、【Y 坐标】、【Z 坐标】：设置光源的 x、y、z 坐标。
- 【目标 X 坐标】、【目标 Y 坐标】、【目标 Z 坐标】：设置聚光源在模型上所投射到的点的 x、y、z 坐标。
- 【圆锥角】：设置光束传播的角度，较小的角度生成较窄的光束。

其他选项不再赘述。

（2）SOLIDWORKS 选项卡。

打开 SOLIDWORKS 选项卡，如图 12-13 所示。参数和线光源相似，这里不再赘述。

（3）PhotoView360 选项卡。

打开 PhotoView360，如图 12-14 所示。下面介绍该选项卡中的一些参数。

- 【柔边】：将过渡范围设定到光源之外，以给予光源的边线更柔和外观。要生成粗硬边线，设定为 0。要生成柔和边线，增加数值。
- 【聚光源半径】：在 PhotoView 中设定聚光源半径，可影响阴影的柔和性。此数值越低，阴影越深。此数值越高，阴影越浅，但可能会影响渲染时间。

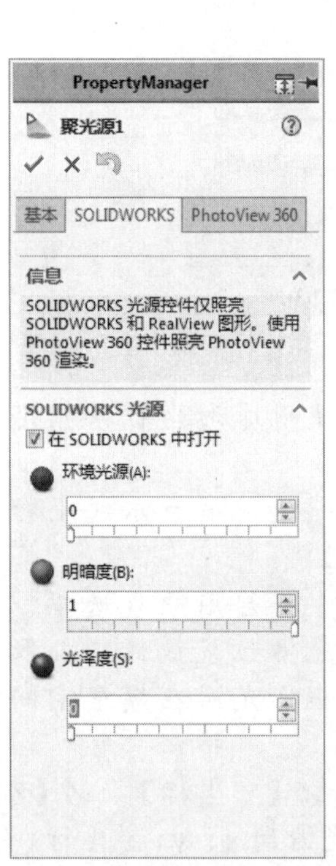

图 12-13

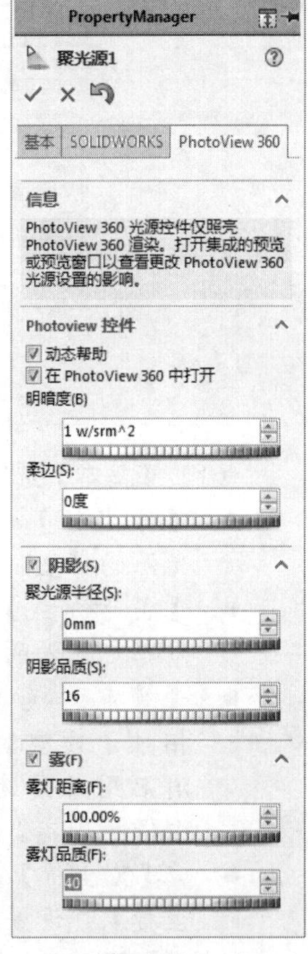

图 12-14

12.2.3 设置外观

外观是模型表面的材料属性，添加外观是使模型表面具有某种材料的表面感官属性。

单击【渲染工具】工具栏中的【编辑外观】按钮，或者选择 PhotoView 360 |【编辑外观】菜单命令，打开【颜色】属性管理器，单击【高级】按钮，转换到高级模式，其中包含 4 个选项卡，下面逐一进行介绍。

1.【颜色 / 图像】选项卡

首先打开【高级】模式下的【颜色 / 图像】选项卡，如图 12-15 所示，下面介绍该选项卡中的参数。

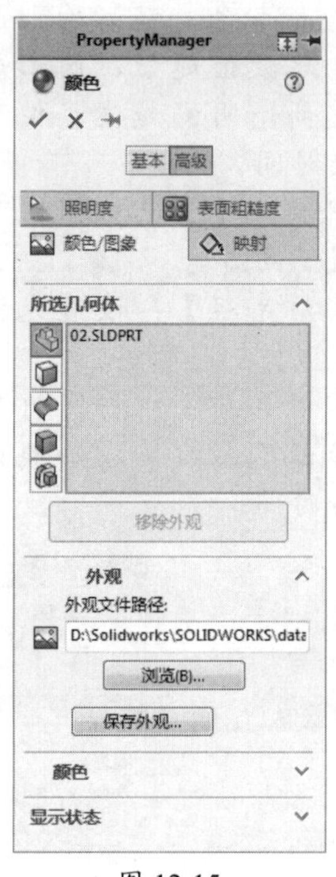

图 12-15

（1）【所选几何体】选项组。

- 【过滤器】：可以帮助选择模型中的几何实体，包括【选择零件】、【选取面】、【选择曲面】、【选择实体】、【选择特征】。
- 【移除外观】按钮：单击该按钮，可以从选择的对象上移除设置好的外观。

（2）【外观】选项组。

可以显示所应用的外观。

- 【外观文件路径】：显示外观名称和位置。
- 【浏览】：浏览材质文件。
- 【保存外观】按钮：单击该按钮，即可保存外观文件。

（3）【颜色】选项组。

可以添加颜色到所选实体的所选几何体中

所列出的外观，如图 12-16 所示。

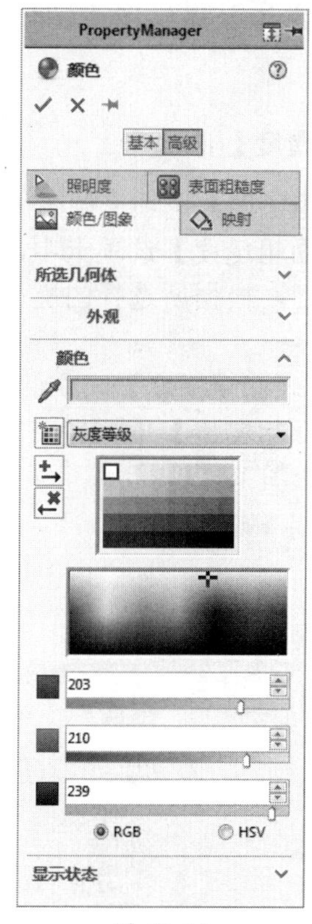

图 12-16

注意：

图像仅在应用的外观使用图像文件时出现。

- 【主要颜色】：单击颜色区域以获取颜色，也可以拖动颜色成分滑杆或者输入颜色成分数值。
- 生成新样块：生成自定义样块或添加颜色到预定义的样块。
- RGB：以红色、绿色和蓝色数值定义颜色。
- HSV：以色调、饱和度和数值定义颜色。

提示

如果材质是混合颜色（例如汽车漆），则预览将显示当前颜色 1 和当前颜色 2 等的混合。最多可以有三层颜色。

2.【映射】选项卡

单击【高级】模式下的【映射】标签，打开【映射】选项卡，如图 12-17 所示。下面介绍该选项卡中的参数。

图 12-17

（1）【所选几何体】：可以帮助选择模型中的几何实体，包括【选择零件】、【选取面】、【选择曲面】、【选择实体】、【选择特征】。

（2）【移除外观】按钮：单击该按钮，可以从选择的对象上移除设置好的外观。

3.【照明度】选项卡

【照明度】选项卡如图 12-18 所示。在【照明度】选项卡中，可以选择其照明属性。

（1）【照明度】选项组。

- 【动态帮助】：扩展的工具提示，说明各个属性，展示各种效果，并列出所有从属关系。
- 【漫射量】：控制面上的光线强度。值越高，面上显得越亮。
- 【光泽量】：控制高亮区，使面显得更为光亮。如果使用较低的值，则会减少高亮区。
- 【光泽颜色】：控制光泽零部件内反射高亮显示的颜色。双击可选择颜色。
- 【光泽传播 / 模糊】：控制面上的反射模糊度，使面显得粗糙或光滑。值越高，高亮区越大越柔和。

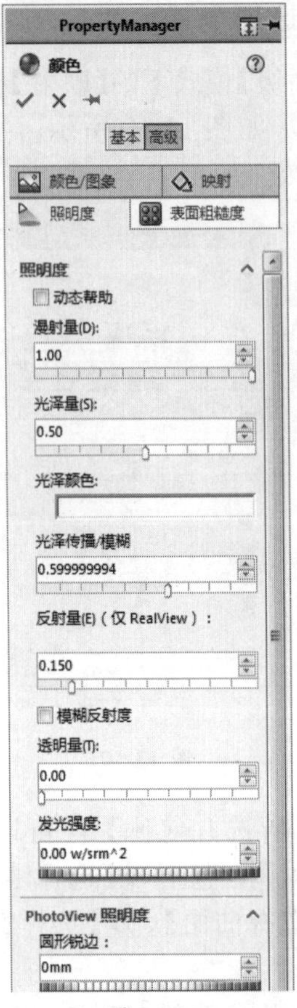

图 12-18

- 【反射量】：以 0 到 1 的比例控制表面反射度。如果设置为 0，则看不到反射。如果设置为 1，表面将成为完美的镜面。
- 【模糊反射度】：在面上启用反射模糊。模糊水平由光泽传播控制。当光泽传播为 0 时，不发生模糊。要求光泽传播和反射光量必须大于 0。
- 【透明量】：控制面上的光通透程度。该值降低，不透明度升高；如果设置为 0，则完全不透明。该值升高，透明度升高；如果设置为 100，则完全透明。

提示

当用户更改外观照明度时，如果使用 PhotoView 预览或最终渲染，则所有更改都可看见。如果使用 RealView 或 OpenGL，则只有某些更改才可看见。

（2）【PhotoView 照明度】选项组。

【图形锐边】提供图形图像的锐化处理参数。

4.【表面粗糙度】选项卡

【表面粗糙度】选项卡如图 12-19 所示。

在【表面粗糙度】选项卡中，可以选择表面粗糙度类型，根据所选择的类型，其属性设置发生改变。

（1）【表面粗糙度】选项组。

在【表面粗糙度】下拉列表框中可选择相应的类型，如图 12-20 所示。

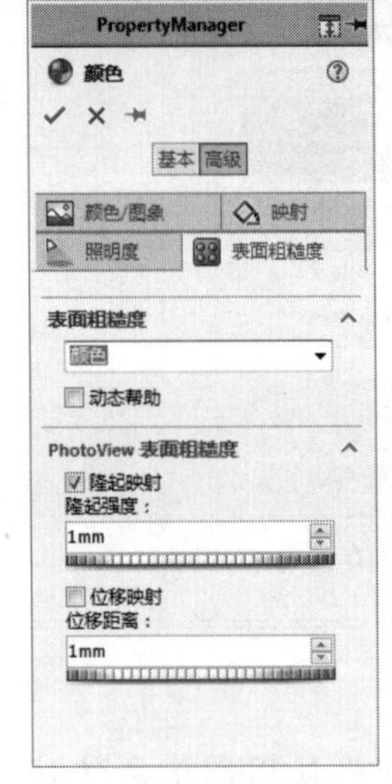

图 12-19

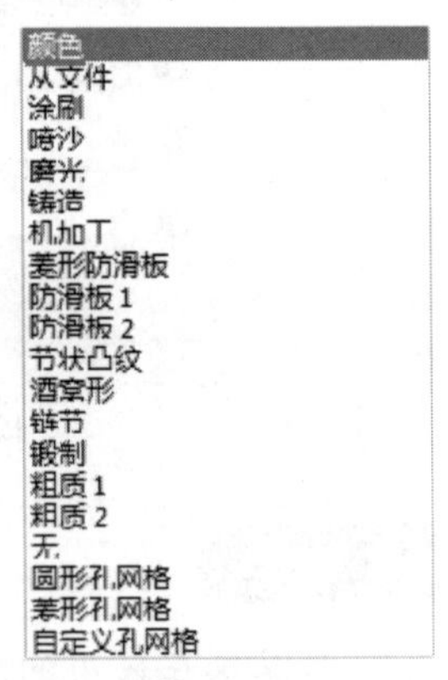

图 12-20

（2）【PhotoView 表面粗糙度】选项组。

- 【隆起映射】：通过修改阴影和反射模仿凹凸不平的表面，但不更改几何体，渲染的速度比位移映射快。
- 【隆起强度】：将隆起高度设定到从隆起表面最高点到模型表面之间的距离。
- 【位移映射】：给渲染的模型表面添加纹理，从而改变几何形状，渲染的速度比位移映射慢。
- 【位移距离】：控制从标称表面到位移映射的表面光洁度。

12.2.4 设置贴图

贴图是在模型的表面附加某种平面图形，

一般多用于商标和标志的制作。

单击【渲染工具】工具栏中的【编辑贴图】按钮或者选择PhotoView 360 |【编辑贴图】菜单命令，打开【贴图】属性管理器，如图12-21所示。下面进行具体的介绍。

图 12-21

1.【图像】选项卡

单击【图像】标签，切换到【图像】选项卡，下面介绍该选项卡中的参数。

（1）【贴图预览】选项组。

- 预览区域：显示贴图预览。
- 【图像文件路径】：显示图像文件路径。单击【浏览】按钮，可选择其他路径和文件。
- 【保存贴图】按钮：单击此按钮，可以将当前贴图及其属性保存到文件。

（2）【掩码图形】选项组。

- 【无掩码】：不应用掩码。
- 【图形掩码文件】：在掩码为白色的位置处显示贴图，在掩码为黑色的位置处贴图会被遮盖。
- 【可选颜色掩码】：在贴图中减去选择为要排除的颜色。
- 【使用贴图图像 alpha 通道】：使用包含贴图和掩码的复合图像。要生成图像，在 PhotoView 360 渲染帧对话框中单击保存带图层的图像，然后在外部图形程序中生成组合图像。支持的文件类型为“.tif ”和“.png”。

2.【映射】选项卡

【映射】选项卡如图12-22所示，下面介绍该选项卡中的参数。

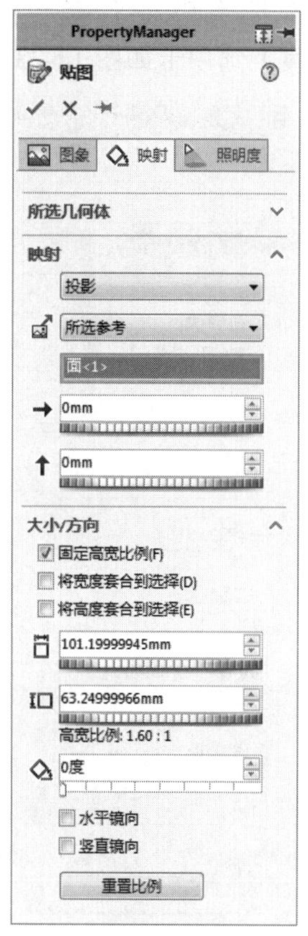

图 12-22

（1）【映射】选项组。

- 【映射类型】列表：根据所选类型的不同，其属性设置发生改变。
- 【水平位置】：相对于参考轴，将贴图沿基准面水平移动指定的距离。

- 【竖直位置】：相对于参考轴，将贴图沿基准面竖直移动指定的距离。

（2）【大小/方向】选项组。

可以启用【固定高宽比例】、【将宽度套合到选择】、【将高度套合到选择】3种不同方式。

- 【宽度】：指定贴图宽度。
- 【高度】：指定贴图高度。
- 【高宽比例】：显示当前的高宽比例。
- 【旋转】：指定贴图的旋转角度。
- 【水平镜向】：水平反转贴图图像。
- 【竖直镜向】：竖直反转贴图图像。
- 【重置比例】按钮：将高宽比例恢复为贴图图像的原始高宽比例。

3.【照明度】选项卡

【照明度】选项卡如图 12-23 所示。

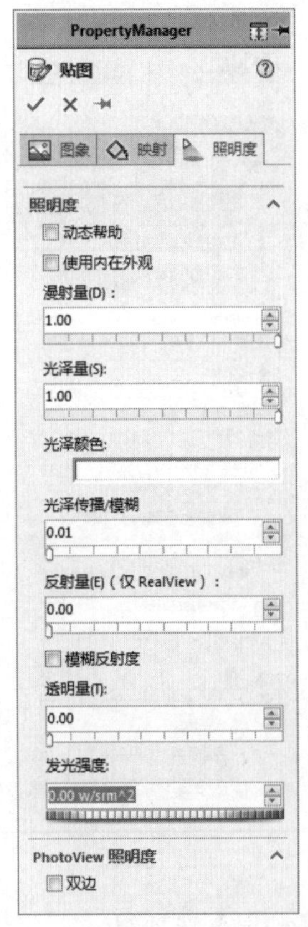

图 12-23

可以选择贴图对照明度的反应，根据选择的选项不同，其属性设置发生改变，下面介绍该选项卡中的参数。

（1）【照明度】选项组。

- 【动态帮助】：扩展的工具提示，说明各个属性，展示各种效果，并列出所有从属关系。
- 【使用内在外观】：将贴图下外观的照明度设定应用到贴图。在取消选取时，该选项直接为贴图设定照明度并在此属性管理器中启用剩余的选项。
- 【漫射量】：控制面上的光线强度。值越高，面上显得越亮。
- 【光泽量】：控制高亮区，使面显得更为光亮。如果使用较低的值，则会减少高亮区。
- 【光泽颜色】：控制光泽零部件内反射高亮显示的颜色。双击可选择颜色。
- 【光泽传播/模糊】：控制面上的反射模糊度，使面显得粗糙或光滑。值越高，高亮区越大越柔和。
- 【反射量】：以 0 到 1 的比例控制表面反射度。如果设置为 0，则看不到反射。如果设置为 1，表面将成为完美的镜面。
- 【模糊反射度】：在面上启用反射模糊。模糊水平由光泽传播控制。当光泽传播为 0 时，不发生模糊。要求光泽传播和反射光量必须大于 0。
- 【透明量】：控制面上的光通透程度。该值降低，不透明度升高；如果设置为 0，则完全不透明。该值升高，透明度升高；如果设置为 100，则完全透明。

（2）【PhotoView 照明度】选项组。

【双边】表示将相对的两侧启用上色。禁用时，未朝向相机的面将不可见。在有些情况下，双侧的面可能会导致渲染错误，谨慎使用。

12.3 渲染输出图像

一般情况下，改进渲染能力的方法如下。

（1）预览窗口。

- 在进行完整渲染之前，使用预览渲染窗口评估更改的效果。
- 重设预览渲染窗口以使之更小。

（2）渲染品质。

在 PhotoView 360 选项卡中将最终渲染品质设定到所需的最低等级。

（3）阴影

对于线光源、点光源和聚光源，可在每个光源属性管理器中的 PhotoView 360 选项卡上设定阴影品质，高值会增加渲染时间。

12.3.1 预览渲染

PhotoView 提供两种方法预览渲染：在图形区域内（整合预览）及在单独窗口内（预览窗口）。两种方法都可在进行完整渲染之前帮助快速评估更新。更新具有连续性，可试验影响渲染的控件。当对设定满意时，可进行完整渲染。

在更改模型时，预览连续更新，从而递增完善预览。对外观、贴图、布景和渲染选项所作的更改实时进行更新。如果更改模型某部分，预览将只为这些部分进行更新，而非整个显示。

1. PhotoView 整合预览

可在 SOLIDWORKS 图形区域内预览当前模型的渲染。要开始预览，插入 PhotoView 360 插件后，选择 PhotoView 360 |【整合预览】菜单命令。显示界面如图 12-24 所示。

图 12-24

2. PhotoView 360 预览窗口

PhotoView 360 预览窗口是区别于 SOLIDWORKS 主窗口的单独窗口。

要显示该窗口，首先插入 PhotoView 360 插件，然后选择 PhotoView 360 |【预览渲染】菜单命令。窗口保持在重新调整窗口大小时，在【PhotoView 360 选项】属性管理器中所设定的高宽比例。

当更改要求重建模型时，更新间断。在重建完成后，更新继续。也可以通过单击【暂停】按钮来中断更新。显示界面如图 12-25 所示。

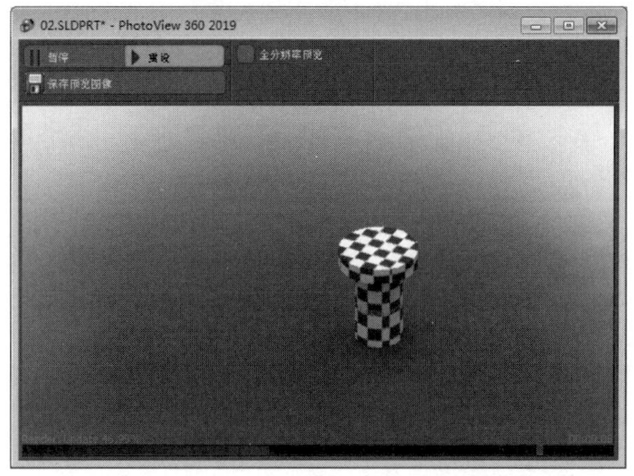

图 12-25

- 【暂停】按钮：停止预览窗口的所有更新。
- 【重设】按钮：更新预览窗口并恢复 SOLIDWORKS 更新传送。

12.3.2 PhotoView 360 选项

【PhotoView 360 选项】属性管理器为PhotoView 360控制设定，包括输出图像品质和渲染品质。

在插入了PhotoView 360后，在【DisplayManager（外观管理器）】中单击【PhotoView 360选项】按钮以打开【PhotoView 360选项】属性管理器，如图12-26和图12-27所示。

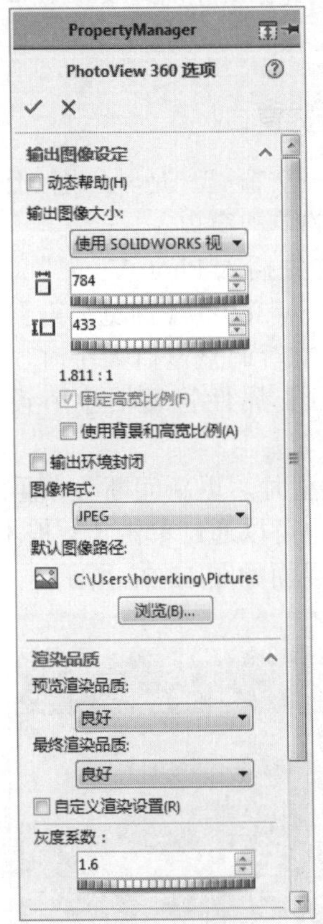

图 12-26

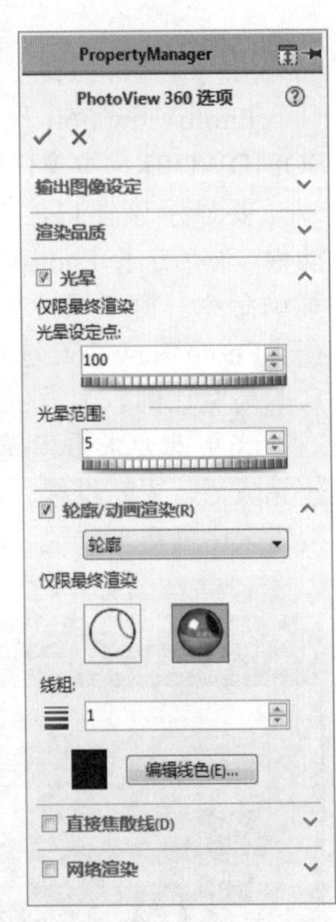

图 12-27

1.【输出图像设定】选项组

（1）【动态帮助】：显示每个特性的弹出工具提示。

（2）【预设图像大小】列表：将输出图像的大小设定到标准宽度和高度，也可选取指派到当前相机的设定或设置自定义值。

（3）【图像宽度】：以像素设定输出图像的宽度。

（4）【图像高度】：以像素设定输出图像的高度。

（5）【固定高宽比例】：保留输出图像中宽度到高度的当前比率。

（6）【使用背景和高宽比例】：将最终渲染的高宽比设定为背景图像的高宽比。如果已取消启用该复选框，背景图像可能会扭曲。在当前布景使用图像作为其背景时，可供使用。当使用相机高宽比例激活时会忽略该设定。

（7）【图像格式】列表：为渲染的图像更改文件类型。

（8）【默认图像路径】：为使用“Task Scheduler”所排定的渲染设定默认路径。

2.【光晕】选项组

如图12-27所示，添加光晕效果，使图像中发光或反射的对象周围发出强光。光晕仅在最终渲染中可见，预览中不可见。

（1）【光晕设定点】：标识光晕效果应用的明暗度或发光度等级。降低百分比可将该效果应用到更多项目，增加则将该效果应用于更少的项目。

（2）【光晕范围】：设定光晕从光源辐射的距离。

3.【渲染品质】选项组

（1）【预览渲染品质】：为预览设定品质等级。高品质图像需要更多时间渲染。

（2）【最终渲染品质】：为最终渲染设定品质等级。高品质图像需要更多时间渲染。

（3）【灰度系数】：调整图像的明暗度。

> **注意：**
>
> 通常而言，【最佳】和【最大】之间区别很小。【最大】设定在渲染封闭空间或内部布景时最有效。
>
> 渲染品质和渲染时间示例，如图12-28所示。

【良好】，29 秒

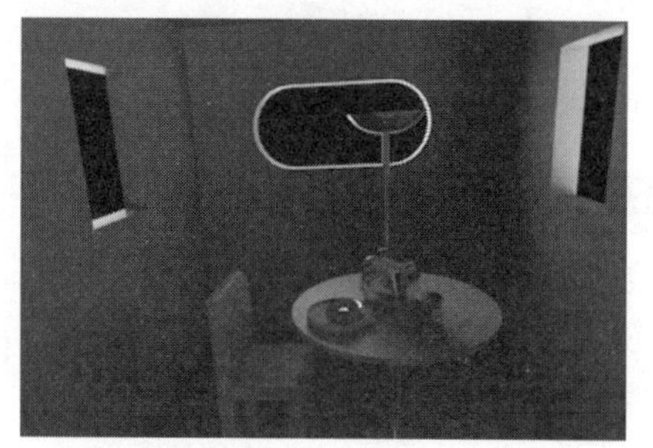

【更佳】，54 秒

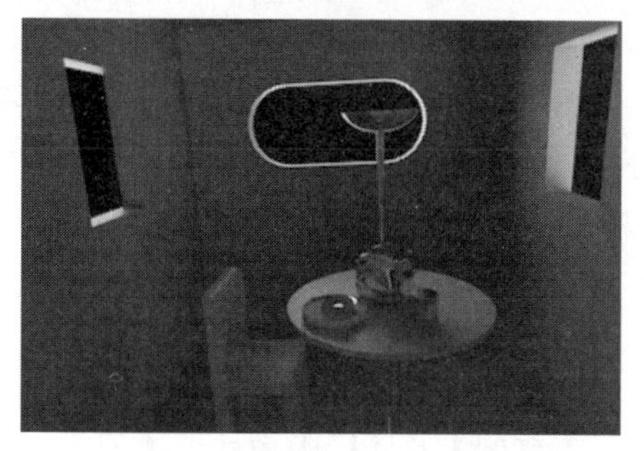

【最佳】，2 分 19 秒

【最大】，6 分 45 秒

图 12-28

4.【轮廓 / 动画渲染】选项组

给模型的外边线添加轮廓线。

（1）【只随轮廓渲染】：只以轮廓线进行渲染，保留背景或布景显示和景深设定。

（2）【渲染轮廓和实体模型】：以轮廓线渲染图像。

（3）【线粗】：以像素设定轮廓线的粗细。

（4）【编辑线色】按钮：设定轮廓线的颜色。

12.3.3 【最终渲染】对话框

【最终渲染】对话框在进行最终渲染时出现，它显示统计及渲染结果。

单击【渲染工具】工具栏中的【最终渲染】按钮或者选择 PhotoView 360 |【最终渲染】菜单命令，打开如图 12-29 所示的【最终渲染】对话框。

（1）0 ～ 9：显示 10 个最近渲染。

（2）【保存图像】按钮：在所指定的路径中保存渲染的图像。

（3）【图像处理】选项卡：设置渲染照片属性。

（4）【比例和选项】选项卡：设置模型比例和照片选项。

（5）【统计】选项卡：计算渲染参数结果。

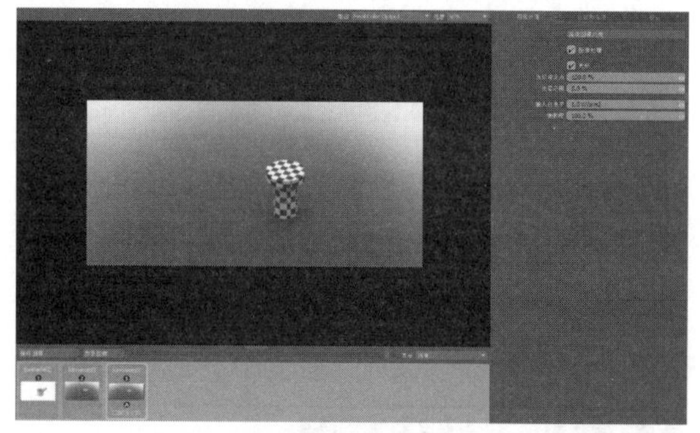

图 12-29

12.3.4 排定的渲染

1. 批量渲染

可以使用批处理任务以渲染 PhotoView

360 文档和运动算例动画。对于其他批处理任务，可以使用 SOLIDWORKS Task Scheduler 应用程序来调整任务顺序、生成报表等。

> **注意：**
>
> 如果某个文档对于系统的可用内存而言过于复杂，则批处理任务会跳过此文档并转而处理下一个文档。

2.【排定渲染】对话框

用【排定渲染】对话框可在指定时间进行渲染并将之保存到文件。

在插入 PhotoView 360 插件后，单击【渲染工具】工具栏中的【排定渲染】按钮或者选择 PhotoView 360 |【排定渲染】菜单命令，打开【排定渲染】对话框，如图 12-30 所示。

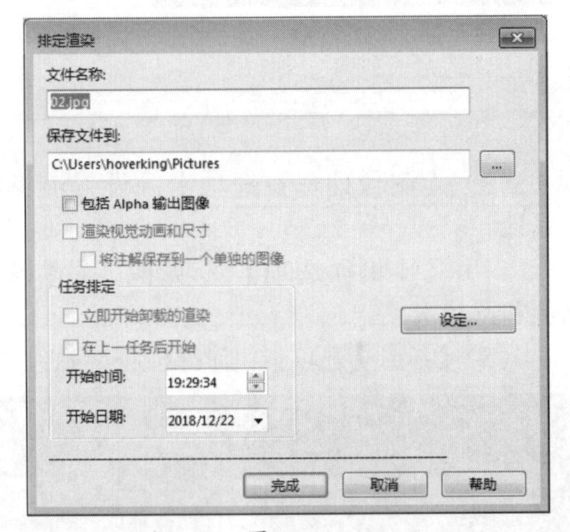

图 12-30

（1）【文件名称】：设定输出文件的名称。在【PhotoView 360 选项】属性管理器中的【图像格式】中指定默认文件类型。

（2）【保存文件到】：设定要在其中保存输出文件的目录。【PhotoView 360 选项】属性管理器中的【默认图像路径】内指定默认目录。

（3）【设定】按钮：打开与渲染相关的只读设定列表。

（4）【在上一任务后开始】：在排定了另一渲染时可供使用。在先前排定的任务结束时开始此任务。

（5）【开始时间】：在消除选取在上一任务后开始时可供使用。指定开始渲染的时间。

（6）【开始日期】：在消除选取在上一任务后开始时可供使用。指定开始渲染的日期。

3. 渲染 / 动画设置

当排定渲染模型（单击【渲染工具】工具栏中的【排定渲染】按钮）或保存动画（在【运动算例】工具栏中单击【保存动画】按钮）时，使用只看的渲染 / 动画设置对话框来审阅应用程序参数。两者的区别体现在如下两个方面。

（1）文档属性。

- PhotoView 360：通过单击【渲染工具】工具栏中的【选项】按钮来设置参数，如渲染品质。
- 运动算例动画：无法从运动算例显示设置。

（2）输出设置。

- PhotoView 360：在【排定渲染】对话框（如文件格式和图像大小）显示设置。
- 运动算例动画：在【视频压缩】对话框（如压缩程序和压缩品质）显示设置。

12.4 设计范例

12.4.1 螺钉渲染范例

本范例操作文件：\12\1-1.sldprt

本范例完成文件：\12\12-1.sldprt

案例分析

本节的范例是使用已有零件模型进行模型渲染。首先打开 PhotoView 360 插件，再添加模型的材质、布景、灯光，最后进行渲染输出。

案例操作

步骤 01 打开插件

① 单击【SOLIDWORKS 插件】选项卡中的 PhotoView 360 按钮，如图 12-31 所示。

② 打开【外观属性管理器】选项卡，设置渲染属性。

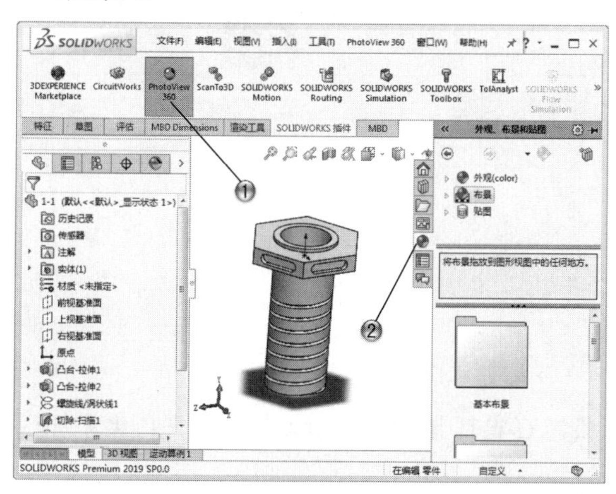

12-31

步骤 02 设置外观

① 在【外观属性管理器】选项卡中，选择【钢】选项，如图 12-32 所示。

② 将钢材质拖动到绘图区模型上。

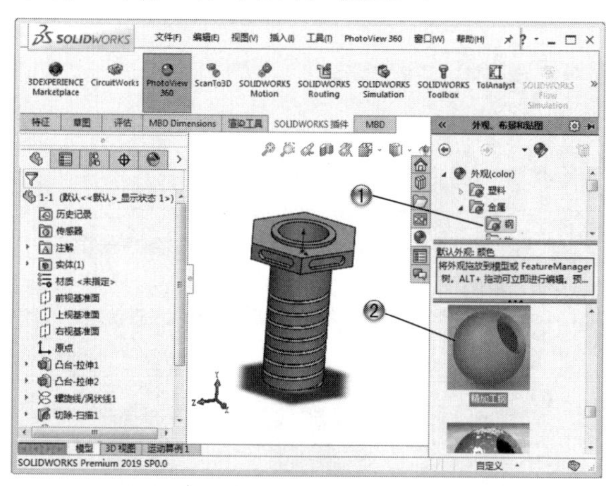

图 12-32

步骤 03 设置布景

① 在【外观属性管理器】选项卡中，选择【基本布景】选项，如图 12-33 所示。

② 将【背景 - 工作间】布景拖动到绘图区。

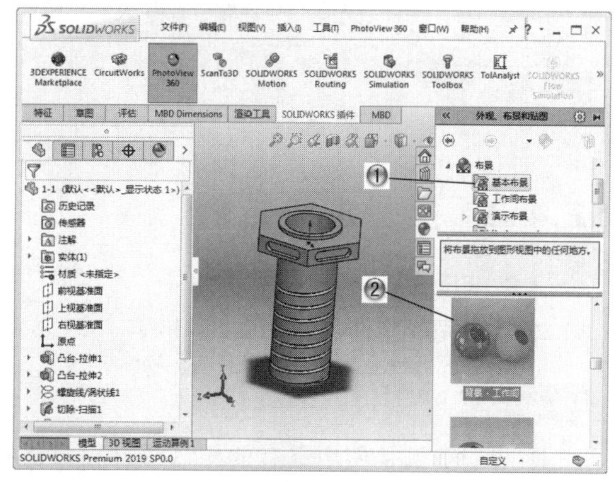

图 12-33

步骤 04 添加聚光源

① 右击【线光源】选项，选择【添加聚光源】命令，如图 12-34 所示。

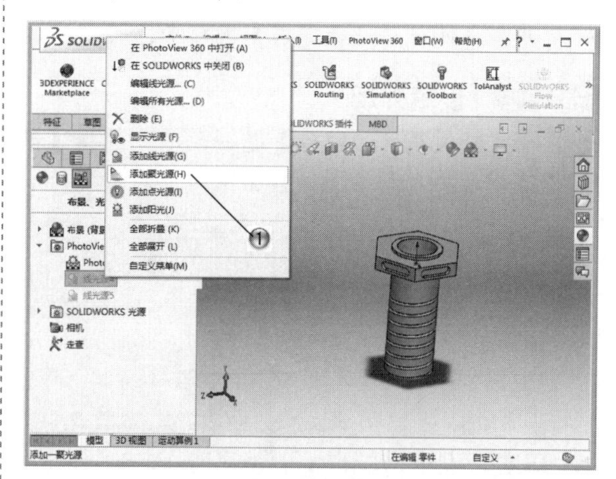

图 12-34

② 在【聚光源】属性管理器中，设置参数，如图 12-35 所示。

③ 在【聚光源】属性管理器中，单击✓【确定】按钮。

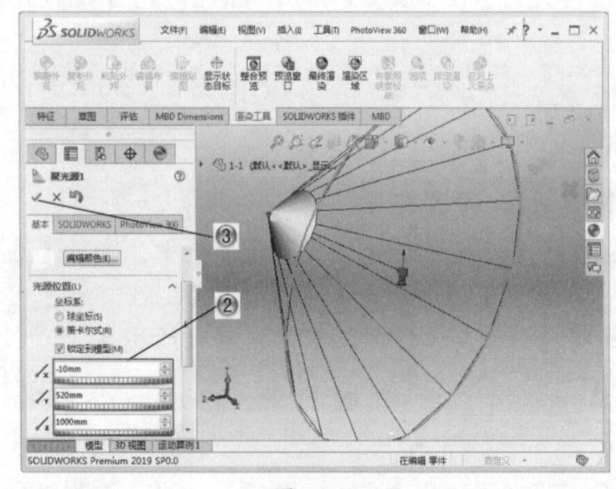

图 12-35

步骤 05　整合预览

选择 PhotoView 360 | 【整合预览】菜单命令，完成渲染，如图 12-36 所示。

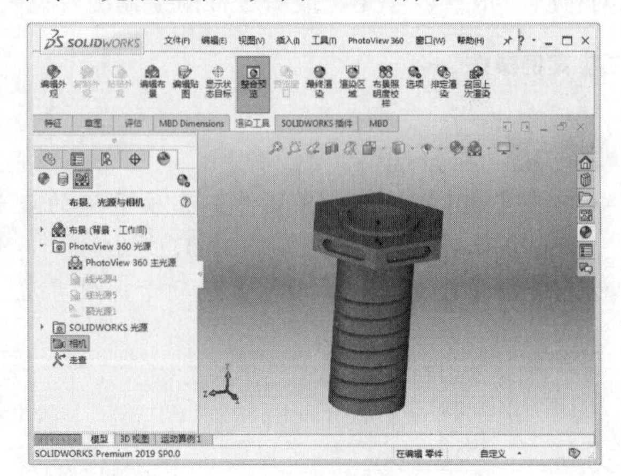

图 12-36

12.4.2　压盘渲染范例

本范例操作文件：\12\5-1.sldprt
本范例完成文件：\12\12-2.sldprt

案例分析

本节的范例是使用已有的压盘零件模型进行渲染。首先打开 PhotoView 360 插件，再添加模型的材质、布景、灯光和相机，最后进行渲染输出。

案例操作

步骤 01　打开插件

① 单击【SOLIDWORKS 插件】选项卡中的 PhotoView 360 按钮，如图 12-37 所示。
② 打开【外观属性管理器】选项卡，设置渲染属性。

步骤 02　设置外观

① 在【外观属性管理器】选项卡中，选择【铬】选项，如图 12-38 所示。
② 将铬材质拖动到绘图区模型上。

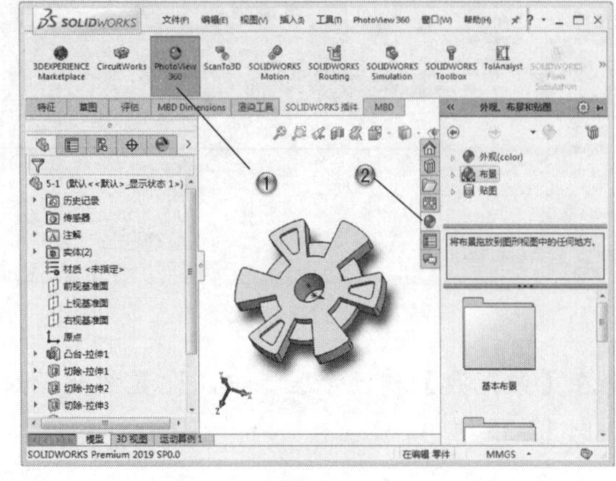

图 12-37

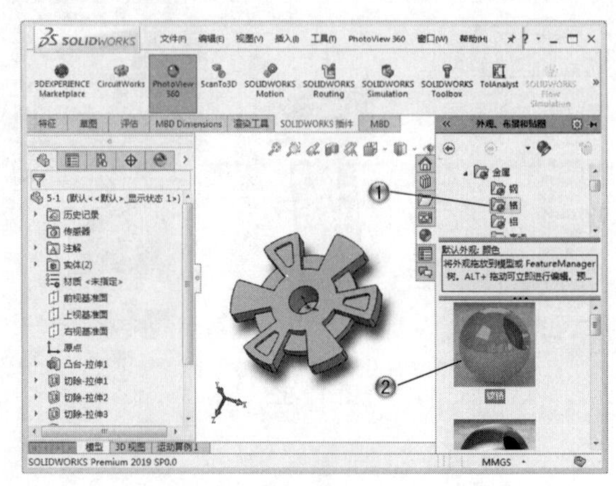

图 12-38

步骤 03 设置布景

① 在【外观属性管理器】选项卡中，选择【演示布景】选项，如图 12-39 所示。

② 将【厨房背景】拖动到绘图区。

12-39

步骤 04 添加聚光源

① 右击【线光源】选项，选择【添加聚光源】命令，如图 12-40 所示。

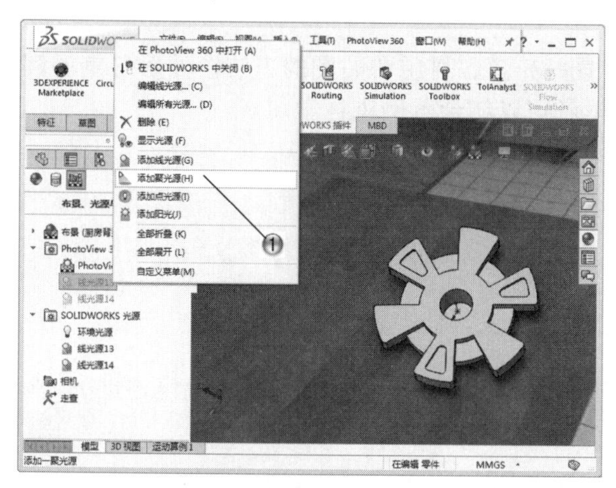

图 12-40

② 在【聚光源】属性管理器中，设置参数，如图 12-41 所示。

③ 在【聚光源】属性管理器中，单击【确定】按钮。

步骤 05 添加相机

① 右击【相机】选项，选择【添加相机】命令，如图 12-42 所示。

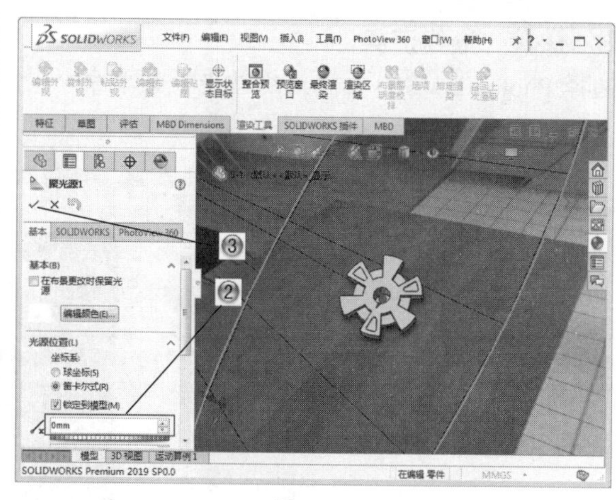

图 12-41

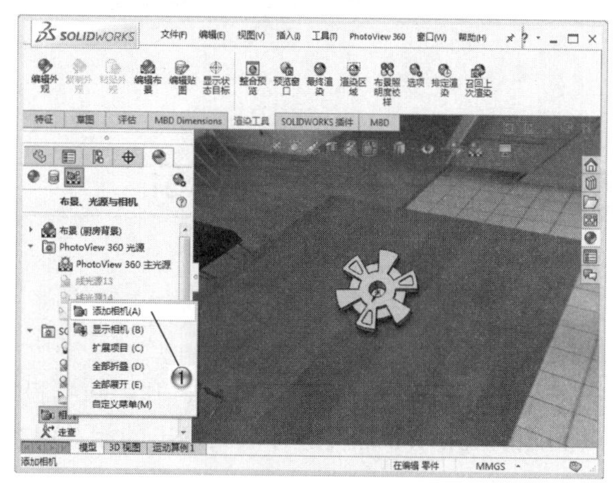

图 12-42

② 在【相机】属性管理器中，设置参数，如图 12-43 所示。

③ 在【相机】属性管理器中，单击【确定】按钮。

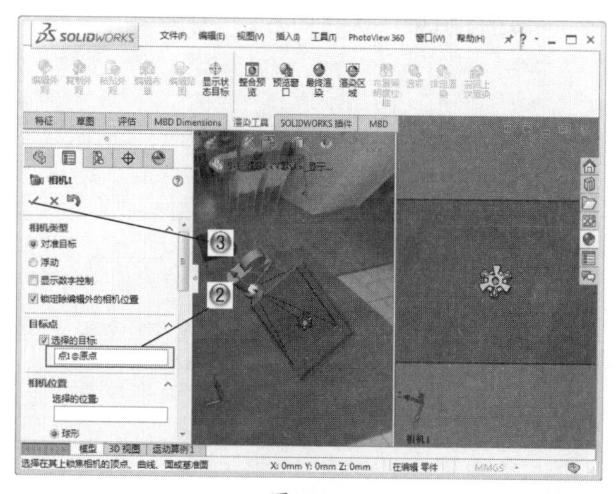

图 12-43

步骤 06　最终渲染

选择 PhotoView 360 | 【最终渲染】菜单命令，完成渲染，如图 12-44 所示。

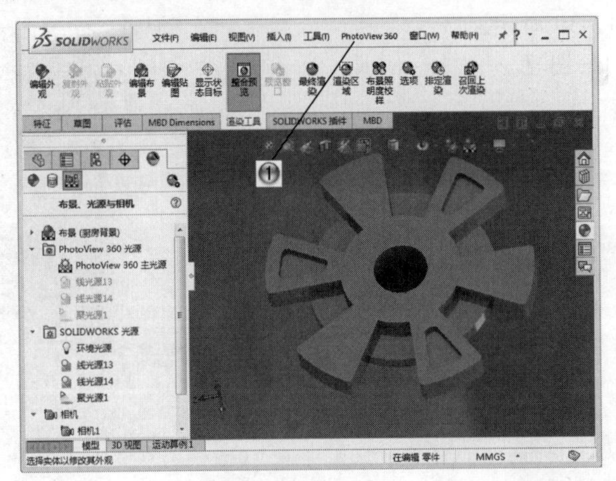

图 12-44

12.5 本章小结和练习

12.5.1 本章小结

本章介绍了零件的渲染输出，其中包括设置布景、光源、材质和贴图的方法，然后着重讲解以 PhotoView 360 插件进行渲染输出的相关内容，读者可以结合范例进行学习。

12.5.2 练习

1. 使用第 1 章的零件模型创建渲染输出。
2. 设置模型的布景和光源。
3. 设置零件上的商标贴图。
4. 运行渲染，保存照片。

第13章

模具设计

本章导读

SOLIDWORKS IMOLD 插件应用于塑料注射模具设计及其他类型的模具设计过程。IMOLD 的高级建模工具可以创建型腔、型心、滑块以及镶块等，而且非常容易使用。同时可以提供快速、全相关、三维实体的注射模具设计解决方案，提供有设计工具和程序来自动进行高难度的、复杂的模具设计任务。SOLIDWORKS 本身内嵌一系列控制模具生成过程的集成工具来生成模具，可以使用这些模具来分析并纠正塑件模型的不足之处。模具工具涵盖从初始分析直到生成切削分割的整个过程。

本章首先介绍 IMOLD 插件的基础知识，之后介绍数据准备和项目管理，再介绍分型线和分型面的创建命令。

13.1 概述

13.1.1 IMOLD 插件

SOLIDWORKS 是三维机械设计软件市场中的主流软件，易学易用的特点使它成为大部分设计人员及从业者的首选三维软件，成为中端工程应用的通用 CAD 平台，在国内模具制造业具有相当多的装机量。另外，在世界范围内有数百家公司基于 SOLIDWORKS 开发了专业的工程应用系统作为插件集成到 SOLIDWORKS 的软件界面中，其中包括模具设计、制造、分析、产品演示、数据转换等，使它成为具有实际应用解决方案的软件系统。

IMOLD 插件是应用于 SOLIDWORKS 软件中的一个 Windows 界面的第三方软件，用来进行注射模的三维设计工作。它是由众多的软件工程师和具有丰富模具设计、制造经验的工程师合作开发出来的，它的设计过程最大程度地满足了加工的需要。

IMOLD 软件提供给模具设计者一系列必需的工具，来对任何类型的产品进行模具设计。它完全集成于 SOLIDWORKS 的界面中，成为一个造型设计的整体，模具设计师通过它可以在一个装配方案中进行包括设计方案管理、模具设计、加工和装配的整个处理过程。它的无缝集成的特点使得用户在工作时不需要离开 SOLIDWORKS 软件或使用其他的设计软件。其直观的用户界面、强而有效的功能与预览特征，使得设计者能够在很短的时间就可以掌握软件的操作技巧，能够灵活地应用软件进行模具设计，进一步提高设计者的工作效率，同时它的设计过程和方法所包含的设计理论对模具初学者也具有极强的指定意义。不仅如此，系统的操作步骤也是参照实际模具工艺设计的流程，所以设计者只需通过这些简单的步骤就能完或一个标准模具设计。IMOLD 提供的一整套功能对模具设计者来说都是必不可少的，它们将帮助经验丰富的设计师减少产品从设计到制造完成所需的时间，从而大幅提高生产率。

1. IMOLD 插件的特点

（1）完全与 SOLIDWORKS 结合，智能化和直观的界面特征使设计者能够灵活地把握整个设计过程，能更加专注于模具设计工作而不是考虑如何操作软件。

（2）合理并且实际的模具工艺设计流程，将设计和生成复杂的三维模具变得容易和简单，突破设计与制造的瓶颈，使后续的生产过程更有效率，减少资源和材料的损耗。

（3）在设计过程中，IMOLD 得到设计更新和积累并且可以重新使用这些宝贵的知识经验，可大大提高设计者的工作效率，缩短设计周期以满足市场需求，提高设计质量和生产力以获得更高的利润。

IMOLD插件提供了强大的模具设计功能，设计者只需通过简单的操作就能完成一个标准模具设计。插件所提供的所有功能都是通过直接单击 IMOLD V13 选项卡中的图标或者使用主菜单上的 IMOLD 下拉菜单来启动，且两种启动方式是等价的，读者可根据自己的习惯来选择。

2. IMOLD 主菜单

选择【工具】|【插件】菜单命令，弹出如图 13-1 所示的【插件】对话框，启用 IMOLD V13 复选框，并单击【确定】按钮。加载 IMOLD 插件后，使用鼠标右击工具选项卡，在弹出的快捷菜单中新增了模具模块的命令，如图 13-2 所示。

3. IMOLDV 13 选项卡

通过直接单击 IMOLDV 13 选项卡中的图标工具，可以快捷方便地进入相应的功能。如图 13-3 所示，选项卡上的每一个图标对应一个专门的模具功能，相当于菜单中的一个菜单项。对于开始使用 IMOLD 设计者来说，可以将鼠标指针停留在图标工具上，系统将自动弹出该工具的文字说明提示。

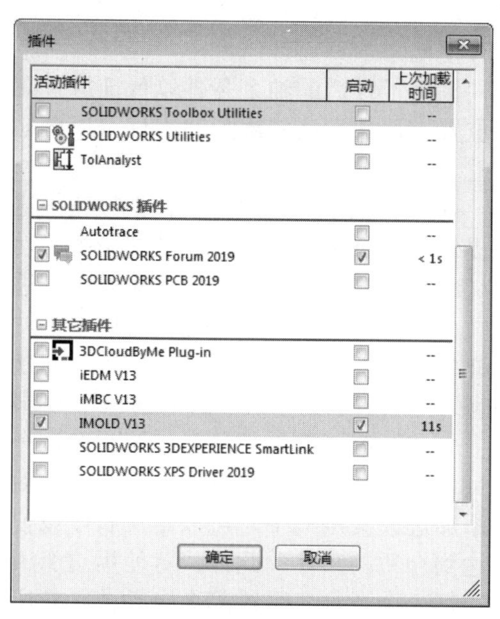

图 13-1

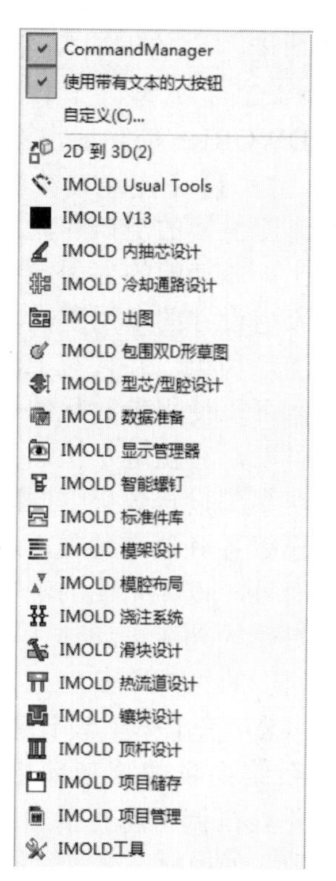

图 13-2

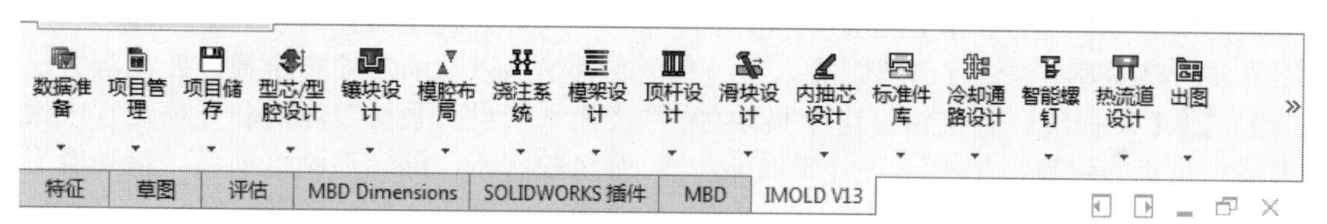

图 13-3

（1）【数据准备】按钮：数据准备模块的功能是进行原始模型文件的调用、定位、复制等操作，以便为后续的设计提供合乎要求的三维模型。

（2）【项目管理】按钮：在模型数据准备阶段后，所有的设计方案都将从这一步开始进行。可以通过它开启一个已经存在的设计方案或者创建一个新的设计方案，在它的设置界面中还可以对设计方案所用的单位、塑料材料及相关文件的命名进行定义，也可以针对材料、外形等因素对零件设置不同方向上的不同收缩率。

（3）【项目储存】按钮：为各种模式下的模具设计工作提供项目保存命令。

（4）【型心 / 型腔设计】按钮：该模块提供了创建型心和型腔零件的功能。在模具业，为数控加工提供型腔成形面这个过程一般称为分模，在每一个模具设计软件中都提供有这个功能。在 SOLIDWORKS 中，这个模块的功能非常强，它首先创建用于型心和型腔零件的模块，然后从模型零件上自动提取曲面进行分模，其包含了两种分模方式：标准分模和进阶分模。根据产品模型的具体情况，可以使用任一种或两种方法来创建型心和型腔零件。两种方法均能保证产品模型和创建的型心、型腔零件间的关联关系。

（5）【镶块设计】按钮：镶块用于型心或型腔容易发生消耗的区域，类似于一种小型心结构，该功能用于在主模坯和侧型心里面形成镶块，并且可以在一定间隙条件下创建镶块的空腔实体。

（6）【模腔布局】按钮：该模块提供了在多型腔布局的模具中安排各个型腔位

置的功能，它的编辑功能还可以对已有的布局结构进行编辑、平移，它的设置界面与SOLIDWORKS的功能设置界面相似。

（7）【浇注系统】按钮：这个模块用于创建注射模的浇口和流道系统。与以往的版本相比，该功能的界面已经完全更新，成为浇口和流道设计的专用工具。其中包含了各种常见的浇口种类，并且对于潜伏式浇口和扇形浇口等都可以使用参数化的方式进行创建，这样用户可以对它们进行快速方便的设计并且能够实时观察到设置效果。同时它还提供了直线形和S形等各种流道种类，以满足不同的设计需求。而且，设计完成的浇口和流道，能够使用模块提供的功能自动地在模块上通过布尔运算减除相应的材料体积。

（8）【模架设计】按钮：这个模块可以从系统提供的模架库中调入设计所需的模架，并且在调用前有示意图，可以观察并对模架参数（如模板厚度、定位螺钉等）进行设置。在所有的模具设计工作完成后，该模块提供了对模板上的所有零件进行槽腔创建的功能，同时对不需要的模板等组件进行清理删除。

（9）【顶杆设计】按钮：这个模块能够在模架中指定的位置添加不同类型的顶杆，也可以通过它的设置界面自定义适合当前设计方案的顶杆。在这个模块中，还提供有修剪功能，用于将所有的顶杆修剪到型心曲面上；在顶杆设置完成后，还提供了从顶杆所通过的模板中自动生成槽腔的功能。

（10）【滑块设计】按钮：这个模块中提供了标准的滑块组件，设计者可以很方便地加入一个或几个侧型心（用于滑块前端），这样可以加工出用于零件外侧的内陷区域的成形部分，软件能够自动考虑滑块的位置、行程和斜导柱的角度之间的关系。该模块提供的数据库中有两种滑块类型——标准型和通用型——用于模具设计。

（11）【内抽芯设计】按钮：这个模块同样用于产品上内陷区域的成形，与滑块的设计过程类似，只是它应用在产品的内部表面上。在设置中也需要进行定位、行程和斜顶角度等方面的考虑。在这个模块提供的数据库中，也包括标准顶块和通用型两种。

（12）【标准件库】按钮：这个模块提供了标准件中的大部分零件用于设计过程，可以从其中的设置界面中选择标准尺寸的零件并方便地添加到设计组件中，同时针对不同的零件提供了合适的约束条件以保证放置在正确的位置上，并且这些添加的零件可以自动创建槽腔。

（13）【冷却通路设计】按钮：这个模块提供了按照指定截面创建冷却管道的功能，定义冷却环路后，还可以根据需要对它进行修改。另外，模块中还从制造的角度考虑，增加了许多功能，如钻孔、延伸管道等。创建的冷却管道能从所在的模块中自动创建相应槽腔。

（14）【智能螺钉】按钮：在这个模块中可以将标准类型的螺钉通过尺寸定义后方便地添加进模具结构中，可以定义长度或使它自动达到合适的尺寸。此外，对使用这个模块加入的每一个螺钉，系统都会自动去除它所在零件上的槽腔。

（15）【热流道设计】按钮：利用加热或者绝热以及缩短喷嘴至模腔距离等方法，使浇注系统里的融料在注射和开模过程中始终保持熔融状态，形成热流道模具。该功能用于生成热流道模具所需的零件系统。

（16）【出图】按钮：这个模块提供了创建模具工程图的功能，应用它可以大大提高出图的效率，一次点击即可创建两部分的模具草图（定模部分和动模部分）。同时设计者可以根据需要在两个视图间进行零件的转移。另外，还可以方便地建立模具结构的剖视图，它的视图创建界面与SOLIDWORKS的特征创建界面类似。

（17）【显示管理器】按钮：通过一个界面方便地控制各个组件的显示属性，包括显示/隐藏、透明性设置等。

（18）【IMOLD工具】按钮：IMOLD中含有设计模具的其他辅助功能，如材料表、智能螺钉、槽腔、智能点、指定、全部存储、视图管理和最佳视图等，这些功能涵盖在该工具里。

（19）【包围双D型草图】按钮：提供

D 型型心型腔的草图功能。

（20）【智能点子】按钮：智能点功能大量应用于其他的模块中，辅助某些功能进行点的定位，它可以在一个边或一个面上产生一个点，通过它可以很方便地在任何位置创建点。

（21）【适宜显示】按钮：这是 IMOLD 中默认的视图，它定义了一个方便在 IMOLD 中观察整个模具设计的视图。单击该按钮后，IMOLD 把模具装配体调整到顶出方向向上的视角。

（22）【模具运动模拟】按钮：提供模具开模合模的运动动画。

（23）【螺纹修复】按钮：用于模具设计中螺纹部分的修改。

（24）【IMOLD 设置】按钮：用于 IMOLD 插件的参数设置。

13.1.2 IMOLD 环境设置

在 Windows 系统中，选择【开始】|【所有程序】| IMOLD V13 for SOLIDWORKS ×64 Edition | License Manager 命令，或者在软件中单击 IMOLD V13 选项卡上的【IMOLD 设置】按钮，弹出【IMOLD 许可协议管理器 V13】对话框，如图 13-4 所示。

打开【语言】菜单，在【语言】下拉列表中选取想要设置的语言种类。IMOLD 中默认提供的语言种类有 English（英语）、Deutsch（德语）、Francais（法语）、日语、繁体中文、简体中文、Polski（波兰语）和 Czech（捷克语）。本书中操作界面选取简体中文。

设置完成后单击【关闭】按钮退出。如果设置时 SOLIDWORKS 软件已处于运行状态，需重新加载启动 IMOLD 插件或重启 SOLIDWORKS 软件，IMOLD 的语言配置方能生效。

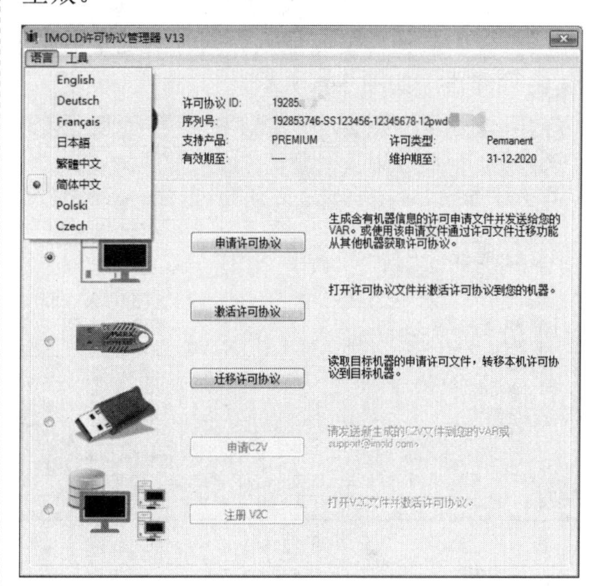

图 13-4

13.2 模具设计准备

13.2.1 数据准备

【数据准备】是用来为模具设计项目准备产品模型的工具，用来对模具设计所用到导入模型进行处理，使其置于正确的方向上。虽然对产品模型进行衍生处理不是必须的，但是 IMOLD 推荐用户这么做。

在 IMOLD 中，开模方向定义为 Z 轴，数据准备功能将模型的 Z 轴重新定位到与开模方向一致的方向上。通过将原始的模型零件变换（旋转和平移）方向后产生一个复制品，这个复制模型将用于整个模具设计的过程中。复制的零件与原始的产品零件间始终保持着关联的关系，这样即使在设计后期需要对原始模型进行修改，也可以通过对复制后的模型进行修改实现对整个设计项目的更新。特别是，如果模型零件的 Z 轴方向与软件内定的开模方向不一致，会导致后续设计过程中诸如模架等功能不能在正确的位置上定位，可用此方法解决。

通常为了稳妥起见，在进行模具设计之前需要进行数据准备工作，然后使用复制后的产品模型零件进行设计。此时除了对原始模型进行复制外，还需要调整产品零件的方位，使得其位置符合 IMOLD 中定义的模具开模方向。

这里重新定位产品模型，使其 Z 方向和开模方向一致，然后使用复制的模型进行模具设计。模型零件数据准备过程如下。

1. 零件数据准备

在 IMOLD V13 选项卡中单击【数据准备】按钮，弹出【需衍生的零件名】对话框，如图 3-5 所示，选取原始的产品模型零件，单击【打开】按钮，将其调入。同时出现【衍生】属性管理器，如图 3-6 所示。

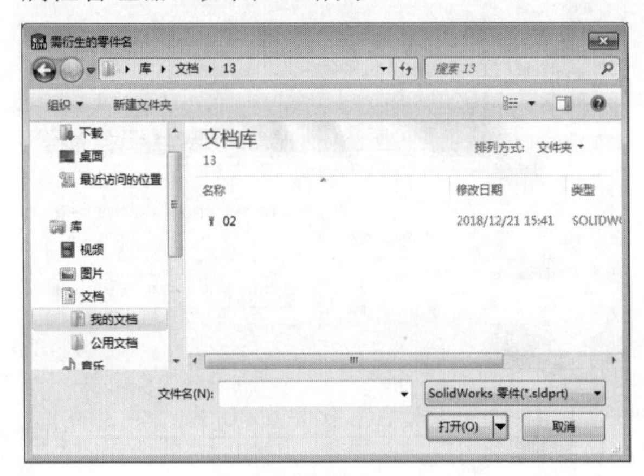

图 13-5

图 13-6

（1）衍生输出设置。

在【衍生】属性管理器的【输出】选项组中，输入用于复制零件的文件名【衍生零件名】。【拔模分析】按钮用于模型的拔模分析。

（2）衍生原点设置。

在【原点】选择框中选取一个草图作为新零件的原点位置，如果不设置，系统将保留原始模型的原点位置。

（3）新建坐标系统。

在【新坐标系】选项组中，对产品模型零件的方向进行调整，在【X 轴】、【Y 轴】和【Z 轴】3 个坐标轴的选择框下，可以分别使用两点、一边、一个面或一个平面中的任何一种方法定义坐标轴的方向，还可以通过启用【反向】复选框将指定的方向反向，如图 13-7 所示。

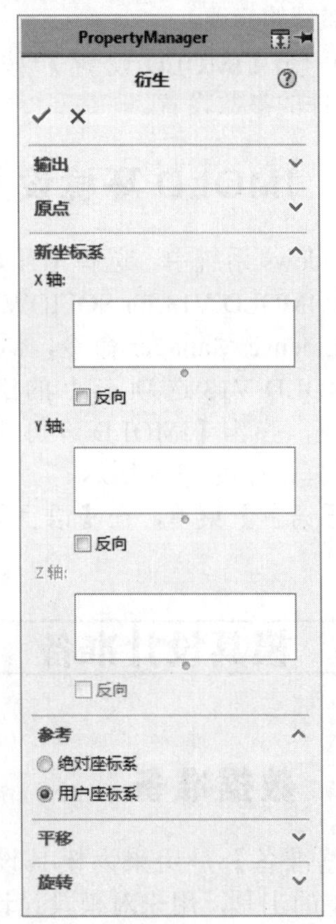

图 13-7

（4）平移、旋转坐标系统。

在【平移】选项组中的 3 个输入值 ΔX、ΔY 和 ΔZ 分别代表相对于选取点位置的偏置值。在【旋转】选项组中，可以通过在指定坐标轴方向上输入旋转角度对模型进行旋转，来使模型重新定位，如图 13-8 所示。

（5）完成零件衍生。

设置完成后，单击属性管理器中的☑【确定】按钮，完成产品零件的定位和复制操作。

图 13-8

2. 零件重定位

可使用该功能对复制的模型重新定位，同时也可以对产品模型进行更新。

（1）在 IMOLD V13 选项卡中单击【编辑衍生零件】按钮。

（2）在出现的【被编辑的衍生零件】对话框中，选择先前生成的衍生零件，单击【打开】按钮，如图 13-9 所示。

图 13-9

（3）弹出如图 13-10 所示的【编辑衍生零件】属性管理器，在其中可以重新定位零件模型。

（4）设置完成后，单击属性管理器中的☑【确定】按钮，完成衍生零件的重定位操作。

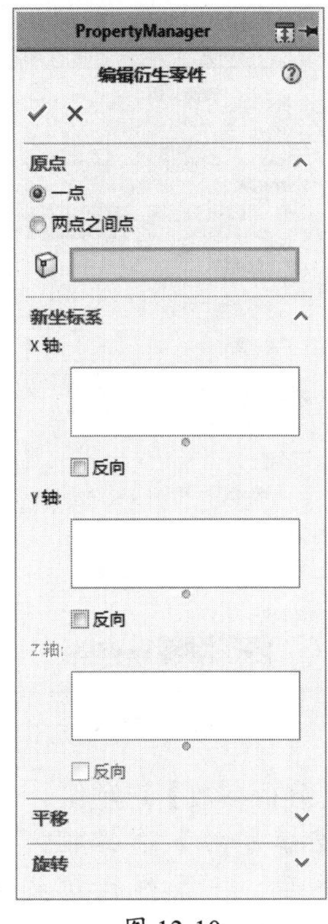

图 13-10

13.2.2 分析诊断

分析诊断工具包括拔模分析工具、底切分析工具等，这些工具由 SOLIDWORKS 提供，用于分析产品模型是否可以进行模型设计。分析诊断工具能给出产品模型不适合模具设计的区域，然后提交给修正工具对产品模型进行修改即可。

有了零件的实体，便可以进行模具设计了。首要考虑的问题就是模型能顺利地拔模，否则模型内的零件无法从模具中取出。塑料零件设计者和铸模工具制造者可以使用【模具工具】工具栏中的命令，来检查拔模正确应用到零件面上的情况。如果塑件无法顺利拔模，则模具设计者需要考虑修改零件模型，从而使得零件能顺利脱模。

1. 拔模分析

单击【模具工具】工具栏中的【拔模分析】按钮，打开如图 13-11 所示【拔模分析】属性管理器。

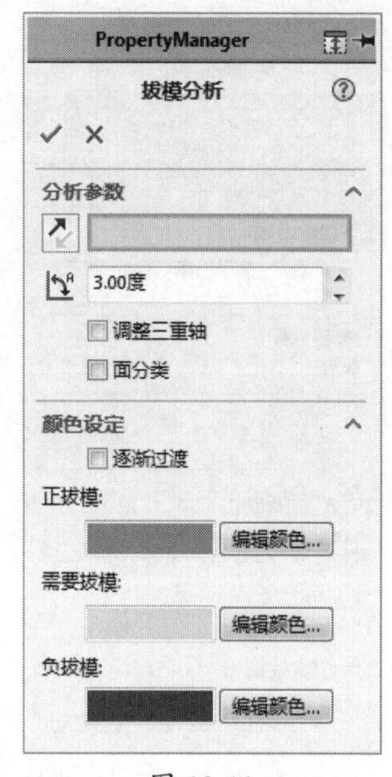

图 13-11

（1）【分析参数】选项组。

- 【拔模方向】选择框：用来选择一个平面、一条线性边线或轴来定义拔模方向。
- 【反向】按钮：可以更改拔模方向。
- 【拔模角度】：用来输入一个参考拔模角度，将该参考角度与模型中现有的角度进行比较。

（2）【颜色设定】选项组。

- 颜色框：分析完成后，绘图区模型面显示相应的颜色。
- 【编辑颜色】按钮：切换默认的拔模面颜色。

最后单击【确定】按钮，保存零件绘图区的颜色分类。

2. 底切分析

底切分析工具用来查找模型中不能从模具中顶出的被围困区域。此区域需要侧型心。当主型心和型腔分离时，侧型心以与主要型心和型腔的运动垂直的方向滑动，从而使零件可以顶出。一般底切分析只用于实体，不能用于曲面实体。

单击【模具工具】工具栏中的【底切分析】按钮，打开如图 13-12 所示【底切分析】属性管理器。

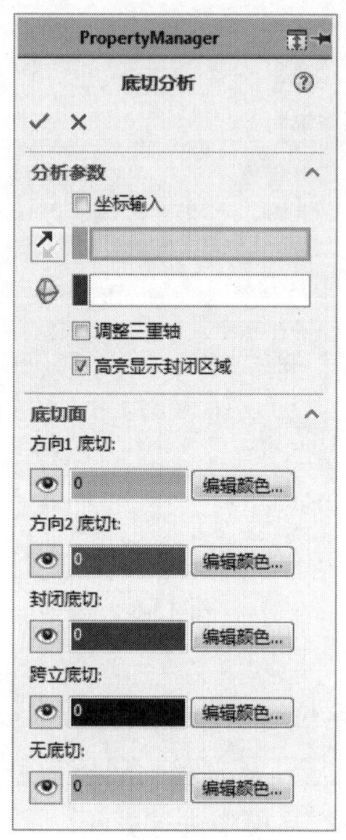

图 13-12

（1）【分析参数】选项组。

- 【拔模方向】选择框：可以选择一个平面、一条线性边线或轴来定义拔模方向。
- 【坐标输入】复选框：选择此项后，在 X、Y 和 Z 输入框中设定坐标。
- 【反向】按钮：可以更改拔模方向。
- 【分型线】：为分析选择分型线。评估分型线以上的面以决定它们是否可从分型线以上看见，评估分型线以下的面来决定它们是否可从分型线以下看见。如果指定了分型线，就不必指定【拔模方向】。

（2）【底切面】选项组。

在【底切面】选项组有不同分类的面，在图形区域中以不同来颜色显示。面分类的定义如表 13-1 所示。

表 13-1　面分类的定义

面分类	描　述
正拔模	根据指定的参考拔模角度，显示带正拔模的任何面。正拔模是指面的角度相对于拔模方向大于参考角度
需要拔模	显示需要校正的任何面，这些为成一角度的面。此角度大于负参考角度但小于正参考角度
负拔模	根据指定的参考拔模角度，显示带负拔模的任何面。负拔模是指面的角度相对于拔模方向小于负参考角度
跨立面	显示同时包含正拔模和负拔模的任何面。通常，这些是需要生成分割线的面
正陡面	面中既包含正拔模又包含需要拔模的区域，只有曲面才能显示这种情况
负陡面	面中既包含负拔模又包含需要拔模的区域，只有曲面才能显示这种情况

- 【方向 1 底切】：设置是否显示在分型线以上的面。
- 【方向 2 底切】：设置是否显示在分型线以下的面。
- 【封闭底切】：设置是否显示所有零件面。
- 【跨立底切】：设置是否显示零件上双向拔模的面。
- 【无底切】：设置不显示底切面。

13.3　分型设计

SOLIDWORKS 中有专门的模具分型工具，位于【模具工具】工具栏，这些工具命令和 IMOLD 插件中的命令类似，包括【分型线】、【关闭曲面】、【分型面】和【切削分割】命令等。

13.3.1　分型线

分型线一般位于模具零件的外边线上，模具设置拔模角度后，它可以用来生成分型面。运用【分型线】命令可以在单一零件中生成多个分型线特征，以及生成部分分型线特征。

单击【模具工具】工具栏中的【分型线】按钮，打开如图 13-13 所示【分型线】属性管理器。

（1）【模具参数】选项组。

- 【拔模方向】选择框：定义型腔实体拔模以分割型心和型腔的方向。选择一个基准面、平面或边线，箭头会显示在模型上。单击【反向】按钮可以更改拔模方向。
- 【拔模角度】微调框：设定一个值，带有小于此数值的拔模的面在分析结果中报告为无拔模。
- 【拔模分析】按钮：在单击【拔模分析】按钮以后，在其下方出现 4 个色块，表示正、无拔模、负及跨立面的颜色。在图形区域中，模型面更改到相应的拔模分析颜色。
- 【用于型心 / 型腔分割】复选框：可以生成一条定义型心、型腔分割的分型线。
- 【分割面】复选框：可以自动分割在拔模分析过程中找到的跨立面。其中【于 +/- 拔模过渡】选项用于分割正负拔模之间过渡处的跨立面；【于指定的角度】选项按指定的拔模角度分割跨立面。

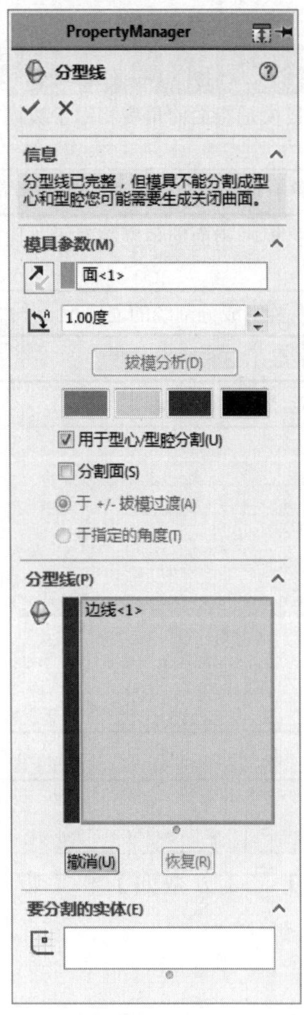

图 13-13

（2）【分型线】选项组。

在【分型线】选择框中显示为分型线所选择的边线的名称。

在【分型线】选择框中，可以：

- 选择一个名称以标注在图形区域中识别的边线。
- 在图形区域中选择一条边线将其从【分型线】中添加或移除。
- 用鼠标右击并选择【消除选择】命令以清除【分型线】选择框中的所有选择的边线。

如果模型包括一个在正拔模面和负拔模面之间（即不包括跨立面）穿越的边线链，则分型线线段自动被选择，并列举在【分型线】选择框中。

如果模型包括多个边线链，最长的边线链自动被选择。

如果想手工选择每条边线进行分型线的添加，则用右键单击边线并选择【消除选择】命令，选择希望成为分型线的边线。

13.3.2 修补破孔

要生成型心曲面和型腔曲面，需要一个完整的曲面，如果零件模型上有孔特征，需要进行修补。【关闭曲面】命令可以修补孔特征，形成修补曲面。一般要在生成分型线后生成修补曲面。修补曲面通过如下两种方式生成：选择连续环的边线或者选择先前生成的封闭分型线。

单击【模具工具】工具栏中的【关闭曲面】按钮，打开如图 13-14 所示【关闭曲面】属性管理器。当选择边线或者封闭分型线后，软件自动生成修补曲面，如图 13-15 所示。

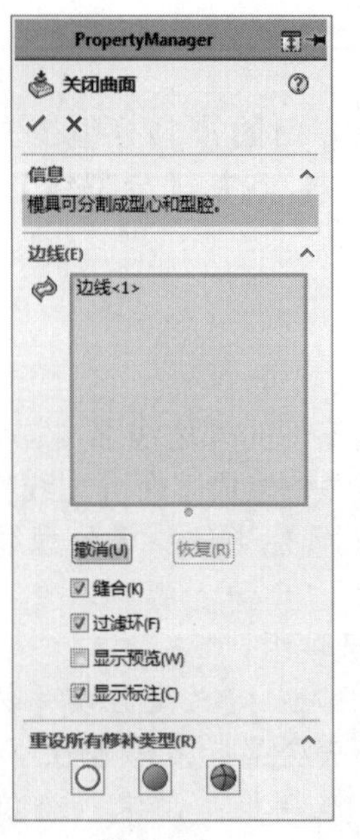

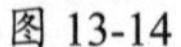

图 13-14

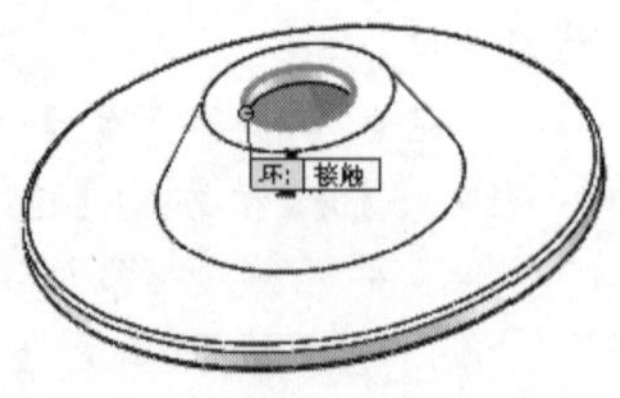

图 13-15

1.【边线】选项组

（1）【边线】选择框：这里列举出为关闭曲面所选择的边线或分型线的名称。在【边线】选项组中，可以：

- 在绘图区域中选择一条边线或分型

线以从【边线】选择框中进行添加或移除。

- 用鼠标右击并选择【清除选择】命令以清除【边线】选择框中的所有选择。
- 在图形区域中用鼠标右击所选环，然后选择【消除选择环】命令，可以把该环从【边线】选择框中移除。
- 可以手工选择边线。在图形区域中选择一边线，然后使用选择工具依次选择边线来完成环。

（2）【缝合】：启用【缝合】复选框，将每个关闭曲面连接成型腔和型心曲面，这样【型腔曲面实体】和【型心曲面实体】分别包含一个曲面实体。当取消启用此复选框时，曲面修补不缝合到型心及型腔曲面，这样【型腔曲面实体】和【型心曲面实体】包含许多曲面。如果有很多低质量曲面（如带有 IGES 输入问题），可能需要取消选择此选项，以免出现缝合失败的问题，并在使用【关闭曲面】工具后再手工分析并修复问题。

（3）【过滤环】：用于过滤不是有效孔的环，如果模型中有效的孔被过滤，则取消启用此复选框。

（4）【显示预览】：用于在图形区域中显示修补曲面的预览。

（5）【显示标注】：用于为每个环在图形区域中显示标注。

2. 【重设所有修补类型】选项组

这里可以选择不同的填充类型（接触、相切或无填充）来控制修补的曲率。在绘图区单击一个标注，可以把环的填充类型从【全部相触】更改为【全部相切】或【全部不填充】来填充破孔。

（1）【全部相触】按钮：在所选边界内生成曲面，此为所有自动选择的环的曲面填充默认类型。

（2）【全部相切】按钮：在所选边界内生成曲面，生成的曲面与相临面是相切关系。可以单击模型中的箭头来更改相临面。

（3）【全部不填充】按钮：不生成修补曲面，系统默认在分型时忽略破孔。

13.4 型心

模具的分型从型心开始，这里介绍一下分型中的分型面和分割型心命令。

13.4.1 分型面

在创建分型线并生成关闭曲面后，就可以生成分型面。分型面从分型线开始拉伸，用来把模具型腔从型心分离。

单击【模具工具】工具栏中的【分型面】按钮，打开【分型面】属性管理器，如图 13-16 所示。

1. 【模具参数】选项组

（1）【相切于曲面】：分型面与分型线的曲面相切。

（2）【正交于曲面】：分型面与分型线的曲面正交。

（3）【垂直于拔模】：分型面与拔模方向垂直，此为最普通类型，为默认值。

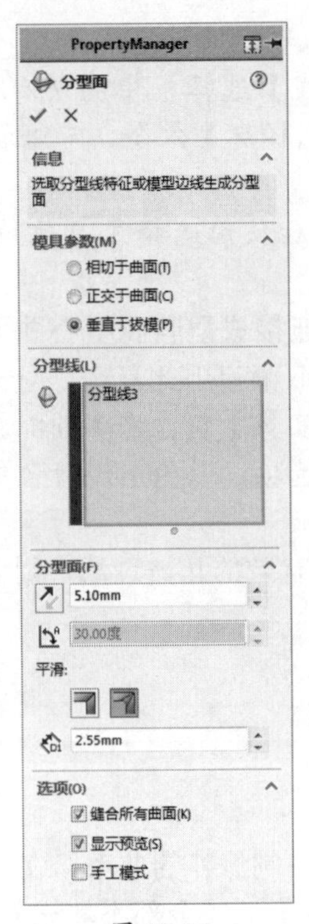

图 13-16

2.【分型线】选项组

在【分型线】选择框中显示为分型线所选择的边线的名称。

在【分型线】选择框中，可以：

- 选择一个名称以标注在图形区域中识别的边线。
- 在图形区域中选择一个边线将其从【分型线】中添加或移除。
- 用右键单击并选择【消除选择】命令以清除【分型线】选择框中的所有选择的边线。
- 可以手工选择边线。在图形区域中选择一条边线，然后使用一系列的选择工具来完成。

3.【分型面】选项组

（1）【距离】文本框：为分型面的宽度设定数值，单击【反向】按钮可以更改从分型线延伸的方向。

（2）【角度】：可以（对于【相切于曲面】或【正交于曲面】）设定一个值，这会将角度从垂直于曲面更改到拔模方向。

（3）【平滑】：在相邻曲面之间应用一个更平滑的过渡。其中【尖锐】为默认值，【平滑】为相邻边线之间的距离设定一个数值，高的数值在相邻边线之间生成更平滑过渡。

4.【选项】选项组

（1）【缝合所有曲面】：选择后自动缝合曲面。对于大部分模型，曲面正确生成。如果需要修复相邻曲面之间的间隙，取消选择此选项可阻止曲面缝合。

（2）【显示预览】：选择后在图形区域中预览曲面，消除选择可优化系统性能。

（3）【手工模式】：选中可以手动输入对象。

13.4.2 分割型心

当定义完分型面以后，便可以使用【切削分割】命令生成型心和型腔块。如果要使分割型心和型腔块成功，绘图区中需要最少三个曲面和实体：一个是型心实体、一个是型腔实体以及一个分型面。

单击【模具工具】工具栏中的【切削分割】按钮，打开如图 13-17 所示【切削分割】属性管理器。

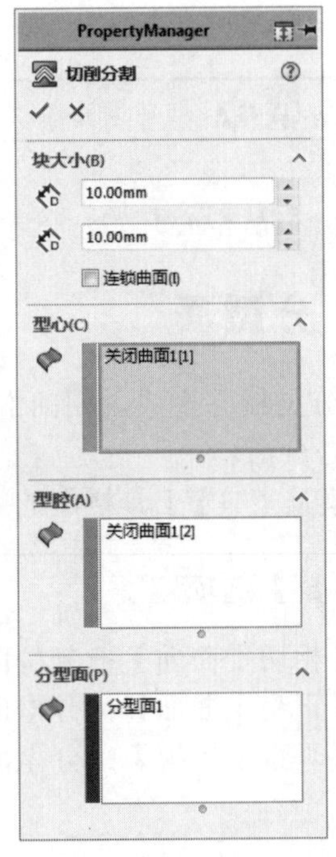

图 13-17

1. 【块大小】选项组

（1）【方向 1 深度】：设定一个方向数值。

（2）【方向 2 深度】：设定一个方向数值。

（3）【连锁曲面】复选框：如果要生成一个可帮助阻止型心和型腔块移动的曲面，选择【连锁曲面】选项，这样将沿分型面的周边生成一个连锁曲面。可以为拔模角度设定一个数值。连锁曲面通常有 5° 拔模。对于大部分模型，手工生成连锁曲面比在这里使用自动生成连锁曲面更好一些。选择【插入】|【特征】|【移动 / 复制】菜单命令，可分离切削分割实体以方便观察模具组件。

2. 模具组件选项组

首先绘制一个延伸到模型边线以外但位于分型面边界内的矩形作为型心。

（1）在【型心】选项组下，型心曲面实体出现。

（2）在【型腔】选项组下，型腔曲面实体出现。

（3）在【分型面】选项组下，分型面实体出现。另外，可以为一个切削分割指定多个不连续型心和型腔曲面。

13.5 设计范例

13.5.1 模具数据准备范例

本范例完成文件：\13\13-1.sldprt 及模具文件

案例分析

本节的范例是创建一个盒子零件并进行模具数据准备的过程。首先创建盒子模型，之后打开模具插件，进行数据准备和拔模分析，最后创建新的项目。

案例操作

步骤 01 创建草绘

① 在模型树中，选择【前视基准面】，如图 13-18 所示。

② 单击【草图】选项卡中的【草图绘制】按钮，进行草图绘制。

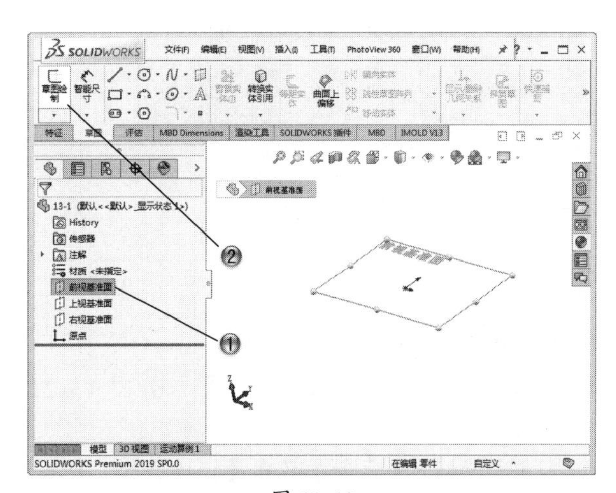

图 13-18

步骤 02 绘制矩形

① 单击【草图】选项卡中的【边角矩形】按钮。

② 在绘图区中，绘制 80×140 的矩形，如图 13-19 所示。

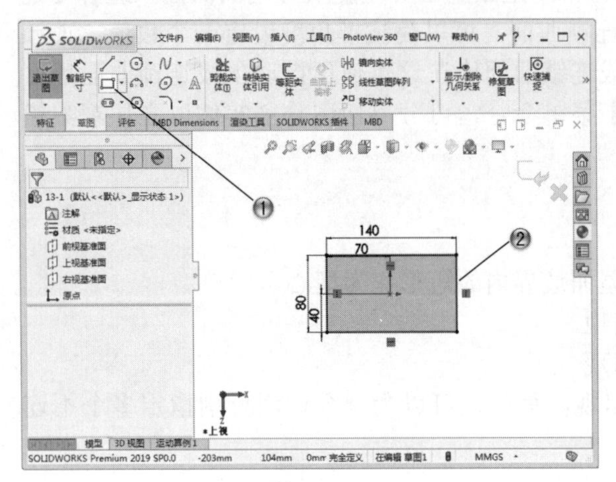

图 13-19

步骤 03 绘制圆角

① 单击【草图】选项卡中的【绘制圆角】按钮。

② 在绘图区中，选择线条并设置参数，创建圆角，如图 13-20 所示。

③ 单击【确定】按钮。

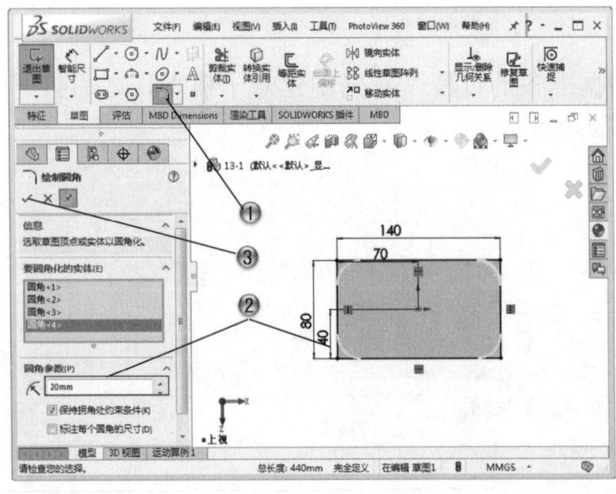

图 13-20

步骤 04 创建拉伸特征

① 在模型树中，选择【草图 1】，如图 13-21 所示。

② 单击【特征】选项卡中的【拉伸凸台 / 基体】按钮，创建拉伸特征。

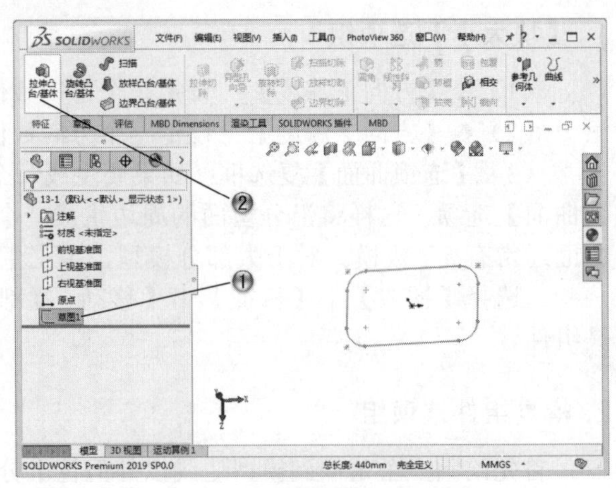

图 13-21

③ 设置拉伸参数，如图 13-22 所示。

④ 在【凸台 - 拉伸】属性管理器中，单击【确定】按钮。

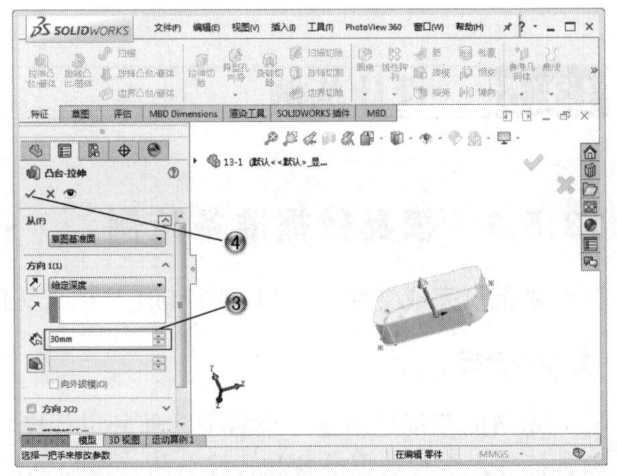

图 13-22

步骤 05 创建抽壳特征

① 单击【特征】选项卡中的【抽壳】按钮，如图 13-23 所示。

② 在绘图区中，选择去除的平面，设置抽壳参数，创建抽壳特征。

③ 在【抽壳】属性管理器中，单击【确定】按钮。

步骤 06 创建草绘

① 在模型树中，选择【前视基准面】，如图 13-24 所示。

② 单击【草图】选项卡中的【草图绘制】按钮，进行草图绘制。

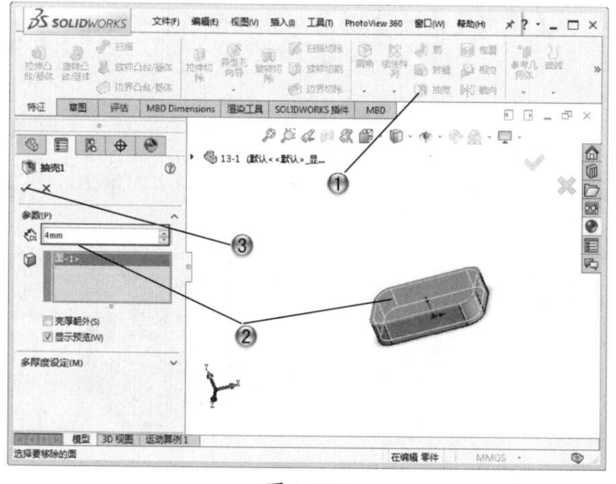
图 13-23

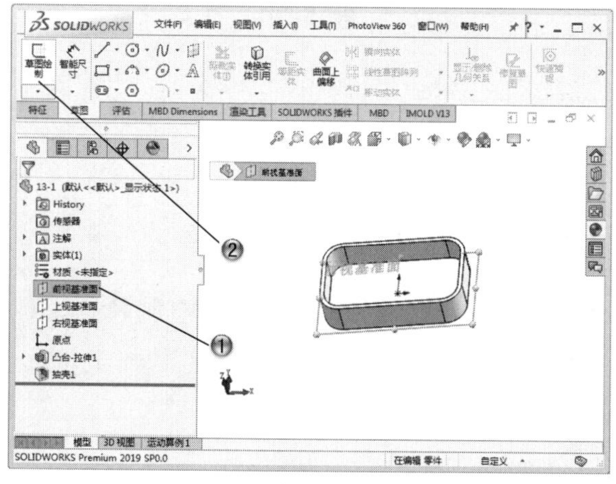
图 13-24

步骤07 绘制同心圆

① 单击【草图】选项卡中的【圆】按钮。

② 在绘图区中，绘制两个同心圆形，如图 13-25 所示。

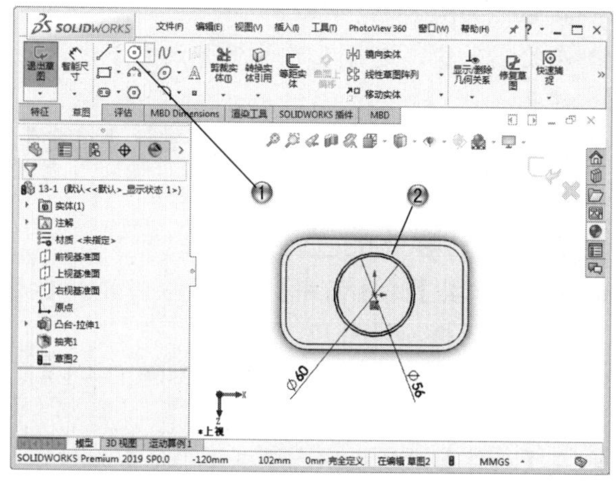
图 13-25

步骤08 创建拉伸特征

① 在模型树中，选择【草图 2】，如图 13-26 所示。

② 单击【特征】选项卡中的【拉伸凸台 / 基体】按钮，创建拉伸特征。

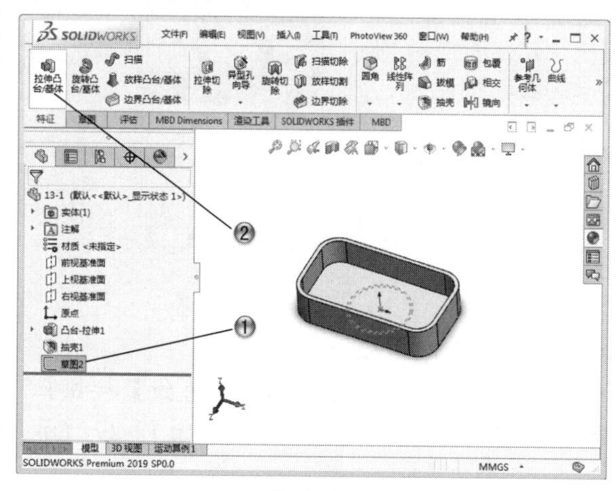
图 13-26

③ 设置拉伸参数，如图 13-27 所示。

④ 在【凸台 - 拉伸】属性管理器中，单击【确定】按钮。

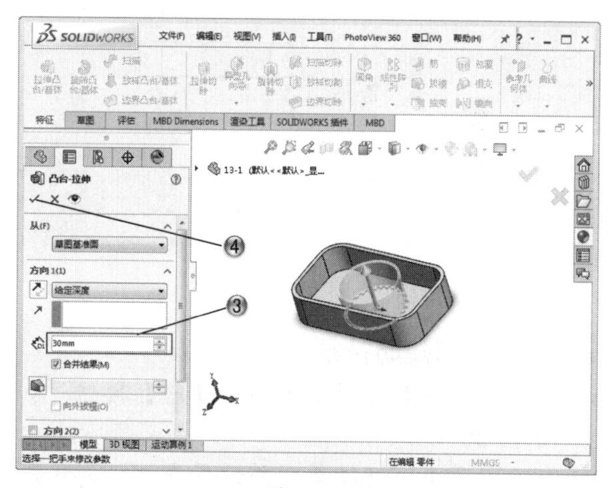
图 13-27

步骤09 创建草绘

① 在模型树中，选择【上视基准面】，如图 13-28 所示。

② 单击【草图】选项卡中的【草图绘制】按钮，进行草图绘制。

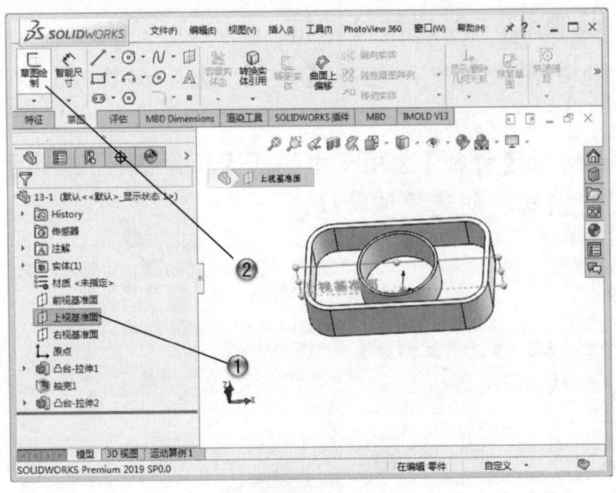

图 13-28

步骤 10 绘制直线

① 单击【草图】选项卡中的【直线】按钮。

② 在绘图区中，绘制直线草图，如图 13-29 所示。

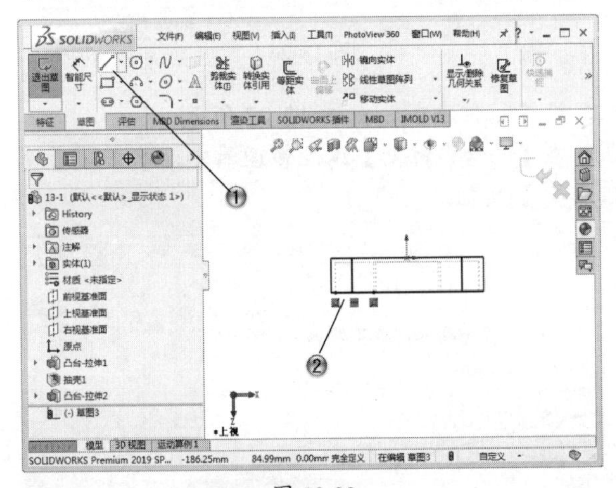

图 13-29

步骤 11 创建筋特征

① 单击【草图】选项卡中的【筋】按钮，如图 13-30 所示。

② 在绘图区中，选择草图并设置参数，创建筋特征。

③ 在【筋】属性管理器中，单击【确定】按钮。

步骤 12 镜向特征

① 单击【特征】选项卡中的【镜向】按钮，如图 13-31 所示。

② 在绘图区中，选择镜向面和镜向特征，创建镜向。

③ 在【镜向】属性管理器中，单击【确定】按钮。

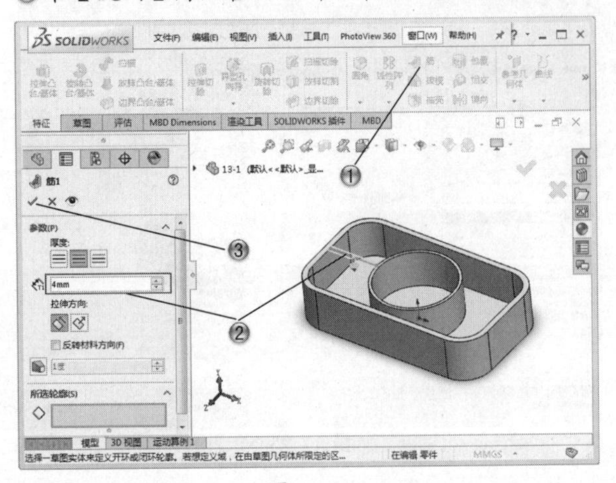

图 13-30

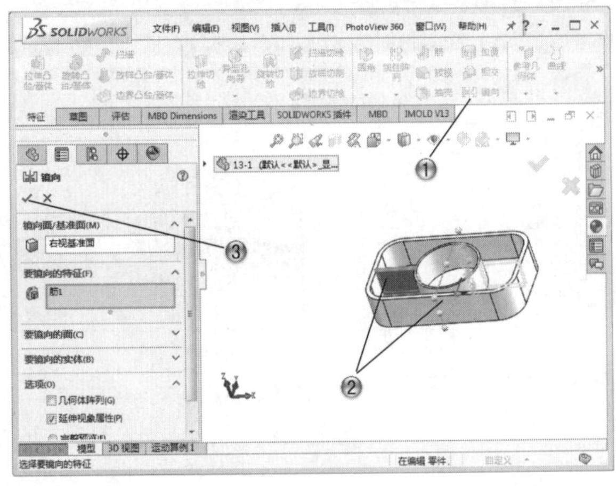

图 13-31

步骤 13 创建孔

① 单击【特征】选项卡中的【异型孔向导】按钮，如图 13-32 所示。

② 在绘图区中，选择孔的位置并设置参数，创建孔。

③ 在【孔规格】属性管理器中，单击【确定】按钮。

步骤 14 打开 IMOLD 插件

① 选择【工具】|【插件】菜单命令，弹出【插件】对话框，如图 13-33 所示。

② 在【插件】对话框中，启用 IMOLD V13 复选框。

③ 在【插件】对话框中，单击【确定】按钮。

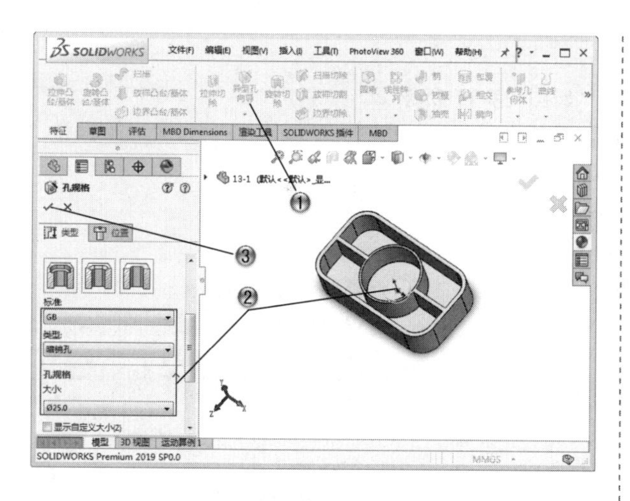

图 13-32

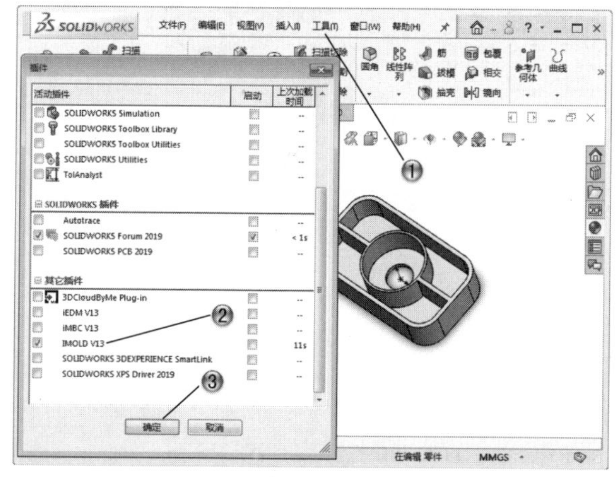

图 13-33

步骤 15 数据准备

① 单击 IMOLD V13 选项卡中的【数据准备】按钮，如图 13-34 所示。

② 在【需衍生的零件名】对话框中，选择零件模型。

③ 在【需衍生的零件名】对话框中，单击【打开】按钮。

步骤 16 拔模分析

① 在弹出的【衍生】属性管理器中，设置参数，如图 13-35 所示。

② 在【衍生】属性管理器中，单击【拔模分析】按钮。

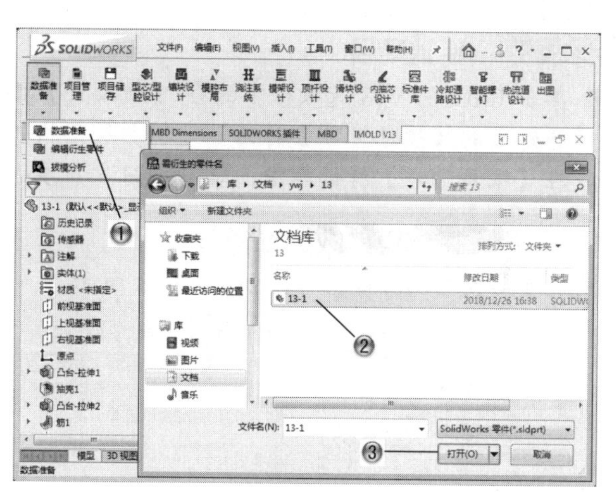

图 13-34

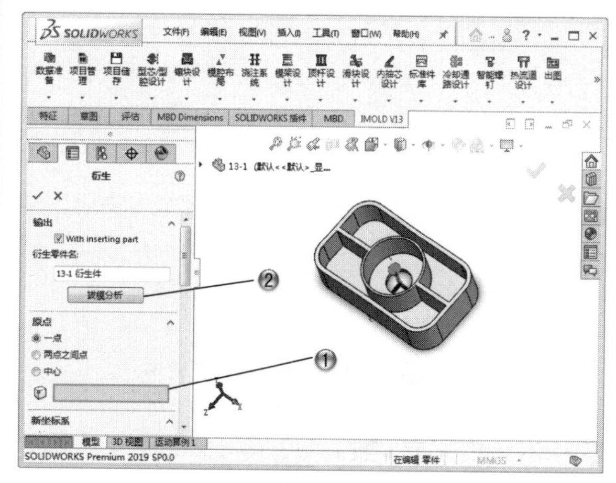

图 13-35

③ 在弹出的【拔模分析】属性管理器中，单击【分析】按钮，如图 13-36 所示。

④ 在【拔模分析】属性管理器中，单击✓【确定】按钮。

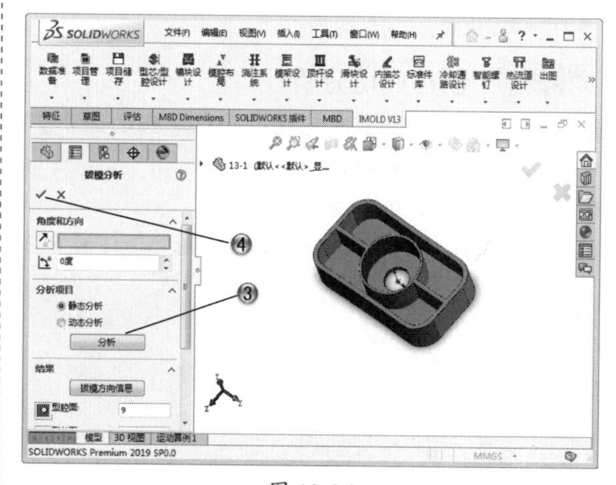

图 13-36

步骤 17 新建项目

① 单击 IMOLD V13 选项卡中的【新项目】按钮，如图 13-37 所示。

② 在弹出的【项目管理】对话框中，调入产品并设置项目名称。

③ 在【项目管理】对话框中，单击【同意】按钮。

步骤 18 完成模具数据准备

完成模具数据的准备工作，如图 13-38 所示。

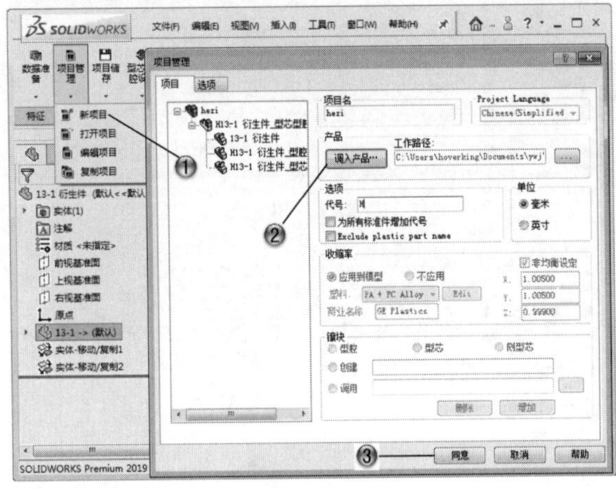

图 13-37

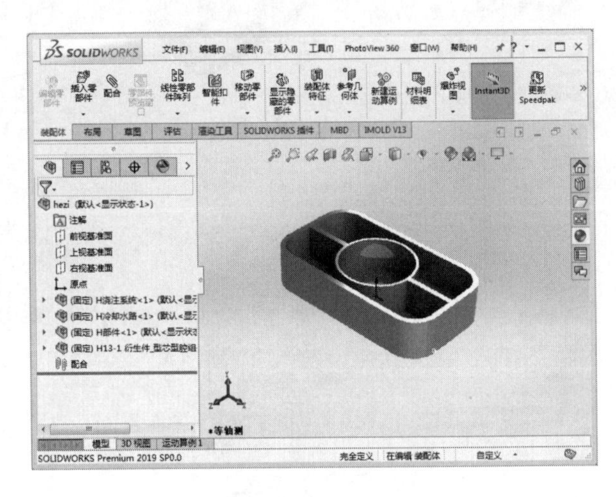

图 13-38

13.5.2 模具分型范例

本范例完成文件：\13\13-1.sldprt 及模具文件

案例分析

本节的范例是对模具零件进行分型设计。首先进行底切分析，之后创建封闭曲面，封闭孔特征；再创建分型线，最后形成分型面。

案例操作

步骤 01 创建底切分析

① 单击【模具工具】工具栏中的【底切分析】按钮，如图 13-39 所示。

② 在绘图区中，选择方向。

③ 在【底切分析】属性管理器中，单击【确定】按钮。

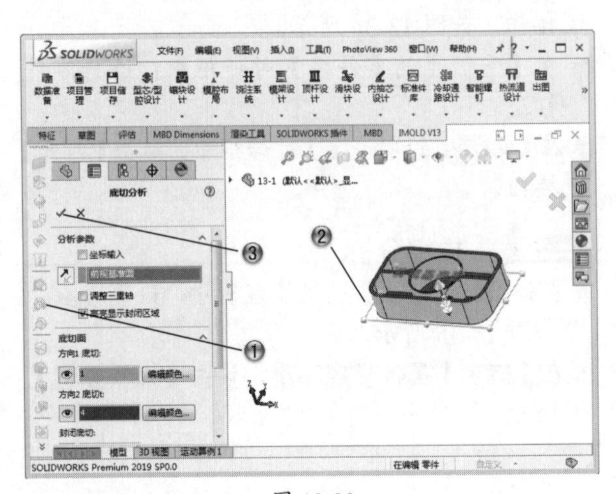

图 13-39

步骤 02 创建关闭曲面

① 单击【模具工具】工具栏中的【关闭曲面】按钮，如图 13-40 所示。

② 在绘图区中，选择封闭边线。

③ 在【关闭曲面】属性管理器中，单击【确定】按钮。

步骤 03 创建分型线

① 单击【模具工具】工具栏中的【分型线】按钮，如图 13-41 所示。

② 在绘图区中，选择方向并设置参数，创建分型线。

③ 在【分型线】属性管理器中，单击【确定】按钮。

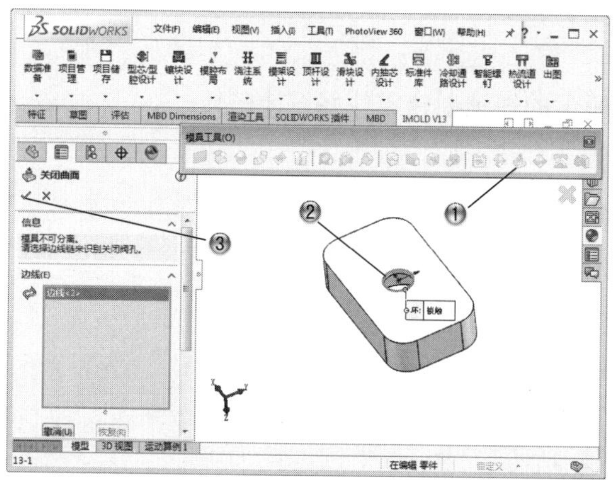

图 13-40

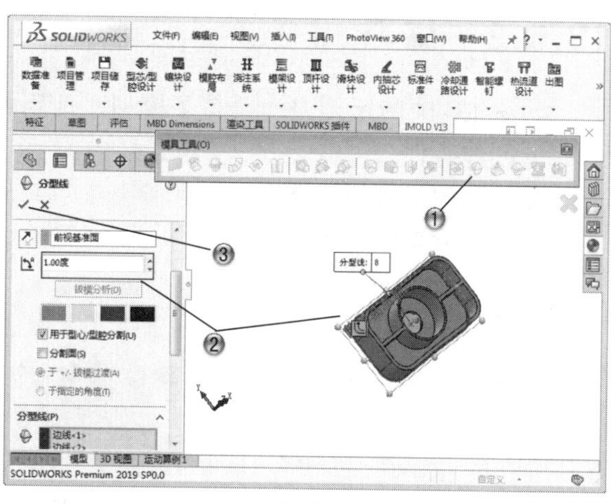

13-41

步骤 04 创建分型面

① 单击【模具工具】工具栏中的【分型面】按钮，如图 13-42 所示。

② 在绘图区中，选择分型线并设置参数，创建分型面。

③ 在【分型面】属性管理器中，单击【确定】按钮。

步骤 05 完成模具型心部分

完成的模具型心部分，如图 13-43 所示。

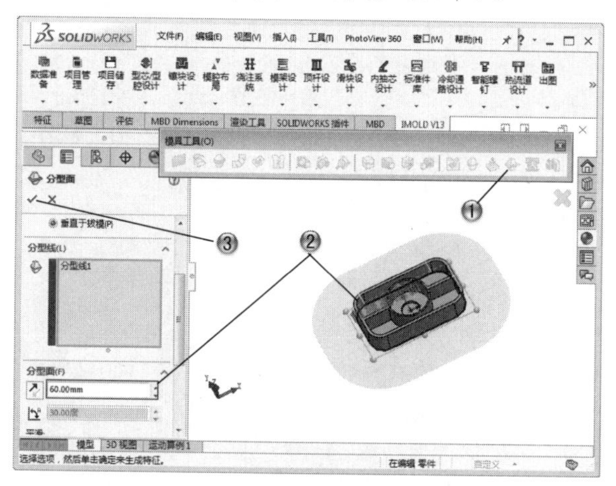

图 13-42

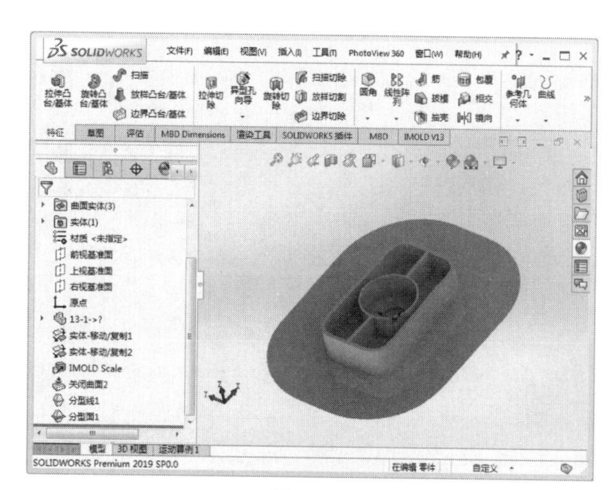

图 13-43

13.6 本章小结和练习

13.6.1 本章小结

本章重点讲解了 IMOLD 插件的模具设计，首先介绍了模具数据准备和项目管理的方法，在创建分型线时，过渡点的放置较为重要。分型面可以说是模具设计中比较重要的步骤，分型面选择的好坏直接影响到模具质量，从而对产品会起到一定的作用。

13.6.2 练习

如图 13-44 所示，是一个盖子模型，使用本章所学的知识创建零件并设计模具。

1. 创建零件。
2. 创建模具数据准备。
3. 创建分型线。
4. 创建分型面。

图 13-44

第14章

综合设计范例（一）——定位零件设计

本章导读

机床上零件轴向固定的目的是保证零件在轴上有确定的轴向位置，防止零件做轴向移动，并能承受轴向力。常用的方法有利用轴肩、轴环、圆锥面，以及采用轴端挡圈、轴套、圆螺母、弹性挡圈等零件进行轴向固定。

本章设计的定位零件是指保证毛坯在模具中位置正确的一种零件。它一般会有销、板、槽等特征，导板对毛坯送进起导向作用，挡销限制毛坯送进的位置。

14.1 案例分析

本范例完成文件：ywj \14\14-1.sldprt

本节的范例是创建一个机床定位零件，首先创建基体部分，使用拉伸和拉伸切除命令完成大部分特征的创建；之后创建档槽，依次创建特征，并使用拉伸切除方法创建孔；最后创建档孔部分，使用拉伸和扫描等特征创建主体，并进行倒角。创建完成的定位零件模型，如图 14-1 所示。

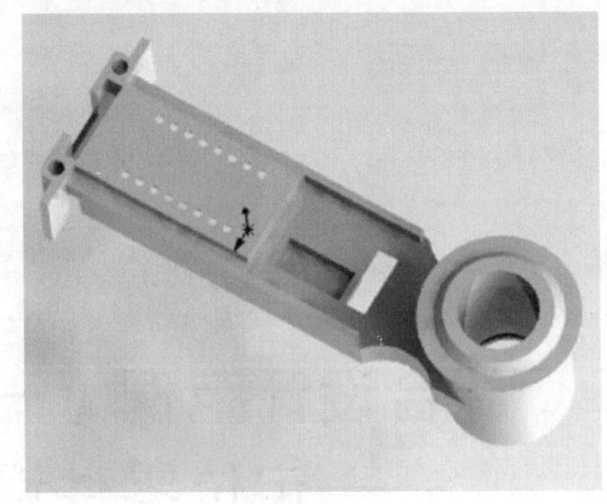

图 14-1

14.2 案例操作

14.2.1 创建基体部分

步骤 01 绘制草图

① 在模型树中，选择【上视基准面】，如图 14-2 所示。

② 单击【草图】选项卡中的【草图绘制】按钮，进入草图绘制环境。

③ 单击【草图】选项卡中的【边角矩形】按钮，如图 14-3 所示。

④ 在绘图区中，绘制 200×80 的矩形。

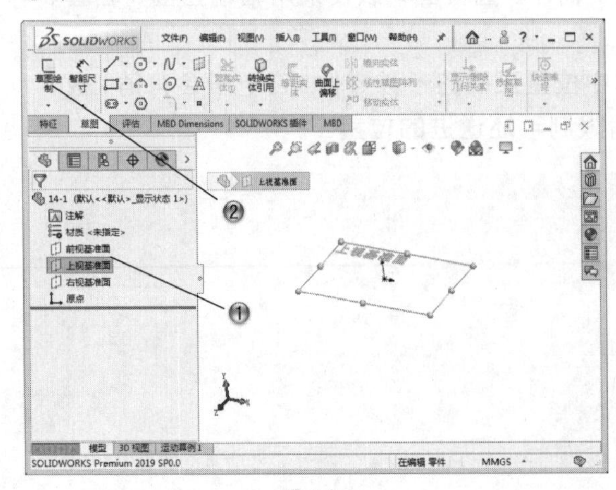

图 14-2

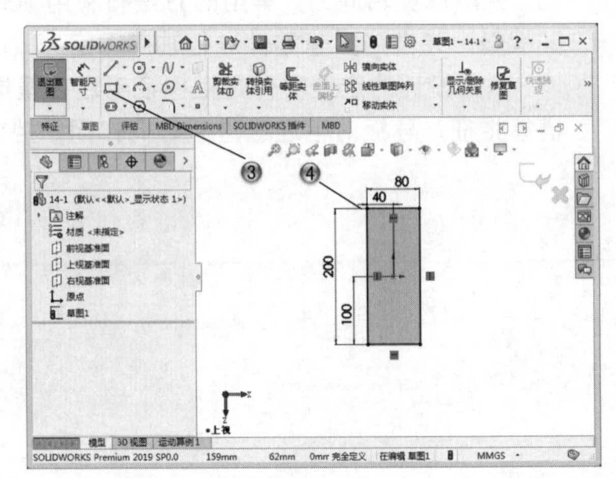

图 14-3

步骤 02 创建拉伸特征

① 在模型树中，选择【草图 1】，如图 14-4 所示。

② 单击【特征】选项卡中的【拉伸凸台 / 基体】按钮，创建拉伸特征。

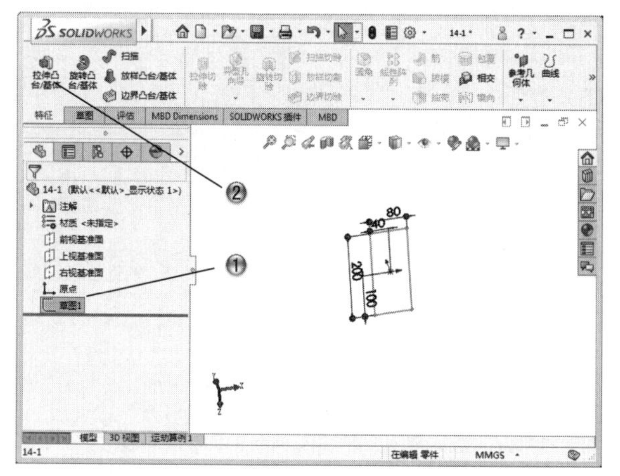

图 14-4

③ 设置拉伸参数，如图 14-5 所示。

④ 在【凸台 - 拉伸】属性管理器中，单击【确定】按钮。

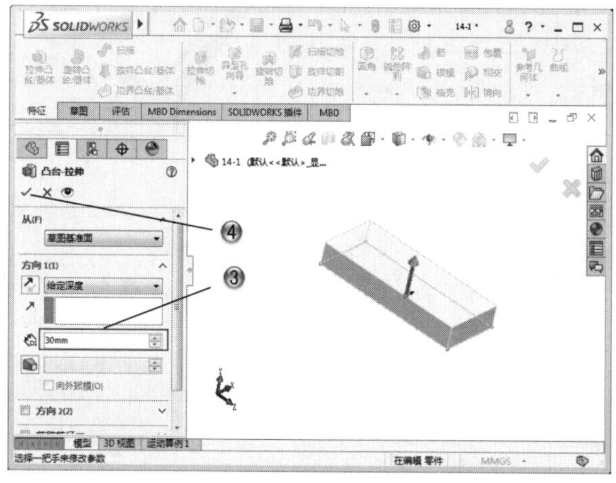

图 14-5

步骤 03 绘制草图

① 在绘图区中，选择模型面，如图 14-6 所示。

② 单击【草图】选项卡中的【草图绘制】按钮，进入草图绘制环境。

③ 单击【草图】选项卡中的【边角矩形】按钮，如图 14-7 所示。

④ 在绘图区中，绘制 120×60 的矩形。

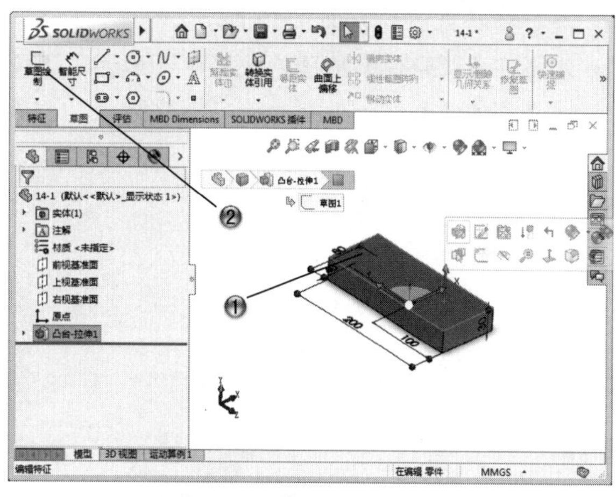

图 14-6

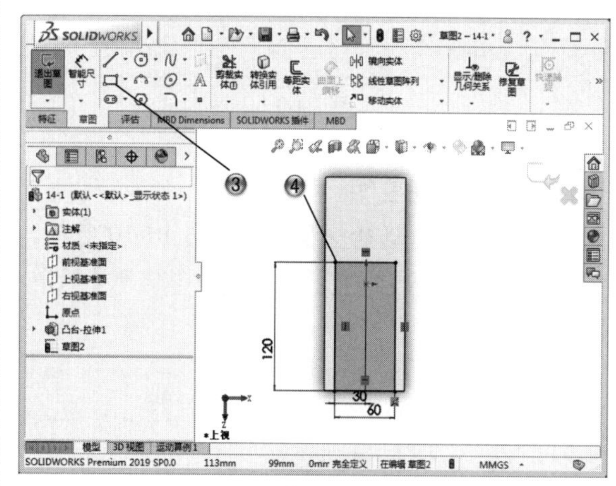

图 14-7

步骤 04 创建拉伸特征

① 在模型树中，选择【草图 2】，如图 14-8 所示。

② 单击【特征】选项卡中的【拉伸凸台 / 基体】按钮，创建拉伸特征。

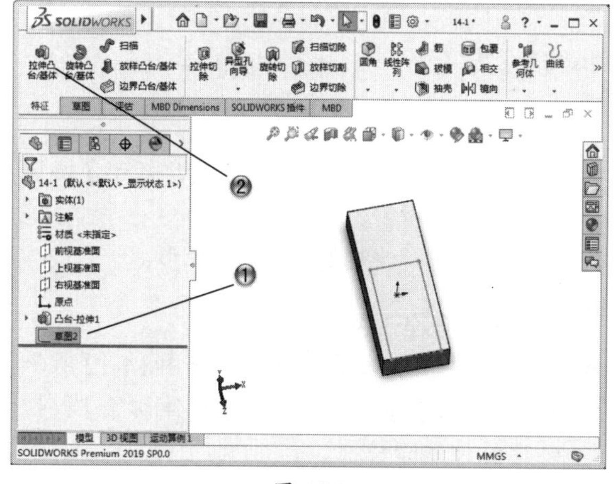

图 14-8

③ 设置拉伸参数，如图 14-9 所示。

④ 在【凸台 - 拉伸】属性管理器中，单击✓【确定】按钮。

图 14-9

步骤 05 绘制草图

① 在绘图区中，选择模型面，如图 14-10 所示。

② 单击【草图】选项卡中的【草图绘制】按钮，进入草图绘制环境。

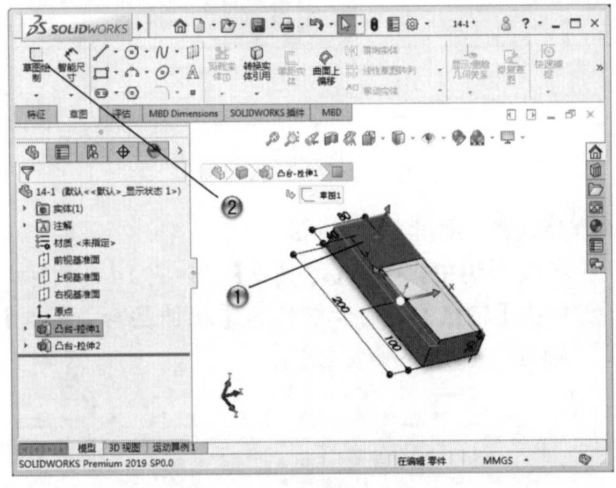

图 14-10

③ 单击【草图】选项卡中的【边角矩形】按钮，如图 14-11 所示。

④ 在绘图区中，绘制宽为 70 的矩形。

步骤 06 创建拉伸切除特征

① 在模型树中，选择【草图 3】，如图 14-12 所示。

② 单击【特征】选项卡中的【拉伸切除】按钮，创建拉伸切除特征。

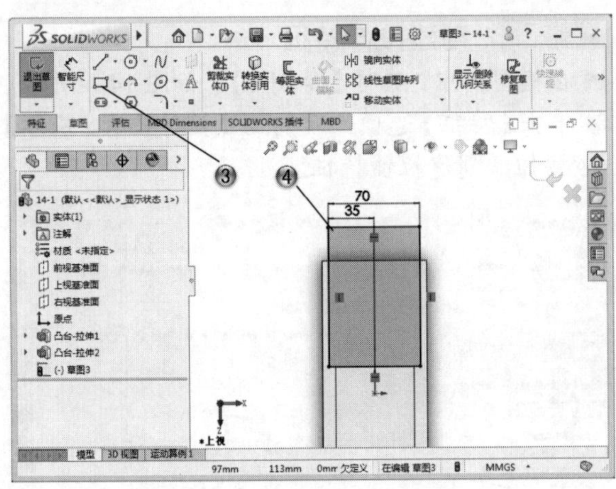

图 14-11

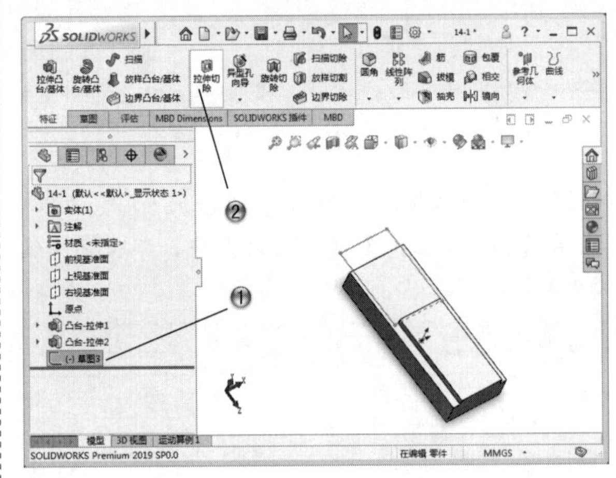

图 14-12

③ 设置拉伸切除参数，如图 14-13 所示。

④ 在【切除 - 拉伸】属性管理器中，单击✓【确定】按钮。

图 14-13

步骤 07 绘制草图

① 在绘图区中，选择模型面，如图 14-14 所示。

② 单击【草图】选项卡中的【草图绘制】按钮，进入草图绘制环境。

图 14-14

③ 单击【草图】选项卡中的【边角矩形】按钮，绘制矩形，如图 14-15 所示。

④ 在绘图区中，绘制 46×20 的矩形。

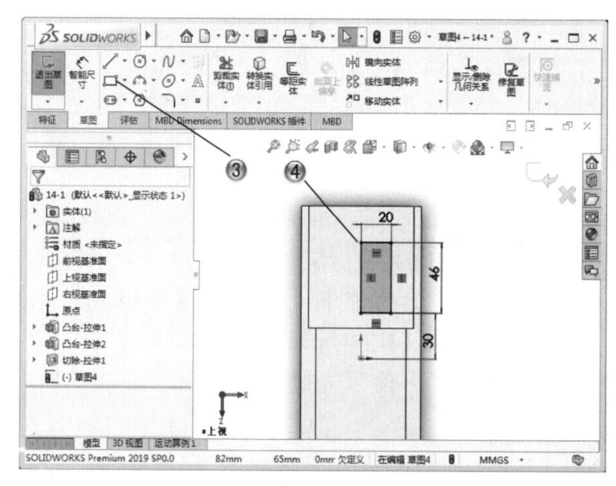

图 14-15

步骤 08 创建拉伸切除特征

① 在模型树中，选择【草图 4】，如图 14-16 所示。

② 单击【特征】选项卡中的【拉伸切除】按钮，创建拉伸切除特征。

③ 设置拉伸切除参数，如图 14-17 所示。

④ 在【切除 - 拉伸】属性管理器中，单击【确定】按钮。

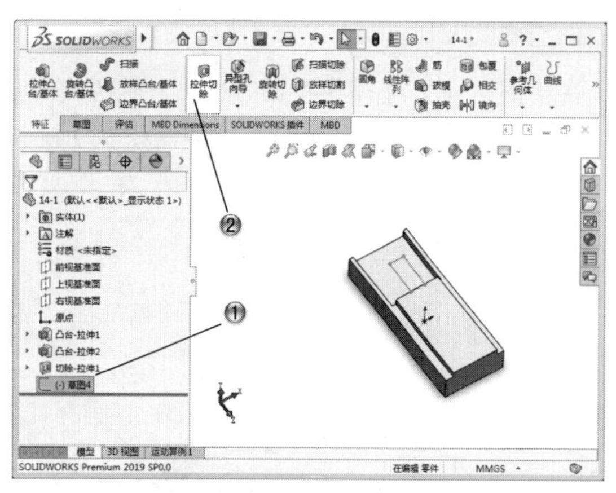

图 14-16

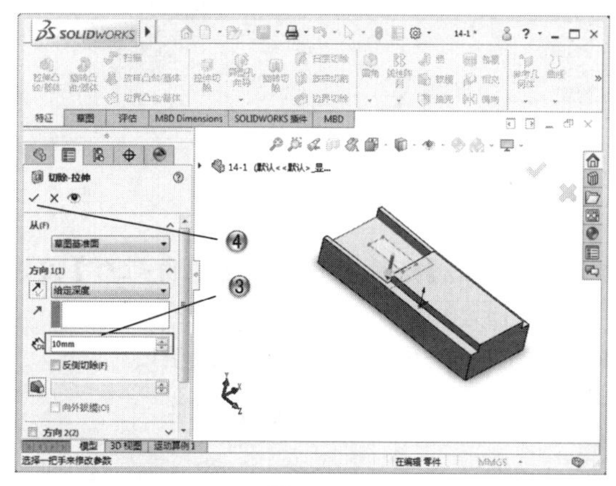

图 14-17

步骤 09 创建抽壳特征

① 单击【特征】选项卡中的【抽壳】按钮，如图 14-18 所示。

② 在绘图区中，选择去除的平面，并设置抽壳参数。

③ 在【抽壳】属性管理器中，单击【确定】按钮，创建抽壳特征。

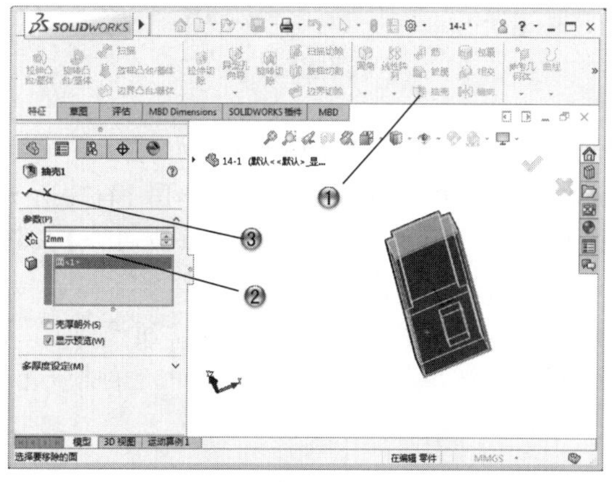

图 14-18

步骤 10 绘制草图

① 在绘图区中，选择模型面，如图 14-19 所示。

② 单击【草图】选项卡中的【草图绘制】按钮，进入草图绘制环境。

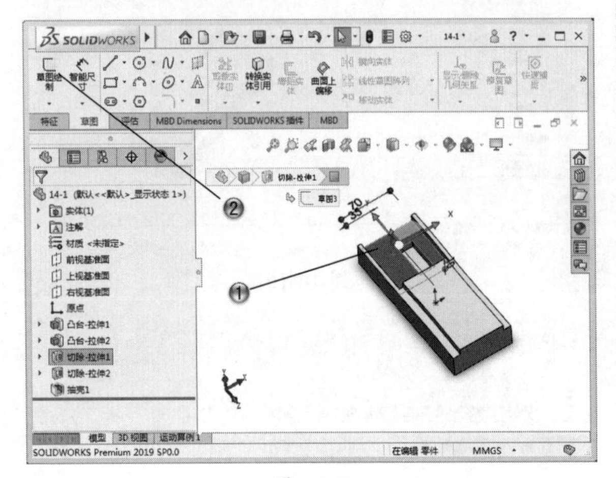

图 14-19

③ 单击【草图】选项卡中的【边角矩形】按钮，如图 14-20 所示。

④ 在绘图区中，绘制 40×14 的矩形。

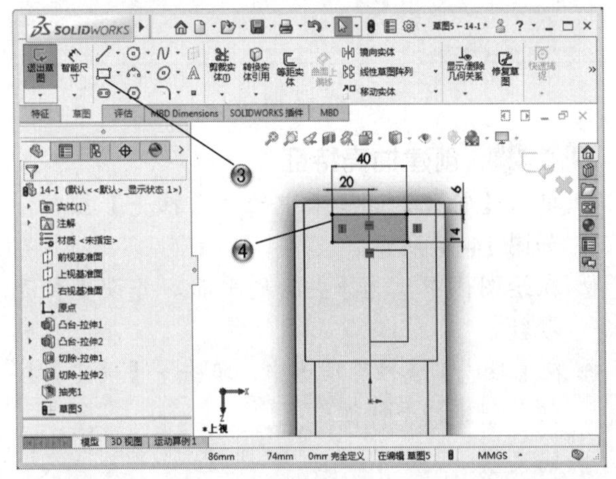

图 14-20

步骤 11 创建拉伸切除特征

① 在模型树中，选择【草图 5】，如图 14-21 所示。

② 单击【特征】选项卡中的【拉伸切除】按钮，创建拉伸切除特征。

③ 设置拉伸切除参数，如图 14-22 所示。

④ 在【切除 - 拉伸】属性管理器中，单击【确定】按钮。

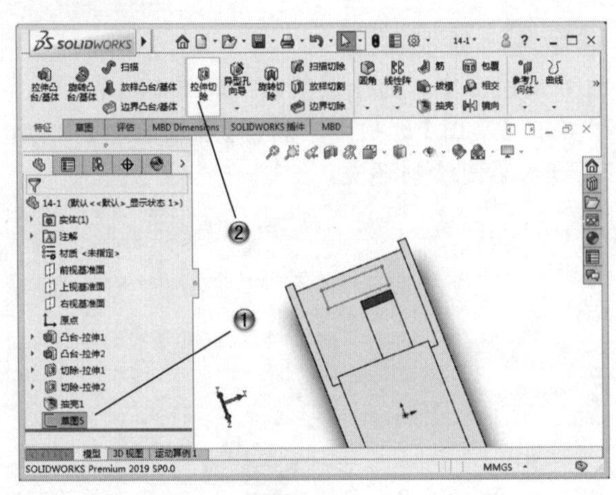

图 14-21

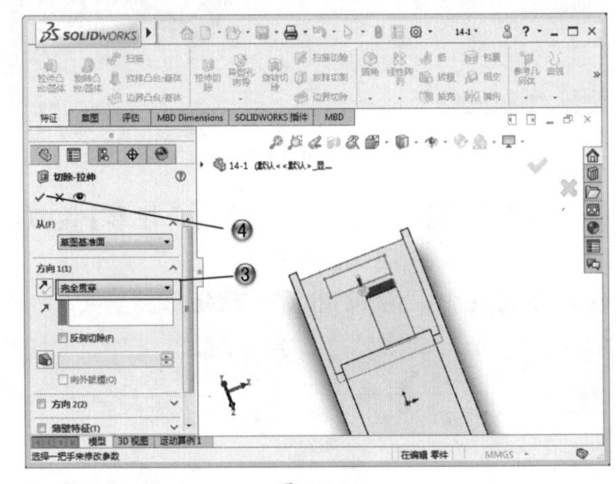

图 14-22

步骤 12 创建异型孔

① 在【特征】选项卡中，单击【异型孔向导】按钮，如图 14-23 所示。

② 在绘图区中，设置孔的位置。

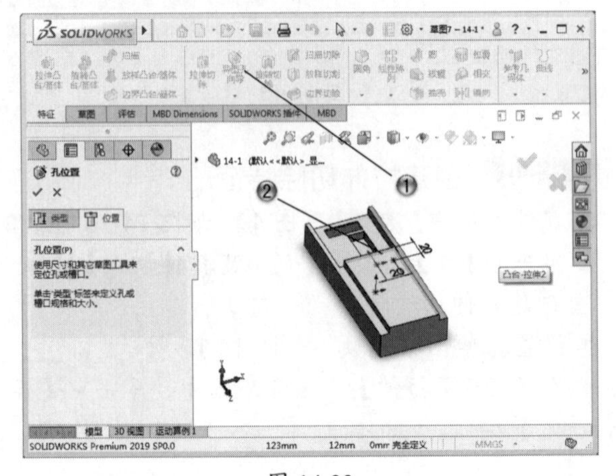

图 14-23

③ 在【孔规格】属性管理器中，设置孔的参数，如图 14-24 所示。

④ 在【孔规格】属性管理器中，单击【确定】按钮，创建异形孔。

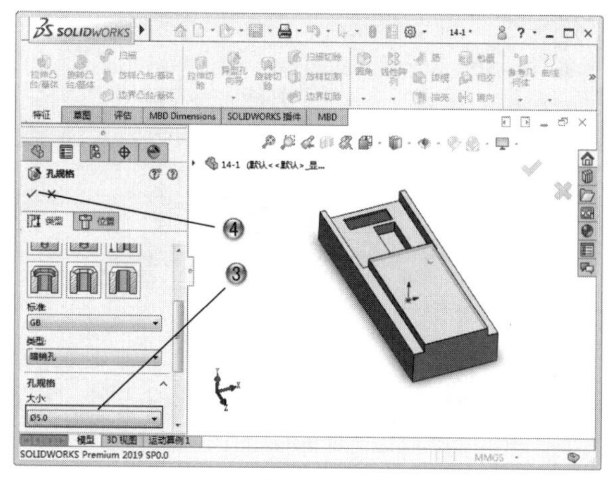

图 14-24

步骤 13 创建阵列特征

① 单击【特征】选项卡中的【线性阵列】按钮，如图 14-25 所示。

② 在绘图区中，选择孔并设置阵列参数。

③ 在【线性阵列】属性管理器中，单击【确定】按钮，创建阵列。

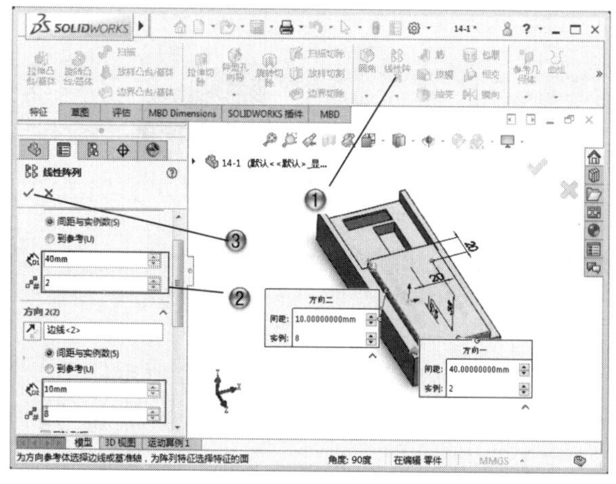

图 14-25

14.2.2 创建档槽

步骤 01 绘制草图

① 在绘图区中，选择模型面，如图 14-26 所示。

② 单击【草图】选项卡中的【草图绘制】按钮，进入草图绘制环境。

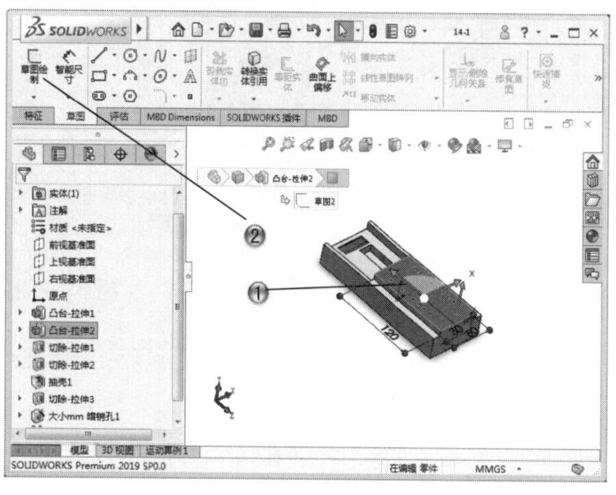

图 14-26

③ 单击【草图】选项卡中的【直线】按钮，如图 14-27 所示。

④ 在绘图区中，绘制直线草图。

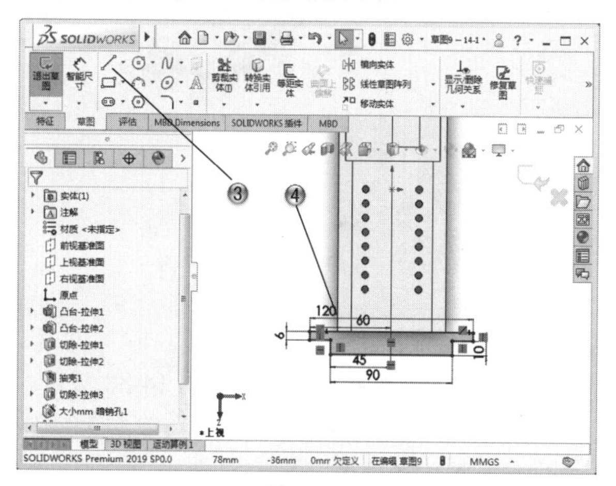

图 14-27

步骤 02 创建拉伸特征

① 在模型树中，选择【草图 9】，如图 14-28 所示。

② 单击【特征】选项卡中的【拉伸凸台 / 基体】按钮，创建拉伸特征。

③ 设置拉伸参数，如图 14-29 所示。

④ 在【凸台 - 拉伸】属性管理器中，单击【确定】按钮。

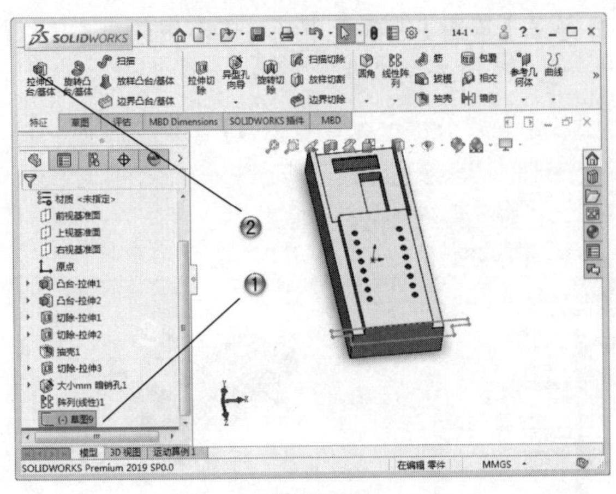

图 14-28

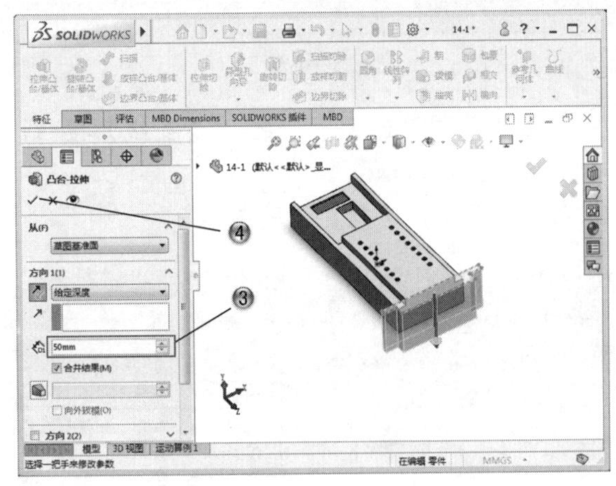

图 14-29

步骤 03 绘制草图

① 在绘图区中，选择模型面，如图 14-30 所示。

② 单击【草图】选项卡中的【草图绘制】按钮，进入草图绘制环境。

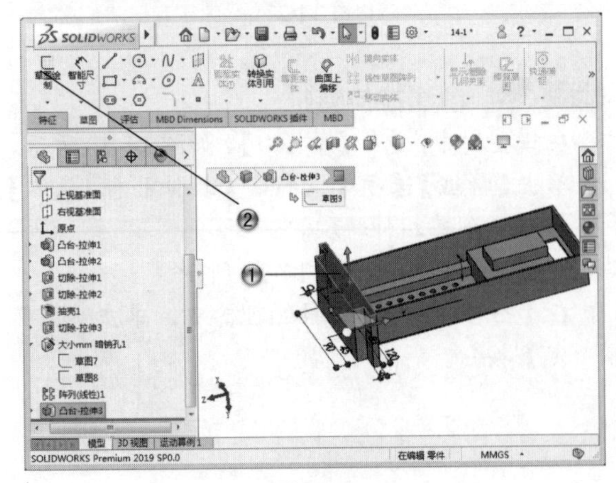

图 14-30

③ 单击【草图】选项卡中的【边角矩形】按钮，如图 14-31 所示。

④ 在绘图区中，绘制 80×20 的矩形。

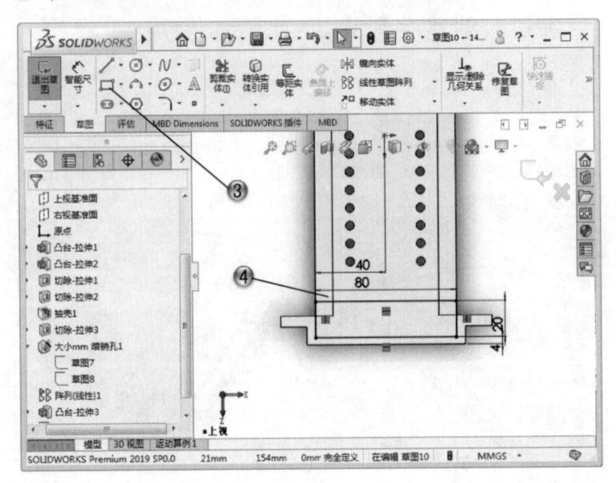

图 14-31

步骤 04 创建拉伸切除特征

① 在模型树中，选择【草图 10】，如图 14-32 所示。

② 单击【特征】选项卡中的【拉伸切除】按钮，创建拉伸切除特征。

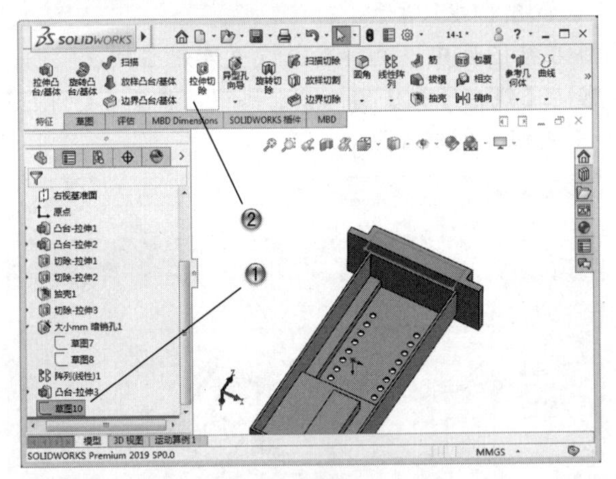

图 14-32

③ 设置拉伸切除参数，如图 14-33 所示。

④ 在【切除 - 拉伸】属性管理器中，单击【确定】按钮。

步骤 05 创建圆角特征

① 单击【特征】选项卡中的【圆角】按钮，如图 14-34 所示。

② 在绘图区中，选择圆角边线，并设置圆角参数。

③ 在【圆角】属性管理器中，单击【确定】按钮，创建圆角特征。

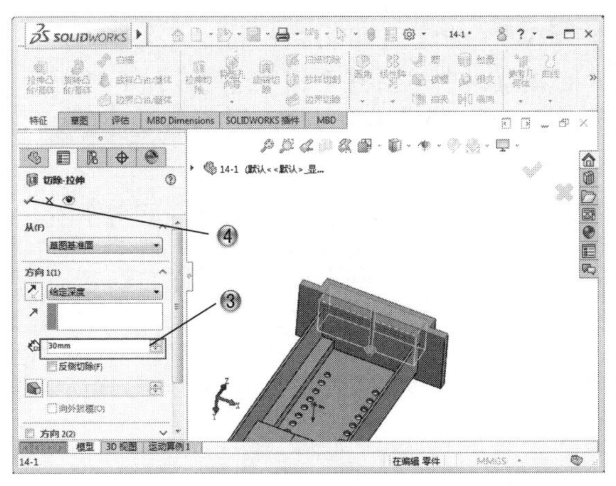

图 14-33

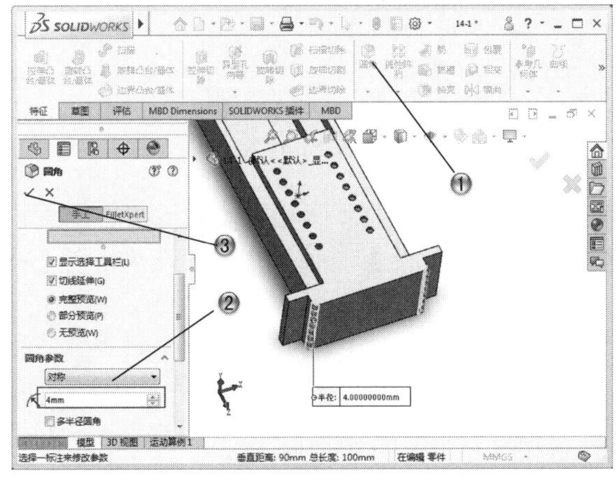

图 14-34

步骤06 绘制草图

① 在绘图区中，选择模型面，如图 14-35 所示。

② 单击【草图】选项卡中的【草图绘制】按钮，进入草图绘制环境。

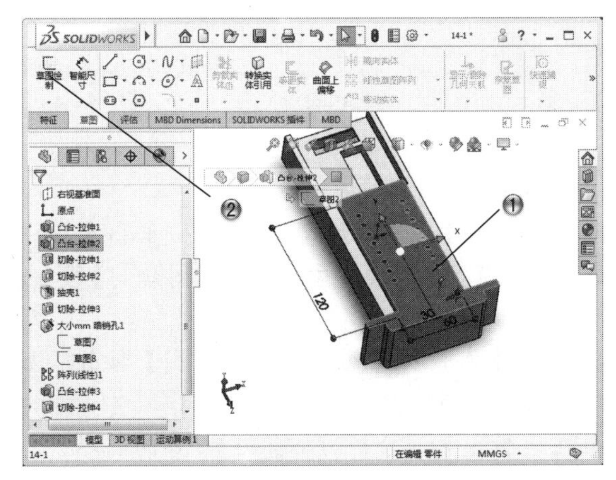

图 14-35

③ 单击【草图】选项卡中的【边角矩形】按钮，如图 14-36 所示。

④ 在绘图区中，绘制 54×11 的矩形。

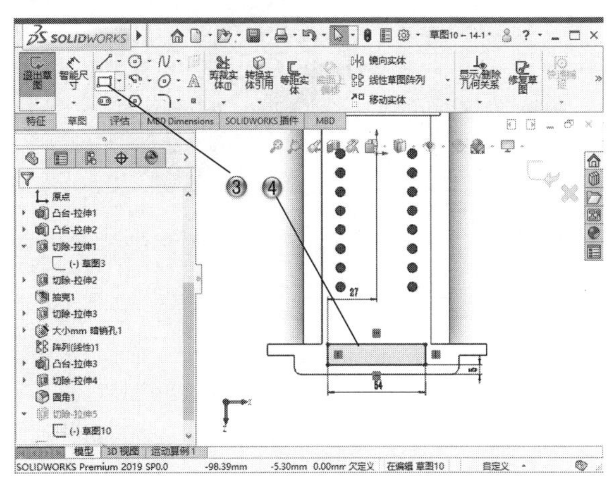

图 14-36

步骤07 创建拉伸切除特征

① 在模型树中，选择【草图 11】，如图 14-37 所示。

② 单击【特征】选项卡中的【拉伸切除】按钮，创建拉伸切除特征。

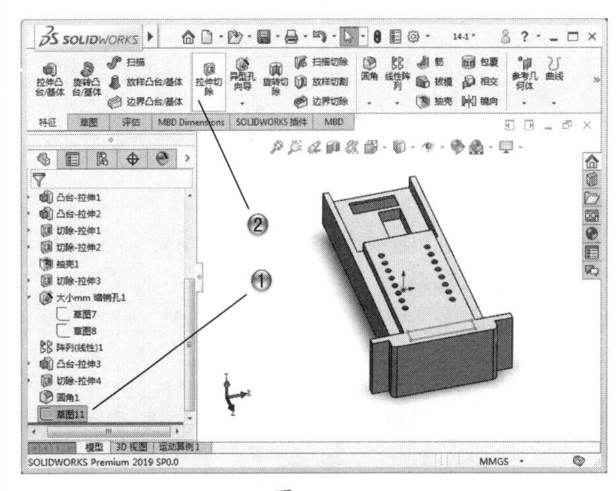

图 14-37

③ 设置拉伸切除参数，如图 14-38 所示。

④ 在【切除-拉伸】属性管理器中，单击【确定】按钮。

步骤08 绘制草图

① 在绘图区中，选择模型面，如图 14-39 所示。

② 单击【草图】选项卡中的【草图绘制】按钮，进入草图绘制环境。

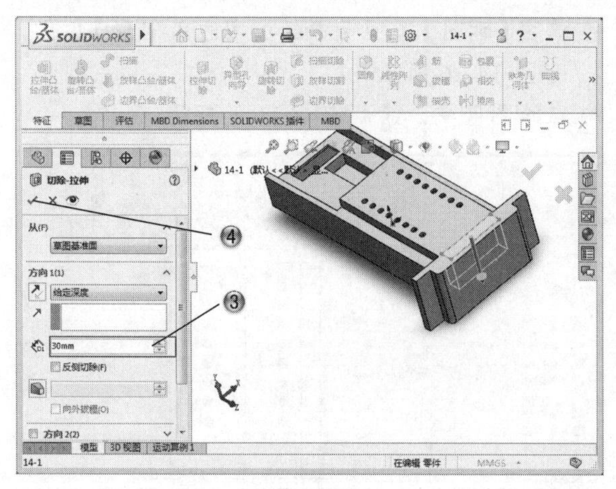

图 14-38

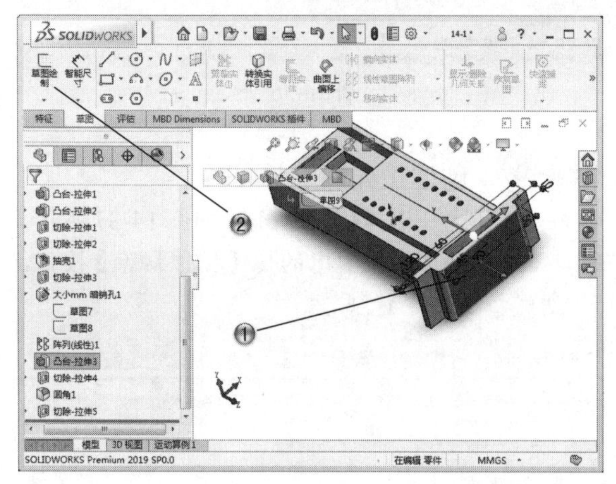

图 14-39

③ 单击【草图】选项卡中的□【边角矩形】按钮，如图 14-40 所示。

④ 在绘图区中，绘制 30×30 的矩形。

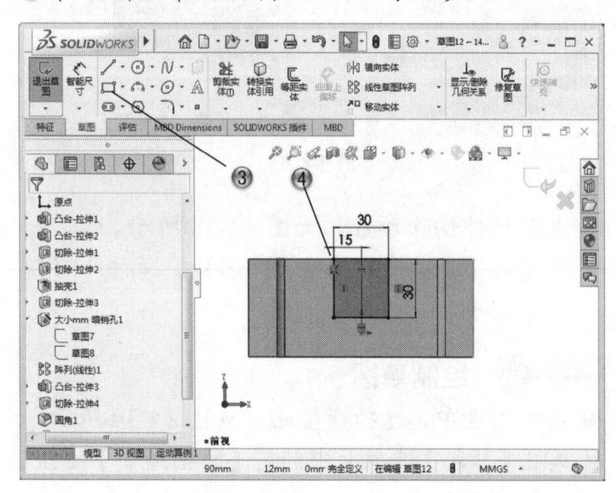

图 14-40

步骤 09 创建拉伸切除特征

① 在模型树中，选择【草图 12】，如图 14-41 所示。

② 单击【特征】选项卡中的【拉伸切除】按钮，创建拉伸切除特征。

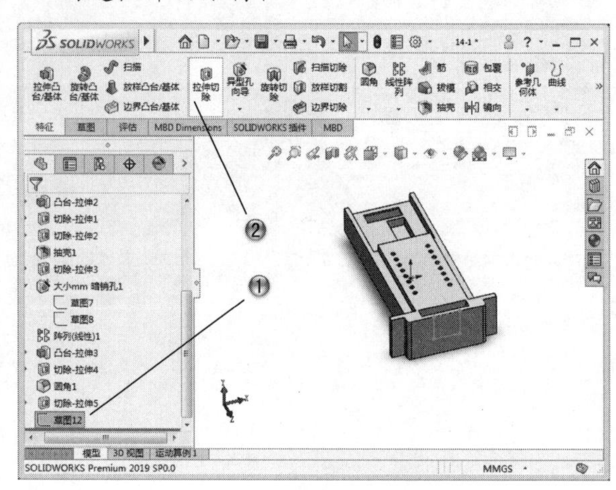

图 14-41

③ 设置拉伸切除参数，如图 14-42 所示。

④ 在【切除 - 拉伸】属性管理器中，单击【确定】按钮。

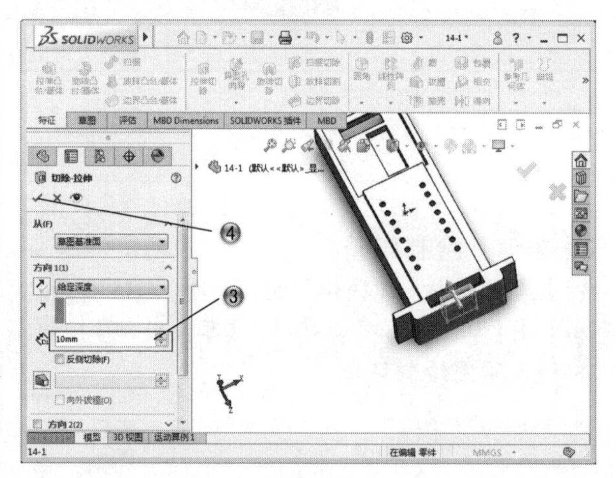

图 14-42

步骤 10 绘制草图

① 在绘图区中，选择模型面，如图 14-43 所示。

② 单击【草图】选项卡中的【草图绘制】按钮，进入草图绘制环境。

③ 单击【草图】选项卡中的【圆】按钮，如图 14-44 所示。

④ 在绘图区中，绘制两个直径为 10 的圆形。

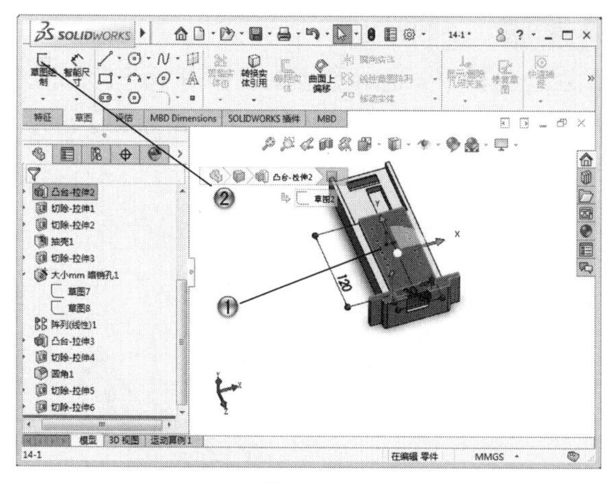
图 14-43

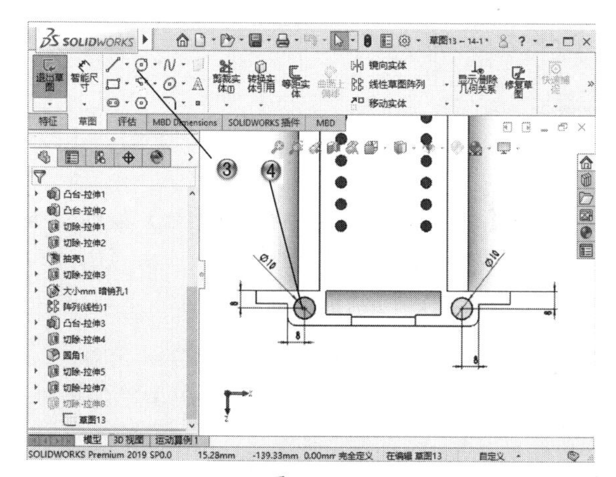
图 14-44

步骤 11 创建拉伸切除特征

① 在模型树中，选择【草图 13】，如图 14-45 所示。

② 单击【特征】选项卡中的【拉伸切除】按钮，创建拉伸切除特征。

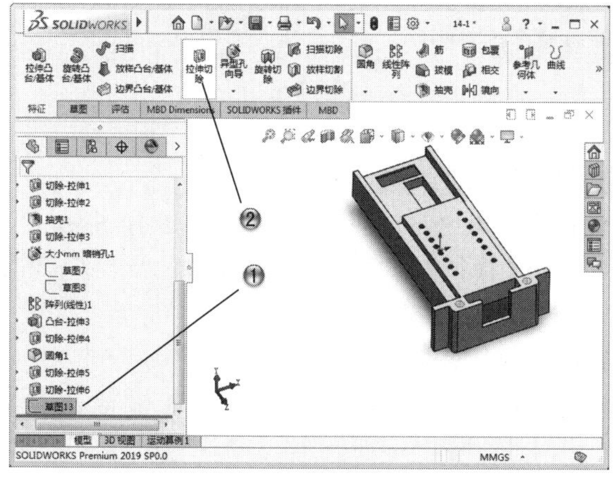
图 14-45

③ 设置拉伸切除参数，如图 14-46 所示。

④ 在【切除 - 拉伸】属性管理器中，单击【确定】按钮。

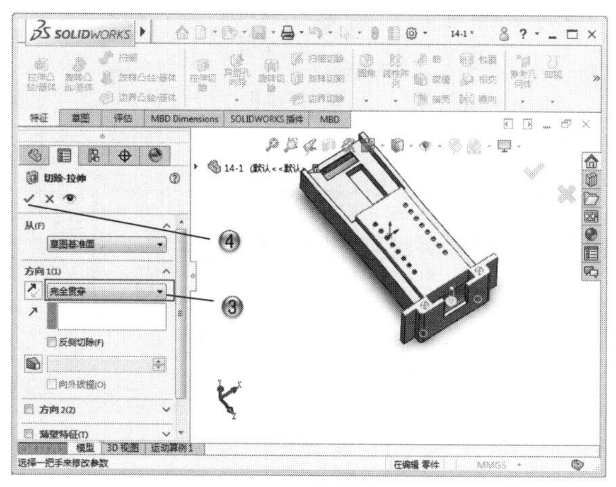
图 14-46

14.2.3 创建档孔

步骤 01 绘制草图

① 在绘图区中，选择模型面，如图 14-47 所示。

② 单击【草图】选项卡中的【草图绘制】按钮，进入草图绘制环境。

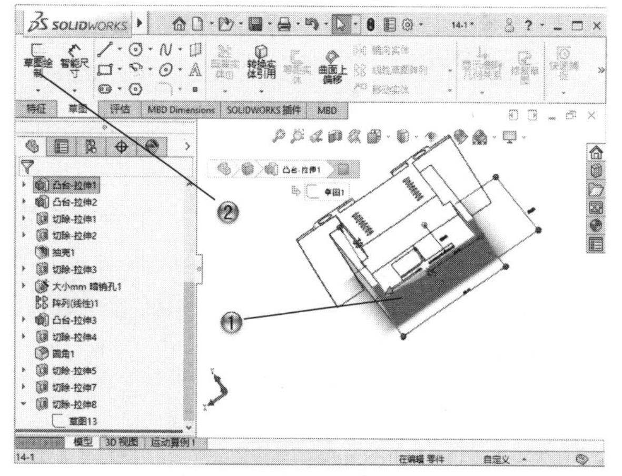
图 14-47

③ 单击【草图】选项卡中的【边角矩形】按钮，如图 14-48 所示。

④ 在绘图区中，绘制矩形。

步骤 02 创建拉伸特征

① 在模型树中，选择【草图 14】，如图 14-49 所示。

② 单击【特征】选项卡中的【拉伸凸台/基体】按钮，创建拉伸特征。

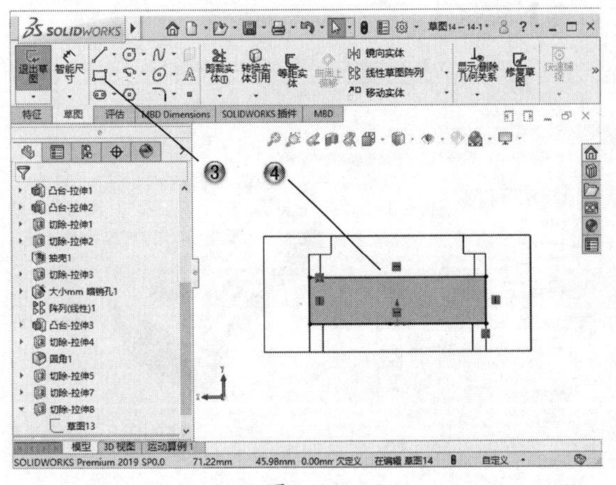

图 14-48

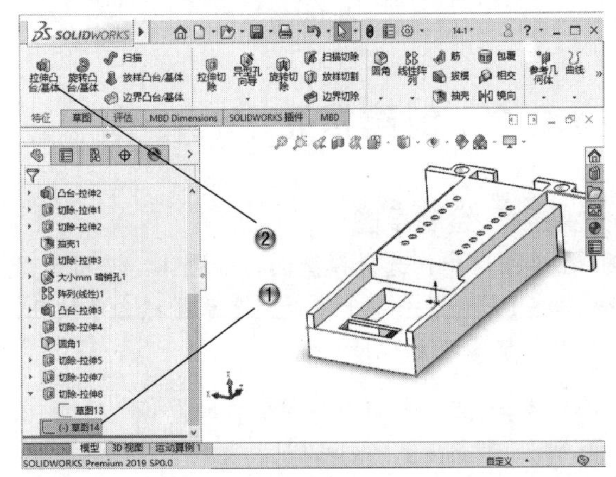

图 14-49

③ 设置拉伸参数，如图 14-50 所示。

④ 在【凸台-拉伸】属性管理器中，单击【确定】按钮。

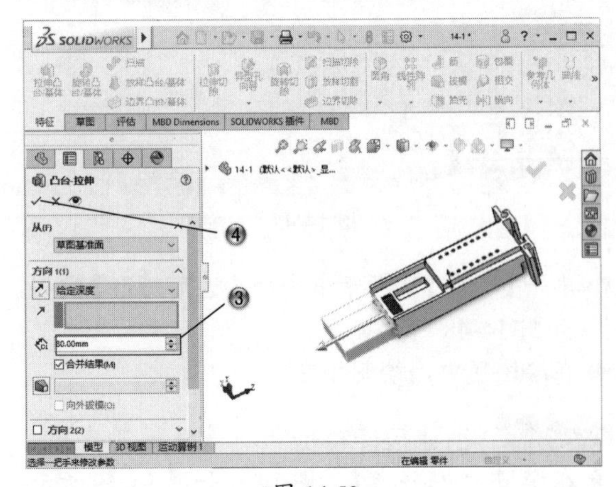

图 14-50

步骤 03 绘制草图

① 在绘图区中，选择模型面，如图 14-51 所示。

② 单击【草图】选项卡中的【草图绘制】按钮，进入草图绘制环境。

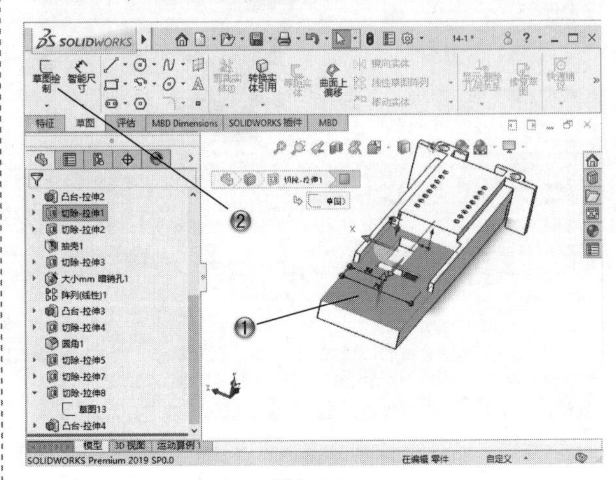

图 14-51

③ 单击【草图】选项卡中的【圆】按钮，如图 14-52 所示。

④ 在绘图区中，绘制圆形。

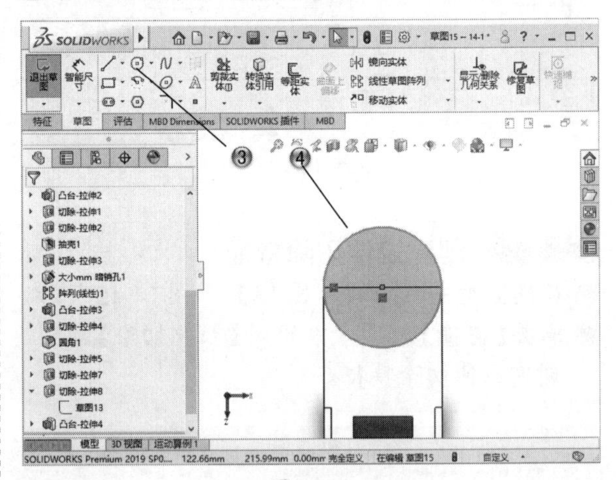

图 14-52

步骤 04 创建拉伸特征

① 在模型树中，选择【草图 15】，如图 14-53 所示。

② 单击【特征】选项卡中的【拉伸凸台/基体】按钮，创建拉伸特征。

③ 设置拉伸参数，如图 14-54 所示。

④ 在【凸台-拉伸】属性管理器中，单击【确定】按钮。

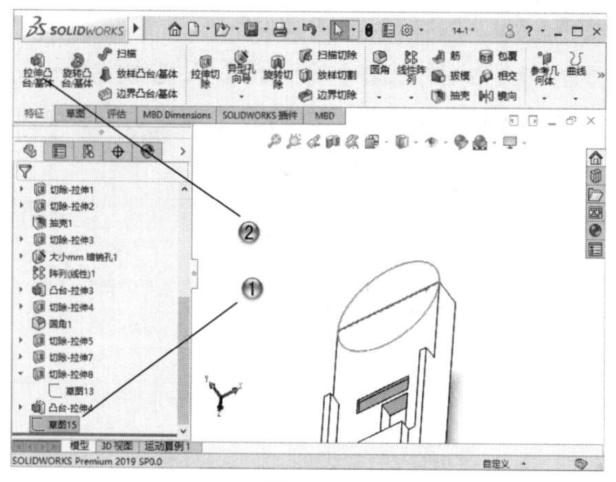

图 14-53

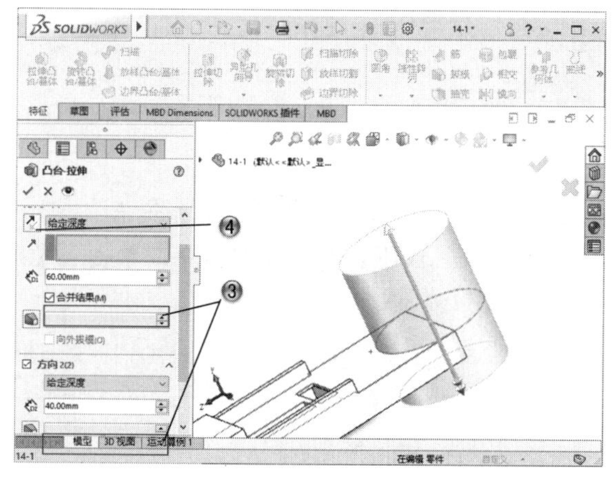

图 14-54

步骤 05 绘制草图

① 在绘图区中，选择模型面，如图 14-55 所示。

② 单击【草图】选项卡中的【草图绘制】按钮，进入草图绘制环境。

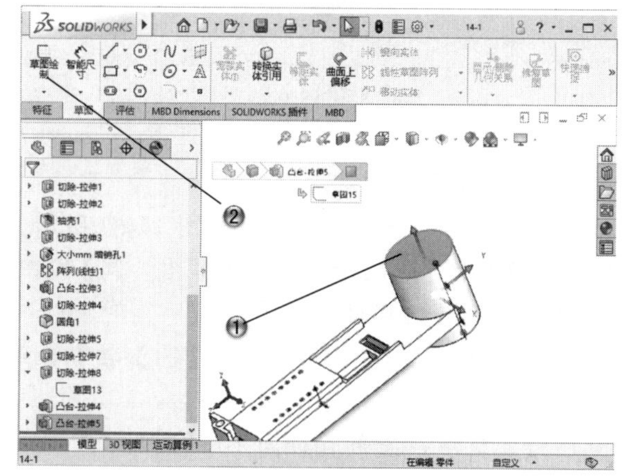

图 14-55

③ 单击【草图】选项卡中的【圆】按钮，如图 14-56 所示。

④ 在绘图区中，绘制直径为 50 的圆形。

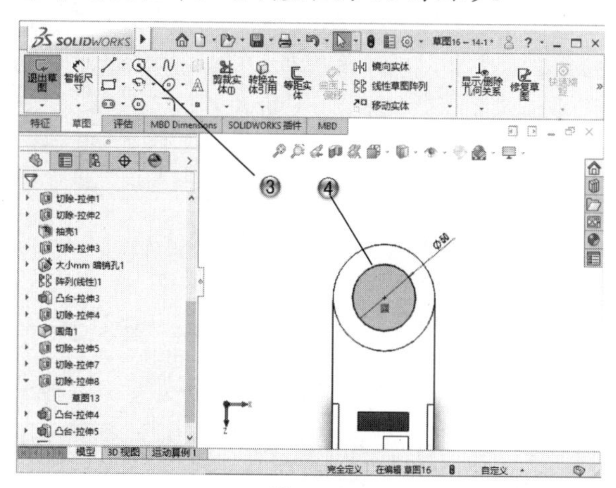

图 14-56

步骤 06 创建拉伸切除特征

① 在模型树中，选择【草图 16】，如图 14-57 所示。

② 单击【特征】选项卡中的【拉伸切除】按钮，创建拉伸切除特征。

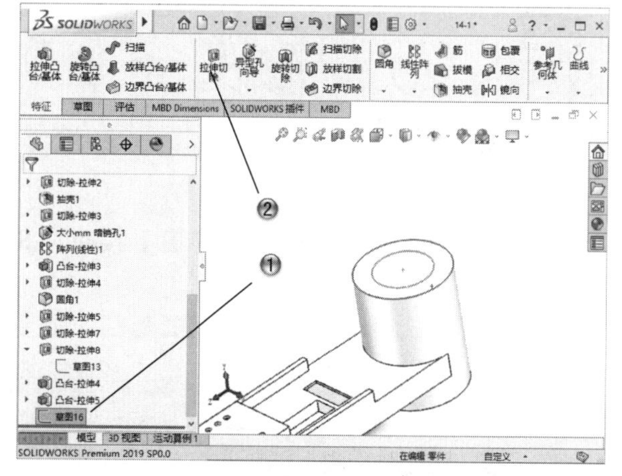

图 14-57

③ 设置拉伸切除参数，如图 14-58 所示。

④ 在【切除 - 拉伸】属性管理器中，单击【确定】按钮。

步骤 07 绘制草图

① 在绘图区中，选择【右视基准面】，如图 14-59 所示。

② 单击【草图】选项卡中的【草图绘制】按钮，进入草图绘制环境。

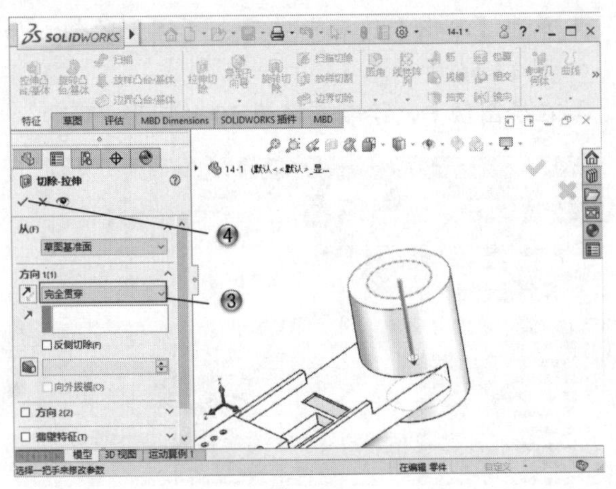

图 14-58

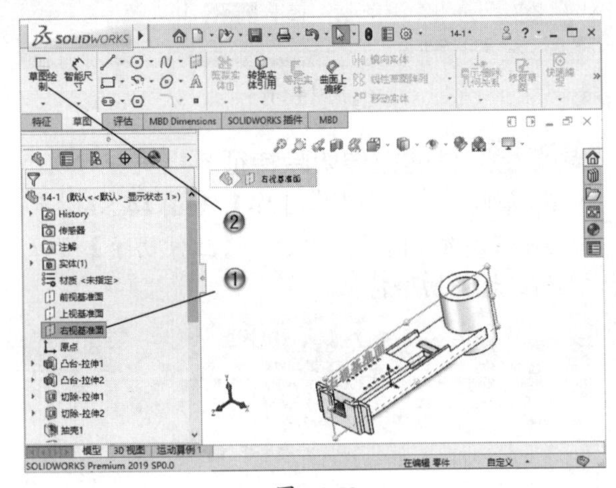

图 14-59

③ 单击【草图】选项卡中的【圆】按钮，如图 14-60 所示。

④ 在绘图区中，绘制直径为 20 的圆形。

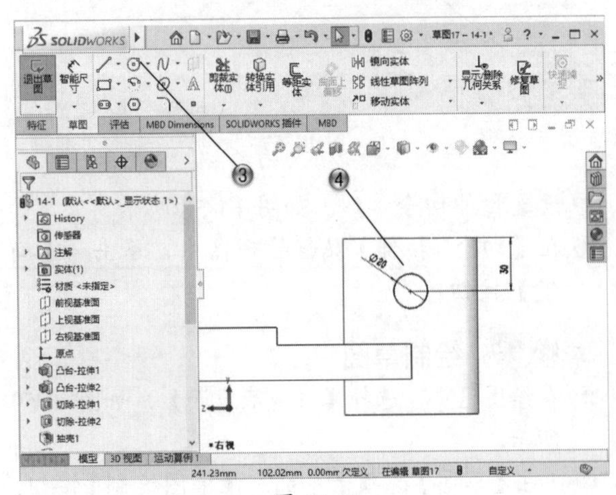

图 14-60

步骤 08 创建拉伸切除特征

① 在模型树中，选择【草图 17】，如图 14-61 所示。

② 单击【特征】选项卡中的【拉伸切除】按钮，创建拉伸切除特征。

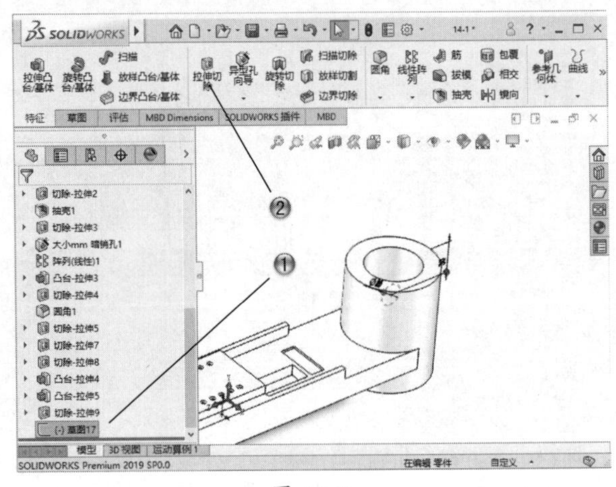

图 14-61

③ 设置拉伸切除参数，如图 14-62 所示。

④ 在【切除 - 拉伸】属性管理器中，单击【确定】按钮。

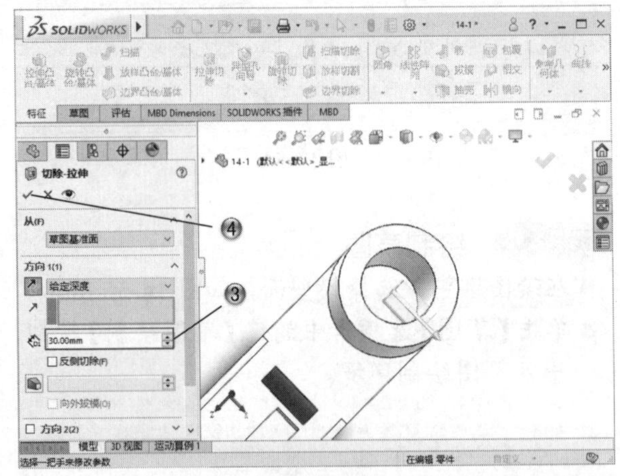

图 14-62

步骤 09 绘制草图

① 在绘图区中，选择模型面，如图 14-63 所示。

② 单击【草图】选项卡中的【草图绘制】按钮，进入草图绘制环境。

③ 单击【草图】选项卡中的【圆】按钮，绘制圆形，如图 14-64 所示。

④ 在绘图区中，绘制直径为 10 的圆形。

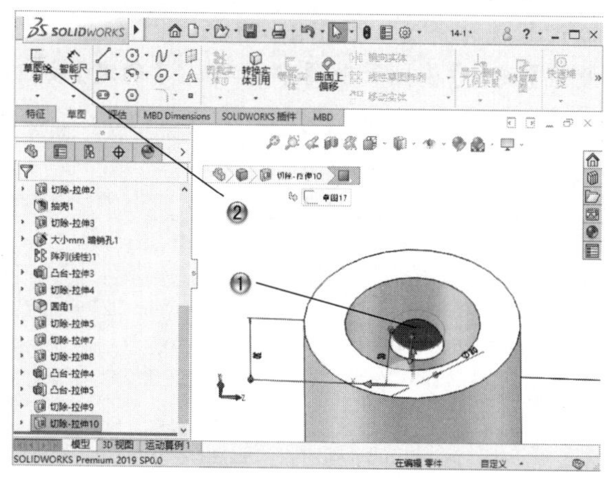

图 14-63

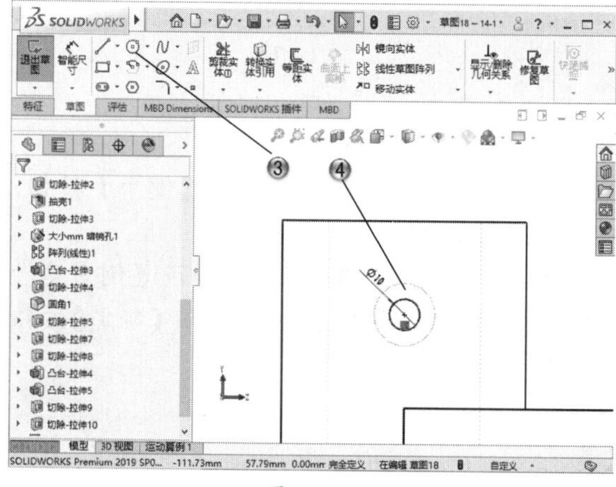

图 14-64

步骤10 创建拉伸切除特征

① 在模型树中，选择【草图 18】，如图 14-65 所示。

② 单击【特征】选项卡中的【拉伸切除】按钮，创建拉伸切除特征。

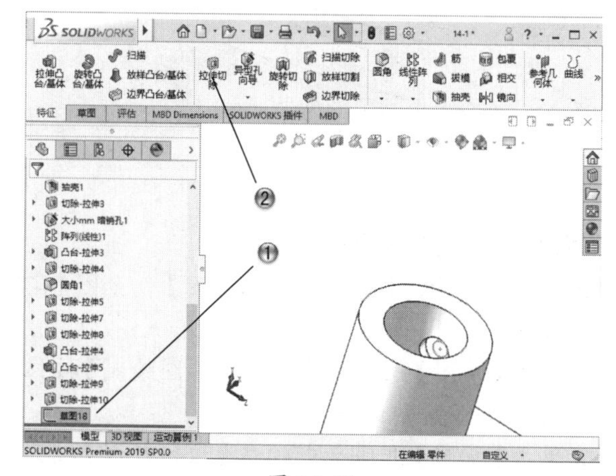

图 14-65

③ 设置拉伸切除参数，如图 14-66 所示。

④ 在【切除 - 拉伸】属性管理器中，单击【确定】按钮。

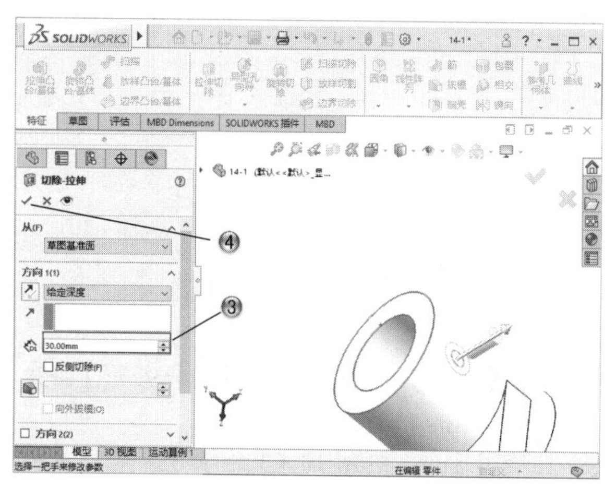

图 14-66

步骤11 创建倒角

① 单击【特征】选项卡中的【倒角】按钮，如图 14-67 所示。

② 在绘图区中，选择倒角边线，并设置倒角参数，

③ 在【倒角】属性管理器中，单击【确定】按钮，创建倒角特征。

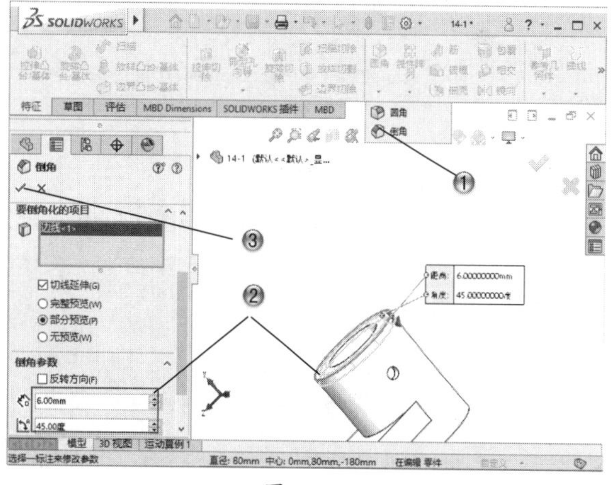

图 14-67

步骤12 绘制草图

① 在模型树中，选择【右视基准面】，如图 14-68 所示。

② 单击【草图】选项卡中的【草图绘制】按钮，进入草图绘制环境。

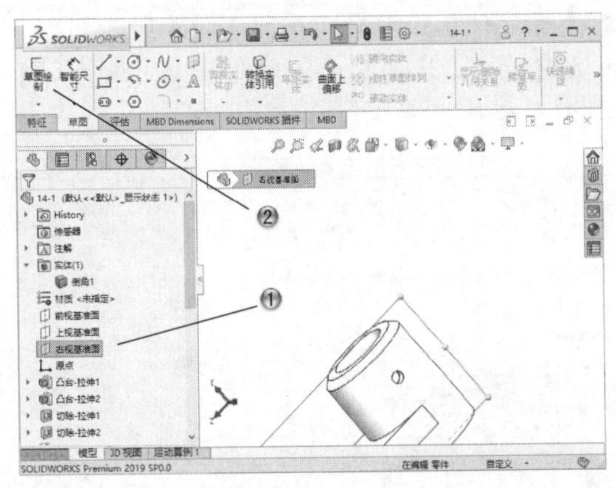

图 14-68

③ 单击【草图】选项卡中的【边角矩形】按钮，如图 14-69 所示。

④ 在绘图区中，绘制 10×3 的矩形。

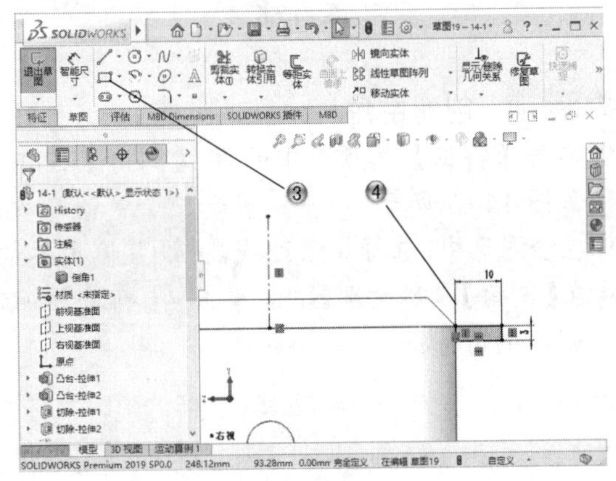

图 14-69

步骤 13 创建旋转特征

① 在模型树中，选择【草图 19】，如图 14-70 所示。

② 单击【特征】选项卡中的【旋转凸台/基体】按钮，创建旋转特征。

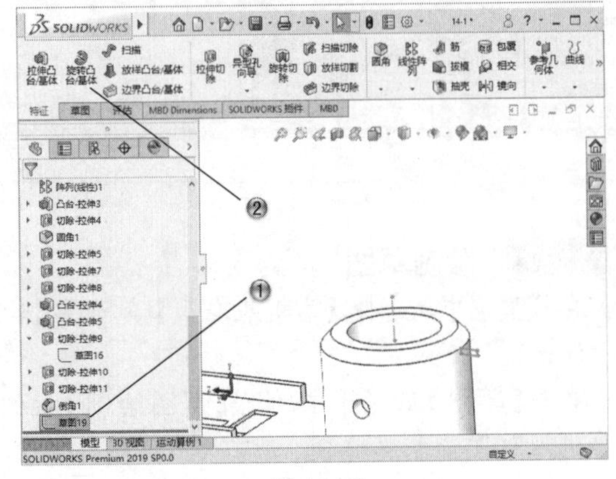

图 14-70

③ 设置旋转角度，如图 14-71 所示。

④ 在【旋转】属性管理器中，单击【确定】按钮。

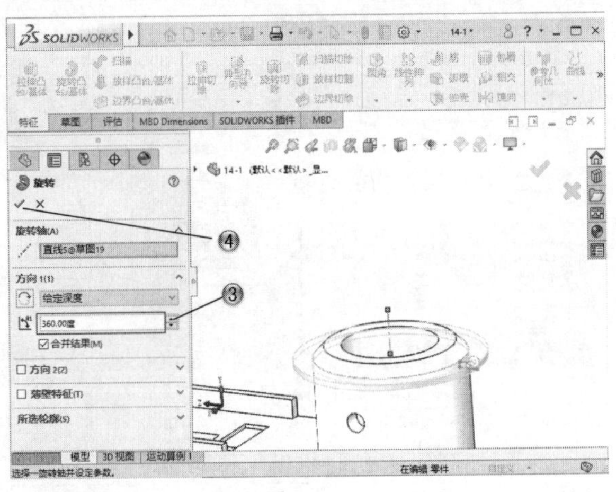

图 14-71

步骤 14 创建倒角

① 单击【特征】选项卡中的【倒角】按钮，如图 14-72 所示。

② 在绘图区中，选择倒角边线，并设置倒角参数。

③ 在【倒角】属性管理器中，单击【确定】按钮，创建倒角特征。

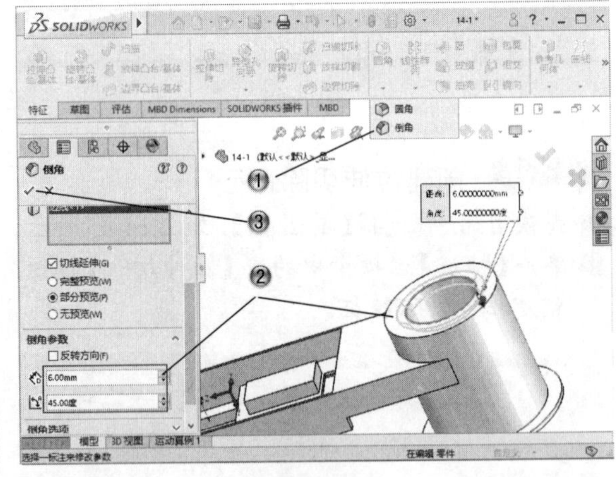

图 14-72

步骤 15 绘制草图

① 在模型树中，选择【右视基准面】，如图 14-73 所示。

② 单击【草图】选项卡中的【草图绘制】按钮，进入草图绘制环境。

③ 单击【草图】选项卡中的【边角矩形】按钮，如图 14-74 所示。

④ 在绘图区中，绘制5×5的矩形。

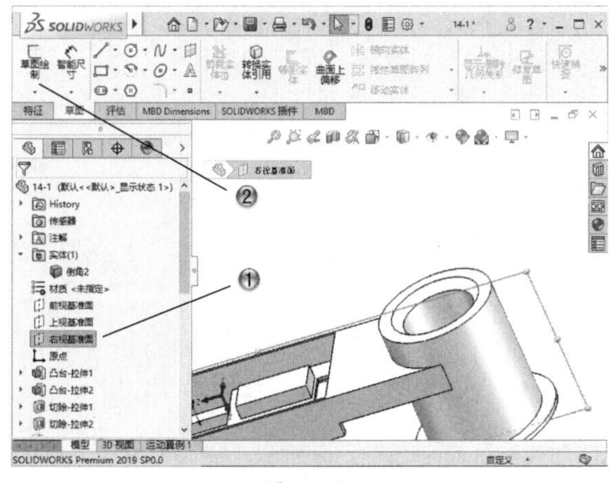

图 14-73

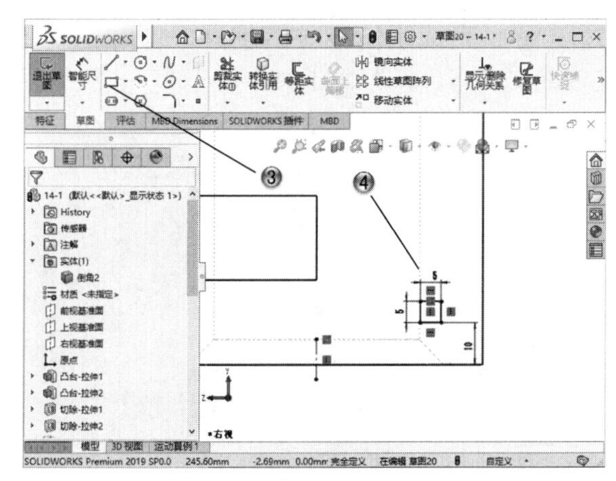

图 14-74

步骤16 创建旋转切除特征

① 在模型树中，选择【草图20】，如图14-75所示。

② 单击【特征】工具栏中的【旋转切除】按钮，创建旋转切除特征。

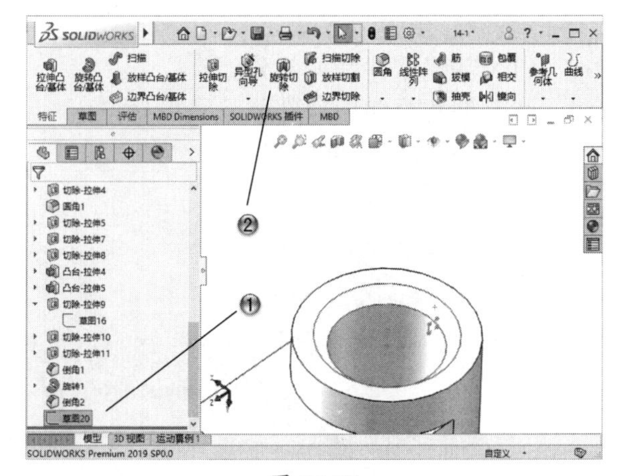

图 14-75

③ 设置旋转切除角度，如图14-76所示。

④ 在【切除-旋转】属性管理器中，单击✓【确定】按钮。

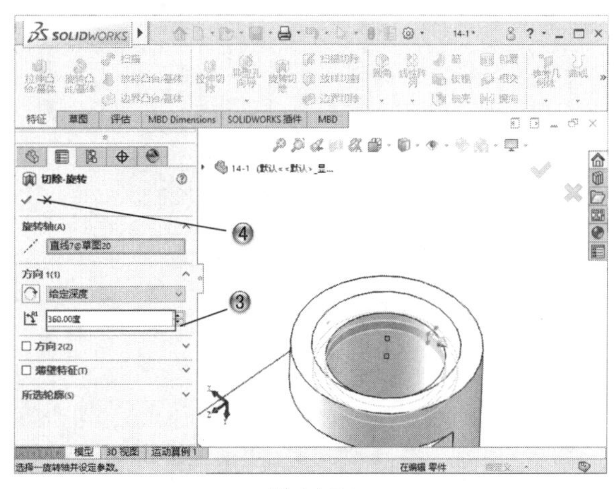

图 14-76

步骤17 绘制草图

① 在绘图区中，选择模型面，如图14-77所示。

② 单击【草图】选项卡中的【草图绘制】按钮，进入草图绘制环境。

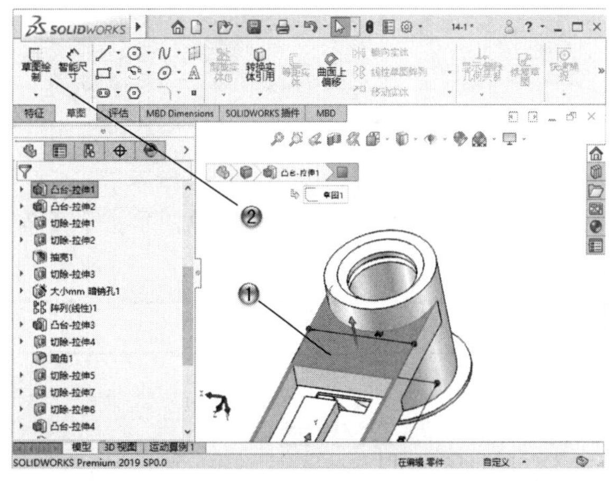

图 14-77

③ 单击【草图】选项卡中的【圆】按钮，如图14-78所示。

④ 在绘图区中，绘制两个直径为64的圆形。

步骤18 创建拉伸切除特征

① 在模型树中，选择【草图21】，如图14-79所示。

② 单击【特征】选项卡中的【拉伸切除】按钮，创建拉伸切除特征。

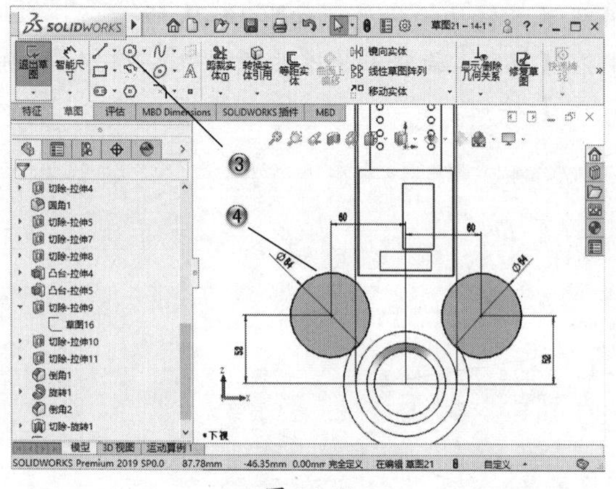
图 14-78

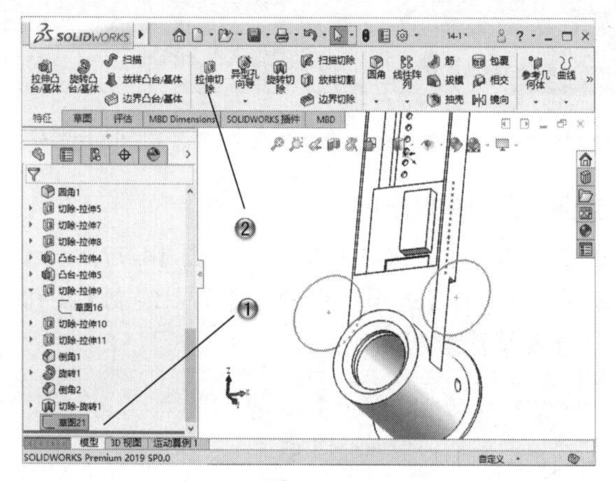
图 14-79

③ 设置拉伸切除参数，如图 14-80 所示。

④ 在【切除 - 拉伸】属性管理器中，单击✓【确定】按钮。

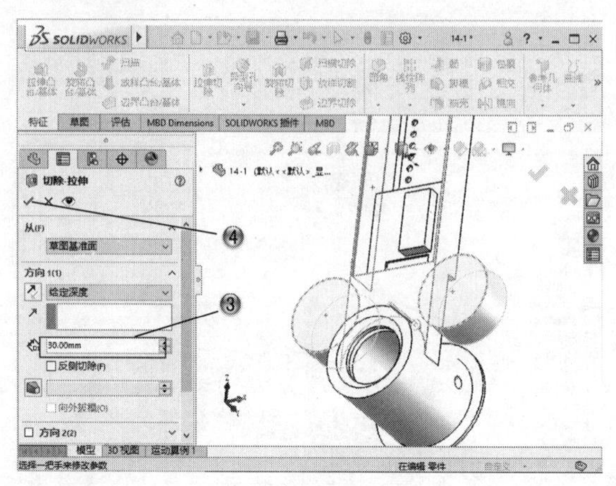
图 14-80

步骤 19 完成定位零件的创建

完成的定位零件，如图 14-81 所示。

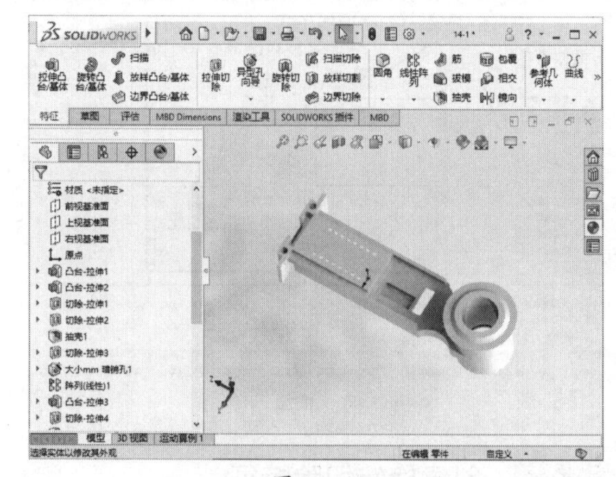
图 14-81

14.3 本章小结和练习

14.3.1 本章小结

本章详细讲解了机床定位零件的创建方法和步骤，对于每一步来说，创建特征是简单的，对于整体而言，使每一个特征对应上是复杂的。在创建实际零件的过程当中，最重要的是零件的参数对应性和整体性。

14.3.2 练习

如图 14-82 所示，是一个定位盘零件，使用本章所学的知识创建零件模型。

一般创建步骤和方法：

（1）创建零件基体部分。

（2）创建拉伸切除部分。

（3）创建旋转切除部分。

（4）创建孔特征。

图 14-82

第15章

综合设计范例（二）——加压泵装配设计

本章导读

加压泵也叫增压泵，顾名思义就是用来增加压力的泵，其用途主要有热水器增压用、高楼低水压、桑拿浴、洗浴等加压用、公寓最上层水压不足的加压、太阳能自动增压、反渗透净水器增压用等等。

本章设计的加压泵属于空气泵，空气增压泵原理是利用大面积活塞的低气压产生小面积活塞的高液压，加压泵是整个增压系统的一部分，由3个零件组成。本章采用自上而下的创建方法，依次创建小零件，最后进行装配。

15.1 案例分析

本范例完成文件：ywj \15\15-1.sldprt、15-2.sldprt、15-3.sldprt、15-4.sldasm

本节的范例是创建一个加压泵的装配模型，首先创建泵体，之后创建柱塞，最后创建连接气缸部分，需要对应的参数是泵体的内径部分；装配配合部分是同面和同轴配合。创建完成的加压泵装配模型，如图 15-1 所示。

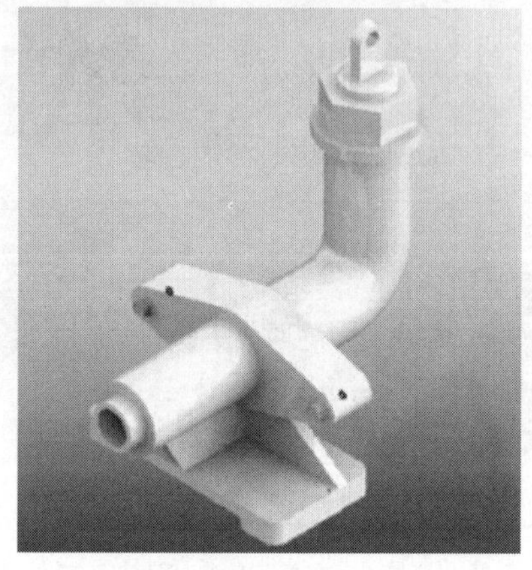

图 15-1

15.2 案例操作

15.2.1 创建泵体

步骤 01 绘制草图

① 在模型树中，选择【上视基准面】，如图 15-2 所示。

② 单击【草图】选项卡中的【草图绘制】按钮，进入草图绘制环境。

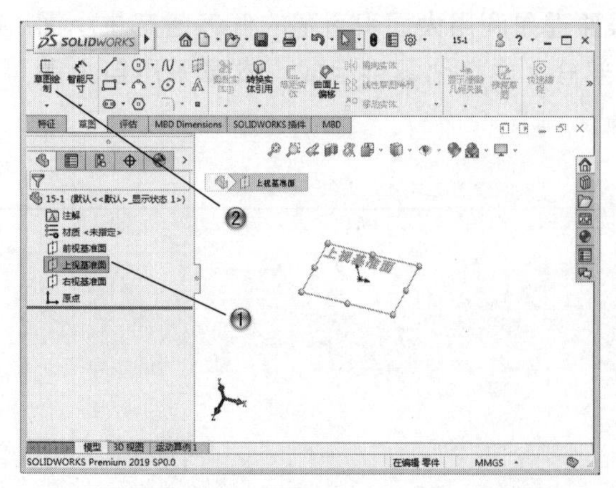

图 15-2

③ 单击【草图】选项卡中的【边角矩形】按钮，如图 15-3 所示。

④ 在绘图区中，绘制 400×200 的矩形。

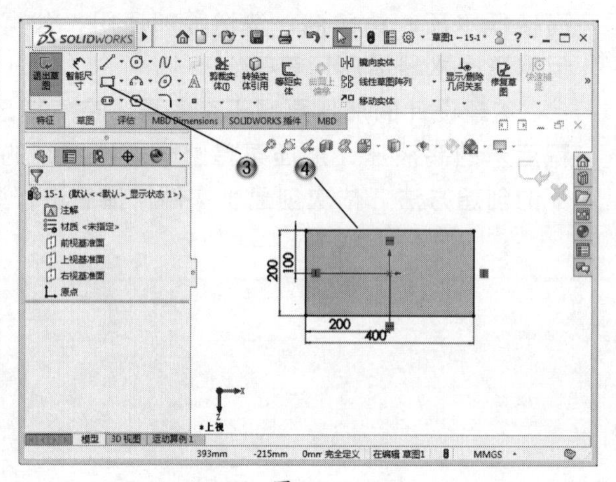

图 15-3

步骤 02 创建拉伸特征

① 在模型树中，选择【草图 1】，如图 15-4 所示。

② 单击【特征】选项卡中的【拉伸凸台 / 基体】按钮，创建拉伸特征。

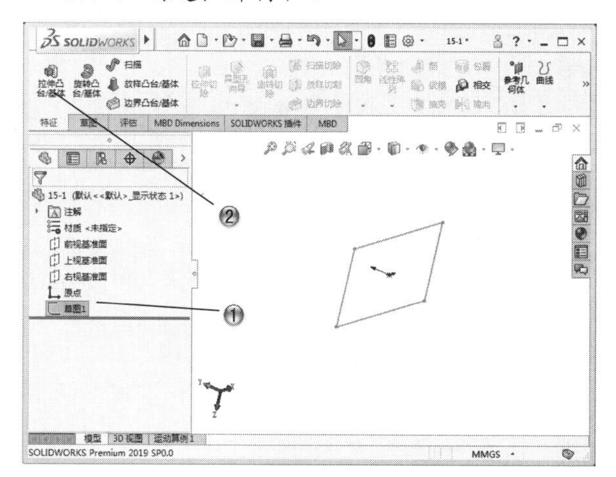

图 15-4

③ 设置拉伸参数，如图 15-5 所示。

④ 在【凸台 - 拉伸】属性管理器中，单击【确定】按钮。

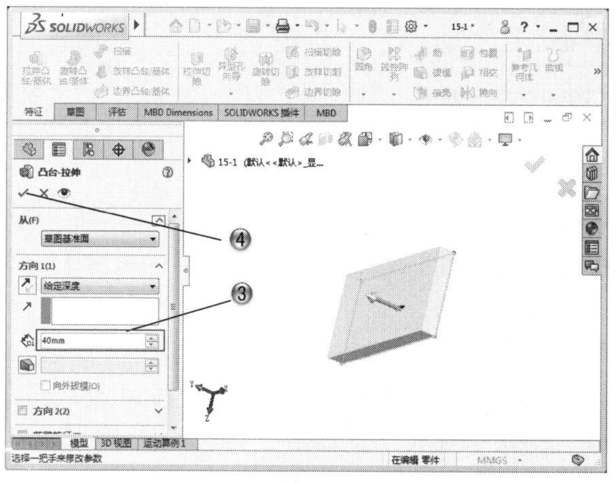

图 15-5

步骤 03 创建圆角特征

① 单击【特征】选项卡中的【圆角】按钮，如图 15-6 所示。

② 在绘图区中，选择圆角边线，并设置圆角参数。

③ 在【圆角】属性管理器中，单击【确定】按钮，创建圆角特征。

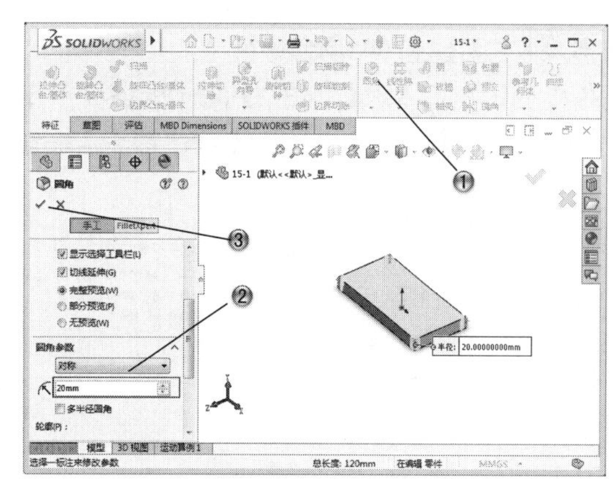

图 15-6

步骤 04 绘制草图

① 在模型树中，选择【前视基准面】，如图 15-7 所示。

② 单击【草图】选项卡中的【草图绘制】按钮，进入草图绘制环境。

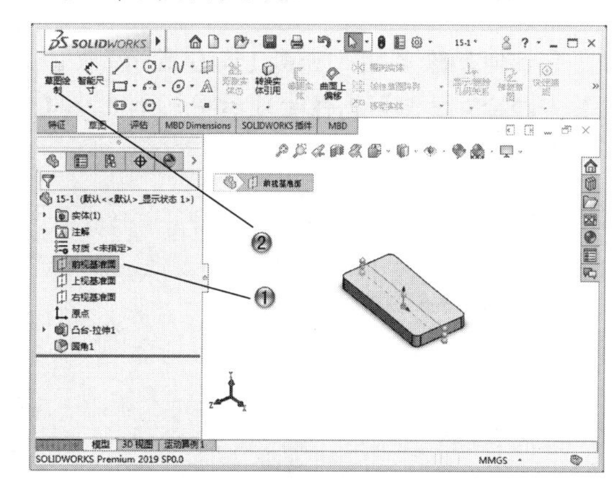

图 15-7

③ 单击【草图】选项卡中的【直线】按钮，如图 15-8 所示。

④ 在绘图区中，绘制草图。

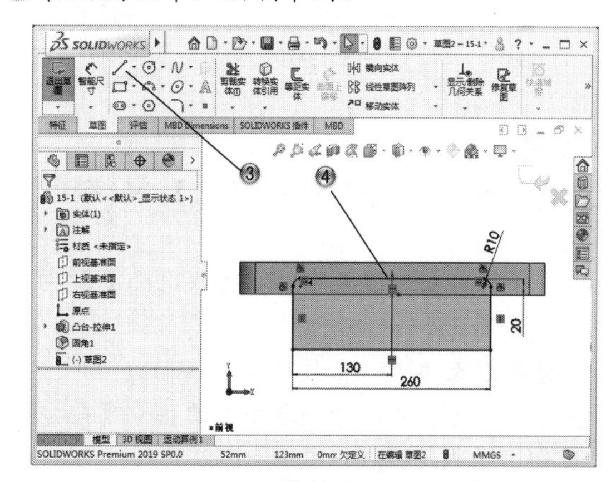

图 15-8

步骤 05 创建拉伸切除特征

① 在模型树中，选择【草图 2】，如图 15-9 所示。

② 单击【特征】选项卡中的【拉伸切除】按钮，创建拉伸切除特征。

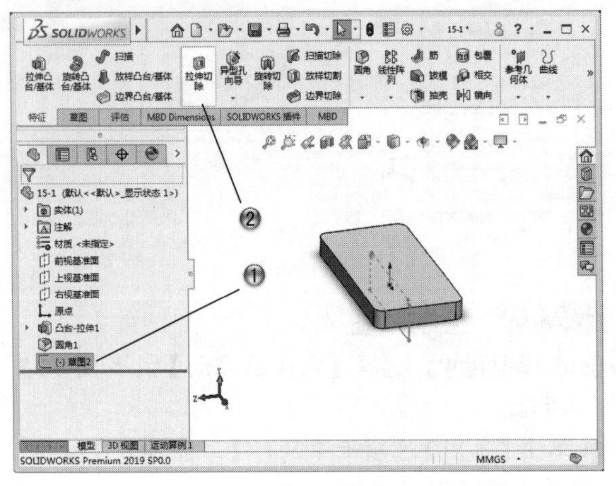

图 15-9

③ 设置拉伸切除参数，如图 15-10 所示。

④ 在【切除 - 拉伸】属性管理器中，单击【确定】按钮。

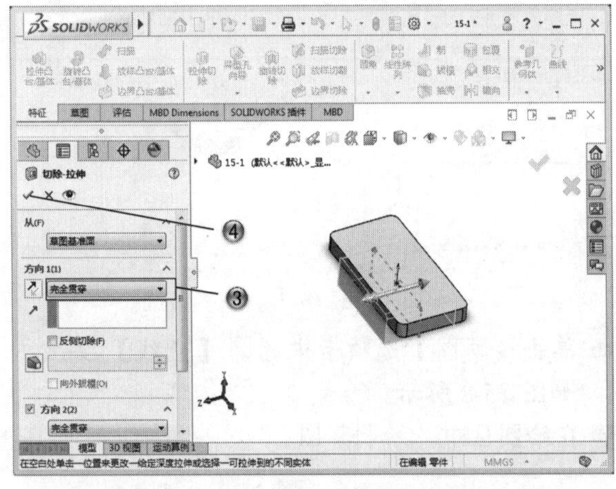

图 15-10

步骤 06 创建基准面

① 在模型树中，选择【前视基准面】，如图 15-11 所示。

② 单击【特征】选项卡中的【基准面】按钮，创建基准面。

③ 设置基准面参数，如图 15-12 所示。

④ 在【基准面】属性管理器中，单击【确定】按钮。

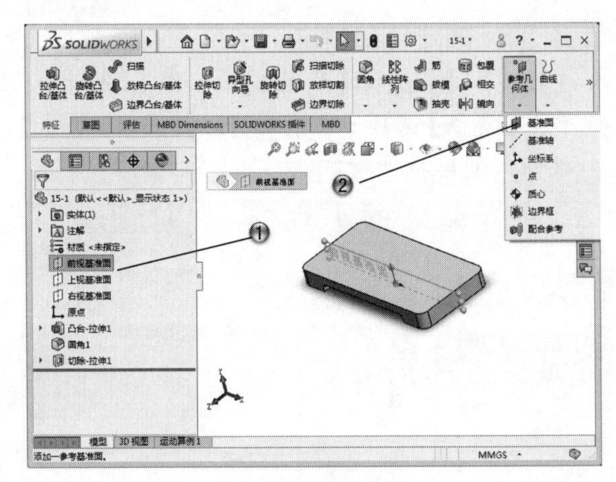

图 15-11

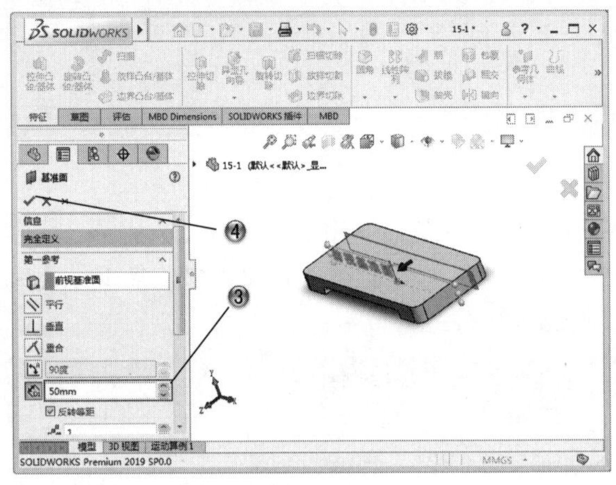

图 15-12

步骤 07 绘制草图

① 在模型树中，选择【基准面 4】，如图 15-13 所示。

② 单击【草图】选项卡中的【草图绘制】按钮，进入草图绘制环境。

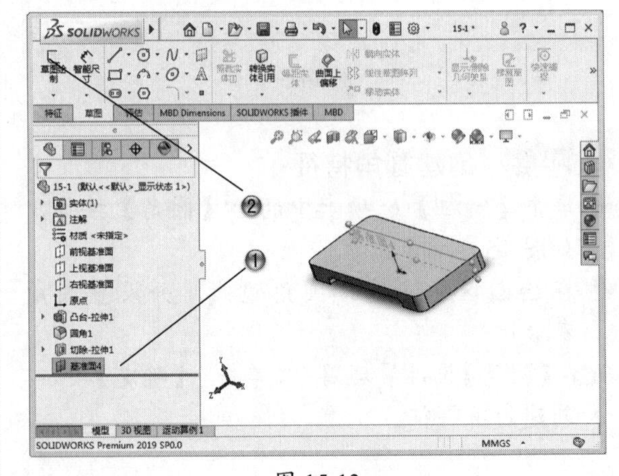

图 15-13

③ 单击【草图】选项卡中的【直线】按钮，如图 15-14 所示。

④ 在绘图区中，绘制三角形。

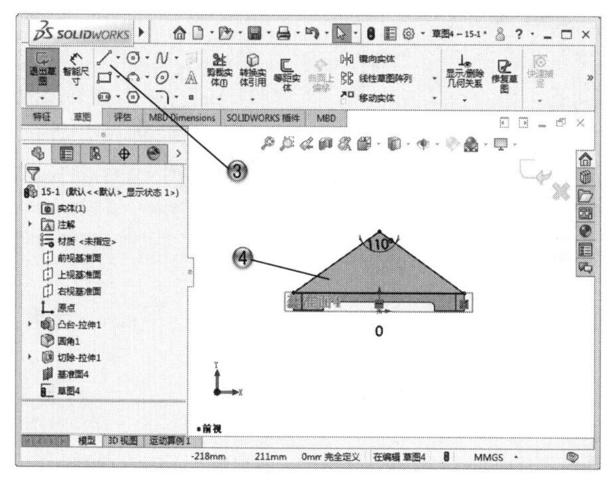

图 15-14

步骤 08 创建拉伸特征

① 在模型树中，选择【草图 4】，如图 15-15 所示。

② 单击【特征】选项卡中的【拉伸凸台 / 基体】按钮，创建拉伸特征。

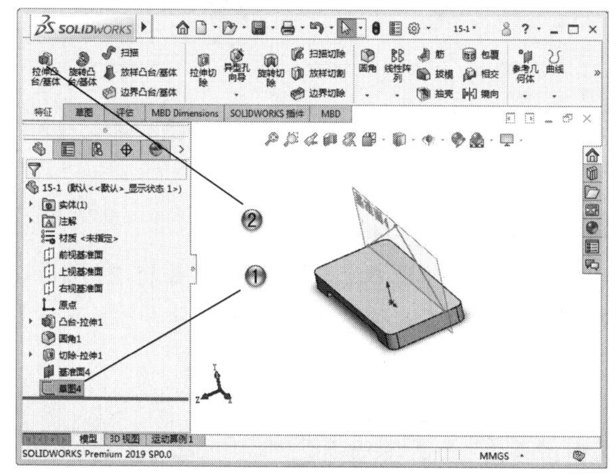

图 15-15

③ 设置拉伸参数，如图 15-16 所示。

④ 在【凸台 - 拉伸】属性管理器中，单击【确定】按钮。

步骤 09 绘制草图

① 在模型树中，选择【右视基准面】，如图 15-17 所示。

② 单击【草图】选项卡中的【草图绘制】按钮，进入草图绘制环境。

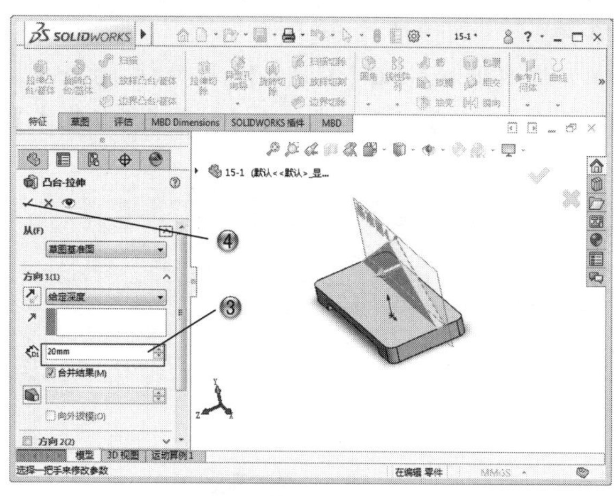

图 15-16

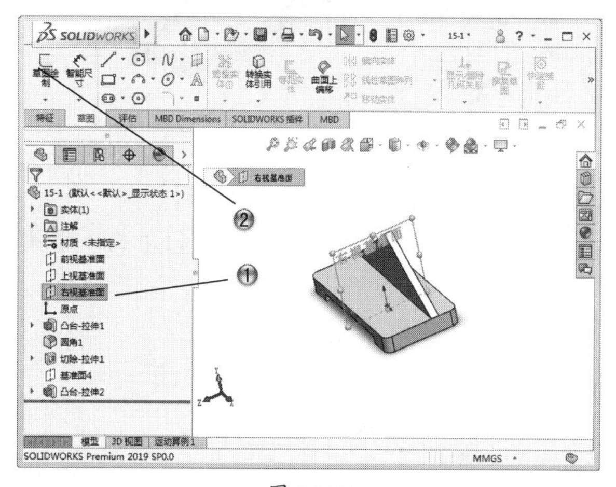

图 15-17

③单击【草图】选项卡中的【直线】按钮，如图 15-18 所示。

④在绘图区中，绘制梯形。

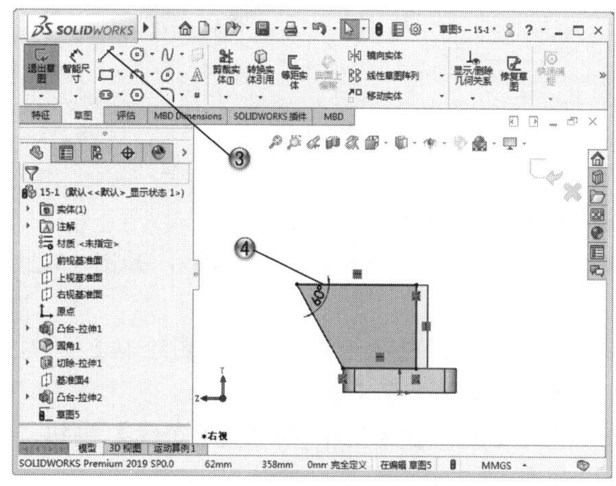

图 15-18

步骤 10 创建拉伸特征

① 在模型树中，选择【草图5】，如图15-19所示。

② 单击【特征】选项卡中的【拉伸凸台/基体】按钮，创建拉伸特征。

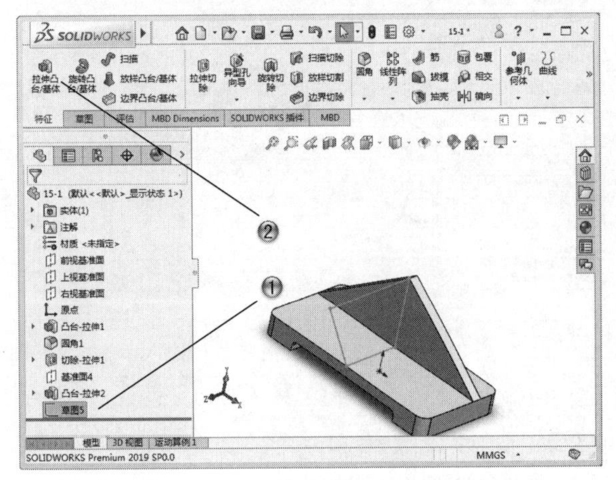

图 15-19

③ 设置拉伸参数，如图15-20所示。

④ 在【凸台-拉伸】属性管理器中，单击【确定】按钮。

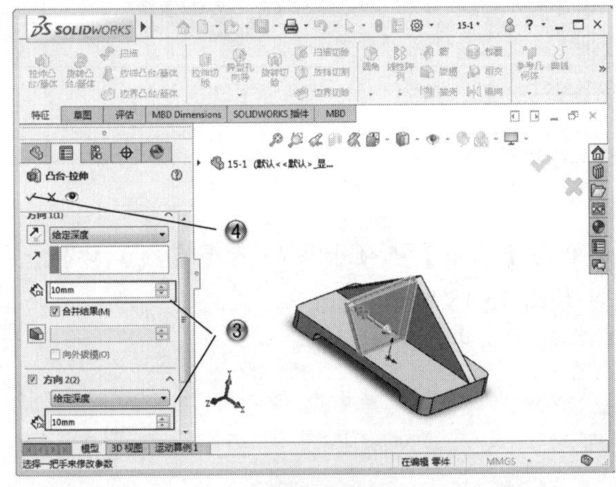

图 15-20

步骤 11 绘制草图

① 在模型树中，选择【基准面1】，如图15-21所示。

② 单击【草图】选项卡中的【草图绘制】按钮，进入草图绘制环境。

③ 单击【草图】选项卡中的【直线】按钮，如图15-22所示。

④ 在绘图区中，绘制草图。

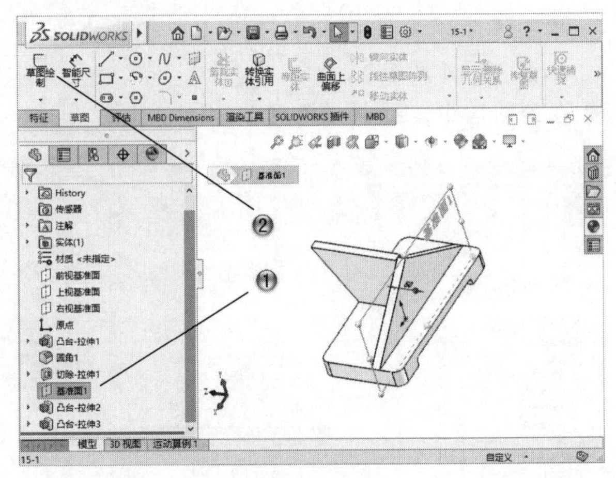

图 15-21

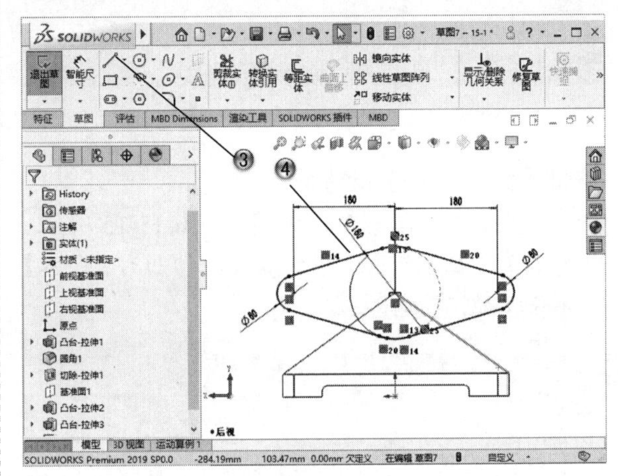

图 15-22

步骤 12 创建拉伸特征

① 在模型树中，选择【草图6】，如图15-23所示。

② 单击【特征】选项卡中的【拉伸凸台/基体】按钮，创建拉伸特征。

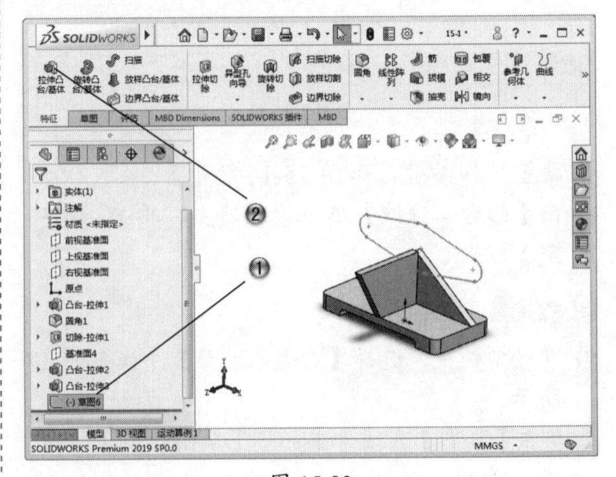

图 15-23

③ 设置拉伸参数，如图 15-24 所示。

④ 在【凸台 - 拉伸】属性管理器中，单击✓【确定】按钮。

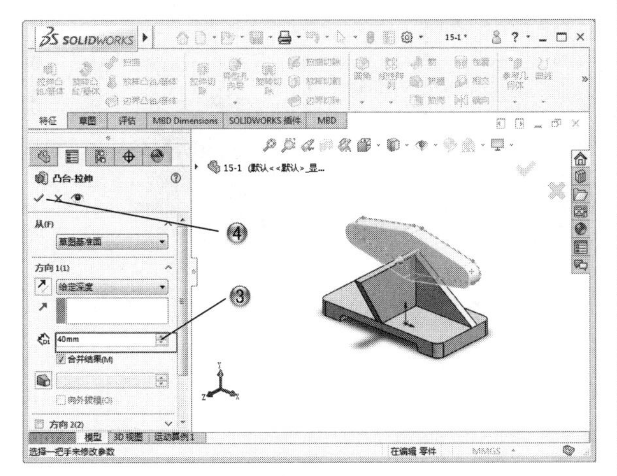

图 15-24

步骤 13 绘制草图

① 在绘图区中，选择模型面，如图 15-25 所示。

② 单击【草图】选项卡中的【草图绘制】按钮，进入草图绘制环境。

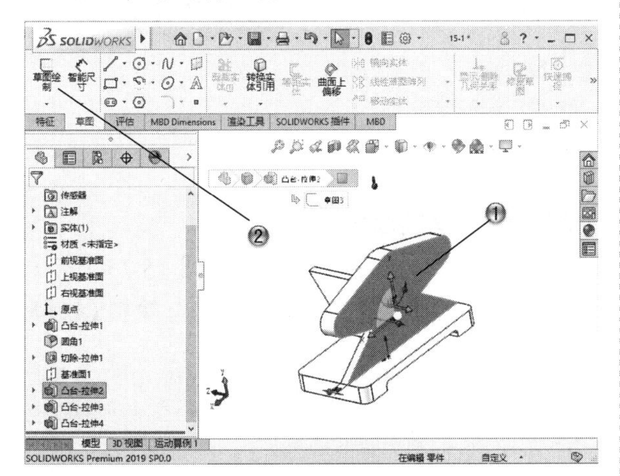

图 15-25

③ 单击【草图】选项卡中的【圆】按钮，如图 15-26 所示。

④ 在绘图区中，绘制直径为 120 的圆形。

步骤 14 创建拉伸特征

① 在模型树中，选择【草图 7】，如图 15-27 所示。

② 单击【特征】选项卡中的【拉伸凸台 / 基体】按钮，创建拉伸特征。

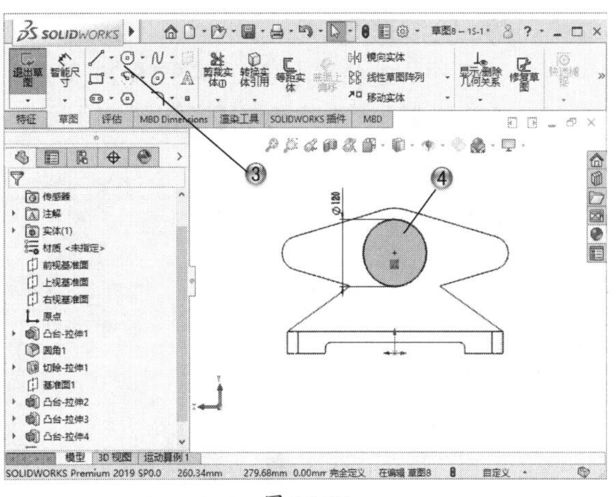

图 15-26

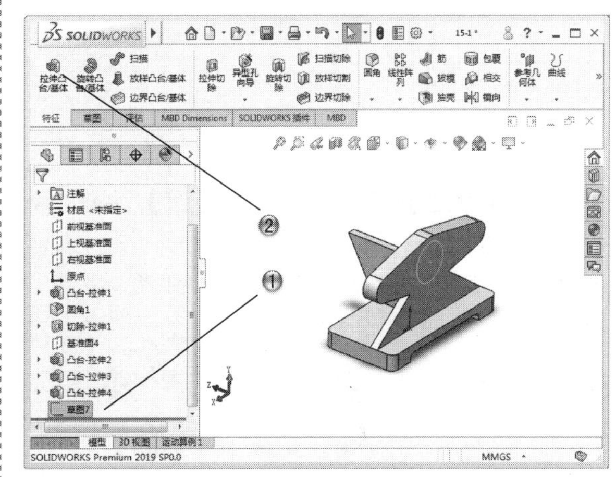

图 15-27

③ 设置拉伸参数，如图 15-28 所示。

④ 在【凸台 - 拉伸】属性管理器中，单击✓【确定】按钮。

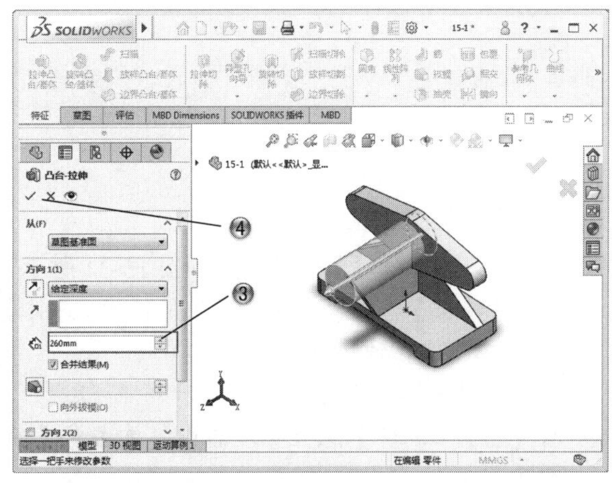

图 15-28

步骤 15 绘制草图

① 在绘图区中，选择模型面，如图 15-29 所示。

② 单击【草图】选项卡中的【草图绘制】按钮，进入草图绘制环境。

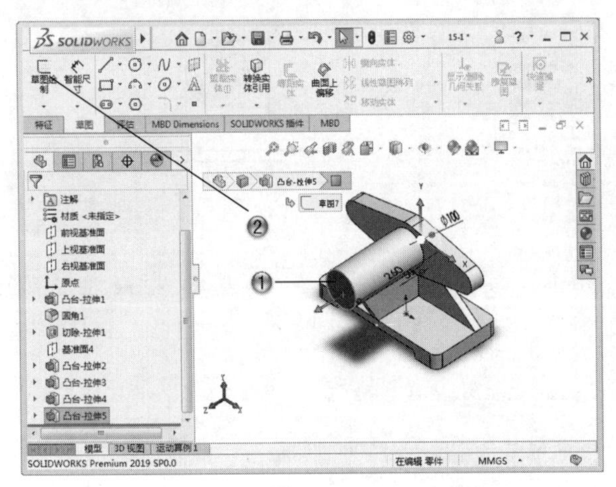

图 15-29

③ 单击【草图】选项卡中的【圆】按钮，如图 15-30 所示。

④ 在绘图区中，绘制直径为 80 的圆形。

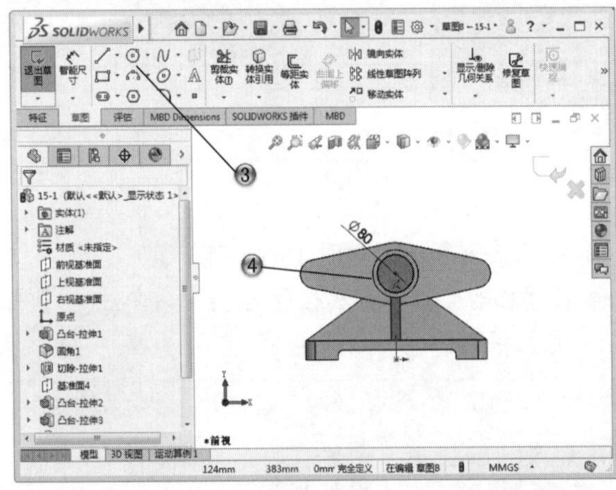

图 15-30

步骤 16 创建拉伸特征

① 在模型树中，选择【草图 8】，如图 15-31 所示。

② 单击【特征】选项卡中的【拉伸凸台 / 基体】按钮，创建拉伸特征。

③ 设置拉伸参数，如图 15-32 所示。

④ 在【凸台 - 拉伸】属性管理器中，单击【确定】按钮。

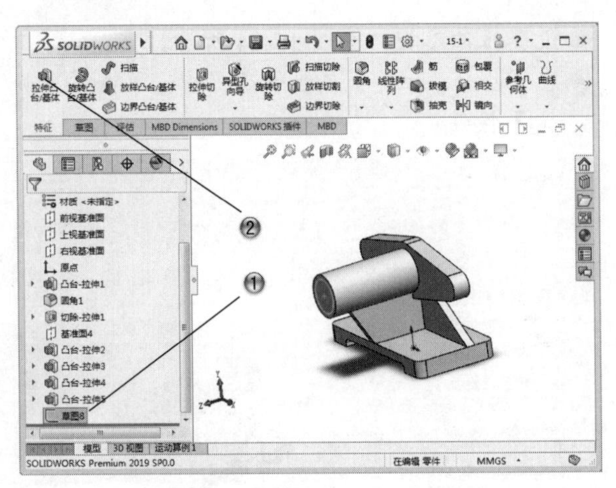

图 15-31

图 15-32

步骤 17 绘制草图

① 在绘图区中，选择模型面，如图 15-33 所示。

② 单击【草图】选项卡中的【草图绘制】按钮，进入草图绘制环境。

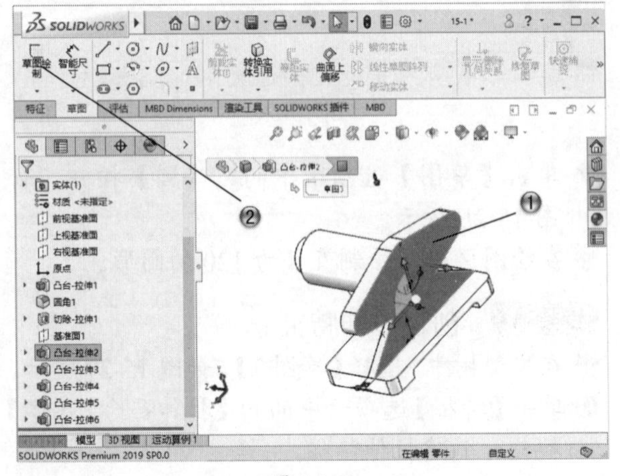

图 15-33

③ 单击【草图】选项卡中的【圆】按钮，如图 15-34 所示。

④ 在绘图区中，绘制直径为 90 的圆形。

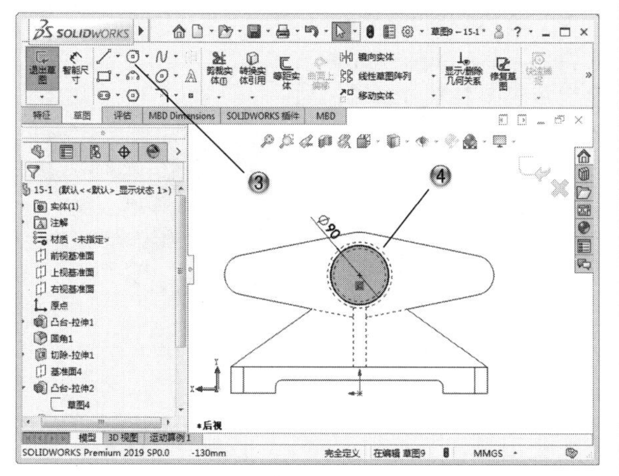

图 15-34

步骤 18 创建拉伸切除特征

① 在模型树中，选择【草图 9】，如图 15-35 所示。

② 单击【特征】选项卡中的【拉伸切除】按钮，创建拉伸切除特征。

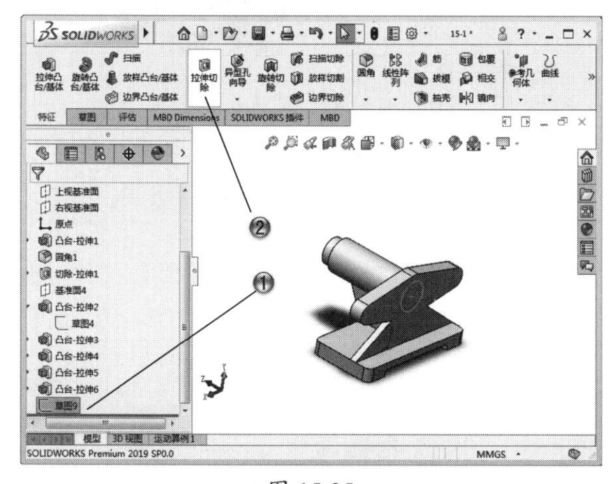

图 15-35

③ 设置拉伸切除参数，如图 15-36 所示。

④ 在【切除 - 拉伸】属性管理器中，单击【确定】按钮。

步骤 19 绘制草图

① 在绘图区中，选择模型面，如图 15-37 所示。

② 单击【草图】选项卡中的【草图绘制】按钮，进入草图绘制环境。

图 15-36

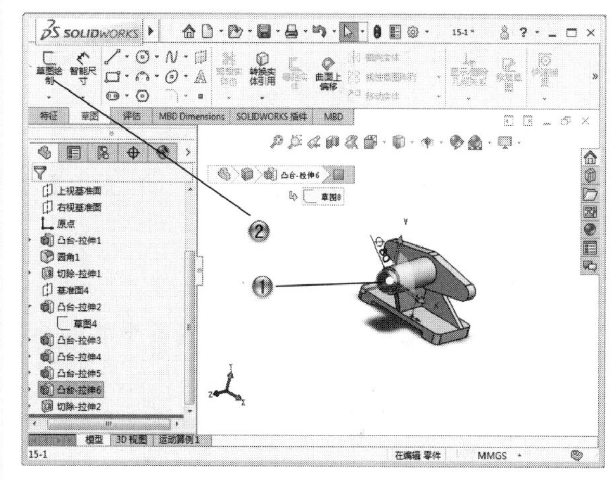

图 15-37

③单击【草图】选项卡中的【圆】按钮，如图 15-38 所示。

④在绘图区中，绘制直径为 60 的圆形。

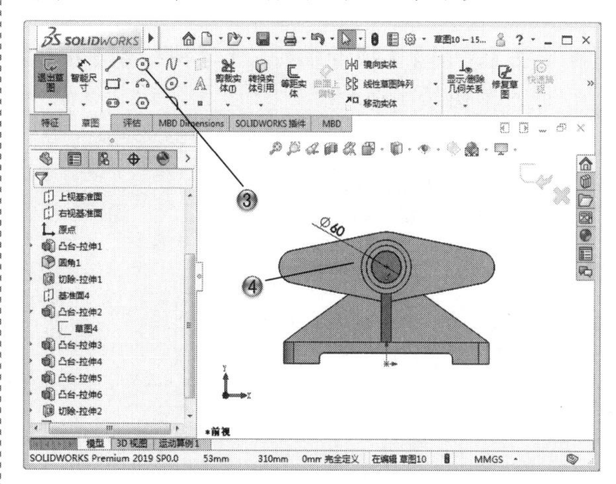

图 15-38

步骤 20 创建拉伸切除特征

① 在模型树中，选择【草图 10】，如图 15-39 所示。

② 单击【特征】选项卡中的【拉伸切除】按钮，创建拉伸切除特征。

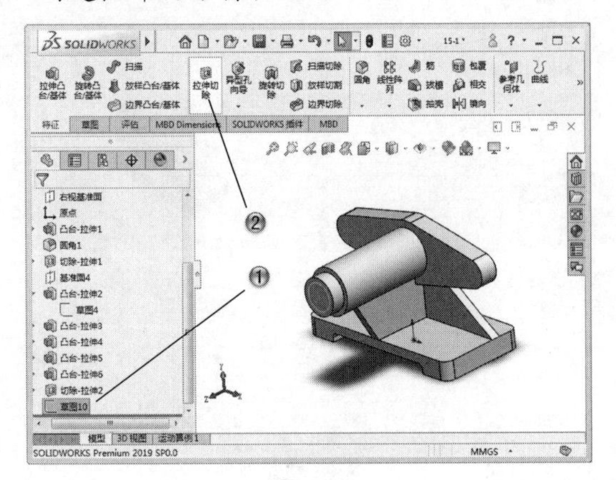

图 15-39

③ 设置拉伸切除参数，如图 15-40 所示。

④ 在【切除 - 拉伸】属性管理器中，单击【确定】按钮。

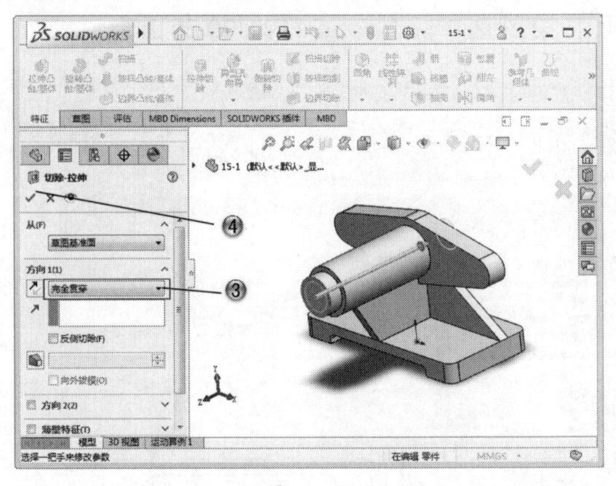

图 15-40

步骤 21 创建异型孔

① 在【特征】选项卡中，单击【异型孔向导】按钮，如图 15-41 所示。

② 在模型面上，设置孔的位置并设置参数。

③ 在【孔规格】属性管理器中，单击【确定】按钮。

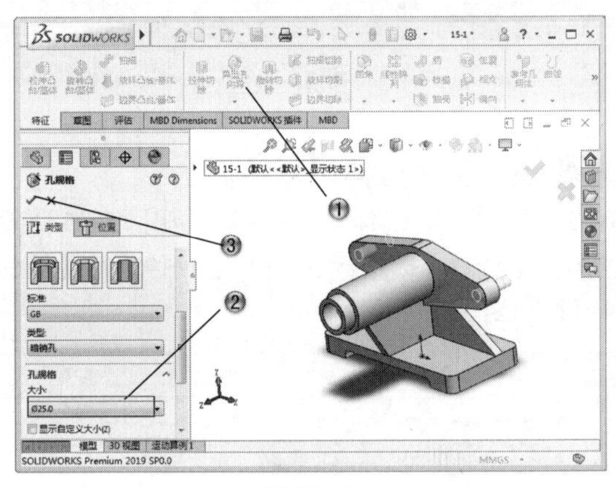

图 15-41

15.2.2 创建柱塞

步骤 01 绘制草图

① 在模型树中，选择【前视基准面】，如图 15-42 所示。

② 单击【草图】选项卡中的【草图绘制】按钮，进入草图绘制环境。

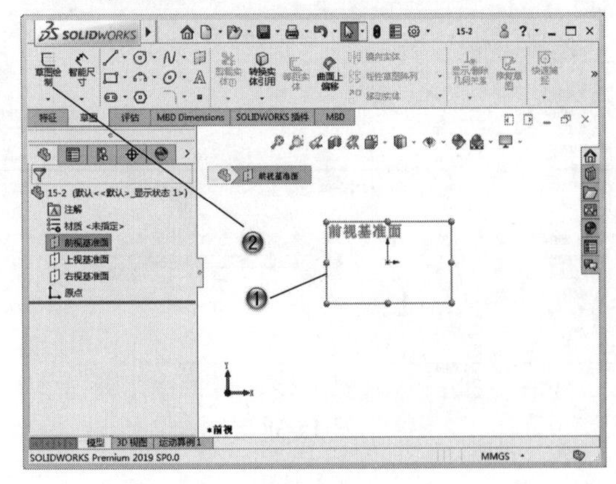

图 15-42

③ 单击【草图】选项卡中的【圆】按钮，如图 15-43 所示。

④ 在绘图区中，绘制直径为 90 的圆形。

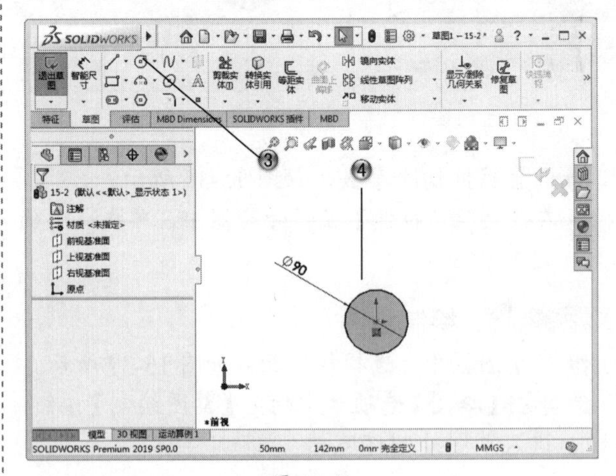

图 15-43

步骤 02 创建拉伸特征

① 在模型树中，选择【草图 1】，如图 15-44 所示。

② 单击【特征】选项卡中的【拉伸凸台 / 基体】按钮，创建拉伸特征。

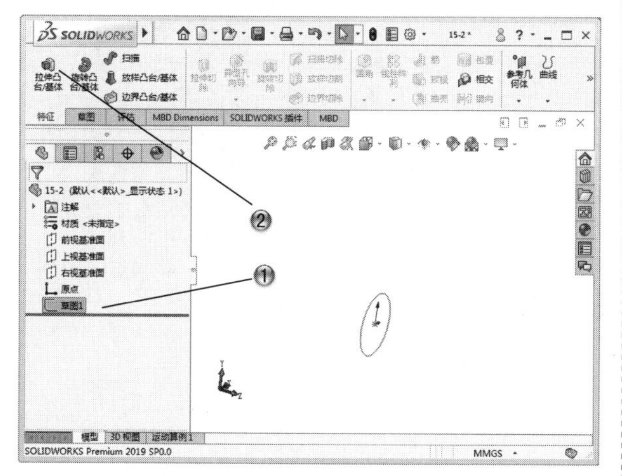

图 15-44

③ 设置拉伸参数，如图 15-45 所示。

④ 在【凸台 - 拉伸】属性管理器中，单击【确定】按钮。

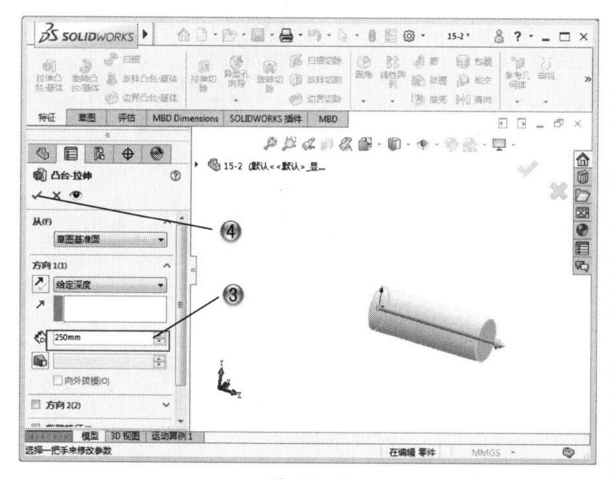

图 15-45

步骤 03 绘制草图

① 在模型树中，选择【右视基准面】，如图 15-46 所示。

② 单击【草图】选项卡中的【草图绘制】按钮，进入草图绘制环境。

③ 单击【草图】选项卡中的【直线】按钮，如图 15-47 所示。

④ 在绘图区中，绘制草图。

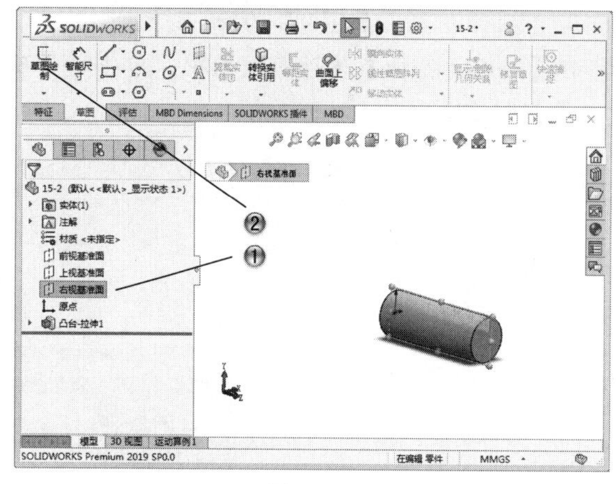

图 15-46

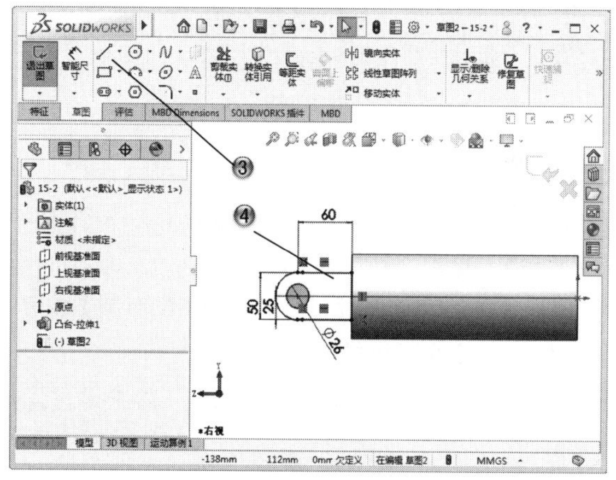

图 15-47

步骤 04 创建拉伸特征

① 在模型树中，选择【草图 2】，如图 15-48 所示。

② 单击【特征】选项卡中的【拉伸凸台 / 基体】按钮，创建拉伸特征。

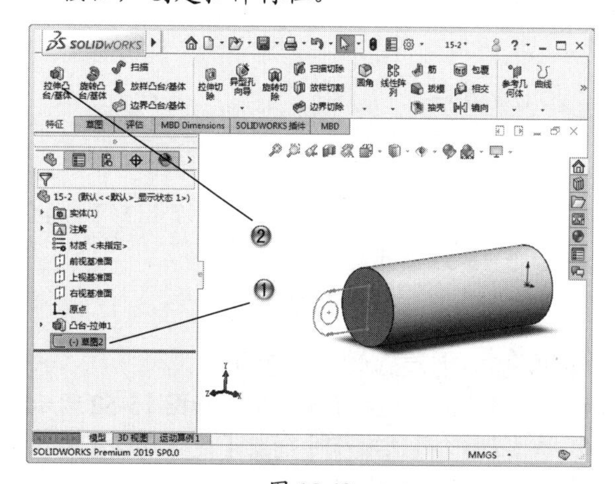

图 15-48

③ 设置拉伸参数，如图 15-49 所示。

④ 在【凸台 - 拉伸】属性管理器中，单击✓【确定】按钮。

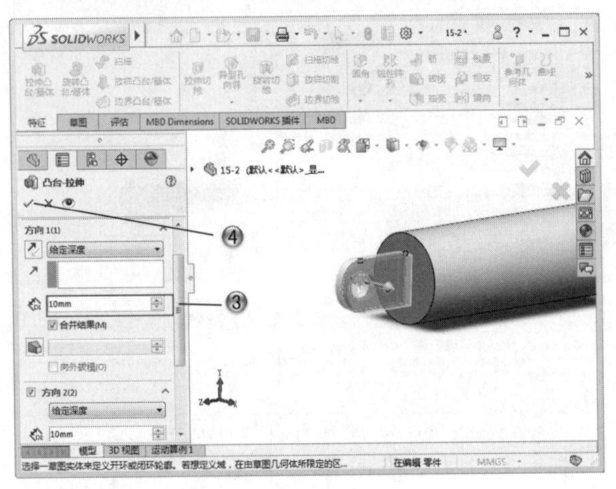

图 15-49

步骤 05 绘制草图

① 在模型树中，选择【上视基准面】，如图 15-50 所示。

② 单击【草图】选项卡中的【草图绘制】按钮，进入草图绘制环境。

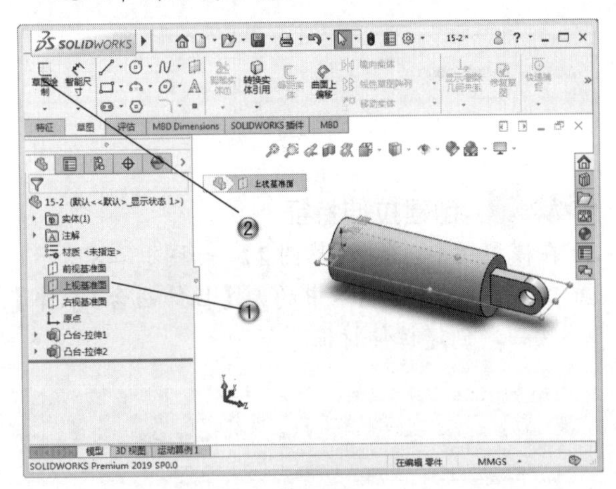

图 15-50

③ 单击【草图】选项卡中的【边角矩形】按钮，如图 15-51 所示。

④ 在绘图区中，绘制宽为 6 的矩形。

步骤 06 创建旋转切除特征

① 在模型树中，选择【草图 3】，如图 15-52 所示。

② 单击【特征】选项卡中的【旋转切除】按钮，创建旋转切除特征。

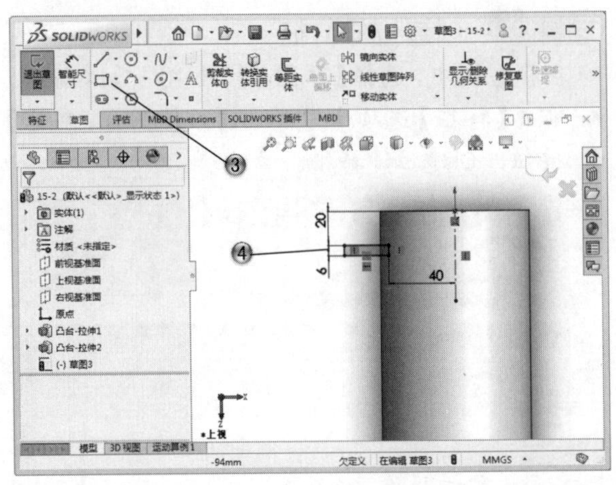

图 15-51

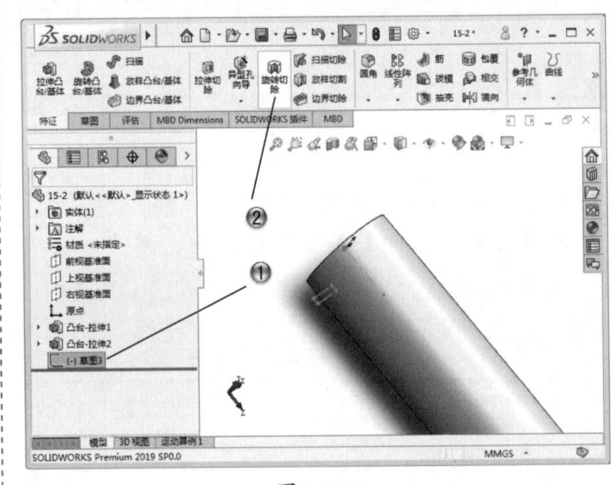

图 15-52

③ 设置旋转角度，如图 15-53 所示。

④ 在【切除 - 旋转】属性管理器中，单击✓【确定】按钮。

图 15-53

步骤 07 阵列特征

① 单击【特征】选项卡中的【线性阵列】按钮，如图 15-54 所示。

② 在绘图区中，选择特征并设置阵列参数。

③ 在【线性阵列】属性管理器中，单击【确定】按钮，创建阵列。

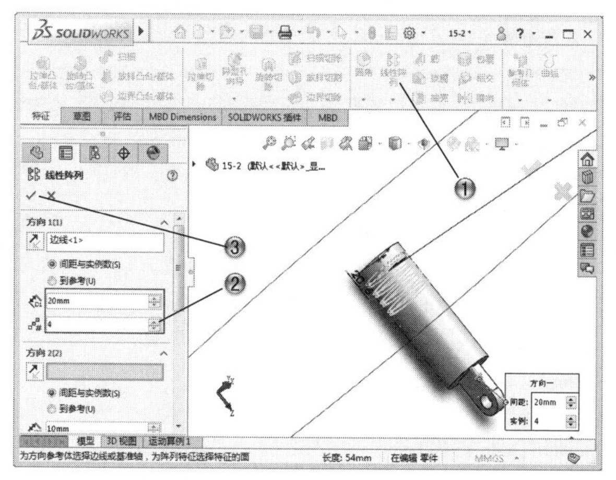

图 15-54

步骤 08 创建倒角 1

① 单击【特征】选项卡中的【倒角】按钮，如图 15-55 所示。

② 在绘图区中，选择倒角边线，并设置倒角参数。

③ 在【倒角】属性管理器中，单击【确定】按钮，创建倒角特征。

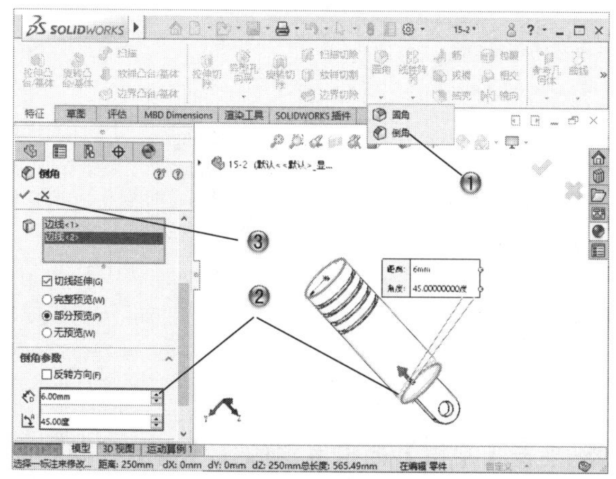

图 15-55

步骤 09 创建倒角 2

① 单击【特征】选项卡中的【倒角】按钮，如图 15-56 所示。

② 在绘图区中，选择倒角边线，并设置倒角参数。

③ 在【倒角】属性管理器中，单击【确定】按钮，创建倒角特征。

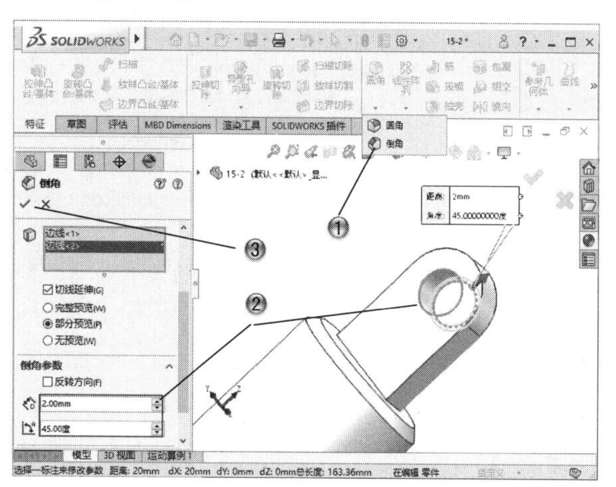

图 15-56

15.2.3 创建气缸

步骤 01 绘制草图

① 在模型树中，选择【上视基准面】，如图 15-57 所示。

② 单击【草图】选项卡中的【草图绘制】按钮，进入草图绘制环境。

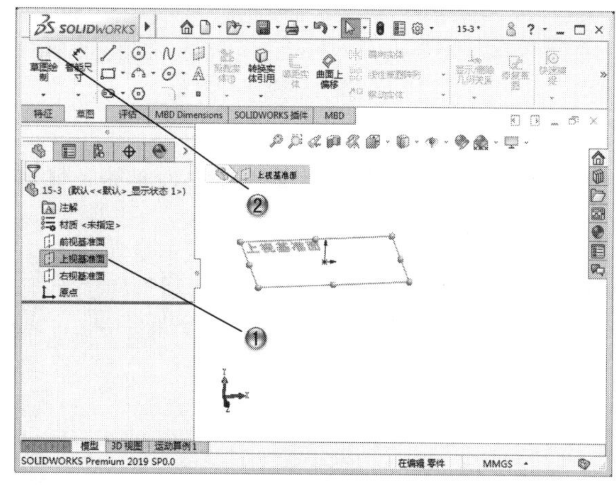

图 15-57

③ 单击【草图】选项卡中的【直线】按钮，如图 15-58 所示。

④ 在绘图区中，绘制草图。

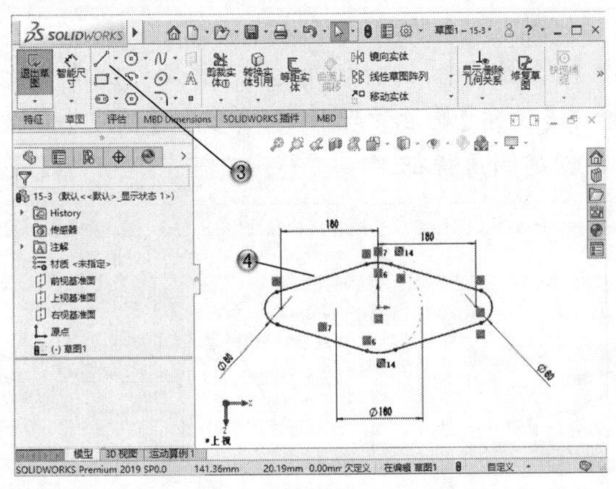

图 15-58

步骤 02 创建拉伸特征

① 在模型树中，选择【草图 1】，如图 15-59 所示。

② 单击【特征】选项卡中的【拉伸凸台 / 基体】按钮，创建拉伸特征。

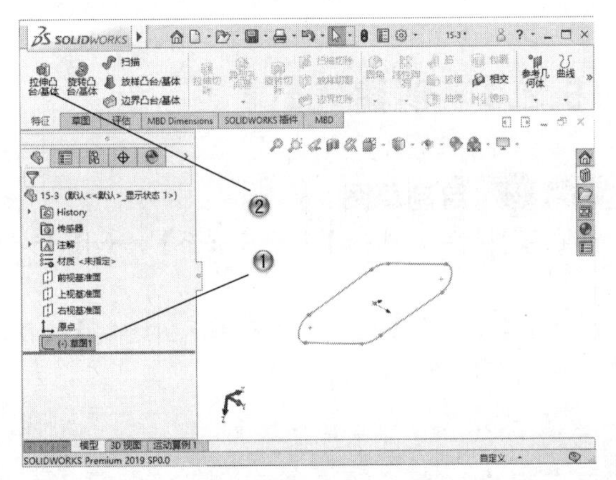

图 15-59

③ 设置拉伸参数，如图 15-60 所示。

④ 在【凸台 - 拉伸】属性管理器中，单击【确定】按钮。

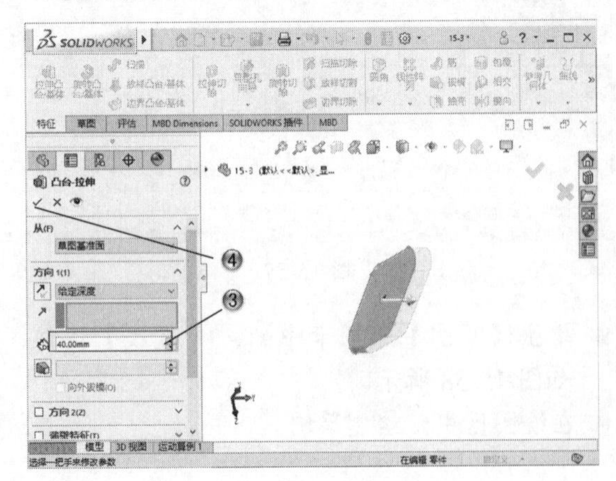

图 15-60

步骤 03 创建异型孔

① 在【特征】选项卡中，单击【异型孔向导】按钮，如图 15-61 所示。

② 在绘图区中，设置孔的位置和孔的参数。

③ 在【孔规格】属性管理器中，单击【确定】按钮。

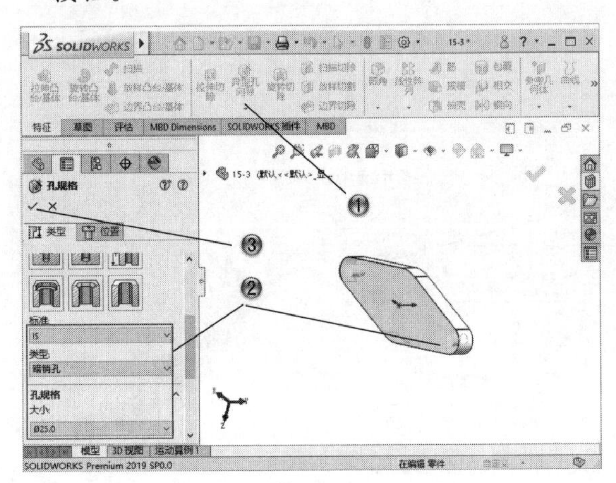

图 15-61

步骤 04 绘制草图

① 在绘图区中，选择模型面，如图 15-62 所示。

② 单击【草图】选项卡中的【草图绘制】按钮，进入草图绘制环境。

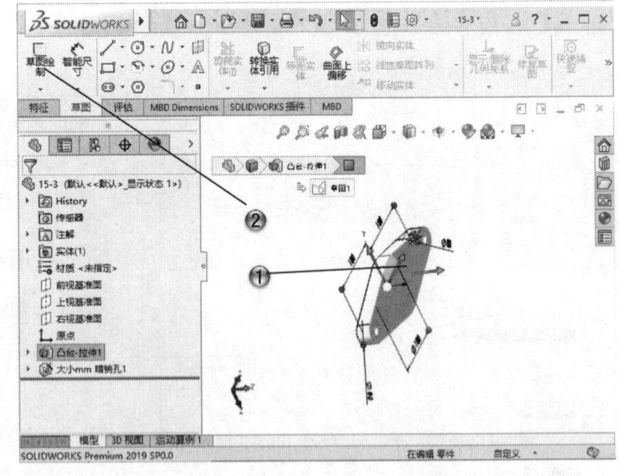

图 15-62

③ 单击【草图】选项卡中的【圆】按钮，如图 15-63 所示。

④ 在绘图区中，绘制直径为 90 的圆形。

步骤 05 创建拉伸切除特征

① 在模型树中，选择【草图 4】，如图 15-64 所示。

② 单击【特征】选项卡中的【拉伸切除】按钮，

创建拉伸切除特征。

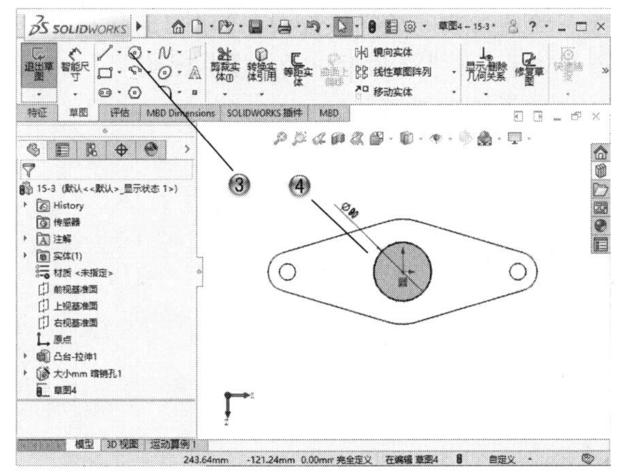

图 15-63

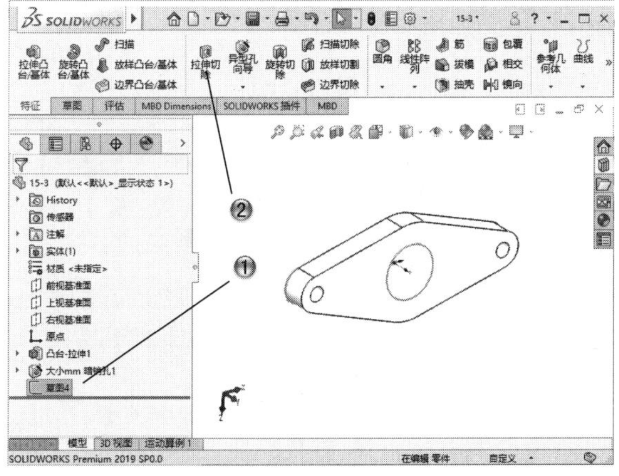

图 15-64

③ 设置拉伸切除参数，如图 15-65 所示。

④ 在【切除 - 拉伸】属性管理器中，单击✓【确定】按钮。

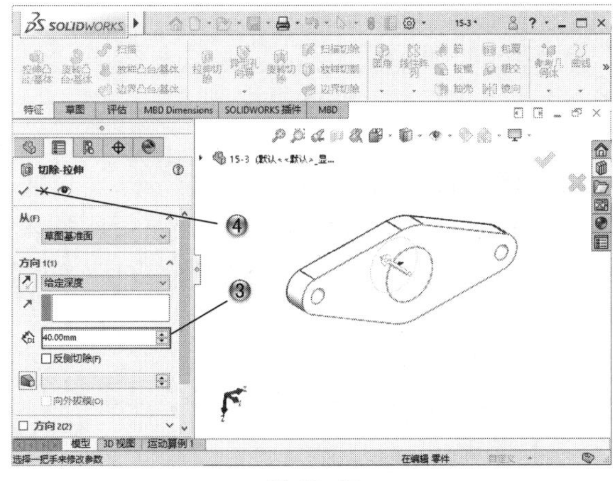

图 15-65

步骤 06 绘制草图

① 在绘图区中，选择模型面，如图 15-66 所示。

② 单击【草图】选项卡中的【草图绘制】按钮，进入草图绘制环境。

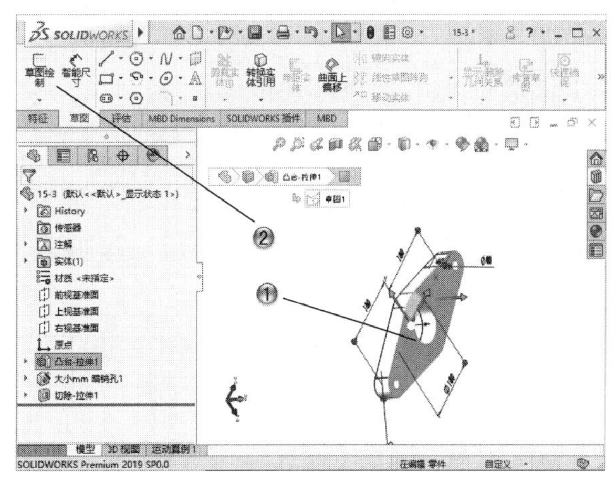

图 15-66

③ 单击【草图】选项卡中的【圆】按钮，如图 15-67 所示。

④ 在绘图区中，绘制两个同心圆形。

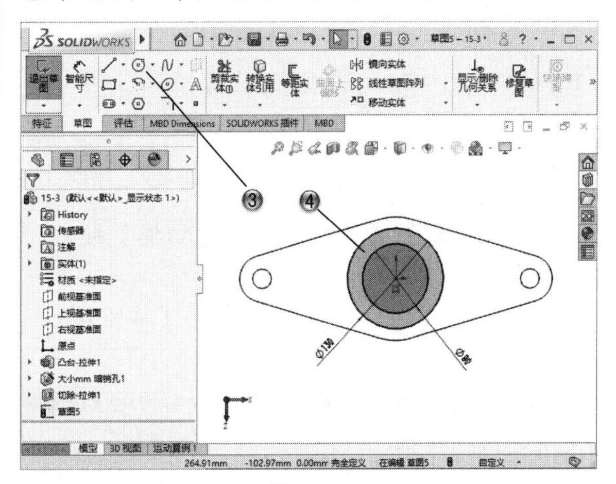

图 15-67

步骤 07 绘制草图

① 在绘图区中，选择【右视基准面】，如图 15-68 所示。

② 单击【草图】选项卡中的【草图绘制】按钮，进入草图绘制环境。

③ 单击【草图】选项卡中的【直线】按钮，如图 15-69 所示。

④ 在绘图区中，绘制直线草图。

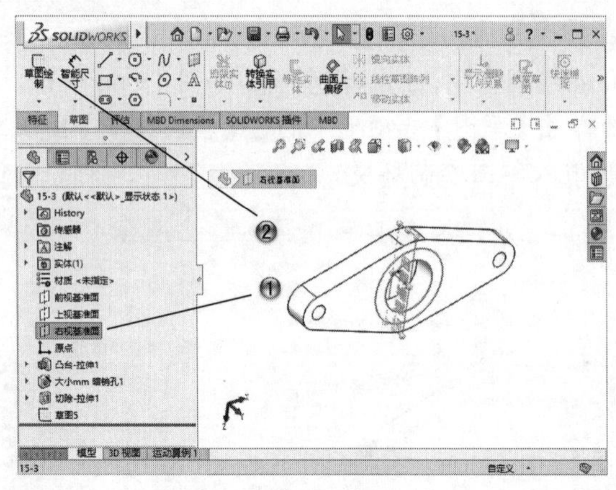

图 15-68

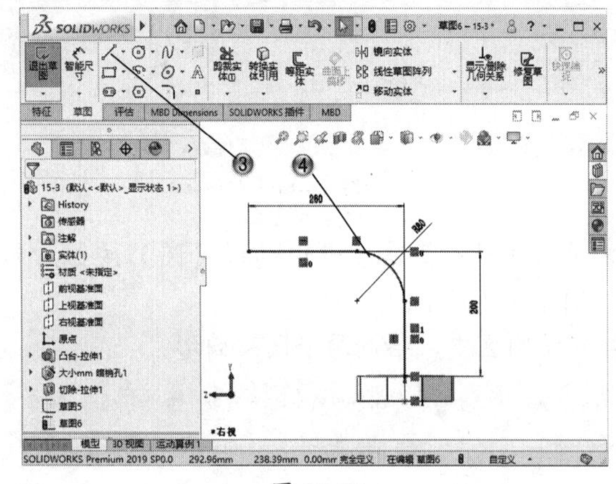

图 15-69

步骤 08 创建扫描特征

① 单击【特征】选项卡中的【扫描】按钮，如图 15-70 所示。

② 在模型树中，选择【草图 5】和【草图 4】，设置扫描参数。

③ 在【扫描】属性管理器中，单击【确定】按钮，创建扫描特征。

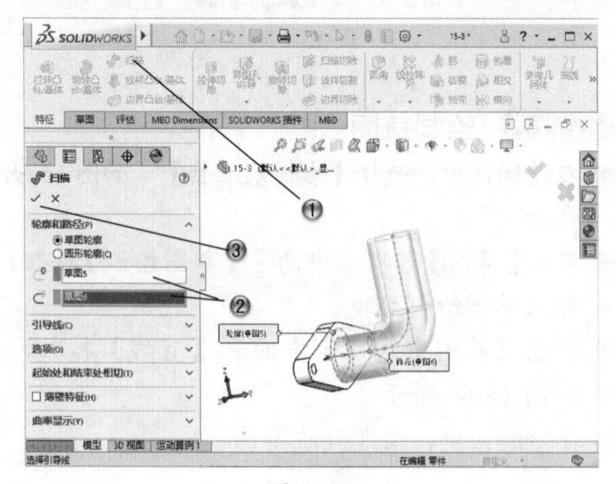

图 15-70

步骤 09 绘制草图

① 在绘图区中，选择模型面，如图 15-71 所示。

② 单击【草图】选项卡中的【草图绘制】按钮，进入草图绘制环境。

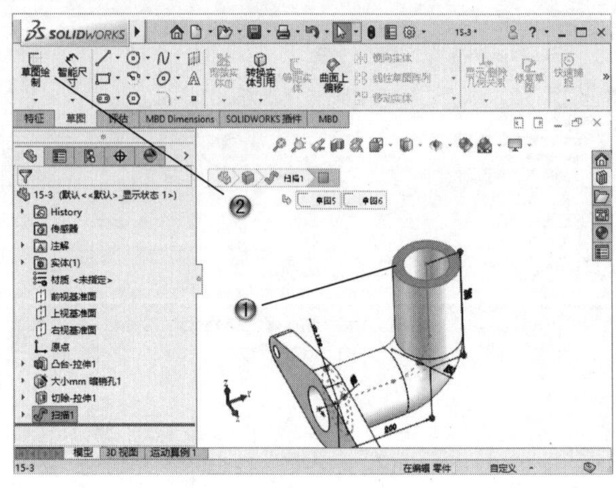

图 15-71

③ 单击【草图】选项卡中的【圆】按钮，如图 15-72 所示。

④ 在绘图区中，绘制两个同心圆形。

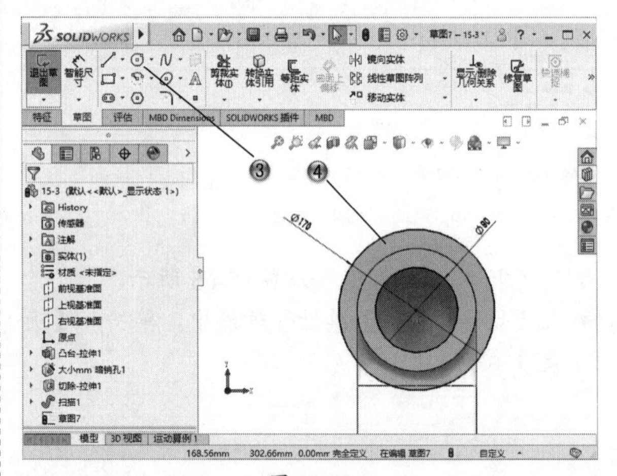

图 15-72

步骤 10 创建拉伸特征

① 在模型树中，选择【草图 7】，如图 15-73 所示。

② 单击【特征】选项卡中的【拉伸凸台 / 基体】按钮，创建拉伸特征。

③ 设置拉伸参数，如图 15-74 所示。

④ 在【凸台 - 拉伸】属性管理器中，单击【确定】按钮。

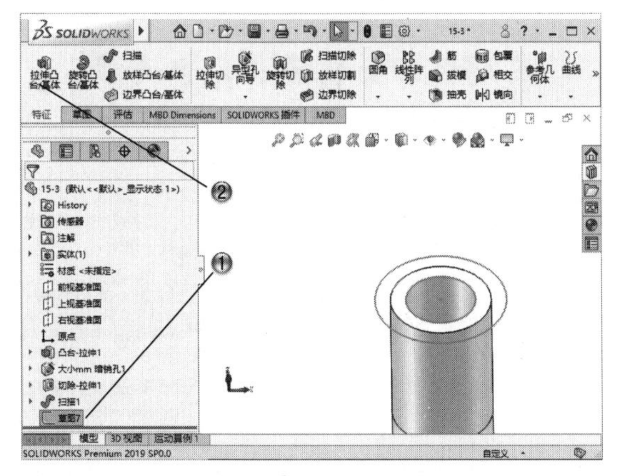

图 15-73

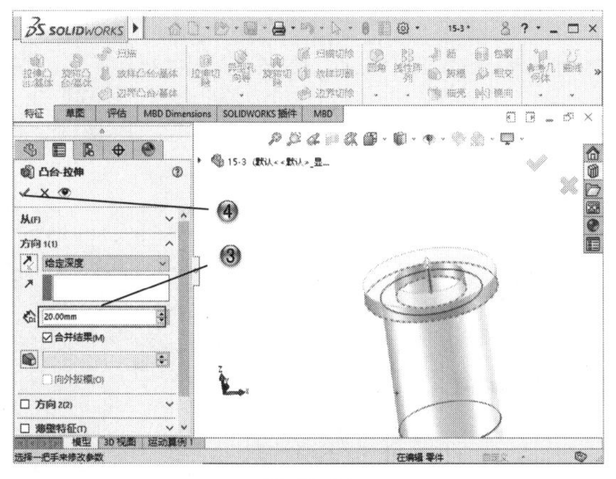

图 15-74

步骤 11 绘制草图

① 在绘图区中，选择模型面，如图 15-75 所示。

② 单击【草图】选项卡中的【草图绘制】按钮，进入草图绘制环境。

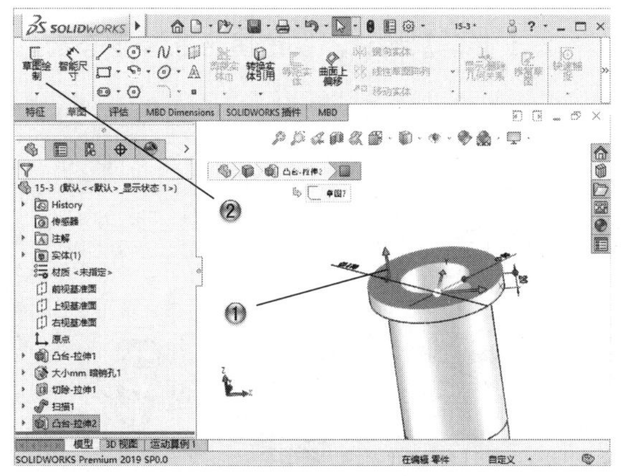

图 15-75

③ 单击【草图】选项卡中的【多边形】按钮，如图 15-76 所示。

④ 在绘图区中，绘制六边形。

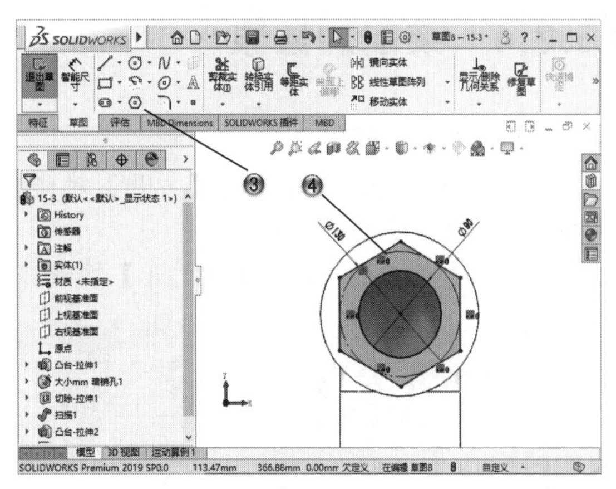

图 15-76

步骤 12 创建拉伸特征

① 在模型树中，选择【草图 8】，如图 15-77 所示。

② 单击【特征】选项卡中的【拉伸凸台 / 基体】按钮，创建拉伸特征。

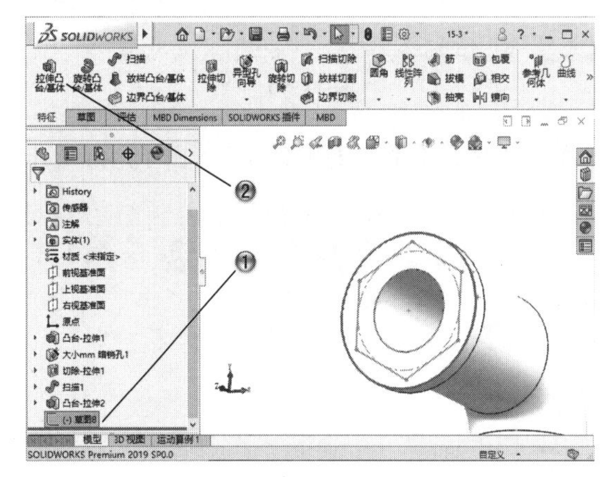

图 15-77

③ 设置拉伸参数，如图 15-78 所示。

④ 在【凸台 - 拉伸】属性管理器中，单击【确定】按钮。

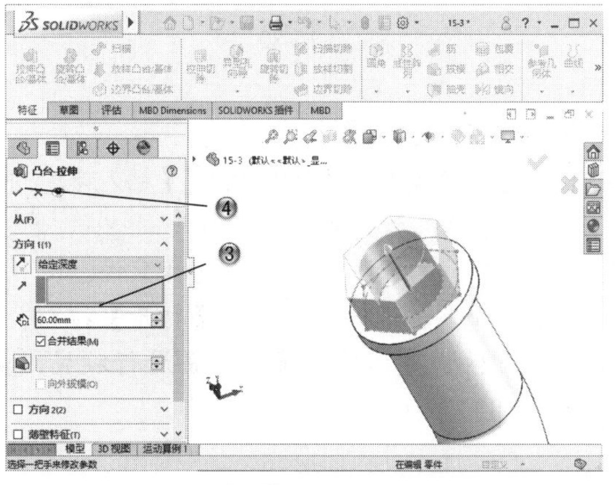

图 15-78

15.2.4 装配加压泵

步骤 01 插入零部件 1

① 创建装配体文件，在弹出的【打开】对话框中选择零件，如图 15-79 所示。

② 在【打开】对话框中，单击【打开】按钮。

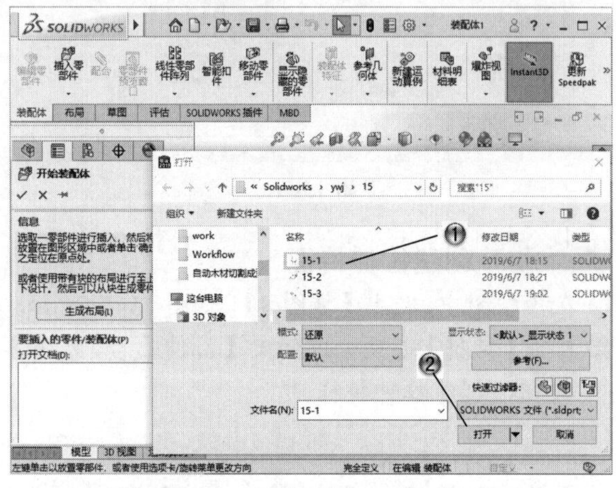

图 15-79

③ 在绘图区，单击放置零件 1，如图 15-80 所示。

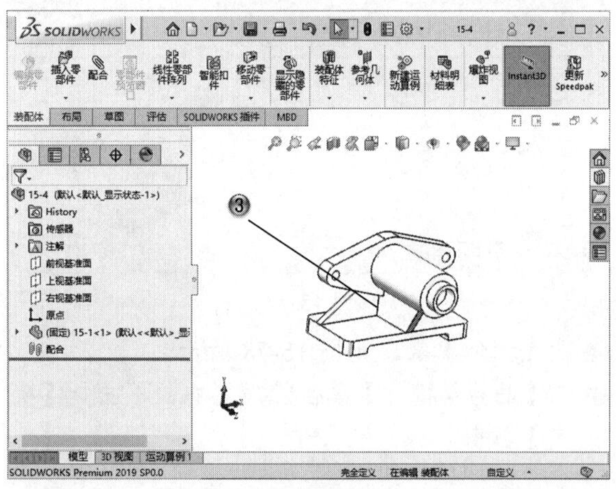

图 15-80

步骤 02 插入零部件 2

① 单击【装配体】选项卡中的【插入零部件】按钮，如图 15-81 所示。

② 在弹出的【打开】对话框中选择零件。

③ 在【打开】对话框中，单击【打开】按钮。

④ 在绘图区调整零件角度，单击进行放置，如图 15-82 所示。

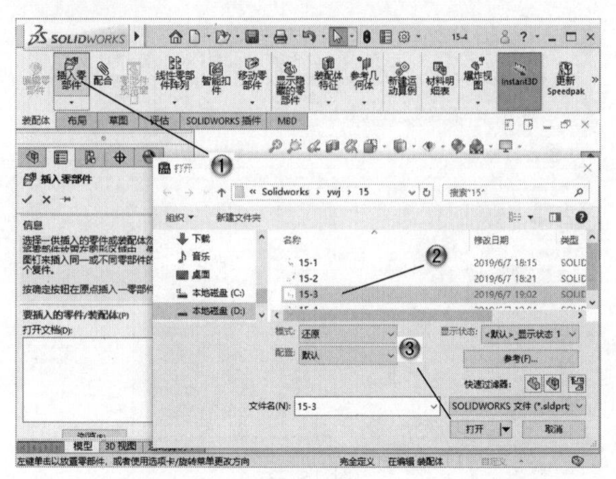

图 15-81

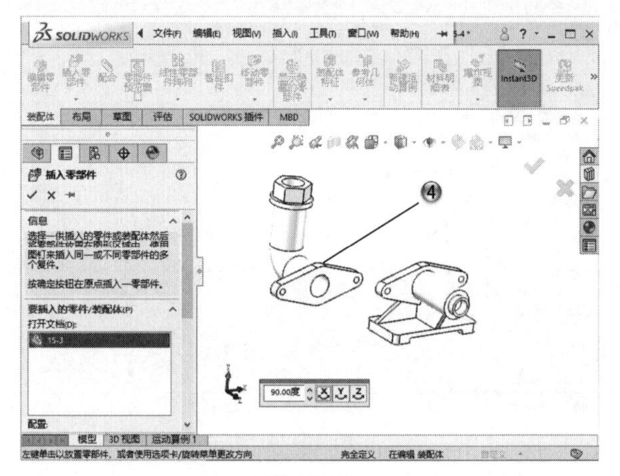

图 15-82

步骤 03 设置配合

① 单击【装配体】选项卡中的【配合】按钮，如图 15-83 所示。

② 单击【重合】按钮，在绘图区选择重合面。

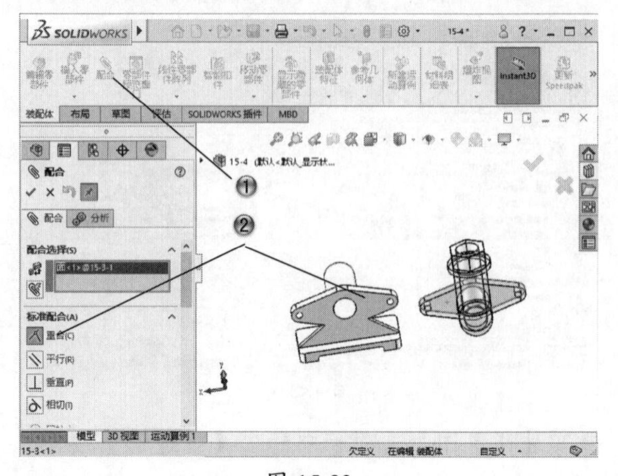

图 15-83

③ 单击【同轴心】按钮，在绘图区选择同轴面，如图15-84所示。

④ 在【配合】属性管理器中，单击✓【确定】按钮。

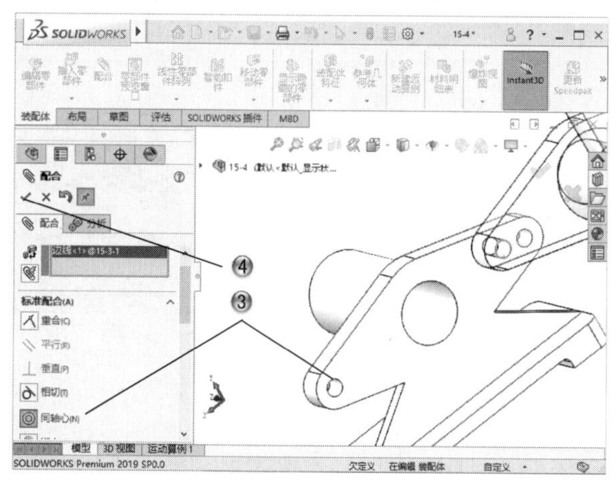

图 15-84

步骤04 插入零部件3

① 单击【装配体】选项卡中的【插入零部件】按钮，如图15-85所示。

② 在弹出的【打开】对话框中选择零件。

③ 在【打开】对话框中，单击【打开】按钮。

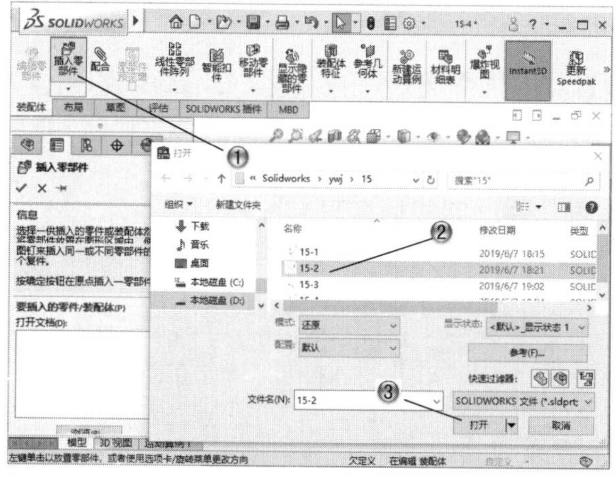

图 15-85

步骤05 设置配合

① 单击【装配体】选项卡中的【配合】按钮，如图15-86所示。

② 单击【同轴心】按钮，在绘图区选择同轴面。

③ 在【配合】属性管理器中，单击✓【确定】按钮。

④ 在绘图区调整零件角度，单击进行放置，如图15-87所示。

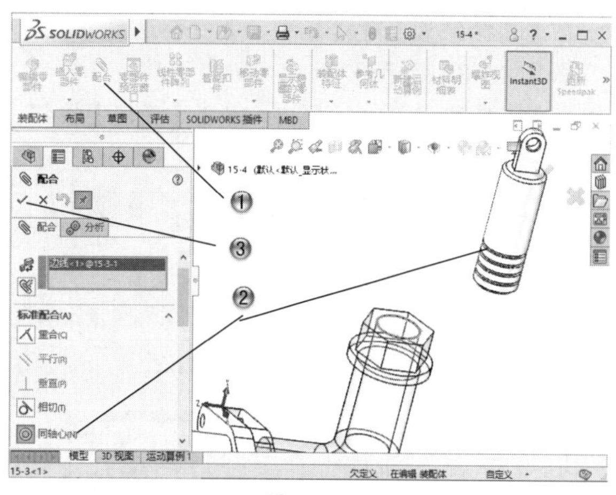

图 15-86

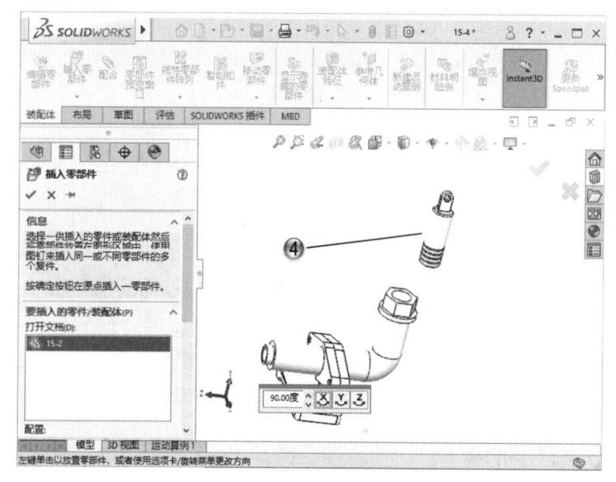

图 15-87

步骤06 添加标准件

① 打开设计库，找到螺栓零件并拖动到绘图区，如图15-88所示。

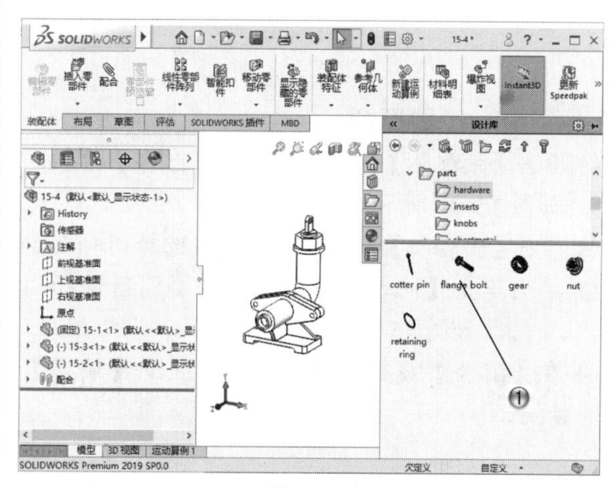

图 15-88

② 在【选择配置】对话框中，选择合适的参数，如图 15-89 所示。

③ 在【选择配置】对话框中，单击【确定】按钮。

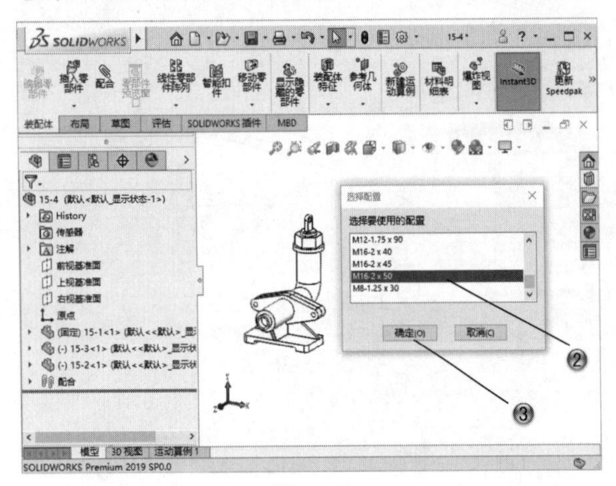

图 15-89

④ 在绘图区中，再次单击添加同样的标准件，如图 15-90 所示。

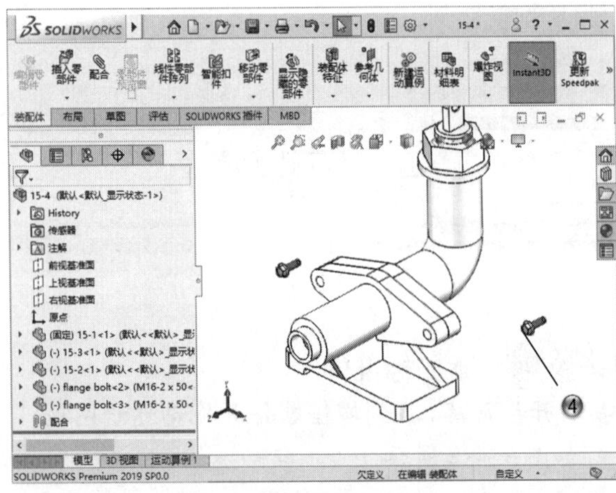

图 15-90

步骤 07 设置配合

① 单击【装配体】选项卡中的【配合】按钮，如图 15-91 所示。

② 单击【同轴心】按钮，在绘图区选择同轴面。

③ 再次单击【同轴心】按钮，在绘图区选择同轴面，如图 15-92 所示。

④ 在【配合】属性管理器中，单击【确定】按钮。

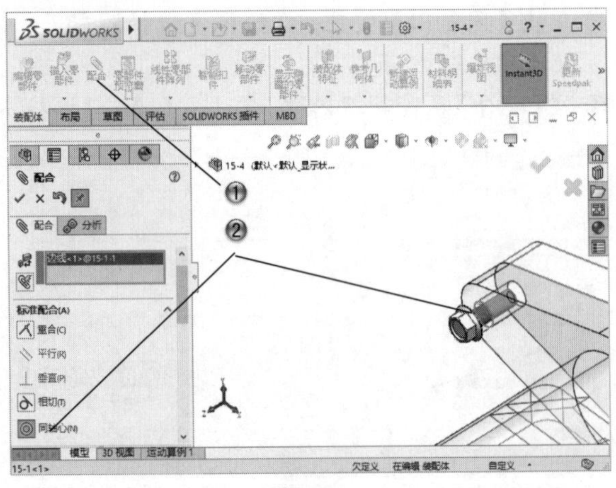

图 15-91

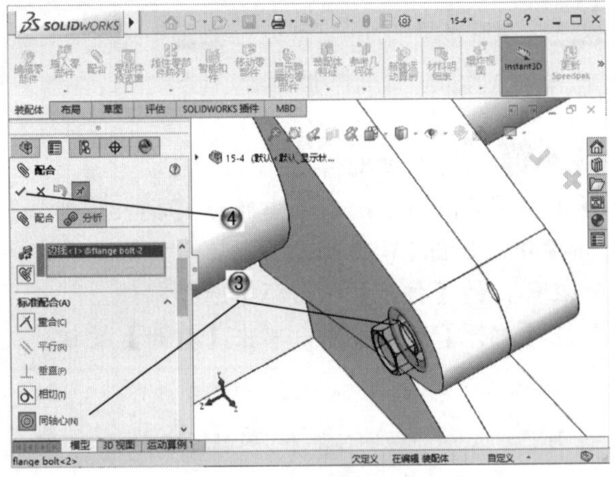

图 15-92

步骤 08 完成加压泵装配模型

完成的加压泵装配模型，如图 15-93 所示。

图 15-93

15.3 本章小结和练习

15.3.1 本章小结

本章详细介绍了加压泵的组件创建和装配过程，在组件设计部分，需要注意参数的对应。在装配部分如果有参数不对应情况，可以在装配模式进行修改，以保证图纸的正确。

15.3.2 练习

如图 15-94 所示，是一个气泵零件，使用本章所学的知识创建组件并进行装配。

一般创建步骤和方法：

（1）创建缸体。

（2）创建活塞。

（3）创建接口连接。

（4）装配模型。

图 15-94

附 录

SOLIDWORKS 命令大全

序号	快捷键	命令	序号	快捷键	命令
1	A	中心线	2	B	镜向
3	C	画圆	4	D	智能标注尺寸
5	E	删除	6	F	草图倒圆角
7	G	画直线	8	H	从装配制作工程
9	I	等距实体	10	J	从装配制作装配
11	K	多边形	12	L	延伸
13	M	草图线性阵列	14	N	草图圆性阵列
15	O	装饰螺纹线	16	P	倒角
17	Q	测量	18	R	矩形
19	S	工程图注释	20	T	剪裁
21	U	注解	22	V	添加约束
23	W	转换实体	24	X	左右二等角轴测
25	Y	草图	26	Z	缩小
27	Ctrl+A	实体放样	28	Ctrl+B	基准轴
29	Ctrl+C	复制	30	Ctrl+D	实体拉伸
31	Ctrl+E	退出软件	32	Ctrl+F	实体倒圆角
33	Ctrl+G	实体扫描	34	Ctrl+1	正视
35	Ctrl+I	现有零件 / 装配体	36	Ctrl+J	新装配体
37	Ctrl+K	选项	38	Ctrl+L	解除压缩配置
39	Ctrl+M	压缩配置	40	Ctrl+N	新建
41	Ctrl+2	等轴测	42	Ctrl+P	打印文件
43	Ctrl+O	打开文件	44	Ctrl+R	实体旋转
45	Ctrl+S	保存	46	Ctrl+T	实体加厚
47	Ctrl+8	前视	48	Ctrl+V	粘贴
49	Ctrl+W	关闭文件	50	Ctrl+X	剪切
51	Ctrl+Y	恢复	52	Ctrl+Z	撤销
53	Ctrl+Tab	实体与工程转换	54	Shift+A	切除放样
55	Shift+B	实体镜向	56	Shift+C	圆性阵列
57	Shift+D	切除拉伸	58	Shift+E	剖面视图
59	Shift+F	实体倒角	60	Shift+G	切除扫描
61	Shift+H	渲染	62	Shift+I	插入块
63	Shift+J	自定义	64	Shift+K	干涉检查
65	Shift+L	质量特性	66	Shift+M	剖面视图
67	Shift+N	外观	68	Shift+O	制作块

续表

序号	快捷键	命令	序号	快捷键	命令
69	Shift+P	编辑块	70	Shift+Q	线性阵列
71	Shift+R	切除旋转	72	Shift+S	另存为
73	Shift+S	另存为	74	Shift+U	保存所有
75	Shift+V	添加几何关系	76	Shift+W	重建模型
77	Shift+X	折叠所有项目	78	Shift+Y	整屏显示全图
79	Shift+Z	放大	80	Alt+A	边线法兰
81	Alt+B	材质	82	Alt+C	圆性阵列
83	Alt+E	删除几何	84	Alt+F	基本法兰
85	Alt+G	草图几何关系	86	Alt+H	基体法兰
87	Alt+I	装配旋转	88	Alt+J	钣金转折
89	Alt+L	现有零件 / 装配体	90	Alt+M	新建钣金
91	Alt+N	新建零件	92	Alt+P	打印预览
93	Alt+Q	线性阵列	94	Alt+S	斜接法兰
95	Alt+T	旋转	96	Alt+U	装配移动
97	Alt+V	爆炸草图	98	Alt+X	隐藏所有显示状态
99	Alt+Y	临时轴	100	Alt+Z	显示所有隐藏状态